工业和信息化部“十四五”规划教材

U0868474

“1+X”特殊焊接技术职业技能培训

主编◎孙淑侠 主审◎陈 彬 代能武 潘文欢

哈爾濱工程大学出版社
Harbin Engineering University Press

内容简介

本书为工业和信息化部“十四五”规划教材，是根据“1 + X”《特殊焊接技术职业技能等级证书标准》及《焊接技能大赛标准》等内容和要求，融入焊接大国工匠思政元素，以焊接方法模块化引导、典型焊接应用项目化驱动、知识技能任务化实施的方式进行编写的活页式、工作手册式教材，具体包括焊条电弧焊、熔化极气体保护焊、钨极氩弧焊、埋弧焊等四个模块共计 22 个项目，配套数字化富媒体学习资源和互动式虚拟仿真训练系统。本书适用于中、高职和应用型本科院校焊接技能学习和职业资格证书考核培训，也可作为焊接技能竞赛训练以及社会人员岗前培训、职业资格证书考核培训和焊接行业工程技术人员工作参考书。

图书在版编目(CIP)数据

“1 + X”特殊焊接技术职业技能培训/孙淑侠主编. —哈尔滨：哈尔滨工程大学出版社，2022.12
ISBN 978 - 7 - 5661 - 3780 - 7

Ⅰ. ①1… Ⅱ. ①孙… Ⅲ. ①焊接 - 技术培训 - 教材 Ⅳ. ①TG456

中国版本图书馆 CIP 数据核字(2022)第 241487 号

“1 + X”特殊焊接技术职业技能培训
“1 + X” TESHU HANJIE JISHU ZHIYE JINENG PEIXUN

选题策划 雷 霞 史大伟
责任编辑 雷 霞
封面设计 李海波

出版发行 哈尔滨工程大学出版社
社　　址 哈尔滨市南岗区南通大街 145 号
邮政编码 150001
发行电话 0451 - 82519328
传　　真 0451 - 82519699
经　　销 新华书店
印　　刷 哈尔滨午阳印刷有限公司
开　　本 787 mm × 1 092 mm 1/16
印　　张 27
字　　数 710 千字
版　　次 2022 年 12 月第 1 版
印　　次 2022 年 12 月第 1 次印刷
定　　价 70.00 元
http://www.hrbeupress.com
E-mail:heupress@hrbeu.edu.cn

前　　言

一、编写背景

为适应船舶海洋、航空航天、核能储罐、轨道交通、石油化工等强国装备制造中对特殊焊接技术技能人才的强烈需求，编者以解决航空航天、深海装备等大国重器的焊接痛点为问题导向，兼顾智能制造和新材料发展应用，结合《关于在院校实施“学历证书＋若干职业技能等级证书”制度试点方案》等政策要求，以“1＋X”《特殊焊接技术职业技能等级标准》《焊接技能大赛标准》等为依据，融入大国工匠等思政元素，编制新形态线上线下融合的富媒体活页式、工作手册式教材，旨在满足教、学、练、考、评一体化教学模式，支撑“岗、课、赛、证”有机融通，提升新型技术技能人才培养质量。

二、教材内容

教材内容与“1＋X”特殊焊接技术职业技能等级证书标准相呼应，同时融合当下常见的焊接技能竞赛标准，衔接企业岗位需求，具体包括焊条电弧焊、熔化极气体保护焊、钨极氩弧焊及埋弧焊四个模块共计22个项目29个任务。内容结构秉承“项目引领、任务驱动、行动导向”理念，让学习者在一系列职业活动中掌握技能知识、形成岗位能力。四个模块分别设置了榜样引领和职业认知提问，每个项目包含师徒对话式项目描述和项目目标，每个任务包含任务说明和子任务分解，子任务包含知识积累和实训活动，实训活动包含任务评价等内容，具体内容组织结构如下图所示。

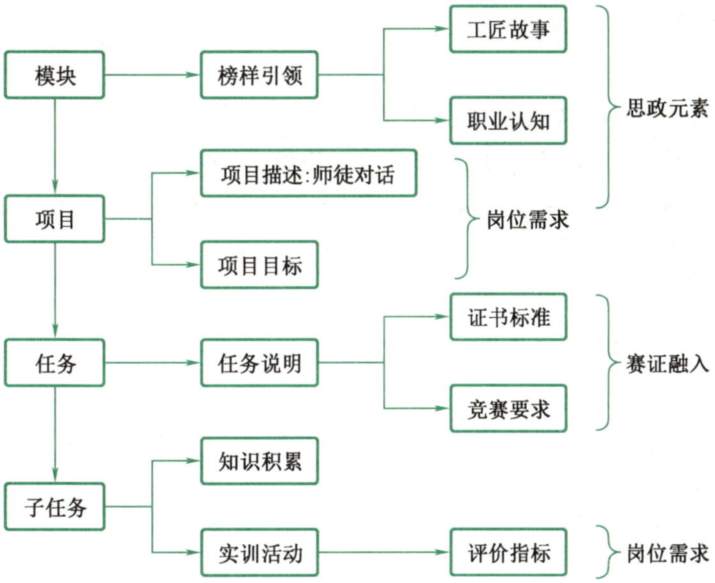

教材内容组织结构图

本书可用于"1 + X"特殊焊接技术职业技能等级证书的培训教材，适用于同类职业技能资格证书培训、教学、自学和考核，也可作为中、高职教育和应用型本科相关专业的教学用书，以及焊接行业工程技术人员的参考用书。对应课程一般为"特殊焊接技术培训"，由于教材为项目化活页式的灵活形式，也可对应"焊条电弧焊实作""气体保护焊实作""埋弧焊实作"等相关专业课程，是学生系统学习焊接工艺方法和操作的专业必修课。

三、教材特色

1. 育人为本、思政引领

本书融入大国工匠故事和职业认知提问进行榜样引领，感知职业魅力和岗位内涵，以师徒趣味对话进行项目描述，旨在提升学习者学习兴趣和成就体会，增强其爱岗敬业的职业素养，培养德技双馨的高素质技能人才。

2. 项目驱动、产教融合

本书依托当前装备制造生产模式和岗位需求，选取钢结构制造产业中典型焊接节点，以焊接方法模块化引导、典型焊接节点项目化驱动、知识技能任务化实施的方式进行编写，每个模块由若干个由易到难、螺旋上升的项目和任务构成，符合学习者知识认知和技能操作规律，使学习者在完成任务过程中，逐步积累知识、掌握技能。

3. "岗、课、赛、证"融通，提升核心能力

本书以"1 + X"特殊焊接技术职业技能等级证书标准为依托，融合焊接技能竞赛标准，对接企业岗位需求，对项目内容重新整合、拓展、补充，并以证书考评标准作为学习的主要评价标准，实现"岗、课、赛、证"有机融通，提升核心职业能力，培养适应现代装备制造的焊接高素质技术技能人才。

4. 理虚实一体、线上线下共享

本书配套线上数字化富媒体资源，包括教师工作页、学生实验实训页、微课视频、三维动画等知识型助教助学资源，同时配套开发了助练助训的虚拟仿真互动教学实训系统，以减缓从文字认知到实际操作的难度台阶，让学习者通过文字认知理解和虚拟仿真操作训练，对技能操作要领有一定体会和掌握，平滑过渡到实际技能操作，从而更易适应和掌握这些技能。这种"理虚实一体、线上线下共享"的学习模式，降低了训练时间和场地限制，节省了实训成本和时间，更符合新型焊接技术技能人才培养规律。本书已经形成助学、助训、助评、助改的线上线下融通教材和课程，适应焊接技能实操性强、训练量大的特点，有效解决训练难、耗材贵的问题，书中各个项目均设置了配套数字化资源的二维码，可随扫随学，或通过线上配套课程"1 + X 特殊焊接技术"进行系统学习和训练。

5. 活页装订，便于更换

本书采取活页式装订，每个任务可以单独抽取，贴合岗位工作任务卡，既方便学习和训练，又方便教材更新调整。

四、编写说明

本书编写与制作团队由校企双向人员组成，实践和教学经验丰富，编写过程中力争做到"岗、课、赛、证"融通，使学习者兼具岗位能力和专业知识。本书主编为孙淑侠，副主编为

王建华，参编人员有王静、王飞、韩喆、杨金、叶东南、周飞霓。主编孙淑侠为副教授和高级工程师，具备丰富企业实践经验，在校多次带队参加焊接技能竞赛和主持“1+X”特殊焊接技术职业技能等级证书建设；副主编王建华为武汉仰实科技有限公司高级工程师、高水平信息化专家；主要参编人员王静为湖北省技术能手、湖北省“五一劳动奖章”及武汉市劳动模范荣誉称号获得者，王飞为武昌船舶重工集团有限公司享受国务院津贴的焊接技能人才。本书配有丰富的数字资源，其中动画微课及虚拟仿真训练系统由孙淑侠、王建华带领团队开发制作，视频由孙淑侠、王静带领“嘉克杯”国际焊接技能竞赛获奖者周诗阳、孟成、罗晨宇进行拍摄制作。

本书在编写过程中参阅了大量国内外文献著述，并获得了主审武汉船舶职业技术学院二级教授陈彬、武昌船舶重工集团有限公司国家特级技师代能武和中国船级社武汉规范研究所高级工程师潘文欢，视频出镜者周诗阳、孟成、罗晨宇等的大力支持和帮助，在此一并表示感谢。

由于编者水平有限，且活页式教材仍然处在探索和积累过程中，书中难免存在疏漏和不足之处，恳请各位同行专家和读者批评指正。

编　者

2022 年 10 月

目　录

模块一　焊条电弧焊

模块二 熔化极气体保护焊

模块三 钨极氩弧焊

模块四 埋 弧 焊

模块一　焊条电弧焊

【榜样引领】——大国工匠伴我成才

人物故事

大国工匠——高凤林:大任担当

他叫高凤林,是中国航天科技集团有限公司第一研究院首都航天机械有限公司特种熔融焊接工,国家特级技师,号称“金手天焊”。他心怀梦想,心平手稳,突破极限精度,焊接飞天神箭,将“龙的轨迹”划入太空;破解20载难题,让中国繁星映亮苍穹。焊花闪烁,岁月寒暑,为火箭铸“心”,为民族筑梦。

中国航天科技集团有限公司
第一研究院首席技能专家高凤林

高凤林参与过一系列航天重大工程,攻克了长征五号的技术难题,为北斗导航、嫦娥探月、载人航天等国家重点工程的顺利实施以及长征五号新一代运载火箭研制作出了突出贡献。

所获荣誉:国家科学技术进步二等奖、全国劳动模范、全国“五一劳动奖章”获得者、全国道德模范、最美职工、大国工匠2018年度人物。

新一代长征五号运载火箭是目前我国设计运载能力最大的火箭,是我国火箭里程碑式的产品,也是我国未来天宫空间站建设的主力运载工具。大火箭需要大发动机,而大发动机的制造需要大科学家、大工程师,同样也需要一线动手的大工匠,高凤林就是这样的工匠,是从技校毕业成长起来的高级技师专家。他参与焊接发动机的火箭有140多发,占中国火箭发射数量的一半之多,是火箭关键部位焊接的中国第一人。

对高凤林来说,长征五号大运力火箭发动机每一个焊接点都是一次全新的挑战,而难度最大的就是喷管的焊接。长征五号火箭发动机的喷管上,有数百根空心管线,管壁的厚度只有0.33 mm,高凤林需要通过3万多次精密的焊接操作,才能把它们编织在一起。这些细如发丝的焊缝加起来,长度达到了1 600多米。而最要紧的是,每个焊点只有0.16 mm宽,完成焊接允许的时间误差是0.1 s。发动机是火箭的心脏,一个小焊接点的失误都可能导致一场灾难。为保证一条细窄而“漫长”的焊缝在技术指标上首尾一致,整个操作过程中高凤林必须发力精准、心平手稳,保持住焊条与母件的恰当角度,这样才能让焊液在焊缝里均匀分布,不出现气孔和砂眼。在国际上,火箭发动机头部稳定装置连接的最佳方案是采用胶粘技术。但这种技术会产生老化,因此高凤林选择用焊接的方式来解决这一难题。发动机头部稳定装置的焊接必须一次成功,高凤林的技艺和他研制的焊丝决定了焊接的质量。由于铜合金的熔点较低,高凤林必须将焊接停留的时间从0.1 s缩短到0.01 s,如果有一点焊漏就会造成稳定装置的失效。通过不断的技能练习和工艺改进,最终,高凤林成功地解决了这一焊接难题。

认知活动

分组讨论高凤林大师的故事背景、意义、可借鉴性等，并思考完成以下问题：

1. 你觉得焊接职业可以是明星职业吗？你觉得焊接技术有挑战性吗？你愿意挑战吗？你对高技术、高技能有什么新认识？

2. 对于高凤林大师的成功，你有哪些感悟？

3. 对高凤林大师的工作成果，结合我国现在所处的百年变局之世界格局环境，谈一谈这对我国具有哪些意义？对我们的学习和工作有什么启示？

4. 情感链接：结合本模块大国工匠的故事，了解自己专业的应用领域及其重要性，设想一下自己的职业发展前景和目标。

项目一　板对接平焊焊条电弧焊

项目描述：师徒对话

小白是学习完焊接理论和实操基础的小学徒，在高师傅的指导下，他勤学苦练，较好地完成了前期的学习任务。小白对高师傅说："我已经学了这么多理论，也进行了大量试验和基础练习，引弧、运条、接头、收尾、平敷焊、碳弧气刨都学会了，应该可以大干一番了吧？"高师傅笑了笑，说道："不急！你先看看这个板对接有什么问题？"小白疑惑地说："师傅，这不是焊上了吗？"高师傅说："嗯，焊是焊上了，但不能用啊！你看看这板两边平不平？"小白这才注意到，板焊缝两边不平。高师傅说："板对接焊接时容易产生角变形，这一阶段你就把板对接平焊焊条电弧焊练好，这是焊接生产中最常见的焊接类型。你需要达成以下目标。"

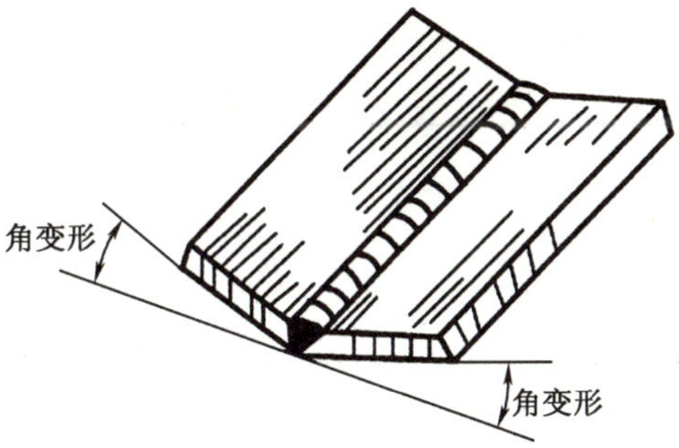

板对接平焊的角变形示意图

项目目标

知识目标：

1. 掌握板对接 V 形坡口平焊焊条电弧焊方法；
2. 掌握板对接平焊焊条电弧焊的常见缺陷与预防措施；
3. 掌握板对接平焊焊条电弧焊焊缝外观质量检查方法。

技能目标：

1. 能够正确识读图纸；
2. 能够正确应用工具进行坡口处理；
3. 能够正确连接和调试焊条电弧焊设备；
4. 能够正确进行反变形装配定位；
5. 能够正确选用焊条；
6. 能够正确选用焊接工艺参数；
7. 能够熟练进行焊条电弧焊平对接焊操作：引弧、运条、起头、接头与结尾；

8. 能够进行 V 形坡口平对接多层焊；
9. 能够进行 V 形坡口平对接单面焊双面成形。

素养目标：

1. 具有查阅资料、自主学习和勤于思考的能力；
2. 具有自觉遵守法规和标准的意识；
3. 具有良好的职业道德、敬业精神和团队精神；
4. 具有安全、环保和节约意识；
5. 具有 9S 管理意识。

任务 1－1　低碳钢板对接平焊双面焊焊条电弧焊

任务说明：

按图 1－1－0 及技术要求进行材料准备、工艺准备、焊接实施、质量检查、自我评定与总结。

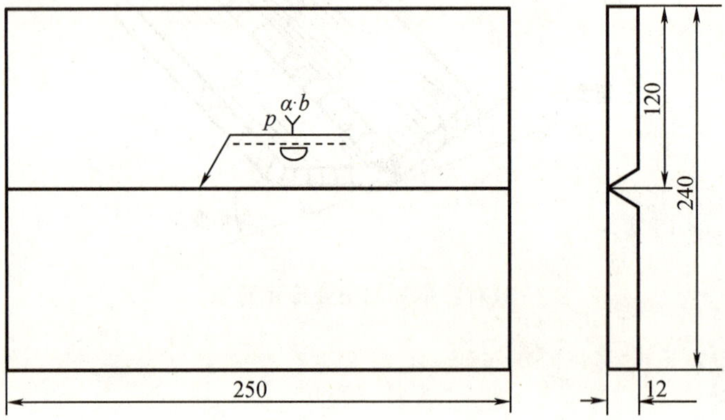

技术要求：1. 坡口为 60°坡口角的 V 形带钝边坡口；2. 根部间隙和钝边尺寸自定；3. 错边≤0.5 mm；4. 角变形＜3°；5. 不允许有咬边；6. 不允许有未焊透；7. 不允许有裂纹、气孔、夹渣；8. 焊缝余高≤1＋0.15b。

图 1－1－0　Q235B 板对接平焊双面焊焊件图

注：本书图中未注单位的长度值，其单位默认为 mm。

子任务 1－1－1　焊 前 准 备

知识积累

知识点 1：任务解析

板对接平焊双面焊是焊接的基础操作技术。双面焊是指焊缝的正反两面都要进行焊接，中间需要对焊件进行一次或多次翻面，翻面次数视焊件厚度而定。本任务中 12 mm 厚的钢板可以只翻一次，即正面焊好后再翻面焊反面。如果板材比较厚，应该正反面轮换焊接，以更好地预防焊接变形。双面焊的优点是焊接变形容易控制，焊缝成形好，焊接质量高；缺点是焊接效率不高，焊件翻面需要足够的空间，实际生产的结构件需要结构两侧都有操作空间。双面焊一般用于厚板结构的焊接，开 X 形坡口进行双面焊，对于 8 ~ 16 mm 的板厚为了减少开坡口的工作量，可以采用单面 V 形坡口，正面进行打底、填充和盖面，反面清根封底焊即可。

任务实施路线：图样识读、焊件准备及坡口清理、焊条选择、工艺参数确定、装配定位。

知识点 2：图样识读

任务图显示了焊件装配形式以及外形尺寸，并用焊缝符号和技术要求给出了焊接基本要求，焊缝符号如图 1 – 1 – 1 所示。

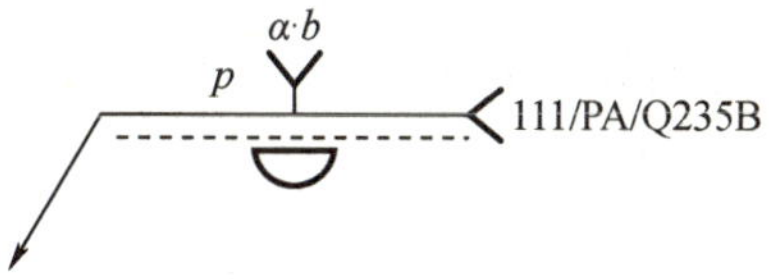

图 1 – 1 – 1　任务单焊缝符号

符号中实线侧为焊缝侧，基本符号“Y”为采用带钝边 V 形坡口，α 为坡口角度，技术要求中说明了坡口角度为 60°；虚线侧为焊缝背面，基本符号“◡”表示最后需在背面进行封底焊。“p”为钝边尺寸，“b”为根部间隙尺寸。由于这两个尺寸除了与材料和板厚有关外，还受焊接工艺及个人操作手法影响，所以在比赛和考试中一般要求自定。由于是双面焊，反面将进行清根，可以不留间隙，或留小空隙，一般为 0 ~ 1 mm，但留钝边大些，12 mm 厚板件一般留 3 ~ 4 mm 钝边。

尾注符号“<”后有三项用“/”分开的内容：111 表示焊接方法，为手工焊条电弧焊；PA 表示焊接位置，为平焊；Q235B 为焊接材料型号。

技术要求中还规定了焊后的质量要求。

知识点 3：焊件准备、坡口尺寸及坡口清理

1. 焊件准备

根据任务单可知，焊件材质为 Q235B，两块焊件尺寸均为 12 mm × 120 mm × 250 mm，单边开 30°V 形坡口，预留 3 ~ 4 mm 钝边。

Q235B 钢板是国内最常见的低碳钢之一，其低碳钢含碳量低（一般不大于 0.25%），其他合金元素含量也不高，所以是焊接性最好的钢种，通常的焊接方法都可以采用，只要焊接材料选择合适就可以获得满意的焊接接头，适用于大多数对性能要求不高的产品。低碳钢焊接时，一般不需要预热和控制层间温度，焊后也不必采用热处理改善组织，整个焊接过程不必采取特殊的工艺措施，焊接性优良，焊后的接头塑性和冲击韧度良好。

2. 坡口尺寸及其确定

在焊接时为确保焊件能焊透，必须开一定形状的坡口。焊件厚度小于 6 mm 时，只需在接头处留一定的间隙（0 ~ 2.5 mm），就能保证焊透。但在焊较厚的焊件时，就需要在焊接前，把焊件接头处加工成一定的形状，以确保焊透。对接接头是采用最多的一种接头形式，这种接头常见的坡口形式有 V 形坡口或 Y 形坡口（也称带钝边 V 形坡口）。

V 形坡口为什么需要带钝边？下面结合坡口的几何尺寸了解各部分的作用。

Y 形坡口的几何尺寸示意图如图 1-1-2 所示。

(1)坡口面:待焊件上的坡口表面叫作坡口面。

(2)坡口面角度和坡口角度:待加工坡口的端面与坡口面之间的夹角叫作坡口面角度,用 β 表示;两坡口面之间的夹角叫作坡口角度,用 α 表示。

(3)根部间隙:焊前在接头根部之间预留的空隙叫根部间隙,用 b 表示。其作用在于打底焊时能保证根部焊透。根部间隙又叫作装配间隙。

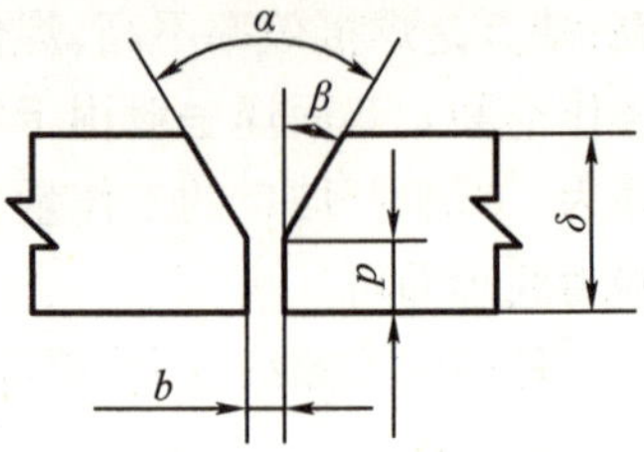

图 1-1-2　Y 形坡口尺寸示意图

(4)钝边:焊件开坡口时,沿焊件厚度方向未开坡口的端面部分叫作钝边,用 p 表示。钝边的作用是防止根部烧穿,但钝边的尺寸要保证第一层焊缝能焊透。

(5)板厚:坡口的尺寸与板厚有关,用 δ 表示。常用板厚的单边 Y 形坡口要素选择原则见表 1-1-1。

表 1-1-1　常用板厚单边 Y 形坡口要素选择原则

板厚 δ/mm	坡口角 α/(°)	钝边 p/mm	根部间隙 b/mm
6~26	40~60	1~4	0~4

3. 焊前坡口清理

焊缝上的油、锈、水、漆、氧化皮、灰尘、油污、毛刺等杂物可以引起焊接缺陷,比如气孔、夹渣、未熔合等,所以应通过清理措施将这些对焊接有害的杂物清除干净。清理的范围一般为坡口面及坡口边缘上下两侧 15~20 mm 范围,并露出金属光泽,如图 1-1-3 所示。

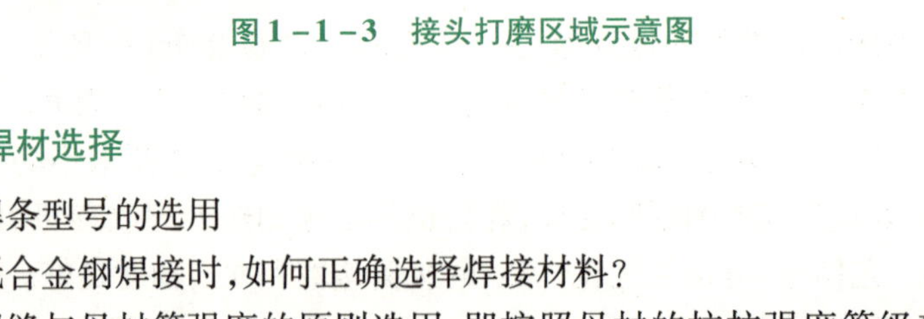

图 1-1-3　接头打磨区域示意图

知识点 4:焊材选择

1. 低碳钢焊条型号的选用

低碳钢和低合金钢焊接时,如何正确选择焊接材料?

一般按照焊缝与母材等强度的原则选用,即按照母材的抗拉强度等级来选择抗拉强度等级相同的焊条。如果母材材质不同,可以对强度级别较低的母材进行低配选择。

例如,常用低碳钢 Q235 的抗拉强度平均值为 417.5 MPa,根据等强度原则,与之匹配的焊条应为酸性 E43 或碱性 E50 系列,常用 E4303 和 E5015 两种焊条。注意:使用碱性焊条时,应将其在烘箱中进行 350~400 ℃烘干,保温 2 h,随用随取。几种不同钢号的低碳钢电弧焊时焊条的选用见表 1－1－2。

表 1－1－2 低碳钢电弧焊时焊条的选用

钢号	一般结构选用的焊条型号	动载荷、复杂、厚板结构，锅炉受压容器，低温焊接选用的焊条型号	施焊条件
Q235	E4313，E4303，E4301，E4320，E4311	E4316，E4315（E5016，E5015）	一般不预热
Q255	E4303，E4320，E4311	E4316，E4315（E5016，E5015）	一般不预热
Q275	E4316，E4315	E5016，E5015	厚板结构预热 150 ℃以上
08，10，15，20	E4303，E4301，E4320，E4311	E4316，E4315（E5016，E5015）	一般不预热
25	E4316，E4315	E5016，E5015	厚板结构预热 150 ℃以上
20g，22g	E4303，E4301	E4316，E4315（E5016，E5015）	厚板结构预热 100～150 ℃
20R	E4303，E4301	E4316，E4315（E5016，E5015）	一般不预热

注：表中括弧内的焊条型号表示可以代用。

2. 焊条直径的选择

焊条直径与焊接焊件的厚度相关，除了厚度，还要考虑接头形式、焊缝位置、焊缝层数以及允许的热输入等因素，一般情况下：

（1）对于要求根部焊透的不开坡口的角接、T 型接头、搭接焊缝和背面清根封底焊的对接焊缝，可根据焊件厚度进行焊条直径的选择。

（2）对于开坡口的接头，第一层打底焊时应选择直径较小的焊条，如对接接头打底焊时可选用直径 3.2 mm 的焊条，其余各层可选用直径 4 mm 的焊条。

（3）焊件厚度相同但所处焊接位置不同，应选用不同直径的焊条。如在横焊、立焊焊接时，很少使用直径 5 mm 的焊条。

（4）不同的接头形式应选用不同直径的焊条。如 T 型接头、搭接接头，由于散热条件比对接接头好，所以可选用较大直径的焊条。

一般在厚板、厚壁类焊件的封底焊时，可采用直径 2.5～3.2 mm 的焊条，其余可采用直径 4～5 mm 的焊条。通常平焊时焊条的选用原则：一般当焊件板厚 $t \leqslant 4$ mm 时，焊条直径 $d=t$；当 $t>4$ mm 时，常采用多层焊，焊条直径为 3.2～6 mm。焊条直径与焊件厚度之间的常用经验关系见表 1－1－3。

表 1－1－3 焊条直径与焊件厚度之间的常用经验关系　　单位：mm

焊件厚度	≤1.5	2	3	4～5	6～12	≥12
焊条直径	1.5	2	3.2	3.2～4	4～5	4～6

知识点5：焊接工艺参数确定

1. 主要焊接工艺参数

焊条电弧焊的焊接工艺参数主要包括焊条型号与直径、焊接电流、电弧电压、焊接速度、焊接层数等。当焊接接头类型、焊条型号与直径、焊接的基本方式（是单面焊还是多面焊，是单层焊还是多层焊或多层多道焊）、弧焊电源已经确定后，就需要根据所选焊条对应的电流范围，结合焊接的基本方式确定其各焊层的电流值。

（1）焊接电流

焊接时决定电流强度的因素很多，如焊条类型、焊条直径、焊件厚度、接头形式、焊缝位置和层数等，但主要影响因素是焊条直径、焊缝位置、焊条类型和焊接层数。焊条直径是比较关键的影响因素，焊条直径越大，熔化焊条所需要的电弧热量越多，焊接电流也越大。在实际生产中，一般可根据式（1－1－1）或表1－1－4的参考值先算出一个大概的焊接电流，然后在钢板上进行试焊调整，直至确定合适的焊接电流。

$$I_h = (35 \sim 55)d \qquad (1-1-1)$$

式中 I_h——焊接电流，A；

d——焊条直径，mm。

表1－1－4 各种焊条直径所使用电流的参考值

焊条直径/mm	1.6	2.0	2.5	3.2	4.0	5.0	6.0
焊接电流/A	25～40	40～65	50～80	100～130	160～210	200～270	260～300

（2）电弧电压

电弧焊时，电弧电压高则焊缝熔宽大，电弧电压低则焊缝熔宽小。为了获得合适的熔宽和熔深，随着焊接电流的增大，应该相应增大电弧电压。电弧电压主要由电弧长度来决定，电弧长则电弧电压高，电弧短则电弧电压低。在焊接过程中，电弧电压由焊工根据具体情况灵活掌握，一般电弧不宜过长，否则会出现电弧燃烧不稳定，增加金属飞溅，造成浪费，减小熔深以及容易产生咬边等缺陷；空气中氧、氮的侵入，还会使焊缝产生气孔，所得到的焊缝质量较差，表面鱼鳞不均匀，焊缝熔深较浅。因此，焊条电弧焊时，力求使用短弧，即弧长不超过焊条直径。

理论上，适当的电弧长度应等于焊条的直径，但一般弧长按下述经验公式确定：

$$L = (0.5 \sim 1)d \qquad (1-1-2)$$

式中 L——电弧长度，mm；

d——焊条直径，mm。

实际操作过程中，可以通过电弧的声音来判断电弧长度是否适当。当电弧过短时，会发出“噼啪噼啪”的声音；当电弧过长时，会发出“嗡嗡”的声音；而长度适当的电弧，会发出清脆爆破的声音。

（3）焊接速度

焊接速度可由焊工根据具体情况灵活掌握，原则是：焊接速度应该均匀适当，保证焊缝具有所要求的外形尺寸，同时保证熔合良好，既要焊透，又要不烧穿。

(4)焊接层数

多层焊是指熔敷两个以上的焊层来完成整条焊缝所进行的焊接。多层焊包括多层单道焊和多层多道焊,如图 1－1－4 所示。一层焊缝可以由若干焊道组成,如果坡口角度小,熔敷一道就可以是一层,即为单道焊;当坡口角度较大时,熔敷两道及以上焊道才能组成一层焊缝,就是多道焊。多层焊是焊接大厚壁结构常用的方法,较之相同情形下采用单层焊,可以减小热输入量、减小变形、降低产生缺陷的概率。多层多道焊还可以提高焊缝金属的质量,特别是塑性,这是因为后层(后道)焊缝对前层(前道)焊缝具有热处理作用,相当于对前层(前道)焊缝进行了一次正火热处理,因而改善了二次组织。单次焊层的热处理作用只达 3 ~5 mm,如果每层焊道厚度超过 6 mm,热处理效果差,焊缝金属组织质量就不高。

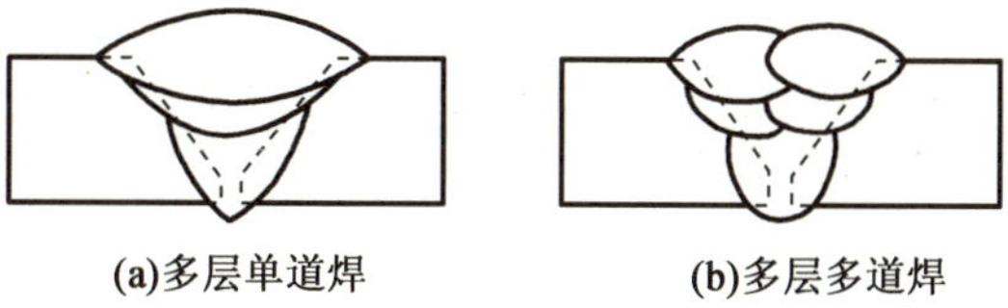

图 1－1－4 多层单道焊、多层多道焊剖面示意图

通常板厚≤6 mm 时,采用 I 形坡口对接平焊,采用双面焊时,正面采用直线运条,速度稍慢,电流较小;背面也采用直线运条,焊接电流稍大,速度稍快。

板厚 >6 mm 时,采用其他形式坡口对接平焊,可采用多层单道焊或多层多道焊。焊接打底层,特别是单面焊双面成形时,为保证背面焊缝质量,常使用较小的焊接电流;焊接填充层时,为了提高效率、保证熔合良好,常使用较大的焊接电流;焊接盖面层时,为防止咬边和保证焊缝成形,使用的焊接电流应比填充层稍小些。

多层多道焊电流调节特点:打底焊电流 < 盖面焊电流 < 填充焊电流。

2. 案例

中厚板 V 形坡口的平焊焊件,使用直流弧焊电源,采用多层焊,焊件尺寸、装配及其各层的焊条及电流参数见图 1－1－5 和表 1－1－5。

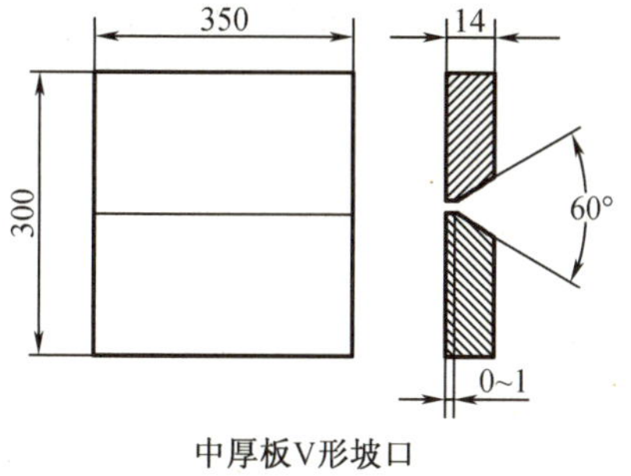

图 1－1－5 平焊焊件装配示意及焊接工艺参数选用图

表 1－1－5 焊接工艺参数

焊接层次	焊条直径/mm	焊接电流/A
定位焊	3.2	85～110
正面封底层	3.2	85～110
正面填充层	4.0	140～170
正面盖面层	4.0	140～170
背面刨槽	6.0	300～350
背面盖面层	4.0	100～125

3. 试焊调试电流

起焊前应在废弃的铁板上引弧试焊，如果采用直流焊机，有坡口的中厚板焊接以直流反接为好。

(1)第一层焊接电流调试

金属过渡的第一层焊接，应首先调节好电流的大小，电弧引燃后观察熔池的外扩成形状态，有以下三种情况。

①电弧引燃后熔池外扩的范围迅速增大，熔渣在电弧的边缘迅速漂浮于熔池的边缘，使熔池中的金属液裸露面过大，在金属的第一层填充中，熔池的颜色过亮，并伴有下沉下塌的趋势，这种情况是由于电流过大，应适当减小焊接电流。

②电弧引燃后熔渣与金属液相聚于一点或一处，熔渣在电弧的周围缓慢地浮动，电弧的周围没有闪光金属液的观察线和裸露点，这种情况是由于电流过小，焊接时应适当增大焊接电流。

③电弧引燃后熔渣与金属液迅速分离，熔渣与电弧间有一条闪光金属液的观察线，金属液裸露面占熔池面积的1/3，此时电流大小适当。

(2)第二层填充焊接电流调试

熔滴过渡后有下面三种情况。

①电弧喷动有力，响声较大，电弧喷动中心金属液清晰范围过大，熔渣离电弧吹扫线过远，熔池外扩边缘熔化线过深，或过于明显，熔池裸露面金属液呈棱状，熔池的两侧沟状成形过深，熔渣全部浮于熔池之外，中心熔池伴有下塌或堆状成形。如图 1－1－6(a)所示，这种情况是电流过大造成的。

产生原因：第一层焊接时熔敷金属过薄；第二层焊接走弧速度过慢；运条方式不正确；熔池的温度过高。

防止措施：熔池形成时应观察熔渣浮出与金属液裸露面的变化，如果熔池的裸露面过大，熔池中心亮度呈下塌趋势，呈棱状划动时除适当减小电流、变化焊条的角度外，还应改变熔渣浮动线的位置，逐步缩小熔池中金属液裸露面的范围，适当前移和加快焊条行走的速度并稍作微小的横向摆动，加大横向运条之间的距离，使焊条在坡口的两侧稍作停留。

②电弧喷动无力，电弧喷动中心熔渣浮在电弧的周围，浮动缓慢，熔池没有外扩力，熔渣与电弧之间没有一条清晰的金属液裸露线，电弧前移熔化线模糊，如图 1－1－6(b)所示。

图 1-1-6 电流过大及过小时熔池及熔渣情况

产生原因:熔池的温度过低;电流过小;运条方式不正确。

防止措施:电弧在焊槽内前移时应使熔渣快速浮动,如果浮动缓慢并伴有熔池外扩吃力,需适当增大电流,焊条与焊缝之间所成角度为 70°~75°,利用电弧长度的变化促使熔渣浮动并适当加快电弧前移的速度,使熔渣浮动线与电弧之间始终存有一条清晰的金属液裸露线,电弧前移应有明显的熔合痕迹。

③熔渣的浮动灵活,熔池迅速形成外扩,熔渣与电弧间有一条清晰的金属液裸露线,熔池的外扩熔化延伸线有明显的熔合痕迹。此时电流的大小适当。

(3)第三层填充焊接电流调试

第三层填充焊接时熔池的成形面较宽,被焊层较厚,熔池成形的范围较大,电流大小的调节应使熔渣在电弧的周围浮动灵活,熔渣与电弧之间有一条清晰的金属液裸露线,熔池两侧的外扩线有明显的熔合痕迹。

4. 本任务焊接工艺参数确定

根据焊件 Q235B 材质和板厚,可采用 E4303 型或 E4315 型焊条,直径为 3.2 mm 和 4.0 mm,其中直径 3.2 mm 焊条用于打底,直径 4.0 mm 焊条用于填充和盖面。注意:使用 E4315 碱性焊条时,应将其在烘箱中进行 350~400 ℃烘干,保温 2 h,随用随取。本任务以 E4303 酸性焊条为例,其工艺参数参考值见表 1-1-6。

表 1-1-6 工艺参数参考值

焊接层次	焊条型号	焊条直径/mm	焊接电流/A	电源极性
点焊装配	E4303	3.2	110~120	直流反接
填充层		4.0	120~140	
盖面层		4.0	120~140	

知识点 6:装配定位

装配定位需考虑到焊接变形的因素,以便在装配定位时给予一定的补偿修正。

1. 焊接变形

(1)变形种类

焊接过程中被焊件受到不均匀温度场的作用而产生的形状、尺寸变化称为焊接变形。被焊件随温度变化而变化的改变称为焊接瞬时变形;完全冷却到初始温度时的改变称为焊接残余变形。

钢构件在未受荷载前,由施焊电弧高温引起的变形为焊接变形,包括缩短、角度改变、弯曲变形等。按照变形的范围分为整体变形和局部变形,按形态特征分为收缩变形、角变形、弯曲变形、扭曲变形、波浪变形和错边变形等。其中整体变形是由于焊缝在各个方面收缩而引起的整个结构形状和尺寸的变化，包括收缩变形、弯曲变形和扭曲变形；局部变形是指结构某部分发生的变形，包括角变形、波浪变形和错变形，如图 1 –1 –7 所示。

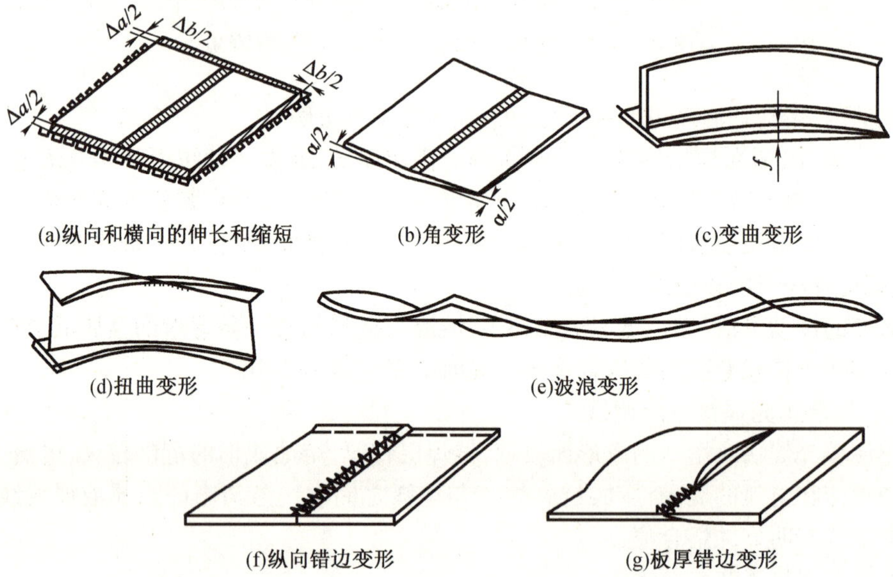

Δ*a*—纵向伸缩量；Δ*b*—横向伸缩量；α—角变形；*f*—变曲变形的挠度。

图 1 –1 –7　焊接变形类型示意图

（2）板对接常见的变形及变形量

①纵向收缩变形

焊件在什么情况下会产生纵向收缩变形？

焊件焊后沿平行于焊缝长度方向上产生的收缩变形称为纵向收缩变形。当焊缝位于焊件的中性轴上或数条焊缝分布在相对中性轴的对称位置上时，焊后焊件将产生纵向收缩变形。其焊缝位置如表 1 –1 –7 所示。

表 1 –1 –7　板对接焊件产生纵向变形的焊缝位置列表

焊缝图例	说明
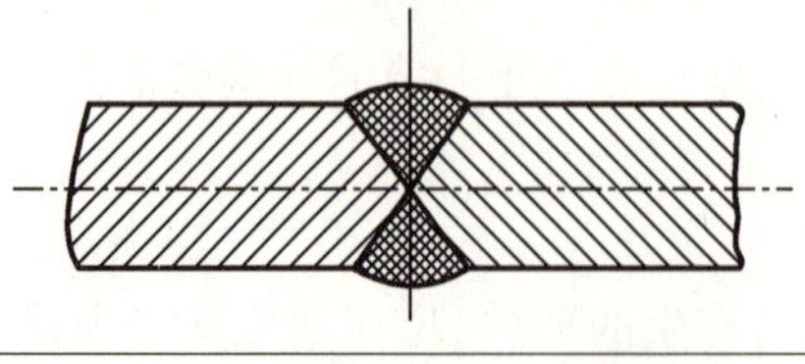	双 Y 形坡口，焊缝相对焊件截面对称布置
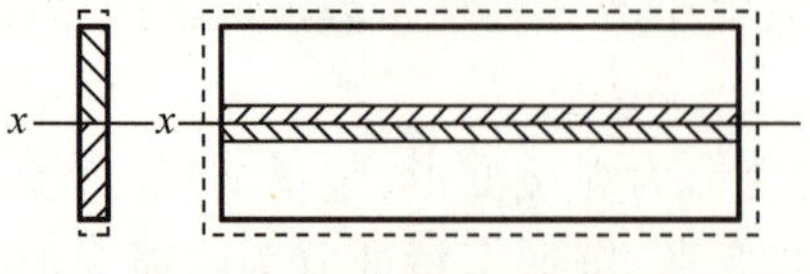	焊接位于焊件截面中心线上

焊缝的纵向收缩变形量随焊缝的长度、焊缝熔敷金属截面积的增加而增加，随焊件截面积的增加而减小，对接焊缝的纵向收缩变形量的近似值为0.15 ~0.3 mm/m（数据是在宽度大约为15倍板厚的焊缝区域中的纵向收缩变形量，适用于中等厚度的低碳钢板）。

②横向收缩变形

焊件焊后在垂直于焊缝方向上发生的收缩变形称为横向收缩变形。横向收缩变形量随板厚的增加而增加。低碳钢对接接头的横向收缩变形量见表1－1－8。

表1－1－8　低碳钢对接接头横向收缩变形量（实验值）

焊接接头截面	焊接方式	横向收缩变形量/mm
	手弧焊2层	1.0
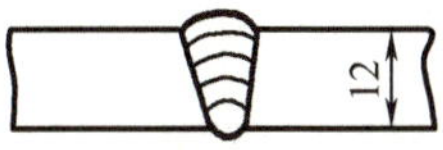	手弧焊5层	1.6
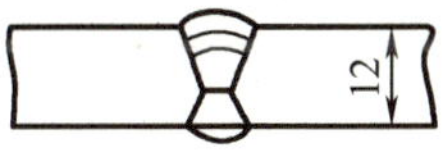	正面手弧焊5层，反面清根后焊2层	1.8
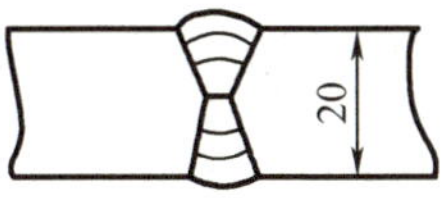	手弧焊正、反面各焊4层	1.8
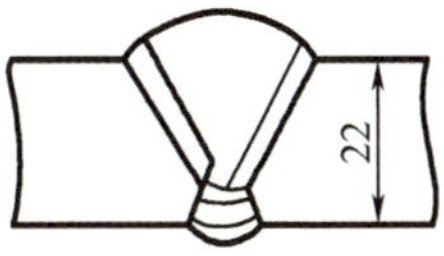	1/3反面手弧焊，正面埋弧焊1层	2.4
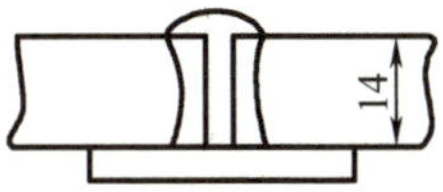	钢垫板上埋弧焊1层	0.6
	手弧焊（深熔焊条）	1.6
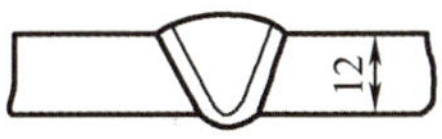	向右气焊	2.3

表 1-1-8(续)

焊接接头截面	焊接方式	横向收缩变形量/mm
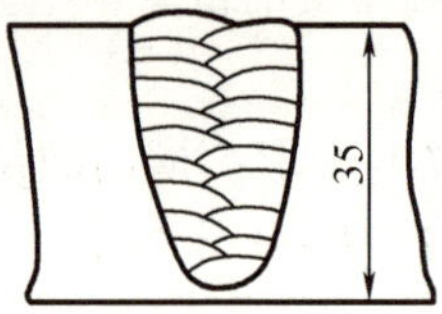	手弧焊道,反面未焊	3.2
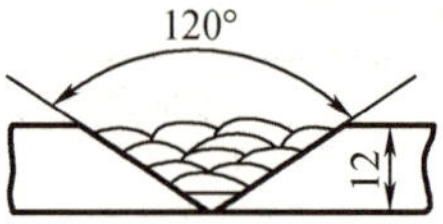	手弧焊	3.3
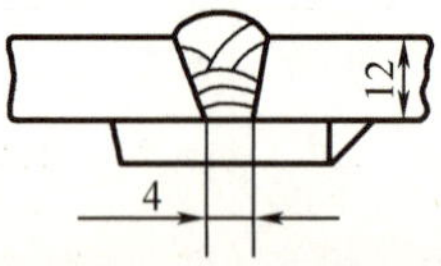	手弧焊(加垫板单面焊)	1.5

对接接头横向收缩变形量的近似计算公式见表 1-1-9。

表 1-1-9　对接接头横向收缩变形量的近似计算公式

坡口形式	横向收缩变形量计算公式
Y 形	$\Delta L_h=0.1\delta$[①] $+0.6$
双 Y 形	$\Delta L_h=0.1\delta+0.4$

注:δ 为板厚(单位 mm)。

当两板自由对接、焊缝不长、横向没有约束时,横向收缩变形量要比纵向的大得多。

(3)弯曲变形及角变形

①弯曲变形及角变形产生的情形

如果焊件上的焊缝不位于焊件的中性轴上,并且相对于中性轴不对称(上下、左右),则焊后焊件将会产生弯曲变形。如果焊缝集中在中性轴下方(或下方焊缝较多),则焊件焊后将产生上拱弯曲变形;相反,如果焊缝集中在中性轴上方(或上方焊缝较多),则焊件焊后将产生下凹弯曲变形。如果焊件相对焊件中性轴左、右不对称,则焊后将产生旁弯,焊件产生弯曲变形的焊缝位置见表 1-1-10。

②焊件产生角变形的原因及其数值

焊接时,由焊接区沿板材厚度方向不均匀的横向收缩引起的回转变形称为角变形。产生角变形的原因是,焊缝的截面总是上宽下窄,因而横向收缩变形量在焊缝的厚度方向上分布不均匀,上面大、下面小,结果就形成了焊件的平面偏转,两侧向上翘起一个角度。电渣焊缝由于焊缝厚度均匀,所以焊后焊件基本上不产生角变形。

表 1－1－10　板对接焊件产生弯曲变形和角变形的焊缝位置列表

焊缝图例	说明
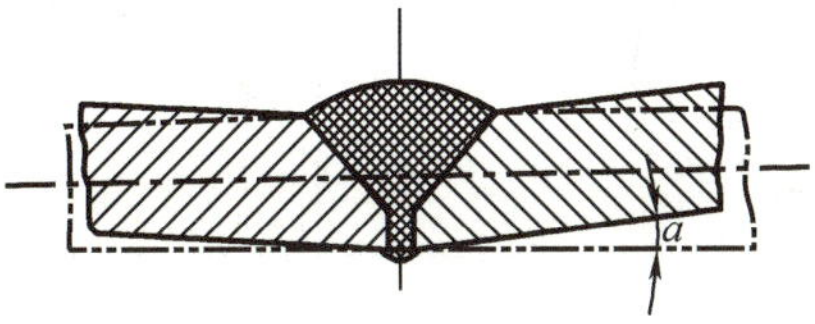	Y 形坡口，焊缝重心在焊件中性轴上侧，焊后产生角变形
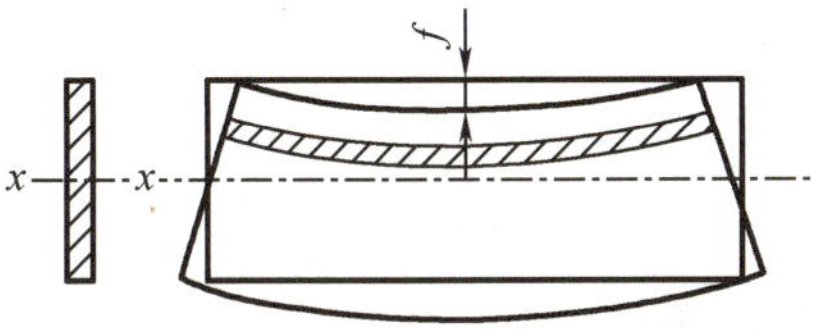	焊缝位于焊件中性轴上侧，焊后产生弯曲变形

有色金属和薄板，由于焊接过程中熔池承托不住焊件的质量，使两侧板下垂，结果会引起相反方向的角变形。

低碳钢对接接头在自由状态下，焊后角变形的实验值见表 1－1－11。

表 1－1－11　焊后角变形的实验值

焊接接头横截面	焊接方式	角变形量/(°)
	手弧焊 2 层	1
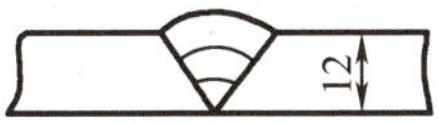	光焊条手弧焊	1.4
	单面手弧焊 5 层	3.5
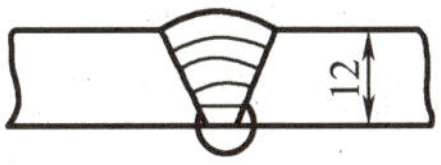	正面手弧焊 5 层，反面清根焊 3 层	0
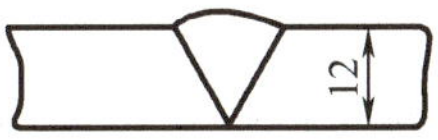	向右气焊	1
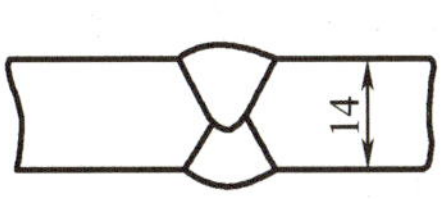	两面同时垂直气焊	0

表 1 - 1 - 11(续)

焊接接头横截面	焊接方式	角变形量/(°)
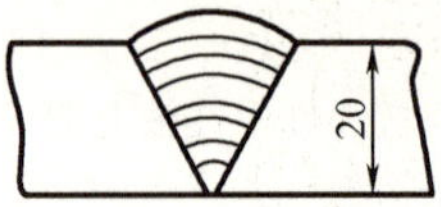	手弧焊 8 层	7
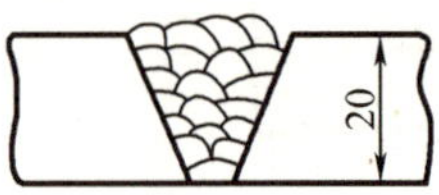	手弧焊 22 道	13
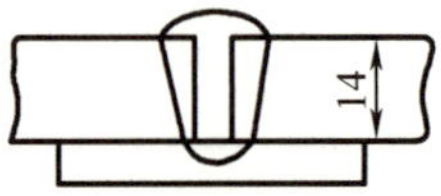	铜垫板上埋弧焊 1 层	0
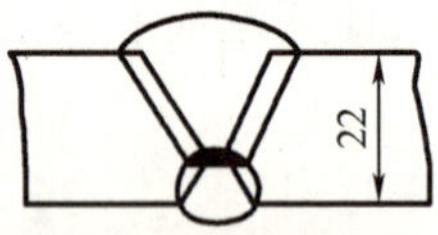	1/3 手弧焊,2/3 埋弧焊	3
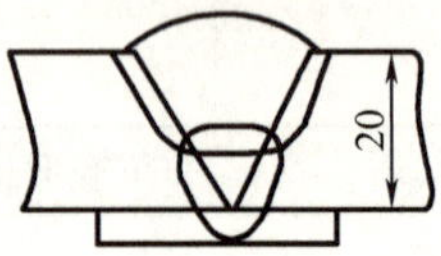	铜垫板上埋弧焊 2 层	5

2. 板对接焊变形控制

(1)双面焊角变形控制

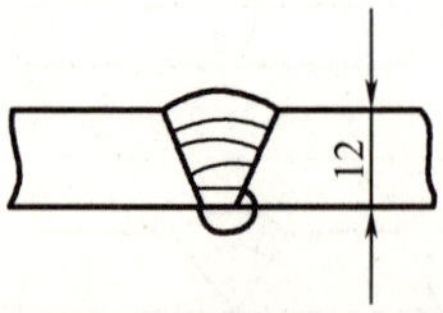

图 1 - 1 - 8　双面焊控制角变形示意图

板对接的变形主要是角变形,对于双面焊的角变形,可通过控制两面的焊接顺序和层数来控制焊接残余变形。如图 1 - 1 - 8 所示,Y 形坡口中厚板对接焊,可采用正面手弧焊 5 层、反面清根焊 3 层的双面焊抵消两面的角变形。

(2)横向收缩

由于引弧端温度比收弧端温度低,因此引弧端横向收缩变形量小于收弧端横向收缩变形量。单面焊双面成形时,一般采用引弧端根部间隙小于收弧端根部间隙的方法来预防横向收缩不均匀的问题,双面焊时有反面清根再焊,温度分布相对均匀,所以一般不留间隙或留 0 ~ 0.5 mm 间隙。

3. 装配定位要领

按图 1 - 1 - 9 将两块焊件平放在装配平台上,使两块焊件保持在同一水平面,装配成对接接头,装配时不需要留间隙,然后采用与正式焊接相同的焊条在焊件两端分别进行点焊装配,一般焊点长度 5 ~ 10 mm,厚度 7 ~ 8 mm。装配后两块焊件错边量应不大于 0.5 mm,焊点应无表面气孔、夹渣和未熔合等缺陷。

点焊后应将焊点渣壳敲掉并打磨至金属光泽,呈斜坡状,以便于接头。

图 1-1-9　12 mm 板对接双面焊装配定位示意图

知识点 7:焊条电弧焊安全操作规程

1. 一般情况下的安全操作规程

(1)做好个人防护。焊工操作时必须按劳动保护规定穿戴防护工作服、绝缘鞋和防护手套,并保持干燥和清洁。焊接时必须使用电弧焊专用面罩,保护眼睛和脸部,同时注意避免弧光伤害他人。

(2)焊接工作前,应先检查设备和工具是否安全可靠。不允许未进行安全检查就开始操作。

(3)焊工在更换焊条时一定要戴电焊手套,不得赤手操作。在带电情况下,不要将焊钳夹在腋下而去搬动焊件或将电缆线绕挂在脖颈上。

(4)在特殊情况下(如夏天身体大量出汗,衣服潮湿时),切勿倚靠在带电的工作台、焊件上或接触焊钳等,以防发生事故。在潮湿地点焊接作业时,地面应铺上橡胶板或其他绝缘材料。

(5)焊工推拉闸刀时,要侧身向着电闸,防止电弧火花烧伤面部。

(6)下列操作应在切断电源开关后进行:改变焊机接头;更换焊件需要改接二次线路;移动工作地点;检修焊机故障和更换熔断丝。

(7)焊机安装、修理和检查应由电工进行,焊工不得擅自拆修。

(8)焊接前,应将作业现场 10 m 以内的易燃易爆物品清除或妥善处理,以防止发生火灾或爆炸事故。

(9)使用行灯照明时,其电压不应超过 36 V。

(10)清渣时要注意焊渣飞出方向,防止焊渣烫伤眼睛和脸部;焊件焊后要用火钳夹持,不准直接用手拿,并应放在边缘固定的地方;电弧焊工作场所的通风要良好。

(11)焊条、工具要放在固定地点;焊完的焊条头不能超过 40 mm,并且不准乱扔,应丢在固定的角落,防止火灾和踩踏。

(12)工作完毕离开作业现场时须切断电源,清理好现场,特别是焊把线、搭铁线应盘放整齐,防止留下事故隐患。

2. 设备的安全检查

(1)设备安全检查的必要性

焊接工作前,应先检查焊机和工具是否安全可靠,这是防止触电事故及其他设备事故的非常重要的环节。

(2)焊条电弧焊施焊前对设备检查的项目

①检查电源的一次、二次绕组绝缘与接地情况。应检查绝缘是否可靠、接线是否正确、电网电压与电源铭牌是否吻合。

②检查电源接地可靠性。

③检查噪声和振动情况。

④检查焊接电流调节装置的可靠性。

⑤检查是否有绝缘绕损。

⑥检查是否短路,焊钳是否放在被焊工件上。

实训活动

实训 1:图样识读

根据本任务图样要求和坡口规范,确定坡口具体尺寸,填写表 1 – 1 – 12。

表 1 – 1 – 12 坡口尺寸

板厚 δ	坡口角 α	钝边 p	根部间隙 b

实训 2:材料、工具、设备与工位领取及点检

按老师审核通过的焊接工艺卡领取材料、工具、设备及工位,并进行点检。

1. 按表 1 – 1 – 13 领用清点焊件材料、工具及设备

表 1 – 1 – 13 材料、工具及设备领用表

序号	领用项名称	规格	数量	领用清点
1	焊件材料	尺寸: 型号:	2 块	
2	清理工具:角磨机		1 台	
3	清理工具:钢丝刷		1 把	
4	清理工具:敲渣锤		1 把	
5	清理工具:锤子		1 把	
6	清理工具:錾子		1 把	
7	辅助用具:保温桶		1 个	
8	检测工具:焊缝检测尺		1 把	
9	劳保防护用具	焊接防护服 1 套、焊接劳保鞋 1 双、脚盖 1 套、焊接手套 1 副、护目镜 1 副	1 套	
10	焊接防护面罩		1 把	
11	焊接设备	ZX7 – 400 弧焊电源 1 台、电缆 1 套、焊钳 1 把、引弧板 2 块	1 套	

表 1－1－13(续)

序号	领用项名称	规格	数量	领用清点
12	焊接实训工位	三面围挡独立焊接操作空间:配焊接专用电源开关及接线插座1套、焊接工作台架1套、排气排烟设施1套、移动遮光挡板(或遮光帘)1套、警戒标识设施1套	1个	

2. 进行焊前准备工具、设备等的点检

按表1－1－14的内容进行逐项核对点检,对于发现的问题进行处理或报告管理人员进行处理,确保安全。

表 1－1－14 焊前基础点检表

序号	点检内容		点检	问题与处理记录
1	防护用品的穿戴	电弧焊工作服:无破损,扣好,领口、袖口扎紧	□合格 □不合格	
2		劳保鞋:无破损,尺码合适,鞋带扎紧	□合格 □不合格	
3		脚盖:无破损,正确扎进裤筒内,盖住脚面	□合格 □不合格	
4		焊接手套:无破损,套住手和衣袖	□合格 □不合格	
5		口罩:无破损,佩戴正确	□合格 □不合格	
6	焊接设备及用具	电源开关:电压指示正常、接线紧固无破损、电流保护复位正常	□合格 □不合格	
7		电焊机:进线接线正确、牢固无破损;电压电流指示正常,调节正常,接地正确	□合格 □不合格	
8		输出电缆与焊把:输出电缆接线正确、牢固、无破损;焊把无破损、接线牢固无外露、操作灵活	□合格 □不合格	
9		面罩:无破损,遮光镜片无破损、无油污;紧固无晃动	□合格 □不合格	
10		护目镜:完好	□合格 □不合格	
11		开坡口工具:锉刀——手柄牢固、纹齿正常;角磨机——无破损,能正常使用,砂轮片在正常使用范围	□合格 □不合格	
12		除渣工具:敲渣锤、锤子手柄牢固,錾子、钢丝刷无缺损	□合格 □不合格	
13		焊条保温桶:无破损,能合盖,保温良好	□合格 □不合格	
14		焊缝检测尺:无损坏,刻度线清晰,操作灵活,能正确调零	□合格 □不合格	

表 1-1-14(续)

序号		点检内容	点检	问题与处理记录
15	作业环境	有无易燃易爆物品	□合格 □不合格	
16		灭火器:齐全,压力指示正常	□合格 □不合格	
17		隔断:能隔断与周围区域的弧光与飞溅火星	□合格 □不合格	
18		通风、排烟、除尘良好	□合格 □不合格	
19		周围人员:周围是否有其他人员,做好提醒	□合格 □不合格	
20		作业指示警示牌:醒目,正确放置	□合格 □不合格	

实训 3:坡口打磨

根据任务单确定的坡口尺寸进行加工或确认,然后进行坡口打磨,填写检测表 1-1-15。

表 1-1-15 坡口尺寸检测表

坡口角度 α		钝边尺寸 p	
设计值	加工值	设计值	加工值
说明焊缝两侧打磨清理范围及尺寸			

实训 4:焊条选择

根据前面制订的焊接工艺进行焊条选择,填写表 1-1-16。

表 1-1-16 选择的焊条

焊接部位/层数	焊条型号	焊条牌号	焊条直径

说明焊条选择的理由,以及焊条还需进行怎样的处理。

实训5:焊接工艺参数确定与调试

采用直流弧焊电源,根据前面已焊接工艺进行焊接电流选择,然后试焊调整各电流,填写表1-1-17。

表1-1-17　焊接工艺参数

焊接部位/层数	焊条型号	焊条牌号	焊条直径	初设焊接电流	试焊调整电流

实训6:装配定位

1. 角变形控制工艺方案

根据本任务的工艺要求,描述角变形的控制方案为:

2. 横向收缩变形控制工艺方案

根据本任务的工艺要求,描述横向收缩变形的控制方案为:

3. 定位焊

按以上方案,装配定位好焊件,用与正式焊接相同的焊条在焊件焊缝坡口两端进行定位焊,焊点长 δ 为 10 mm 左右,并且牢固,如图1-1-9所示。

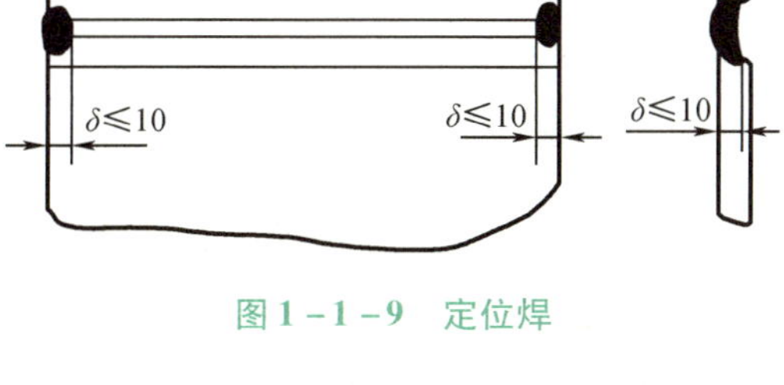

图1-1-9　定位焊

然后再测量坡口的整体尺寸,填写表1-1-18。

表 1-1-18 坡口尺寸

坡口角度 α		钝边尺寸 p		错边量	
设计值	定位后值	设计值	定位后值	设计值	定位后值

子任务 1-1-2 焊接操作

知识积累

知识点 1:任务解析

任务实施路线:打底、填充、盖面、反面清根、封底。

知识点 2:焊接方向——右焊法与左焊法

焊接方向是焊枪(或焊钳等)焊接过程中运条的走向,焊钳及焊条的 3 种不同焊接方位具有不同的焊接效果,得到的熔深和熔宽不同(图 1-1-10)。因此我们在焊接时,需要根据不同的焊接部位选择不同的焊接方位。

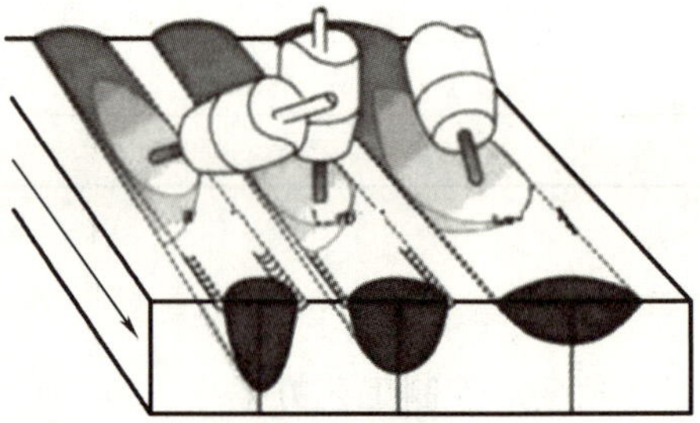

图 1-1-10 焊接方位对熔深熔宽的影响

右焊法又叫后退焊法,俗称“拉着焊”,如图 1-1-11 (a)所示,是指焊接过程中,从一条焊缝的左端向右端焊接,焊钳(焊嘴)在焊条(焊丝)的前面,这种焊接方法称为右焊法。图 1-1-11(a)就是右焊法,其焊接速度较快,而且能够得到较深的熔深,熔宽较小,所以一般中厚板的焊接都用此法。采用右焊法时,熔池能得到良好的保护,且加热集中,热量可以充分利用,并由于电弧的吹力作用将熔池金属推向后方,可以得到外形比较饱满的焊缝。但是焊接时不便观察,不易准确掌握焊接方向,容易焊偏,尤其是在焊接对接接头时。

与之对应的左焊法又叫前进焊法,俗称“推着焊”,如图 1-1-11(b)所示。向左焊时,焊条指向待焊部位,焊接过程自右向左,焊钳(焊炬)在焊条(焊丝)后面移动。前进焊法因前进的火焰具有预热效果,焊接速度较快,而且能够得到较浅的熔深,所以一般薄板的焊接都用此法。采用左焊法时,电弧对焊件有预热作用;能得到较深的熔深,焊缝成形得到改善。采用左焊法时虽然观察熔池有些困难,但能清楚地看到待焊接头,易掌握焊接方向,不会焊偏。

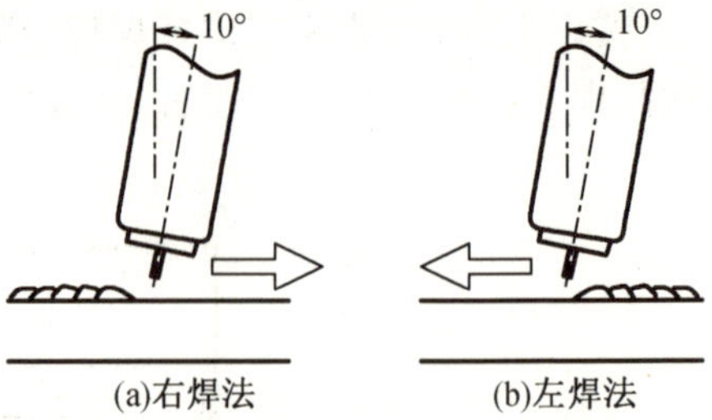

图 1-1-11 焊接方向示意图

采用左焊法时,在电焊吹力作用下,熔渣被吹到熔池前面,两者分离较困难,容易引起夹渣,所以焊条电弧焊常常采用右焊法。

知识点3:打底焊

1. 操作要点

将装配好的焊件放在工装平台上,开V形坡口的一面朝上,焊件下垫角钢或槽钢,使焊件焊缝下面悬空。

(1)操作者姿势

自然站立,双脚与肩同宽,蹲下后,双脚脚板全部着地,身体微微前倾,保证身体平稳、焊接视线良好。

(2)引弧

从焊件间隙窄的一端引弧,引弧有直击法和划擦法,如图1-1-12所示。初学者一般用直击法进行焊接,酸性焊条多用直击法,碱性焊条多用划擦法。

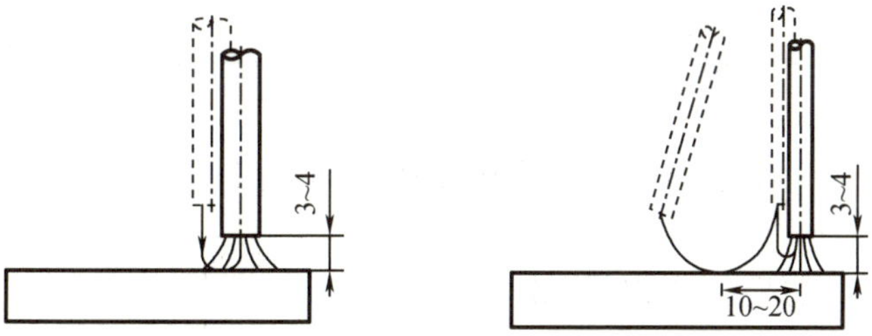

(a)直击法 (b)划擦法

图1-1-12 引弧方法示意图

①直击法

用电焊条在焊件表面轻轻点击,然后迅速将焊条提起2~4 mm的距离,使之产生电弧,电弧引燃后保持距离,使电弧稳定燃烧。

直击法引弧可在起焊处进行,污染焊件轻,但焊条与起焊点碰击时不能用力过猛,以防药皮脱落,造成电弧的暂时偏吹等。引弧后,迅速将电弧移至焊处并稍停片刻,进行必要的预热,然后将电弧适当拉长(约为焊条直径的1.5倍),再将电弧压短至2~4 mm(弧长相当于焊条直径),并在起焊点的坡口根部加热,形成熔池,进行正常焊接。

引弧后的操作与划擦法相同。接头连接采用直击引弧法时,引弧应在弧坑(熔池端部)一侧坡口上进行。

②划擦法

将电焊条下端像划火柴一样划擦焊件的焊缝表面,划擦长度约20 mm,引燃电弧后迅速提起焊条,到离焊件表面2~4 mm时便产生了电弧,保持2~4 mm电弧高度,使电弧稳定燃烧。

划擦法容易掌握,但操作不熟练时易污染焊件。为减少对焊件的污染,引弧应在坡口内进行,划动长度尽量短些(以20~25 mm为宜)。引弧后的操作与直击法相同。

③接头处引弧

接头连接时的引弧应在弧坑前15 mm的坡口面上进行,然后回到弧坑处稍停片刻后,将电弧压短继续正常焊接。接头连接的操作应注意保持整体焊缝相同的高度和宽度,以保证焊缝质量。为此,断弧时间越短越好,如果属于需更换焊条的断弧,应使更换焊条的操作尽量熟练、迅速。

④引弧注意事项

引弧时钢板温度比较低,焊条药皮还没有充分发挥作用,起弧时会出现起弧点焊缝较高、熔深较浅,并容易产生气孔,所以应在距端部8~10 mm处引弧。引燃后,拉长电弧,移至焊缝端头进行预热,预热后压低电弧进行焊接。这种引弧方法即使在引弧处产生气孔,也能在电弧通过时,将部分金属熔化,使气孔消除,并且不留引弧擦痕。为保证电弧起点处能够焊透,可将电弧适当摆动,从而保证焊口两侧足够的停留时间,形成一定大小的熔池。

如果引弧时发生焊条粘住焊件,只要将焊条左右摆动几下,就可以使其脱离焊件。若仍无法脱离焊件,应迅速松开焊钳,切断电源,以免短路时间过长而损坏焊机。

(3)焊接

焊条电弧焊双面焊装配不留间隙,打底时一般采用直线运条或直线往复的连弧焊方法。

2. 操作要领

(1)在试板左端定位焊缝处引弧,并用长弧稍作停留进行预热,然后压低电弧连续做直线运动或直线往复运动。

(2)焊条与焊件横向两侧成90°,即沿着前进方向,并与前进方向成70°~80°夹角进行运条。

(3)更换焊条时的接头方法:在换焊条时,应迅速更换焊条,在弧坑后部20 mm左右处起弧,当引弧后应在弧坑后10 mm左右处压低电弧,运条到弧坑根部,并将焊条往熔孔中压下,继续按以前的方法运行,如图1-1-13所示。

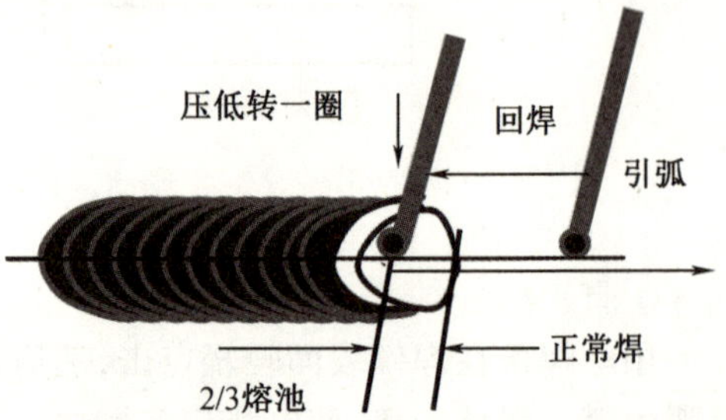

图1-1-13　接头方法示意图

知识点4:填充焊

操作要点:

(1)焊缝打底完成后,将焊渣、飞溅等用敲渣锤、钢丝刷等清理干净。

(2)根据板厚,填充层常采用多层多道焊,但各层焊道不要太厚,如果采用过厚的填充层,需用较大的焊接电流、较小的焊接速度及较大的焊条直径,这样虽然可以提高焊接效率,但是很容易出现焊缝过烧的现象,而直接影响焊缝的塑性和冲击韧性。因此,焊接层数不宜过少,填充层不宜过厚,尤其一些重要结构,一般每层厚度最好不大于4 mm。12 mm厚的板材一般填充2~3层,如图1-1-14所示,2层和3层为填充层。

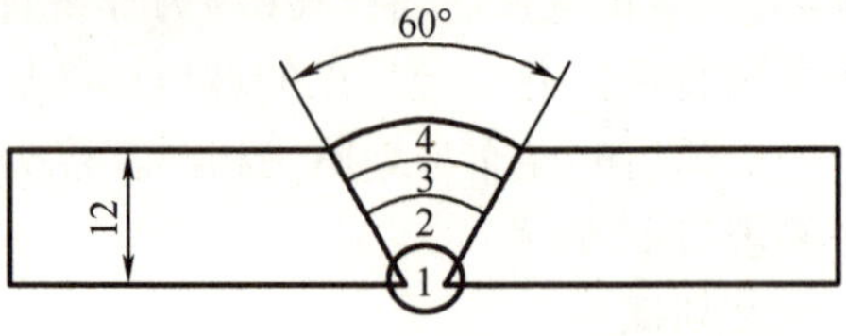

图1-1-14　焊接层数示意图

(3)最后一层填充层的高度低于母材表面1~2 mm,焊道平整,并应形成平状或轻微凹形,不能熔化坡口两侧的棱边线,以利盖面层保持平直,以便盖面时能够看清坡口,为盖面焊打好基础。

(4)填充焊与打底焊相比,采用较大的焊条直径、较大的焊接电流、较大的焊接速度,短弧焊接。采用连弧焊接,运条手法采用正月牙形或锯齿形,焊条与板件的下倾角为75°~85°。

(5)填充焊时,在距焊缝始焊端上方约 15 mm 处引弧后,将电弧迅速移至始焊端施焊,每层始焊及每次接头都应按照这样的方法操作,避免产生缺陷。

(6)填充焊时,焊枪的横向摆动较打底焊时稍大些。同时,焊枪从坡口的一侧摆至另一侧时速度要稍快,防止焊道形成凸形。焊条摆动到两侧坡口边缘时,要稍作停留,保证电弧在两侧坡口有一定的熔深,以利于熔合和排渣,防止焊缝两边未熔合或夹渣。每层焊完后用清渣工具进行层间清理,必须清理掉前一焊层的飞溅和熔渣,不平的地方磨平,然后进行其余各层的焊接,如图 1－1－15 所示。

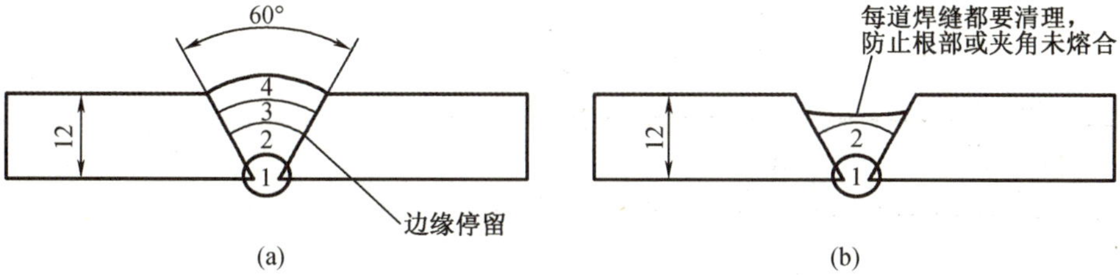

图 1－1－15　填充层边缘及表面处理示意图

知识点 5:盖面焊

操作要点:

盖面层引弧操作方法与填充层相同。

(1)焊条与板件下倾角为 75°～85°,采用锯齿形或月牙形运条。

(2)焊条左右摆动时,在坡口边缘稍作停留,良好熔合坡口棱边线,以免产生咬边。

(3)当焊条从一侧到另一侧时,中间电弧稍抬高一点,保持熔池形状。焊条摆动的速度较平焊稍快一些,前进速度要均匀,每个新熔池需覆盖前熔池 2/3～3/4,如图 1－1－16 所示。

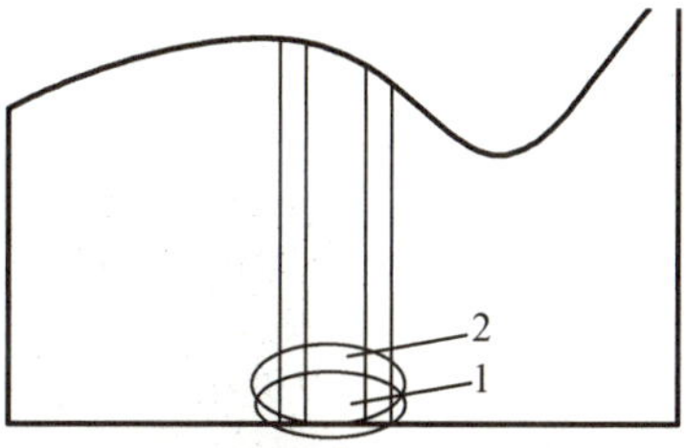

1—前熔池;2—后熔池。

图 1－1－16　盖面层熔池示意图

(4)盖面层的接头方法:换焊条收弧时,应对熔池稍添熔滴铁水,然后迅速更换焊条,并在弧坑前约 10 mm 处引弧,然后将电弧退至弧坑的 2/3 处,填满弧坑后就可正常进行焊接。接头时应注意位置恰当,若接头位置偏后,会使接头部位焊缝过高;若偏前,则会造成焊道脱节。

(5)盖面层的收弧可采用 3～4 次断弧引弧收尾,以填满弧坑,使焊缝平滑为准。

知识点 6:反面清根与封底

1. 封底焊道与打底焊道之间的差别

封底焊是在单面坡口对接焊时,先焊完正面坡口焊缝,在背面铲清焊根后,再进行的一道焊接,如图 1－1－17 所示。其目的是保证焊缝根部完全熔合。

打底焊是在厚板单面坡口对接焊时,为了防止角变形或为了防止自动焊时发生烧穿现象,在接缝正面根部施焊的第一道焊,或者先在背面坡口根部进行的一道焊接,如图 1－1－18所示。

2. 清根

清根是全熔透焊缝的操作。要求完全焊透的焊缝,单面焊时应加衬底,双面焊时应清根。对于质量要求较高的双面焊接成形的全熔透焊缝(焊后要求进行无损探伤,如用超声检测(ultrasonic testing,UT)和射线检测(radiographic test,RT)探伤合格的情况),在施焊完一面对反面施焊之前,使用适当的工具从反面对完成的焊缝根部清理的过程,称为清根。

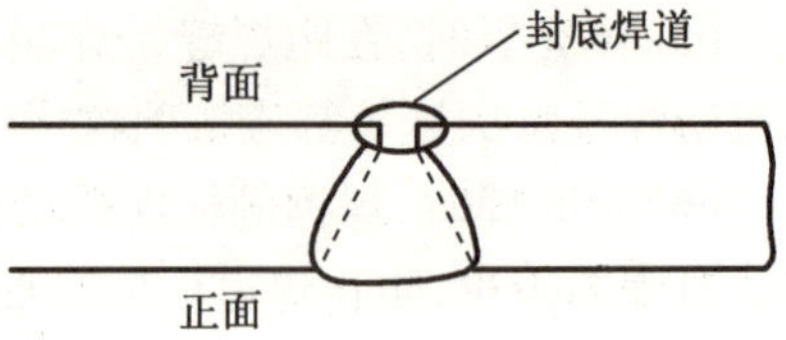

图 1－1－17 封底焊示意图

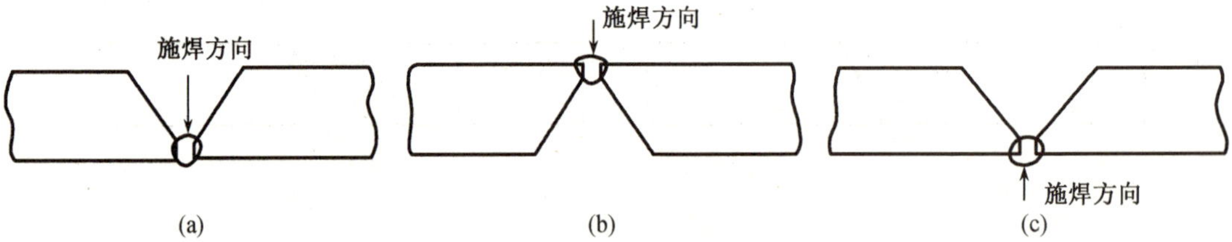

图 1－1－18 打底焊示意图

(1)清根的作用

①清除正面焊缝根部的缺陷(如气孔、凹坑、杂质等,如图 1－1－19 所示)。

②打出背面合适的焊接坡口(原坡口已经被正面焊缝破坏),从而保证焊缝的 UT 和 RT 探伤合格,使焊缝的质量达到使用要求。

图 1－1－19 焊缝根部背面具有缺陷

(2)清根的方法与要求

一般焊缝可以用碳弧气刨、风动铲子、电动砂轮、机械加工、气割等来清根。特殊焊缝(如核电设备)不允许使用碳弧气刨,因为它会对焊缝造成渗碳,从而产生不可预知的影响。清根要加工出一条便于焊接的沟槽,沟槽要完全露出优质的焊缝金属和母材,不能留有夹渣、气孔、裂纹、焊瘤、未焊透等缺陷。沟槽要平直、平整,宽度要大于焊条的直径,以便于焊接操作,确保焊透。清根后的效果如图 1－1－20 所示。

对于用碳弧气刨清根的,需对沟槽内表面及母材坡口边缘 20～30 mm 处用角磨机等打磨干净,最后用钢丝清理刨槽内的焊渣、铁屑等杂物,防止遗留或造成夹碳、渗碳、夹渣、气孔等缺陷。

3. 封底焊的操作

焊件背面用碳弧气刨清除焊根后进行封底焊，首先要判断采用一道盖面能否填满焊缝，如果清根时刨得比较深，则需要先填充然后再封底盖面，其效果与操作者的熟练程度和手法有很大关系。一般情况下，12 mm 厚焊件需要填充一道，然后再封底盖面，具体填充和盖面操作方法与正面相同。清根后的效果如图 1－1－20 所示。

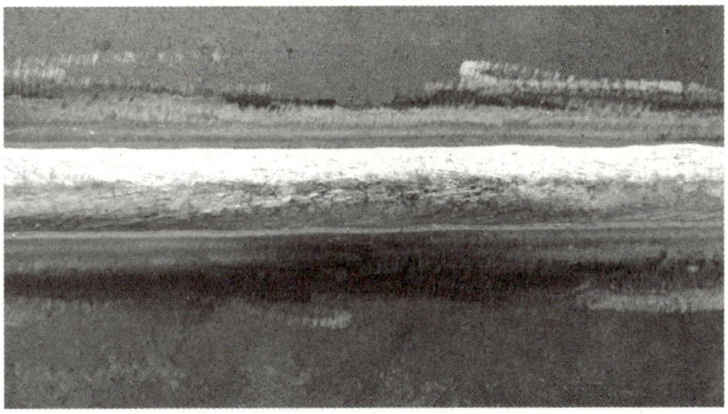

图 1－1－20 清根后的效果

实训活动

1. 打底焊

对本任务进行打底焊，选择焊接方向为________，运条方式为________。

对打底焊的结果结合之前的一些标准进行综合描述性评价，并填表 1－1－19。

表 1－1－19 打底焊记录表

焊道数	引弧	接头	结尾	直线度	熔深	熔宽

其他：

夹渣情况____

平整度情况____

改善措施：

2. 填充焊

按操作规范调试电源电流，进行本任务的填充焊，高度低于母材 1.5 ~ 2 mm，不能熔化坡口两侧的棱边。同步检查每层的焊接质量,填写表1-1-20。

表1-1-20 填充焊记录表

焊接部位/层数	焊条型号	焊条牌号	焊条直径	焊接电流	主要焊接缺陷检查
					□夹渣 □气孔
					□夹渣 □气孔
					□夹渣 □气孔
					□夹渣 □气孔
					□夹渣 □气孔
					□夹渣 □气孔

综合:

填充焊层距离母材上表面的距离为________;________(是/否)破坏坡口棱边。

改善措施:

3. 盖面焊

按操作规范调试电源电流,进行本任务的盖面焊,高度低于母材1.5~2 mm,不能熔化坡口两侧的棱边。同步检查每层的焊接质量,填写表1-1-21。

表1-1-21 盖面焊记录表

焊接部位/层数	焊条型号	焊条牌号	焊条直径	焊接电流	主要焊接缺陷检查
					□夹渣 □气孔 □咬边

综合:

夹渣缺陷点的数量为________;气孔缺陷点的数量为________;咬边缺陷点的数量为________;测量角变形量为________。

改善措施:

4. 碳弧气刨清根

(1)准备

刨削前应先检查电源的极性是否正确,检查电缆及气管是否接好,并根据工件厚度、槽的宽度选择碳棒直径和调节好电流。调节碳棒伸出长度为80~100 mm。检查压缩空气管路和调节压力,调整风口并使其对准刨槽,完成表1-1-22。

表 1-1-22 碳弧气刨工艺表

电源极性接法	碳棒规格	焊接电流	压缩空气气压	刨削速度

(2)引弧

引弧时,应先缓慢打开气阀,随后引燃电弧,否则易产生“夹炭”和碳棒烧红。电弧引燃瞬间,不宜拉得过长,以免熄灭。

(3)刨削

因为开始刨削时钢板温度低,不能很快熔化,所以在电弧引燃后,刨削速度应慢一点,否则易产生夹碳。当钢板熔化且被压缩空气吹去时,可适当加快刨削速度。刨削过程中,碳棒不应横向摆动和前后往复移动,只能沿刨削方向做直线运动。

①碳棒倾角按槽深要求而定,倾角可为 25°~45°。

②刨削时,手的动作要稳,对好准线,碳棒中心线应与刨槽中心线重合;否则,易造成刨槽形状不对称。

③在垂直位置气刨时,应由上向下移动,以便焊渣流出。

④要保持均匀的刨削速度。刨削时,均匀清脆的“嘶、嘶”声表示电弧稳定,能得到光滑均匀的刨槽。每段刨槽衔接时,应在弧坑上引弧,防止碰触刨槽或产生严重凹痕。

⑤刨削结束时,应先切断电弧,过几秒后再关闭气阀,使碳棒冷却。

⑥刨槽后应清除刨槽及其边缘的铁渣、毛刺和氧化皮,用钢丝刷清除刨槽内炭灰和“铜斑”,并按刨槽要求检查焊缝根部是否完全刨透,缺陷是否完全清除。

碳弧气刨清根完成后,进行刨槽外观检查和尺寸测量,观察、记录并思考总结完成表 1-1-23。

表 1-1-23 碳弧气刨清根评分表

评价内容	评价标准	分值	自评得分	教师评分	综合得分
刨槽对称性	应对称	2			
刨槽位置	按图纸应在焊缝中心对称	2			
平整光滑度	沿焊缝直线度好、宽度一致,深浅一致,槽壁与槽底光滑平整	2			
其他缺陷	无夹碳、无渗碳、无铜斑	2			
刨槽宽度	3 mm	1			
刨槽深度	2 mm	1			
练习心得、反思、发现与疑问					

5. 封底焊

调试焊接参数,实施封底焊,焊接完成后,进行背面焊缝外观检查,观察、记录并思考总结,完成表 1-1-24。

表 1-1-24 封底焊记录表

焊接部位/层数	焊条型号	焊条牌号	焊条直径	焊接电流	主要焊接缺陷检查
					□夹渣 □气孔 □咬边

综合：

夹渣缺陷点的数量为________；气孔缺陷点的数量为________；咬边缺陷点的数量为________；测量角变形量为________。

改善措施：

子任务 1-1-3 焊缝清理与检查

知识积累

知识点 1：任务解析

任务实施路线：焊后处理、质量检查。

知识点 2：焊缝清理与质量检查

焊件焊接完毕后，用敲渣锤、钢丝刷等清理掉焊缝上的焊渣、飞溅等，或用砂布重新打磨一遍焊缝，不得存在焊渣、焊点、毛刺等，焊缝应光滑、平整，保证焊件的"边齐、面平"，包括焊件上开口边缘的垂直平行度，但不能破坏焊缝原始表面。焊后对焊缝表面质量进行检验，肉眼观察或用低倍放大镜检查焊缝表面是否有气孔、裂纹、咬边等缺陷，用钢直尺、钢角尺、焊缝检验尺对焊缝进行外观质量和外观成形尺寸检查。

焊缝余高：

一般不对焊缝进行抛光处理，有焊瘤则只需要打磨焊瘤（除特殊要求的焊件还需用角磨机等进行焊缝表面打磨抛光）。对于打磨必须了解焊缝余高的要求及其处理办法，焊缝余高如图 1-1-21 所示。

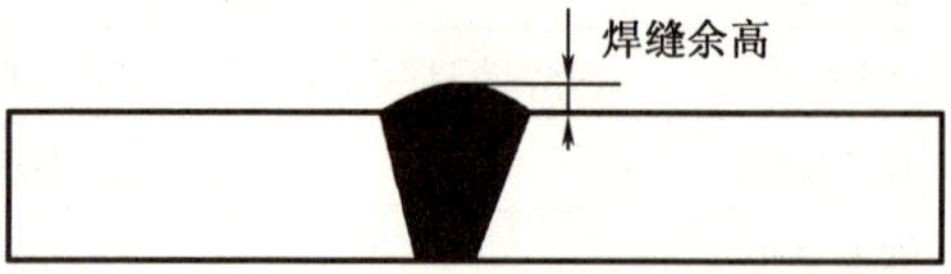

图 1-1-21 焊缝余高示意图

（1）焊缝余高定义

余高指的是鼓出母材表面的部分或角焊末端（即焊趾）连接线以上部分的熔敷金属。

（2）焊缝余高的作用

在焊接过程中应该有焊缝余高，因为它能够对焊缝起保温、缓冷和回火的作用，有利于细化晶粒、减少焊接应力。同时，焊缝余高也会成为气孔等杂物的收集区，而使其不易进入焊缝内部。

(3)焊缝余高的坏处

余高对疲劳寿命会产生影响。疲劳破坏一般要经历三个过程:生核(即产生疲劳裂纹源)、疲劳裂纹的扩展和断裂。焊缝余高表面难免会存在某些缺陷,如咬边、裂纹、夹杂、未焊满等,这些焊接缺陷都可能成为疲劳裂纹源,加速疲劳裂纹的扩展和断裂,从而影响使用寿命。中国和日本曾经联合做过试验,打磨后没有余高的设备比发现有余高的设备使用寿命长2.0~2.5倍。

同时,余高过大,焊缝表面凸起,过渡不圆滑,焊趾处易造成应力集中,对焊接结构承载动载不利。焊缝的余高越大,应力集中程度越严重,焊接接头的强度会降低。焊后磨平余高,只要不低于母材,减少应力集中,可以提高焊接接头的强度。

理想的无余高而又不凹的焊缝较难获得,因此焊接过程中要限制余高尺寸。

(4)焊缝余高的控制

焊接余高的控制有两方面:一是在焊接中调整好焊接线能量。线能量大,不仅使熔深大,焊缝余高也大,如不开坡口或U形槽,焊缝余高就更大。二是焊后处理中对焊缝进行打磨处理。

知识点3:质量检测

焊后对焊缝表面质量进行检验,肉眼观察或用低倍放大镜检查焊缝表面是否有气孔、裂纹、咬边等缺陷。用焊缝量尺测量焊缝外观成形尺寸。焊缝目视检测项目及要求见表1-1-25。

表1-1-25 焊缝目视检测的项目及要求

检测项目	检测部位	质量要求	备注
清理质量	所有焊缝及其两侧25 mm范围内	无焊渣、飞溅及阻碍检测的附着物	
几何形状	焊缝与母材连接处	焊缝完整,不得有漏焊,连接处应圆滑过渡	
	焊缝形状和尺寸急剧变化的部位	焊缝高低、宽窄及结晶焊缝波纹应均匀	可用焊接检测尺等测量
伤痕补焊	母材机械划伤部位	伤痕部位不应有明显棱角和沟槽,伤痕深度不超过有关标准规定	

1. 焊缝检测尺及坡口尺寸测量

(1)焊缝检测尺的结构

焊缝检测尺(图1-1-22)是一种焊接检验尺,用来检测焊接件的各种坡口角度、高度、宽度、间隙和咬边深度等尺寸。如图1-1-23所示,焊缝检测尺主要由主尺、高度尺、咬边深度尺和多用尺四个零件组成。坡口加工后需要使用焊缝检测尺进行检测,以确保质量。

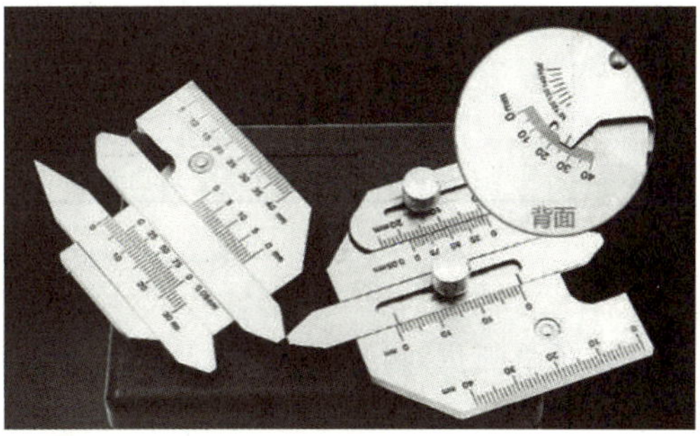

图1-1-22 焊缝检测尺

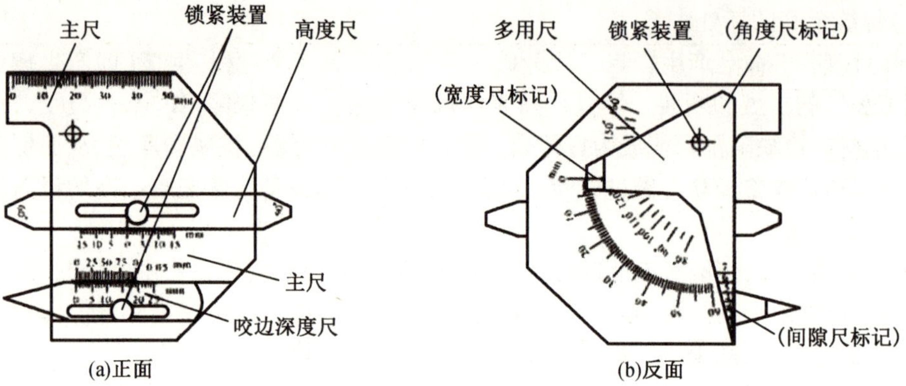

图 1－1－23　焊缝检测尺结构示意图

(2)测量焊件坡口角度和钝边尺寸

根据焊件所需要的坡口角度,用主尺与多用尺配合。看主尺工作面与多用尺工作面形成的角度,多用尺指示线所指示值为坡口角度。焊缝尺寸检测方法如图 1－1－24 所示。

用主尺即可测量钝边尺寸。

2. 焊缝尺寸不符合要求的类型及原因

焊缝尺寸不符合要求的类型包括焊缝超高、超宽、过窄、高低差过大、焊缝过渡到母材不圆滑、焊缝粗、外形高低不平、焊缝加强高度过低或过高、焊缝宽窄不一致、角焊缝单边或下陷量过大等。焊缝尺寸不符合要求的原因如下：

(1)焊件坡口角度不当或装配间隙不均匀;

(2)焊接电流过大或过小,焊接规范选用不当;

(3)运条速度不均匀,焊条(或焊把)角度不当。

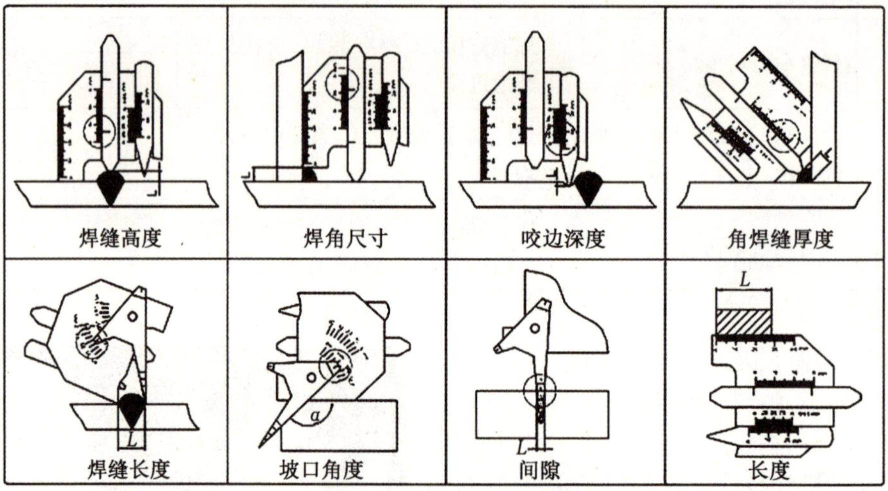

图 1－1－24　焊缝尺寸检测方法示意图

焊条电弧焊对接常见缺陷及产生原因见表 1－1－26。

表 1-1-26 焊条电弧焊对接常见缺陷及产生原因

序号	位置	缺陷种类	产生原因
1	打底层	烧穿	焊接电流过大,停留时间过长,直接熔透钝边,导致烧穿
2		夹渣和气孔	焊条未烘干,焊件未清理干净,焊条角度不正确,铁水和熔渣未分开
3		两侧熔合不好	熔池边缘和坡口两侧未完全熔合,停留时间不够
4	填充层	夹渣和气孔	焊条未烘干,焊件未清理干净,打底层清渣不彻底,铁水和熔渣未分开,操作技术不熟悉
5		两侧熔合不好	坡口两侧停留的时间不够
6		高度和位置较差	未达到焊缝低于母材 0.5~1.5 mm 的要求,坡口两侧棱边被熔化
7	盖面层	气孔和夹渣	焊条未烘干,焊件未清理干净,打底层清渣不彻底,焊条角度不正确,操作技术不熟悉
8		焊缝不美观	运条方式不正确,运条的速度过快或过慢,焊条角度不正确,操作技术不熟悉
9		断节、凹坑	接头时未将弧坑填满,收尾不饱满
10		角变形超差	未预制反变形,焊接顺序不合理

实训活动

1. 焊件焊后处理与检测评分

对焊件按规范进行焊后处理与检测评分,板对接焊缝外观评分标准见表 1-1-27,分值总分以 60 分计算,可以根据实际情况修改。

表 1-1-27 板对接焊缝外观评分标准

单位:mm

检查项目	评判标准及得分	评判等级				自测数据	自评分数	教师测量	教师评分	备注
		Ⅰ	Ⅱ	Ⅲ	Ⅳ					
焊缝余高	尺寸标准	≤2	>2~3	>3~4	<0 或 >4					
	得分标准	4 分	3 分	2 分	0 分					
焊缝高度差	尺寸标准	≤1	>1~2	>2~3	>3					
	得分标准	8 分	4 分	2 分	0 分					
焊缝宽度	尺寸标准	17~19	16~20	15~22	<15 或 >22					
	得分标准	4 分	2 分	1 分	0 分					
焊缝宽度差	尺寸标准	≤1.5	>1.5~2	>2~3	>3					
	得分标准	8 分	4 分	2 分	0 分					
咬边	尺寸标准	无咬边	深度≤0.5		深度 >0.5					
	得分标准	12 分	长度每 5 mm 扣 2 分		0 分					
正面成形	标准	优	良	中	差					
	得分标准	8 分	6 分	4 分	0 分					

表 1 – 1 – 27（续）

检查项目	评判标准及得分	评判等级				自测数据	自评分数	教师测量	教师评分	备注
		Ⅰ	Ⅱ	Ⅲ	Ⅳ					
背面成形	标准	优	良	中	差					
	得分标准	6 分	4 分	2 分	0 分					
背面凹度	尺寸标准	≤0.5	>0.5 ~ 1	>1 ~ 2	长度 >30					
	得分标准	2 分	1 分	0 分	0 分					
背面凸度	尺寸标准	≤2	>2 ~ 3	>1						
	得分标准	2 分	1 分	0 分						
角变形	尺寸标准	≤1	>1 ~ 3	>3 ~ 5	>5					
	得分标准	4 分	2 分	1 分	0 分					
错边量	尺寸标准	≤0.5	>0.5 ~ 1	>1						
	得分标准	2 分	1 分	0 分						
外观缺陷（裂纹、气孔、咬边、夹渣、未熔合等）记录										

内部质量评分标准

考核项目	考核要求	评分要求	自查数据	自评得分	教师检查	教师评分	备注
焊缝内部质量检查	焊件的射线检测按《焊缝无损检测　射线检测　第 1 部分：X 和伽玛射线的胶片技术》（GB/T 3323.1—2019）评定	Ⅰ级片无缺陷不扣分，Ⅰ级片有缺陷扣 5 分，Ⅱ级片扣 10 分，Ⅲ级片扣 15 分，Ⅳ级片扣 20 分					

焊缝外观（正、背）成形评判标准

优（10 分）	良（8 分）	中（6 分）	差（5 分）	自查数据	自评得分	教师检查	教师评分	备注
成形美观，焊缝均匀、细密，高低、宽窄一致	成形较好，焊缝均匀、平整	成形尚可，焊缝平直	焊缝弯曲，高低、宽窄相差明显					
焊件综合得分								

注：1. 若焊件未完成焊接，表面有修补痕迹及焊缝正反面有裂纹、夹渣、气孔、未熔合缺陷，则该件按 0 分处理。

2. 试板两端 20 mm 内的缺陷忽略不计。

2. 工位清理点检与评分

完工后按 9S 标准对工位进行清理点检，并做好记录，按表 1 – 1 – 28 进行评分。

表 1－1－28 完工后工位清理点检评分表

序号	点检内容		点检	评分标准	自评得分	教师评分	检查记录
1	防护用品整理	电弧焊工作服：无破损，整理规范	□合格 □不合格	0.5			
2		劳保鞋：无破损，整理规范	□合格 □不合格	0.5			
3		脚盖：无破损，整理规范	□合格 □不合格	0.5			
4		焊接手套：无破损，整理规范	□合格 □不合格	0.5			
5		面罩：无破损，遮光镜片无油污；紧固无晃动，整理规范	□合格 □不合格	0.5			
6		护目镜：无破损，整理规范	□合格 □不合格	0.5			
7	焊接设备及用具	电源开关：电压指示正常，接线紧固无破损，电流保护复位正常	□合格 □不合格	0.5			
8		电焊机：进线、接线正确，牢固无破损；电压电流指示正常，调节正常，摆放规范	□合格 □不合格	0.5			
9		输出电缆与焊把：输出电缆接线正确、牢固、无破损，焊把无破损、接线牢固无外露、操作灵活，整理规范	□合格 □不合格	0.5			
10		护目镜：完好，整理规范	□合格 □不合格	0.5			
11		开坡口工具：锉刀——手柄牢固、纹齿正常；角磨机——无破损，能正常使用，整理规范	□合格 □不合格	0.5			
12		除渣工具：敲渣锤、锤子手柄牢固，錾子、钢丝刷无缺损，整理规范	□合格 □不合格	0.5			
13		焊条保温桶：无破损，能合盖，保温良好，整理规范	□合格 □不合格	0.5			
14		焊缝检测尺：无损坏，刻度线清晰，操作灵活，能正确调零，整理规范	□合格 □不合格	0.5			
15	作业环境	无未熄灭火种	□合格 □不合格	0.5			
16		灭火器：齐全，整理规范	□合格 □不合格	0.5			
17		隔断：整理规范	□合格 □不合格	0.5			
18		工位清洁，整理规范	□合格 □不合格	0.5			
19		焊条材料整理规范	□合格 □不合格	0.5			
20		作业指示警示牌：醒目，正确放置	□合格 □不合格	0.5			

任务 1-2　低碳钢板对接平焊单面焊双面成形焊条电弧焊

任务说明：

按图 1-2-0 及技术要求进行材料准备、工艺准备、焊接实施、质量检查、自我评定与总结。

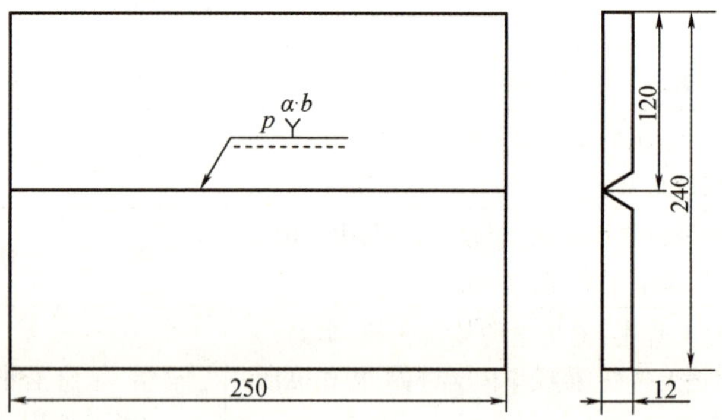

技术要求：1. 单面焊双面成形；2. 坡口为 60° 坡口角的 V 形带钝边坡口；3. 根部间隙和钝边尺寸自定；4. 错边 ≤ 0.5 mm；5. 角变形 < 3°；6. 不允许有咬边；7. 不允许有未焊透；8. 不允许有裂纹、气孔、夹渣；9. 焊缝余高 ≤ 1 + 0.15*b*。

图 1-2-0　Q235B 板对接平焊单面焊双面成形焊件图

子任务 1-2-1　焊前准备

知识积累

知识点 1：任务分析

单面焊双面成形技术是指从焊件坡口的正面进行焊接，使正面和背面同时形成均匀整齐、成形良好、符合质量要求的焊缝的操作工艺方法。这种方法极大地提高了焊接效率和降低了空间需求，被广泛应用在管道、压力容器、船舶等领域以及空间狭小的钢结构中。比如有些焊接结构受空间限制不能采用双面焊接，只能从焊缝一面进行焊接，又要求完全焊透，这种熔透焊道焊接法就是单面焊双面成形技术。

焊条电弧焊单面焊双面成形焊接工艺难度体现在焊缝的打底层根部焊接上，与焊条电弧焊双面焊不同之处在于：通过装配间隙、操作手法等工艺改进，让铁水自动流淌到焊缝背面，依靠控制焊缝间隙处金属熔池的大小和形状来实现单面焊、正反双面成形。单面焊双面成形技术是一门很难掌握的操作技术，也是焊工必备的技能之一。

任务实施路线：图样识读、焊件准备及坡口清理、焊条选择及焊接工艺参数确定、装配定位。

知识点 2:图样识读

任务图 1-2-0 中与双面焊不同的是焊缝符号没有了封底焊符号,这取决于单面焊双面成形的原因,焊缝符号如图 1-2-1 所示。

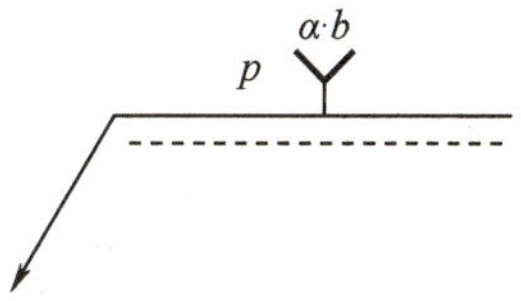

图 1-2-1 焊缝符号

值得注意的是单面焊双面成形任务中必须留间隙,钝边也会小一些。间隙在装配定位时形成,钝边在进行坡口清理时一并打磨出来,一般 12 mm 厚板件保留 0.5~1 mm 钝边。

知识点 3:焊件准备及坡口清理

准备任务单要求:准备尺寸为 12 mm×120 mm×250 mm 的 Q235B 材质焊件两块,边开单 30° V 形坡口。

焊缝及坡口清理:焊前打磨清理坡口面及坡口边缘上下两侧 15~20 mm 范围,并打磨出 0.5~1 mm 钝边,露出金属光泽。

知识点 4:焊条选择及焊接工艺参数确定

根据焊件材质和板厚,可采用 E4303 型或 E5015 型焊条,直径为 3.2 mm 和 4.0 mm。其中直径为 3.2 mm 的焊条用于打底,直径为 4.0 mm 的焊条用于填充和盖面。注意:使用 E5015 型焊条,应在烘箱中进行 350~400 ℃烘干,保温 2 h,随用随取。焊条工艺参数见表1-2-1。

表 1-2-1 工艺参数参考值

焊接层次	焊条型号	焊条直径/mm	焊接电流/A	电源极性
点焊装配	E4303 型或 E5015 型	3.2	110~120	直流反接
打底层		3.2	90~110	
填充层(2~3 层)		4.0	120~140	
盖面层		4.0	120~140	

知识点 5:装配定位

1. 板对接单面焊双面成形角变形控制

板对接的变形主要是角变形,对于角变形的控制主要有两种方法:一是通过控制双面焊的焊接层数使两面的角变形正好抵消而达到控制角变形目的;二是单面焊双面成形的控制,即利用反变形法来控制焊接残余变形。

为了抵消焊接残余变形,焊前先将焊件向与焊接残余变形相反的方向进行人为的变形,这种方法称为反变形法。例如,为了防止对接接头产生角变形,可以预先将对接处垫高,形成反向角变形,如图 1-2-2 所示。

2. 板对接点焊装配要领

(1)反变形设置

一种反变形设置方法如图 1-2-2 所示。另一种经验做法是点焊组对过程中趁着焊点尚未彻底冷却变硬时,将焊件一侧板固定在焊接工装架上,用扳手夹住另一侧板向焊缝坡口背面弯曲做反变形设置，反变形量为3°～4°。常用反变形量测量方法：将两把直尺一横一纵用来测量焊件焊缝处与边缘的高度差，一般2～3.2 mm为要求的反变形量。

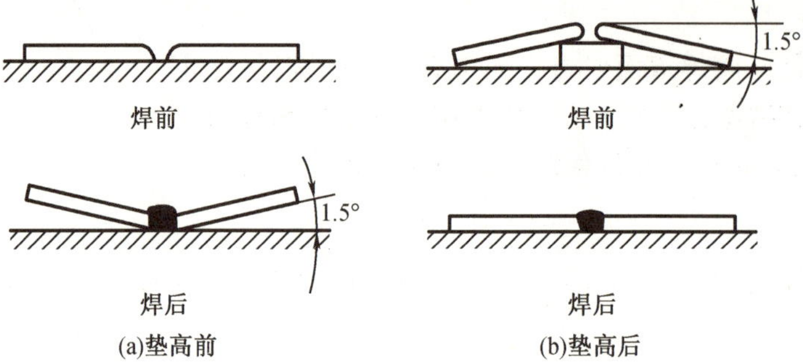

图1－2－2　板对接焊接角变形及其反变形控制法示意图

（2）装配

将两块试板装配成如图1－2－3所示的对接接头，装配时焊件引弧端（起焊端）根部间隙为3.2 mm，收弧端（结束端）为4.0 mm，经验做法是分别将直径为3.2 mm和4.0 mm的焊条夹在焊件焊缝内来控制间隙，非常简单便捷，如图1－2－3所示。这个间隙主要用来克服焊接过程中的横向收缩。

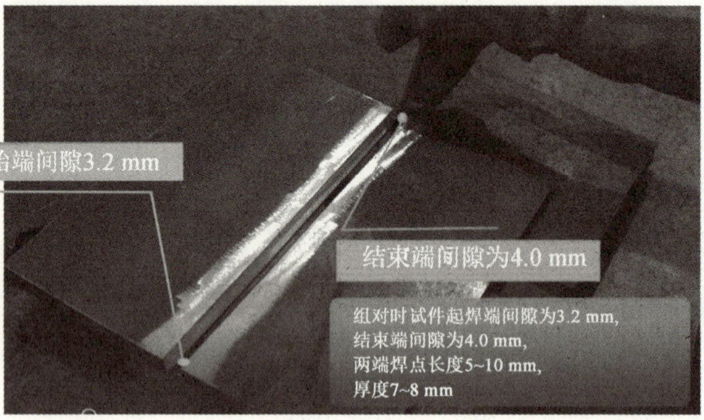

图1－2－3　间隙设置示意图

（3）点焊定位

采用与正式焊接相同的焊条，在焊件两端分别进行点焊装配，一般焊点长度5～10 mm，厚度7～8 mm。定位焊缝余高不能过大，如定位焊缝有开裂、未焊透、超高等缺陷，必须铲除或打磨，必要时重新定位焊。

（4）清理与检查

点焊后应将焊点渣壳敲掉并打磨至金属光泽，呈斜坡状，以便于接头。装配后检查：两块焊件错边量应不大于0.5 mm，并保证背部焊透，无表面气孔、夹渣和未熔合等缺陷。

实训活动

1. 分析与制订焊接工艺

识读图样，根据焊接要求，结合前面所学知识进行工艺制订，完成表 1－2－2 工艺卡的编制。

表 1－2－2　Q235B 板对接平焊焊条电弧焊单面焊双面成形焊接工艺卡

<table>
<tr><td colspan="2">焊接工艺卡</td><td colspan="5">编号：</td></tr>
<tr><td>材料牌号</td><td></td><td colspan="5" rowspan="4">接头坡口简图（标注尺寸）
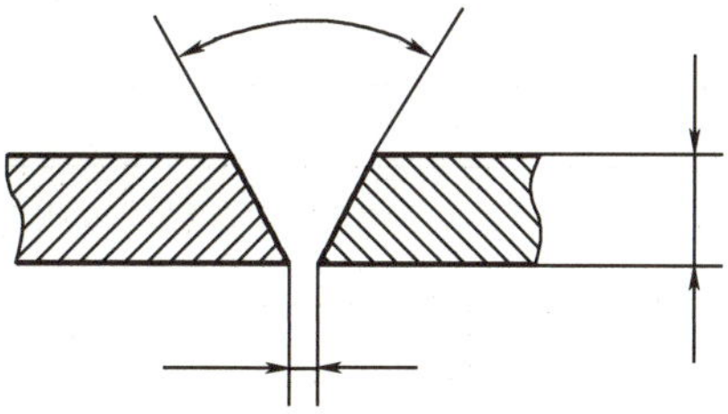</td></tr>
<tr><td>材料规格/mm</td><td></td></tr>
<tr><td>接头种类</td><td>对接</td></tr>
<tr><td>坡口形式</td><td>V 形带钝边</td></tr>
<tr><td>坡口角度/(°)</td><td>60</td><td colspan="5" rowspan="5">装配定位简图（标注尺寸）
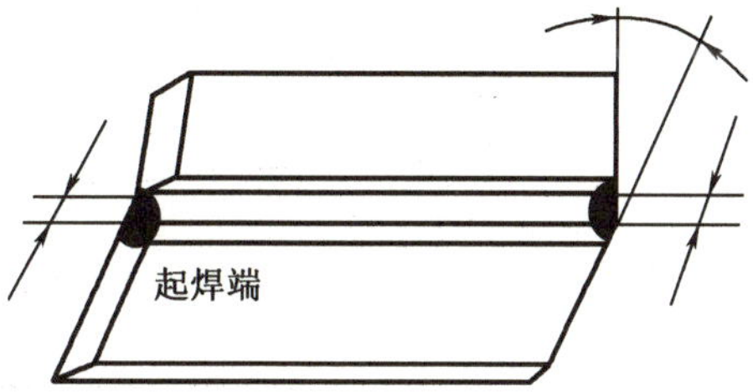
</td></tr>
<tr><td>钝边/mm</td><td></td></tr>
<tr><td>组对间隙/mm</td><td></td></tr>
<tr><td>焊接方法</td><td>焊条电弧焊</td></tr>
<tr><td>焊接设备</td><td>ZX7－400</td></tr>
<tr><td>电源种类</td><td></td><td rowspan="3">焊后热处理</td><td>种类</td><td>—</td><td>保温时间</td><td>—</td></tr>
<tr><td>电源极性</td><td></td><td>加热方式</td><td>—</td><td>层间温度</td><td>—</td></tr>
<tr><td>焊接位置</td><td></td><td>温度范围</td><td>—</td><td>测量方法</td><td>—</td></tr>
</table>

焊接参数

焊层	焊材型号	焊材直径/mm	焊接电流/A	焊接电压/V	焊接速度/(cm/min)

简要说明制订以上焊接工艺参数及焊接变形控制措施的理由：

____

____

2. 材料、工具设备与工位领取及点检

按老师审核通过的焊接工艺卡领取材料、工具设备及工位，并进行点检，检验表见子任务 1－1－1。

3. 接头坡口处理及装配定位

根据前面设计确定的坡口尺寸进行加工处理，再进行装配定位及定位焊，然后检测并填写表 1 – 2 – 3。

表 1 – 2 – 3　坡口处理及装配定位检测表

坡口主要尺寸检测							
坡口角度 α		钝边尺寸 p		引弧端根部间隙尺寸 b_1		收弧端根部间隙尺寸 b_2	
设计值	定位后值	设计值	加工值	设计值	定位后值	设计值	定位后值

定位焊点尺寸检测（测量并标注）

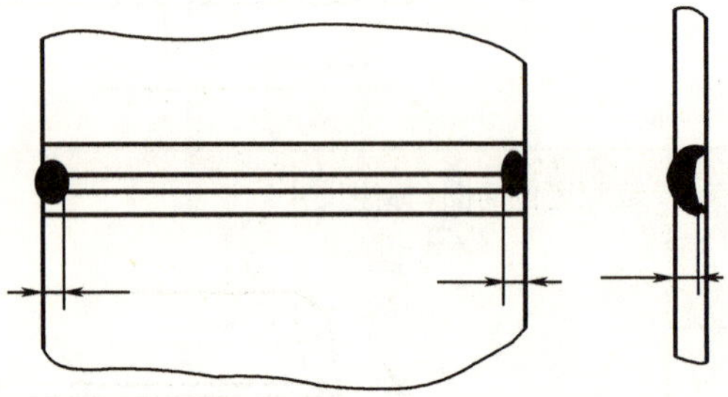

装配定位变形控制尺寸检测（测量并标注）

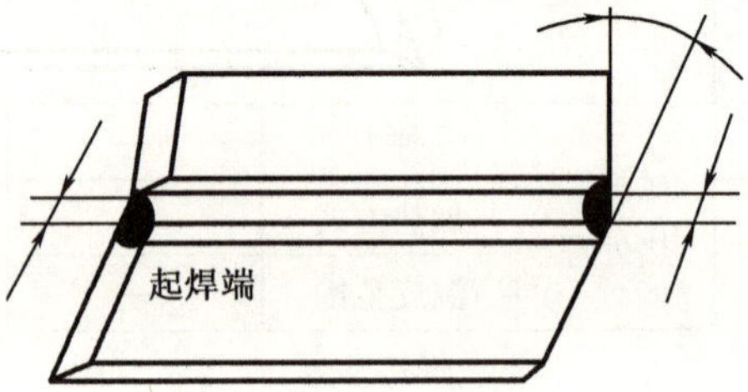

焊缝两侧清理、检测

焊缝两侧清理		清理的尺寸范围							
要求	处理结果	要求值				加工测量值			
		边 1	边 2	边 3	边 4	边 1	边 2	边 3	边 4

子任务1-2-2 焊接操作

知识积累

知识点1:任务分析

任务实施路线:打底焊、填充焊、盖面焊。

其中打底焊是单面焊双面成形焊接操作中最关键的一步,涉及反面成形的好坏,为了达到更好的反面成形效果和保证焊接质量,本任务采取了与常规焊接不一样的工艺和操作手法。单面焊双面成形经常采取的焊接操作方法有断弧焊(也叫断弧焊)和连弧焊。让我们先来学习这两种方法,再来掌握板对接平焊单面焊双面成形的打底焊具体操作方法,填充焊和盖面焊与双面焊相同。

知识点2:断弧焊(断弧焊)

1. 断弧焊基本特点

焊接中产生各种缺陷的原因都有一个共同之处:熔池温度过高。断弧焊的基本原理就是当焊接中熔池温度过高时利用断弧方式使熔池短暂冷却,然后再继续焊接,从而将熔池温度控制在较为合适的范围内。断弧焊是在焊接过程中,通过电弧周期性地交替燃弧与断弧,并控制断弧时间,使母材坡口钝边金属有规律地熔化成一定尺寸的熔孔,以获得良好的背面成形和内部质量,因此打底焊一般采用断弧焊。断弧焊采用的坡口钝边间隙比连弧焊稍大,选用的焊接电流范围也较宽,比连弧焊灵活,适应性强。

其优点是可以采用较大的坡口间隙,使用较大的焊接电流,对于较薄焊件的单面焊双面成形,使用的焊接电流不受太大制约。断弧焊主要用于酸性焊条的平焊、横焊以及管板等薄壁焊件的单面焊双面成形打底焊中,这种焊法在生产和维修中较为实用,但是与连弧焊相比,其操作手法变化大,掌握起来有一定的难度,对焊工基本功的要求也较高。

2. 断弧焊打底层单面焊双面成形技法

该法是按照正常运条角度起弧,形成熔池后也按常规运条方法运条,然后立即断弧(一步一断法)或向前形成几个焊波后断弧(几步一断法),断弧后熔池稍一冷却迅速起弧,形成下一个熔池,再断弧、起弧……如此反复进行。

断弧焊操作手法主要有一点法和两点法,如图1-2-4所示。一点法适用于薄板、小直径管($\leq\phi60$ mm)及小间隙(1.5~2.5 mm)条件下的焊接;两点法适用于厚板、大直径管、大间隙条件下的焊接。有时也用三点法。

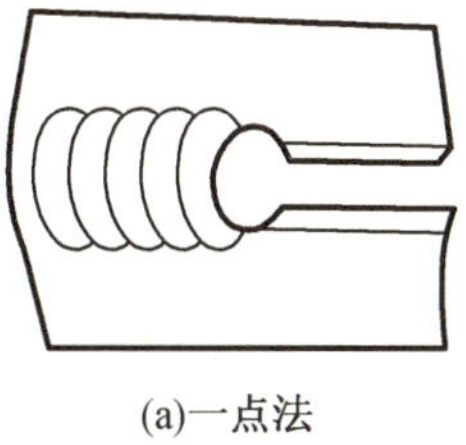

(a)一点法

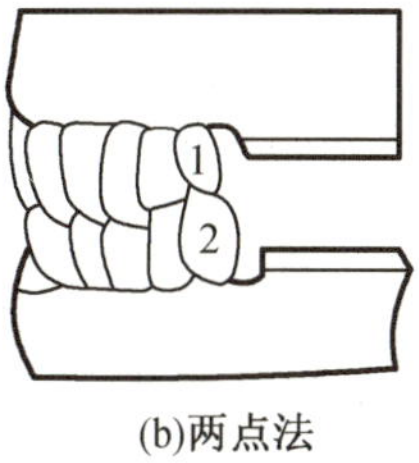

(b)两点法

图1-2-4 断弧焊操作手法示意图

(1)引弧

在焊件始焊端前方 10 ~ 15 mm 处的坡口面上划擦引弧,然后沿直线运条将电弧拉长(弧长约 3.5 mm)至始焊处,稍做摆动 2 ~ 3 个来回,对焊件进行 1 ~ 2 s 预热,当坡口根部呈现“出汗”现象时,立即压低电弧(弧长约 2 mm),1 ~ 2 s 后,可听到“噗噗”的电弧穿透坡口发出的声音,同时还看到坡口两侧、定位焊缝与坡口根部相接金属开始熔化,形成熔池并有熔孔,说明引弧工作结束,可以进行断弧打底层焊接。

引弧时,焊条倾角与坡口根部熔入尺寸如图 1-2-5 所示。

(2)运条方法及特点

①一点击穿法(适用条件为 $d>b$;$p=0 \sim 0.5$ mm)。如图 1-2-6 所示,电弧同时在坡口两侧燃烧,两侧钝边同时熔化,然后迅速熄弧,在熔池将要凝固时,又在断弧处引燃电弧、击穿、停顿,重复进行。

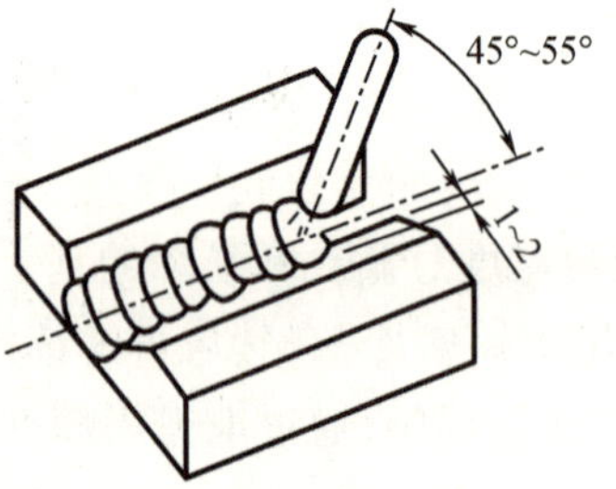

图 1-2-5 断弧焊引弧示意图

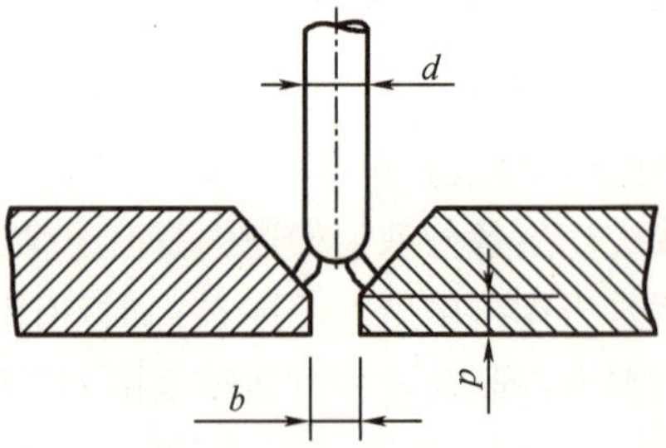

图 1-2-6 断弧焊一点击穿法示意图

优点:不易出现夹渣、气孔等缺陷。

缺点:熔池温度不易控制,温度低,容易出现未焊透;温度高,则背面余高过大,甚至出现焊瘤。

②两点击穿法(适用条件为 $d \leqslant b$;$p=0 \sim 1$ mm)。如图 1-2-7 所示,电弧分别在坡口两侧交替引燃,左侧钝边给一滴熔化金属,右侧钝边也给一滴熔化金属,依此循环。

这种方法比较容易掌握,熔池温度也容易控制,钝边熔合良好,但易出现夹渣、气孔等缺陷。如果熔池的温度控制在前一个熔池尚未凝固的程度,就能避免产生气孔和夹渣。

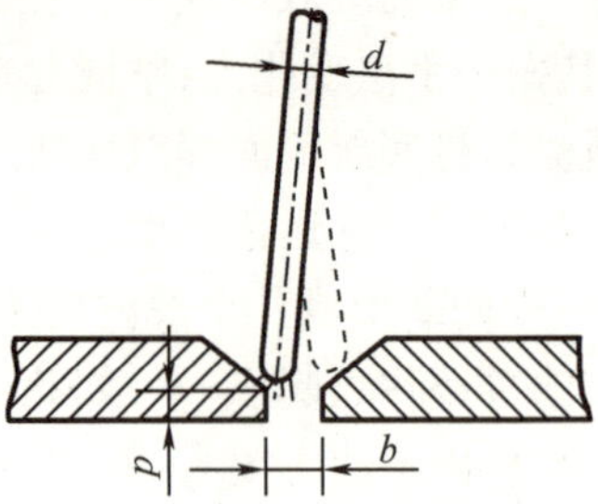

图 1-2-7 断弧焊两点击穿法示意图

③三点击穿法(适用条件为 $b>d$;$p=0.5 \sim 1.5$ mm)。电弧引燃后,左侧钝边给一滴熔化金属(图 1-2-8(a)),右侧钝边给一滴熔化金属(图 1-2-8(b)),中间间隙给一滴熔化金属(图 1-2-8(c)),依此循环。

这种方法比较适合根部间隙较大的情况,但是若在熔池凝固前析出气泡,则在背面容易出现冷缩孔缺陷。

(3)收弧

在更换焊条之前,应将焊条下压,使熔池前方的熔孔稍微扩大些,然后往回焊 15 ~ 20 mm 形成斜坡状后再熄弧,为下一根焊条引弧打下良好的接头基础。

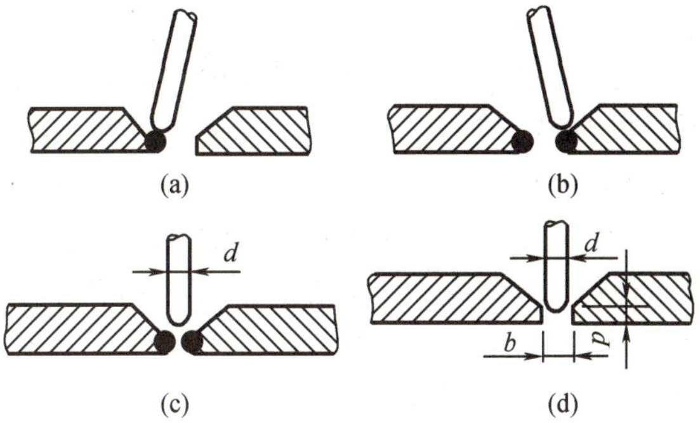

图1-2-8　断弧焊三点击穿法示意图

(4)断弧焊操作要点

进行热焊时，发现熔池温度过高(熔池增大)即可采用断弧焊进行焊接过渡直至离开危险区域。这样即可有效避免烧穿及内凹现象的发生。

断弧与起弧间隔时间极其短暂(不超过1 s)，因此动作一定要迅速，假如熔池冷却时间过长(熔池呈暗红色)，再起弧，焊道极有可能产生夹渣。另外，两焊波间距不易过大，要使相邻两焊波相叠，形成密鳞片状，否则会使焊波脱节，外观成形不够美观。

打底焊采用断弧法时，须控制好频率，断弧时应利用手腕将熔渣挑拨到已焊焊缝处，以便于观察熔孔的大小。接头采用热接法，换焊条速度要快，即收弧时熔池还未完全冷却就立即引弧，以保证接头熔合良好和平滑。掌握好电弧下压时间，如果时间过长，会使接头过高；时间过短，则会造成接头脱节。更换焊条或停焊时将焊条下压，使熔孔稍增大些，熄弧后再快速向熔池过渡两滴铁液，以保证背面焊缝饱满，防止形成冷缩孔。应控制好弧长的变化，尽量保持弧长在1～2 mm范围内，焊条送进的速度要跟上其熔化的速度，否则容易造成熔池不清晰，影响焊缝最终成形。

要掌握好焊条电弧焊单面焊双面成形操作技术，必须熟练掌握五个要领，即看、听、准、短、控。还应学会六种技巧，即点固、起头、运条、收弧、接头、收口。

3. 要领

(1)看

焊接过程中，认真观察熔池的形状、熔池的大小及铁液与熔渣的分离情况，还应注意观察焊接过程是否正常(如偏弧、极性正确与否等)，熔池一般保持椭圆形为宜(圆形时温度已高)，熔孔大小以电弧将两侧钝边完全熔化并深入每侧0.5～1 mm为好。熔孔过大时，背面焊缝余高过高，易形成焊瘤或烧穿。熔孔过小时，容易出现未焊透或冷接现象(弯曲时易裂开)。焊接时一定要保持熔池清晰、熔渣与铁液分开，否则易产生未焊透及夹渣等缺陷，当焊接过程中出现偏弧及飞溅过大时，应立即停焊，查明原因，采取对策。

(2)听

焊接时要注意听电弧击穿坡口钝边时发出的“噗噗”声，若没有这种声音，表明坡口钝边未被电弧击穿，如继续向前焊接，则会造成未焊透，熔合不良缺陷。

(3)准

送给铁液的位置和运条的间距要准确，并使每个熔池与前面熔池重叠2/3，保持电弧1/3部分在溶池前方，用以加热和击穿坡口钝边，只有送给铁液的位置准确，运条的间距均匀，才能使焊缝正反面成形均匀、整齐、美观。

(4)短

“短”有两层意思:一是指断弧与重新引燃电弧的时间间隔要短,就是说每次引弧时间要选在熔池处在半凝固熔化的状态下(通过护目玻璃能看到黄亮时),对于两点击穿法,断弧频率大体上 50~60 次/min 为宜,如果间隔时间过长,熔池温度过低,熔池存在的时间较短,冶金反应不充分,容易造成夹渣、气孔等缺陷。若时间间隔过短,溶池温度过高,会使背面焊缝余高过大,甚至出现焊瘤或烧穿。二是指焊接时电弧要短,焊接时电弧长度等于焊条直径为宜。电弧过长,一是对熔池保护不好,易产生气孔;二是电弧穿透力不强,易产生未焊透等缺陷;三是铁液不易控制,不易成形而且飞溅较大。

(5)控

控,是在看、听、准、短的基础上,完成焊接最关键的环节。

①控制铁液和熔渣的流动方向。

焊接过程中电弧要一直在铁液的前面,利用电弧和药皮熔化时产生的气体定向吹力,将铁液吹向熔池后方,既能保证熔渣与铁液很好地分离,减少产生夹渣和气孔的可能性,当铁液与熔渣分不清时,要及时调整运条的角度(即焊条角度向焊接方向倾斜),并且要压低电弧,直至铁液和熔渣分开,并且两侧钝边熔化 0.5~1 mm 缺口时方能断弧,然后进行正常焊接。

②控制熔池的温度和熔孔的大小。

焊接时熔池形状由椭圆形向圆形发展,熔池变大,并出现下塌的现象,如不断添加铁液,焊肉也不会加高,同时还会出现较大的熔孔,此时说明熔池温度过高,应该迅速熄弧,并降低焊接频率(即熄弧的时间长一些),等熔池温度降低后,再恢复正常的焊接。

在电弧的高温和吹力的作用下,试板坡口根部熔化并击穿形成熔孔,施焊过程中要严格控制熔池的形状,尽量保持大小一致,并随时观察熔池的变化及坡口根部的熔化情况。

熔孔的大小决定焊缝背面的宽度和余高,通常熔孔的直径比间隙大 1~2 mm 为好,焊接过程中如发现熔孔过大,表明熔池温度过高,应迅速断弧,并适当延长熄弧的时间,以降低熔池温度,然后恢复正常焊接,若熔孔太小则可减小焊接速度,当出现合适的熔孔时方能进行正常焊接。

③控制焊缝成形及焊肉的高低。

影响焊缝成形及焊肉高低的主要因素有:焊接速度,熔敷金属添加量(即燃弧时间的长短)、焊条的前后位置、熔孔大小、电弧的长度及焊接位置等。一般规律是:焊接速度越小,正反面焊肉就越高;熔敷金属添加量越多,正反面焊肉就越高;焊条的位置越靠近熔池后部,正面焊肉就越高,焊缝背面焊肉高度相对减小;熔孔越大,焊缝背面焊肉就越高;电弧压得越低,焊缝背面焊肉就越高,否则反之。在仰焊位,仰立焊位时焊缝正面焊肉易偏高,而焊缝背面焊肉易偏低,甚至出现内凹现象;平焊位时,焊缝正面焊肉不易增高,而焊缝背面焊肉容易偏高。

通过对影响焊肉高低的各种因素的分析,就能利用上述规律,对焊缝正反面焊肉的高度进行控制,使焊缝成形均匀整齐,特别是水平固定管子焊接时,控制好焊肉的高低尤为重要。

④控制断弧焊熄弧时间。

灭熄弧时间的控制是断弧焊的重点,是保证焊接质量的关键。一般可以根据焊缝熔池的温度、大小的变化来控制熄弧时间的长短。

焊接过程中,熔池由高温到低温的转变可以根据熔池的颜色变化来确定。当熔池温度高时，其呈现的是黄亮色，随着温度的下降，其逐渐变为黄红色、暗红色，熔池大小也由外向内逐渐变小。一般断弧焊是在熄弧后熔池逐渐变为黄红色，直径缩小到 1/3 ~ 1/2 时（图 1－2－9），再引燃第二弧，时间为 0.5 ~ 1 s。由于焊接位置不同，熄弧时间也不同，操作者可根据实际焊接情况适当调整熄弧时间。

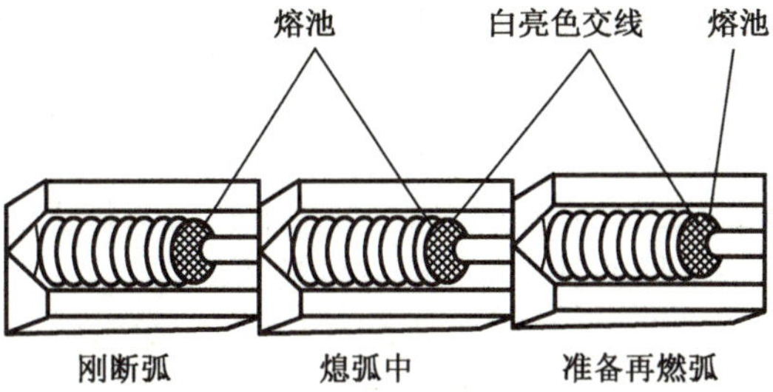

图 1－2－9　熄弧时间的控制

4. 断弧焊方法的改进

断弧焊简单易学，且可以避免多种缺陷的产生，但因其是断续焊接，焊接速度相对较慢。为提高焊接速度，有必要在断弧焊焊接技术的基础上根据断弧焊的基本原理（短暂冷却温度过高的熔池，有效控制熔池温度）对断弧焊进行改进：当熔池温度过高时，将焊条迅速纵向向未焊方向（在坡口内，不要摆出坡口伤及母材）摆出（不断弧），然后迅速摆回继续正常焊接，这样既达到了冷却熔池的目的又使焊接连续，既保证了焊接质量，又提高了焊接速度。

知识点 3：连弧焊

1. 连弧焊基本特点

连弧焊是在焊接过程中电弧连续燃烧，采用较小的坡口钝边间隙，选用较小的焊接电流，短弧连续施焊。由于它对焊件的装配质量及焊接参数的选择都有严格的要求，因此要求焊工熟练掌握，否则在施焊过程中容易产生烧穿或未焊透等缺陷。该方法操作简单，手法变动小，容易掌握，且焊缝背面成形致密、整齐，内部质量好，力学性能优良，为国内外广泛采用，可用于打底焊、填充焊和盖面焊各种不同环节。

其缺点是受坡口间隙的限制。酸性焊条焊接时其接头困难的问题更为突出。连弧焊法主要用于碱性焊条各种位置的焊接及酸性焊条的立焊和仰焊中。

2. 连弧焊打底层单面焊双面成形技法

（1）引弧

在始焊处对准坡口中心采用划擦引弧，焊条与焊件呈 60° ~ 70°角，处于间隙中心。焊至定位焊缝尾部时，以稍长的电弧（弧长约为 3.5 mm）在该处以小齿距的锯齿形运条法做横向摆动来进行预热。稍等片刻，当看到定位焊缝与坡口根部金属有“出汗”现象时，应立即压低电弧（弧长约为 2 mm），待 1 s 之后听到电弧穿透坡口而发出“噗噗”声，同时看到定位焊缝以及坡口根部两侧金属开始熔化并形成熔池，说明引弧工作结束，可以进行连弧焊接。连弧焊引弧示意图如图1－2－10所示。

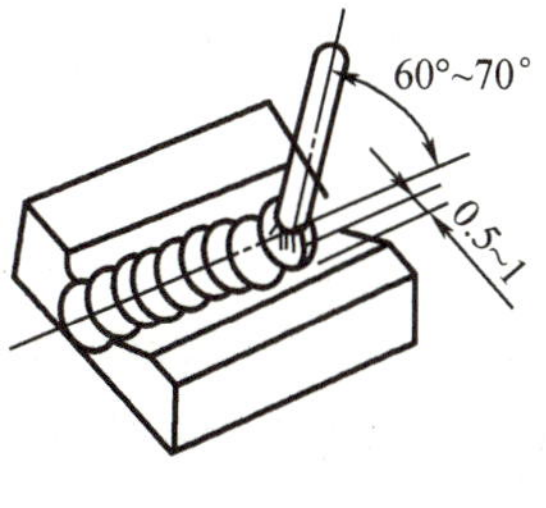

图 1－2－10　连弧焊引弧示意图

(2)板对接平焊运条方式

①采用直线小摆动运条方法。焊条摆动应始终保持在钝边口两侧之间进行,每边熔化缺口控制在0.5 mm为宜。

②进退清根法。运条采用前后进退操作,焊条前进时为焊接,这个过程时间较长;向后退时为降低熔池金属温度,为下一个焊点的焊接做准备,这个过程时间较短。

③左右清根法。焊接过程中,电弧在坡口两侧交替进退清根。该方法适用于坡口间隙大的焊缝。

(3)收弧

在需要更换焊条而熄弧之前,应将焊条下压,使熔孔稍微扩大后往回焊接15~20 mm,形成斜坡形再熄弧,为下一根焊条引弧打下良好的接头基础。

知识点4:打底焊

1. 操作要点

焊条电弧焊单面焊双面成形打底焊时一般采用直流反接断弧法进行操作,初学者更是如此。运条方法可选择直线运条法或锯齿形运条法,主要根据焊件装配间隙的大小确定:间隙大就用锯齿法,间隙小则用直线法。

(1)在试板左端定位焊缝处引弧,并用长弧稍作停留进行预热,然后压低电弧进行焊接,焊条沿着前进方向并与前进方向成70°~80°夹角靠着两侧钝边进行锯齿形或直线运条。

(2)当钝边熔化的铁水与焊条金属熔滴连在一起,并听到"噗噗"声响时,便形成第一个熔池,然后果断断弧,之后每次如此。

(3)当看到熔池冷却至暗红色时再进行接弧,每次接弧时焊条中心应对准熔池的2/3左右处进行,保证电弧同时熔化两侧钝边,如此往复均匀向前运动,保持水滴状熔池持续操作,使每个熔池覆盖前一个熔池的2/3左右,直至焊接接头。

(4)操作时必须注意:当接弧位置选在熔池后端,接弧后再把电弧拉至熔池前端断弧,则易造成焊缝夹渣。解决办法是提高断弧频率,由50~60次/min提高到80次/min左右。

(5)另外,打底时注意靠调节电弧燃、灭时间长短来控制熔池温度:温度过高容易烧穿,温度过低容易焊不透。经验是听熔池发出"噗噗"击穿声时说明已熔透,须果断断弧。

(6)更换焊条时的接头方法:在换焊条收弧前,在熔池前做一个熔孔,然后回焊10 mm左右,再收弧,以使熔池缓慢冷却。迅速更换焊条,在弧坑后部20 mm左右处起弧,用长弧对焊缝预热,在弧坑后10 mm左右处压低电弧,用连续手法运条到弧坑根部,并将焊条往熔孔中压下,听到"噗噗"击穿声后,停顿2 s左右断弧,即可按断弧打底法进行正常操作。

2. 打底焊熔池分析与处理

(1)打底层熔池与熔渣的要求

打底焊接时,因熔池成形大多有坡口约束,药皮熔渣流动受阻,熔渣在熔池中的浮动面积应为熔池的1/2或者更多。熔池成形后,如果熔池中心没有过凹或者过凸的成形,熔渣与电弧间的距离可稍大一些,这样金属液的裸露面较大,有利于坡口深处熔池成形的观察和熔渣的溢出。

(2)打底层控制

打底层焊接熔池的厚度成形,应以金属液对坡口边部淹没的多少来衡量,可平于或稍过于两侧边线。在熔池外扩过程中，如果对坡口两侧的淹没控制不当，局部外扩超过了坡口两侧边线，则熔池两侧边线将难以掌握，熔池厚度及平度也难以控制。

(3)打底层熔池宽度

打底焊时熔池宽度，应以电弧在一侧停留时熔池外扩对坡口两侧边部稍有覆盖为标准。如果打底焊时熔池边线不齐，盖面焊接的熔池宽度及齐度也将难以保证。

(4)局部处理

如果打底焊时熔池表面局部稍凸于母材平面，此点进行盖面焊接时，也会形成局部突起。如果平焊打底焊时熔池表面过凹于母材平面，应采用小直径焊条进行增补，使打底表面平度稍凹于边线。如果打底焊时熔池局部过凸于母材平面，应采用碳弧气刨或采用磨轮打磨进行适当处理。

知识点5:填充焊

1. 操作要点

单面焊双面成形填充焊与双面焊相同，试焊前先将前一道焊缝熔渣、飞溅清除干净，修正焊缝的过高处与凹槽。进行填充焊时，应选用比打底焊大的电流，焊条的运条方法可采用月牙形或锯齿形连弧焊，摆动幅度应逐层加大，并在两侧稍作停留。在焊接填充层的最后一层(12 mm 厚板应为第二层或第三层)时，应控制整个坡口内的焊缝比坡口边缘低 1 ~ 2 mm，最好略呈凹形，以便使盖面时能看清坡口和不使焊缝高度超高。

2. 填充层问题分析与处理

采用较粗直径的焊条进行第一层填充焊接，如果不采用一定的操作技巧，而只是简单地将金属的熔滴过渡到带有坡口间隙的被焊槽内，尽管它的成形没有夹渣，熔池的表面与坡口间隙的过渡也比较合适，采用的焊条角度和选择焊接极性也正确，但在另一侧清根时第一层填充层和第二层熔化层会含有大量的气孔，气孔的分布又因操作技巧的不同，而出现过多、过少和分布均匀、不均匀等情况。

在金属熔滴过渡时，电弧直吹坡口间隙过流点，用较大直径焊条完成第一层填充焊接，会使焊槽内有害物及较强的空气过流瞬间转入较厚的熔池中心，从而形成较多较深的气孔群体。其防止措施是采用多种屏障保护法进行焊接。

(1)电弧直吹熔池中心屏障保护法

在间隙很小或没有间隙的焊槽内填充焊接时，为了避免空气过流和有害物对熔池的侵蚀，在形成第一层较厚熔滴金属的过渡时可采用电弧直吹熔池中心的金属过渡方法。

操作时以焊槽下坡口面为基础，电弧引燃后使熔池厚度增加，并使前沿熔池的外扩液流和熔渣液流先后封死坡口间隙过流处，形成屏障保护。然后将推向熔池中的电弧稍作上移抬起的动作，使上坡口的熔池厚度增加，并在熔池厚度不断增加的同时使电弧不停前移，形成第一层填充焊接。

这种焊接方法，因在熔化金属的过渡时熔渣与熔池的前沿液流点先过流并形成了封死的熔合，使熔池中心稳步前移，空气过流与有害物不能进入熔池中心，从而会形成良好的熔池结晶。这种方法采用的电流较大，熔池成形较厚，生产率较高。

(2)电弧多种角度直吹熔池屏障保护法

横向填充层施焊时多采用顶弧 90°的成形方法推动熔渣浮动，并形成熔化金属的顺利过渡。在有一定间隙和一定厚度的填充层焊接时，因熔渣在熔池中心浮动或漂浮于前沿熔池的熔化点，熔渣不会埋在熔池的底侧或卷在熔池之中，从而避免形成夹渣。

焊接时也可利用焊条角度的变化加快熔化金属的顺利过渡，并通过加快或减慢运条速度来控制熔池堆敷成形的厚度。在顶弧过渡熔滴时可将顶弧角度改为顺弧吹扫角度，利用小圆圈形电弧的摆动先推动熔渣及少量熔池金属流到坡口钝边间隙处形成屏障保护，操作时要注意以下事项：

①吹扫的角度不能小于75°；

②电弧吹扫应始终以移动的熔池面为吹扫点；

③熔池不能出现过厚的成形。

(3)多道排序式屏障保护法

在容器组对时如果坡口的组对间隙较大(如6～8 mm)，焊接时如果采用以上两种屏障保护法很难使金属的熔滴过渡到焊缝，无法形成良好的屏障保护。这时可采用多道排序式屏障保护法，使金属的熔滴过渡到较大间隙的焊缝之中，并有效避免空气过流、有害物、较大间隙的金属熔滴下淌等弊端对焊缝造成的影响。

①采用多道排序的焊接方法操作时可将组对的焊缝长度分成若干段，先进行定位焊，然后从焊缝的始端将焊条引燃至下坡口的一面，再用直线形运条方式使电弧贴在下坡口的钝边处，尽量形成较窄、较厚的成形。一遍完成后保留药皮熔渣，再从始端起焊，直到熔合于上坡口边沿的钝边处，并封死坡口的过流间隙。然后以收弧处作为始端开始引弧，直到完成整体焊缝的焊接。

采用多道排序的焊接方法时应注意焊接某段时起焊端与收尾端两端之间的熔合。在收尾端，应使收尾处的收弧点像楼梯式错开，避免收弧熔坑集中在一处，并在收弧前稍作停留后向熔池方向带弧熄灭。引弧应在续接位置前10～15 mm处，引燃电弧带向续接位置。

②在形成熔化屏障第二层熔化层施焊时，应根据焊槽内的高度采用一次成形或多次成形的焊接方法。焊接时熔池成形不能过厚，熔池对第一层(金属层)的熔化深度应为0.5～1 mm，避免熔化过深，使第一层中的气体进入第二层的熔池之中，第二层填充厚度控制在5 mm左右，其焊接方法与焊条直径为3.2 mm的填充方法基本相同。

③坡口内的多层填充焊接时，如果条件允许，应选择稍有坡度的由低点向高点的电弧走向，使熔池形成时有较好的流动性，便于熔渣浮出，并能在形成熔池时适当控制熔池厚度。还可利用电弧在坡口两侧停留的时间及焊条角度的变化控制熔渣在熔池中浮动的位置，使熔渣易于浮出。熔渣的浮动线应为熔池的中心部位，这时熔池呈滑动状，熔池表层平整光滑。

知识点6：盖面焊

1. 操作要点

单面焊双面成形盖面焊操作方法与双面焊相同，所使用的焊接电流可以与填充焊相同或稍小一点，要使熔池形状和大小保持均匀一致，焊条与焊接方向夹角应保持在75°左右，焊条摆动到坡口边缘时应稍作停留，以免产生咬边。

2. 盖面焊的熔渣流动与运条

坡口外盖面焊接时，如果打底层表面或填充层平行于或稍凹于母材平面，应选择稍有坡度的由高点向低点的电弧走向。这时熔渣浮动位置为电弧的边缘，熔池成形范围大，熔池温度较高，因熔池成形方向稍有阻力，会使熔池流动缓慢，则成形平稳。

在正常平焊时，药皮熔渣浮在熔池的表面，冒着黑褐色泡沫，忽东忽西地漂浮。金属液是闪着光亮的密度极细的结晶体。当焊接电流大小适当时，熔渣会在电弧的吹扫下呈漂浮状态，比金属液颜色黑，在熔池中有明显的浮动线。

盖面焊接时，药皮熔渣应始终漂浮在电弧的边缘，熔渣与电弧之间要有一节闪光的金属液的裸露线（图 1－2－11）。可通过观察金属液向坡口两侧的淹没情况，确定电弧横向运条在坡口两侧止弧的位置，进而确定缩短或延长电弧停留时间。

（1）平焊盖面焊时，熔池成形的宽度应大于运条的宽度。

（2）横向走弧时电流较大，电弧到达坡口一侧后应迅速移走电弧，使其无法形成熔合线过深、咬边、熔池表面成形波过粗、棱状成形过大、熔池两侧局部凹于母材等缺陷。

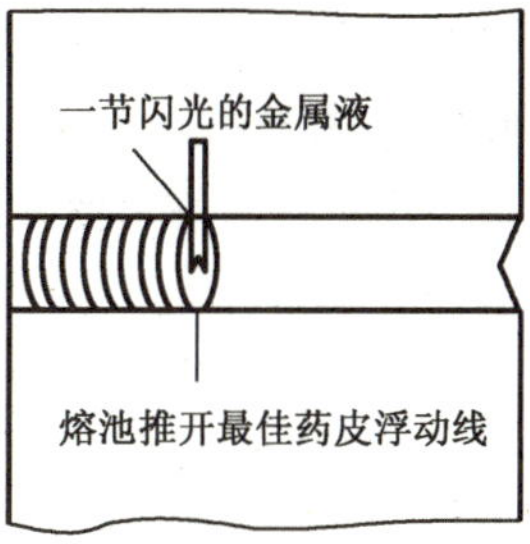

图 1－2－11 熔渣与电弧间的金属溶液线示意图

3. 盖面焊常见的缺陷与预防措施

咬边是盖面焊常见的缺陷，如图 1－2－12 所示。

(a) (b)

图 1－2－12 盖面焊咬边缺陷示意图

咬边产生的原因主要是：平焊时由于焊接电流太大，电弧过长或运条速度不合适。

防止咬边产生的主要措施有如下两点。

（1）改善坡口

可以在坡口端部用磨光机修磨出深度为 1 mm 左右、角度为 45°的“缓冲”边，这样可以减缓坡口端部很快被熔化的弊端，可有效地解决容易产生咬边的问题。同时还可以缩短焊条在焊缝两侧的停留时间，克服焊缝两侧因温差较大而使焊缝“花纹”粗大的问题。

（2）改善焊接电流与运条方式

可以选择适当的焊接电流和正确的运条方法，控制焊接速度，让焊条摆动时先在坡口边缘稍作停留，再摆动到另一侧坡口边缘也稍作停留，然后再继续前行摆动；在摆动到另一侧前段焊缝边缘上端时，焊条向下摆动至前段焊缝边缘稍作停留。这时焊条金属始终保持熔化状态，而母材金属温度相应较低，熔化的焊条金属会迅速将原有咬边处填满，这样就可以有效解决咬边的问题。

实训活动

1. 打底焊

先查阅资料完成下面的任务单，再按子任务 1 – 2 – 1 完成的焊接工艺卡和本任务单进行打底焊操作。

(1) 引弧与焊条角度及焊接方向

本任务焊件采用断弧焊进行打底焊，选择焊接方向为________；将焊件________的一端放于左侧，打底焊从焊件左端定位焊缝的始焊处开始引弧，焊条与焊接方向之间的夹角为________（并在图 1 – 2 – 13 中标注焊条与焊件对应的角度）。电弧引燃后，可长弧稍作停留进行________，当看到定位焊缝和坡口根部有"出汗"现象时，说明________温度已合适，然后横向摆动向右施焊，待电弧达到定位焊缝右侧前沿时，将焊条下压并稍作停留，听到电弧穿透坡口而发出"噗噗"声，同时可以观察到形成的熔孔，即可进行后续的打底焊。

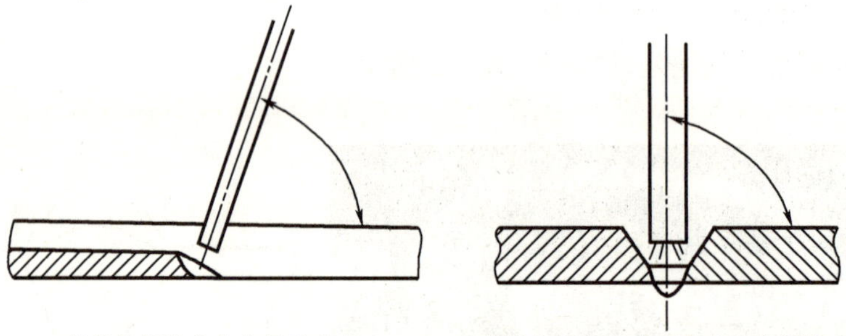

(a) 焊条与焊接方向之间的夹角　　(b) 焊条与焊缝轴线垂直方向之间的夹角

图 1 – 2 – 13　标注焊条与焊件的角度

(2) 熔池熔孔大小及断弧频率控制

焊接电弧要控制得短些，前进的速度不宜过快，引弧熄弧频率控制在________次/min。要注意将焊接电弧的________覆盖在熔池上，电弧的________保持在熔池前，用来熔化和击穿焊件的坡口根部以形成熔孔。施焊过程中要严格控制熔池的形状，尽量保持大小一致。要观察熔池的变化和坡口根部的熔化情况，熔化应在坡口根部边缘外________ mm 以内（并标注在图 1 – 2 – 14 中），发现熔孔增大时，应稍________焊条，同时________焊条与前进方向之间的角度；反之，当熔孔缩小时，则________电弧，同时________焊条与前进方向之间的角度。

(3) 焊缝接头

当一根焊条即将焊完，更换另一根焊条时，应将焊条下压，使熔孔稍微扩大，向焊接反方向拉回________ mm，并迅速________焊条，使电弧逐渐拉长，形成斜坡形再熄弧，这样可把收弧缩孔消除或带到焊道表面，以便在下一根焊条焊接时将其熔化掉。焊缝接头分冷接法和热接法。采用热接法时，换焊条速度要快，即收弧时熔池还未完全冷却就立即接头，如图 1 – 2 – 15 所示，在熔池后约________ mm 处引弧，并立即将电弧拉回原弧坑的前沿，________电弧，重新击穿间隙再生成一个熔孔，待新熔孔形成后，再按前述步骤进行正常施焊。采用冷接法时，应把距弧坑 15 ~ 20 mm 斜坡上的熔渣敲掉并清理干净，在收弧熔池后约________ mm 处引弧，焊条做横向摆动向前施焊，焊至收弧处前沿时，填满弧坑，焊条下压并稍作停留。在听到电弧击穿声,同时可以观察到形成新的熔孔后,逐渐将焊条________,进行正常施焊。

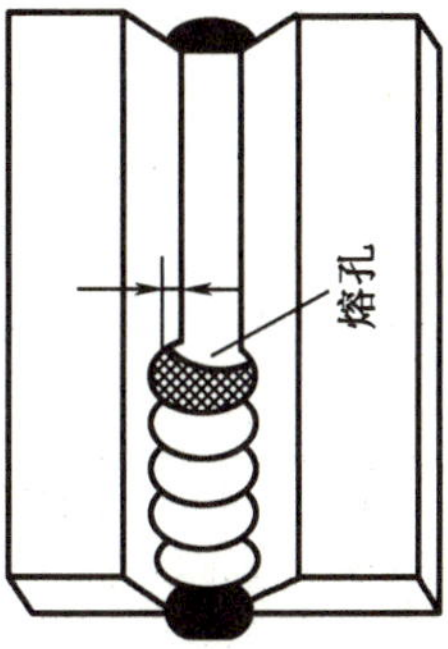

图 1-2-14 标注熔孔边缘与坡口根部边缘的距离

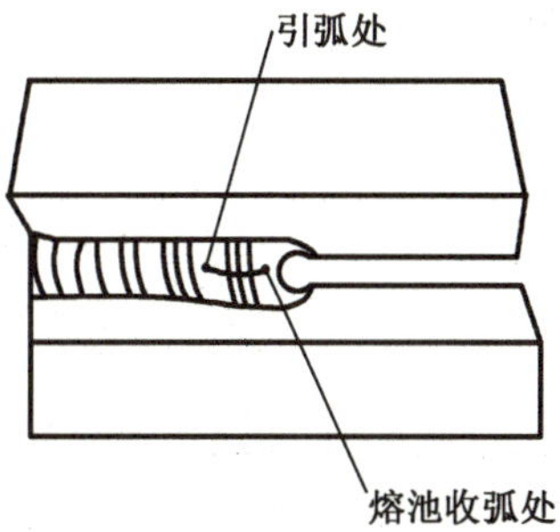

图 1-2-15 打底焊焊缝接头

(4)平焊打底焊的断弧焊操作要点

平焊时的熔孔在被击穿的瞬间容易被液态金属覆盖,一般不容易看见。因此,在焊接时要注意,当听到电弧击穿发出的"哧"声时,要快速断弧,否则容易产生焊瘤或熔孔过大。焊件背面保持________弧柱长度。第一层打底焊保证电弧要短,输送熔滴要薄,间断断弧周期要短。

(5)焊接过程性检查

完成打底层焊接后,清理焊渣,进行过程性质量检查,以确保整体焊接质量及后续改进,并填写表 1-2-4。

表 1-2-4 打底焊层缺陷检查

检查项目	缺陷存在的数量	形成原因与改善措施
夹渣		
气孔		
裂纹		
未焊透		
未熔合		
焊瘤		
坡口根部熔合尺寸一致性		

2. 填充焊

先查阅资料完成下面的任务单,再按子任务 1-2-1 的焊接工艺卡和下面任务单进行填充焊操作。

(1)清理与焊条角度控制

填充层施焊前,应先将________的________、________等清除干净,将打底焊层焊缝接头的________打磨平整,然后进行填充焊。填充焊时,焊条与焊接方向之间的夹角为

________(并在图 1 - 2 - 16 上标注焊条与焊件对应的角度)。

(2)引弧

采用连续焊,如图 1 - 2 - 17 所示的前引弧方式,在距焊缝起始端________ mm 处引弧后,将电弧拉回起始端施焊。每次接头或焊接其他填充层时也都按此方法操作,以防止产生焊接缺陷。

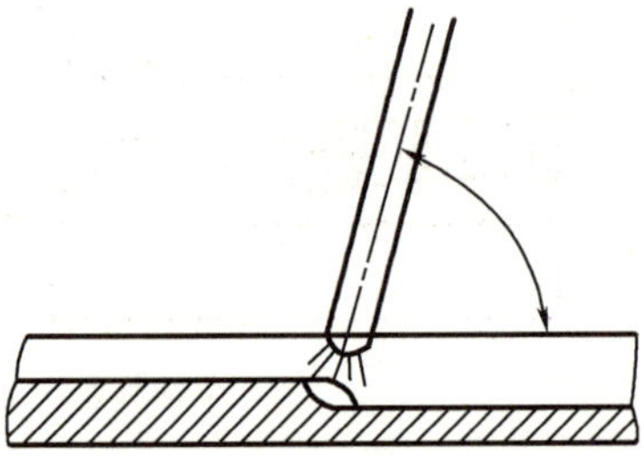

图 1 - 2 - 16 标注焊条与焊件角度

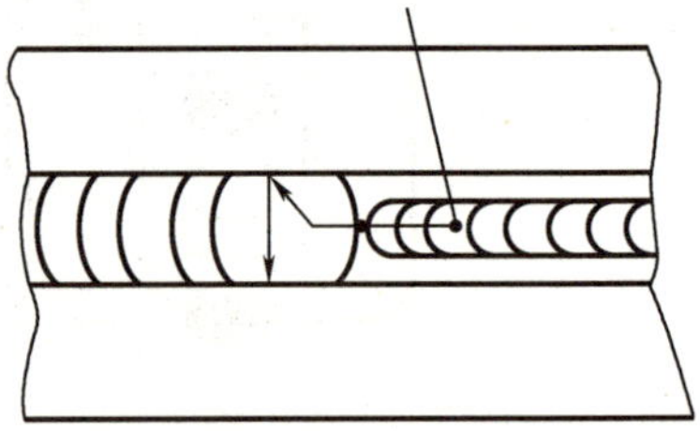

图 1 - 2 - 17 前引弧方式

(3)运条

采用月牙形或横向锯齿形摆动运条,控制好焊道两侧的熔合情况,焊条摆幅逐层________,在坡口两侧________,以保证熔池及坡口两侧温度________,并且有利于良好的熔合和排渣。最后一层填充后应比母材表面________ mm(并在图 1 - 2 - 18 标注该尺寸),并且焊缝中心应稍向下凹,两边与母材交界处要高;注意不能熔化坡口________,确保焊接盖面层时能看清坡口,以保证盖面焊缝边缘平直。

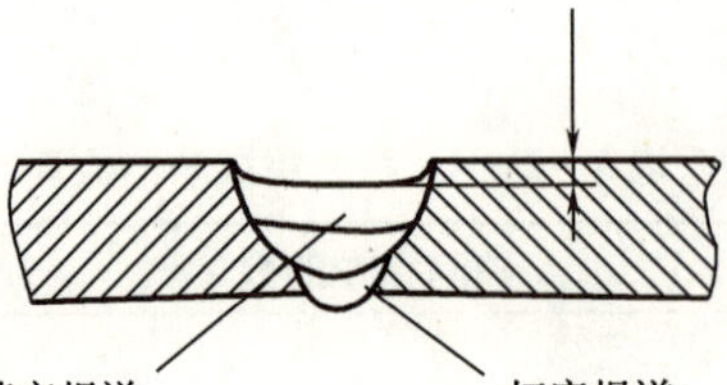

图 1 - 2 - 18 标注最上层填充焊道与焊件坡口表面的距离

(4)焊接过程性检查

完成填充层焊接后,清理焊渣,进行过程性质量检查,以确保整体焊接质量及后续改进,并填写表 1 - 2 - 5。

表 1 - 2 - 5 填充层缺陷检查

检查项目	缺陷存在的数量					形成原因与改善措施
	1 层	2 层	3 层	4 层	5 层	
夹渣						
气孔						
裂纹						

表 1-2-5(续)

检查项目	缺陷存在的数量					形成原因与改善措施
	1层	2层	3层	4层	5层	
未焊透						
未熔合						
焊瘤						
最上层与坡口上表面尺寸一致性						
坡口边缘完好度						

3. 盖面焊

先查阅资料完成下面的任务单，再按此前修订确认的焊接工艺卡的工艺要求和下面任务单的方式进行盖面焊操作。

盖面层施焊时的焊条角度、运条方法及接头方法与填充层相同，但焊条摆动的幅度要比焊接填充层________。焊条电流可适当________，摆动时要注意摆动幅度________、运条速度________，摆动至坡口两侧时应________，以焊条到达坡口边缘为止，坡口边缘熔化________ mm 为宜，以便使焊缝两侧边缘熔合良好，避免产生________，从而得到优质的盖面层焊缝。当焊接至焊件末端收弧时，由于温度较高，为避免产生________等缺陷，应采用________收尾法填满弧坑，如图 1-2-19 所示。

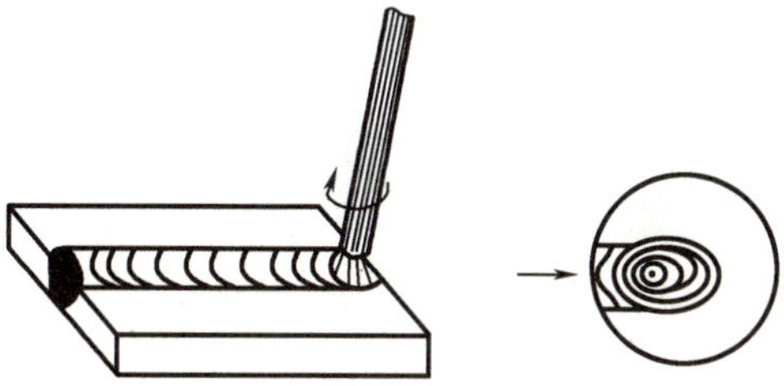

图 1-2-19 ________收尾法

子任务 1-2-3 焊缝清理与检查

知识积累

知识点 1：任务分析

任务实施路线：焊缝清理、质量检查。

知识点 2：焊缝清理与质量检查

焊件焊接完毕后，用敲渣锤、钢丝刷等清理掉焊缝上的焊渣、飞溅等，或用砂布重新打磨一遍焊缝，不得存在焊渣、焊点、毛刺等，焊缝应光滑、平整，应保证焊件的“边齐、面平”，包括焊件上开口边缘的垂直平行度,但不能破坏焊缝原始表面。焊后对焊缝表面质量进行检验,肉眼观察或用低倍放大镜检查焊缝表面是否有气孔、裂纹、咬边等缺陷,用钢直尺、钢角尺、焊缝检验尺对焊缝进行外观质量和外观成形尺寸检查。

知识点3:单面焊双面成形常见缺陷与预防

在单面焊双面成形的焊接中,反面成形不规则(尖锐、粗细高低不一),反面成形(渗透)偏离两块焊件对接线,以及没有渗透或渗透达不到规定的长度要求,称为渗透不良。通常伴随出现的焊接缺陷有未熔合、背面内凹、夹渣、焊瘤、缩孔、气孔、咬边、焊缝成形、烧穿、未焊透等。

当单面焊双面成形采用断弧焊进行打底焊时,操作难度较大,最容易出现的两种缺陷是烧穿和未焊透。

1. 烧穿

烧穿是在焊接过程中,由于焊接参数选择不当,操作工艺不良,熔池温度过高时铁水易下淌,单面焊双面成形的背面易烧穿或者工艺装配不好等原因使熔化金属从焊缝背面流出,造成穿孔的现象,如图1-2-20所示。烧穿容易发生在第一道焊道。在薄板对接焊缝或管子对接焊缝中,烧穿是常见的缺陷。

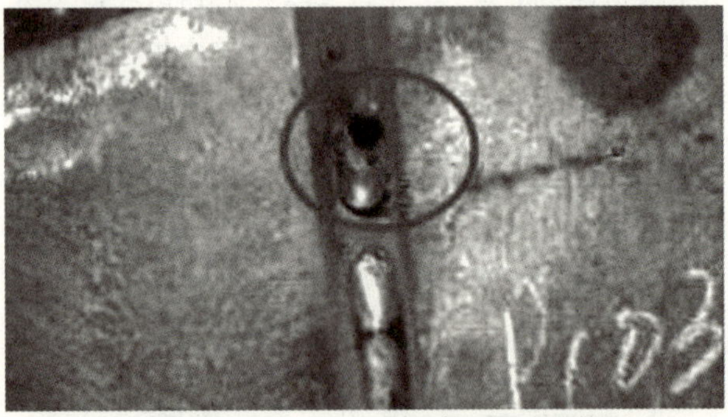

图1-2-20　焊接烧穿缺陷

烧穿的原因:

①焊接电流过大,对焊件过度加热;

②焊接速度慢,电弧在焊缝处停留时间太长。

2. 未焊透

未焊透是指熔焊时接头根部未完全熔透的现象。

未焊透的原因:

①焊接电流小,焊接速度太快,母材金属未充分熔化;

②坡口角度小,对接间隙小,钝边太大;

③焊条偏离焊道中心或操作角度不正确。

3. 控制措施

针对这两项缺陷的预防措施如下:

①控制接头坡口尺寸:单面焊双面成形的接头,其装配间隙宽度应为焊条直径,钝边宽度应为焊条直径的一半左右;

②焊接时选择合适的焊接速度和焊接电流。

对于缺陷，只要找出原因进行相应的调整就可以解决。

实训活动

1. 焊件焊后处理与检测评分

焊件焊接完毕后，先用敲渣锤清理焊渣，用钢丝刷进一步将焊渣、飞溅等清理干净。严禁破坏焊缝原始表面，禁止用水冷却。对焊缝表面质量进行目视检验，使用5倍放大镜观察表面是否存在缺陷，并使用焊接检验尺对焊缝进行测量，焊件外观检查的结果应满足各项要求。然后对焊件进行无损检测，焊件内部质量按《焊缝无损检测　射线检测　第1部分：X和伽玛射线的胶片技术》（GB/T 3323.1—2019）评定。对焊件按规范进行检测评分，板对接焊缝外观评分标准见子任务1-1-3同类表。

2. 工位工具清理点检与评分

焊接结束后，关闭焊接电源。按9S标准清扫场地，按规定摆放工具，整理焊接电缆，确认无安全隐患，并做好使用记录，进行评分，评分表见子任务1-1-3同类表。

任务1-3 不锈钢板对接平焊单面焊双面成形焊条电弧焊

任务说明：

按图1-3-0及技术要求进行材料准备、工艺准备、焊接实施、质量检查、自我评定与总结。

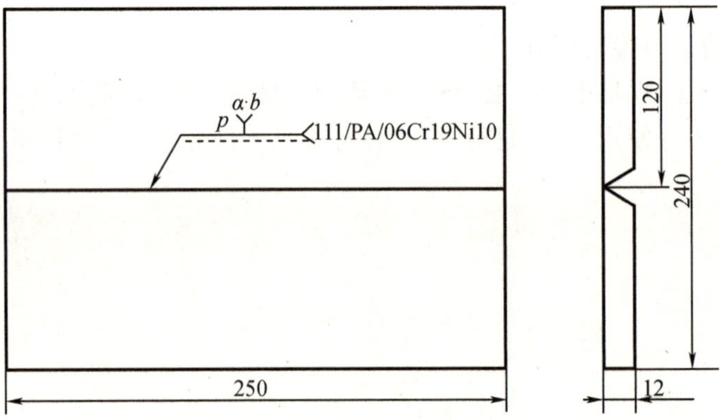

技术要求：1. 单面焊双面成形；2. 坡口为60°坡口角的V形带钝边坡口；3. 根部间隙和钝边尺寸自定；4. 错边≤0.5 mm；5. 角变形<3°；6. 不允许有咬边；7. 不允许有未焊透；8. 不允许有裂纹、气孔、夹渣；9. 焊缝余高≤1+0.15b。

图1-3-0 不锈钢板对接平焊单面焊双面成形焊件图

子任务1-3-1 焊前准备

知识积累

知识点1：任务分析

本任务为12 mm厚不锈钢板对接平焊，不锈钢材质为06Cr19Ni10，是一种常用的奥氏体不锈钢，具有良好的耐蚀性、塑性、高温性能和焊接性。但如果焊接材料选择不当或焊接工艺不正确，也会产生晶间腐蚀和热裂纹等问题，所以焊接工艺的选择很重要，技能操作与低碳钢类似。

任务实施路线：图样识读、材料准备（焊件准备、焊条选择）、工艺参数确定、坡口清理、装配定位。

知识点2：焊件准备及坡口清理

1. 焊件准备

根据任务单可知，准备材质为06Cr19Ni10的焊件两块，尺寸均为12 mm×120 mm×

250 mm,单边开30° V形坡口。

2. 坡口尺寸及打磨清理

清理的范围一般为坡口面及坡口边缘上下两侧15～20 mm范围,并在坡口底部打磨出0.5～1 mm钝边,全部打磨成斜边,并露出金属光泽。

知识点3:不锈钢分类与型号

1. 不锈钢的基本特性与分类

不锈钢(图1－3－1)是指一些在空气、水、盐的水溶液、酸及其他腐蚀介质中具有高度化学稳定性的钢类。有时仅把能够抗大气腐蚀的钢叫作不锈钢;而把在某些侵蚀性强烈的介质中能够抗腐蚀的钢叫作耐酸钢;把高温下抗氧化、抗蠕变及抗断裂能力的钢叫作热强钢。它们广泛应用于石油、化工、医疗器械、仪表、食品机械和原子能等工业部门中。

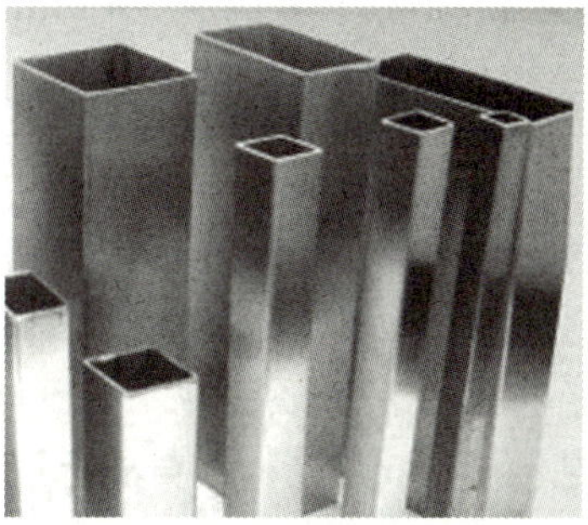

图1－3－1 不锈钢示意图

普通不锈钢一般不耐化学介质腐蚀,而耐酸钢则一般具有不锈性。“不锈钢”一词不是单纯指一种不锈钢,而是表示一百多种工业不锈钢,所开发的每种不锈钢都在其特定的应用领域具有良好的性能。

不锈钢都含有铬,较好的钢种还含有镍,添加钼可进一步改善大气腐蚀性,特别是耐含氯化物大气的腐蚀。不锈钢按成分可分为铬不锈钢、铬镍不锈钢和铬锰氮不锈钢等,常见的是铬不锈钢和铬镍不锈钢两类,前者 $w(Cr)=12\%\sim30\%$,后者 $w(Cr)=12\%\sim30\%$、$w(Ni)=6\%\sim12\%$。

不锈钢按基体组织状态又可分为马氏体、铁素体、奥氏体、奥氏体＋铁素体(双相)及沉淀硬化形不锈钢五类。不锈钢的化学成分及力学性能见相关国标,如《不锈钢棒》(GB/T 1220—2007)。

2. 不锈钢材料的型号含义

材质06Cr19Ni10的型号含义:

06表示碳元素C的含量(质量分数)占比0.06%(即标准规定的碳含量0.03%～0.08%的中间值);

19表示铬元素Cr的含量占比19%(即标准规定的铬含量18%～20%的中间值);

10表示镍元素Ni的含量占比10%(即标准规定的镍含量8%～10.5%的中间值);

(1)不锈钢钢号开头的数字表示钢的碳含量,以千分之几表示。

例如:2Cr13中的2表示钢的平均碳含量为2‰(即0.2%)。

若钢中碳含量≤0.03%或≤0.08%,新国标的钢号前分别冠以“022”“06”,例如022r17Ni12Mo2、06Cr19Ni10(老国标的号前则分别冠以“00”及“0”表示,例如00Cr17Ni14Mo2、0Cr18Ni9)。

(2)对不锈钢中主要合金元素以百分之几表示。

当平均合金含量<1.5%时,钢号中一般只标出元素符号,而不标明含量,但在特殊情况下容易导致混淆时,在元素符号后亦可标以数字“1”,例如钢号“12CrMoV”和“12Cr1MoV”,前者铬含量为0.4%～0.6%,后者为0.9%～1.2%,其余成分全部相同。当

合金元素平均含量为21.5%、22.5%、23.5%时，在元素符号后面应标明含量，可相应表示为2、3、4等，例如18Cr2Ni4WA。

(3)虽然不锈钢中钛、锆、氮等微合金元素含量很低，但仍应在钢号中标出。

如：20MnVB钢中，钒含量为0.07%～0.12%，硼含量为0.001%～0.005%。

(4)高级优质钢应在钢号最后加“A”，以区别于一般优质钢。

(5)专门用途的合金结构钢，钢号冠以（或后缀）代表该钢种用途的符号。

例如：铆螺专用的30CrMnSi钢，钢号表示为ML30CrMnSi。

知识点4：奥氏体不锈钢焊接特性

1. 焊接特性

奥氏体不锈钢是在18%铬铁素体型不锈钢中加入镍、锰、氮等奥氏体形成元素而获得的钢种系列。其铬含量大于18%，还含有8%左右的镍及少量钼、钛、氮等元素；综合性能好，可耐多种介质腐蚀。奥氏体不锈钢的常用牌号有1Cr18Ni9、0Cr19Ni9等。0Cr19Ni9钢的w(C)<0.08%，钢号中标记为“0”。这类钢中含有大量的镍和铬，使钢在室温下呈奥氏体状态。这类钢具有良好的塑性、韧性、焊接性、耐蚀性和无磁或弱磁性，在氧化性和还原性介质中耐蚀性均较好，可用来制作耐酸设备，如耐蚀容器及设备衬里、输送管道、耐硝酸的设备零件等，另外还可用作不锈钢钟表饰品的主体材料。奥氏体不锈钢一般采用固溶处理，即将钢加热至1 050～1 150 ℃，然后水冷或风冷，以获得单相奥氏体组织。

2. 常见缺陷及预防措施

奥氏体不锈钢焊接时的常见缺陷有：焊接热裂纹、晶间腐蚀、焊接残余应力和变形较大。

(1)焊接热裂纹及其预防措施

奥氏体不锈钢焊缝中枝晶方向性很强，枝晶间有利于低熔点杂质的偏析。同时，奥氏体不锈钢导热能力比低碳钢约小50%，膨胀系数比低碳钢大50%左右，导热能力差，膨胀系数大，使焊缝区形成较大的温差和收缩应力，所以奥氏体不锈钢焊缝很容易产生热裂纹。

为防止热裂纹的产生可采取以下措施：

①控制焊缝组织，焊缝为奥氏体加少量铁素体双相组织，不仅能防止晶间腐蚀，也有利于减少钢中低熔点杂质偏析，阻碍奥氏体晶粒长大，防止热裂纹。

②控制化学成分，应减少焊缝中碳、磷、硫元素的含量和增加铬、钼、硅、锰等元素的含量。

③选用小功率焊接参数和冷却速度快的工艺，如短弧焊、小线能量、不预热、低的层间温度和小电流窄道焊等方式，减少熔合比，避免过热，提高抗裂性。

④采用降低焊接应力和变形的措施。

(2)晶间腐蚀及其防止措施

18-8型奥氏体不锈钢焊接时，处于敏化温度区域（600～1 000 ℃）会沿晶界析出$Cr_{23}C_6$，引起晶界附近的奥氏体贫铬，导致耐蚀性下降，而出现晶间腐蚀。

焊接奥氏体不锈钢时产生的晶间腐蚀一般是由晶粒边界形成的贫铬层造成的，即在450～850 ℃温度下，奥氏体中碳的扩散速度大于铬的扩散速度。当碳含量超过它在室温的溶解度（0.02%～0.03%），碳就不断地向奥氏体晶粒边界扩散，并和铬化合，析出$Cr_{23}C_6$，引起晶界附近的奥氏体贫铬，导致耐蚀性下降，而出现晶间腐蚀。当晶界附近的金属含铬量低于12%时，就失去了抗腐蚀能力。在腐蚀介质作用下，即产生晶间腐蚀。受到晶间腐蚀的不锈钢，从表面上看没有痕迹，但在受到应力时即会沿晶界断裂，因此焊接时应采取以下措施：

①控制碳含量。碳是造成晶间腐蚀的主要元素，碳含量在0.08%以下时，析出碳的数量就较少，所以常控制基本金属和焊材的碳含量在0.08%以下。通常所说的超低碳不锈钢碳含量小于0.03%，不会产生晶间腐蚀，因此应尽量选用碳含量小于0.03%的焊材。

②添加稳定剂。在钢材和焊接材料中加入钛、铌等元素，能够提高其抗晶间腐蚀的能力。

③进行固溶处理，焊后把焊接接头加热到1 050～1 100 ℃，然后迅速冷却，稳定奥氏体组织，另外，也可以进行850～900 ℃保温2 h的稳定化热处理。

④采取双相组织，在焊缝中加入铁素体形成元素，如铬、硅、铝、钼等，以使焊缝成为奥氏体＋铁素体的双相组织。一般控制焊缝金属中铁素体含量为5%～10%，铁素体过多，也会使焊缝变脆。

⑤减少焊接线能量。在焊接工艺上，可采用小的焊接电流、大的焊接速度和短弧多道焊，待一层焊完冷却后再焊下一层，甚至可用浇冷水等措施来加速焊缝的冷却。

⑥注意焊接顺序，与腐蚀介质接触的焊缝应最后焊接，尽量不让它受重复热循环作用。

知识点5：焊接工艺参数确定

1. 不锈钢焊条选择

焊条的选用可参照母材的材质型号，选用与母材成分相同或相近的焊条，其熔敷金属碳含量不高于母材的焊条。焊条焊前需按规定温度烘干。

（1）不锈钢材料的焊条直径选择

焊接位置尽量采用平焊位置，当立焊、仰焊时，应选比平焊直径小的焊条。

（2）不同不锈钢材料的焊条型号选择（表1－3－1）

表1－3－1 部分奥氏体不锈钢材料的焊条型号匹配表

钢号	型号	牌号
0Cr18Ni9 0Cr19Ni9	E308L－16	A002
0Cr18Ni9Ti 1Cr19Ni9Ti	E308－16 E347－16	A102 A132
0Cr18Ni11Nb 0Cr19Ni11Nb	E347－16	A132
0Cr18Ni12Mo2Ti 1Cr18Ni12Mo2Ti	E316－16	A022
00Cr17Ni14Mo2	E316－16	A022
00Cr18Ni14Mo2	E308L－16	A002
00Cr18Ni14Mo2Cu2	E317MoCuL－16	A032

2. 不锈钢材料焊条电弧焊的焊接工艺参数(表1-3-2)

表1-3-2 常见不锈钢板厚及其焊接工艺参数

板厚/mm	层数	坡口尺寸			焊接电流/A	焊接速度/(mm/min)	焊条直接/mm	备注
		间隙 b/mm	钝边 p/mm	坡口角度 α/(°)				
2	2	0~1	—	—	40~60	140~160	2.5	反面铲焊根
	1	2	—	—	80~110	100~140	3.2	加垫板
	1	0~1	—	—	60~80	100~140	2.5	
3	2	2	—	—	80~110	100~140	3.2	反面铲焊根
	1	3	—	—	110~150	150~200	4.0	加垫板
	2	2	—	—	90~110	140~160	3.2	
5	2	3	—	—	80~110	120~140	3.2	反面铲焊根
	2	4	—	—	120~150	140~180	4.0	加垫板
	2	2	2	75	90~110	140~180	3.2	
6	4	0	0	80	90~140	160~180	3.2,4.0	反面铲焊根
	2	4	—	60	140~180	140~150	4.0,5.0	加垫板
	3	2	2	75	90~140	140~160	3.2,4.0	
9	1	0	3	80	130~140	140~160	4.0	反面铲焊根
	3	4	—	60	140~180	140~160	4.0,5.0	加垫板
	4	2	2	75	90~140	140~160	3.2,4.0	
12	5	0	4	80	140~180	120~180	4.0,5.0	反面铲焊根
	4	4	—	60	140~180	120~160	4.0,5.0	加垫板
	4	2	2	75	90~140	130~160	3.2,4.0	
16	7	0	6	80	140~180	120~180	4.0,5.0	反面铲焊根
	6	4	—	60	140~180	110~160	4.0,5.0	加垫板
	7	2	2	75	90~180	110~160	3.2,4.0,5.0	
22	7	—	—	—	140~180	130~180	4.0,5.0	反面铲焊根
	9	4	—	45	160~200	110~175	5.0	加垫板
	10	2	2	45	90~180	110~160	3.2,4.0,5.0	
32	14	—	—	—	160~200	140~170	4.0,5.0	反面铲焊根

3. 焊后处理

有必要时,焊后进行固溶处理或消除应力处理。

(1)固溶处理参考工艺:加热至1 000~1 150 ℃,以2 min/mm板厚确定保温时间后急速冷却。

(2)消除应力处理参考工艺:加热至900 ℃左右,以2 min/mm板厚确定保温时间后,在空气下冷却。

4. 本任务焊接工艺参数确定

根据焊件 06Cr19Ni10 不锈钢板材质及板厚，选用 E303 - 16（A102）型焊条，直径为 3.2 mm、4.0 mm，其中直径为 3.2 mm 的焊条用于打底，直径为 4.0 mm 的焊条用于填充和盖面，焊条烘干温度为 100 ~ 150 ℃，保温时间为 1 ~ 2 h，随取随用。E308 - 16 焊条工艺参数参考值见表 1 - 3 - 3。

表 1 - 3 - 3　工艺参数参考值

焊接层次	焊条型号	焊条直径/mm	焊接电流/A	电源极性
点焊装配	E308 - 16	ϕ3.2	90 ~ 100	直流反接
打底层		ϕ3.2	90 ~ 110	
填充层（2 ~ 3 层）		ϕ4.0	120 ~ 140	
盖面层		ϕ4.0	120 ~ 140	

知识点 6：装配定位

装配定位与子任务 1 - 2 - 1 相同，需要进行 3° ~ 4°反变形量设置，装配根部间隙，引弧端为 3.2 mm，收弧端 4.0 mm，采用与正式焊接相同的焊条进行点焊装配，装配后检查两块焊件错边量应不大于 0.5 mm，并保证背部焊透，无表面气孔、夹渣和未熔合等缺陷，并清理打磨焊点，保证无缺陷及露出金属光泽。

实训活动

1. 分析与制订焊接工艺

识读图样，根据焊接要求，结合前面所学知识进行工艺制订，完成表 1 - 3 - 4 工艺卡的编制。

06Cr19Ni10 属于________不锈钢，其焊接特性是：

____

____

____

____

表 1－3－4　06Cr19Ni10 不锈钢板对接平焊焊条电弧焊单面焊双面成形焊接工艺卡

<table>
<tr><th colspan="2">焊接工艺卡</th><th colspan="5">编号：</th></tr>
<tr><td>材料牌号</td><td></td><td colspan="5" rowspan="9">接头坡口简图（标注尺寸）
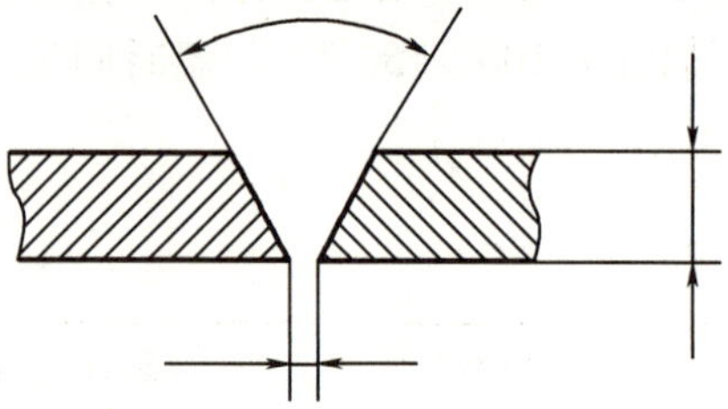
装配定位简图（标注尺寸）
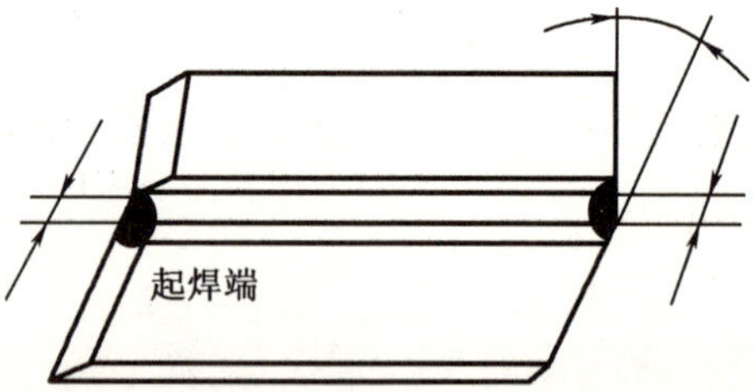
</td></tr>
<tr><td>材料规格/mm</td><td></td></tr>
<tr><td>接头种类</td><td>对接</td></tr>
<tr><td>坡口形式</td><td>V 形带钝边</td></tr>
<tr><td>/(°)</td><td>60</td></tr>
<tr><td>钝边/mm</td><td></td></tr>
<tr><td>组对间隙/mm</td><td></td></tr>
<tr><td>焊接方法</td><td>焊条电弧焊</td></tr>
<tr><td>焊接设备</td><td>ZX7－400</td></tr>
<tr><td>电源种类</td><td></td><td rowspan="3">焊后
热处理</td><td>种类</td><td>—</td><td>保温时间</td><td>—</td></tr>
<tr><td>电源极性</td><td></td><td>加热方式</td><td>—</td><td>层间温度</td><td>—</td></tr>
<tr><td>焊接位置</td><td></td><td>温度范围</td><td>—</td><td>测量方法</td><td>—</td></tr>
</table>

<table>
<tr><th colspan="6">焊接参数</th></tr>
<tr><th>焊层</th><th>焊材型号</th><th>焊材直径/mm</th><th>焊接电流/A</th><th>焊接电压/V</th><th>焊接速度/(cm/min)</th></tr>
<tr><td></td><td rowspan="4"></td><td></td><td></td><td></td><td></td></tr>
<tr><td></td><td></td><td></td><td></td><td></td></tr>
<tr><td></td><td></td><td></td><td></td><td></td></tr>
<tr><td></td><td></td><td></td><td></td><td></td></tr>
</table>

简要说明制订以上焊接工艺时所设定工艺参数及焊接变形控制措施的理由：

____

____

2. 材料、工具设备、工位领取及点检

按老师审核通过的工艺卡领取材料、工具设备及工位，并进行点检，检验表见子任务 1－1－1。

3. 接头坡口处理及装配定位

根据前面设计确定的坡口尺寸，进行加工处理，再进行装配定位及定位焊，然后填写检测表 1－3－5。

表 1-3-5 坡口处理及装配定位检测表

坡口主要尺寸检测							
坡口角度 α		钝边尺寸 p		引弧端根部间隙尺寸 b		收弧端根部间隙尺寸	
设计值	定位后值	设计值	加工值	设计值	定位后值	设计值	定位后值

定位焊点尺寸检测(测量并标注)

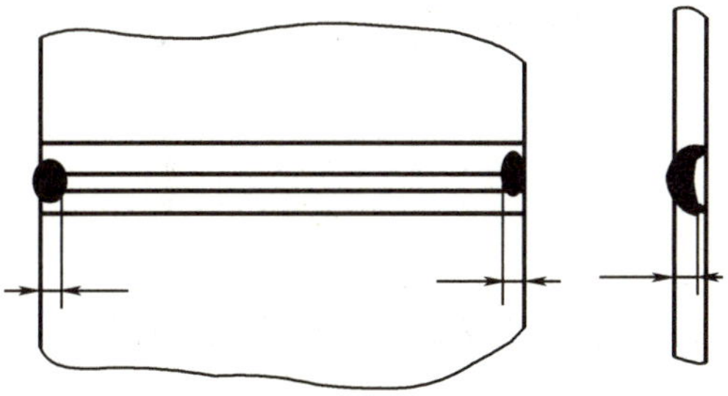

装配定位变形控制尺寸检测(测量并标注)

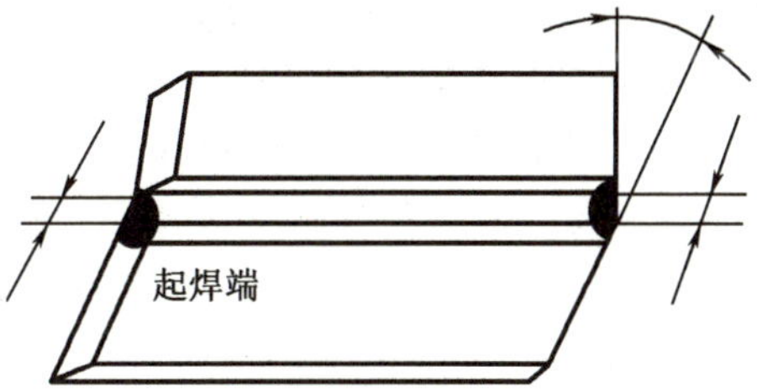

焊缝两侧清理检测									
焊缝两侧清理		清理的尺寸范围							
要求	处理结果	要求值				加工测量值			
		边 1	边 2	边 3	边 4	边 1	边 2	边 3	边 4

子任务 1-3-2 焊接操作

知识积累

知识点 1:任务分析

任务实施路线:打底、填充、盖面。

知识点 2:操作要领

具体操作要领与低碳钢单面焊双面成形类似,工艺参数不同。需要注意如下几点:

(1)焊前应将坡口及其两侧 20~30 mm 内的焊件表面清理干净。

(2)装配点焊过程中,尽量注意不损伤不锈钢表面,以免降低产品的耐腐蚀性。

(3)焊接时采用小电流快速焊。为避免基本金属过热和加强熔池保护,施焊时要采用短弧快速焊,弧长一般为 2 ~ 3 mm,焊条不做横向摆动,以窄焊道为宜。焊接电流要比低碳钢降低 20% 左右,电流与焊条直径之比一般为 25 ~ 30 A/mm。

(4)起焊时不允许焊条在非焊接部位引弧,施焊中运条要稳,收弧时应填满弧坑,或在引出板上收弧。

(5)焊道清渣时,必须用不锈钢钢丝刷,不准使用碳钢钢丝刷。

(6)多层焊时,每焊完一层要彻底清除熔渣和飞溅,对焊件表面质量要求高时,可在坡口两侧涂上石灰水或专用防飞溅剂。仔细检查焊接缺陷,有缺陷时要及时铲除。待前道焊缝冷却到 60 ℃以下时再焊后一道焊缝。在焊接顺序上要先焊非工作面,后焊与腐蚀介质接触的工作面。

实训活动

1. 打底焊

先查阅资料完成下面的任务单,再按此前修订确认的焊接工艺卡的工艺要求和下面任务单的方式进行打底焊操作。

(1)引弧与焊条角度及焊接方向

本任务焊件采用断弧焊进行打底焊,选择焊接方向为________;将焊件________的一端放于左侧,打底焊从焊件左端定位焊缝的始焊处开始引弧,焊条与焊接方向之间的夹角为________(并在图 1 - 3 - 2 标注焊条与焊件对应的角度)。电弧引燃后,可长弧稍作停留进行________,当看到定位焊缝和坡口根部有“出汗”现象时,说明________温度已合适,然后横向摆动向右施焊,待电弧达到定位焊缝右侧前沿时,将焊条下压并稍作停留。在听到电弧穿透坡口而发出“噗噗”声,同时可以观察到形成新的熔孔后,即可进行后续的打底焊。

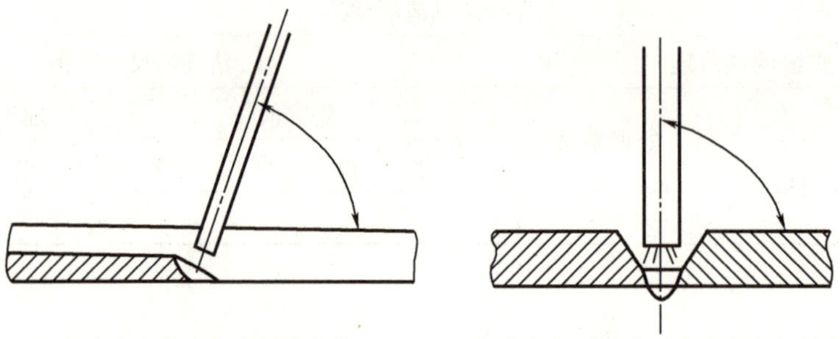

(a)焊条与焊接方向之间的夹角　　(b)焊条与焊缝轴线垂直方向之间的夹角

图 1 - 3 - 2　标注焊条与焊件的角度

(2)熔池熔孔大小及断弧频率控制

焊接电弧要控制得短些,前进的速度不宜过快,引弧熄弧频率控制在________次/min。要注意将焊接电弧的________覆盖在熔池上,电弧的________保持在熔池前,用来熔化和击穿焊件的坡口根部以形成熔孔。施焊过程中要严格控制熔池的形状,尽量保持大小一致。要观察熔池的变化和坡口根部的熔化情况,熔化应在坡口根部边缘外________ mm 以内(并标注图 1 - 3 - 3),发现熔孔增大时,应稍________焊条,同时________焊条与前进方向之间的角度;反之,当熔孔缩小时,则________电弧,同时________焊条与前进方向之间的角度。

(3)焊缝接头

当一根焊条即将焊完,更换另一根焊条时,应将焊条下压,使熔孔稍微扩大,向焊接反方向拉回________ mm,并迅速________焊条,使电弧逐渐拉长,形成斜坡形再熄弧,这样可把收弧缩孔消除或带到焊道表面,以便在下一根焊条焊接时将其熔化掉。焊缝接头分热接法和冷接法。采用热接法时,换焊条速度要快,即收弧时熔池还未完全冷却就立即接头,如图1-3-4所示,在熔池后约________ mm处引弧,并立即将电弧拉回原弧坑的前沿,________电弧,重新击穿间隙再生成一个熔孔,待新熔孔形成后,再按前述步骤进行正常施焊。采用冷接法时,应把距弧坑15~20 mm斜坡上的熔渣敲掉并清理干净,在收弧熔池后约________ mm处引弧,焊条做横向摆动向前施焊,焊至收弧处前沿时,填满弧坑,焊条下压并稍作停留。在听到电弧击穿声,同时可以观察到形成新的熔孔后,逐渐将焊条________,进行正常施焊。

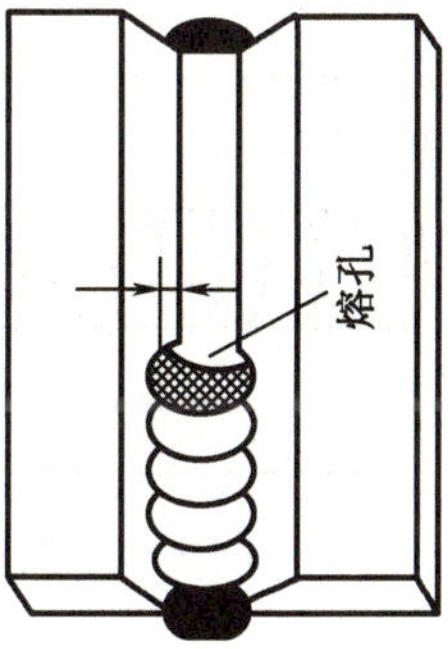

图1-3-3 标注熔孔边缘与坡口根部边缘的距离

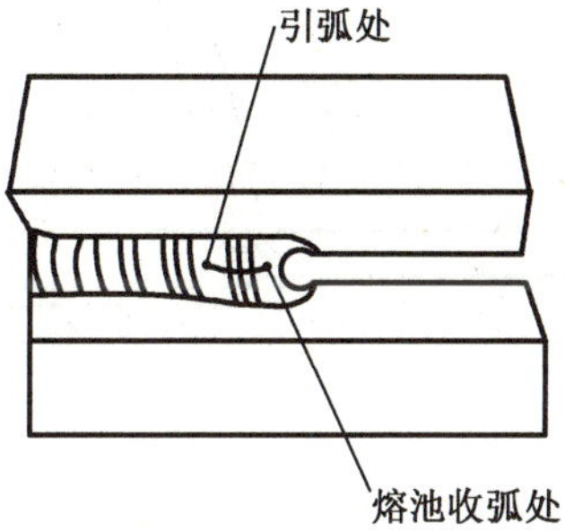

图1-3-4 打底焊焊缝接头

(4)平焊打底焊的断弧焊操作要点

平焊时的熔孔在被击穿的瞬间容易被液态金属覆盖,一般不容易看见。因此,在焊接时要注意,当听到电弧击穿发出的"哧"声时,要快速断弧,否则容易产生焊瘤或熔孔过大。焊件背面保持________弧柱长度。第一层打底焊保证电弧要短,输送熔滴要薄,间断断弧周期要短。

(5)焊接过程性检查

完成打底层焊接后,清理焊渣,进行过程性质量检查,以确保整体焊接质量及后续改进,并填写表1-3-6。

表1-3-6 打底焊层缺陷检查

检查项目	缺陷存在的数量	形成原因与改善措施
夹渣		
气孔		
裂纹		
未焊透		
未熔合		
焊瘤		
坡口根部熔合尺寸一致性		

2. 填充焊

先查阅资料完成下面的任务单，再按此前修订确认的焊接工艺卡的工艺要求和下面任务单的方式进行填充焊操作。

(1)清理与焊条角度控制

填充层施焊前，应先将________的________、________等清除干净，将打底焊层焊缝接头的________打磨平整，然后进行填充焊。填充焊时，焊条与焊接方向之间的夹角为________(并在图1－3－5中标注焊条与焊件对应的角度)。

(2)引弧

采用连续焊，如图1－3－6应用前引弧方式，在距焊缝起始端________ mm处引弧后，将电弧拉回起始端施焊。每次接头或焊接其他填充层时也都按此方法操作，以防止产生焊接缺陷。

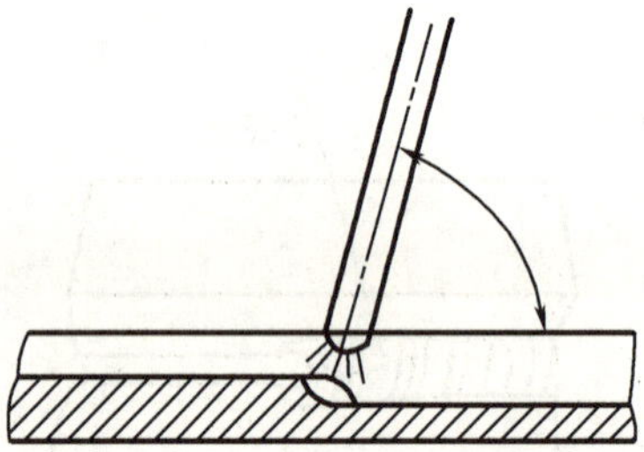

图1－3－5　标注焊条与焊件角度

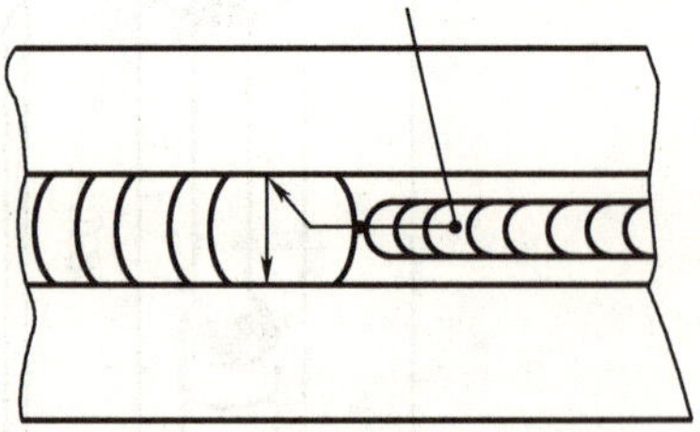

图1－3－6　前引弧方式

(3)运条

采用月牙形或横向锯齿形摆动运条，控制好焊道两侧的熔合情况，焊条摆幅逐层________，在坡口两侧________，以保证熔池及坡口两侧温度________，并且有利于良好的熔合和排渣。最后一层填充后应比母材表面________ mm(在图1－3－7中标注该尺寸)，并且焊缝中心应稍向下凹，两边与母材交界处要高；注意不能熔化坡口________，确保焊接盖面层时能看清坡口，以保证盖面焊缝边缘平直。

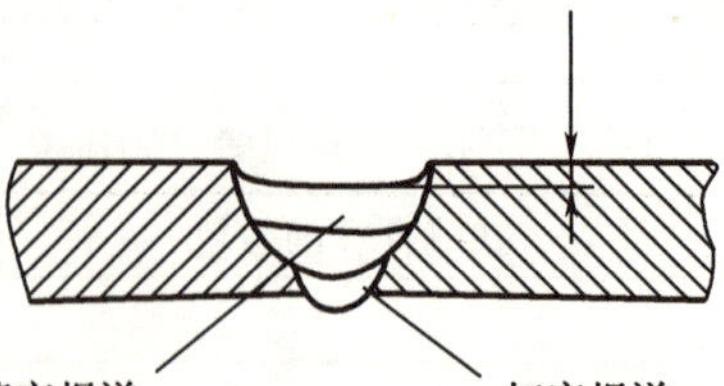

图1－3－7　标注最上层填充焊道与焊件坡口表面的距离

(4)焊接过程性检查

完成填充层焊接后，清理焊渣，进行过程性质量检查，以确保整体焊接质量及后续改进，并填写表1－3－7。

表 1-3-7　填充焊层缺陷检查

检查项目	缺陷存在的数量					形成原因与改善措施
	1 层	2 层	3 层	4 层	5 层	
夹渣						
气孔						
裂纹						
未焊透						
未熔合						
焊瘤						
最上层与坡口上表面尺寸一致性						
坡口边缘完好度						

3. 盖面焊

先查阅资料完成下面的任务单，再按此前修订确认的焊接工艺卡的工艺要求和下面任务单的方式进行盖面焊操作。

盖面层施焊时的焊条角度、运条方法及接头方法与填充层相同，但焊条摆动的幅度要比焊接填充层________。焊条电流可适当________，摆动时要注意摆动幅度________、运条速度________，摆动至坡口两侧时应________，以焊条到达坡口边缘为止，坡口边缘熔化________ mm 为宜，以便使焊缝两侧边缘熔合良好，避免产生________，从而得到优质的盖面层焊缝。当焊接至焊件末端收弧时，由于温度较高，为避免产生________等缺陷，应采用________收尾法填满弧坑，如图 1-3-8 所示。

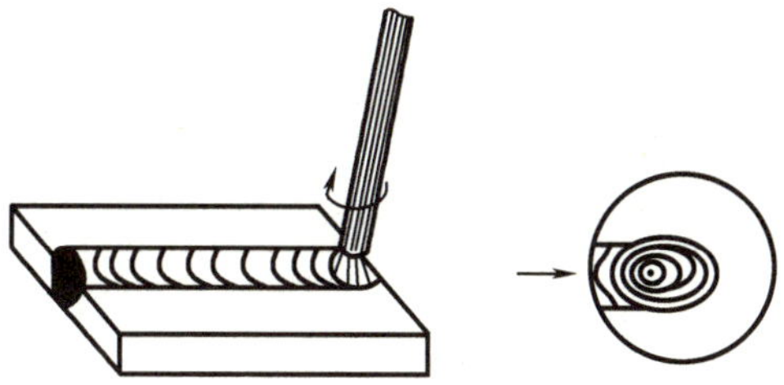

图 1-3-8　________收尾法

子任务 1-3-3　焊缝清理与检查

知识积累

知识点 1：任务分析

任务实施路线：焊后处理、质量检查。

知识点2:焊缝清理与质量检查

焊件焊接完毕后,用敲渣锤、钢丝刷等清理掉焊缝上的焊渣、飞溅等,或用砂布重新打磨一遍焊缝,不得存在焊渣、焊点、毛刺等,焊缝应光滑、平整,应保证焊件的"边齐、面平",包括焊件上开口边缘的垂直平行度,但不能破坏焊缝原始表面。焊后对焊缝表面质量进行检验,肉眼观察或用低倍放大镜检查焊缝表面是否有气孔、裂纹、咬边等缺陷,用钢直尺、钢角尺、焊缝检验尺对焊缝进行外观质量和外观成形尺寸。

实训活动

1. 焊件焊后处理与检测评分

焊件焊接完毕后,先用敲渣锤清理焊渣,用钢丝刷进一步将焊渣、飞溅等清理干净。严禁破坏焊缝原始表面,禁止用水冷却。对焊缝表面质量进行目视检验,使用5倍放大镜观察表面是否存在缺陷,并使用焊接检验尺对焊缝进行测量,焊件外观检查的结果应满足各项要求。然后对焊件进行无损检测,焊件内部质量按《焊缝无损检测　射线检测　第1部分:X和伽玛射线的胶片技术》(GB/T 3323.1—2019)评定。对焊件按规范进行检测评分,板对接焊缝外观评分标准见子任务1-1-3同类表。

2. 工位工具清理点检与评分

焊接结束后,关闭焊接电源。按9S标准清扫场地,按规定摆放工具,整理焊接电缆,确认无安全隐患,并做好使用记录,进行评分,评分表见子任务1-1-3同类表。

项目二　T 型接头平角焊焊条电弧焊

项目描述：师徒对话

小白看着自己练习的板对接单面焊双面成形的作品，看到了自己的进步，也看到了更多的不足，不禁感叹起来："焊接这活看起来简单，越学越练越觉得博大精深啊！真是外行看热闹，内行看门道。既在手腕摆、提、压、拉之间，更在眼里、头脑里啊！"师傅欣慰地说道："嗯，不错，说明你已经入门了，常言道，师傅领进门，修行靠个人。前面已经学习了基本的理论和操作方法，后面就要靠勤学巧练、细细揣摩了。引弧、运条、接头、结尾这些基本功都是硬功夫，需要不断地练习，形成肌肉记忆。下一阶段我们学习钢板角接和 T 型接头平角焊，这也是焊接生产中最常见的焊接接头类型。你需要达成以下目标。"

角接和 T 型接头焊件

项目目标

知识目标：

1. 掌握平角焊焊条电弧焊方法；
2. 掌握平角焊焊条电弧焊的常见缺陷与预防措施；
3. 掌握平角焊焊条电弧焊焊缝外观质量检查方法。

技能目标：

1. 能够正确识读图纸；
2. 能够正确应用工具进行坡口处理；
3. 能够正确进行反变形装配定位；
4. 能够正确选用焊条；
5. 能够正确选用焊接工艺参数；
6. 能够进行焊条电弧焊平角焊焊接操作：引弧、运条、起头、接头与结尾；
7. 能够进行平角焊多层焊。

素养目标：

1. 具有查阅资料、自主学习和勤于思考的能力；

2. 具有尊重和自觉遵守法规、标准的意识；

3. 具有良好的职业道德、敬业精神和团队精神；

4. 具有安全、环保和节约意识；

5. 具有 9S 管理意识。

任务 2 – 1　低合金高强度钢板 T 型接头平角焊焊条电弧焊

任务说明：

按图 2 – 1 – 0 及技术要求进行材料准备、工艺准备、焊接实施、质量检查、自我评定与总结。

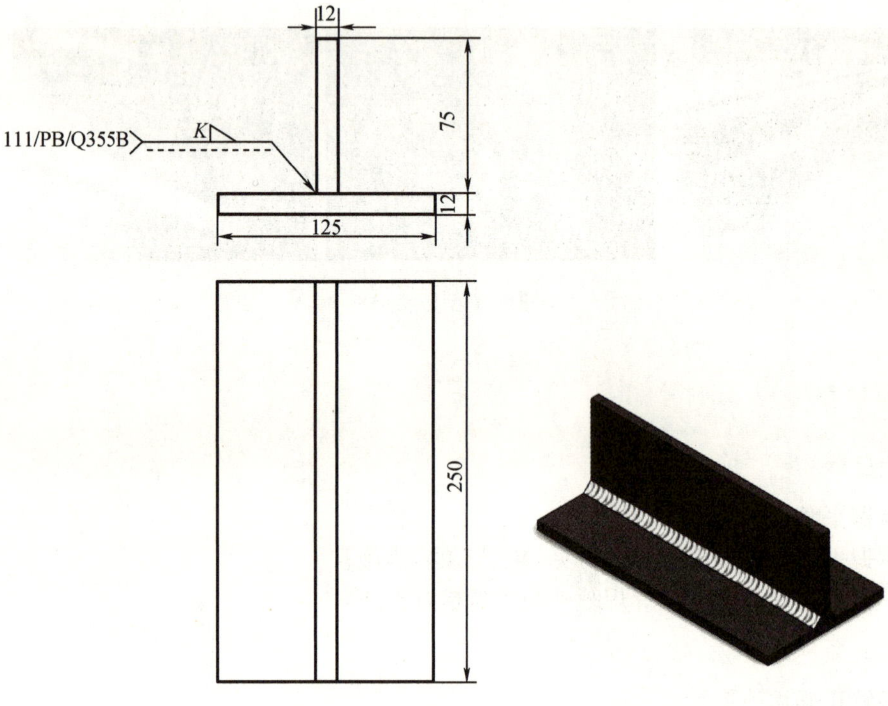

技术要求：1. I 形坡口；2. 间隙 0 ~ 1 mm；3. 两板垂直，角度偏差 < 1°；4. 不允许有咬边；5. 不允许有未焊透；6. 不允许有裂纹、气孔、夹渣。

图 2 – 1 – 0　Q355B 板 T 型接头平角焊焊件图

子任务2－1－1 焊前准备

知识积累

知识点1:任务分析

焊接结构中,广泛采用的T型接头、搭接接头和角接接头等接头形式如图2－1－1所示。这些接头形式的焊缝叫作角焊缝。

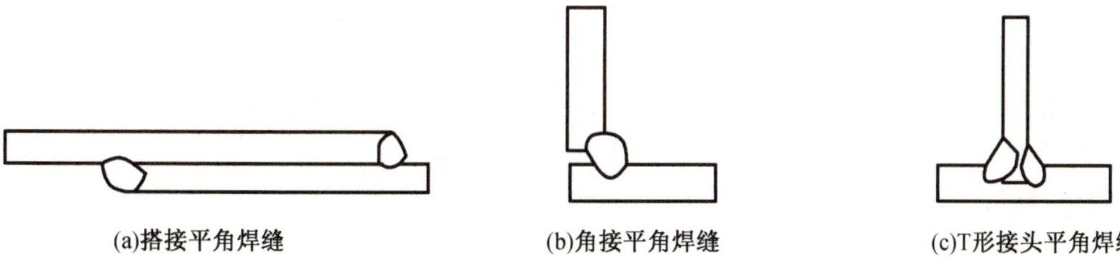

图2－1－1 不同接头角焊缝示意图

本任务以T型接头为例进行角焊缝的焊接操作学习。T型接头是一种常见的焊接接头形式,通常情况下,我们把垂直放置的板件称为腹板或立板,把水平放置的板件称为翼板或底板。由于两块钢板之间有一定夹角,降低了熔敷金属和熔渣的流动性,容易形成夹渣和咬边等缺陷;同时由于重力作用,熔敷金属容易下垂,难以保证焊缝为等腰三角形,容易出现下面长、上面短的情况,需要调整焊接电流和操作手法来改变这种情况。T型接头容易产生的焊接缺陷如图2－1－2所示。

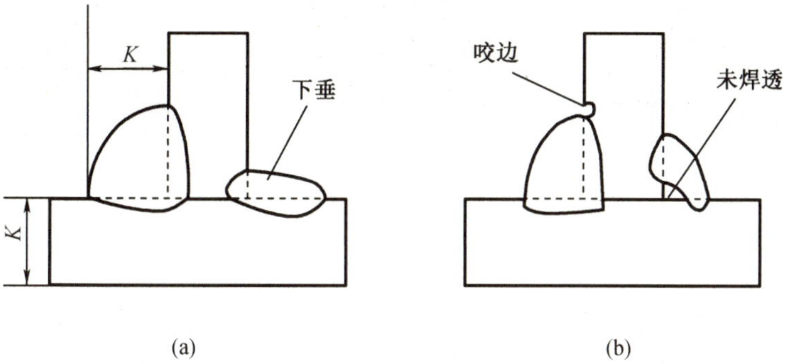

图2－1－2 T型接头容易产生的焊接缺陷示意图

任务实施路线:图样识读、焊件准备及坡口清理、焊接工艺参数确定、装配定位。

知识点2:图样识读

由角接接头示意图(图2－1－3)可知:两板件成90°装配,装焊信息均在焊缝符号中传达。焊缝符号如图2－1－4所示。

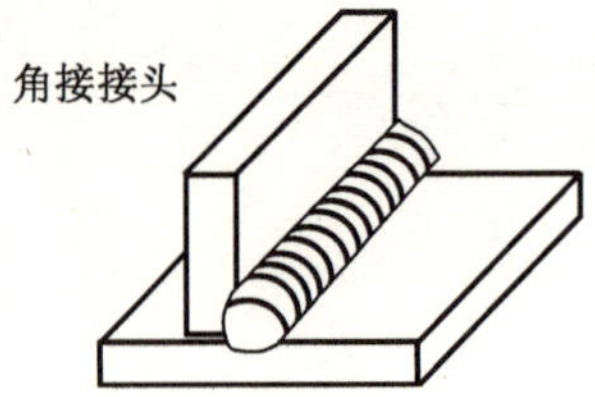

图 2-1-3　角接接头示意图

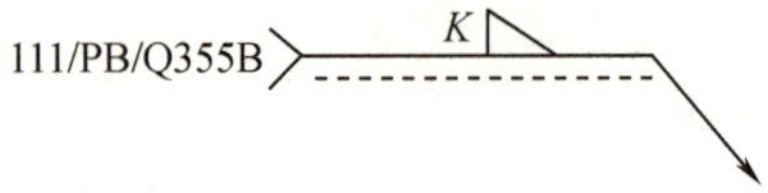

图 2-1-4　焊缝符号示意图

其中◺表示焊缝基本符号为角焊缝，K 表示焊脚高度，根据技术要求，K 值需要操作者自定。尾部符号内 111 表示焊条电弧焊方法，PB 表示平角焊位置，Q355B 为焊件材质。

知识点 3：直角焊缝结构及焊脚高度确定

1. 直角焊缝的结构

直角焊缝的结构与重要尺寸如图 2-1-5 所示，具有焊根和焊趾，其形状和特性尺寸主要包括焊缝宽度(B)、熔深、余高(凸度、凹度)、焊脚及焊脚尺寸(h_f)、焊缝厚度、焊缝深度(H)、焊缝计算厚度(h_e)等。

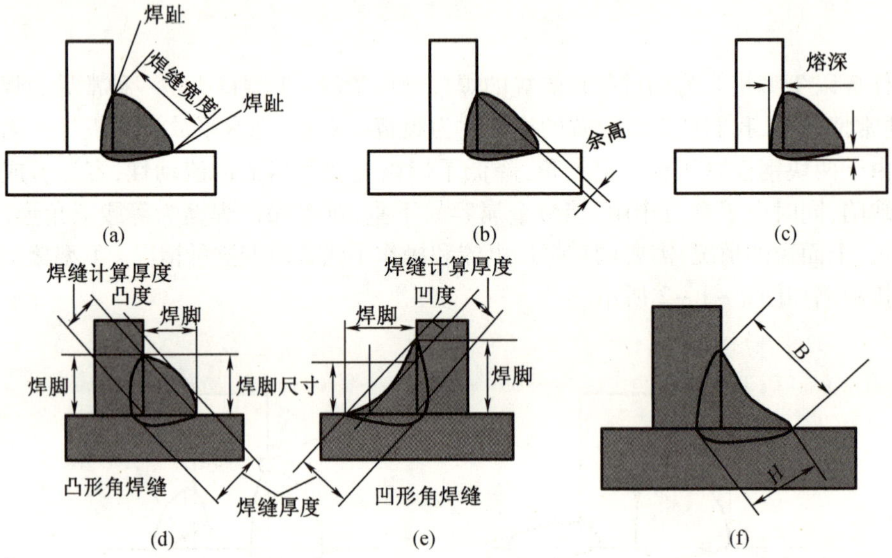

图 2-1-5　直角焊缝的结构与重要尺寸示意图

其中，焊脚和焊脚尺寸是角焊缝一个重要的控制指标。角焊缝的截面中，从一个直角面上的焊趾到另一个直角面的最小距离叫作焊脚。在角焊缝横截面中画出的最大等腰直角三角形中的直角边的长度，即焊脚尺寸，一般标为 h_f，焊缝符号里用字母 K 表示，焊接时也常用 K 值规定焊缝的尺寸。

焊缝成形系数也是一个重要指标，是指在熔焊时，在单道焊缝横截面上焊缝宽度(B)与焊缝厚度(H)的比值($\varphi = B/H$)。焊缝成形系数越小，则表示焊缝窄而深，焊缝中容易产生裂纹、气孔、夹渣等缺陷，所以焊缝成形系数应保持一定的数值。

2. 直角焊缝的类型

直角焊缝按形状通常有三种类型：普通式、平坡式和凹面式，如图 2-1-6 所示。

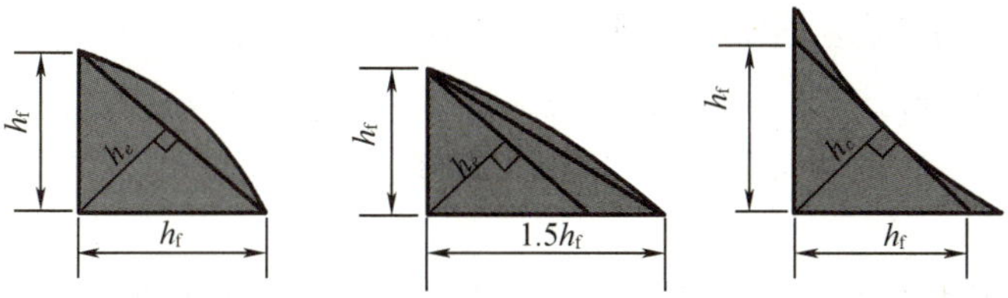

(a)普通式　(b)平坡式　(c)凹面式

图 2-1-6　直角焊缝三种类型示意图

(1)普通式直角焊缝

普通式直角焊缝两焊脚的长度都等于 h_f，焊缝表面为凸面，是常用的结构类型，但其材料形状突变严重，造成应力集中也就比较严重。

(2)平坡式直角焊缝

平坡式直角焊缝是在普通式直角焊缝的基础上，将其中一边的焊脚长度加长到 $1.5h_f$，易焊。其材料形状突变要好于普通式，应力集中也就有所改善。

(3)凹面式直角焊缝

凹面平坡式直角焊缝两焊脚的长度都等于 h_f，焊缝表面为凹面，其材料形状突变小，应力集中小。该焊缝常用于动载荷的结构中，可提高疲劳强度；但焊接难度大，比较费工。

3. 焊脚尺寸的构造要求

焊脚如果过大，容易引起局部过热甚至烧穿，焊件残余应力和残余变形增大。相反，焊脚如果过小，容易引起焊缝金属冷却过快，产生淬硬组织，导致母材开裂，因此应将焊脚尺寸 h_f(即焊缝符号中的 K 值)控制在一定范围内，如式(2-1-1)，式中 t(厚板厚度)和 t_1(板件厚度)如图 2-1-7 所示。

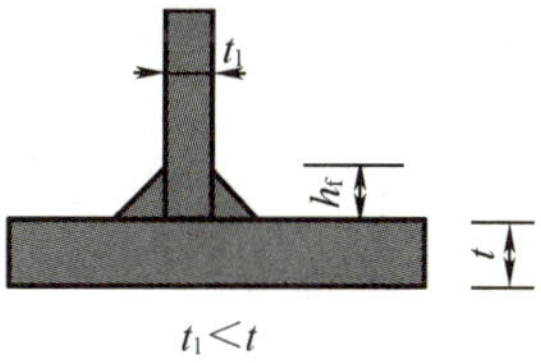

图 2-1-7　焊脚尺寸示意图

$$1.5\sqrt{t} \leq h_f \leq 1.2t_1 \qquad (2-1-1)$$

由式(2-1-1)可知，角焊缝最小焊脚长尺寸是由接头两焊件中较厚板来决定，但不得大于较薄板厚度的 1.2 倍。如 8 mm 和 10 mm 板件的角焊缝，焊脚尺寸 h_f(即 K 值)应该计算为

$$1.5\sqrt{10} \leq K \leq 1.2 \times 8 \qquad (2-1-2)$$

即焊脚尺寸应该为 4.74 mm $\leq K \leq$ 9.6 mm。

表 2-1-1 提供了各种板厚的角焊缝最小焊脚尺寸。

表 2-1-1　角焊缝最小焊脚尺寸表

接头厚板厚度 t/mm	最小焊脚尺寸/mm
$t \leq 6$	3
$6 < t \leq 12$	5
$12 < t \leq 19$	6
$19 < t \leq 38$	8

除了表2-1-1的规定，角焊缝焊脚高度还有以下要求：

(1)角焊缝的焊脚尺寸 h_f 不得小于 $1.5\sqrt{t}$，但对自动焊，最小焊脚尺寸可减小1 mm；对T型接头的单面角焊缝，应增加1 mm。当焊件厚度小于或等于6 mm时，最小焊脚尺寸应与焊件厚度相同。

(2)角焊缝的焊脚尺寸不宜大于 $1.2t_1$（t_1 为较薄焊件厚度），但板件边缘的角焊缝最大焊脚尺寸，尚应符合下列要求：

①当 $t_1 \leqslant 6$ mm时，$h_f \leqslant t_1$；

②当 $t_1 \geqslant 6$ mm时，$h_f \leqslant t_1-(1\sim2)$ mm。

(3)角焊缝的两焊脚尺寸宜相等。当焊件的厚度相差较大，且相等焊脚尺寸不能符合第(1)、(2)条要求时，可采用不等焊脚尺寸，其中与较薄焊件接触的焊脚也应符合第(2)条的要求，与较厚焊件接触的焊脚边应符合第(1)条的要求。

为简化焊脚尺寸选取的过程，相同板厚角焊缝焊脚尺寸经验上常按下述方法进行选取：对于板厚小于6 mm的钢板，焊脚尺寸可等于板厚；板厚大于6 mm的钢板，焊脚尺寸习惯上按板厚的70%，但是一般不超过15 mm。因此，12 mm厚板角接的焊脚尺寸 K 值为8～10 mm。

平角焊时，焊脚尺寸决定焊接层次和焊道数。一般，当焊脚尺寸小8 mm时，多采用单层焊；当焊脚尺寸为8～10 mm时，采用多层焊；当焊脚尺寸大于10 mm时，则为多层多道焊。

知识点4：焊件准备及坡口清理

1. 焊件准备

根据任务单可知，焊件材质为Q355B，底板焊件尺寸为125 mm×250 mm，立板焊件尺寸为75 mm×250 mm，厚度为8～12 mm均可，这里选用12 mm板厚焊件，其他板厚具体焊接工艺微调即可。焊件为I形坡口。

Q355B钢板是国内常见的低合金高强度结构钢，它是低碳合金钢（碳含量<0.2%），具有综合性能好、低温性能好、冷冲压性能、焊接性能和可切削性能好的优点，广泛应用于桥梁、车辆、船舶、建筑、压力容器、工程机械、特种设备等。但合金结构钢焊接时，会有热影响区比较大的淬硬倾向以及焊缝金属与热影响区的冷裂纹倾向。

(1)热影响区有比较大的淬硬倾向

强度等级较低而且碳含量较低的一些钢种，如09Mn2、09MnV等焊接热影响区的淬硬倾向并不大，但随着强度等级的提高，热影响区的淬硬倾向就增大，为了减缓热影响区的淬硬倾向，必须选择合理的工艺规范。

影响热影响区淬硬程度的因素有两方面：

①材料及结构形式：如钢材的种类、厚度、接头形式及焊缝尺寸等。

②工艺因素：包括工艺方法、焊接规范、焊口附近的起焊温度（相当周围的气温或预热温度）。在操作过程中往往通过选择合适的焊接规范，例如增大焊接电流、减慢焊接速度，来避免热影响区淬硬。

(2)焊缝金属和热影响区的冷裂纹

随着钢材强度等级的提高，冷裂纹倾向也会加剧。冷裂纹主要发生在高强度钢的厚板中，影响其产生冷裂纹的因素主要有焊缝及热影响区的含氢量、热影响区的淬硬程度和接头刚度所决定的焊接残余应力。

对于强度等级高、有淬火倾向的低合金钢而言，在刚度极大的焊接接头中，除了可能产生冷裂纹外，还可能产生属于冷裂纹性质的延迟裂纹。延迟裂纹是在焊后没有及时热处理的情况下，焊件停放一段时间后产生的冷裂纹。延迟裂纹在应力作用下，还会向基本金属及焊缝金属的纵深处发展。

防止延迟裂纹可以从焊接材料的选用及其清理、预热及层间保温、焊后及时回火等方面进行控制。

2. 焊前坡口清理

焊前打磨清理坡口面及坡口边缘两侧，立板修磨坡口及两侧 15～20 mm 范围，底板修磨焊接位置中心左右 30～40 mm 范围，露出金属光泽。

知识点 5：焊接工艺参数确定

焊接 T 形角焊缝时，由于两块钢板之间有一定的夹角，降低了熔敷金属和熔渣的流动性，容易形成夹渣和咬边等缺陷；同时由于重力的作用，焊缝容易下垂，难以保证焊缝为等腰三角形，大部分是下面长、上面短，还有咬边等现象。因此，在打底焊操作过程中，建议采用较大的焊接电流。焊接操作时，电流要大于平焊时的电流，焊条角度必须准确。当两块钢板厚度不同时，焊条角度也要变化，原则是将电弧的能量对准厚的钢板。

根据本任务选择的 Q355B 母材的焊接特性，选用碱性焊条较为合适，碱性焊条的焊缝具有良好的抗裂性和力学性能，可选用 E5015 型焊条，烘干温度为 350～400 ℃，保温 2 h，随取随用。

综合来看，12 mm 厚 Q355B 材质焊件角焊缝可采用两层三道来焊接，具体焊接工艺参数见表 2－1－2。

表 2－1－2 焊接工艺参数表

焊接层次	焊条型号	焊条直径/mm	焊接电流/A	焊接电压/V	电源极性
打底层	E5015	3.2	110～125	20～24	直流反接
盖面层 1		4.0	135～150	20～24	
盖面层 2		4.0	130～140	20～24	

知识点 6：装配定位

(1)将打磨好的翼板水平放置在操作台上，腹板垂直放在翼板的中轴线上，装配成 90° T 型接头，I 形坡口不留间隙。

(2)用焊条电弧焊在角焊缝背面两端进行定位焊，两端焊点长度 10～15 mm，如图 2－1－8 所示，要求点焊焊缝无夹渣等焊接缺陷。因为焊件长度只有 250 mm，只需两端定位，如果更长则可以在背面中间增加一个焊点，中间焊点长度 15～20 mm。

(3)由于本任务只要求单面焊，考虑到焊接变形，装焊后应立刻进行反变形设置，具体操作是固定底板，将立板向焊缝背面弯曲，用直角量尺一端放在底板表面，另一端靠紧立板上边缘，用另一直尺测量靠尺边缘与焊缝的距离，在 2～3.2 mm 即可。用直角靠尺测量装配角度，如图 2－1－9 所示。

(4)定位焊后要将焊点熔渣清理干净。

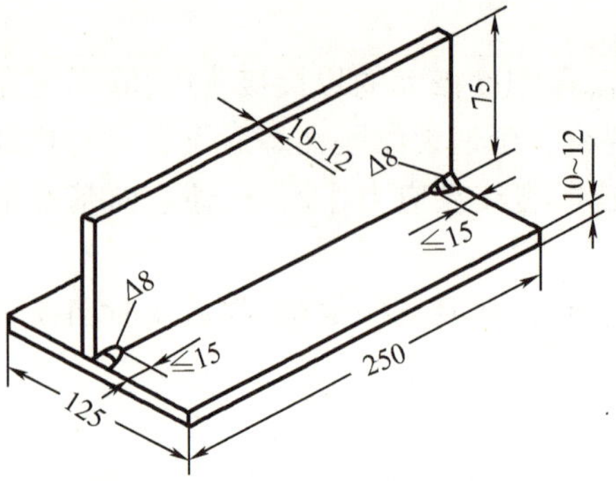

图 2-1-8 角焊缝定位装配示意图

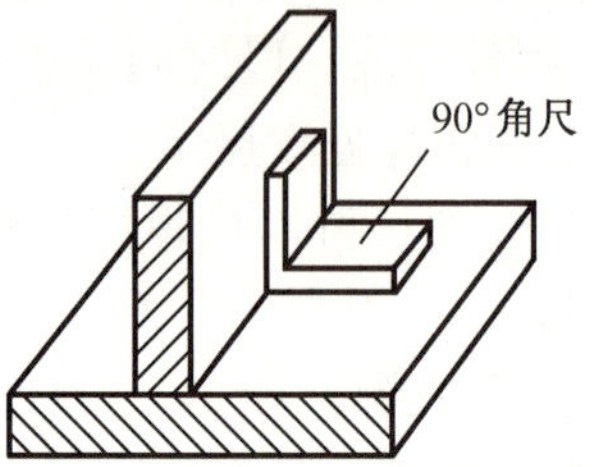

图 2-1-9 直角靠尺测量装配角度

实训活动

1. 分析与制订焊接工艺

(1)识读图样

焊缝符号(图 2-1-10)标注中,实线侧和虚线侧都标注有基本符号◺,其表示________,基本符号◺前的字母 *K* 表示________,尾注符号中的 111 为焊条电弧焊,焊件材料型号为 Q355B,是低碳钢,PB 为________。

(2)焊接工艺基本分析

板厚为 12 mm,采用 I 形坡口,间隙为 0 ~ 1 mm。根据焊脚尺寸值,应采用________焊法;在图 2-1-11 中,将安排的焊道顺序用数字标出来。

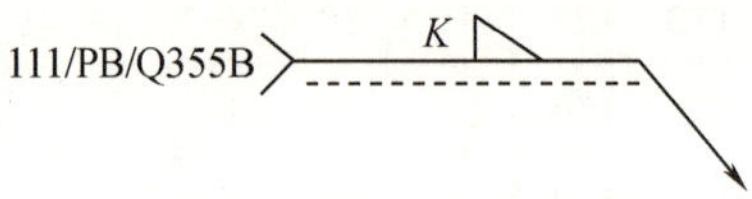

图 2-1-10 焊缝符号

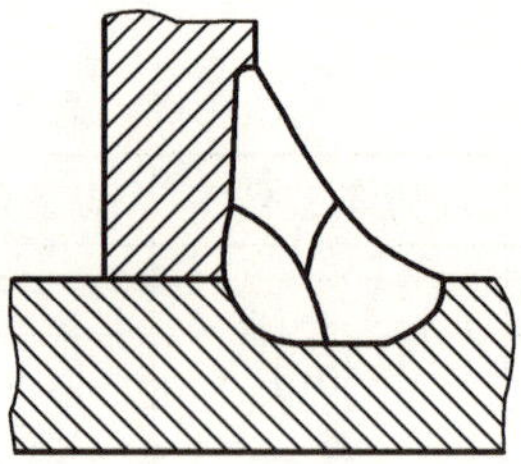

图 2-1-11 标出焊道顺序

根据所提供的 ZX7-400 焊接电源,选用焊条的类型为________,焊条应提前加热烘干、保温,烘干温度为________,保温时间为________。

第一焊道要控制较小的熔宽(为后续焊道预留尺寸空间)、较大的熔深(获得较深的焊根),应选用直径较________焊条,焊接电流应较________。

第二焊道要加大熔宽,应选用比第一焊道:焊条直径________、焊接电流________。

第三焊道与第二焊道一样要加大熔宽,可选用与第二焊道一样的焊条,但为了避免熔滴下淌而出现焊瘤和咬边现象,要控制熔化速度,选用的焊接电流应比第二焊道的________。

(3)工艺制订

根据焊接要求,结合前面所学知识进行工艺制订,完成表 2-1-3 所示工艺卡的编制。

表 2－1－3　Q355B 板 T 型接头平角焊焊条电弧焊的焊接工艺卡

<table>
<tr><td colspan="2">焊接工艺卡</td><td colspan="5">编号：</td></tr>
<tr><td>材料牌号</td><td></td><td colspan="5" rowspan="9">接头简图（补全简图，并标注尺寸）
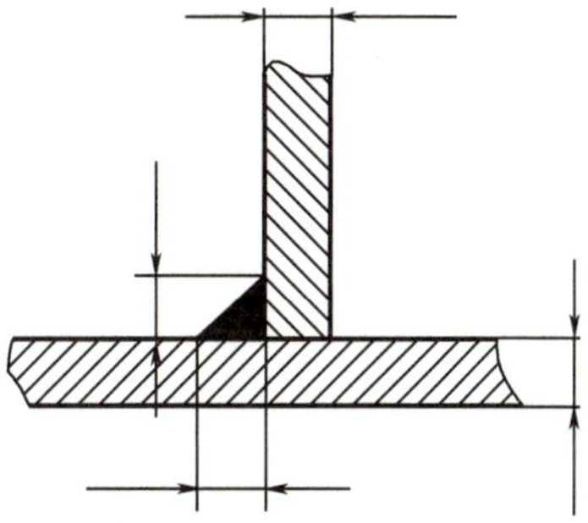</td></tr>
<tr><td>材料规格/mm</td><td>底板：
立板：</td></tr>
<tr><td>接头种类</td><td></td></tr>
<tr><td>坡口形式</td><td></td></tr>
<tr><td>坡口角度</td><td>—</td></tr>
<tr><td>钝边</td><td>—</td></tr>
<tr><td>组对间隙/mm</td><td></td></tr>
<tr><td>焊接方法</td><td></td></tr>
<tr><td>焊接设备</td><td>ZX7－400</td></tr>
<tr><td>电源种类</td><td></td><td rowspan="3">焊后
热处理</td><td>种类</td><td>—</td><td>保温时间</td><td>—</td></tr>
<tr><td>电源极性</td><td></td><td>加热方式</td><td>—</td><td>层间温度</td><td>—</td></tr>
<tr><td>焊接位置</td><td></td><td>温度范围</td><td>—</td><td>测量方法</td><td>—</td></tr>
</table>

<table>
<tr><td colspan="6">焊接参数</td></tr>
<tr><td>焊层</td><td>焊材型号</td><td>焊材直径/mm</td><td>焊接电流/A</td><td>焊接电压/V</td><td>焊接速度/（cm/min）</td></tr>
<tr><td colspan="6">右面焊缝</td></tr>
<tr><td>第一道</td><td rowspan="3"></td><td></td><td></td><td></td><td></td></tr>
<tr><td>第二道</td><td></td><td></td><td></td><td></td></tr>
<tr><td>第三道</td><td></td><td></td><td></td><td></td></tr>
<tr><td colspan="6">左面焊缝</td></tr>
<tr><td>第一道</td><td rowspan="3"></td><td></td><td></td><td></td><td></td></tr>
<tr><td>第二道</td><td></td><td></td><td></td><td></td></tr>
<tr><td>第三道</td><td></td><td></td><td></td><td></td></tr>
</table>

2. 材料、工具设备与工位领取及点检

按老师审核通过的焊接工艺卡领取材料、工具设备及工位，并进行点检，检验表见子任务 1－1－1。

3. 接头坡口处理及装配定位

根据坡口要求，确定各零件接头处需清理的位置与范围，一般要求焊缝两侧________ mm 内需清理干净，清理时可采用砂轮修磨或化学处理方式去除板材接头处表面铁锈、油污等杂物。对照填写检测表 2－1－4。

装配定位：将焊件装配成 90° T 型接头，达到相关尺寸要求，一般角焊缝要求焊缝间隙尽量小。一般在板材________面两端进行定位焊，定位焊的长度在________ mm。装配完毕，应用角尺找正焊件，确保立板与底板间的垂直度。然后填写检测表 2－1－4。

表 2-1-4 接头坡口处理及装配定位检测表

接头坡口清理检测							
立板位置 1		立板位置 2		立板位置 3		底板	
要求	处理结果	要求	处理结果	要求	处理结果	要求	处理结果

焊接各零件接头清理处理位置和范围标注

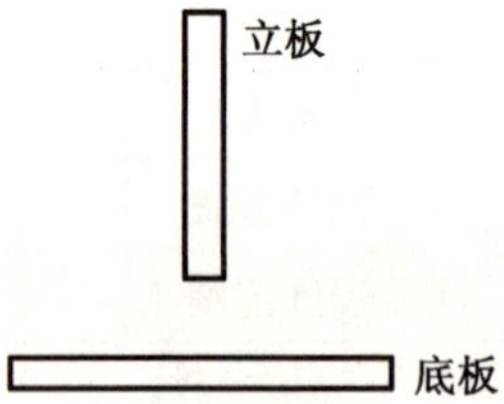

装配定位变形控制尺寸检测

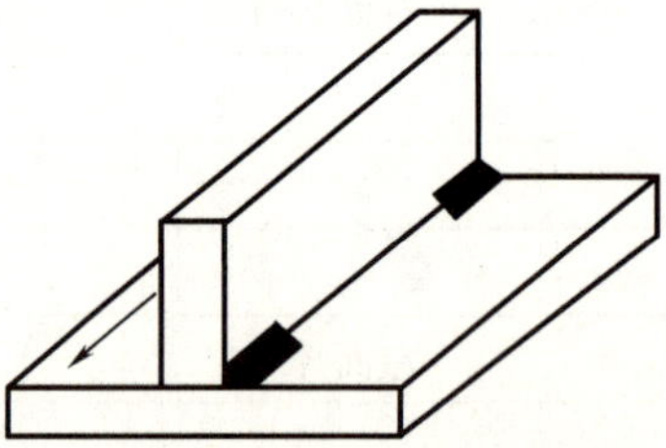

装配定位尺寸							
角度		定位尺寸		定位焊长度 1		定位焊长度 2	
设计值	检测值	设计值	检测值	规范值	检测值	规范值	检测值

子任务2-1-2 焊 接 操 作

知识积累

知识点 1:任务分析

在平角焊中,根据板厚的不同,有单层单道焊、多层焊、多层多道焊,多层焊包括打底层和盖面层,厚一些的还有填充层。在焊接操作方面,其引弧、接头、收尾等与板对接平焊基本相同,不同之处在于各道的焊条中心位置、焊条角度控制、运条方式、焊接速度几个方面。

控制的难点在于保证焊脚尺寸、避免上层道焊接中熔化金属下淌。

从上一任务可知，12 mm 厚板选取焊脚高度为 8 ~ 10 mm，本任务为了训练多层多道焊，焊脚尺寸选 10 mm，任务实施路线为两层三道：第一层打底第一道，第二层盖面第二道，第二层盖面第三道。

知识点 2：角焊缝焊层焊道

1. 单层单道

焊脚尺寸小于 8 mm 的焊缝，通常采用单层焊（一层一道焊缝）来完成，如图 2 – 1 – 12 所示。焊条直径根据钢板厚度在 3 ~ 5 mm 范围内选择。

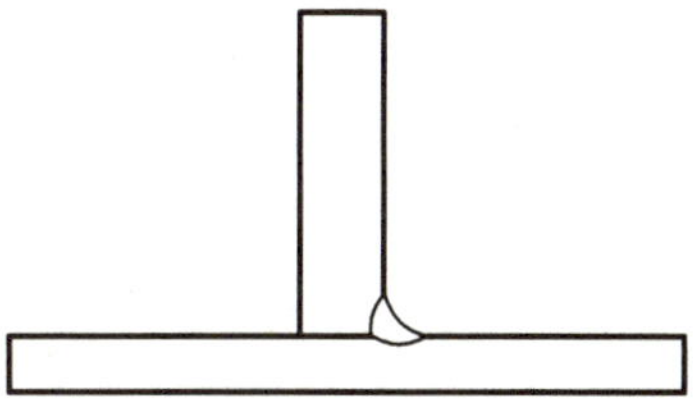

图 2 – 1 – 12 角焊缝单层焊示意图

焊脚尺寸小于 5 mm 的焊缝，可采用直线形运条法和短弧进行焊接（避免电弧过长而产生气孔、夹渣等缺陷），焊接速度要均匀，焊条与底板成 45°夹角，与焊接方向成 60° ~ 70°的夹角，焊接过程中注意观察熔池的形状，通过控制焊条角度来调整熔池的形状，使其始终保持椭圆形。焊条倾角过小会造成根部熔深不足；倾角角度过大，熔渣容易跑到前面造成夹渣。运条过程中，要始终注意熔池的变化，一方面要保证熔池不偏上或不偏下，以便使立板与底板的焊道充分熔合；另一方面保证熔渣对熔化金属的保护作用，使熔渣既不超前也不拖后。

在使用直线形运条法焊接焊脚尺寸不大的焊缝时，将焊条端头的套管边缘靠在焊缝上，并轻轻地压住它，当焊条熔化时，会逐渐沿着焊接方向移动。这样不但便于操作，而且熔深较大，焊缝外表也美观。

焊脚尺寸在 5 ~ 8 mm 时，可采用斜圆圈形或反锯齿形运条法进行焊接，但运条速度不同，否则容易产生咬边、夹渣、边缘熔合不良等现象。

【斜圆圈形运条方法】

如图 2 – 1 – 13 所示连续斜圆圈的交点 a 点到 e 点：a 点至 b 点运条速度要稍慢些，以保证熔化金属与底板很好熔合；b 点至 c 点的运条速度要稍快些，以防止熔化金属下淌，在 c 点处要稍作停留，以保证熔化金属与垂直板很好熔合，并且还能避免产生咬边现象；c 点至 b 点的运条速度又要稍慢些，才能避免产生夹渣现象及保证根部焊透；b 点至 d 点的运条速度与 a 点至 b 点一样要稍慢些；d 点至 e 点与 b 点至 c 点相同，e 点与 c 点相同，要稍作停留。整个运条过程就是不断重复上述过程。同时在整个运条过程中，都应采用短弧焊接，这样所得的焊缝才能宽窄一致、高低平整，不产生咬边、夹渣、下垂等缺陷。

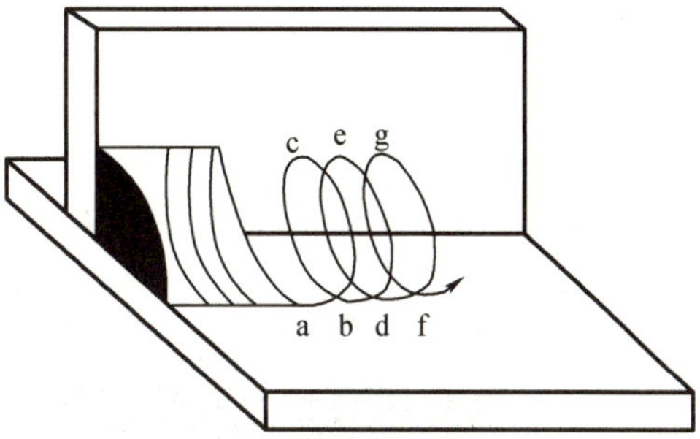

图 2 – 1 – 13 T 型接头斜圆圈运条法

2. 多层焊

焊脚尺寸在 8 ~ 10 mm 时，可采用两层两道的焊法，如图 2 – 1 – 14 所示。

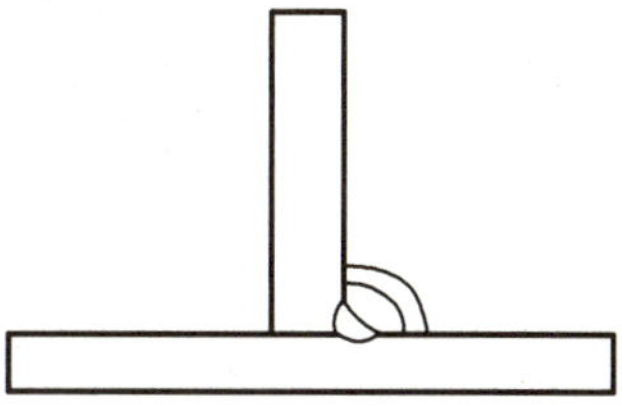

图 2 – 1 – 14 角焊缝多层焊示意图

焊打底层时，可采用 3～4 mm 直径的焊条，焊接电流稍大些，以获得较大的熔深。采用直线形运条法，在收尾时应把弧坑填满或略高些，这样在焊接第二层收尾时，不会因焊缝温度增高而产生弧坑过低的现象。

在焊第二层之前，必须将打底层的熔渣清除干净，如发现有夹渣，应用小直径焊条修补后方可焊第二层，这样才能保证层与层之间紧密地熔合。在焊第二层时，可采用 4 mm 直径的焊条，焊接电流不宜过大，电流过大会产生咬边现象。

【多层焊运条方法】

用斜圆圈形或反锯齿形运条法施焊，具体运条方法与单层焊相同，运条必须有规律，注意焊到两侧的停顿节奏，否则容易产生咬边、夹渣、边缘熔合不良等缺陷。但是打底层焊缝有咬边时，在第二次焊接时，应在咬边处适当多停留一些时间，以弥补打底层咬边的缺陷。

知识点 3：多层多道焊

当焊接焊脚尺寸大于 10 mm 的焊缝时，如果采用多层焊，则由于焊缝表面较宽，坡度较大，熔化金属容易下垂，给操作带来一定的困难。所以在实际生产中都采用多层多道焊，如果焊脚尺寸大于 12 mm，一般采用三层六道或者四层十道焊来进行，焊脚尺寸越大，焊接层数、道数就越多，如图 2－1－15 所示。

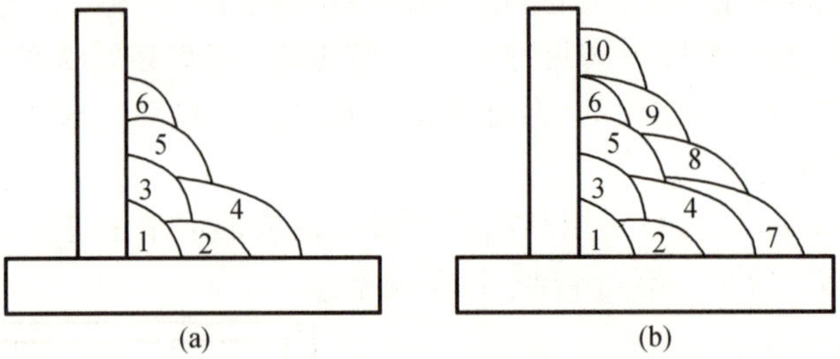

图 2－1－15 多层多道焊焊道排列示意图

焊脚尺寸为 10～12 mm 时，一般用两层三道平角焊来完成，本任务即为如此，如图 2－1－16 所示。

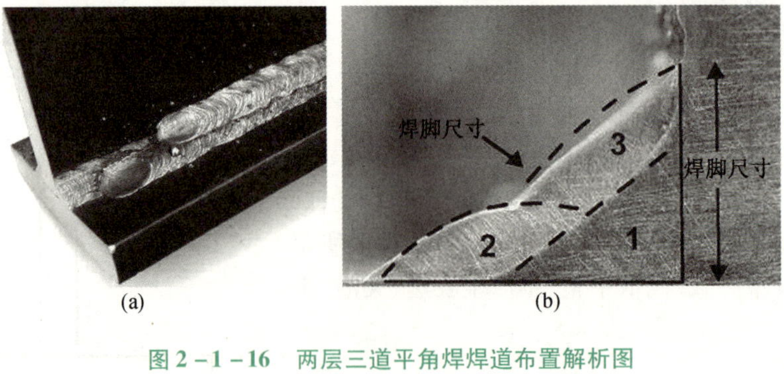

图 2－1－16 两层三道平角焊焊道布置解析图

知识点4：两层三道平角焊操作要领

1. 打底焊

(1)基本焊接方法和焊条角度控制

焊打底层时，一般采用较小直径的焊条及较大焊接电流，用直线形运条法，收尾与多层焊的打底层相同。焊完后将熔渣清除干净。

一般采用右焊法，在试板左侧引弧，短弧焊，向右焊接。在距离起始段前10 mm左右处起弧并迅速拉回至起始段迅速压低电弧，电弧对准根部顶角，保证顶角和两侧板熔合。焊条角度如图2-1-17所示，底板和立板厚度相同时，焊接的倾角为60°~70°，转角为45°~50°；对于不同板厚的平角焊，转角要有变化，向薄板方向倾斜。

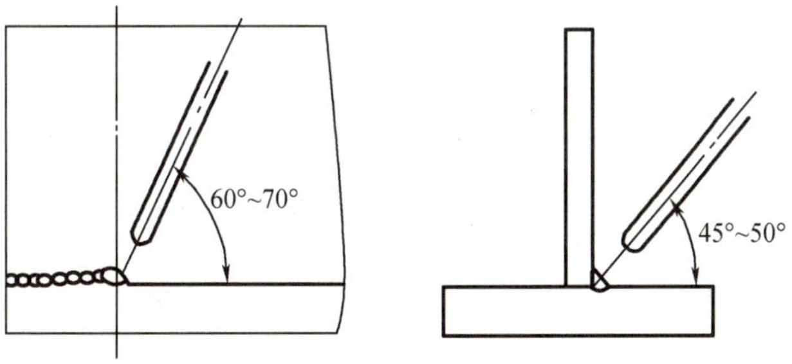

(a)打底焊焊条的倾角角度　(b)打底焊焊条的转角角度

图2-1-17　平角焊打底焊条角度示意图

(2)运条方式与排渣

引弧后正常焊接，焊接时采用直线运条法，短弧焊接，不摆动，时刻注意熔池宽度和焊条行走速度，速度要均匀一致，这样可以达到所需要的熔深。焊接过程中，因为平角焊有一定角度，焊渣和熔液流动性较弱，还需要获得较深的焊根和控制熔宽，容易产生气孔和夹渣，因此要注意关注熔渣和熔池情况，通过控制微调焊条角度将焊渣吹向后方，通过微调控制角度和速度，减少带入熔池中的气体，并让熔池中的气体充分排除。

(3)打底接头

接头时在焊缝前端10~15 mm处引弧，随后拉到弧坑位置多作停留直至弧坑填满后正常焊接。

2. 盖面焊

盖面焊接前，清除打底焊道焊渣和飞溅，使焊缝露出金属光泽，以防止产生夹渣缺陷。对于两层三道平角焊，盖面焊焊两道，先焊下面焊道(即第二道)，再焊上面焊道(即第三道)，如图2-1-18所示。

(1)第二道焊操作要领

焊第二道焊缝时，应覆盖不小于打底层焊缝的1/2~2/3，电弧要对准打底焊道的下沿(即打底焊道与底板的熔合线)，为使熔化金属与底板很好熔合，焊条与底板的角度要稍大些，焊条倾角要大于45°，一般为45°~55°(如图2-1-18中焊条2所示)。焊条的倾角仍为60°~70°，用斜圆圈形或反锯齿形运条，整体运条速度不可过快，以保证第二焊道的上部与打底焊道形成平的台阶或凹槽，以便第三焊道的焊接成形。运条速度变化除了在斜圆圈形运条图中的c点、e点上不需停留之外，其他都一样。焊接时应注意熔化金属与底板要很好熔合。

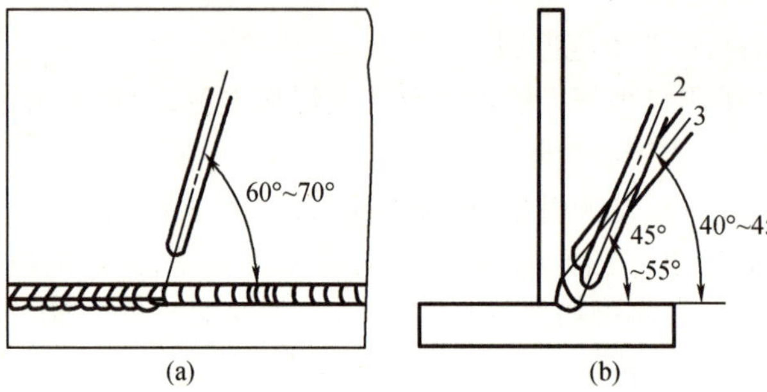

图 2-1-18 平角焊两层三道焊各焊道的角度控制示意图

(2)第三道焊操作要领

焊接第三道焊缝时,应覆盖第二道焊缝的 1/3 ~ 1/2。电弧对准打底焊道上沿(即打底焊道与立板的熔合线),为使熔化金属与立板很好熔合,并保证立板上的焊脚尺寸,焊条的转角不能太大,转角太大易产生焊脚下偏现象,因此,焊条与底板的夹角应控制在 40° ~ 45°(如图 2-1-18 中焊条 3 所示)。一般采用直线形运条法,焊接速度要均匀,不宜太慢,因为速度慢了容易产生焊瘤,使焊缝成形不美观。

(3)注意事项

当第二道焊缝覆盖打底层大于 2/3 时,在焊接第三道时可采用直线往复运条法,以避免第三道焊缝过高。第二道覆盖打底层太少时,第三道焊接时可采用斜圆圈运条法,运条时在垂直板上要稍作停留,以防止咬边,这样就能弥补由于第二道覆盖过少而产生的焊脚下偏现象。

知识点 5:磁偏吹控制

当焊接厚度不等的焊件时,会产生磁偏吹(电弧偏向焊件较厚的一侧),原因在于厚件的磁场引力大,对带电的电弧粒子产生吸引力大。消除措施:采用短弧焊接;焊条与底板的角度大一些;地线夹在厚板一侧(改变地线位置)。

在焊缝始焊端和终焊端处,容易出现磁偏吹现象,影响焊缝的质量,此时要适当调整焊条的方向和角度,一般将电弧指向焊件外以控制磁偏吹,如图 2-1-19 所示,在终端需要调整焊条的倾角 α_3的方向。两端的倾角要小于中间的,一般两端控制磁偏吹的尺寸距离为距两端 30 mm 以内。

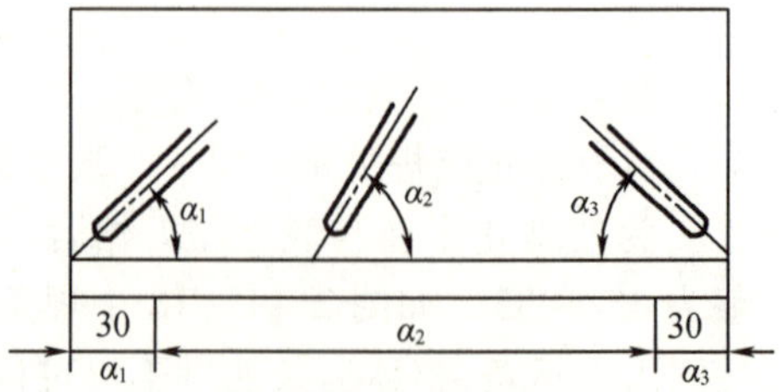

图 2-1-19 磁偏吹的防止措施示意图

实训活动

1. 打底焊

先查阅资料完成下面的任务单，再按此前修订确认的焊接工艺卡的工艺要求和下面任务单的方式进行打底焊操作。

(1)引弧与焊条角度及焊接方向

本任务焊件采用连弧焊进行打底焊，选择焊接方向为________；将焊件________的一端放于左侧，打底焊从焊件左端定位焊缝的始焊处开始引弧。电弧引燃后，长弧稍作停留进行________，当看到焊件接头根部有“出汗”现象时，说明________温度已合适，然后电弧采用________弧，直线向右施焊。注意控制磁偏吹，起始段和结束段有磁偏吹的长度各约________ mm。注意控制焊条与焊接方向之间的夹角为________，在图 2－1－20 至图 2－1－22 中标注焊条与焊件对应的角度。

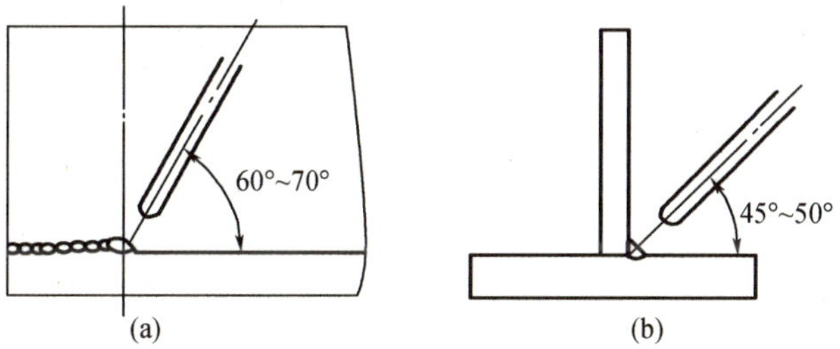

图 2－1－20 起始段焊条角度(标注焊条的角度)

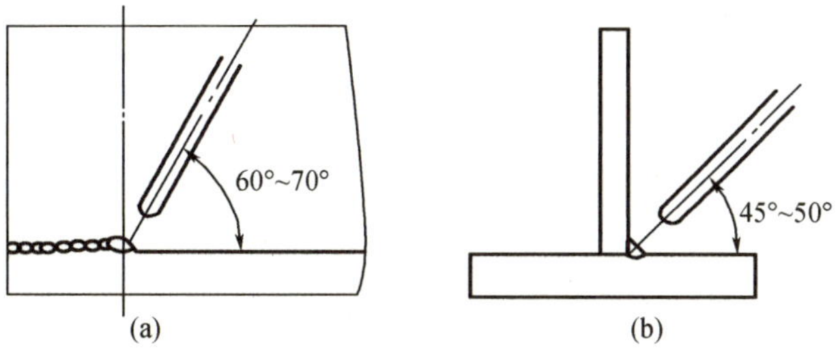

图 2－1－21 中间段焊条角度(标注焊条的角度)

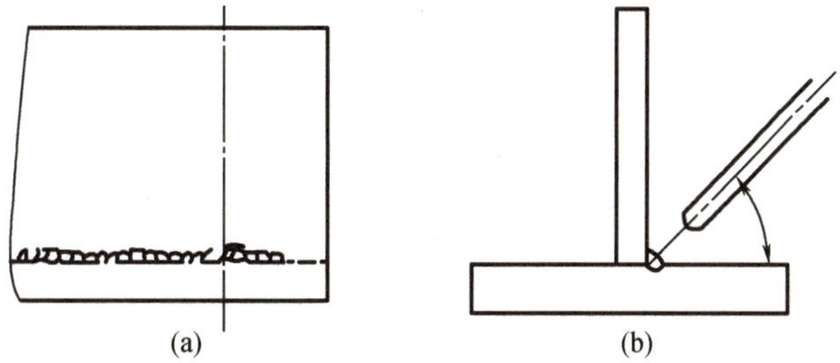

图 2－1－22 结束段焊条角度(补画图(a)中焊条的方位，标注两图焊条的角度)

(2)焊缝接头

当一根焊条即将焊完,更换另一根焊条时,应将焊条下压,使熔池稍微扩大,向焊接反方向拉回________ mm,并迅速________焊条,使电弧逐渐拉长,形成斜坡形再熄弧,这样可把收弧缩孔消除或带到焊道表面,以便在下一根焊条焊接时将其熔化掉。焊缝接头可采用热接和冷接两种方法。采用热接法时,换焊条速度要快,即收弧时熔池还未完全冷却就立即接头。采用连续焊,如图 2-1-23 应用前引弧方式,在熔池前约________ mm处引弧,并立即将电弧拉回原弧坑的前沿,________电弧,待熔池形状合适后,再按前述步骤进行正常施焊。采用冷接法时,应把距弧坑 15 ~ 20 mm 斜坡上的熔渣敲掉并清理干净,在收弧熔池后约________ mm 处引弧,焊条沿直线向前施焊,焊至收弧处前沿时,填满弧坑,焊条下压并稍作停留,逐渐将焊条________,待熔池形状合适后,进行正常施焊。每次接头或焊接其他填充层时也都按此方法操作,以防产生焊接缺陷。

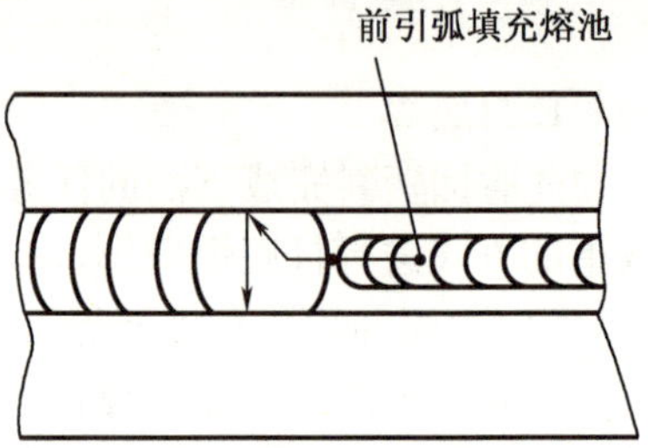

图 2-1-23 前引弧方式

(3)焊接过程性检查

完成打底层焊接后,清理焊渣,进行过程性质量检查,以确保整体焊接质量及后续改进,并填写表 2-1-5。

表 2-1-5 打底焊层缺陷检查

检查项目	缺陷存在的具体问题及数量		形成原因与改善措施	
	第一面焊缝	第二面焊缝	第一面焊缝	第二面焊缝
夹渣				
气孔				
裂纹				
未焊透				
未熔合				
焊瘤				
咬边				

2. 第二焊道盖面焊

先查阅资料完成下面的任务单,再按此前修订确认的焊接工艺卡的工艺要求和下面任务单的方式进行填充焊操作。

(1)清理与焊条角度控制

第二焊道施焊前,应先将________的________、________等清除干净,将打底焊层焊缝接头的________打磨平整,然后进行焊接。第二焊道应覆盖打底焊道的________。第二焊道正常施焊时,转角比打底焊的转角________,为________,倾角比打底焊的倾角________,为________。电弧应对准________,焊接电弧采用________弧。

(2)运条

运条方式采用________,控制好焊道与底板的熔合情况,运条速度变化为:焊道下沿各点位间移动应________，以避免________；从焊道下沿点位向上沿点位移动应________，以避免________；在焊道上沿点位无须停顿；从焊道上沿点位向下沿点位移动应________，以保证________。

(3)焊接过程性检查

完成第二焊道盖面层焊接后，清理焊渣，进行过程性质量检查，以确保整体焊接质量及后续改进，并填写表2-1-6。

表2-1-6 第二焊道盖面层缺陷检查

检查项目	缺陷存在的具体问题及数量		形成原因与改善措施	
	第一面焊缝	第二面焊缝	第一面焊缝	第二面焊缝
夹渣				
气孔				
裂纹				
未焊透				
未熔合				
焊瘤				
咬边				
覆盖打底焊道情况				

3. 第三焊道盖面焊

先查阅资料完成下面的任务单，再按此前修订确认的焊接工艺卡的工艺要求和下面任务单的方式进行填充焊操作。

(1)清理与焊条角度控制

第三焊道施焊前，应先将________的________清除干净，然后进行焊接。第三焊道应覆盖第二焊道的________。第三焊道正常施焊时，转角比打底焊的转角________，为________，倾角比打底焊的倾角________，为________。电弧应对准________，焊接电弧采用________弧。

(2)运条

运条方式采用________，控制好焊道与立板的熔合情况。当第二道焊缝覆盖打底层大于2/3时，在焊接第三道时可采用________，以避免________。如果第二道覆盖打底层太少，第三道焊接时可采用________，运条时在垂直板上要________，以防止咬边，这样就能弥补由于第二道覆盖过少而产生的________现象。

(3)焊接过程性检查

完成第三道盖面层焊接后，清理焊渣，进行过程性质量检查，以确保整体焊接质量及后续改进，并填写表2-1-7。

表 2-1-7 第三焊道盖面层缺陷检查

检查项目	缺陷存在的具体问题及数量		形成原因与改善措施	
	第一面焊缝	第二面焊缝	第一面焊缝	第二面焊缝
夹渣				
气孔				
裂纹				
未焊透				
未熔合				
焊瘤				
咬边				

子任务 2-1-3 焊缝清理与检查

知识积累

知识点 1:任务分析

任务实施路线:焊缝清理、质量检查。

知识点 2:焊缝清理与质量检查

焊件焊接完毕后,用敲渣锤、钢丝刷等清理掉焊缝上的焊渣、飞溅等,或用砂布重新打磨一遍焊缝,不得存在焊渣、焊点、毛刺等,焊缝应光滑、平整,应保证工件的“边齐、面平”, 包括焊件上开口边缘的垂直平行度,但不能破坏焊缝原始表面。焊后对焊缝表面质量进行检验,肉眼观察或用低倍放大镜检查焊缝表面是否有气孔、裂纹、咬边等缺陷,用钢直尺、钢角尺、焊缝检验尺对焊缝进行外观质量和外观成形尺寸检查。

知识点 3:平角焊的常见缺陷

1. 直角焊缝的常见形状缺陷

平角焊直角焊缝的理想焊缝,应该是两直边的焊脚长度相等,符合设计的焊脚尺寸要求,焊道宽度和焊道余高合适,熔深较好,如图 2-1-24 所示。

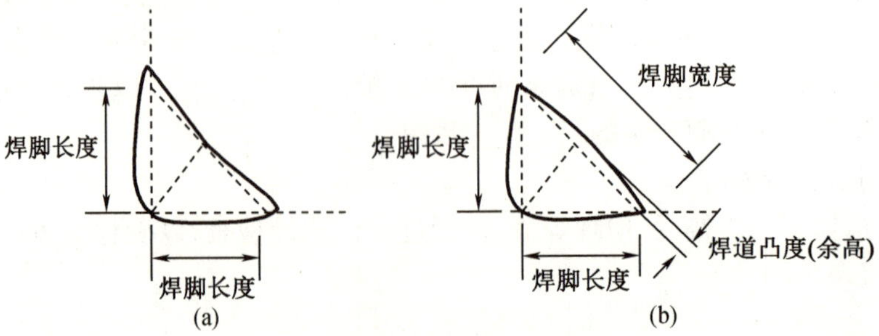

图 2-1-24 理想直角焊缝断面图

对于一些角焊缝，外观不是特别好，熔深不是很好，但没有明显缺陷，能满足应用要求，也可接受，如图 2－1－25 所示。

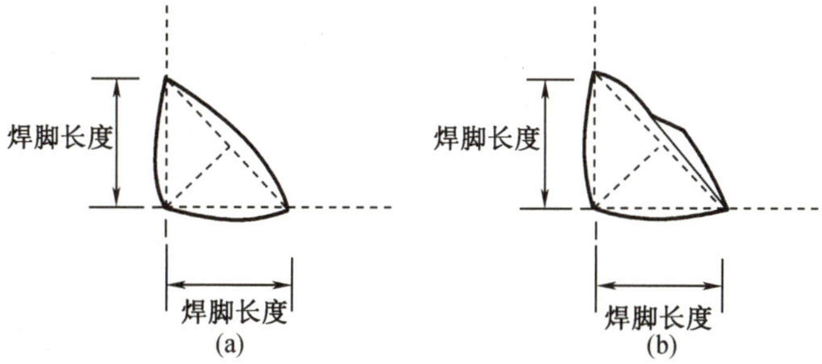

图 2－1－25　可接受的直角焊缝断面图

对于直角焊缝的焊道尺寸不正确，包括直角焊缝的焊缝厚度不足、焊缝余高过大、咬边、搭叠、焊脚不足与熔合不良等，都是不可接受的焊道，如图 2－1－26 所示。

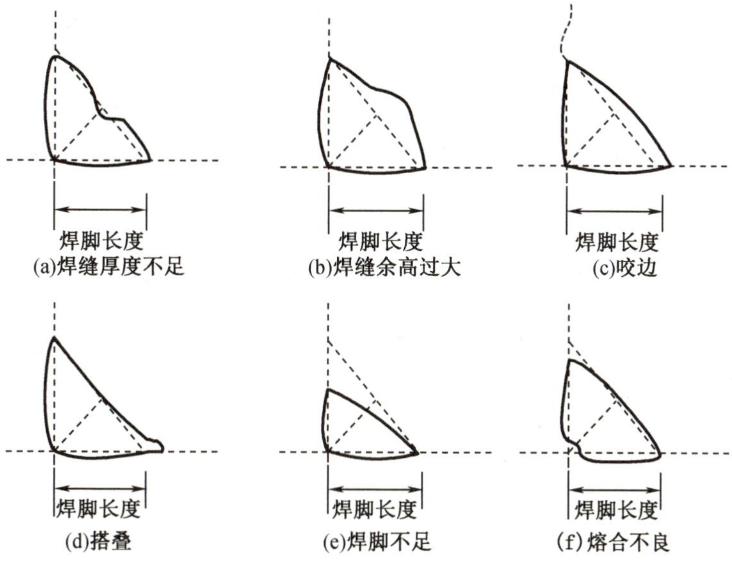

图 2－1－26　不可接受的直角焊缝断面图

2. T 型接头角焊缝常见的裂纹

对于双面焊的 T 型接头，后焊的一面焊缝很容易发生裂纹，通常这种焊道一端的表面上会有长条形裂纹，如图 2－1－27 所示，有时焊缝端头部也会产生星状裂纹，这些都属于热裂纹中的结晶裂纹。

(1) T 型接头角焊缝结晶裂纹发生的原因

可以用图 2－1－28 来说明，当先焊的左侧焊道逐渐冷却时，焊道与母材会存留部分焊接热应力，使得 A 板会受焊道收缩影响而微微向左偏离中心线。但当后焊的右侧焊道完成后，该焊道的凝固收缩热应力，加上右侧焊道的焊接热量连带产生左侧焊道的体积膨胀，此热应力将造成 A 板向右拉回的现象,增加了先焊的左侧焊道产生热裂纹的概率。当左右两侧焊道开始逐渐冷却时,焊道的体积收缩效应也会使热裂的情况逐渐恶化。这种情形也曾出现在钢构件刚完成焊接时并无龟裂产生,却在逐渐冷却的过程中逐渐在其中一侧焊道上显现长条形的裂纹。

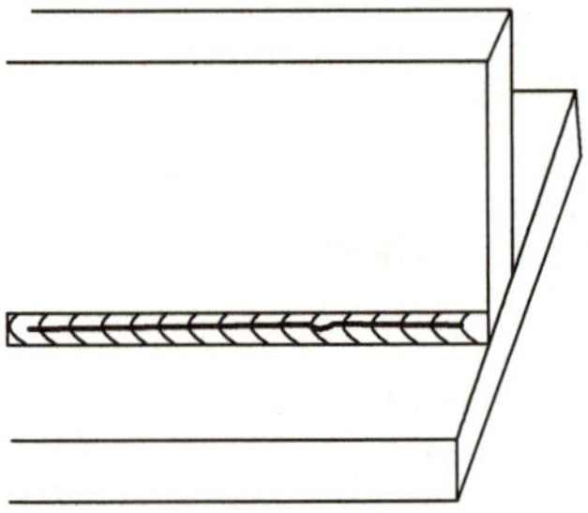

图 2 -1 -27　焊缝终焊端附近的纵向裂纹

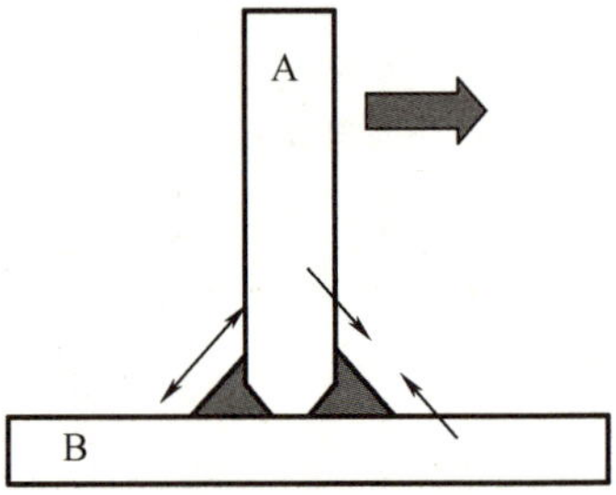

图 2 -1 -28　T 型接头双面焊角焊缝焊接裂纹产生原理

因为焊道结晶时先结晶的部分会较纯,后结晶的部分含不纯物与合金成分较多。随柱状晶的不断长大,不纯物与合金成分也不断被排挤到焊道的中心或平行生长的柱状晶交界处。这种成分偏析的现象会使这些交界处富集了较多的不纯物或合金元素。当焊道凝固收缩时,造成了收缩拉应力,往往晶界间的共晶承受不了这种收缩应力,结果就在交界处形成了结晶裂纹。因此,结晶裂纹通常在焊道的末段及末端部,如图 2 -1 -29 所示,末段的裂纹通常是大长条的纵向裂纹,也有较小的横向裂纹,末端端部会产生星形结晶裂纹。

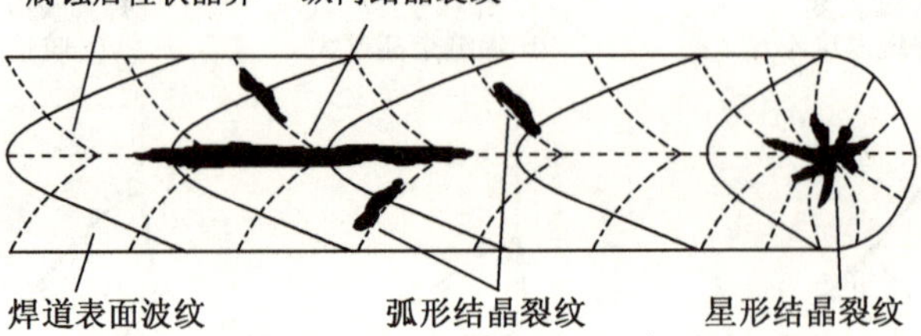

图 2 -1 -29　结晶裂纹的种类与发生的位置

(2)避免结晶裂纹的焊接措施

①降低焊道的不纯物含量

降低焊道中不纯物含量的方法包括母材与焊材两方面,在工程中由于母材材料不合格而产生结晶裂纹的实例相当多,例如某钢构厂的钢板的连接焊道表面多处都出现了结晶裂纹,经化验分析查明母材中的碳、硫与磷含量都远远超过规范标准值,导致焊道中的不纯物含量也相对提高,而造成结晶裂纹的发生。然而,通过选用不纯物相对较低、成分均匀且质量稳定的焊材,可大幅降低结晶裂纹发生的概率。

②适当的施工方法

通常焊道的焊缝厚度不足或熔深渗透不足也会增加纵向裂纹的发生概率。焊道通常扮演承受两侧钢板的拉伸应力与压缩应力的关键角色。焊缝厚度若是不足或熔深渗透程度不足,意味着能够承受应力的截面积(绿色)缩小了,如图 2 - 1 -30 所示,如同细线无法悬吊重物一般,很容易发生断裂。只要后焊一侧焊接凝固的收缩应力大过先焊一侧焊道的承受力,先焊一侧焊道就会立即出现龟裂现象。

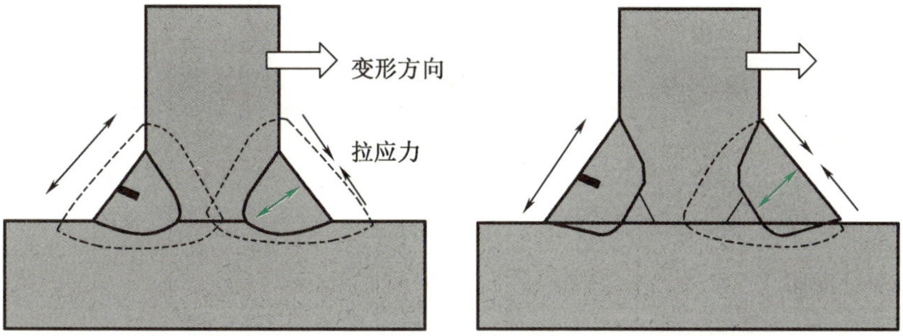

(a)焊缝厚度不足　　(b)焊缝熔深渗透不足

图 2-1-30　焊接变形与焊道龟裂示意图

一般来说,焊缝厚度非常容易由目视及量规来判断是否符合标准,然而,焊道的熔深渗透程度就不易由目视来观察,必须通过非破坏检验技术来测量,或通过焊接条件试作与进行破坏性的金相试验来观察焊道熔深的渗透程度是否符合标准。

适当的焊接施工方法必须考虑板厚、厚板的开槽、焊接条件与焊接方法。以厚板为例,一般钢板厚度超过 17.5 mm 就必须开槽(开坡口)。焊接方法应采用两道以上的焊接来施工,如图 2-1-31 所示,第一道焊接时应加大焊接电流或降低移行速度来达到充分渗透的目的,第二道焊接时再以适当的焊接条件来满足焊缝厚度与焊脚长度的要求。

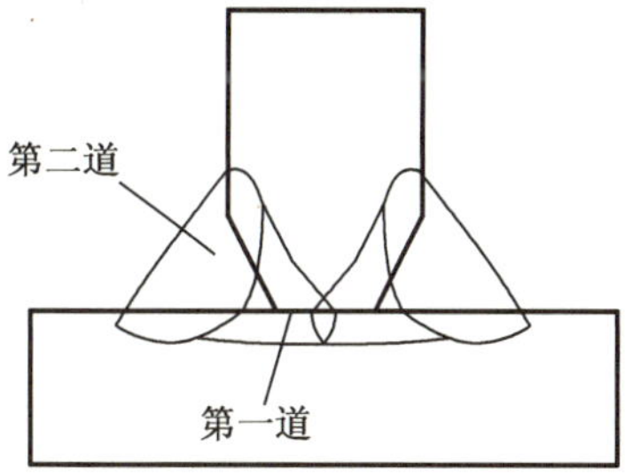

图 2-1-31　厚板 T 形焊接接头开坡口及焊道示意图

也可以采用振动时效设备进行振动焊接,实践证明,振动焊接技术有利于晶粒细化,并且在热状态下通过热塑性变形的调整达到降低残余应力的目的。振动焊接有利于提升焊接质量,但它并不要求焊件在共振的状态下进行振动。

实训活动

1. 焊件焊后处理与检测评分

焊件焊接完毕后,先用敲渣锤清理焊渣,用钢丝刷进一步将焊渣、飞溅等清理干净。严禁破坏焊缝原始表面,禁止用水冷却。对焊缝表面质量进行目视检验,使用 5 倍放大镜观察表面是否存在缺陷,并使用焊接检验尺对焊缝进行测量,焊件外观检查的结果应满足各项要求。然后截面做宏观金相检测。对焊件按规范进行外观检测,评分记录在表 2-1-8 中。

表 2 - 1 - 8 角接焊缝外观评分表

单位：mm

检查项目		评判标准及得分	评判等级				自测数据	自评分数	教师测量	教师评分	备注
			Ⅰ	Ⅱ	Ⅲ	Ⅳ					
焊脚		尺寸标准	10	>10 ~ 11	>11 ~ 12	<10 或 >12					
		得分标准	12 分	8 分	4 分	0 分					
焊脚差		尺寸标准	≤1	>1 ~ 2	>2 ~ 3	>3					
		得分标准	4 分	3 分	1 分	0 分					
焊缝凸度		尺寸标准	≤1	>1 ~ 2	>2 ~ 3	>3					
		得分标准	12 分	8 分	4 分	0 分					
咬边		尺寸标准	无咬边	深度≤0.5 且长度≤15	深度≤0.5 且长度为 15 ~ 30（不含 15）	深度 >0.5 或长度 >15					
		得分标准	12 分	8 分	4 分	0 分					
电弧擦伤		标准	无	有							
		得分标准	4 分	0 分							
垂直度		尺寸标准	0	<1	>1 ~ 2	>2					
		得分标准	8 分	6 分	4 分	0 分					
焊缝成形		标准	优	良	中	差					
		得分标准	8 分	6 分	4 分	0 分					
宏观金相	根部熔深	尺寸标准	>1	>0.5 ~ 1	>0 ~ 0.5	未熔					
		得分标准	16 分	8 分	4 分	0 分					
	条状缺陷	尺寸标准	无	<1	>1 ~ 1.5	>1.5					
		得分标准	12 分	8 分	4 分	0 分					
	点状缺陷	标准	无	≤ϕ1 数目：1 个	≤ϕ1 数目：2 个	≥ϕ1 数目：>2 个					
		得分标准	12 分	8 分	4 分	0 分					
合计			100 分								

优	中	良	差
成形美观，焊缝均匀、细密，高低、宽窄一致	成形较好，焊缝均匀、平整	成形尚可，焊缝平直	焊缝弯曲，高低、宽窄相差明显

注：若焊件未完成焊接，表面有修补痕迹及焊缝正反面有裂纹、夹渣、气孔、未熔合缺陷，则该件按 0 分处理。

2. 工位工具清理、点检与评分

焊接结束后，关闭焊接电源。按 9S 标准进行清扫场地，按规定摆放工具，整理焊接电缆，确认无安全隐患，并做好使用记录，进行评分，评分表见子任务 1 - 1 - 3 同类表。

任务2-2　不锈钢板T型接头平角焊焊条电弧焊

任务说明：

按图2-2-0及技术要求进行材料准备、工艺准备、焊接实施、质量检查、自我评定与总结。

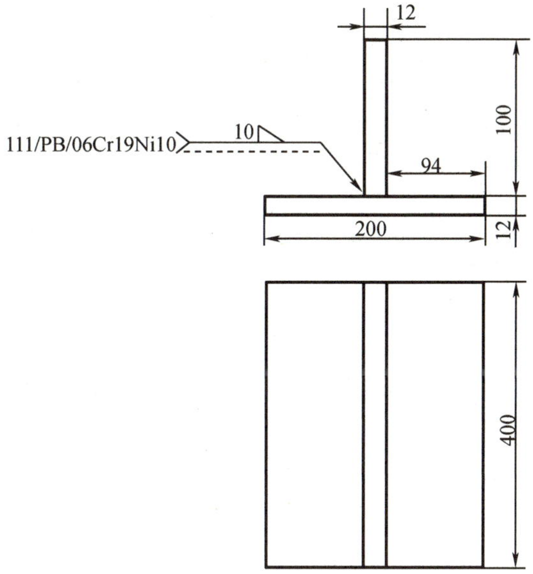

技术要求：1. I形坡口；2. 间隙0～1 mm；3. 两板垂直，角度偏差<1°；4. 不允许有咬边；5. 不允许有未焊透；6. 不允许有裂纹、气孔、夹渣。

图2-2-0　06Cr19Ni10不锈钢板T型接头平角焊焊件图

子任务2-2-1　焊前准备

知识积累

知识点1：任务分析

T型接头平角焊焊条电弧焊的操作难点主要是焊条角度的调整以及多层多道焊的操作技术，通过本任务加强技能训练并掌握不锈钢板T型接头平角焊的操作方法，前面已经分别学习和训练了不锈钢板对接焊和低合金钢T型接头平角焊，本任务可有机结合二者进行融合和总结，选取适合材质的焊条和接头的施焊方法进行训练。

任务实施路线：图样识读、焊件准备及坡口清理、焊条选择、焊接工艺参数确定、装配定位。

知识点2：焊件准备及坡口清理

根据任务单可知，焊件材质为06Cr19Ni10，底板尺寸均为250 mm×125 mm×12 mm，立板尺寸为250 mm×125 mm×12 mm,各1件,焊件为I形坡口。

焊前打磨清理坡口面及坡口边缘两侧,立板修磨坡口及两侧15~20 mm范围,底板修磨焊接位置中心左右30~40 mm范围,露出金属光泽。

知识点3:焊接工艺参数确定

母材为06Cr19Ni10不锈钢板,选用E303-16(A102)型焊条,直径为3.2 mm、4.0 mm,焊条烘干温度为100~150 ℃,保温时间为1~2 h,随取随用。

综合来看,12 mm厚06Cr19Ni10材质焊件角焊缝焊脚高度定为10 mm,可采用两层三道来焊接,具体焊接工艺参数见表2-2-1。

表2-2-1 焊接工艺参数表

焊接层次	焊条型号	焊条直径/mm	焊接电流/A	焊接电压/V	电源极性
打底层	E308-16	3.2	90~100	20~24	直流反接
盖面层1		4.0	95~105	20~24	
盖面层2		4.0	100~110	20~24	

知识点4:装配定位

(1)将打磨好的底板水平放置在操作台上,立板垂直放在翼板的中轴线上,装配成90° T型接头,I形坡口不留间隙。

(2)用焊条电弧焊在角焊缝背面两端进行定位焊,两端焊点焊长度10~15 mm,如图2-2-1所示,要求点焊焊缝无夹渣等焊接缺陷。因为焊件长度只有250 mm,只需两端定位,如果更长可以在背面中间增加一个焊点,中间焊点长度15~20 mm。

(3)由于本任务只要求单面焊,考虑到焊接变形,装焊后应立刻进行反变形设置,具体操作是固定底板,将立板向焊缝背面弯曲,用直角量尺一端放在底板表面,另一端靠紧立板上边缘,用另一直尺测量靠尺边缘与焊缝的距离,2~3.2 mm即可。如图2-2-2所示。

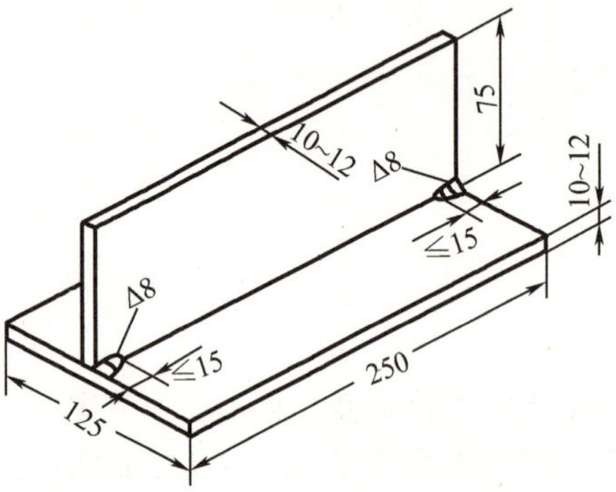

图2-2-1 角焊缝定位装配示意图

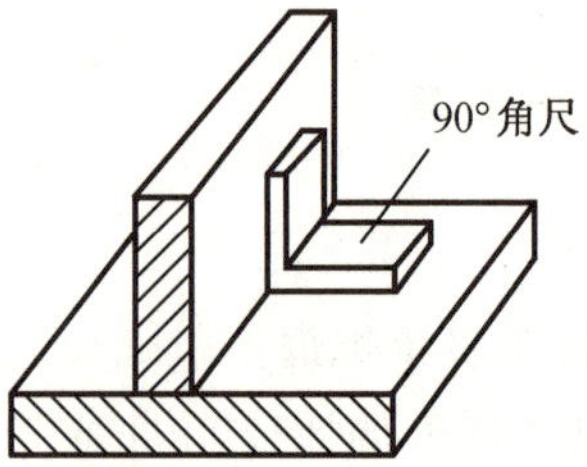

图2-2-2 直角靠尺测量装配角度

(4)定位焊后要将焊点熔渣清理干净。

实训活动

1. 分析与制订焊接工艺

(1)识读图样(图2－2－3)

在焊缝符号标注中,实线侧和虚线侧都标注有基本符号◺,其表示为________,基本符号前的数字10表示________,尾注符号中的111为焊条电弧焊,焊件材料牌号为________,其含义是________,其材料组织结构类型是________,PB为________。

(2)焊接工艺基本分析

板厚为12 mm,采用I形坡口,间隙为0～1 mm。根据焊脚尺寸值,应采用________焊法;在图2－2－4中,将安排的焊道顺序用数字标示出来。

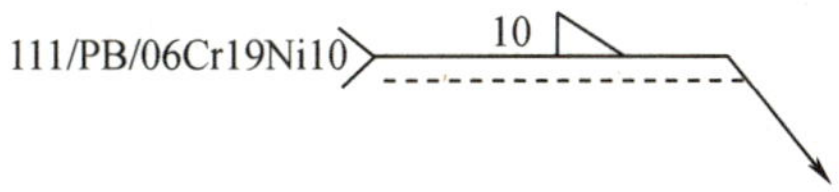

图2－2－3 识读图样

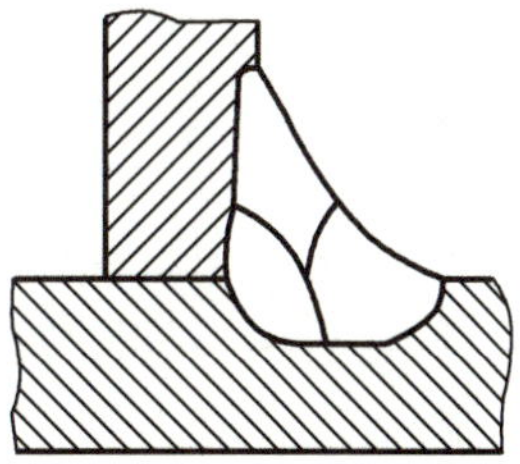

图2－2－4 标出焊道顺序

根据所提供的ZX7－400焊接电源,选用焊条的类型为________,焊条应提前加热烘干、保温,烘干温度为________,保温时间为________。

第一焊道要控制较小的熔宽(为后续焊道预留尺寸空间)、较大的熔深(获得较深的焊根),应选用直径较________的焊条,焊接电流应较________。

第二焊道要加大熔宽,应选用比第一焊道:焊条的直径为________、焊接电流为________。

第三焊道与第二焊道一样要加大熔宽,可选用与第二焊道一样的焊条,但为了避免熔滴下淌而出现焊瘤和咬边现象,要控制熔化速度,选用的焊接电流应比第二焊道的________。

(3)工艺制订

根据焊接要求,结合前面所学知识进行工艺制订,完成表2－2－2所示工艺卡的编制。

2. 材料、工具设备与工位领取及点检

按老师审核通过的焊接工艺卡领取材料、工具设备及工位,并进行点检,检验表见子任务1－1－1。

3. 接头坡口处理及装配定位

根据坡口要求,确定各零件接头处需清理的位置与范围,一般要求焊缝两侧________ mm内需清理干净,清理时可采用砂轮修磨或化学处理的方式去除板材接头处表面的铁锈、油污等杂物。对照填写检测表2－2－3。

装配定位:将焊件装配成90° T型接头,达到相关尺寸要求,一般角焊缝要求焊缝间隙尽量小。一般在板材________面两端进行定位焊,定位焊的长度为________ mm。装配完毕,应用角尺找正焊件,确保立板与底板间的垂直度。然后填写检测表2－2－3。

表 2-2-2 06Cr19Ni10 不锈钢板 T 型接头平角焊焊条电弧焊的焊接工艺卡

<table>
<tr><td colspan="2">焊接工艺卡</td><td colspan="5">编号：</td></tr>
<tr><td>材料牌号</td><td></td><td colspan="5" rowspan="10">接头简图(补全简图,并标注尺寸)
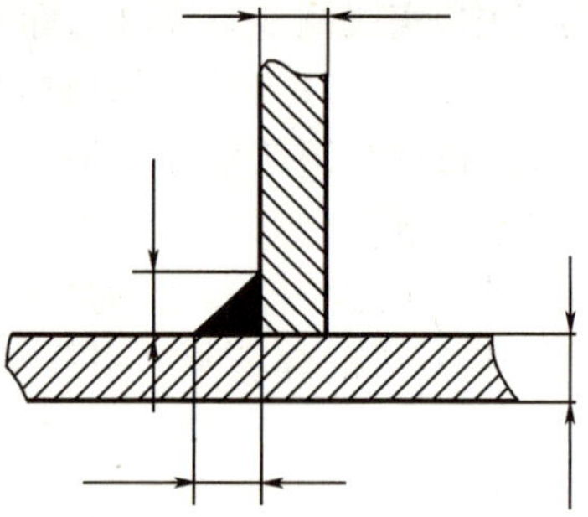</td></tr>
<tr><td>材料规格/mm</td><td>底板：
立板：</td></tr>
<tr><td>接头种类</td><td></td></tr>
<tr><td>坡口形式</td><td></td></tr>
<tr><td>坡口角度</td><td>—</td></tr>
<tr><td>钝边</td><td>—</td></tr>
<tr><td>组对间隙/mm</td><td></td></tr>
<tr><td>焊接方法</td><td></td></tr>
<tr><td>焊接设备</td><td>ZX7 -400</td></tr>
<tr><td>电源种类</td><td></td></tr>
<tr><td>电源极性</td><td></td><td rowspan="3">焊后
热处理</td><td>种类</td><td>—</td><td>保温时间</td><td>—</td></tr>
<tr><td>焊接位置</td><td></td><td>加热方式</td><td>—</td><td>层间温度</td><td>—</td></tr>
<tr><td></td><td></td><td>温度范围</td><td>—</td><td>测量方法</td><td>—</td></tr>
</table>

焊接参数

焊层	焊材型号	焊材直径/mm	焊接电流/A	焊接电压/V	焊接速度/(cm/min)
第一道					
第二道					
第三道					

表 2-2-3 接头坡口处理及装配定位检测表

接头坡口清理检测							
立板位置 1		立板位置 2		立板位置 3		底板	
要求	处理结果	要求	处理结果	要求	处理结果	要求	处理结果

表 2 –2 –3(续)

接头坡口清理检测

焊接各零件接头清理处理位置和范围标识标注

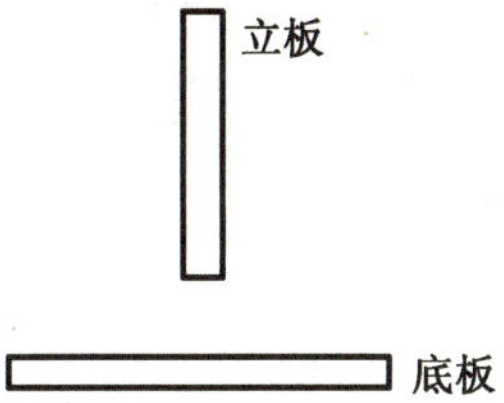

装配定位变形控制尺寸检测

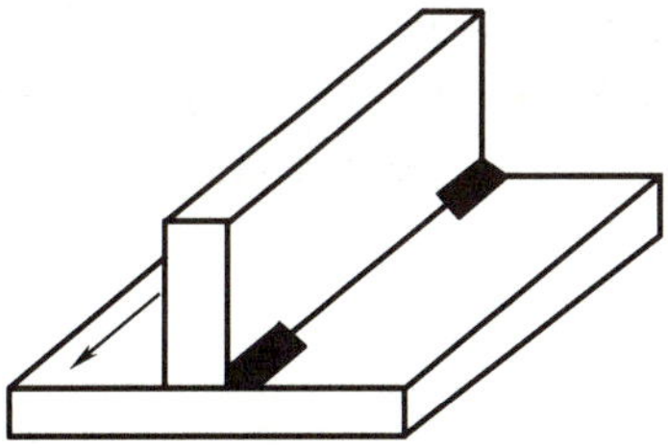

装配定位尺寸

角度		定位尺寸		定位焊长度 1		定位焊长度 2	
设计值	检测值	设计值	检测值	规范值	检测值	规范值	检测值

子任务 2 –2 –2 焊 接 操 作

知识积累

知识点 1:任务分析

任务实施路线为两层三道:第一层打底第一道,第二层盖面第二道,第二层盖面第三道。

知识点 2:焊接操作要点

1. 打底焊

打底层即第一道焊时,采用右焊法,在试板左侧引弧,在距离起始段前 10 mm 左右处起弧并迅速拉回起始段迅速压低电弧,电弧对准根部顶角,保证顶角和两侧板熔合。焊接的倾角为 60° ~70°,转角为 45° ~50°,用直线形运条,短弧焊接,均匀规律运条,否则容易产生咬边、夹渣及边缘熔合不好等缺陷。接头时在焊缝前端 10 ~15 mm 处引弧,随后拉到弧坑位置多作停留直至弧坑填满后正常焊接。

2. 盖面焊第一道

盖面焊接前，清除打底焊道焊渣和飞溅，使焊缝露出金属光泽，以防止产生夹渣缺陷。焊接第二道焊缝时，应覆盖不小于打底层焊缝的 1/2 ~ 2/3，焊条与底板夹角为 45° ~ 55°，电弧要对准打底焊道的下沿以使熔化金属与底板很好熔合，焊条在焊接方向的倾角为 65° ~ 80°，用斜圆圈形或反锯齿形运条，整体运条速度不可过快，以保证第二焊道的上部与打底焊道形成平的台阶或凹槽，以便第三焊道的焊接成形。运条速度变化除了在立板上不需停留之外，其他都一样。

3. 盖面焊第二道

盖面第二道即焊接第二道焊缝时，应覆盖第二道焊缝的 1/3 ~ 1/2。电弧对准打底焊道上沿（即打底焊道与立板的熔合线），为使熔化金属与立板很好熔合，并保证立板上的焊脚尺寸，焊条的转角不能太大，转角角度太大易产生焊脚下偏现象，因此焊条与底板的角度控制在 40° ~ 45°。一般采用直线形运条法，焊接速度要均匀，不宜太慢，因为速度慢了容易产生焊瘤，使焊缝成形不美观。

实训活动

1. 打底焊

先查阅资料完成下面的任务单，再按此前修订确认的焊接工艺卡的工艺要求和下面任务单的方式进行打底焊操作。

（1）引弧与焊条角度及焊接方向

本任务焊件采用连弧焊进行打底焊，选择焊接方向为________；将焊件________的一端放于左侧，打底焊从焊件左端定位焊缝的始焊处开始引弧。电弧引燃后，可长弧稍作停留进行________，当看到焊件接头根部有“出汗”现象时，说明________温度已合适，然后电弧采用________弧，直线向右施焊。注意控制磁偏吹，起始段和结束段有磁偏吹的长度各约________ mm。注意控制焊条与焊接方向之间的夹角为________，在图 2 - 2 - 5 至图 2 - 2 - 7 中标注焊条与焊件对应的角度。

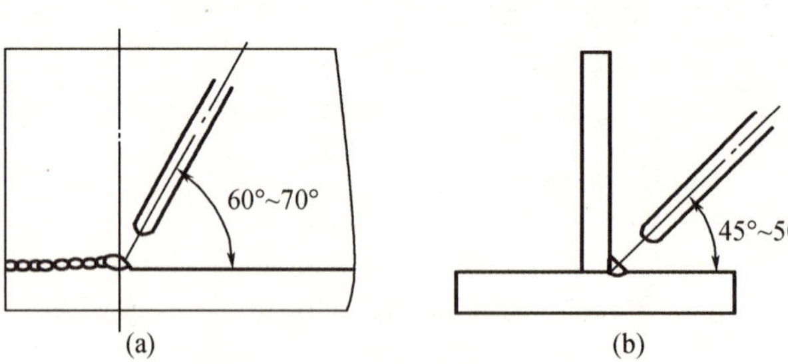

图 2 - 2 - 5　起始段焊条角度（标注焊条的角度）

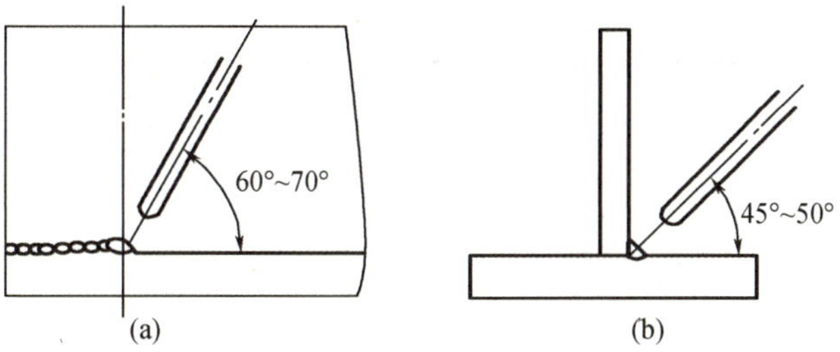

图 2-2-6 中间段焊条角度(标注焊条的角度)

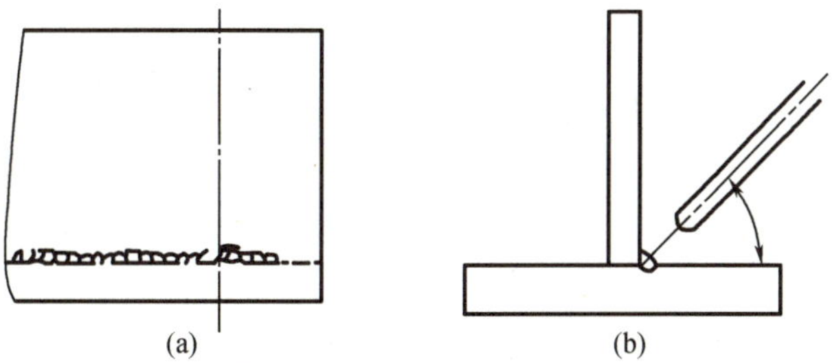

图 2-2-7 结束段焊条角度(补画图(a)中焊条的方位,标注两图焊条的角度)

(2)焊缝接头

当一根焊条即将焊完,更换另一根焊条时,应将焊条下压,使熔池稍微扩大,向焊接反方向拉回________mm,并迅速________焊条,使电弧逐渐拉长,形成斜坡形再熄弧,这样可把收弧缩孔消除或带到焊道表面,以便在下一根焊条焊接时将其熔化掉。焊缝接头可采用热接和冷接两种方法。采用热接法时,换焊条速度要快,即收弧时熔池还未完全冷却就立即接头。采用连续焊,如图 2-2-8 应用前引弧方式,在熔池前约________mm 处引弧,并立即将电弧拉回原弧坑的前沿,________电弧,待熔池形状合适后,再按前述步骤进行正常施焊。采用冷接法时,应把距弧坑 15~20 mm 斜坡上的熔渣敲掉并清理干净,在收弧熔池后约________mm 处引弧,焊条向前做直线施焊,焊至收弧处前沿时,填满弧坑,焊条下压并稍作停留,逐渐将焊条________,待熔池形状合适后,进行正常施焊。每次接头或焊接其他填充层时也都按此方法操作,以防止产生焊接缺陷。

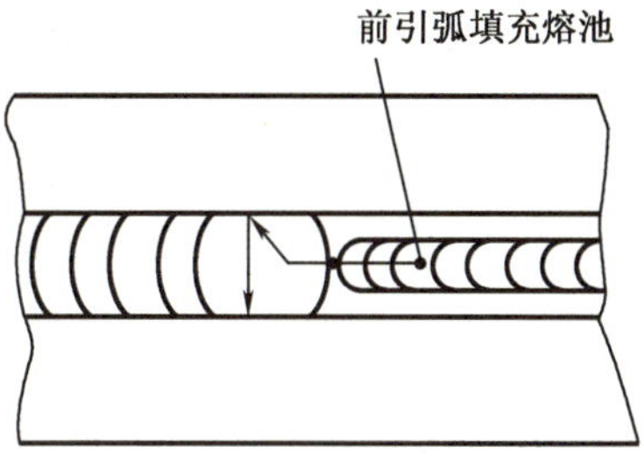

图 2-2-8 前引弧方式

(3)焊接过程性检查

完成打底层焊接后,清理焊渣,进行过程性质量检查,以确保整体焊接质量及后续改进,并填写表 2-2-4。

表 2-2-4 打底层缺陷检查

检查项目	缺陷存在的数量	形成原因与改善措施
夹渣		
气孔		

表 2-2-4(续)

检查项目	缺陷存在的数量	形成原因与改善措施
裂纹		
未焊透		
未熔合		
焊瘤		
坡口根部熔合尺寸一致性		

2. 第二焊道盖面焊

先查阅资料完成下面的任务单，再按此前修订确认的焊接工艺卡的工艺要求和下面任务单的方式进行填充焊操作。

(1)清理与焊条角度控制

第二焊道施焊前，应先将________的________、________等清除干净，将打底焊层焊缝接头的________打磨平整，然后进行焊接。第二焊道应覆盖打底焊道的________。第二焊道正常施焊时，转角比打底焊的转角________，为________，倾角比打底焊的倾角________，为________。电弧应对准________，焊接电弧采用________弧。

(2)运条

运条方式采用________，控制好焊道与底板的熔合情况，运条速度变化为：焊道下沿各点位间移动应________，以避免________；从焊道下沿点位向上沿点位移动应________，以避免________；在焊道上沿点无须停顿；从焊道上沿点位向下沿点位移动应________，以保证________。

(3)焊接过程性检查

完成第二焊道盖面层焊接后，清理焊渣，进行过程性质量检查，以确保整体焊接质量及后续改进，并填写表 2-2-5。

表 2-2-5 第二焊道盖面层缺陷检查

检查项目	缺陷存在的具体问题及数量	形成原因与改善措施
夹渣		
气孔		
裂纹		
未焊透		
未熔合		
焊瘤		
咬边		
覆盖打底焊道情况		

3. 第三焊道盖面焊

先查阅资料完成下面的任务单，再按此前修订确认的焊接工艺卡的工艺要求和下面任务单的方式进行填充焊操作。

(1)清理与焊条角度控制

第三焊道施焊前,应先将________的________清除干净,然后进行焊接。第三焊道应覆盖第二焊道的________。第三焊道正常施焊时,转角比打底焊的转角________,为________,倾角比打底焊的倾角________,为________。电弧应对准________,焊接电弧采用________弧。

(2)运条

运条方式采用________,控制好焊道与立板的熔合情况。当第二道焊缝覆盖打底层大于2/3 时,在焊接第三道时可采用________,以避免________。如果第二道覆盖打底层太少,第三道焊接时可采用________,运条时在垂直板上要________,以防止咬边,这样就能弥补由于第二道覆盖过少而产生的________现象。

(3)焊接过程性检查

完成第三道盖面层焊接后,清理焊渣,进行过程性质量检查,以确保整体焊接质量及后续改进,并填写表 2-2-6。

表 2-2-6 第三焊道盖面层缺陷检查

检查项目	缺陷存在的具体问题及数量	形成原因与改善措施
夹渣		
气孔		
裂纹		
未焊透		
未熔合		
焊瘤		
咬边		
覆盖打底焊道情况		

子任务 2-2-3 焊缝清理与检查

知识积累

知识点 1:任务分析

任务实施路线:焊缝清理、质量检查。

知识点 2:焊缝清理与质量检查

焊件焊接完毕后,用敲渣锤、钢丝刷等清理掉焊缝上的焊渣、飞溅等,或用砂布重新打磨一遍焊缝,不得存在焊渣、焊点、毛刺等,焊缝应光滑、平整,应保证焊件的“边齐、面平”,包括焊件上开口边缘的垂直平行度,但不能破坏焊缝原始表面。焊后对焊缝表面质量进行检验,肉眼观察或用低倍放大镜检查焊缝表面是否有气孔、裂纹、咬边等缺陷,用钢直尺、钢角尺、焊缝检验尺对焊缝进行外观质量和外观成形尺寸检查。

实训活动

1. 焊件焊后处理与检测评分

焊件焊接完毕后，先用敲渣锤清理焊渣，用钢丝刷进一步将焊渣、飞溅等清理干净。严禁破坏焊缝原始表面，禁止用水冷却。对焊缝表面质量进行目视检验，使用5倍放大镜观察表面是否存在缺陷，并使用焊接检验尺对焊缝进行测量，焊件外观检查的结果应满足各项要求。然后截面做宏观金相检测。对焊件按规范进行外观检测，评分记录要求见子任务2-1-3同类表。

2. 工位工具清理点检与评分

焊接结束后，关闭焊接电源。按9S标准清扫场地，按规定摆放工具，整理焊接电缆，确认无安全隐患，并做好使用记录，进行评分，评分表见子任务1-1-3同类表。

项目三　管对接水平转动焊条电弧焊

项目描述：师徒对话

一段时间后，高师傅问小白："现在感觉怎么样？"小白说："我感觉自己现在焊接时，手越来越稳了，但问题也越来越多了，比如焊缝不够直、不够平、宽窄有点不一、纹路不太好看，等等，尤其是对于多层多道的平角焊第二道走斜圆圈形运条和第三道控制熔池不下淌把握起来有点难。看来还需要按高风林大师的办法更多地练习基本功。"高师傅说："很不错！说明你的眼睛比以前要挑剔多了，对自己的要求更高了。发现问题是成功的一半，基本功是要长期练习的。见过高山，方显地低平，前面练习的板对接平焊、平角焊都是最常见、最基础的，比较难的还有立焊、仰焊、管对接焊等。接下来，我们学习管对接焊，其中管对接水平转动焊相对简单一点，我们就先练这个，你需要达成以下目标。"

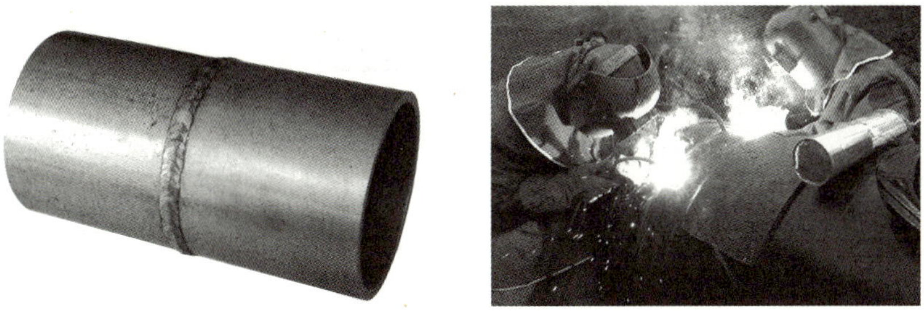

管对接焊件

项目目标

知识目标：

1. 掌握管对接水平转动焊条电弧焊方法；
2. 掌握管对接水平转动焊条电弧焊的常见缺陷与预防措施；
3. 掌握管对接水平转动焊条电弧焊焊缝外观质量检查方法。

技能目标：

1. 能够正确识读图纸；
2. 能够正确应用工具进行坡口处理；
3. 能够正确进行装配定位；
4. 能够正确选用焊条；
5. 能够正确选用合适的焊接工艺参数；
6. 能够熟练进行焊条电弧焊管对接水平转动焊接操作：引弧、运条、起头、接头与结尾；
7. 能够进行管对接水平转动焊条电弧焊多层焊。

素养目标:

1. 具有查阅资料、自主学习和勤于思考的能力;
2. 具有尊重和自觉遵守法规、标准的意识;
3. 具有良好的职业道德、敬业精神和团队精神;
4. 具有安全、环保和节约意识;
5. 具有 9S 管理意识。

任务3-1 低碳钢管对接水平转动焊条电弧焊

任务说明:

按图3-1-0及技术要求进行材料准备、工艺准备、焊接实施、质量检查、自我评定与总结。

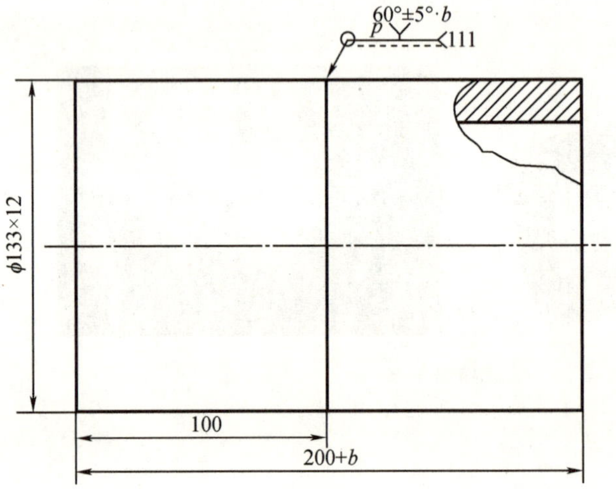

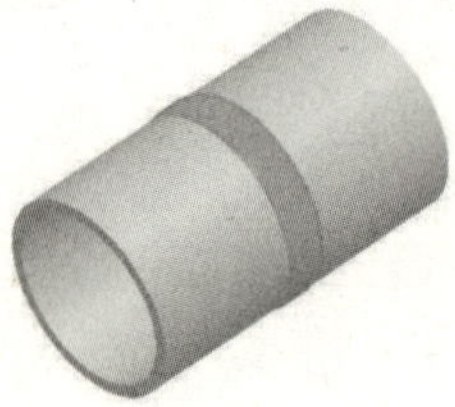

技术要求:1. 母材为 DN110×12 无缝钢管;2. 单面焊双面成形;3. 焊件材料为 20 钢;4. 坡口根部间隙及钝边自定;5. 焊件空间位置符合水平转动焊要求;6. 两管同轴 $<\phi0.1$;7. 不允许有咬边;8. 不允许有未焊透;9. 不允许有裂纹、气孔、夹渣。

图3-1-0 低碳钢管对接水平转动焊焊件图

子任务3-1-1 焊前准备

知识积累

知识点1:任务分析

管道是各类装置和设备中不可缺少的组成部分,管道在石油、化工及各类装置和设备中应用的数量很大。管道焊接质量的好坏将直接影响装置与设备的正常运转。焊条电弧焊是目前一般工厂应用得最普遍的管道焊接方法。焊条电弧焊设备简单,应用灵活、方便,适合焊接小直径管、薄壁管和狭窄位置的管道,焊条电弧焊可在任意空间位置施焊。

管材的焊接按照位置不同分为转动焊接、水平固定焊接、垂直固定焊接、倾斜固定焊接。管材采用转动焊接,简便可靠,容易保证质量,生产效率高,预制管件应多采用,尽量少用固定焊口。管道在预制厂加工时,一般多采用转动焊接。

任务实施路线:图样识读、焊件准备及坡口清理、焊接工艺参数确定、装配定位。

知识点 2:图样识读

任务图显示了焊件装配形式以及外形尺寸,并用焊缝符号和技术要求给出了焊接基本要求,焊缝符号如图 3-1-1 所示。

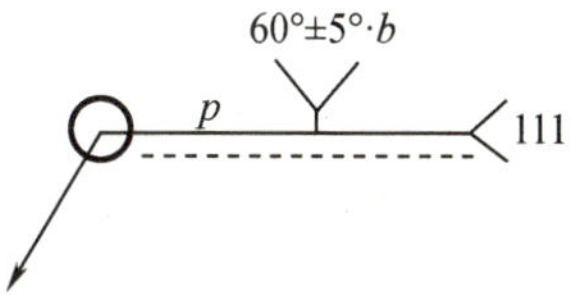

图 3-1-1 焊缝符号

从图 3-1-1 中可知,管对接采用 Y 形坡口,坡口角度为 60° ±5°,钝边 p 和根部间隙 b 要求自定,由于是单面焊双面成形,10 mm 左右的板厚,一般间隙取(2.5 ±1) mm,钝边取 1 ~1.5 mm,符号○表示周围焊。技术要求规定焊件材质为 20 号钢,并规定了焊后的质量要求。

知识点 3:焊件准备及坡口清理

根据任务单可知,焊件材质为 20 号钢,两管件尺寸均为 ϕ133 mm ×12 mm ×100 mm,单边开 30° V 形坡口。

20 号钢属于优质低碳碳素钢,其中 20 是指碳含量为 0.2% 。该钢强度低,韧性、塑性和焊接性均好。抗拉强度为 253 ~500 MPa,伸长率≥24% 。其常用于普通工程结构件,多见于耐磨机械零件和非腐蚀介质的管路等。

首先使用内磨机与角磨机打磨管件焊缝内侧与外侧 10 ~20 mm 范围,再使用角磨机打磨坡口,坡口角度为 60° ±5°,坡口钝边宽度为 1 ~1.5 mm。清除焊缝周围铁锈、油污,露出金属光泽。

知识点 4:焊接工艺参数确定

20 号钢为低碳钢,焊条选用酸性或碱性均可,酸性多选用 E4303,碱性多选用 E504315。此处以 E4315 焊条为例进行工艺参数确定,焊条直径选择 3.2 mm,焊条烘干温度为 350 ~400 ℃,保温 2 h,随取随用。

综合来看,12 mm 厚管件可采用三层来焊接,具体焊接工艺参数见表 3-1-1。

表 3-1-1 焊接工艺参数表

焊接层次	焊条型号	焊条直径/mm	焊接电流/A	焊接电压/V	电源极性
打底层	E4315	3.2	110 ~120	20 ~24	直流反接
填充层		3.2	120 ~130	20 ~24	
盖面层		3.2	110 ~130	20 ~24	

知识点5:装配定位

1.管道的装配组对及定位焊

管子焊接质量的优劣与装配组对和定位焊关系密切。管道组对应执行国家和企业的有关标准,同时,要求坡口端面的平面度小于0.5 mm,焊口拼装错位不得大于1 mm,组对处的弯曲度不得大于1/400。有时转动起来比较费力,同时也为防止因转动时振动而使焊口根部出现裂纹,在组对前,应将管子放在平整的能有效固定定位的转动台架或滚杠上,如图3－1－2(a)所示,以便于操作。同时,定位焊焊缝必须有足够的强度,如果采取支点式支架则靠近焊口的两个支点距离最好为管径的1.5～2倍,如图3－1－2(b)所示。焊接厚壁管子时,转动比较费劲,最好每一焊段焊接两层后再转动一次。

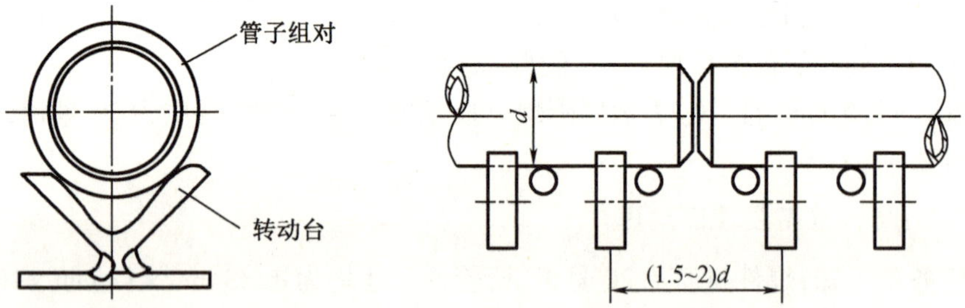

(a)管子定位转动台　(b)管子滚动支点的布置

图3－1－2　管子装配定位支架示意图

定位焊时,对于直径小的管子,只需在管子对称的两侧定位焊就可以了(图3－1－3(a)),或者在10点钟和2点钟方向定位。管径大的可定位焊3点或更多,焊点应均布(图3－1－3(b))。定位焊焊点的尺寸应适宜,当管壁厚度小于或等于5 mm时,焊点厚度为3～5 mm;当管壁厚度大于5 mm时,焊点厚度为5～8 mm。定位焊长度为20～30 mm。为便于接头熔透,焊点的两端都必须修成缓坡形。

具体装配焊点还与焊接位置和焊接情况有关,水平转动管定位焊一般不超过两点,即可以焊1点或2点,垂直固定、水平固定、斜45°管一般不超过3点,即可以焊1点、2点或3点。

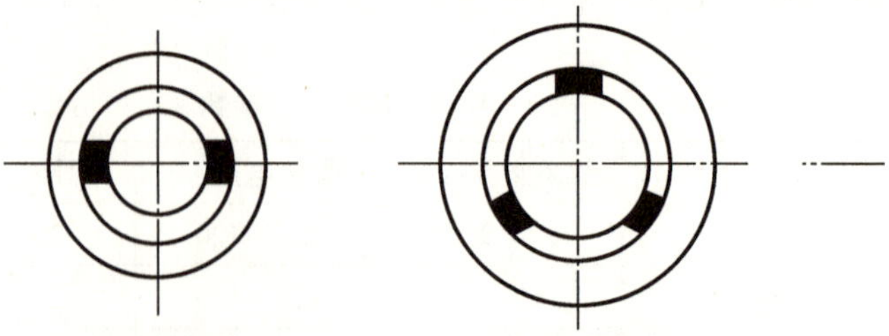

(a)两点点焊法　(b)三点点焊法

图3－1－3　定位焊焊点数量及位置示意图

2. 管对接装配定位要领

（1）将管件放在管件组对架上进行固定，确保管件同轴。

（2）在管件放置的10点钟和2点钟方向进行两点定位，定位焊焊点长度10～15 mm，厚度5～8 mm，考虑到单面焊双面成形操作，组对间隙预留略大，一般成上大下小设置，管顶部3.2 mm，底部2.5 mm，焊后管件错边量不大于0.5 mm。

（3）使用角磨机对固定焊点进行打磨，焊点打磨成双U形坡口即缓坡形，注意不要将固定点中心打磨过薄，以免在焊接时造成管件变形，如图3－1－4所示。

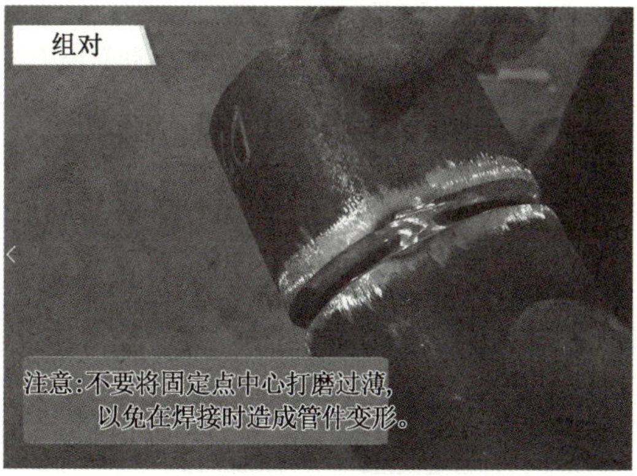

图3－1－4　组对点焊后焊点示意图

实训活动

1. 分析与制订焊接工艺

（1）识读图样（图3－1－5）

在焊缝符号标注中，实线侧和虚线侧都标注有基本符号╲╱，其表示________，基本符号前的数字 p 表示________，60°±5°表示________，尾注符号中的111为焊条电弧焊，焊件材料型号为20号钢，是低碳钢，20的具体含义为________。箭头符号转折处的○表示________。

（2）焊接工艺基本分析

管厚为12 mm，采用V形坡口，间隙为________ mm，焊道设计为________。

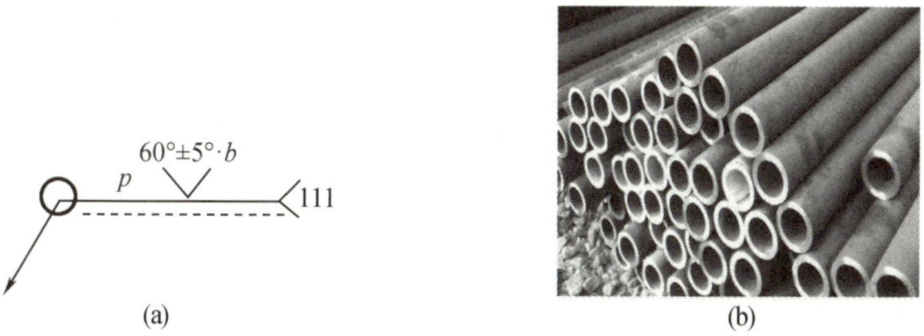

图3－1－5　识读图样

根据所提供的ZX7－400焊接电源，选用焊条的类型为________，焊条应提前加热烘干、保温，烘干温度为________，保温时间为________。

第一焊道焊接根部，该管径小，只能单面焊，因此要满足单面焊双面成形，应选用直径较________焊条，焊接电流应较________。

填充焊道和盖面焊道应选用比第一焊道：焊条的直径________、焊接电流________。

(3) 工艺制订

根据焊接要求，结合前面所学知识进行工艺制订，完成表 3－1－2 所示工艺卡的编制。

表 3－1－2　20 号钢管对接焊条电弧焊的焊接工艺卡

<table>
<tr><th colspan="2">焊接工艺卡</th><th colspan="5">编号：</th></tr>
<tr><td>材料牌号</td><td></td><td colspan="5" rowspan="9">接头简图（在左图补全标注尺寸，在右图画出定位焊的位置）
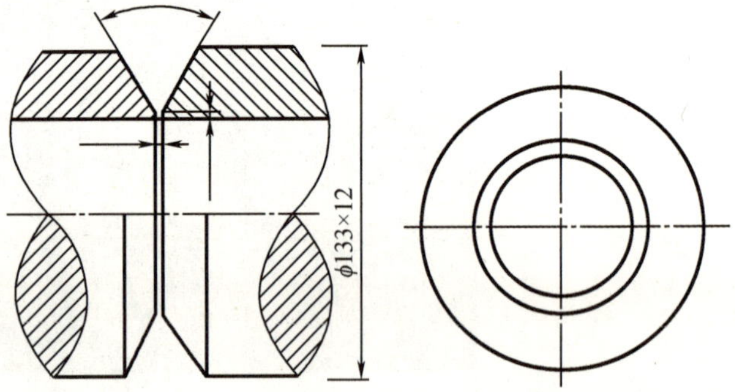
</td></tr>
<tr><td>材料规格/mm</td><td>底板：
立板：</td></tr>
<tr><td>接头种类</td><td></td></tr>
<tr><td>坡口形式</td><td></td></tr>
<tr><td>坡口角度</td><td>—</td></tr>
<tr><td>钝边</td><td>—</td></tr>
<tr><td>组对间隙/mm</td><td></td></tr>
<tr><td>焊接方法</td><td></td></tr>
<tr><td>焊接设备</td><td>ZX7－400</td></tr>
<tr><td>电源种类</td><td></td><td rowspan="3">焊后
热处理</td><td>种类</td><td>—</td><td>保温时间</td><td>—</td></tr>
<tr><td>电源极性</td><td></td><td>加热方式</td><td>—</td><td>层间温度</td><td>—</td></tr>
<tr><td>焊接位置</td><td></td><td>温度范围</td><td>—</td><td>测量方法</td><td>—</td></tr>
<tr><td colspan="7">焊接参数</td></tr>
</table>

焊层	焊材型号	焊材直径/mm	焊接电流/A	焊接电压/V	焊接速度/(cm/min)
打底焊					
填充焊					
盖面焊					

2. 材料、工具设备与工位领取及点检

按老师审核通过的焊接工艺卡领取材料、工具设备及工位，并进行点检，检验表见子任务 1－1－1。

3. 接头坡口处理及装配定位

根据坡口要求，确定各零件接头处需清理的位置与范围，一般要求焊缝两侧________mm 内需清理干净，清理即可采用砂轮修磨或化学处理方式去除板材接头处表面的铁锈、油污等杂物。

装配定位：将焊件在转台架上装配组对好，达到相关尺寸要求。在管子的________方位进行定位焊，定位焊的长度在________mm。装配完毕，应用水平尺转动管子在 3、6、9、12 点测量找正焊件，确保管子组对没有错边及弯曲在要求范围内。然后填写检测表 3－1－3。

表 3－1－3　接头装配定位检测表

装配定位变形控制尺寸检测

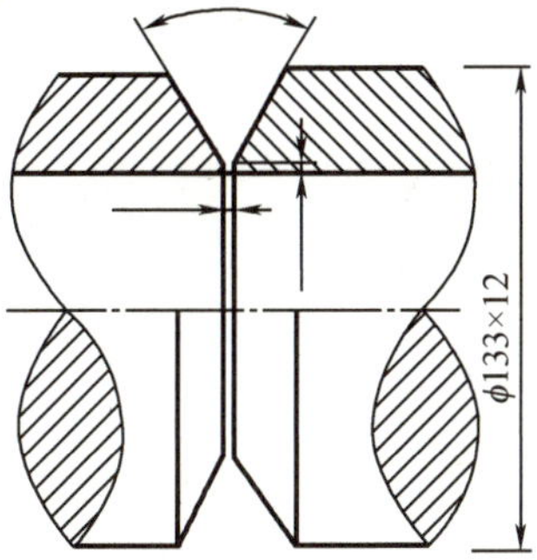

装配定位尺寸

角度		间隙		错边		弯曲度	
设计值	检测值	设计值	检测值	规范值	检测值	规范值	检测值

子任务3－1－2　焊 接 操 作

知识积累

知识点 1:任务分析

管件采用水平转动焊接,类似于平对接的情况,操作简便,容易控制质量,焊接效率高。生产中管件尤其是大厚管件多放置于转动台或者滚杠上进行焊接。技能训练过程中可采用焊接工装平台夹持,焊一段,手动转动一段。

任务实施路线:打底、填充、盖面。

知识点 2:打底焊

1. 打底焊方法

打底层焊缝有两种焊法,一种是焊接电弧始终处于时钟 12 点附近位置,原则上保持不动,管件坡口转到时钟 12 点钟附近位置和焊接电弧接触便开始焊接。如图 3－1－6(a)所示,在打底焊时,熔池应在 12 点钟位置向转动方向偏离 5～8 mm(此量是中口径管的参考值,管径不同,偏移量略有变化),使熔池处于爬坡焊位置,这样坡口根部更容易焊透。因为管子在不停转动,熔池处于爬坡焊位置,电弧需要给熔池一个向上的托力避免加速下淌,因此焊接方向为左向焊法,即焊条与焊缝前进方向的切线倾角大于90°,在 110°～120°之间,如图 3－1－6(b)所示。

在整个管件焊缝的焊接过程中,焊钳不动,只是管件转动,而管件的转动速度即是管件焊缝的焊接速度。此时左手匀速转动管件,右手手握焊钳进行焊接,动作协调性要求很高,操作难度大,因此常用于轻便小管件或有方便操作的转台夹具的情况。

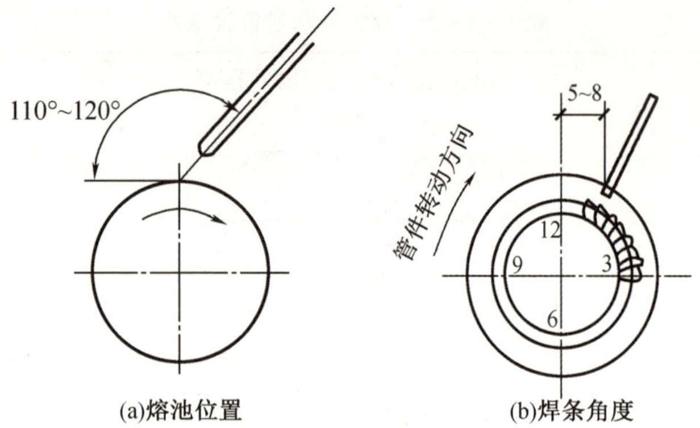

图 3 - 1 - 6　水平匀速转动管件打底焊熔池位置与焊条角度示意图

针对稍大管件、转动相对困难的情况，再采用上面的操作方式显然不可取，而应采用另一种阶段性焊法，初学者可以选择每次从避免爬坡的 13 点半位置焊至 12 点钟位置，有一定基础的操作者可以选择从水平 3 点钟位置焊至 12 点钟位置，停止焊接后再转动管件至下一段焊缝，使管件阶段性转动从而减少转动次数，焊接位置如图 3 - 1 - 7(a)所示，焊接角度如图 3 - 1 - 7(b)所示。

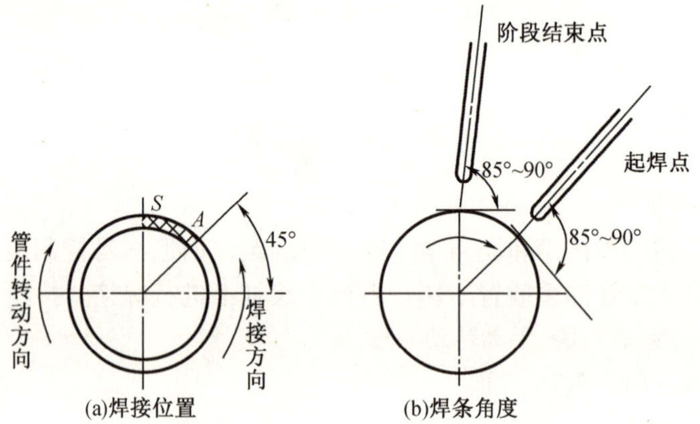

图 3 - 1 - 7　水平阶段性转动管件打底焊熔接位置与焊条角度示意图

运条方式可采用直线形或稍加摆动的小月牙形，注意焊条摆动不要超过坡口边缘，并在两侧有停顿时间，如图 3 - 1 - 8 所示。如果对口间隙较小，可采用连续焊；如果对口间隙较大，可采用断弧焊。

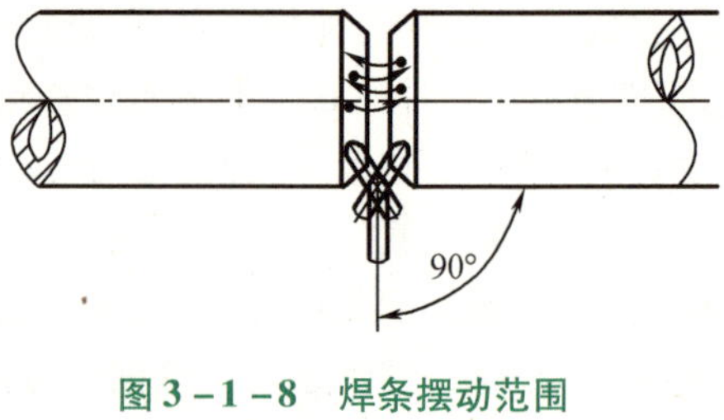

图 3 - 1 - 8　焊条摆动范围

2. 技能训练：打底焊操作流程

对于本任务的焊接操作可以采取阶段性转动管件的方法，从 3 点钟至 12 点钟位置施焊。

(1)管件上架

将装配好的管件水平夹持在工装台上，并将刚刚点固焊时管件的 12 点钟位置放在 3 点钟方向(两焊点 120°夹角的中间位置)，安装高度一般与操作者腰部平齐，方便焊接操作。

(2)焊接方向

采用断弧法确保单面焊双面成形,使根部熔透更好,熔渣和铁水分离更好,开始焊接时从水平3点钟位置开始起弧焊接,向12点钟方向进行爬坡焊,焊至12点钟方向时停弧,转动管子,将下一段未焊的90°弧度转至刚刚焊接的方位,继续焊接,循环进行,直至打底完成。

(3)断弧方法

起弧时焊条紧贴坡口根部直至听到噗噗声收弧,此时熔池已经击穿坡口根部,可以开始正常断弧焊接,每当熔池冷却至成暗红色铁水时,再击打熔池1/2处持续焊接直至焊接接头处。

(4)打底接头

打底接头前,使用敲渣锤将接头处焊渣清理干净露出金属光泽。然后在接头后端10 mm左右处起弧,压低电弧,焊至坡口接头处停留2~3 s,保证焊接电弧击穿背面坡口,接头完成后正常进行焊接。

知识点3:填充焊与盖面焊

1. 填充焊和盖面焊的常用方法

如果管件匀速转动而电弧位置不动,对于盖面层,熔池位置应在12点钟位置向焊接前进方向偏离5~8 mm(此量是中口径管的参考值,管径不同,偏移量略有变化),使熔池处于下坡焊位置,如图3-1-9所示,从而使焊缝表面成形较平展,并可避免焊缝两边咬边。

如果采用管件阶段性转动,初学者运条范围应选择在平焊位置,如图3-1-10所示,即焊条在垂直中心线两边15°~20°范围内运条,有一定基础的操作者可选择从水平3点钟位置焊至12点位置,而焊条与管件焊点法线成30°角。采用直线往复法或月牙形方式运条,运条时注意压住电弧做横向摆动,这样可得到整齐、美观的焊缝。

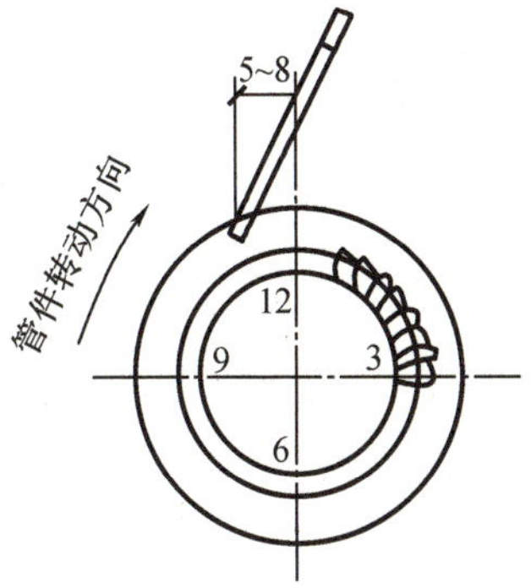

图3-1-9 管件匀速转动焊条位置示意图

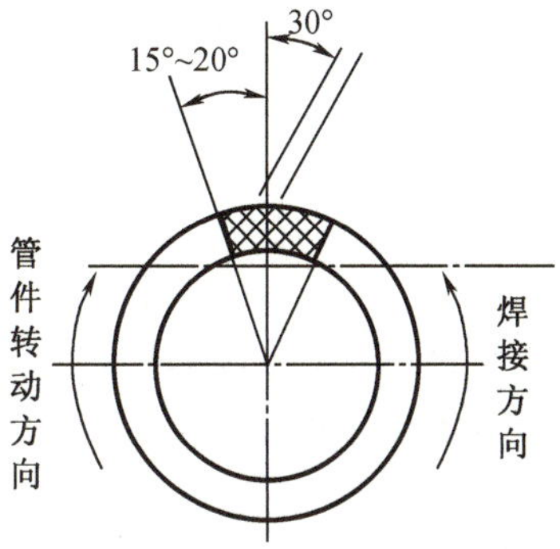

图3-1-10 管件阶段性转动焊条位置示意图

2. 技能训练:填充焊操作流程

(1)打底焊完成后使用敲渣锤和钢丝刷将焊缝清理干净。

(2)填充焊时操作者的位置与打底焊时一致。填充时用正月牙形法进行连弧焊接,在焊接到离坡口0.5~1 mm处时可适当停留,防止发生咬边。焊接时注意熔池的温度和形状,匀速焊接。

(3)焊接方位依然是从3点钟位置焊接至12点钟位置停弧,然后转动管件再继续焊接,如果过12点钟位置持续焊接可能造成焊缝夹渣。

(4)填充管件至停弧处并转动管件至3点钟位置时,或焊条用完结尾停弧时,要清理弧坑药皮至金属光泽，从焊缝前端 10 mm 处起弧压低电弧至焊接接头处沿弧坑进行连弧焊接。

（5）管件焊层厚度，填充焊可进行一层或两层。

3. 技能训练：盖面焊操作流程

（1）盖面焊前使用敲渣锤、钢丝刷对填充层进行清理。

（2）盖面焊时采用正月牙形法进行焊接，焊条摆动时应保证电弧覆盖坡口边缘 1 mm 左右并适当停留，使焊缝熔合良好、无咬边，保证焊接质量。

（3）盖面焊操作流程与填充焊一致，从 3 点钟位置起弧连弧焊接至 12 点钟位置，随后转动管件将焊接接头放置在 3 点钟位置继续焊接，直至完成盖面层。

（4）盖面焊焊接头流程与填充焊相同。

知识点 4：立焊常见的缺陷与预防措施

1. 立焊常见缺陷

水平转动管子焊接，存在立焊。除了其他焊接中的常见缺陷外，在立焊时，熔池金属和熔滴因受重力作用具有下坠趋势，和焊件分开，所以更容易产生焊瘤（图 3－1－11）。但由于熔渣的熔点低、流动性强，熔池金属和熔渣容易分离，不容易产生夹渣。但由于熔池部分脱离熔渣的保护，所以如果操作或运条角度不当，电弧容易带入其他气体到熔池中而产生气孔。

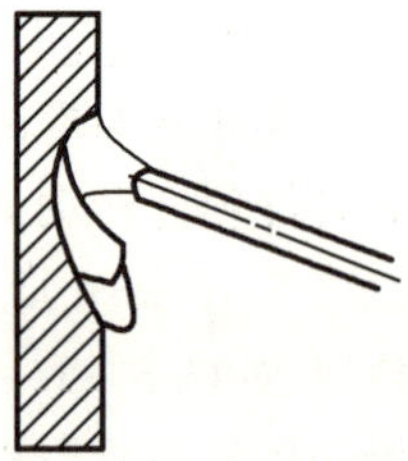

图 3－1－11　立焊产生的焊瘤

2. 预防措施

对于以上缺陷，第一是控制电流，立焊的电流相对于平焊、横焊的电流要小一些。第二是控制焊条角度，焊条方向采用左向法，即焊条与焊接前进方向的倾角大于 90°，使电弧对熔池有一个向上的推力，避免熔液下淌形成焊瘤；同时，焊渣由于重力的作用不会超前造成夹渣，电弧向上的推力使熔渣减缓下落的速度，增加熔池的保护，减少气孔缺陷。

实训活动

1. 打底焊

先查阅资料完成下面的任务单，再按此前修订确认的焊接工艺卡的工艺要求和下面任务单的方式进行打底焊操作。

（1）管件上架

将装配好的管件水平夹持在工装台上，并将刚刚点固焊时管件________点位置放在 3 点钟方向（两焊点 120°夹角的中间位置），安装高度一般与操作者腰部________，方便焊接操作。

（2）焊接方向

采用________确保单面焊双面成形，使根部熔透更好，熔渣和铁水分离更好，开始焊接时从水平________点位置开始起弧焊接，向________点钟方向进行爬坡焊，焊至________点时停弧，进行管子________，将下一段未焊的 90°弧度转至刚刚焊接的方位，继续焊接，循环进行，直至打底完成。

（3）断弧方法

起弧时焊条紧贴________根部直至听到________声收弧，此时熔池已经________坡口根部，可以开始正常断弧焊接，每当熔池冷却至成________色铁水时，再击打熔池________

处持续焊接直至焊接接头。

(4)打底接头

打底接头前,使用敲渣锤将接头处焊渣清理干净露出金属光泽。然后在接头后端________mm 左右处起弧,压低电弧,焊至坡口接头处停留________s,保证焊接电弧________背面坡口,接头完成后正常进行焊接。

(5)焊接过程性检查

完成打底层焊接后,清理焊渣,进行过程性质量检查,以确保整体焊接质量及后续改进,并填写表 3-1-4。

表 3-1-4　打底焊层缺陷检查

检查项目	缺陷存在的具体问题及数量	形成原因与改善措施
夹渣		
气孔		
裂纹		
未焊透		
未熔合		
焊瘤		
咬边		

2. 填充焊

先查阅资料完成下面的任务单,再按此前修订确认的焊接工艺卡的工艺要求和下面任务单的方式进行填充焊操作。

(1)打底完成后使用________和________将焊缝清理干净。

(2)填充时操作者的位置与________时一致,填充时用正月牙进行________焊接,在焊接到离坡口________mm 处时可适当停留,防止发生________。焊接时注意熔池的________和________,匀速焊接。

(3)焊接方位从________点钟位置焊接至________点位置停弧,然后________管件再继续焊接,如果过十二点方位持续焊接可能会造成焊缝________。

(4)填充管件至停弧处并转动管件至水平方位 3 点位置时,或焊条用完结尾停弧时,要清理弧坑药皮至金属光泽,从焊缝前端________mm 处起弧压低电弧至焊接接头处沿________进行________焊接。

(5)根据管件焊层________,填充可进行一层或两层,如图 3-1-12 所示。

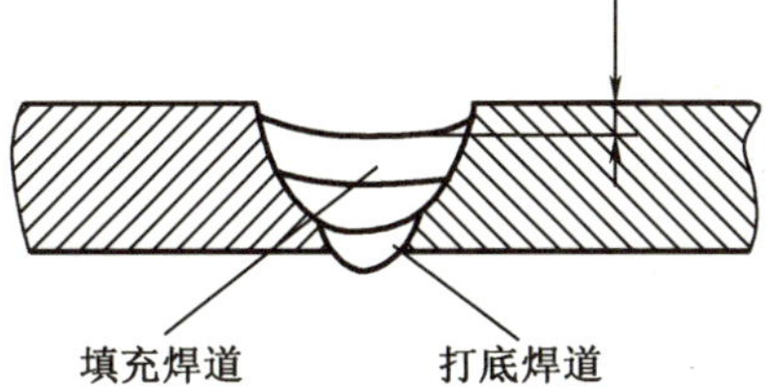

图 3-1-12　打底及填充焊道示意图

(6)焊接过程性检查

完成填充层焊接后,清理焊渣,进行过程性质量检查,以确保整体焊接质量及后续改进,并填写表 3-1-5。

表 3-1-5 填充层缺陷检查

检查项目	缺陷存在的具体问题及数量	形成原因与改善措施
夹渣		
气孔		
裂纹		
未焊透		
未熔合		
焊瘤		
咬边		

3. 盖面焊

先查阅资料完成下面的任务单,再按此前修订确认的焊接工艺卡的工艺要求和下面任务单的方式进行填充焊操作。

(1)盖面前使用敲渣锤、钢丝刷对________进行清理。

(2)盖面时采用________法进行焊接,焊条摆动时应保证电弧覆盖坡口边缘__ mm 左右并适当________,如图 3-1-13 所示,使焊缝熔合良好、________,保证焊接质量。

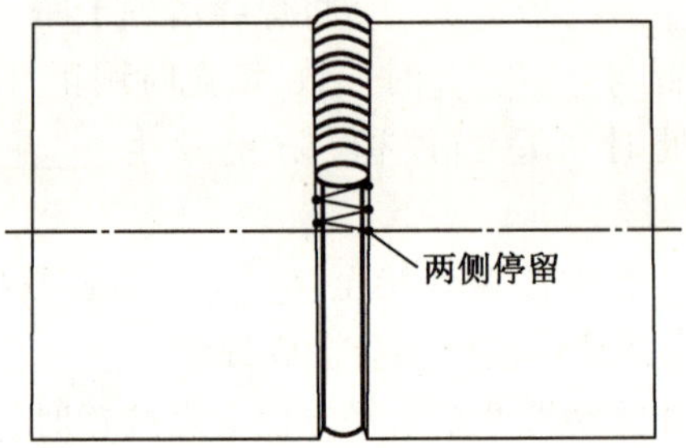

图 3-1-13 坡口边缘运条示意图

(3)盖面操作流程与________一致,从________位置起弧连弧焊接至________点位置,随后________管件将焊接接头放置在水平 3 点钟位置继续焊接,直至完成盖面。

(4)盖面接头流程与________相同。

(5)焊接过程性检查

完成盖面层焊接后,清理焊渣,进行过程性质量检查,以确保整体焊接质量及后续改进,并填写下表 3-1-6。

表 3-1-6 盖面层缺陷检查

检查项目	缺陷存在的具体问题及数量		形成原因与改善措施	
	第一面焊缝	第二面焊缝	第一面焊缝	第二面焊缝
夹渣				
气孔				
裂纹				
未焊透				
未熔合				
焊瘤				
咬边				

子任务 3-1-3 焊缝清理与检查

知识积累

知识点 1:任务分析

任务实施路线:焊缝清理、质量检查。

知识点 2:焊缝清理与质量检查

焊件焊接完毕后,用敲渣锤、钢丝刷等清理掉焊缝上的焊渣、飞溅等,或用砂布重新打磨一遍焊缝,不得存在焊渣、焊点、毛刺等,焊缝应光滑、平整,应保证焊件的"边齐、面平",包括焊件上开口边缘的垂直平行度,但不能破坏焊缝原始表面。焊后对焊缝表面质量进行检验,肉眼观察或用低倍放大镜检查焊缝表面是否有气孔、裂纹、咬边等缺陷,用钢直尺、钢角尺、焊缝检验尺对焊缝进行外观质量和外观成形尺寸检查。

实训活动

1. 焊件焊后处理与检测评分

焊件焊接完毕后,先用敲渣锤清理焊渣,再用钢丝刷进一步将焊渣、飞溅等清理干净。严禁破坏焊缝原始表面,禁止用水冷却。对焊缝表面质量进行目视检验,使用5倍放大镜观察表面是否存在缺陷,并使用焊接检验尺对焊缝进行测量,焊件外观检查的结果应满足各项要求。然后对焊缝截面做宏观金相检测。对焊件按规范进行检测评分,记录在表3-1-7中。

2. 工位工具清理点检与评分

焊接结束后,关闭焊接电源。按9S标准清扫场地,按规定摆放工具,整理焊接电缆,确认无安全隐患,并做好使用记录,进行评分,评分表见子任务 1-1-3 同类表。

表 3-1-7 管对接焊缝外观评分表

单位：mm

检查项目	评判标准及得分	评判等级 I	评判等级 Ⅱ	评判等级 Ⅲ	评判等级 Ⅳ	自测数据	自评分数	教师测量	教师评分	备注
焊缝余高	尺寸标准	0~2	>2~3	>3~4	<0或>4					
	得分标准	4分	2分	1分	0分					
焊缝高度差	尺寸标准	≤1	>1~2	>2~3	>3					
	得分标准	8分	4分	2分	0分					
焊缝宽度	尺寸标准	17~19	16~20	15~22	<15或>22					
	得分标准	4分	2分	1分	0分					
焊缝宽度差	尺寸标准	≤1.5	>1.5~2	>2~3	>3					
	得分标准	8分	4分	2分	0分					
咬边	尺寸标准	无咬边	深度≤0.5		深度>0.5					
	得分标准	12分	长度每5 mm扣2分		0分					
正面成形	标准	优	良	中	差					
	得分标准	8分	4分	2分	0分					
背面成形	标准	优	良	中	差					
	得分标准	4分	2分	1分	0分					
背面凹度	尺寸标准	0	>0~1	>1~2	长度>30					
	得分标准	2分	1分	0分	0分					
背面凸度	尺寸标准	0~1	>1~3	>3						
	得分标准	2分	1分	0分						
角变形	尺寸标准	0~1	>1~3	>3~5	>5					
	得分标准	6分	4分	2分	0分					
错边量	尺寸标准	≤0.5	>0.5~1	>1						
	得分标准	2分	1分	0分						
外观缺陷记录										

内部质量评分标准

考核项目	考核要求	评分要求	配分	得分
焊缝内部质量检查	焊件的射线检测按 GB/T 3323.1—2019 评定	Ⅰ级片无缺陷不扣分，Ⅰ级片有缺陷扣5分，Ⅱ级片扣10分，Ⅲ级片扣20分，Ⅳ级片扣40分	40	

焊缝外观（正、背）成形评判标准

优	良	中	差
成形美观，焊缝均匀、细密，高低、宽窄一致	成形较好，焊缝均匀、平整	成形尚可，焊缝平直	焊缝弯曲，高低、宽窄相差明显

注：1. 若焊件未完成焊接，表面有修补痕迹及焊缝正反面有裂纹、夹渣、气孔、未熔合缺陷，则该件按0分处理。

项目四　板对接横焊焊条电弧焊

项目描述：师徒对话

小白已经达到了焊条电弧焊初级水平，坚定了学好电焊的决心。高师傅也安排他参与到实际生产中做一些初级能胜任的工作，他在日常工作中不断地练习、积累，技术得到了锻炼。同时，他在日常生产中，发现横焊非常普遍，初一看也没觉得有什么特别的地方，就自己抽空尝试练习了横焊，发现横焊远不是自己想象的那样容易，熔池总是下垂、下滴，焊缝成形不好，总是一边咬边一边没焊透。于是他找到高师傅请教。高师傅欣慰地看着自己的徒弟说："这个项目是焊接中级的入门项目，板对接横焊是中级非常重要的基本功，你现在可以学习中级了，就从这个项目开始吧。在这个项目学习中，你需要达成以下目标。"

横焊

项目目标

知识目标：

1. 熟悉横焊的特点；
2. 掌握板对接横焊焊条电弧焊方法；
3. 掌握板对接横焊焊条电弧焊的常见缺陷与预防措施；
4. 掌握板对接横焊焊条电弧焊焊缝外观质量检查方法。

技能目标：

1. 能够正确识读图纸；
2. 能够正确应用工具进行坡口处理；
3. 能够正确进行装配定位；
4. 能够正确选用焊条；
5. 能够正确选用焊接工艺参数；
6. 能够熟练进行板对接横焊焊条电弧焊的焊接操作：引弧、运条、起头、接头与结尾；
7. 能够进行板对接横焊焊条电弧焊多层焊。

素养目标：

1. 具有查阅资料、自主学习和勤于思考的能力；
2. 具有尊重和自觉遵守法规、标准的意识；
3. 具有良好的职业道德、敬业精神和团队精神；

4. 具有安全、环保和节约意识；
5. 具有9S管理意识。

任务4-1 低碳钢板对接横焊焊条电弧焊

任务说明：

按图4-1-0及技术要求进行材料准备、工艺准备、焊接实施、质量检查、自我评定与总结。

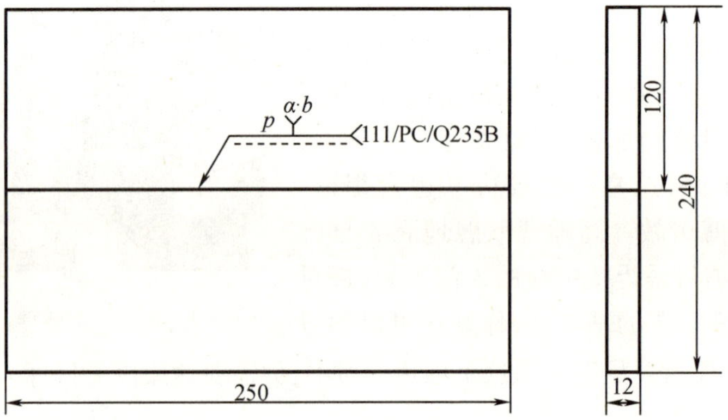

技术要求：1. 坡口为60°坡口角的V形带钝边坡口；2. 根部间隙和钝边尺寸自定；3. 错边≤0.5 mm；4. 角变形<3°；5. 不允许有咬边；6. 不允许有未焊透；7. 不允许有裂纹、气孔、夹渣；8. 焊缝余高≤1+0.15*b*。

图4-1-0 Q235B板对接单面焊双面成形横焊焊件图

子任务4-1-1 焊前准备

知识积累

知识点1：任务分析

板对接横焊单面焊双面成形技术属于焊接技能中级水平，以横焊位置进行焊接操作，主要应用于工程安装过程中以及大型不易翻转的焊件的焊接，是焊工必须掌握的操作技术。

横焊是焊接垂直或倾斜平面上水平方向的焊缝（图4-1-1），这个位置根部焊接时形成的熔池重力向下，与焊接方向、焊接电弧产生的气体吹力方向垂直成90°夹角，熔滴过渡和熔池形成时，受自身重力影响会向坡口下方流淌造成焊肉偏坠。所以焊接时应采用短弧焊接，并选用较小直径焊接电流、较薄的焊层以及适当的运条方法。

图 4－1－1　横焊示意图

任务实施路线：图样识读、焊件准备及坡口清理、焊条选择、工艺参数确定、装配定位。

知识点 2：焊件准备及坡口清理

根据任务单可知，焊件材质为 Q235B，两焊件尺寸为 12 mm × 125 mm × 250 mm，单边开 30° V 形坡口。

焊前打磨清理坡口面及坡口边缘上下两侧 15 ~ 20 mm 范围，并打磨出 0.5 ~ 1.5 mm 钝边，露出金属光泽。

知识点 3：焊接工艺参数确定

母材为 Q235B，属于低碳钢，选用酸性焊条或碱性焊条均可。酸性焊条多选用 E4303，碱性焊条多选用 E4315 或 E5015，焊条选择直径 3.2 mm，或直径 3.2 mm 打底、4.0 mm 填充及盖面均可，此处以 E5015 直径 3.2 mm 的焊条为例进行工艺参数确定，焊条烘干温度为 350 ~ 400 ℃，保温 2 h，随取随用。

综合来看，12 mm 厚板材可采用三层六道来焊接，具体焊接工艺参数见表 4－1－1。

表 4－1－1　焊接工艺参数表

焊接层次	焊条型号	焊条直径/mm	焊接电流/A	焊接电压/V	电源极性
打底层	E5015	3.2	90 ~ 110	20 ~ 24	直流反接
填充层（两道）		3.2	120 ~ 130	20 ~ 24	
盖面层（三道）		3.2	110 ~ 120	20 ~ 24	

知识点 4：装配定位

在水平装配平台上将两块试板组对，装配间隙：始焊端为 2.5 mm，终焊端为 3.5 mm；坡口角度为 60° ± 5°，反变形量 3° ~ 5°；错边量不大于 1 mm，用与正式焊接同样的焊条在焊件背面两端进行点固，定位焊缝长 10 ~ 15 mm，装配定位示意图如图 4－1－2 所示。

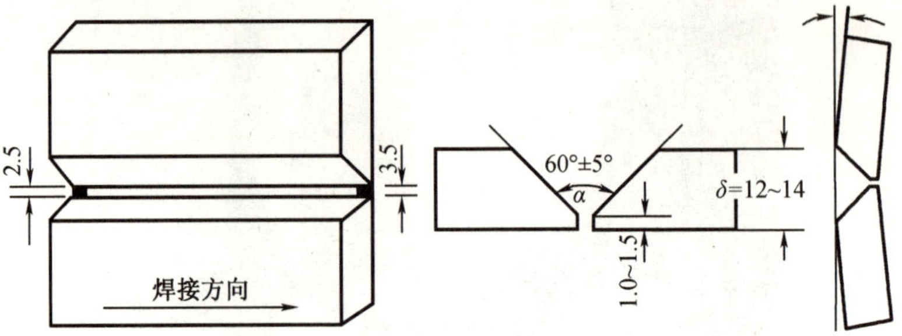

图 4－1－2　横焊装配定位示意图

实训活动

1. 分析与制订焊接工艺

识读图样，根据焊接要求，结合前面所学知识进行工艺制订，完成表 4－1－2 所示工艺卡的编制。

表 4－1－2　Q235B 板对接单面焊双面成形横焊焊条电弧焊焊接工艺卡

<table>
<tr><th colspan="2">焊接工艺卡</th><th colspan="5">编号：</th></tr>
<tr><td>材料牌号</td><td></td><td colspan="5" rowspan="10">1. 接头坡口简图（标注尺寸）
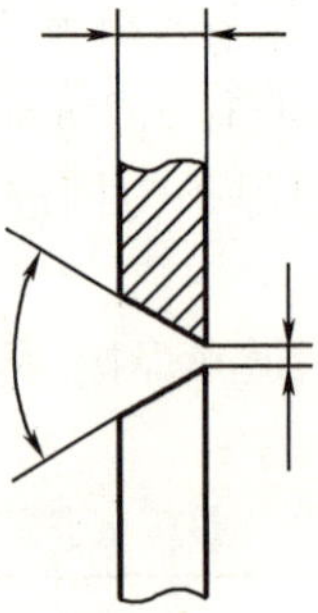
2. 焊道工艺简图（标注焊道顺序）

3. 装配定位焊简图（标注尺寸）
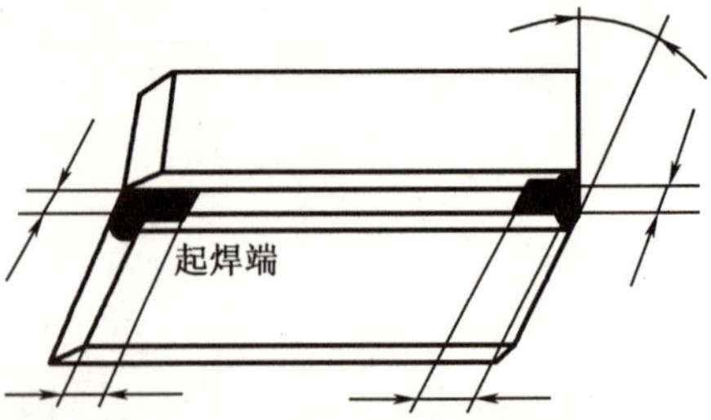
</td></tr>
<tr><td>材料规格/mm</td><td></td></tr>
<tr><td>接头种类</td><td>对接</td></tr>
<tr><td>坡口形式</td><td>V 形带钝边</td></tr>
<tr><td>坡口角度/(°)</td><td>60</td></tr>
<tr><td>钝边/mm</td><td></td></tr>
<tr><td>组对间隙/mm</td><td></td></tr>
<tr><td>错边量</td><td></td></tr>
<tr><td>焊接方法</td><td>焊条电弧焊</td></tr>
<tr><td>焊接设备</td><td>ZX7－400</td></tr>
<tr><td>电源种类</td><td></td><td rowspan="3">焊后热处理</td><td>种类</td><td>—</td><td>保温时间</td><td>—</td></tr>
<tr><td>电源极性</td><td></td><td>加热方式</td><td>—</td><td>层间温度</td><td>—</td></tr>
<tr><td>焊接位置</td><td></td><td>温度范围</td><td>—</td><td>测量方法</td><td>—</td></tr>
</table>

表 4－1－2(续)

焊接参数					
焊层	焊材型号	焊材直径/mm	焊接电流/A	焊接电压/V	焊接速度/(cm/min)
1					
2					
3					
4					
5					
6					
7					

2. 材料、工具设备与工位领取及点检

按老师审核通过的焊接工艺卡领取材料、工具设备及工位，并进行点检，检验表见子任务 1－1－1。

3. 接头坡口处理及装配定位

根据前面设计确定的坡口尺寸，进行加工处理，再进行装配定位及定位焊。然后检测并填写表 4－1－3。

表 4－1－3 坡口处理及装配定位检测表

坡口主要尺寸检测							
坡口角度 α		钝边尺寸 p		引弧端根部间隙尺寸 b_1		收弧端根部间隙尺寸 b_2	
设计值	定位后值	设计值	加工值	设计值	定位后值	设计值	定位后值

定位焊点尺寸检测(测量并标注)

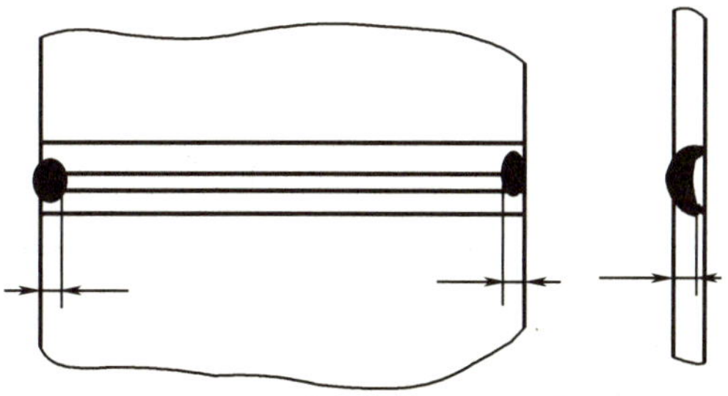

表4-1-3(续)

装配定位变形控制尺寸检测(测量并标注)

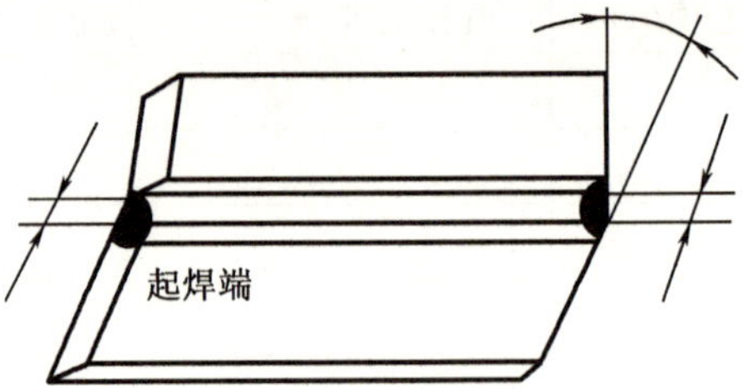

焊缝两侧清理检测

焊缝两侧清理		清理的尺寸范围							
要求	处理结果	要求值				加工测量值			
		边1	边2	边3	边4	边1	边2	边3	边4

子任务4-1-2 焊接操作

知识积累

知识点1:任务分析

为了避免熔池金属下淌,横焊施焊时选择较小直径的焊条和较小的焊接电流;短弧施焊,当对接横焊板厚为3~5 mm的薄板时,常采用不开坡口双面焊多层多道焊;厚板横焊时,常采用开坡口单面焊双面成形多层多道焊,以更好地防止焊瘤、未焊透及夹渣等缺欠,保证焊缝成形良好。

任务实施路线:打底、填充(两道)、盖面(三道)。

知识点2:常见横焊操作方法

(1)以短路过渡形式进行焊接。

(2)采用恰当的焊条角度,以使电弧推力对重力产生的缺欠熔滴产生承托作用,获得高质量的焊缝。不开坡口横焊时的最佳焊条角度如图4-1-3(a)所示,使熔池金属有机会冷却,不至于使熔池温度过高,可以防止烧穿。较厚焊件开坡口多层横焊时的最佳焊条角度和焊缝先后顺序如图4-1-3(b)所示。

(3)采用正确的运条方式。

对于不开坡口的对接横焊,薄板正面焊缝选用往复直线式运条方式。较厚焊件采用直线或斜环形运条方式,也可采用锯齿形法运条,背面焊缝采用直线形运条。

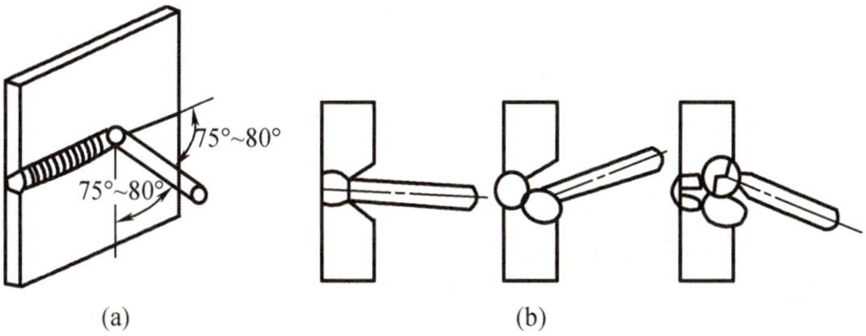

图 4-1-3　最佳焊条角度

对于开坡口的对接横焊，第一道焊缝选用细焊条，当间隙大时宜采用直线形或往复直线形运条，其余各层采用斜环形运条。斜环形运条方式如图 4-1-4 所示。在施焊过程中，运条速度要稍慢且均匀，避免焊条的熔滴金属过多地集中在某一点上形成焊瘤和咬边，每个斜圆圈形与焊缝中心线的斜度不得大于 45°。当焊条末端运到斜圆上面时，电弧应更短，并稍作停留，然后缓慢将电弧引到焊缝的下边，即原先电弧停留的旁边，这样做能有效地避免各种缺陷，使焊缝成形良好。

图 4-1-4　斜环形运条方式

(4) 由于焊条的倾斜以及上下坡口的角度影响，电弧对上下坡口的加热不均匀。上坡口受热较好，下坡口受热较差，同时熔池金属因受重力作用而下坠，极易造成坡口上边缘形成咬边，下边缘容易形成下坠而熔合不良，甚至冷接。因此，应先击穿下坡口面，后击穿上坡口面，并使击穿位置相互错开一定距离（0.5～1 个熔孔的距离），使下坡口面击穿熔孔在前，上坡口面击穿熔孔在后。焊条倾角在坡口上缘与下缘的变化与焊缝形状及熔孔关系如图 4-1-5 所示。

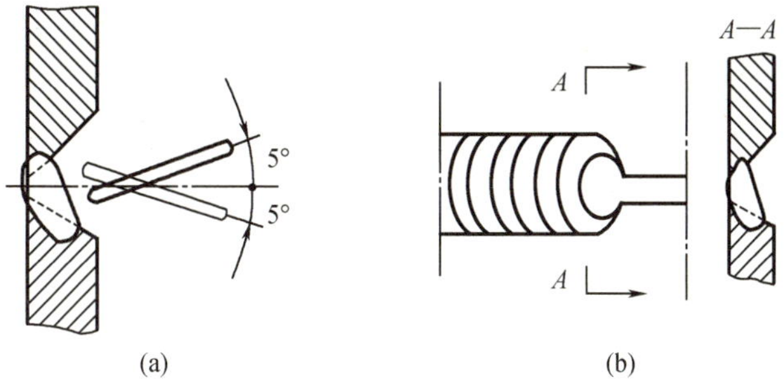

图 4-1-5　焊缝形状及熔孔关系

(5) 厚板的横焊适合采用多层多道焊，每道焊缝均应采用直线形运条法，但要根据各焊缝的具体情况，始终保证短弧和适当的焊接速度。同时，焊条的角度也应该根据焊缝的位置进行调节。

(6) 当熔渣超前，或有熔渣覆盖熔池形状倾向时，应采用拨渣运条法，如图 4-1-6 所示。图4-1-6中,1为电弧的拉长,2为向后斜下方推渣,3为返回原处。

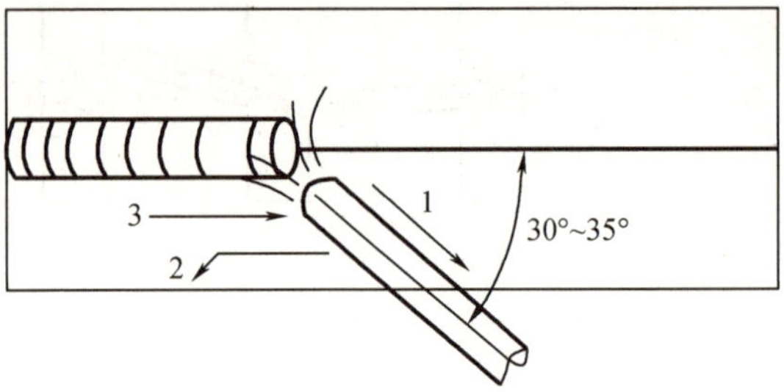

图4-1-6 拨渣运条法

(7)每层多个焊道时,特别是盖面时,先焊下焊道,依次焊上焊道,从而形成沿焊缝焊道间的横向焊沟,如图4-1-7所示。

图4-1-7 横焊焊缝盖面焊的焊沟

(8)操作者左手或左臂可以有倚托,右手或右臂的动作同平焊相似。引弧点是焊工的正视部位。焊接时,几乎每焊完一根焊条,焊工就需要移动一下位置。为保证始终正视焊缝,焊工上部身体可随电弧向前移动,但眼睛仍须与电弧保持一定的距离。

知识点3:技能训练 横焊操作流程

1. 打底焊

打底操作时可采用连弧法和断弧法。由于断弧法较易掌握和控制熔池,所以初学者一般先学习断弧法。此处介绍断弧法打底焊。

(1)打底时将装配好的焊件放在用槽钢或角钢制作的工装上,将焊件固定在焊缝水平方向,焊缝间隙窄的一端放在操作者左侧(右焊法),从间隙窄的一端引弧。高度在操作者蹲位时方便操作的高度。

(2)由于熔池液态金属受重力作用容易向下面倾斜而偏离轴线,所以在采用短弧施焊的前提下,焊条既要保持80°~90°的下倾角,又要同时保持与焊件水平轴线其前进方向30°~40°的倾斜角,即拨渣运条法。

(3)在定位焊点前10~15 mm处坡口面上引弧,并迅速拉回定位点中心并用长弧稍作停留进行预热,然后压低电弧进行焊接,形成熔池,当听到“噗噗”声时说明电弧已穿透到焊缝背面,并形成熔孔,应迅速断弧。每一个新焊点与前一个焊点搭接1/2~2/3,保持电弧的1/3部分在焊件背面燃烧,用于加热和击穿坡口根部钝边,形成新焊点,与此同时,电弧还要将坡口两侧钝边完全熔化并深入每侧母材0.5~1 mm。

（4）接头收弧时，焊条回拉 10 ~ 15 mm，接头处呈斜面状，防止缩孔和裂纹。对接头处打磨成斜 U 形，接头时在打磨处引弧，引燃后做锯齿摆动，观察熔孔打开后，再正常焊接。更换焊条或停焊时，收弧时应避免出现收弧缩孔和弧坑裂纹（结晶裂纹），收弧应在坡口的内侧面停弧。

（5）打底层焊接完成后应用敲渣锤清除焊渣，并用钢丝刷清理焊缝表面，使焊缝露出金属光泽，为填充层的焊接做好准备。

（6）操作时注意的关键点：一看，即看熔池的形状和熔孔的大小，熔渣与液态金属要分开；二听，即听电弧击穿焊件坡口根部发出"噗噗 "声；三准，即准确地掌握好熔池的形状和尺寸。

（7）打底焊易出现的问题：熔孔太大容易导致背面焊缝过高、焊瘤、烧穿；熔孔太小容易造成未焊透，背面不成形；焊条烘干、焊件清理、焊条角度、铁液和熔渣的流动方向不合理容易造成夹渣和气孔；熔池边缘与两侧坡口面没有完全熔合导致坡口两侧熔合不好。

2. 填充焊

填充层采用两道焊，分别为下道焊和上道焊，先焊下焊道，后焊上焊道。如图 4 – 1 – 8 所示。

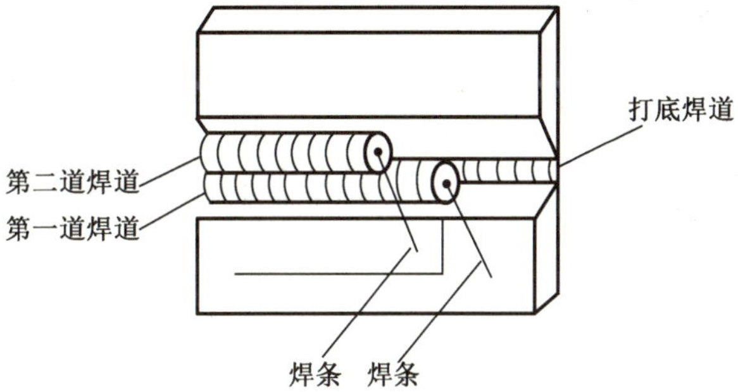

图 4 – 1 – 8 填充焊焊接方法示意图

焊前必须将前道焊缝的熔渣清理干净；多层多道焊，采用直线形或斜圆圈形运条法，注意控制熔池形状、大小和温度；先焊下焊道后焊上焊道，焊接下焊道时使坡口下侧与打底焊道的夹角处熔合良好，焊接上焊道时使坡口上侧与打底焊道的夹角处熔合良好，防止未熔合和夹渣，同时上焊道要盖住下焊道 1/2，使焊缝表面平整，焊条角度及焊道如图 4 – 1 – 9 所示。

（1）运条方法。在起始端引弧后横向焊接，可采用直线形或斜圆圈形运条法。焊条后倾角度为 80° ~ 85°，下倾角根据坡口与打底焊道间夹角处熔化情况调整，防止产生未熔合与夹渣等缺陷，并且使上焊道覆盖下焊道 1/2，防止焊层过高或形成沟槽。在焊接的过程中焊条与熔池始终保持 4 ~ 5 mm，防止弧长过长造成夹渣或者未熔合。

（2）预留深度。填充层焊完后应预留 1 ~ 1.5 mm 深度；并且在施焊过程中不允许破坏表面坡口棱边形状，以免造成盖面层施焊时无基准。

（3）填充层容易出现的缺陷：焊条烘干、焊件清理、打底层清渣、焊条角度、操作技术等不合理容易产生夹渣和气孔；坡口两侧停留不够容易出现坡口两侧熔合不好；焊接速度、操作技能等不合理容易造成填充焊缝的高度和焊道熔合不好。

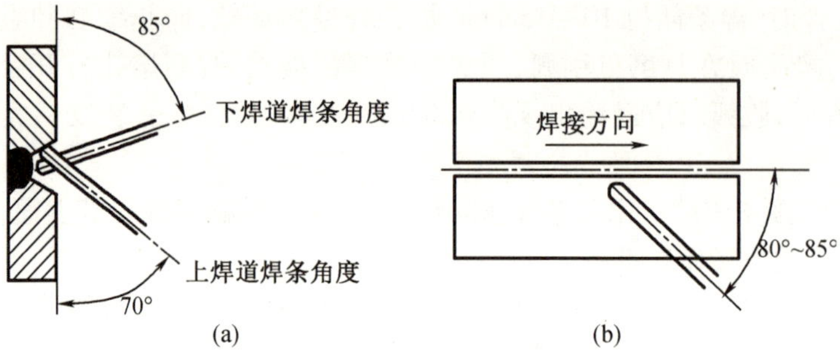

图 4 - 1 - 9 填充层焊条角度示意图

3. 盖面焊

盖面层的技术要求保证得到优质、成形良好的焊缝。盖面层分三道焊，也是从下往上焊三条焊道，每道焊前必须将前道焊缝的熔渣清理干净。

(1)与填充层的焊接基本相同，采用直线形运条法，焊接过程中严格采用短弧操作，运条速度要均匀，并使坡口边缘熔合良好，防止咬边、未熔合和焊瘤等缺陷，焊条角度及焊道布置如图 4 - 1 - 10 所示。

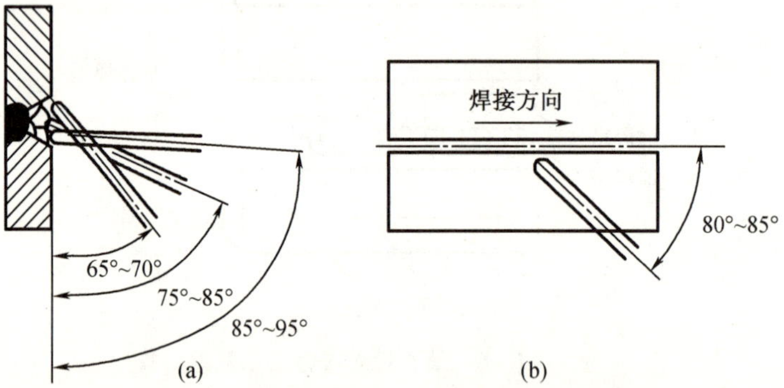

图 4 - 1 - 10 盖面焊焊条角度及焊道示意图

(2)上、下边缘焊道在施焊时，运条应稍快些，焊道尽可能细、薄一些，这样有利于盖面焊缝与母材圆滑过渡。盖面焊缝的实际宽度以上、下坡口边缘各熔化 0.5 ~ 1.5 mm 为宜。

(3)在收尾焊接时，容易出现弧坑未填满、坡口烧损增宽严重及焊瘤。要保证弧坑饱满，在焊接时必须控制收弧处温度，运用断弧焊方式进行收尾。

(4)盖面焊容易出现的缺陷：焊条烘干、焊件清理、前道焊缝清渣、焊条角度等不合理产生夹渣和气孔；运条方式、操作技术不合理造成焊缝成形不良；起弧预热不够，接头不到位，操作技术不合理导致起头、接头、收尾较差。

实训活动

1. 打底焊

先查阅资料完成下面的任务单，再按此前修订确认的焊接工艺卡的工艺要求和下面任务单的方式进行打底焊操作。

(1)引弧与焊条角度及焊接方向

本任务焊件采用断弧焊进行打底焊，选择焊接方向为________；将焊件________的一端放于左侧，打底焊从焊件左端定位焊缝的始焊处开始引弧，焊条与焊接方向之间的夹角为________（并在图 4－1－11 标注焊条与焊件对应的角度），焊条偏向坡口根部________侧多一点。电弧引燃后，可长弧稍作停留进行________，当看到定位焊缝和坡口根部有"出汗"现象时，说明________温度已合适，然后横向摆动向右施焊，待电弧达到定位焊缝右侧前沿时，将焊条下压并稍作停留，听到电弧穿透坡口而发出"噗噗"声，同时可以观察到形成的熔孔，即可进行后续的打底焊。

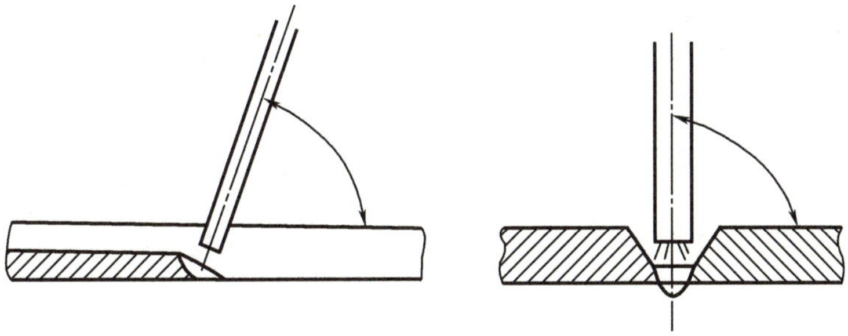

(a)焊条与焊接方向之间的夹角　(a)焊条与焊缝轴线垂直方向之间的夹角

图 4－1－11　标准焊条与焊件的角度

（2）熔池熔孔大小及断弧频率控制

焊接电弧要控制得短些，前进的速度不宜过快，引熄弧频率控制在________次/min。要注意将焊接电弧的________覆盖在熔池上，电弧的________保持在熔池前，用来熔化和击穿焊件的坡口根部以形成熔孔。施焊过程中要严格控制熔池的形状，尽量保持大小一致。要观察熔池的变化和坡口根部的熔化情况，熔化应在坡口根部边缘外________ mm 以内（并标注图 4－1－12），发现熔孔增大时，应稍________焊条，同时________焊条与前进方向之间的角度；反之，当熔孔缩小时，则________电弧，同时________焊条与前进方向之间的角度。电弧在上坡口根部停留时间比在下坡口停留的时间稍长，使上坡口根部熔化 1 ~ 1.5 mm，下坡口根部熔化 0.5 ~1 mm。

（3）焊缝接头

当一根焊条即将焊完，更换另一根焊条时，应将焊条下压，使熔孔稍微扩大，向焊接反方向的下坡口拉回________ mm，逐渐________焊条，使电弧逐渐拉长，形成斜缓坡形再熄弧，这样可把收弧缩孔消除或带到焊道表面，以便在下一根焊条焊接时将其熔化掉。焊缝接头分冷接法和热接法。采用热接法时，换焊条速度要快，即收弧时熔池还未完全冷却就立即接头，如图 4－1－13 所示，在熔池后约________ mm 处引弧，并立即将电弧拉回至原弧坑的前沿，________电弧，重新击穿间隙再生成一个熔孔，待新熔孔形成后，再按前述步骤进行正常施焊。采用冷接法时，应把距弧坑 15 ~ 20 mm 斜坡上的熔渣敲掉并清理干净，在收弧熔池后约________ mm 处引弧，焊条做横向摆动向前施焊，焊至收弧处前沿时，填满弧坑，焊条下压并稍作停留。当听到电弧击穿声，形成新的熔孔后，逐渐将焊条________，进行正常施焊。

（4）横焊打底焊的断弧焊操作要点

横焊时的熔孔在被击穿的瞬间容易被液态金属覆盖，一般不容易看见。因此，在焊接时要注意，当听到电弧击穿发出的"哧"声时，要快速断弧，否则容易产生焊瘤或熔孔过大。焊件背面保持________弧柱长度。第一层打底焊保证电弧要短，输送熔滴要薄，间断断弧周期要短。

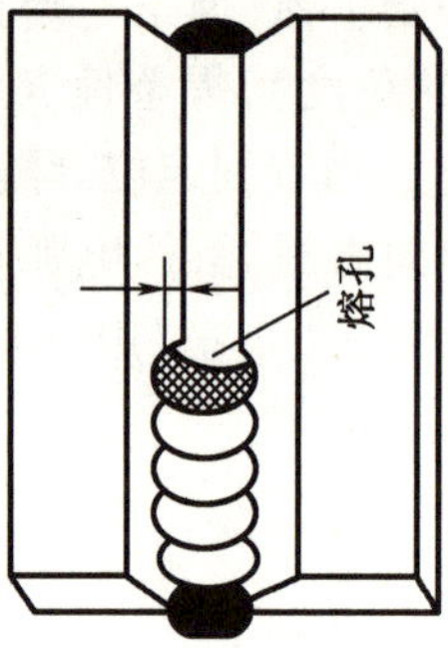

图 4-1-12 标注熔孔边缘与坡口根部边缘的距离

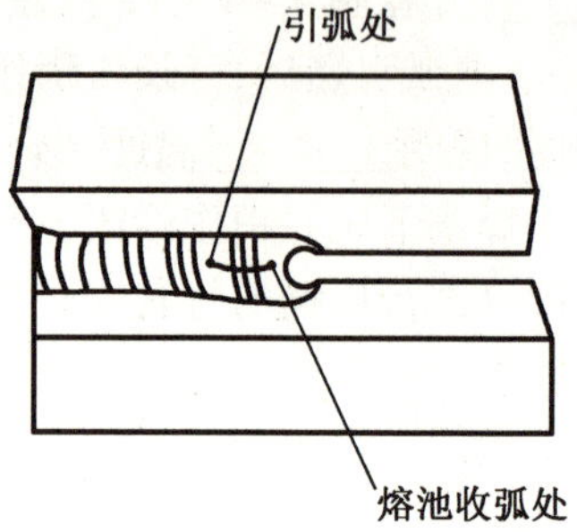

图 4-1-13 打底焊焊缝接头

(5)焊接过程性检查

完成打底层焊接后，清理焊渣，进行过程性质量检查，以确保整体焊接质量及后续改进，并填写表 4-1-4。

表 4-1-4 打底焊层缺陷检查

检查项目	缺陷存在的数量	形成原因与改善措施
夹渣		
气孔		
裂纹		
未焊透		
未熔合		
焊瘤		
坡口根部熔合尺寸一致性		

2. 填充焊

先查阅资料完成下面的任务单，再按此前修订确认的焊接工艺卡的工艺要求和下面任务单的方式进行填充焊操作。

(1)清理与焊条角度控制

填充层施焊前，应先将________的________、________等清除干净，将打底焊层焊缝接头的________打磨平整，然后进行填充焊。填充焊时，焊条与焊接方向之间的夹角为________(图 4-1-14)。

(2)引弧

采用连续焊，如图 4-1-15 应用前引弧方式，在距焊缝起始端________ mm 处引弧后，将电弧拉回起始端施焊。每次接头或焊接其他填充层时也都按此方法操作，以防止产生焊接缺陷。

(3)运条

填充层可焊一层或两层，如果为两层，则第一层填充层为单焊道，其焊条角度与打底层相同，但摆动幅度稍大。

第二层填充层焊道为两条焊道，先焊________（上或下）焊道再焊________（上或下）焊道。焊条角度如图4－1－16所示。焊下面填充焊道时，电弧对准前层焊道下沿，采用斜圆圈形运条法稍摆动，熔池压住前填充焊层的1/2～2/3；焊上面填充焊道时，电弧对准前层焊道上沿，采用斜圆圈形运条稍摆动，熔池填满该焊层剩余位置。控制好焊道两侧的熔合情况，焊条摆幅逐层________，在坡口两侧________，以保证熔池及坡口两侧温度________，并且有利于良好的熔合和排渣。最后一层填充层表面应距上坡口母材表面________mm（并在图4－1－16标注该尺寸）、距下坡口母材表面________mm（并在图4－1－16标注该尺寸）；注意不能熔化坡口________，确保焊接盖面层时能看清坡口，以保证盖面焊缝边缘平直。

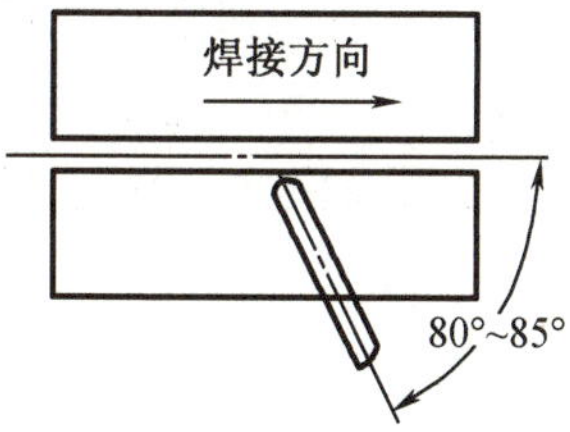

图4－1－14 焊条与焊接方向的夹角

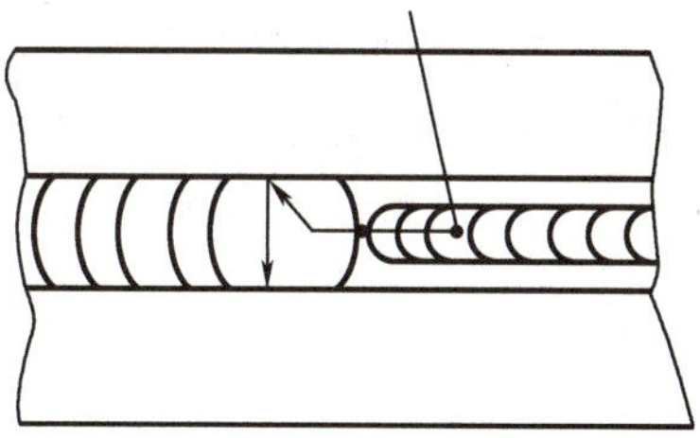

图4－1－15 前引弧方式

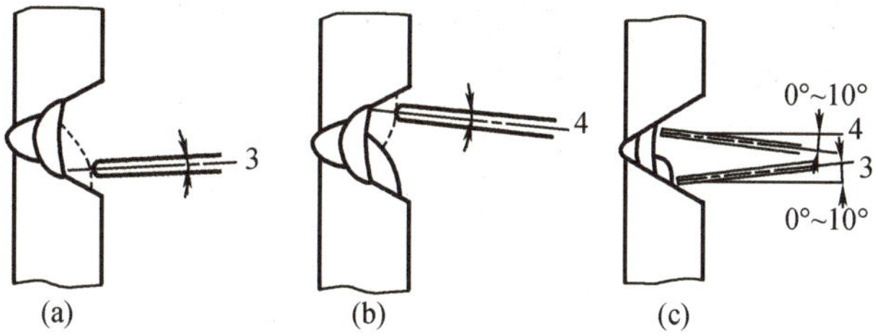

图4－1－16 填充焊第二层的焊道位置及其焊条角度

（4）焊接过程性检查

完成填充层焊接后，清理焊渣，进行过程性质量检查，以确保整体焊接质量及后续改进，并填写表4－1－5。

表4－1－5 填充焊层缺陷检查

检查项目	缺陷存在的数量			形成原因与改善措施
	2道	3道	4道	
夹渣				
气孔				
裂纹				
未焊透				
未熔合				
焊瘤				

表 4-1-5(续)

检查项目	缺陷存在的数量			形成原因与改善措施
	2 道	3 道	4 道	
最上层与坡口上表面尺寸一致性				
坡口边缘完好度				

3. 盖面焊

先查阅资料完成下面的任务单,再按此前修订确认的焊接工艺卡的工艺要求和下面任务单的方式进行盖面焊操作。

第一层与中间层焊道在换焊条时允许修磨接头部位,其他焊道不允许修磨和返修。

盖面层共三条焊道,焊道由下至上焊接,如图 4-1-17 所示。盖面层第一条焊道焊条对准填充层________,焊道盖住坡口________,后续每条焊道依次压住前焊道的________,如图 4-1-17 所示。

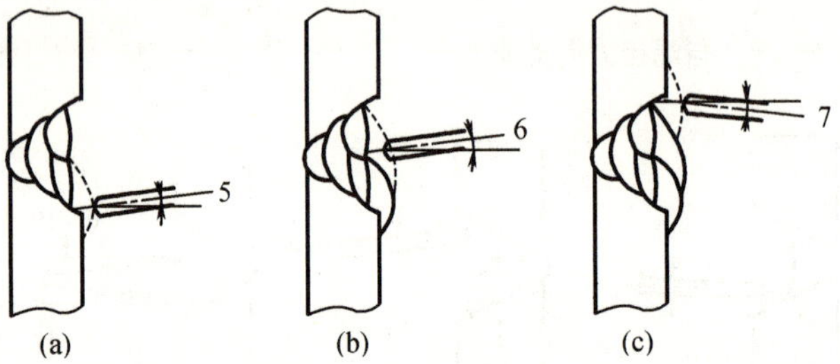

图 4-1-17　盖面层焊道

盖面层施焊时的焊条角度如图 4-1-18 所示。

运条方法及接头方法与填充层相同,但焊条摆动的幅度要比焊接填充层________。焊条电流可适当________,摆动时要注意摆动幅度________、运条速度________,摆动至坡口两侧时应________,以焊条到达坡口边缘为止,坡口边缘熔化________ mm 为宜,以便使焊缝两侧边缘熔合良好,避免产生________,从而得到优质的盖面层焊缝。

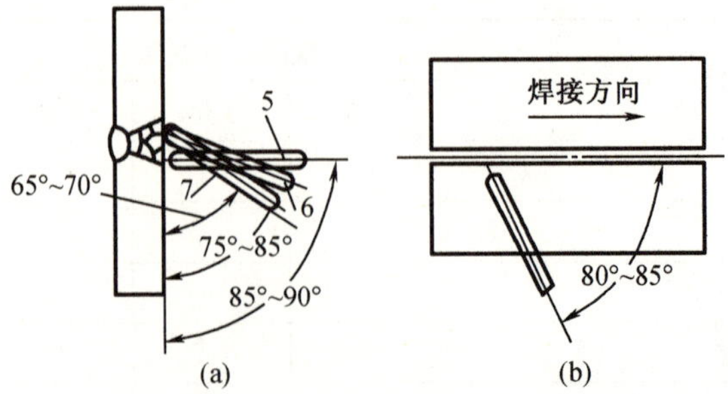

图 4-1-18　盖面焊焊接角度

最后一条焊道焊接速度适当________,或焊接电流适当________。调整焊条角度,避免液态金属下淌和产生________。

当焊接至焊件末端收弧时,由于温度较高,为避免产生________等缺陷,应采用________收尾法填满弧坑,如图 4－1－19 所示。

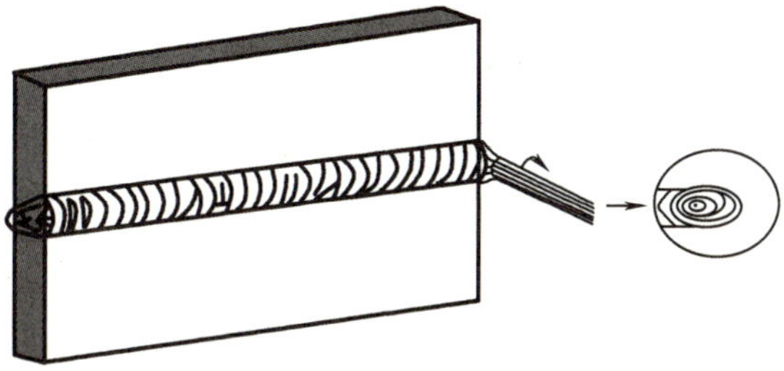

图 4－1－19________收尾法

子任务 4－1－3 焊后处理与检查

知识积累

知识点 1:任务分析

任务实施路线:焊缝清理、质量检查。

知识点 2:焊缝清理与质量检查

焊件焊接完毕后,用敲渣锤、钢丝刷等清理掉焊缝上的焊渣、飞溅等,或用砂布重新打磨一遍焊缝,不得存在焊渣、焊点、毛刺等,焊缝应光滑、平整,应保证焊件的“边齐、面平”,包括焊件上开口边缘的垂直平行度,但不能破坏焊缝原始表面。焊后对焊缝表面质量进行检验,肉眼观察或用低倍放大镜检查焊缝表面是否有气孔、裂纹、咬边等缺陷,用钢直尺、钢角尺、焊缝检验尺对焊缝进行外观质量和外观成形尺寸。

实训活动

1. 焊件焊后处理与检测评分

焊件焊接完毕后,先用敲渣锤清理焊渣,再用钢丝刷进一步将焊渣、飞溅等清理干净。严禁破坏焊缝原始表面,禁止用水冷却。对焊缝表面质量进行目视检验,使用 5 倍放大镜观察表面是否存在缺陷,并使用焊接检验尺对焊缝进行测量,焊件外观检查的结果应满足各项要求。然后对焊件进行无损检测,焊件内部质量按《焊缝无损检测 射线检测 第 1 部分:X 和伽玛射线的胶片技术》(GB/T 3323.1—2019)评定。对焊件按规范进行检测评分,板对接焊缝外观评分标准见子任务 1－1－3 同类表。

2. 工位工具清理点检与评分

焊接结束后,关闭焊接电源。按 9S 标准清扫场地,按规定摆放工具,整理焊接电缆,确认无安全隐患,并做好使用记录,进行评分,评分表见子任务 1－1－3 同类表。

项目五　板对接立焊焊条电弧焊

项目描述：师徒对话

小白学习的横焊技术已经让他觉得比初级内容要难很多，但通过勤学苦练，他还是掌握了横焊的技术要领。高师傅也说他做得不错，已经向中级工迈进了一步，让他继续加油，于是又给他安排了中级另一项重要的操作技能——立焊操作训练，并告诉他立焊也是结构中难以避免的结构接头，掌握立焊技术非常重要，希望他认真练习，并达成以下目标。

项目目标

知识目标：

1. 熟悉立焊的特点；
2. 掌握板对接立焊焊条电弧焊方法；
3. 掌握板对接立焊焊条电弧焊的常见缺陷与预防措施；
4. 掌握板对接立焊焊条电弧焊焊缝外观质量检查方法。

技能目标：

1. 能够正确识读图纸；
2. 能够正确应用工具进行坡口处理；
3. 能够正确进行装配定位；
4. 能够正确选用焊条；
5. 能够正确选用焊接工艺参数；
6. 能够熟练进行板对接立焊焊条电弧焊的焊接操作：引弧、运条、起头、接头与结尾；
7. 能够进行板对接立焊焊条电弧焊多层焊操作。

素养目标：

1. 具有查阅资料、自主学习和勤于思考的能力；

2. 具有尊重和自觉遵守法规、标准的意识;
3. 具有良好的职业道德、敬业精神和团队精神;
4. 具有安全、环保和节约意识;
5. 具有 9S 管理意识。

任务 5-1 低碳钢板对接立焊焊条电弧焊

任务说明:

按图 5-1-0 及技术要求进行材料准备、工艺准备、焊接实施、质量检查、自我评定与总结。

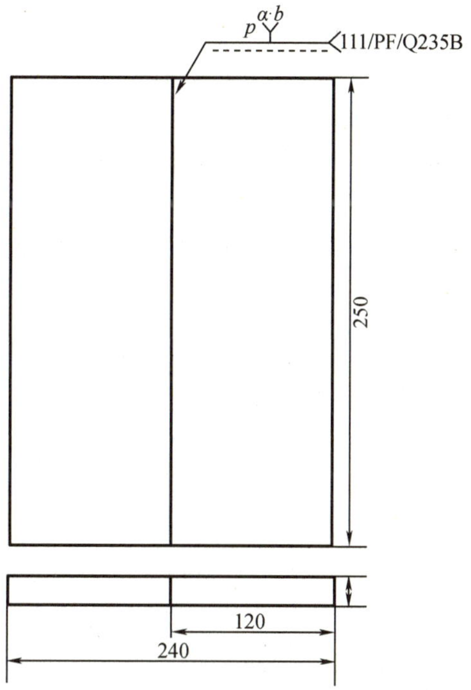

技术要求:1. 坡口为 60°坡口角的 V 形带钝边坡口;2. 根部间隙和钝边尺寸自定;3. 错边≤0.5 mm;4. 角变形 <3°;5. 不允许有咬边;6. 不允许有未焊透;7. 不允许有裂纹、气孔、夹渣;8. 焊缝余高≤1 + 0.15b。

图 5-1-0 Q235B 板对接单面焊双面成形立焊焊件图

子任务5-1-1 焊前准备

知识积累

知识点1:任务分析

立焊是在垂直方向进行焊接的一种操作方法。由于在重力的作用下,焊条熔化形成的熔滴及熔池中的熔化金属易下淌,当熔池温度过高时,容易形成焊瘤,如图5-1-1所示,焊缝表面不平整,使焊缝成形不好,质量受到影响。立焊的优点是焊工可以清晰地观察到熔池的形状和状态,便于操作和控制熔池。

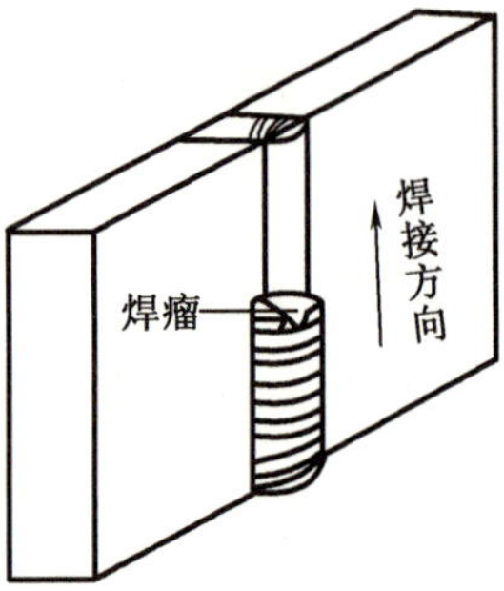

图5-1-1 立焊焊瘤示意图

任务实施路线:图样识读、焊件准备及坡口清理、焊条选择、工艺参数确定、装配定位。

知识点2:焊件准备及坡口清理

根据任务单可知,焊件材质为Q235B,两焊件尺寸为12 mm×125 mm×250 mm,单边开30° V形坡口。

焊前打磨清理坡口面及坡口边缘上下两侧15~20 mm范围,并打磨出0.5~1.5 mm钝边,露出金属光泽。

知识点3:焊接工艺参数确定

母材为Q235B,属于低碳钢,选用酸性焊条或碱性焊条均可,酸性焊条多选用E4303,碱性焊条多选用E4315或E5015,焊条选择直径3.2 mm,或直径3.2 mm打底4.0 mm填充及盖面均可,此处以E5015直径3.2 mm的焊条为例进行工艺参数确定,焊条烘干温度为350~400 ℃,保温2 h,随取随用。

综合来看,12 mm厚板材可采用三层三道来焊接,具体焊接工艺参数见表5-1-1。

表5-1-1 焊接工艺参数表

焊接层次	焊条型号	焊条直径/mm	焊接电流/A	焊接电压/V	电源极性
打底层	E5015	3.2	100~110	20~24	直流反接
填充层		3.2	120~130	20~24	
盖面层		3.2	120~130	20~24	

知识点4:装配定位

在水平装配平台上将两块试板组对,装配间隙:始焊端为3.0 mm,终焊端为4.0 mm;坡口角度为60°±5°,反变形量4°~5°;错边量不大于1 mm,用与正式焊接同样的焊条在焊件背面两端进行点固,定位焊缝长10~15 mm,装配定位示意图如图5-1-2所示。

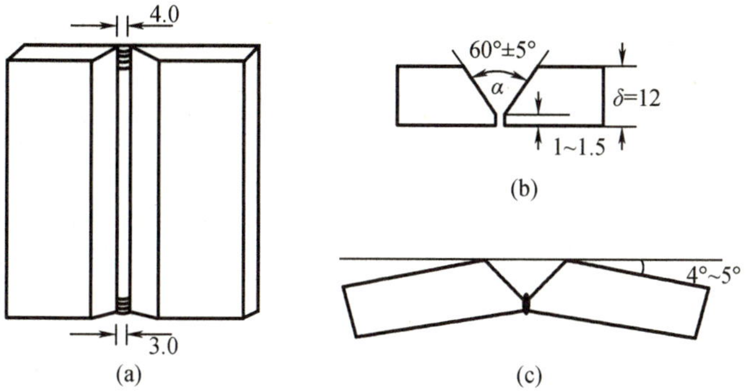

图 5－1－2 立焊装配定位示意图

实训活动

1. 分析与制订焊接工艺

识读图样，根据焊接要求，结合前面所学知识进行工艺制订，完成表 5－1－2 的工艺卡的编制。

表 5－1－2 Q235B 板对接单面焊双面成形立焊焊条电弧焊焊接工艺卡

焊接工艺卡		编号：				
材料牌号		1. 接头坡口简图（标注尺寸） 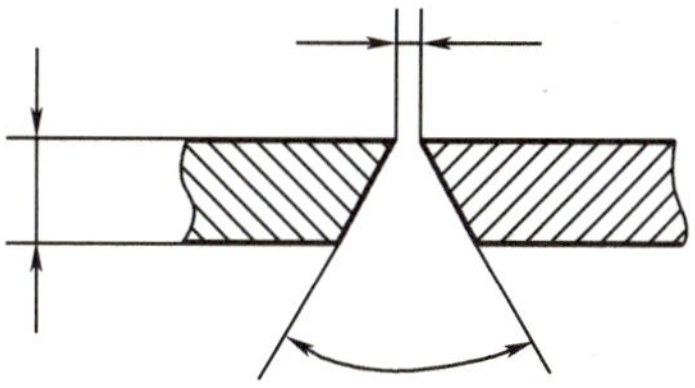				
材料规格/mm						
接头种类	对接					
坡口形式	V 形带钝边	2. 装配定位焊简图（标注尺寸） 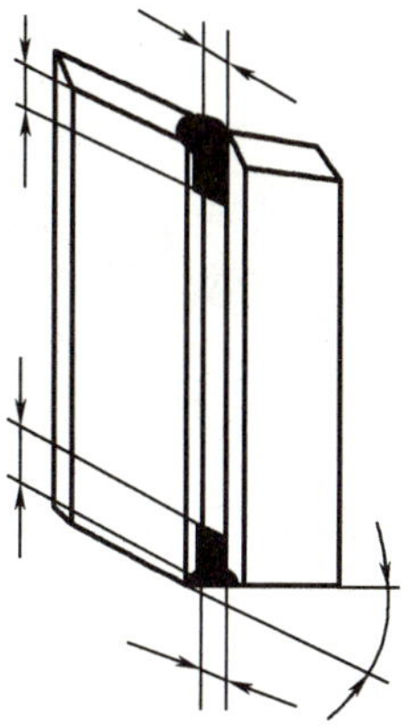				
坡口角度/(°)	60					
钝边/mm						
组对间隙/mm						
错边量						
焊接方法	焊条电弧焊	3. 焊道工艺简图（补画中间的焊层焊道） 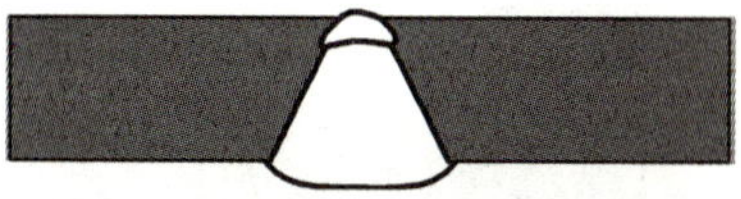				
焊接设备	ZX7－400					
电源种类		焊后热处理	种类	—	保温时间	—
电源极性			加热方式	—	层间温度	—
焊接位置			温度范围	—	测量方法	—

表 5-1-2(续)

焊接参数					
焊层	焊材型号	焊材直径/mm	焊接电流/A	焊接电压/V	焊接速度/(cm/min)
1					
2					
3					
4					
5					
6					
7					

2. 材料、工具设备与工位领取及点检

按老师审核通过的焊接工艺卡领取材料、工具设备及工位，并进行点检，检验表见子任务 1-1-1。

3. 接头坡口处理及装配定位

根据前面设计确定的坡口尺寸，进行加工处理，再进行装配定位及定位焊。然后填写检测表 5-1-3。

表 5-1-3　坡口处理及装配定位检测表

坡口主要尺寸检测							
坡口角度 α		钝边尺寸 p		引弧端根部间隙尺寸 b_1		收弧端根部间隙尺寸 b_2	
设计值	定位后值	设计值	加工值	设计值	定位后值	设计值	定位后值
定位焊点尺寸及装配定位变形控制尺寸检测(测量并标注)							

组对装配后的状态

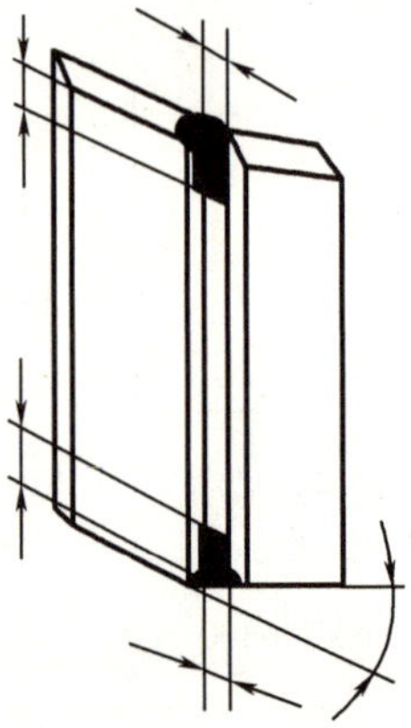

组对装配检测图

表5-1-3(续)

焊缝两侧清理检测									
焊缝两侧清理		清理的尺寸范围							
要求	处理结果	要求值				加工测量值			
		边1	边2	边3	边4	边1	边2	边3	边4

子任务5-1-2 焊接操作

知识积累

知识点1:任务分析

立位焊时受焊接位置的影响,熔滴自身的重力将使熔滴呈现下坠趋势。为了保证熔滴准确过渡到熔池,在焊接过程中必须始终保持短弧焊接,同时控制熔池温度,选择较小直径的焊条和较小的焊接电流,采用合适的焊条角度进行施焊。

任务实施路线:打底、填充、盖面。

知识点2:立焊的操作方法

1. 立焊操作方法的分类

立焊有两种操作方法:一种是由下向上施焊,简称向上立焊(图5-1-3(a)),是目前生产中最常用的立焊方法;另一种是由上向下施焊,简称向下立焊(图5-1-3(b)),这种方法要求采用专用的向下立焊焊条才能保证焊缝质量,这里主要介绍向上立焊法。

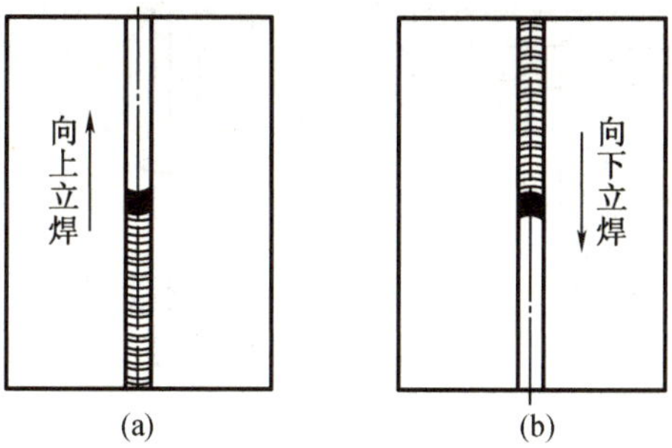

图5-1-3 立焊方法示意图

2. 向上立焊法

向上立焊时,用较小直径的焊条和较小的焊接电流,焊接电流一般比平焊小10%~15%。采用短弧焊接,电弧的长度应短于焊条直径,利用电弧吹力托住金属液,缩短熔滴金属过渡到熔池的距离,使熔滴能顺利到达熔池。

为了便于操作和观察熔池，立焊操作时，焊钳握法有正握法和反握法两种，基本姿势有蹲姿、坐姿、站姿三种，焊工的身体不要正对焊缝，要略偏向左侧，以使握焊钳的右手便于操作及观察。

对于薄板常采用I形坡口对接立焊，焊接时容易产生焊穿、咬边、金属熔滴下垂等缺陷，给焊接带来很大困难。一般选用跳弧法施焊来控制熔池温度，但这样容易产生气孔，所以在跳弧焊接时只将电弧拉长而不断弧，使熔池表面始终得到电弧的保护。电弧离开熔池的距离尽可能短些，跳弧的最大弧长应不大于6 mm。在实际焊接操作过程中，应尽量避免采用单纯的跳弧焊法，有时由于焊条的性能及焊缝的关系，可采用其他方法与跳弧法配合使用，如图5－1－4所示。

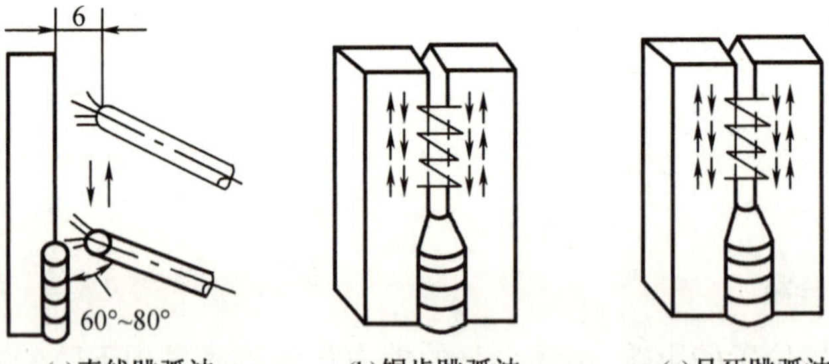

图5－1－4 I形坡口对接立焊的运条方法

厚板常采用V形或U形坡口对接立焊，常采用多层焊，层数由焊件的厚度来决定。打底焊时，应选用直径较小的焊条和较小的焊接电流，对厚板采用小三角形运条法，对中厚板或薄板可采用小月牙形或锯齿形跳弧运条法。各层应及时清理焊渣，并检查焊接质量。盖面层焊缝运条方法按焊缝高度的不同要求来选择，运条的速度必须均匀，在焊缝两侧稍作停留，这样有利于熔滴的过渡，防止未焊透等缺陷。V形坡口的对接立焊运条方法如图5－1－5所示。

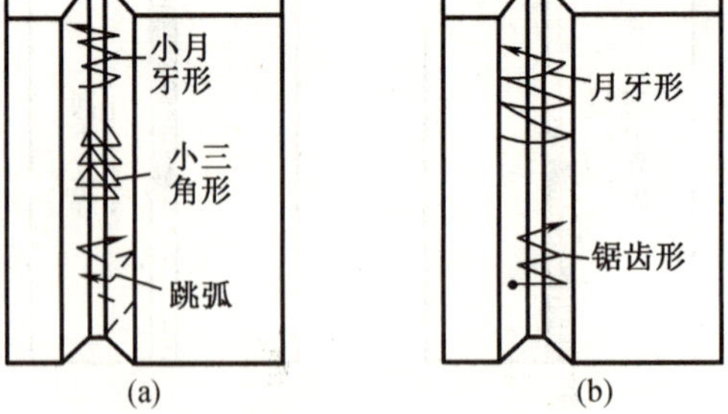

图5－1－5 V形坡口的对接立焊运条方法

焊接中要注意控制熔池温度，当发现熔池呈扁平椭圆形，如图5－1－6(a)所示，说明熔池温度合适。若发现熔池的下方出现鼓肚变圆，如图5－1－6(b)所示，说明熔池温度已稍高，应立即调整运条方法，使焊条在坡口两侧停留时间延长，加快中间过渡速度，并尽量缩短电弧长度。若不能把熔池恢复到扁平状态，而且鼓肚有增大时，如图5－1－6(c)所示，则说明熔池温度已过高,应立即断弧,使熔池冷却一段时间,待熔池温度下降后再继续焊接。

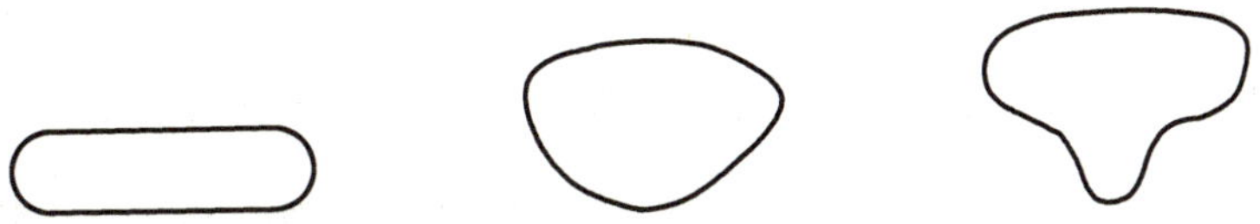

(a)温度正常　(b)温度稍高　(c)温度过高

图5-1-6　不同温度对应的熔池形态

知识点3:立焊训练操作流程

1. 打底焊

打底操作时可采用连弧法和断弧法,两种焊接方法各有所长,焊接时焊工采用哪种方法要根据自己的焊接习惯和焊接能力进行选择。由于断弧法较容易掌握和控制熔池,所以初学者一般先学习断弧法,此处介绍断弧法打底焊。

(1)根据焊工的焊接习惯高度,把装配好的焊件垂直固定在工装架上,间隙小的一端放在下面,从间隙小的一端开始施焊。

(2)在对接立焊时,焊条的转角为90°(即焊条在焊缝的中心平面上,如图5-1-7(a)所示);焊条倾角为60°~80°(即焊条与施焊前进方向成100°~120°夹角,如图5-1-7(b)所示)。

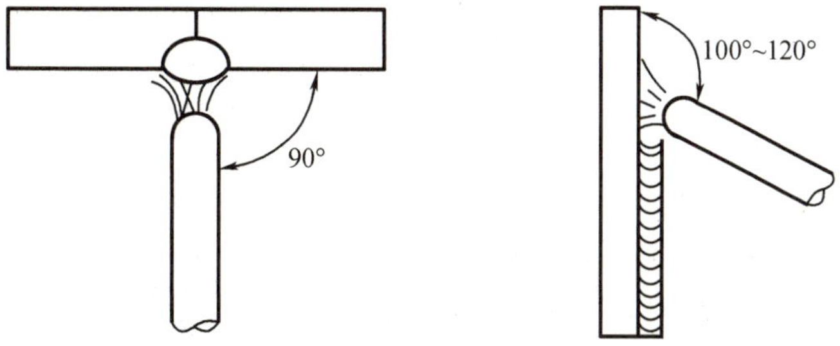

(a)　(b)

图5-1-7　向上立焊的焊条角度

(3)打底采用断弧焊法进行焊接,在焊件底部定位焊点位置引燃电弧,并稍作停留对焊点进行预热1~2 s,避免温度不高导致粘条和产生气孔,当发现起焊处的定位焊点表面开始有熔化迹象时,焊条对准焊点下部边缘压低电弧,然后采用连弧焊法向上焊接,当焊至点固焊缝上端时,焊条稍作停留,待击穿焊缝根部,当听到“噗噗”声时证明已经击穿根部,焊条在焊接方向后侧熄弧,再开始正常断弧法焊接。

(4)正常焊接时注意熔池的温度,每当前一个熔池冷却至暗红色时,再迅速将焊条击打暗红熔池1/2处形成水滴状熔孔,进行有节奏的焊接直至焊接接头。

(5)焊缝接头:每当焊完一根焊条收弧时,应将焊条向焊接反方向拉回10~15 mm,并将电弧迅速拉长至熄灭以避免弧坑处出现缩孔,并使冷却后的熔池形成一个缓坡,有利于接头。通常采用冷接法接头,使用敲渣锤将接头处焊渣清理干净,并将收弧处打磨成U形缓坡状,方便焊接背面成形。清理完成后在弧坑下方10~20 mm处引燃电弧,随后将电弧压低至熔孔停留2~3 s进行预热，随后可进行正常焊接。打底完成后将焊渣迅速清理干净，随后准备下一步的焊接。

2. 填充焊

(1)填充焊前，将打底层熔渣和飞溅的清理干净，接头处打磨平整，然后按照选定的工艺参数进行焊接。

(2)填充焊采用连弧焊法，焊条与焊件两侧转角为90°，与焊接方向下倾夹角成70°~80°，在焊缝的下部顶端处起焊，焊条在焊缝的起焊点上端焊缝表面引弧，电弧引燃后，先要对焊缝的起焊处进行预热，然后压低电弧保持短弧进行焊接。

(3)填充焊运条方法：由于立焊位焊缝焊接的特点是熔池重力向下，而且它与焊接方向垂直成一条直线，因此为了防止焊接时熔池发生下坠，保持形成的焊缝表面平整，焊接时采用的焊接运条方法以锯齿形和月牙形运条法居多。

(4)焊接速度：焊接时的焊条横向摆动运条速度要始终保持焊缝的中间快、两侧稍作停留，使焊缝形成的熔池形状成椭圆形，保证填充焊接成形后的焊缝表面平整，防止焊缝两侧形成夹角。填充焊接时焊条向前运作的速度与焊条横向摆动控制的时间，必须保证焊缝填充的金属量，使填充焊缝成形的高度控制在低于母材表面1.0 mm左右，如图5-1-8所示，使焊缝与焊件表面高度之间形成一个小沟槽，以便于盖面成形良好。

(5)焊接接头：焊接接头前将弧坑焊渣清理干净，接头时在弧坑上方10 mm左右处引燃电弧，然后迅速压低电弧至下方弧坑处，沿着弧坑进行焊接直至弧坑填满后进行有节奏的焊接，焊接至焊缝末端时采用反复断弧法进行焊接直至填满弧坑。

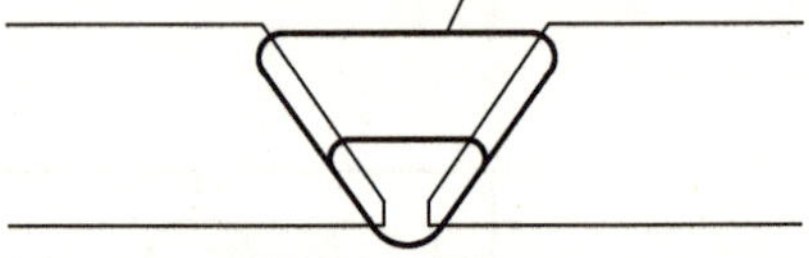

图5-1-8 填充焊缝成形的高度

3. 盖面焊

(1)盖面焊前，将前一层熔渣和飞溅清理干净，施焊的焊条角度、运条方式和接头方法与填充层相同，但焊条水平摆动幅度比填充层更大。

(2)焊接时运条速度要均匀，横向摆动运条速度要始终保持焊缝的中间快、两侧稍作停留，使焊缝的两侧填充金属略大于焊缝中间，防止填充金属在液态下向焊接熔池中间聚集过多，造成熔池形状成尖状鱼鳞形，使形成后的焊缝中间高、两侧低，出现咬边现象。运条时应使每个新熔池覆盖前一个熔池的2/3~3/4，控制电弧熔化母材棱边1 mm左右内的金属，从而获得宽度一致的平直焊缝。

(3)盖面焊接更换焊条时，焊缝接头的焊接方法与填充焊接时的接头方法相同，确保在何处收弧就在何处接弧，以使接头圆滑过渡。

实训活动

1. 打底焊

先查阅资料完成下面的任务单，再按此前修订确认的焊接工艺卡的工艺要求和下面任务单的方式进行打底焊操作。

(1)引弧与焊条角度及焊接方向

本任务焊件采用向上立焊小月牙形或锯齿形跳弧运条法进行打底焊，选择焊接方向为________；将焊件间隙________的一端放于________，打底焊从焊件起焊端定位焊缝的下端部开始引弧,焊条与焊接方向之间的夹角为________(并在图 5 - 1 - 9 标注焊条与焊件对应的角度)。电弧引燃后,可长弧稍作停留进行________,当看到定位焊缝和坡口根部有"出汗"现象时,说明________温度已合适,形成熔化良好的熔池后,然后向上横向缓缓摆动施焊,当电弧运至坡口根部间隙时,该处就会得到很好的预热效果,从而有利于击穿焊缝,形成________,待电弧运行到坡口根部时,将焊条向上适当倾斜,将焊条向背部下压并稍作停留,听到电弧穿透坡口而发出"噗噗"声,同时可以观察到形成的熔孔,即可沿根部向两侧做横向锯齿摆动进行后续的打底焊,此时焊条角度恢复到原来的状态。

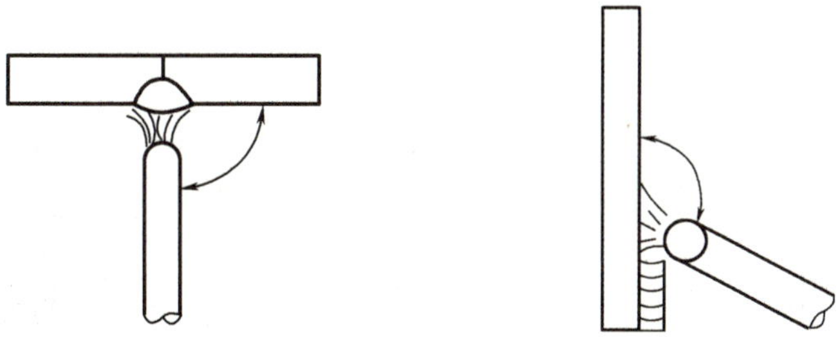

(a)焊条与焊缝轴线垂直方向之间的夹角　　(b)焊条与焊接方向之间的夹角

图 5 - 1 - 9　标注焊条与焊件的角度

(2)熔池熔孔大小控制

焊接电弧要控制得短些,前进的速度不宜过快。要注意将焊接电弧的________覆盖在熔池上,电弧的________保持在熔池前,用来熔化和击穿焊件的坡口根部以形成熔孔。施焊过程中要严格控制熔池的形状,尽量保持大小一致。要观察熔池的变化和坡口根部的熔化情况,熔化应在坡口根部边缘外________ mm 以内(并标注图 5 - 1 - 10),发现熔孔增大时,应稍________焊条,同时________焊条与前进方向之间的角度;反之,当熔孔缩小时,则________电弧,同时________焊条与前进方向之间的角度。随着焊接过程的进行,焊接温度升高,熔孔尺寸会逐渐增大,此时要适当减小焊条与焊件下端的夹角,使熔池在焊缝正面的尺寸大一些,在背面的尺寸小一些,并加快焊条摆动速度,使焊缝中心受热时间更短。如在焊接过程中,发现焊接收缩过大,间隙尺寸减小过多,应增加焊缝中间停留时间,保证其充分熔透。

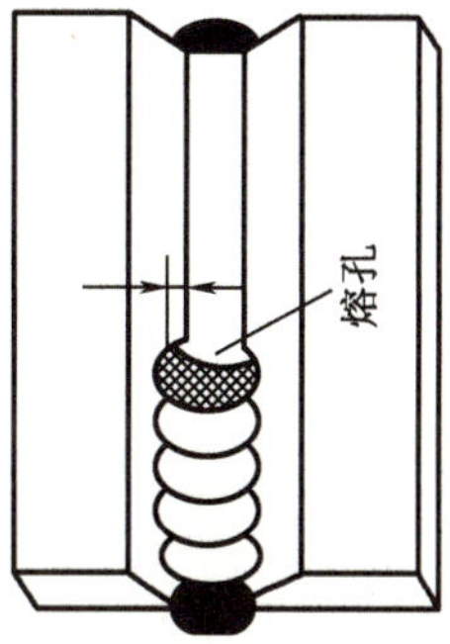

图 5 - 1 - 10　标注熔孔边缘与坡口根部边缘的距离

(3)焊缝接头

收弧:当一根焊条即将焊完,更换另一根焊条时,应将焊条下压,使熔孔稍微扩大,向焊接反方向的坡口内侧下端回焊________ mm,以减缓熔池冷却速度,避免冷缩孔的产生。

焊缝接头:分冷接法和热接法。采用热接法时,换焊条速度要快,即收弧时熔池还未完全冷却就立即接头,如图 5 - 1 - 11 所示,在熔池上方约________ mm 坡口一侧处划擦引弧,引燃后,立即将电弧拉回至原熔池的下部,迅速________电弧以防止空气进入,产生气孔。接头处焊条角度要增大到 90°左右,向上运条至熔孔根部时,要向背侧________电弧,听到击穿声重新击穿间隙后再生成一个熔孔，待新熔孔形成后，稍作停留，使背面焊缝接头饱满，再按前述步骤进行正常施焊。当接头处熔池温度下降较多时，也可采用冷接法。采用冷接法时，应把距弧坑________ mm 斜坡上的熔渣敲掉，用角磨机将接头处理干净，并修成________状，然后再引弧焊接，后面的焊接方法和热接法相同。只是接头前对熔池充分预热再进行正常施焊。

(4)立焊打底焊的断弧焊操作要点

立焊时，焊条端部要紧贴坡口根部，在熔池上方保持一个清晰可见的熔孔，通过熔孔，使熔池液体金属________在焊缝正面、________在焊缝背面。在焊接过程中，电弧要尽量________，并注意在坡口两侧稍作________，以保证正面焊缝表面平整，背面焊缝两边不产生咬边。

(5)焊接过程性检查

完成打底层焊接后，清理焊渣，进行过程性质量检查，以确保整体焊接质量及后续改进，并填写表5－1－4。

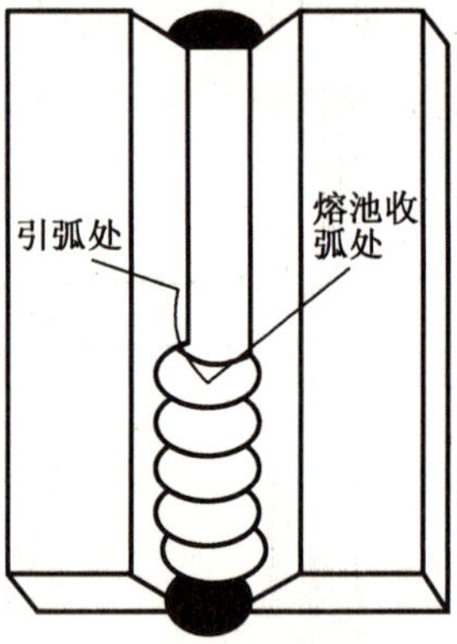

图 5－1－11 打底焊焊缝接头

表 5－1－4 打底焊层缺陷检查

检查项目	缺陷存在的数量	形成原因与改善措施
夹渣		
气孔		
裂纹		
未焊透		
未熔合		
焊瘤		
坡口根部熔合尺寸一致性		

2. 填充焊

先查阅资料完成下面的任务单，再按此前修订确认的焊接工艺卡的工艺要求和下面任务单的方式进行填充焊操作。

(1)清理与焊条角度控制

填充层施焊前，应先将________的________、________等清除干净，将打底焊层焊缝接头的________打磨平整，然后进行填充焊。填充焊时，焊条与焊接方向之间的夹角要比打底层下倾10°～15°，为________(图 5－1－12)，以防液态金属下淌而形成中间焊道过高的现象，不利于下一层的焊接。

(2)引弧

采用连续焊，如图 5－1－13 应用前引弧方式，在距焊缝起始端________ mm 处引弧后，将电弧拉回起始端施焊。每次接头或焊接其他填充层时也都按此方法操作，以防止产生焊接缺陷。

(3)运条

填充层可焊一层或两层,如果为两层,引弧和焊接方法与打底层基本相同,但摆动幅度稍大。焊接填充层时,电弧要尽量控制得短些,控制好焊道两侧的熔合情况,焊条摆幅逐层________,在坡口两侧________,以保证熔池呈椭圆形及坡口两侧温度________,并且有利于良好的熔合和排渣。最后一层填充层表面应距上坡口母材表面________ mm(并在图5-1-14标注该尺寸)、距坡口母材表面________ mm(并在图5-1-14标注该尺寸);注意不能熔化坡口________,确保焊接盖面层时能看清坡口,以保证盖面焊缝边缘平直。填充第一层焊接时,焊接电流可适当加大10%~15%。

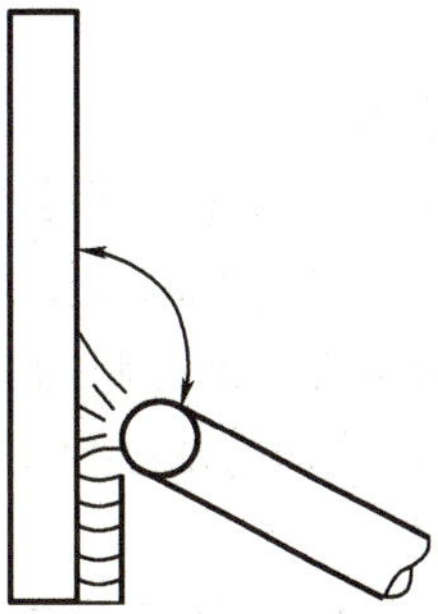

图5-1-12 焊条与焊接方向的夹角

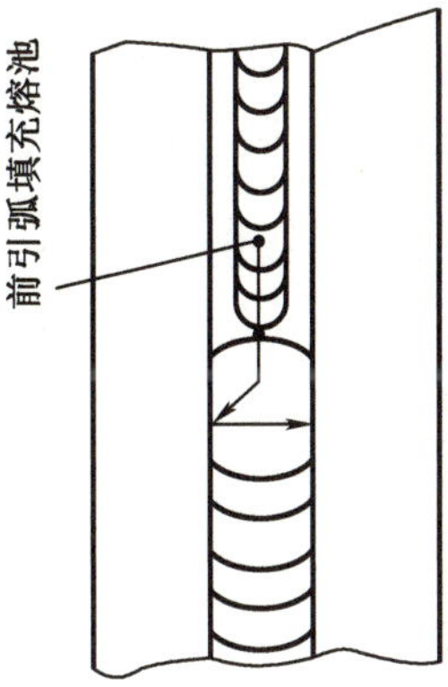

图5-1-13 前引弧方式

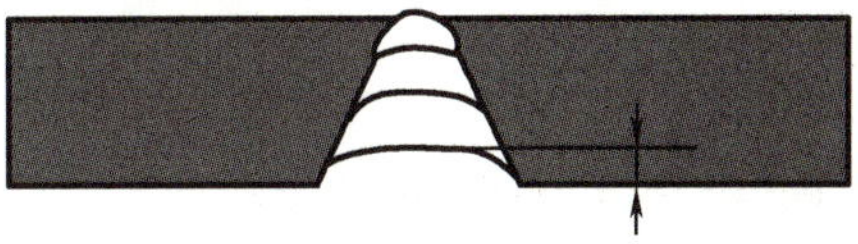

图5-1-14 填充焊层的位置

(4)焊接过程性检查

完成填充层焊接后,清理焊渣,进行过程性质量检查,以确保整体焊接质量及后续改进,并填写表5-1-5。

表5-1-5 填充焊层缺陷检查

检查项目	缺陷存在的数量		形成原因与改善措施
	填充层第一层	填充层第一层	
夹渣			
气孔			
裂纹			
未焊透			
未熔合			
焊瘤			
最上层与坡口上表面尺寸一致性			
坡口边缘完好度			

3. 盖面焊

先查阅资料完成下面的任务单，再按此前修订确认的焊接工艺卡的工艺要求和下面任务单的方式进行盖面焊操作。

盖面层焊接前先将填充层表面的焊渣和飞溅清理干净，施焊方法与填充层焊接时相同，但焊条摆动的幅度要比焊接填充层________。焊条电流可适当________，摆动时要注意摆动幅度________、运条速度________，摆动至坡口两侧时应________，以焊条到达坡口边缘为止，坡口边缘熔化________ mm 为宜，以使焊缝两侧边缘熔合良好，避免产生________，从而得到优质的盖面层焊缝。

盖面层焊完后，不要立即清渣，以减缓冷却速度，待焊件温度降到室温后再进行清理。

说明原因：

____

____

____

子任务 5 – 1 – 3　焊后处理与检查

知识积累

知识点 1：任务分析

任务实施路线：焊缝清理、质量检查。

知识点 2：焊缝清理与质量检查

焊件焊接完毕后，用敲渣锤、钢丝刷等清理掉焊缝上的焊渣、飞溅等，或用砂布重新打磨一遍焊缝，不得存在焊渣、焊点、毛刺等，焊缝应光滑、平整，应保证焊件的“边齐、面平”，包括焊件上开口边缘的垂直平行度，但不能破坏焊缝原始表面。焊后对焊缝表面质量进行检验，肉眼观察或用低倍放大镜检查焊缝表面是否有气孔、裂纹、咬边等缺陷，用钢直尺、钢角尺、焊缝检验尺对焊缝进行外观质量和外观成形尺寸。

知识点 3：立焊易产生的缺陷及防止措施

1. 接头处焊缝波纹粗大

接头处焊缝波纹粗大是最常见的缺陷，一般情况下是因为接弧位置过于偏焊缝外表面，正确接弧位置应与前一熔池重叠 1/3 ~ 1/2，如图 5 – 1 – 15 所示。

2. 焊缝过宽、过高

容易出现焊缝过宽、过高，产生的原因是横向摆动时手腕僵硬不灵活、速度过慢等。

3. 烧穿、焊瘤与夹渣

(1) 易出现烧穿和焊瘤，产生的原因是运条过慢，无向上意识，断弧不利落，接弧温度过高等。

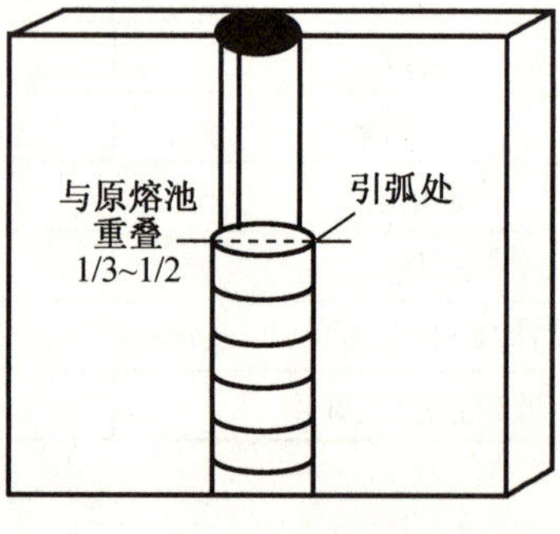

图 5 – 1 – 15　接头处引弧位置

(2)易产生夹渣,产生原因是运条无规律,热量不集中,焊接时间短,电流过小等。

(3)向上运条的步伐不一致,如图 5-1-16 所示,也会产生积瘤或夹渣。

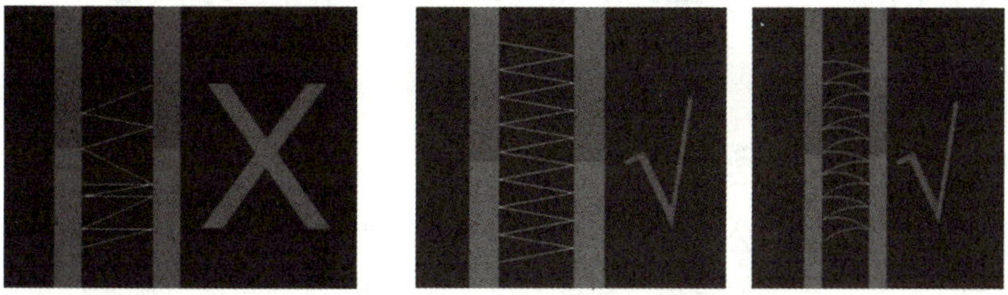

(a)运条步伐不一致　　(b)运条步伐一致

图 5-1-16　对接立焊运条步伐

实训活动

1. 焊件焊后处理与检测评分

焊件焊接完毕后,先用敲渣锤清理焊渣,再用钢丝刷进一步将焊渣、飞溅等清理干净。严禁破坏焊缝原始表面,禁止用水冷却。对焊缝表面质量进行目视检验,使用5倍放大镜观察表面是否存在缺陷,并使用焊接检验尺对焊缝进行测量,焊件外观检查的结果应满足各项要求。然后对焊件进行无损检测,焊件内部质量按《焊缝无损检测　射线检测　第1部分:X和伽玛射线的胶片技术》(GB/T 3323.1—2019)评定。对焊件按规范进行检测评分,板对接焊缝外观评分标准子任务 1-1-3 同类表。

2. 工位工具清理点检与评分

焊接结束后,关闭焊接电源。按9S标准清扫场地,按规定摆放工具,整理焊接电缆,确认无安全隐患,并做好使用记录,进行评分,评分表见子任务 1-1-3 同类表。

项目六　T 型接头立角焊焊条电弧焊

项目描述：师徒对话

武船重型工程股份有限公司是国内领先的大型桥梁钢结构制造商，是武昌造船厂集团有限公司控股子公司。高师傅带小白到该公司参观学习，看到正在赶制武汉市内某高架桥的钢箱梁段，其中有大量隔断筋板。小白问高师傅："这上面有很多立角焊缝，其操作是不是与立焊差不多？""总体差不多，但焊接的区别在细微之处，差之毫厘，谬以千里！"高师傅说道，"立角焊与立焊的区别在于细微角度的控制，接下来的这一阶段你就学习立角焊，立角焊需要达成以下目标。"

焊接工程中的立角焊

项目目标

知识目标：

1. 熟悉 T 型接头立角焊的特点；
2. 掌握 T 型接头立角焊焊条电弧焊方法；
3. 掌握 T 型接头立角焊焊条电弧焊的常见缺陷与预防措施；
4. 掌握 T 型接头立角焊焊条电弧焊焊缝外观质量检查方法。

技能目标：

1. 能够正确识读图纸；
2. 能够正确应用工具进行坡口处理；
3. 能够正确进行装配定位；
4. 能够正确选用焊条；
5. 能够正确选用合适的焊接工艺参数；
6. 能够熟练进行 T 型接头立角焊焊条电弧焊的焊接操作：引弧、运条、起头、接头与结尾；

7. 能够进行 T 型接头立角焊焊条电弧焊多层焊。

素养目标：

1. 具有查阅资料、自主学习和勤于思考的能力；
2. 具有尊重和自觉遵守法规、标准的意识；
3. 具有良好的职业道德、敬业精神和团队精神；
4. 具有安全、环保和节约意识；
5. 具有 9S 管理意识。

任务 6－1 低合金高强度钢板 T 型接头立角焊焊条电弧焊

任务说明：

按图 6－1－0 及技术要求进行材料准备、工艺准备、焊接实施、质量检查、自我评定与总结。

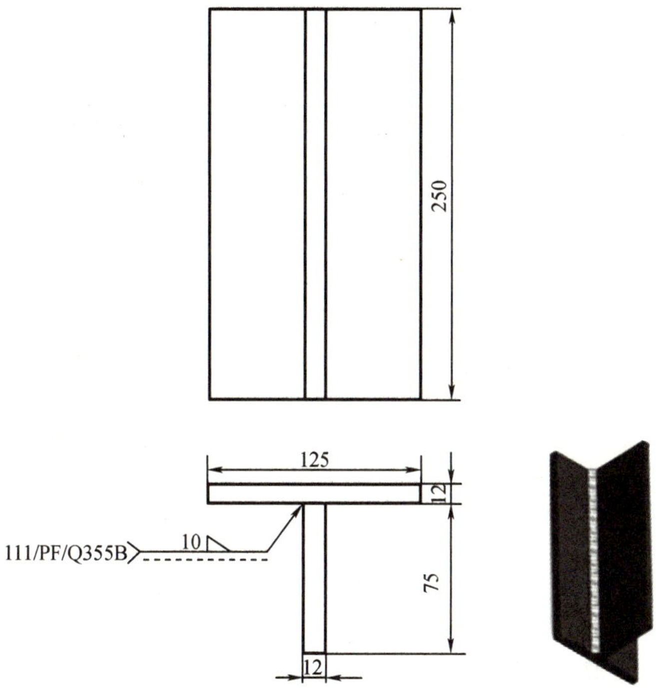

技术要求：1. I 形坡口；2. 间隙 0 ~ 1 mm；3. 两板垂直，角度偏差 <1°；4. 不允许有咬边；5. 不允许有未焊透；6. 不允许有裂纹、气孔、夹渣。

图 6－1－0 Q355B 板 T 型接头立角焊焊件图

子任务6－1－1 焊前准备

知识点1:任务分析

立角焊也是焊接结构实际生产中常见的情况,特别在船舶、桥梁等大型结构中尤为常见,也是必备的焊接技能。立角焊与立焊操作基本相同,主要存在细微角度差别。

任务实施路线:图样识读、焊件准备及坡口清理、焊条选择、工艺参数确定、装配定位。

知识点2:焊件准备及坡口清理

根据任务单可知,焊件材质为Q355B,底板焊件尺寸为12 mm×125 mm×250 mm,立板焊件尺寸为12 mm×75 mm×250 mm,I形坡口装配。

焊前打磨清理坡口面及坡口边缘两侧,立板修磨坡口及两侧15～20 mm范围,底板修磨焊接位置中心左右30～40 mm范围,露出金属光泽。

知识点3:焊接工艺参数确定

母材为Q355B,属于低合金高强度钢,常选用碱性焊条E5015,焊条直径选择3.2 mm、4.0 mm,焊条烘干温度为350～400 ℃,保温2 h,随取随用。

综合来看,12 mm厚板材可采用两层两道来焊接,如厚板立角焊可增加填充层焊接,具体焊接方法与盖面焊一致,具体焊接工艺参数见表6－1－1。

表6－1－1 焊接工艺参数表

焊接层次	焊条型号	焊条直径/mm	焊接电流/A	焊接电压/V	电源极性
打底层	E5015	3.2	80～100	20～24	直流反接
盖面层(两道)		4.0	110～130	20～24	

知识点4:装配定位

立角焊与平角焊装配方法相同。

实训活动

1. 分析与制订焊接工艺

(1)识读图样

焊缝符号(图6－1－1)标注中,实线侧和虚线侧都标注有基本符号◺,其表示________,基本符号前的数字10表示________,尾注符号中的111为焊条电弧焊,焊件材料型号为Q355B,是低碳钢,PF为________。

(2)焊接工艺基本分析

板厚为12 mm,采用I形坡口,间隙为0～1 mm。根据焊脚尺寸值,应采用________焊法;在图6－1－2中,将安排的焊道顺序用数字标示出来。

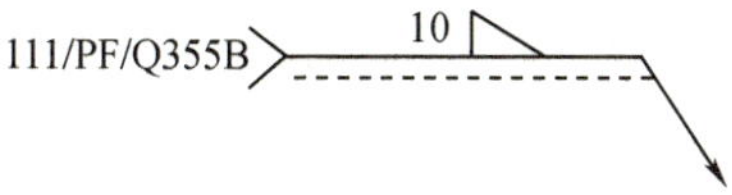

图 6－1－1 焊缝符号

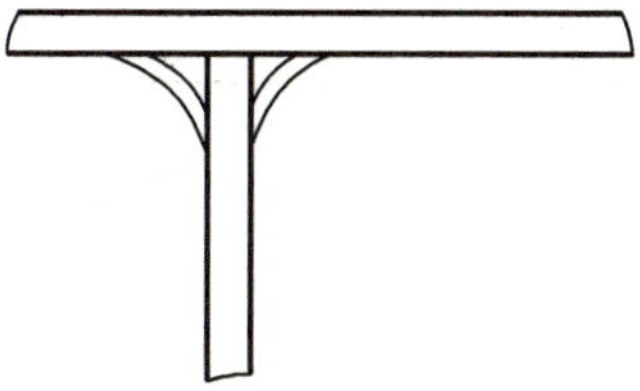

图 6－1－2 标出焊道顺序

根据所提供的 ZX7－400 焊接电源，选用焊条的类型为________，焊条应提前加热烘干、保温，烘干温度为________，保温时间为________。

第一焊道要控制较小的熔宽（为后续焊道预留尺寸空间）、较大的熔深（获得较深的焊根），应选用直径较________焊条，焊接电流应较________。

第二焊道要加大熔宽，应选用比第一焊道：焊条的直径________、焊接电流________。

第三焊道与第二焊道一样要加大熔宽，可选用与第二焊道一样的焊条，但为了避免熔滴下淌而出现焊瘤和咬边现象，要控制熔化速度，选用的焊接电流应比第二焊道的________。

（3）工艺制订

根据焊接要求，结合前面所学知识进行工艺制订，完成表 6－1－2 的工艺卡的编制。

表 6－1－2 Q355B 板 T 型接头立角焊焊条电弧焊的焊接工艺卡

<table>
<tr><th colspan="2">焊接工艺卡</th><th colspan="5">编号：</th></tr>
<tr><td>材料牌号</td><td></td><td colspan="5" rowspan="9">接头简图及组对装配定位焊简图（标注尺寸和焊接方向）
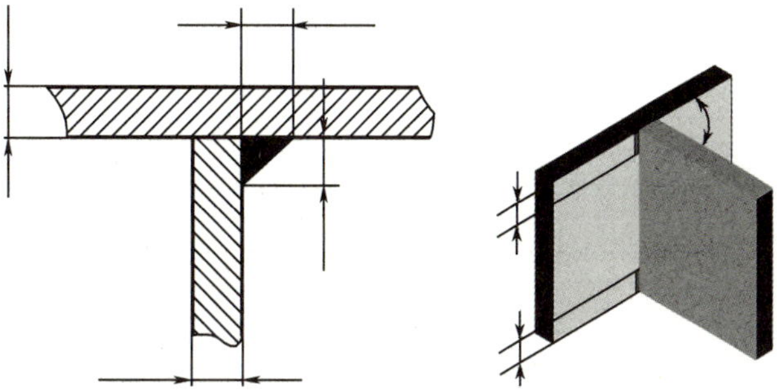</td></tr>
<tr><td>材料规格/mm</td><td>底立板：
侧立板：</td></tr>
<tr><td>接头种类</td><td></td></tr>
<tr><td>坡口形式</td><td></td></tr>
<tr><td>坡口角度</td><td>—</td></tr>
<tr><td>钝边</td><td>—</td></tr>
<tr><td>组对间隙/mm</td><td></td></tr>
<tr><td>焊接方法</td><td></td></tr>
<tr><td>焊接设备</td><td>ZX7－400</td></tr>
<tr><td>电源种类</td><td></td><td rowspan="3">焊后
热处理</td><td>种类</td><td>—</td><td>保温时间</td><td>—</td></tr>
<tr><td>电源极性</td><td></td><td>加热方式</td><td>—</td><td>层间温度</td><td>—</td></tr>
<tr><td>焊接位置</td><td></td><td>温度范围</td><td>—</td><td>测量方法</td><td>—</td></tr>
</table>

焊接参数					
焊层	焊材型号	焊材直径/mm	焊接电流/A	焊接电压/V	焊接速度/（cm/min）
右面焊缝					
第一道					
第二道					
第三道					

表 6-1-2(续)

焊接工艺卡		编号:			
左面焊缝					
第一道					
第二道					
第三道					

2. 材料、工具设备与工位领取及点检

按老师审核通过的焊接工艺卡领取材料、工具设备及工位,并进行点检,检查表见子任务1-1-1。

3. 接头坡口处理及装配定位

根据坡口要求,确定各零件接头处需清理的位置与范围,一般要求焊缝两侧________mm内需清理干净,清理时可采用砂轮修磨或化学处理方式去除板材接头处表面铁锈、油污等杂物。对照填写检测表。

装配定位:将焊件装配成90° T型接头,达到相关尺寸要求,一般角焊缝要求焊缝间隙尽量小。一般在板材________面两端进行定位焊,定位焊的长度在________mm。装配完毕,应用角尺找正焊件,确保立板与底板间的垂直度。然后并填写检测表6-1-3。

表 6-1-3 接头坡口处理及装配定位检测表

接头坡口清理检测							
立板位置 1		立板位置 2		立板位置 3		底板	
要求	处理结果	要求	处理结果	要求	处理结果	要求	处理结果

焊接各零件接头清理位置和范围标识标注

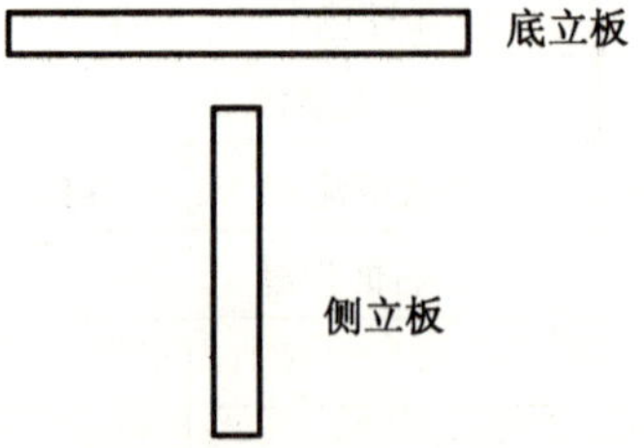

表 6-1-3(续)

装配定位变形控制尺寸检测

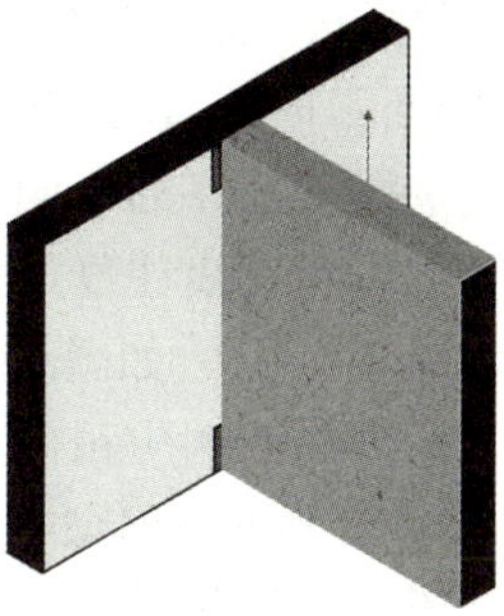

装配定位尺寸							
角度		定位尺寸		定位焊长度 1		定位焊长度 2	
设计值	检测值	设计值	检测值	规范值	检测值	规范值	检测值

子任务 6-1-2 焊接操作

知识积累

知识点 1:任务分析

立角焊时与立对接焊一样存在重力作用下熔滴及熔化金属下淌现象,造成焊缝成形困难。所以立角焊时采用小电流短弧焊接。12 mm 厚板选取焊脚高度一般为 8~10 mm,本任务选取 10 mm。

任务实施路线为两层两道:第一层打底第一道、第二层盖面第二道。

知识点 2:立角焊的操作方法

1. 焊条的位置角度

为了使两块钢板受热均匀,保证熔深和提高工效,在角立焊时,应注意焊条的位置和倾斜角度。当被焊的两块钢板厚度相等时,焊条与两块钢板之间的夹角应左右相等,焊条与焊缝中心线的夹角,应根据板厚的不同来改变其大小,一般应保持在 75°~90°,如图 6-1-3 所示。

2. 熔化金属的控制

角立焊操作的关键是如何控制熔化金属,要求焊接时精力集中,注意观察金属的冷却情况,焊条要根据熔化金属的冷却情况有节奏地摆动。在角立焊的过程中,当引弧后焊出第一个焊波时,电弧应较快地提高;当看到熔池瞬间冷却成一个暗红点时,电弧又下降到弧坑处,并使熔滴凝固在前面已形成的焊波 2/3 处,然后电弧再抬高。如果前一熔滴未冷却到一定的程度,就过急地下降焊条,就会造成熔化金属下淌;而当焊条下降动作过慢时,又会造成熔滴之间熔合不良。如果焊条放置的位置不对,就会使焊波脱节,影响焊缝的美观和焊接质量。

3. 焊条方法

立角焊打底焊可以采用断弧法(跳弧法)或连弧法,填充焊和盖面焊采用连弧法。采用跳弧法时抓住熔池金属有下淌趋势的断弧时机,使熔化金属有瞬间凝固的机会,然后在断弧位置重新引弧,交替进行。连弧法应根据板厚的不同和对焊脚尺寸的要求,选用适当的运条手法。对焊脚尺寸较小的焊缝,可采用直线往复形运条手法;对焊脚尺寸要求较大的焊缝,可采用月牙形、三角形、锯齿形等运条手法,如图 6-1-4 所示。为避免出现咬肉等缺陷。除选用合适的焊接电流外,焊条在焊缝两侧应稍停片刻,使熔化金属能填满焊缝两侧的边缘部分。焊条的摆动宽度应不大于所要求的焊脚尺寸,例如要求焊出 10 mm 宽的焊缝时,焊条的摆动范围应在 8 mm 以内,否则焊缝两侧就不整齐。

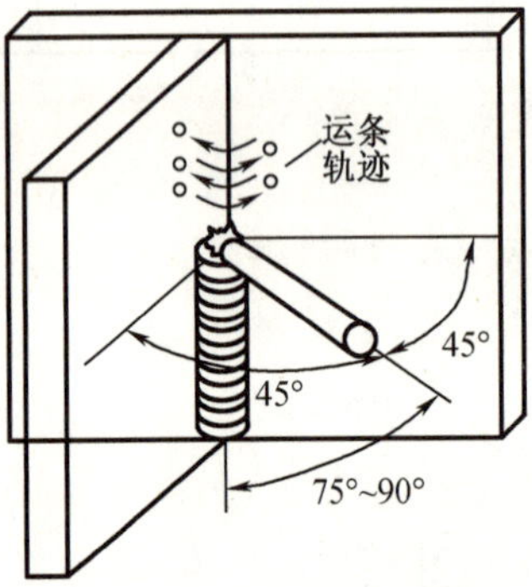

图 6-1-3 向上立角焊的焊条角度

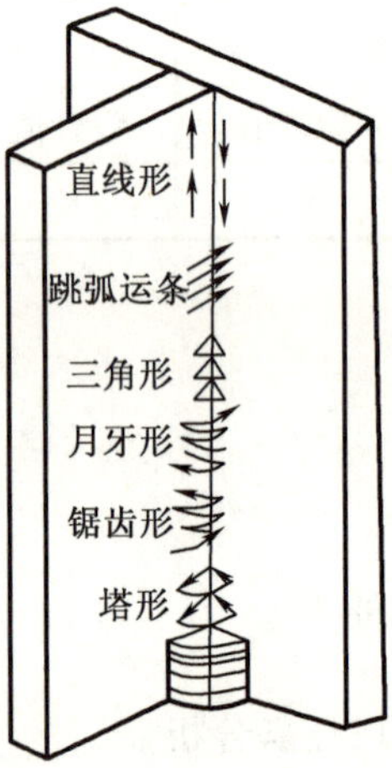

图 6-1-4 焊条摆动方法

4. 局部间隙过大的焊接方法

对角立焊焊缝,当不要求焊透或遇到局部间隙超过焊条直径时,可预先采用立向下焊的方法,使熔化金属把过大的间隙填满后,再进行正常焊接。这样做不仅可以提高工效,而且还大大减少金属的飞溅和电弧偏吹。对间隙过大的薄板焊接,采用这种方法还有减小变形的效果。

5. 立角焊的焊接层数

立角焊一般采用多层焊,如图 6-1-5 所示,焊缝层数根据焊件的厚度(或图样上给定的焊脚尺寸)来确定。对于 10 mm 的焊脚,采用两层焊,第一层焊 6 mm 焊脚,第二层焊成满足焊件要求的 10 mm 的焊脚尺寸即可。打底层可采用跳弧焊,盖面层可采用锯齿形运条法。

知识点 3:两层二道立角焊操作要领

1. 打底焊

(1)打底焊的技术要求:保证顶角熔合良好,防止试板两侧产生咬边,保持熔池外形下部分边缘平直,熔池宽度一致、厚度均匀,从而获得良好的焊缝。

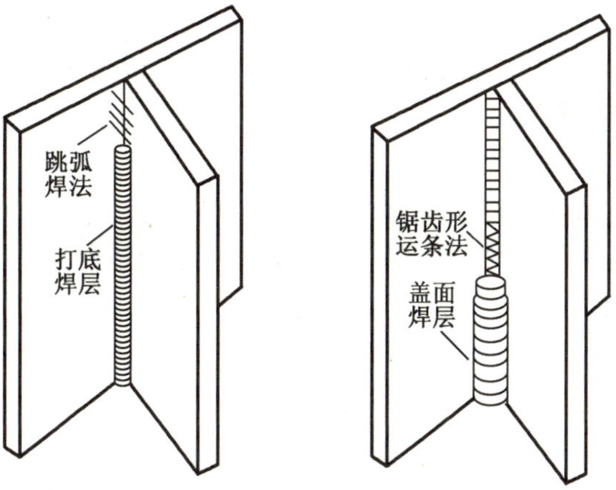

图6-1-5 立角焊多层焊

(2)打底焊运条方法:采用连弧法进行打底,选择三角形运条法,焊条与左右试板之间的夹角为45°,与焊接方向的夹角为60°~70°,横向向上摆动,在三角形顶角和试板两侧稍作停留以保证顶角熔合良好及防止试板两侧产生咬边,短弧连续施焊,保持熔池外形下部分边缘平直,熔池宽度一致、厚度均匀,焊接过程始终控制熔池为椭圆形或扁圆形。引弧及接头与前面任务相同。打底焊焊条角度示意图如图6-1-6所示。

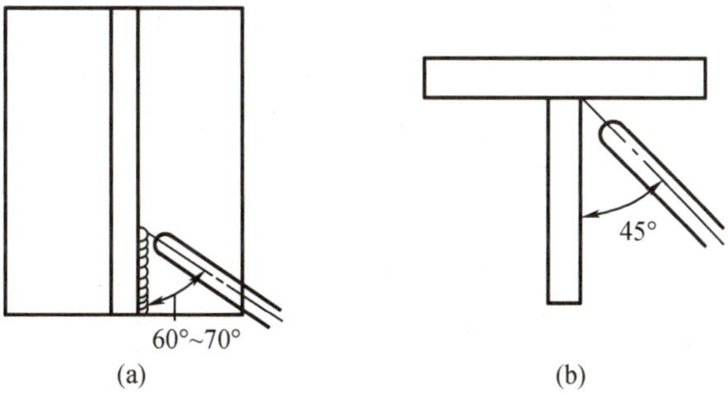

图6-1-6 打底焊焊条角度示意图

2. 盖面焊

(1)盖面层焊的技术要求:保证得到优质、成形良好的焊缝,如果有填充层,作用及操作方法与盖面焊相同。

(2)盖面焊运条方法:焊条角度与打底相同,采用三角形、锯齿形或月牙形运条法均可,确保在顶部和焊件两侧稍作停留,保证顶部融合良好,防止两侧产生咬边,保持熔池外形下部分边缘平直,熔池宽度一致、厚度均匀,从而获得良好焊缝形状。焊接至焊缝末端10 mm左右处时,反复断弧施焊,防止因温度过高而造成下塌或弧坑不饱满。

实训活动

先焊第一面焊接,再焊第二面,两面的焊接方法相同。

1. 打底焊

先查阅资料完成下面的任务单，再按此前修订确认的焊接工艺卡的工艺要求和下面任务单的方式进行打底焊操作。

(1)引弧与焊条角度及焊接方向

本任务焊件采用连弧焊进行打底焊，选择焊接方向为________；打底焊从焊件底端定位焊缝的始焊处开始引弧。电弧引燃后，可长弧稍作停留进行________，当看到焊件接头根部有“出汗”现象时，说明________温度已合适，然后电弧采用________弧，直线挑弧向上施焊。注意控制磁偏吹，起始段和结束段有磁偏吹的长度各约________ mm。注意控制焊条与焊接方向之间的夹角。控制打底焊层的焊脚为 6 mm。

(2)焊缝接头

当一根焊条即将焊完，更换另一根焊条时，应将焊条下压，使熔池稍微扩大，向焊接反方向拉回________ mm，并迅速________焊条，使电弧逐渐拉长，形成斜坡形再熄弧，这样可把收弧缩孔消除或带到焊道表面，以便在下一根焊条焊接时将其熔化掉。焊缝接头分冷接法和热接法。采用热接法时，换焊条速度要快，即收弧时熔池还未完全冷却就立即接头。采用连续焊，如图6 - 1 - 7 应用前引弧方式，在熔池前约________ mm 处引弧，并立即将电弧拉回至原弧坑的前沿，________电弧，待熔池形状合适后，再按前述步骤进行正常施焊。采用冷接法时，应把距弧坑 15 ~ 20 mm 斜坡上的熔渣敲掉并清理干净，在收弧熔池后约________ mm 处引弧，焊条做直线向前施焊，焊至收弧处前沿时，填满弧坑，焊条下压并稍作停留，逐渐将焊条________，待熔池形状合适后，进行正常施焊。每次接头或焊接其他填充层时也都按此方法操作，以防止产生焊接缺陷。

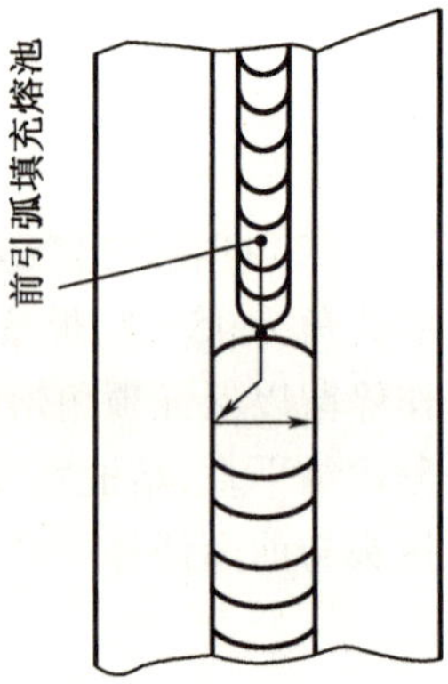

图 6 - 1 - 7　前引弧方式

(3)焊接过程性检查

完成打底层焊接后，清理焊渣，进行过程性质量检查，以确保整体焊接质量及后续改进，并填写表 6 - 1 - 4。

2. 盖面焊

先查阅资料完成下面的任务单，再按此前修订确认的焊接工艺卡的工艺要求和下面任务单的方式进行填充焊操作。

(1)清理与焊条角度控制

盖面层施焊前，应先将________的________、________等清除干净，将打底焊层焊缝接头的________打磨平整，然后进行焊接。盖面层应覆盖打底焊道并确保焊脚为________。盖面层正常施焊时，转角为________，倾角比为________。电弧应对准________，焊接电弧采用连弧焊。

(2)运条

运条方式采用________，控制好焊道与底板的熔合情况，运条时在顶部和焊件两侧稍作__________，保证顶部融合良好，防止两侧产生__________，保持熔池外形下部分边缘平直，熔池宽度一致、厚度均匀，从而获得良好焊缝形状。

表 6－1－4　打底焊层缺陷检查

检查项目	缺陷存在的具体问题及数量		形成原因与改善措施	
	第一面焊缝	第二面焊缝	第一面焊缝	第二面焊缝
夹渣				
气孔				
裂纹				
未焊透				
未熔合				
焊瘤				
咬边				
焊脚情况				

（3）焊接过程性检查

完成盖面层焊接后，清理焊渣，进行过程性质量检查，以确保整体焊接质量及后续改进，并填写表 6－1－5。

表 6－1－5　盖面层缺陷检查

检查项目	缺陷存在的具体问题及数量		形成原因与改善措施	
	第一面焊缝	第二面焊缝	第一面焊缝	第二面焊缝
夹渣				
气孔				
裂纹				
未焊透				
未熔合				
焊瘤				
咬边				
焊脚情况				

子任务 6－1－3　焊后处理与检查

知识积累

知识点 1：任务分析

任务实施路线：焊缝清理、质量检查。

知识点 2：焊缝清理与质量检查

焊件焊接完毕后，用敲渣锤、钢丝刷等清理掉焊缝上的焊渣、飞溅等，或用砂布重新打磨一遍焊缝,不得存在焊渣、焊点、毛刺等,焊缝应光滑、平整,应保证焊件的“边齐、面平”,包括焊件上开口边缘的垂直平行度,但不能破坏焊缝原始表面。焊后对焊缝表面质量进行检验,肉眼观察或用低倍放大镜检查焊缝表面是否有气孔、裂纹、咬边等缺陷,用钢直尺、钢角尺、焊缝检验尺对焊缝进行外观质量和外观成形尺寸检查。

实训活动

1. 焊件焊后处理与检测评分

焊件焊接完毕后,先用敲渣锤清理焊渣,再用钢丝刷进一步将焊渣、飞溅等清理干净。严禁破坏焊缝原始表面,禁止用水冷却。对焊缝表面质量进行目视检验,使用5倍放大镜观察表面是否存在缺陷,并使用焊接检验尺对焊缝进行测量,焊件外观检查的结果应满足各项要求。然后对焊件进行无损检测,焊件内部质量按《焊缝无损检测 射线检测 第1部分:X和伽玛射线的胶片技术》(GB/T 3323.1—2019)评定。对焊件按规范进行检测评分,角接焊缝外观评分标准见子任务2-1-3同类表。

2. 工位工具清理点检与评分

焊接结束后,关闭焊接电源。按9S标准清扫场地,按规定摆放工具,整理焊接电缆,确认无安全隐患,并做好使用记录,进行评分,评分表见子任务1-1-3同类表。

项目七　管对接垂直固定焊条电弧焊

项目描述：师徒对话

这一天，高师傅指着纵横交错的管线施工图片对小白说："你看，在施工现场，很多时候管子的对接是没办法转动管子使焊接位置始终处于平焊的，需要人手和焊枪绕着管缝转动。"小白眨着眼睛说："这可比转动管难焊多了啊！"高师傅说："那当然了，管对接固定焊涉及了不同位置的连续焊接，对操作者要求很高，固定管对接分为垂直固定和水平固定方式，今天你就先学习垂直固定管对接的项目吧，通过学习，你需要达成以下目标。"

项目目标

知识目标：

1. 熟悉管对接垂直固定焊的特点；
2. 掌握管对接垂直固定焊条电弧焊方法；
3. 掌握管对接垂直固定焊条电弧焊的常见缺陷与预防措施；
4. 掌握管对接垂直固定焊条电弧焊焊缝外观质量检查方法。

技能目标：

1. 能够正确识读图纸；
2. 能够正确应用工具进行坡口处理；
3. 能够正确进行装配定位；
4. 能够正确选用焊条；
5. 能够正确选用合适的焊接工艺参数；
6. 能够熟练进行管对接垂直固定焊条电弧焊的焊接操作：引弧、运条、起头、接头与结尾；
7. 能够进行管对接垂直固定焊条电弧焊多层焊。

素养目标：

1. 具有查阅资料、自主学习和勤于思考的能力；
2. 具有尊重和自觉遵守法规、标准的意识；
3. 具有良好的职业道德、敬业精神和团队精神；
4. 具有安全、环保和节约意识；
5. 具有9S管理意识。

任务7-1 低碳钢管对接垂直固定焊条电弧焊

任务说明：

按图7-1-0及技术要求进行材料准备、工艺准备、焊接实施、质量检查、自我评定与总结。

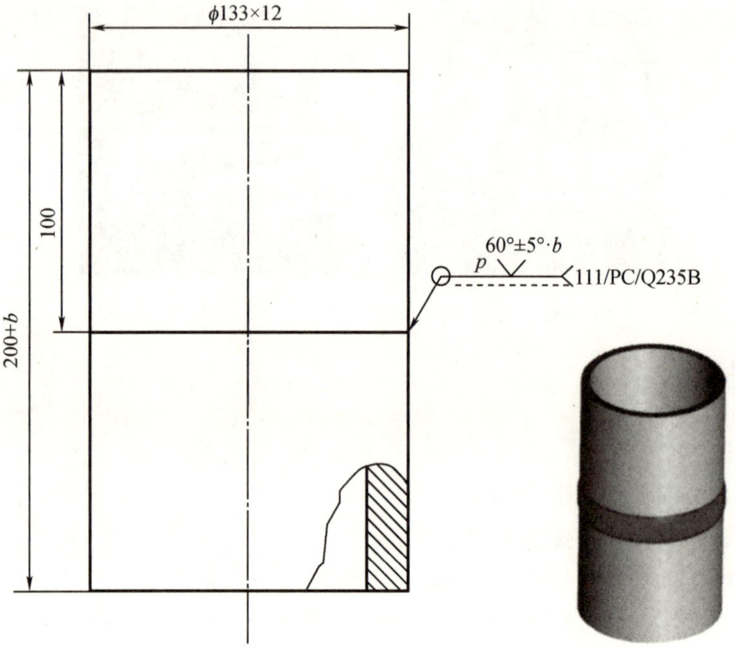

技术要求：1. 坡口角度为60°；2. 单面焊双面成形；3. 焊件材料为20钢；4. 坡口根部间隙及钝边自定；5. 焊件空间位置符合垂直固定焊要求；6. 两管同轴<ϕ0.1；7. 不允许有咬边；8. 不允许有未焊透；9. 不允许有裂纹、气孔、夹渣。

图7-1-0 Q235B管对接垂直固定焊条电弧焊焊件图

子任务7-1-1 焊前准备

知识积累

知识点1:任务分析

管对接垂直固定焊接是指管子处于垂直或接近垂直位置的焊接,其焊缝处于水平环向横焊位置,一般多为管道的安装焊口,受管件内孔空间限制,管对接多采用单面焊双面成形法。垂直固定管整条焊缝所处焊接位置相同,都处于环形焊缝中的水平位置,因此,焊接只有一个焊接位置。垂直固定管的横焊缝与板状焊件横焊缝焊接时特点大致相同,不同之处是垂直固定管的焊缝是随着焊件的水平圆形弧度进行焊接。焊件管径小焊缝弧度变化就快,焊件管径大焊缝弧度变化就缓慢,因此,焊缝焊接时管径越小,焊条角度和焊工身体随着焊缝的水平圆形弧度进行焊接变化越快。所以操作者需要适应焊接时的这一变化,才能获得好的焊缝成形和焊缝质量。

任务实施路线:图样识读、焊件准备及坡口清理、焊条选择、工艺参数确定、装配定位。

知识点2:焊件准备及坡口清理

根据任务单可知,焊件材质为Q235B,两管件尺寸均为ϕ133 mm×12 mm×100 mm,单边开30° V形坡口。

首先使用内磨机与角磨机打磨管件焊缝内侧与外侧10~20 mm范围,再使用角磨机打磨坡口,坡口角度为60°±5°,坡口钝边宽度为1~1.5 mm。清除焊缝周围铁锈、油污,露出金属光泽。

知识点3:焊接工艺参数确定

1. 基本焊接工艺

管对接垂直固定焊的焊缝为水平环向横焊缝,因此其焊接工艺与板对接横焊基本相同。可采用多层焊和多层多道焊,如图7-1-1(a)(b)所示。多层焊是一道焊缝为一层,焊道较少,出现缺陷的机会也较少,效率高,焊波美观,但此法较难掌握,用得较少。一般采用多层多道焊,其整个焊缝分成若干层,每层又有若干焊道,此法易掌握,但质量不稳定,全靠操作手法来控制,因此其焊接电流选得略大一点,选择合适的运条方式,确保焊道间充分熔化,焊道自下向上,紧密排列,控制好焊条角度和速度。对于中厚度管一般采用三层六道焊,如图7-1-1(c)所示。

2. 任务焊接工艺参数

母材为Q235B,属于低碳钢,可选用酸性焊条E4303或碱性焊条E4315,酸性焊条采用直流正接,碱性焊条则采用直流反接,重要管件多采用碱性焊条,焊条直径选择3.2 mm,碱性焊条烘干温度为350~400 ℃,保温2 h,随取随用。此处以碱性焊条E4315为例进行工艺参数确定。

综合来看,12 mm厚板材可采用三层六道来焊接,具体焊接工艺参数见表7-1-1。

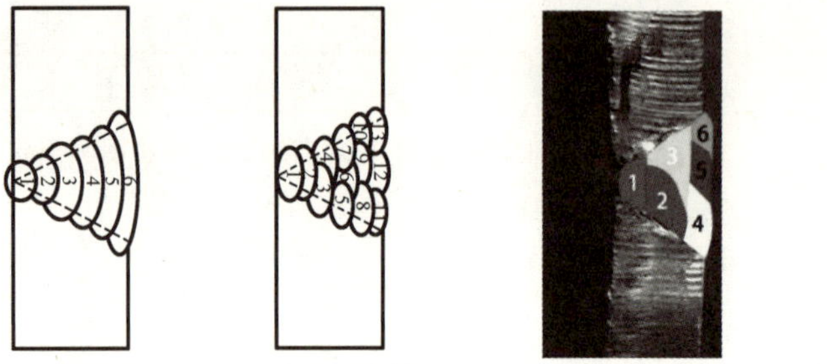

(a) 多层焊　　(b) 多层多焊道　　(c) 中厚度管的多层多焊道

图 7-1-1　管对接垂直固定焊焊层焊道形式

表 7-1-1　焊接工艺参数表

焊接层次	焊条型号	焊条直径/mm	焊接电流/A	焊接电压/V	电源极性
打底层	E4315	3.2	90~100	20~24	直流反接
填充层(两道)		3.2	100~120	20~24	
盖面层(三道)		3.2	100~130	20~24	

知识点 4:装配定位

根据管径大小可以采用两点定位,具体在管件放置的十点钟和两点钟位置进行定位,装配间隙在 2~4 mm 之间,定位焊焊点长度 10~15 mm,厚度 5~8 mm,焊后管件错边量不大于 0.5 mm,焊点打磨成缓坡形,以利于接头。

实训活动

1. 分析与制订焊接工艺

(1)识读图样

焊缝符号(图 7-1-2)标注中,实线侧和虚线侧都标注有基本符号╲╱,其表示为________,基本符号前的数字 *p* 表示________,60°±5°表示为________,尾注符号中的 111 为焊条电弧焊,焊件材料型号为 20 号钢,是低碳钢,20 的具体含义为________。箭头符号转折处的○表示________。

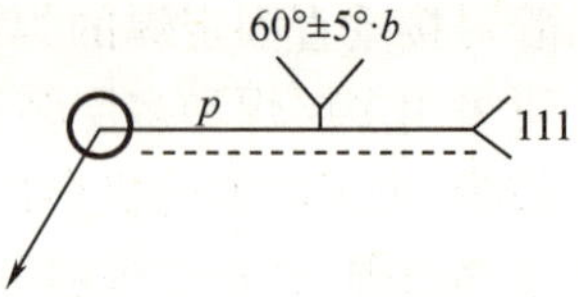

图 7-1-2　焊缝符号

(2)焊接工艺基本分析

管厚为 12 mm,采用 V 形坡口,间隙为________ mm,焊道设计为________。

根据所提供的 ZX7-400 焊接电源,选用焊条的类型为________,焊条应提前加热烘干、保温,烘干温度为________,保温时间为________。

第一焊道焊接根部,该管径小,只能单面焊,因此要满足单面焊双面成形,应选用直径较________焊条,焊接电流应较________。

填充焊道和盖面焊道应选用比第一焊道:焊条的直径为________、焊接电流为________。

(3)工艺制订

根据焊接要求,结合前面所学知识进行工艺制订,完成表 7-1-2 的工艺卡的编制。

表 7－1－2 20 钢管对接焊条电弧焊的焊接工艺卡

<table>
<tr><th colspan="2">焊接工艺卡</th><th colspan="5">编号：</th></tr>
<tr><td>材料牌号</td><td></td><td colspan="5" rowspan="7">接头简图(在左图补全标注尺寸,在右图画出定位焊的位置,并标出起焊点位置和焊接方向)
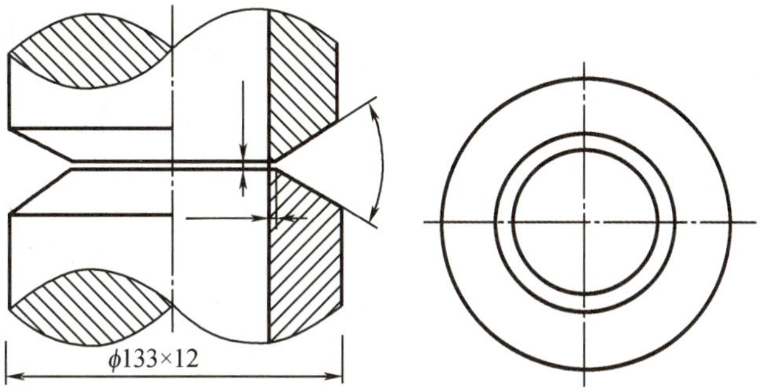
焊道工艺简图:在下图中补画出各焊道及其顺序</td></tr>
<tr><td>材料规格/mm</td><td></td></tr>
<tr><td>接头种类</td><td></td></tr>
<tr><td>坡口形式</td><td></td></tr>
<tr><td>坡口角度</td><td>—</td></tr>
<tr><td>钝边</td><td>—</td></tr>
<tr><td>组对间隙/mm</td><td></td></tr>
<tr><td>焊接方法</td><td></td><td colspan="5" rowspan="2">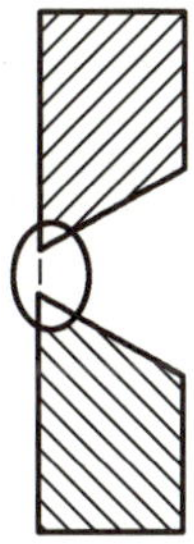</td></tr>
<tr><td>焊接设备</td><td>ZX7－400</td></tr>
<tr><td>电源种类</td><td></td><td rowspan="3">焊后热处理</td><td>种类</td><td>—</td><td>保温时间</td><td>—</td></tr>
<tr><td>电源极性</td><td></td><td>加热方式</td><td>—</td><td>层间温度</td><td>—</td></tr>
<tr><td>焊接位置</td><td></td><td>温度范围</td><td>—</td><td>测量方法</td><td>—</td></tr>
</table>

<table>
<tr><th colspan="6">焊接参数</th></tr>
<tr><td>焊层</td><td>焊材型号</td><td>焊材直径/mm</td><td>焊接电流/A</td><td>焊接电压/V</td><td>焊接速度/(cm/min)</td></tr>
<tr><td>打底焊</td><td rowspan="3"></td><td></td><td></td><td></td><td></td></tr>
<tr><td>填充焊</td><td></td><td></td><td></td><td></td></tr>
<tr><td>盖面焊</td><td></td><td></td><td></td><td></td></tr>
</table>

2. 材料、工具设备、工位领取及点检

按老师审核通过的焊接工艺卡领取材料、工具设备及工位，并进行点检，检查表见子任务 1－1－1。

3. 接头坡口处理及装配定位

根据坡口要求，确定各零件接头处需清理的位置与范围，一般要求焊缝两侧________mm 内需清理干净，清理时可采用砂轮修磨或化学处理方式去除板材接头处表面铁锈、油污等杂物。

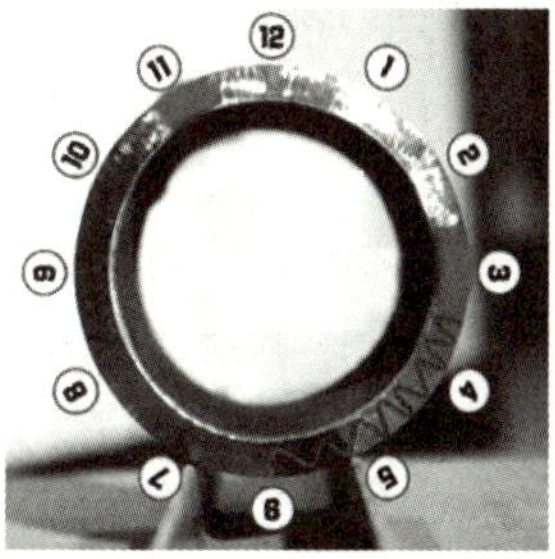

图 7－1－3 定位焊位置选择

装配定位：将焊件在转台架上装配组对好，达到相关尺寸要求。如图 7－1－3 所示，在管子的________方位进行定位焊，定位焊的长度为________ mm。装配完毕，应用水平尺转动管子在 3，6，9，12 点测量找正焊件，确保管子组对没有错边及弯曲在要求范围内。然后填写检测表7－1－3。

表7－1－3 接头装配定位检测表

装配定位变形控制尺寸检测

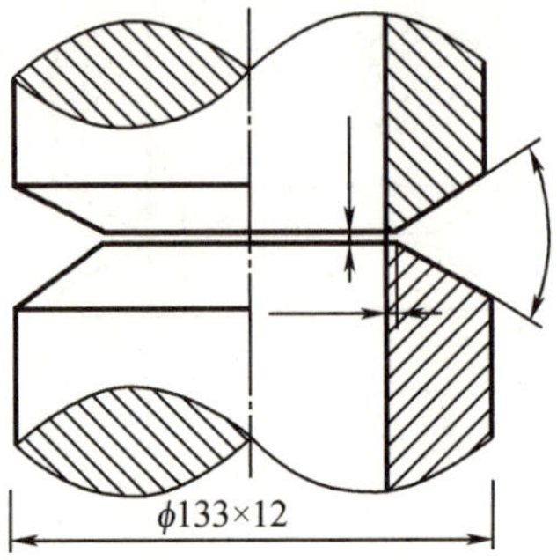

装配定位尺寸

角度		间隙		错边		弯曲度	
设计值	检测值	设计值	检测值	规范值	检测值	规范值	检测值

子任务7－1－2 焊接操作

知识点1:任务分析

管对接垂直固定焊接由于焊缝处于水平环向横焊位置,开有V形坡口,下坡口能托住熔池,铁水不会流失,但铁水因自重下淌,呈泪珠状,要控制熔池成形,操作上比立焊还困难。且由于焊接时上下两端的坡口受热达不到平衡,造成焊缝的下坡口边缘容易出现熔合不良或出现假熔合现象,当采用多层焊时,焊道不断重叠,最容易引起夹渣,焊接时要十分注意。

任务实施路线:打底、填充(两道)、盖面(三道),即三层六道焊。

知识点2:打底焊

打底焊的技术要求是保证得到良好的背面成形和优质焊缝。可采用连弧法和断弧法进行打底焊,这里介绍断弧法,比较适合初学者。

1.管件上架

将装配好的管件水平夹持在工装台上,安装高度一般与操作者腰部平齐,方便焊接操作,然后按照选定的焊接工艺参数进行操作。

2.焊接方向及起焊点位置

焊接方向为从左向右,起焊点位置的选择应考虑操作时身体所保持的姿态和位置,必须保证身体能够随着焊缝的圆形弧度顺利移动直至焊完整根焊条,起焊点位置一般选在操作者目视焊缝前方的左侧,如图7－1－4所示。

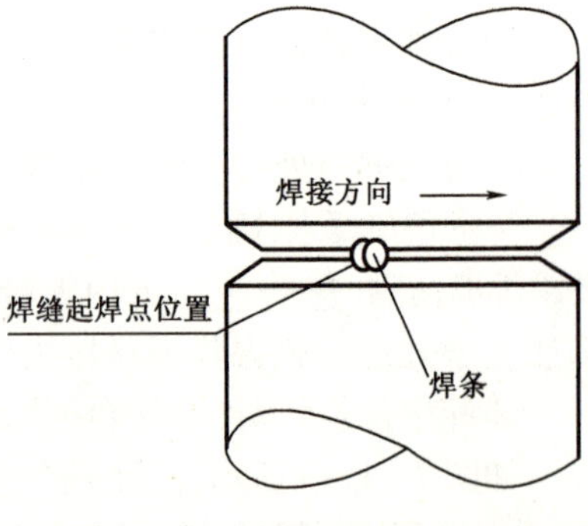

图7－1－4 起焊点位置及焊接方向

3. 焊条角度

因焊缝为一道环缝，故焊接过程中要始终保持焊条角度不变。运条时焊条要有两个倾斜角度，即前进方向的水平倾斜角度和焊缝轴线向下的垂直倾斜角度，如图 7－1－5 所示。

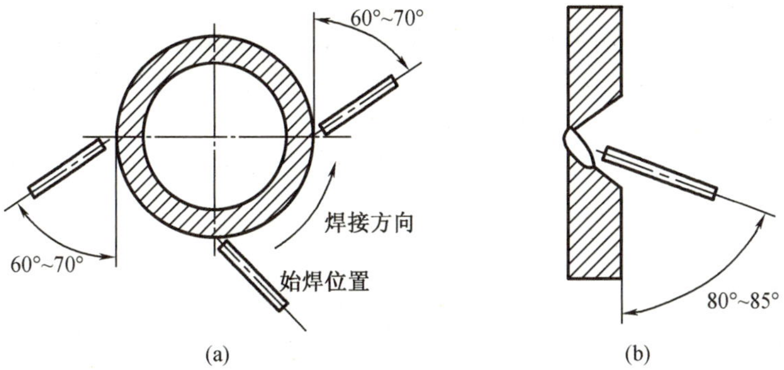

图 7－1－5　焊条与前进方向水平倾角及与焊缝轴线垂直方向倾角

4. 焊接方法

焊条对准焊缝的起焊点，在根部下管坡口表面起弧，稍拉长电弧，并向左回退 5～10 mm 预热坡口，待坡口处接近熔化状态时焊条迅速对准焊缝根部压低电弧，以极短的电弧长度击穿焊缝根部坡口两侧钝边，当听到电弧穿透的声音时，说明第一个熔池开始形成，当被击穿的熔孔直径大于焊缝间隙 1.0～2.0 mm 时，将电弧向焊接反方向带回并灭弧，待熔池没有完全凝固时重新引燃电弧，然后快速将电弧带到上一个熔池的中后部，向前焊接到熔池前沿时，焊条继续向焊缝背面压送，当听到电弧击穿的声音时便形成了第二个熔池，快速断弧，依此重复操作。根据根部间隙大小，每个电弧可采用直线或者小 V 形摆动运条法向前移动。小 V 形运条法如图 7－1－6 所示。

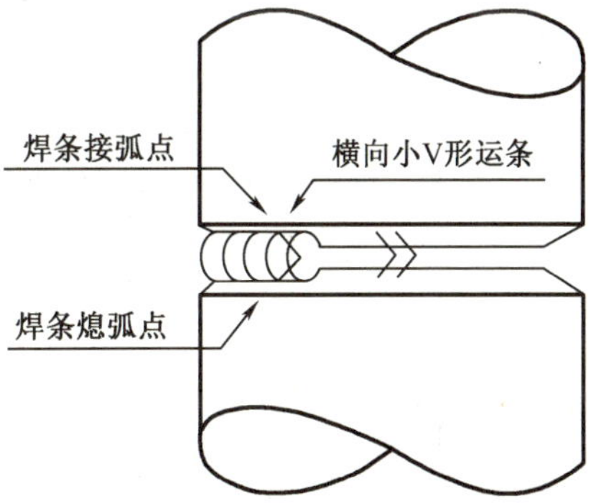

图 7－1－6　小 V 形运条法示意图

5. 焊接接头方法

热接法对操作者要求比较高，因此更换焊条一般采用冷接法。用冷接法更换焊条时，先打磨焊缝接头成横向水平斜坡形，斜坡的长度约 10 mm，斜坡前端与焊缝熔孔后部边缘相连，保留厚度与焊缝坡口钝边相等，宽度与根部焊缝宽度相等。接头起弧时引弧点在接头斜坡形后方约 10 mm 处，引弧后拉长电弧进行坡口预热，然后再进行正常焊接。

6. 与定位焊点重合位置处理方法

当焊至定位焊点处时，焊条停留直到与之前留下的被打磨出斜坡的焊点熔合连接形成一个新的熔孔，并确保填充金属与焊点背面成形高度保持相等，避免焊缝背面留有凹坑。当熔孔封口时不要立即熄弧，采用连弧焊法填平焊缝斜坡形下面的凹坑，然后焊条向前焊 5～6 mm，稍作稳弧，移向焊缝下端坡口边缘向焊接方向后侧熄弧，完成定位焊点处接头。其他结构件焊接至定位焊点时也是这样处理。

7. 收弧

收弧时焊条下压，熔孔稍增大后缓慢地将电弧带至熔孔上方坡口内侧 10 mm 左右处熄灭，防止产生冷缩孔。

知识点3:填充焊

填充层采用两道焊,分别为下道焊和上道焊,下焊道为第一道焊,上焊道为第二道焊。填充焊之前,要先对根部焊缝表面形成的熔渣和产生的飞溅进行清理。

1. 焊接方向及起弧位置

填充焊焊接方向为从左向右,起焊点位置在焊工目视焊缝前方的左侧,第一道焊距离根部焊缝接头 20 ~ 30 mm 处起焊,第二道焊距离第一道焊焊缝接头 20 ~ 30 mm 处起焊。

2. 焊条角度

焊条水平倾角与打底焊相同,垂直倾角随焊道部位而不同,下焊道倾角要大,上焊道倾角则要小。如图 7 – 1 – 7 所示。

3. 焊接方法

采用连弧焊短弧焊法,运条方法根据填充焊缝的深度和需要形成的焊道宽度与厚度进行选择,多选用斜拉小锯齿形、斜圆圈形或直线形运条法,焊接时控制好熔池形状与温度,使填充层焊道圆滑、平整,要始终使第一道和第二道焊道形成的宽度占填充层焊缝宽度的 2/3,以及上下边缘距离焊件表面坡口棱角线在 1.0 ~ 1.5 mm 范围内,避免熔化坡口边缘,为盖面层打好基础。

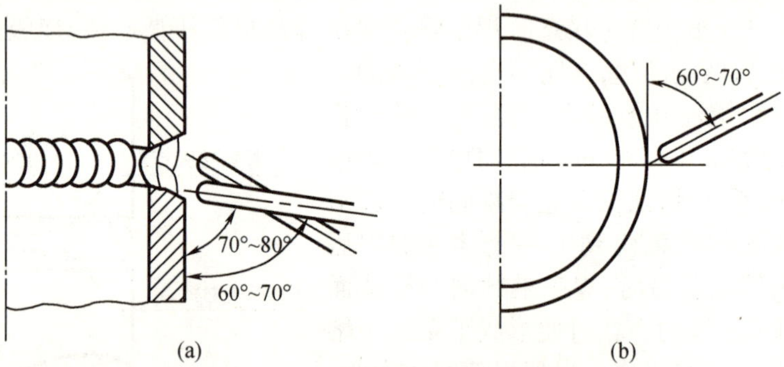

图 7 – 1 – 7 填充焊各焊条角度示意图

焊缝接头时仍需要前移引弧和预热坡口,收弧时注意填满弧坑。

知识点4:盖面焊

盖面层的技术要求是保证得到优质、成形良好的焊缝。清理前道焊缝表面形成的熔渣和产生的飞溅后再进行焊接。

盖面焊焊接方法如下:

盖面层分三道进行焊接,由下向上焊接,焊接方法与填充焊相同,但摆动角度略加大。焊接时尽量压低电弧,控制好熔池温度和形状。

通常第一道焊道和最后一道焊道采用直线往复形运条法进行焊接,且控制焊条始终沿着焊缝下、上坡口棱角线进行焊接,形成的焊道边缘能够始终保持熔合坡口棱角线 0.5 ~ 1.0 mm,获得盖面焊缝两侧平直的效果,减少咬边。

中间焊道多采用锯齿形或斜圆圈形运条法,以增加中间焊道的成形宽度与高度,达到盖面焊缝两侧低、中间略凸起的圆滑过渡的焊缝表面成形,余高应控制在 0 ~ 3 mm 内。

盖面焊各道焊道的焊条角度如图 7 – 1 – 8 所示。

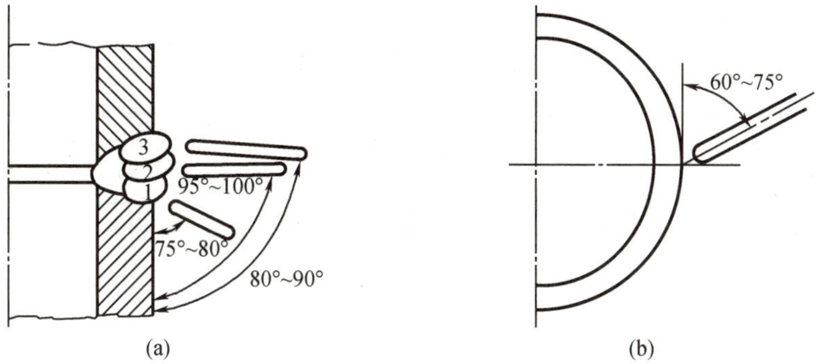

图 7－1－8 盖面焊各焊道焊条角度示意图

实训活动

1. 打底焊

先查阅资料完成下面的任务单，再按此前修订确认的焊接工艺卡的工艺要求和下面任务单的方式进行打底焊操作。

（1）引弧与焊条角度及焊接方向

本任务焊件采用断弧焊进行打底焊，选择焊接方向为________；打底焊从焊件的 6 点钟方向引弧焊接，焊条与焊接方向之间的夹角为________（并在图 7－1－9 标注焊条与焊件对应的角度），焊条偏向坡口根部________侧多一点。电弧引燃后，可长弧稍作停留进行________，当看到定位焊缝和坡口根部有"出汗"现象时，说明________温度已合适，然后横向摆动向右施焊，待电弧达到定位焊缝右侧前沿时，将焊条下压并稍作停留，听到电弧穿透坡口而发出"噗噗"声，同时可以观察到形成的熔孔时，即可进行后续的打底焊，采用直线或斜锯齿形运条法向前移动。

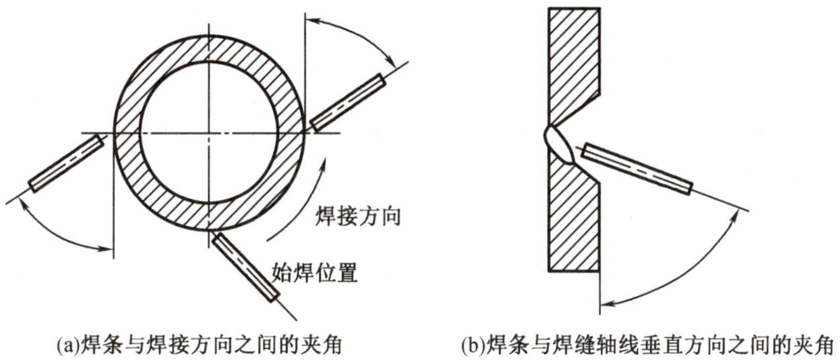

图 7－1－9 标注焊条与焊件的角度

（2）熔池熔孔大小及断弧频率控制

焊接电弧要控制得短些，前进的速度不宜过快，引弧熄弧频率控制在________次/min。要注意将焊接电弧的________覆盖在熔池上，电弧的________保持在熔池前，用来熔化和击穿焊件的坡口根部以形成熔孔。施焊过程中要严格控制熔池的形状，尽量保持大小一致。要观察熔池的变化和坡口根部的熔化情况，熔化应在坡口根部边缘外________ mm 以内（并标注在图 7－1－10 中），发现熔孔增大时，应稍________焊条，同时________焊条与前进方向之间的角度；反之，当熔孔缩小时，则________电弧，同时________焊条与前进方向之间的角度。电弧在上坡口根部停留时间比在下坡口停留的时间稍长，使上坡口根部熔化1~1.5 mm，下坡口根部熔化0.5~1 mm。

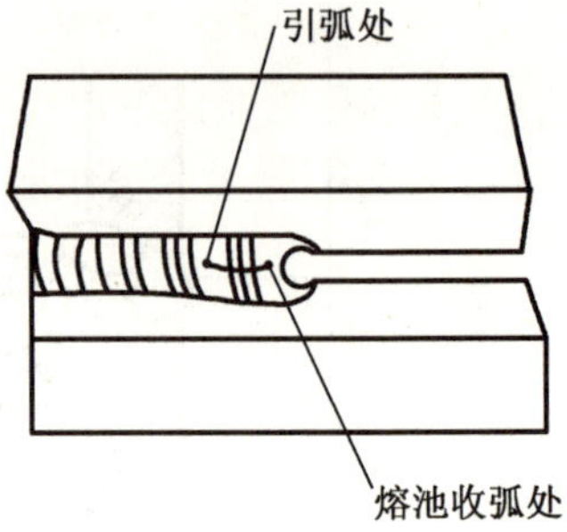

图7-1-10

(3)焊缝接头

当一根焊条即将焊完，更换另一根焊条时，应将焊条下压，使熔孔稍微扩大，向焊接反方向的下坡口拉回________mm，逐渐________焊条，使电弧逐渐拉长，形成斜缓坡形再熄弧，这样可把收弧缩孔消除或带到焊道表面，以便在下一根焊条焊接时将其熔化掉。焊缝接头分________法和________法。采用热接法时，换焊条速度要快，即收弧时熔池还未完全冷却就立即接头，在熔池后约________mm处引弧，并立即将电弧拉回至原弧坑的前沿，________电弧，重新击穿间隙再生成一个________，待新熔孔形成后，再按前述步骤进行正常施焊。采用冷接法时，应把距弧坑________mm斜坡上的熔渣敲掉并清理干净，在收弧熔池后约________mm处引弧，焊条做横向摆动向前施焊，焊至收弧处前沿时，填满________，焊条下压并稍作停留。当听到电弧击穿声，形成新的熔孔后，逐渐将焊条________，进行正常施焊。

(4)横焊打底焊的断弧焊操作要点

横焊时的熔孔在被击穿的瞬间容易被液态金属覆盖，一般不容易看见。因此，在焊接时要注意，当听到电弧击穿发出的“哧”声时，要快速________，否则容易产生焊瘤或熔孔过大。焊件背面保持________弧柱长度。第一层打底焊保证电弧要________，输送熔滴要________，间断断弧周期要________。

(5)环焊缝接头

焊一圈回到始焊处接头时，焊条需转一个角度，对准________，听到击穿声后，焊条略加摆动，并填满弧坑后收弧。在焊接封闭接头前，先将始焊端处理成________，然后再焊，当焊到缓坡的前沿时，电弧压低向坡口根部送进，然后焊过缓坡与正式焊缝重叠________左右熄弧。

(6)焊接过程性检查

打底层的焊波要求在坡口正中偏下，焊缝的上部不要有尖角，下部不得有黏合。

完成打底层焊接后，清理焊渣，进行过程性质量检查，以确保整体焊接质量及后续改进，并填写表7-1-4。

表7-1-4 打底焊层缺陷检查

检查项目	缺陷存在的数量	形成原因与改善措施
夹渣		
气孔		
裂纹		
未焊透		
未熔合		
焊瘤		
坡口根部熔合尺寸一致性		

2. 填充焊

先查阅资料完成下面的任务单，再按此前修订确认的焊接工艺卡的工艺要求和下面任务单的方式进行填充焊操作。

(1)清理与焊条角度控制

填充层施焊前，应先将________的________、________等清除干净，将打底焊层焊缝接头的________打磨平整，然后进行填充焊。填充焊时，焊条与焊接方向之间的夹角为________(图7-1-11)。

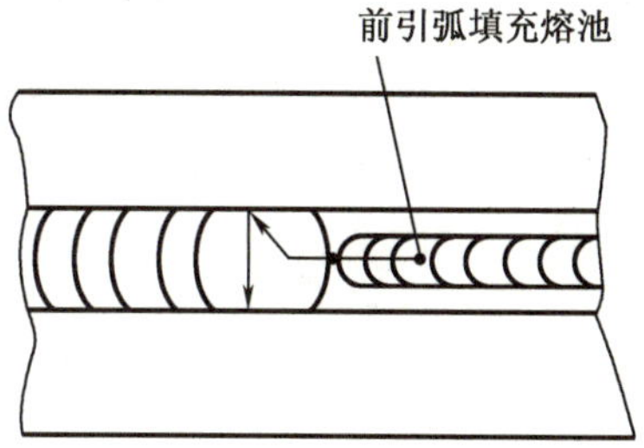

图7-1-11 焊条与焊接方向的夹角

(2)引弧

采用连续焊，如图7-1-11所示应用前引弧方式，在距焊缝起始端________ mm处引弧后，将电弧拉回起始端施焊。每次接头或焊接其他填充层时也都按此方法操作，以防止产生焊接缺陷。

(3)运条

填充层可焊一层或两层，如果为一层，则填充层焊道为两条焊道，先焊________(上或下)焊道，后焊________(上或下)焊道。焊条的垂直转角角度随焊道部位变化而不同，下部转角要大，上部转角则要小，如图7-1-12所示。焊道间要充分熔化，焊接速度不得太快，运条到凸起处稍快，而在凹处稍慢。焊下面填充焊道时，电弧对准前层焊道下沿，采用直线或斜锯齿形运条法稍摆动，熔池压住前打底层的________；焊上面填充焊道时，电弧对准前层焊道上沿，采用斜圆圈形运条法稍摆动，熔池填满该焊层剩余位置。控制好焊道两侧的熔合情况，焊条摆幅逐层________，在坡口两侧________，以保证熔池及坡口两侧温度________，并且有利于良好的熔合和排渣。最后一层填充层表面应距上坡口母材表面________ mm(并在图7-1-12标注该尺寸)、距下坡口母材表面________ mm(并在图7-1-12标注该尺寸)；注意不能熔化坡口________，确保焊接盖面层时能看清坡口，以保证盖面焊缝边缘平直。环焊缝首尾接头处操作与打底层相同。

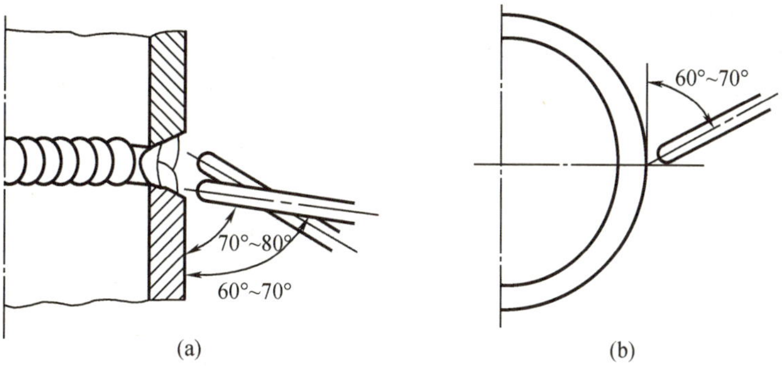

图7-1-12 填充焊层的焊道位置及其焊条角度

(4)焊接过程性检查

完成填充层焊接后，清理焊渣，进行过程性质量检查，以确保整体焊接质量及后续改进，并填写表7-1-5。

表 7-1-5 填充焊层缺陷检查

检查项目	缺陷存在的数量		形成原因与改善措施
	2 道	3 道	
夹渣			
气孔			
裂纹			
未焊透			
未熔合			
焊瘤			
最上层与坡口上表面尺寸一致性			
坡口边缘完好度			

3. 盖面焊

先查阅资料完成下面的任务单，再按此前修订确认的焊接工艺卡的工艺要求和下面任务单的方式进行盖面焊操作。

(1)清理与焊条角度控制

第一层与中间层焊道在换焊条时允许修磨接头部位，其他焊道不允许修磨和返修。

盖面层共三条焊道，焊道由下至上焊接，如图 7-1-13 所示。盖面层第一条焊道焊条对准填充层________，焊道盖住坡口________，后续每条焊道依次压住前焊道的________，如图 7-1-13 所示。

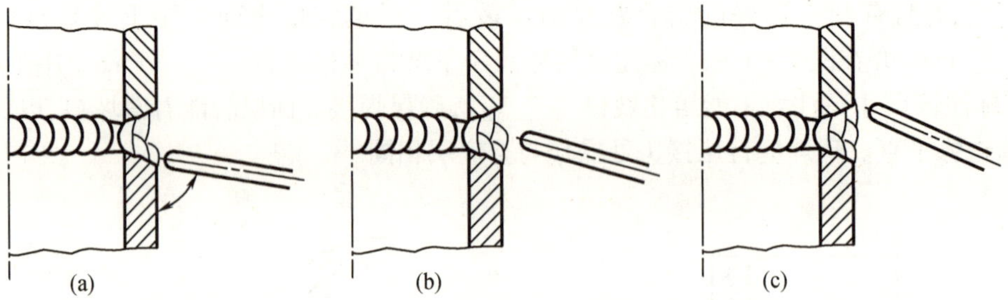

图 7-1-13 盖面层焊道及焊条角度

(2)运条

运条方法及接头方法与填充层相同，但焊条摆动的幅度要比焊接填充层________。焊条电流可适当________，摆动时要注意摆动幅度________、运条速度________，摆动至坡口两侧时应________，以焊条到达坡口边缘为止，坡口边缘熔化________ mm 为宜，以便使焊缝两侧边缘熔合良好，避免产生________，从而得到优质的盖面层焊缝。

最后一条焊道焊接速度适当________，或焊接电流适当________。调整焊条角度，避免液态金属下淌和产生________。

环焊缝首尾接头处操作与打底层相同。收弧时，由于温度较高，为避免产生________等缺陷，应采用________收尾法填满弧坑。

(3)焊接过程性检查

完成盖面层焊接后，清理焊渣，进行过程性质量检查，以确保整体焊接质量及后续改进，并填写表 7－1－6。

表 7－1－6 盖面层缺陷检查

检查项目	缺陷存在的具体问题及数量	形成原因与改善措施
夹渣		
气孔		
裂纹		
未焊透		
未熔合		
焊瘤		
咬边		

子任务 7－1－3 焊后处理与检查

知识积累

知识点 1:任务分析

任务实施路线:焊缝清理、质量检查。

知识点 2:焊缝清理与质量检查

焊件焊接完毕后，用敲渣锤、钢丝刷等清理掉焊缝上的焊渣、飞溅等，或用砂布重新打磨一遍焊缝，不得存在焊渣、焊点、毛刺等，焊缝应光滑、平整，应保证焊件的“边齐、面平”，包括焊件上开口边缘的垂直平行度，但不能破坏焊缝原始表面。焊后对焊缝表面质量进行检验，肉眼观察或用低倍放大镜检查焊缝表面是否有气孔、裂纹、咬边等缺陷，用钢直尺、钢角尺、焊缝检验尺对焊缝进行外观质量和外观成形尺寸检查。

实训活动

1. 焊件焊后处理与检测评分

焊件焊接完毕后，先用敲渣锤清理焊渣，再用钢丝刷进一步将焊渣、飞溅等清理干净。严禁破坏焊缝原始表面，禁止用水冷却。对焊缝表面质量进行目视检验，使用 5 倍放大镜观察表面是否存在缺陷，并使用焊接检验尺对焊缝进行测量，焊件外观检查的结果应满足各项要求。然后对焊接截面做宏观金相检测。焊件按规范进行检测，评分记录表见子任务 3－1－3 同类表。

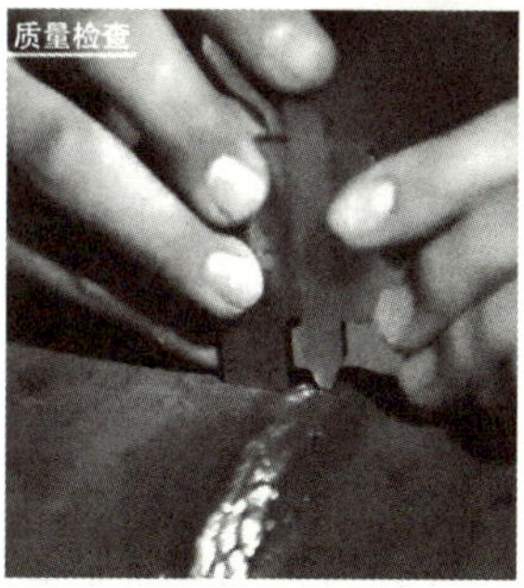

质量检查图

2. 工位、工具清理点检与评分

焊接结束后，关闭焊接电源。按 9S 标准清扫场地，按规定摆放工具，整理焊接电缆，确认无安全隐患，并做好使用记录，进行评分，评分表见子任务 1－1－3 同类表。

项目八　管对接水平固定焊条电弧焊

项目描述：师徒对话

小白学了管对接的焊接后对管道应用很感兴趣，处处留心，他发现管道不但在管线运输中用得多，在船舶、压力容器行业用得也特别多，看来真要好好学才行。现在小白已经掌握了管对接垂直固定焊条电弧焊方法，于是高师傅给小白布置了新任务。高师傅说："管路装配中水平对接更常见，所以不但要学会垂直固定焊，还要学会水平固定焊，水平固定焊涉及了立焊和仰焊方法，难点在于二者的结合和连续，今天你就学习水平固定焊这个项目吧，你需要达成以下目标。"

项目目标

知识目标：

1. 熟悉管对接水平固定焊的特点；
2. 掌握管对接水平固定焊条电弧焊方法；
3. 掌握管对接水平固定焊条电弧焊的常见缺陷与预防措施；
4. 掌握管对接水平固定焊条电弧焊焊缝外观质量检查方法。

技能目标：

1. 能够正确识读图纸；
2. 能够正确应用工具进行坡口处理；
3. 能够正确进行装配定位；
4. 能够正确选用焊条；
5. 能够正确选用合适的焊接工艺参数；
6. 能够熟练进行管对接水平固定焊条电弧焊的焊接操作：引弧、运条、起头、接头与结尾；

7. 能够进行管对接水平固定焊条电弧焊多层焊。

素养目标：

1. 具有查阅资料、自主学习和勤于思考的能力；
2. 具有尊重和自觉遵守法规、标准的意识；
3. 具有良好的职业道德、敬业精神和团队精神；
4. 具有安全、环保和节约意识；
5. 具有 9S 管理意识。

任务 8－1 低碳钢管对接水平固定焊条电弧焊

任务说明：

按图 8－1－0 及技术要求进行材料准备、工艺准备、焊接实施、质量检查、自我评定与总结。

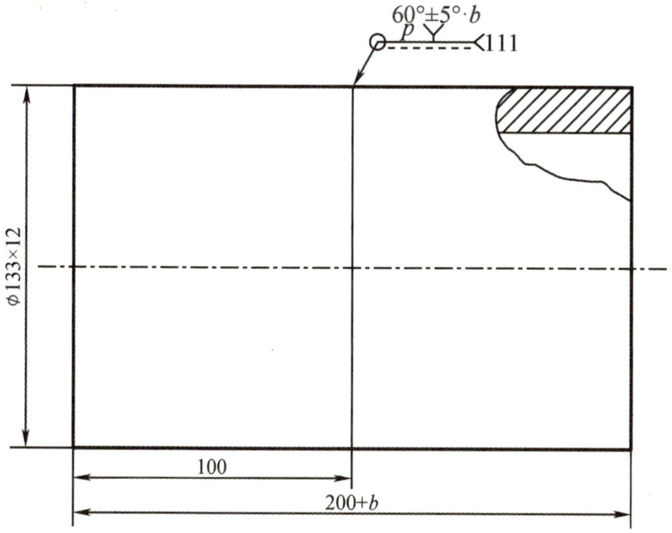

技术要求：1. 坡口角度为 60°；2. 单面焊双面成形；3. 焊件材料为 20 号钢；4. 坡口根部间隙及钝边自定；5. 焊件空间位置符合水平固定焊要求；6. 两管同轴 < φ0.1；7. 不允许有咬边；8. 不允许有未焊透；9. 不允许有裂纹、气孔、夹渣。

图 8－1－0 低碳钢管对接水平固定焊焊件图

子任务8-1-1 焊前准备

知识积累

知识点1:任务分析

水平固定管对接的焊接是指管子悬吊在水平或接近水平位置时的焊接,如图8-1-1所示。它属于焊条电弧焊中进行全位置焊接的基本形式,也是难度最大的操作技术之一,包括仰、立、平所有空间位置的焊接,因此,它具有与板状焊件相应位置类似焊接特点。

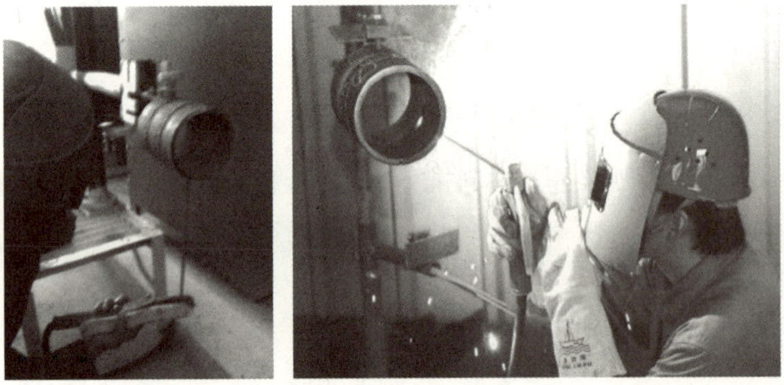

图8-1-1 管对接水平固定焊位置示意图

任务实施路线:图样识读、焊件准备及坡口清理、焊条选择、工艺参数确定、装配定位。

知识点2:焊件准备及坡口清理

根据任务单可知,焊件材质为20号钢,两管件尺寸均为$\phi133\times12\times100$ mm,单边开30°V形坡口。

首先使用内磨机与角磨机打磨管件焊缝内侧与外侧10~20 mm范围,再使用角磨机打磨坡口,坡口角度为60°±5°,坡口钝边宽度为1~1.5 mm。清除焊缝周围铁锈、油污,露出金属光泽。

知识点3:焊接工艺参数确定

母材为20号钢,属于低碳钢,可选用酸性焊条E4303或碱性焊条E4315,酸性焊条则采用直流正接,碱性焊条则采用直流反接,重要管件多采用碱性焊条,焊条直径选择3.2 mm,碱性焊条烘干温度为350~400 ℃,保温2 h,随取随用,此处以碱性焊条E4315为例进行工艺参数确定。

综合来看,12 mm厚板材可采用打底、填充(两层)、盖面来焊接,具体焊接工艺参数见表8-1-1。

知识点4:装配定位

根据管径大小可以采用两点定位,具体在管件放置的十点钟和两点钟位置进行定位,装配间隙在2~4 mm之间,定位焊焊点长度10~15 mm,厚度5~8 mm,焊后管件错边量不大于0.5 mm,焊点打磨成缓坡形,以利于接头。

表 8－1－1　焊接工艺参数表

<table>
<tr><th>焊接层次</th><th>焊条型号</th><th>焊条直径/mm</th><th>焊接电流/A</th><th>焊接电压/V</th><th>电源极性</th></tr>
<tr><td>打底层</td><td rowspan="3">E4315</td><td>3.2</td><td>90～110</td><td>20～24</td><td rowspan="3">直流反接</td></tr>
<tr><td>填充层(两层两道)</td><td>3.2</td><td>100～120</td><td>20～24</td></tr>
<tr><td>盖面层</td><td>3.2</td><td>100～130</td><td>20～24</td></tr>
</table>

实训活动

1. 分析与制订焊接工艺

(1)焊接工艺基本分析

管厚为 12 mm，采用 V 形坡口，间隙为________mm，焊道设计为________。

根据所提供的 ZX7－400 焊接电源，选用焊条的类型为________，焊条应提前加热烘干、保温，烘干温度为________，保温时间为________。

第一焊道焊接根部，该管径小，只能单面焊，因此要满足单面焊双面成形，应选用直径较________焊条，焊接电流应较________。

填充焊道和盖面焊道应选用比第一焊道：焊条的直径________、焊接电流________。

(3)工艺制订

根据焊接要求，结合前面所学知识进行工艺制订，完成表 8－1－2 所示工艺卡的编制。

表 8－1－2　20 号钢管对接水平固定焊条电弧焊的焊接工艺卡

<table>
<tr><th colspan="2">焊接工艺卡</th><th colspan="5">编号：</th></tr>
<tr><td>材料牌号</td><td></td><td colspan="5" rowspan="8">接头简图(在左图补全标注尺寸并画出焊道，在右图画出定位焊的位置)
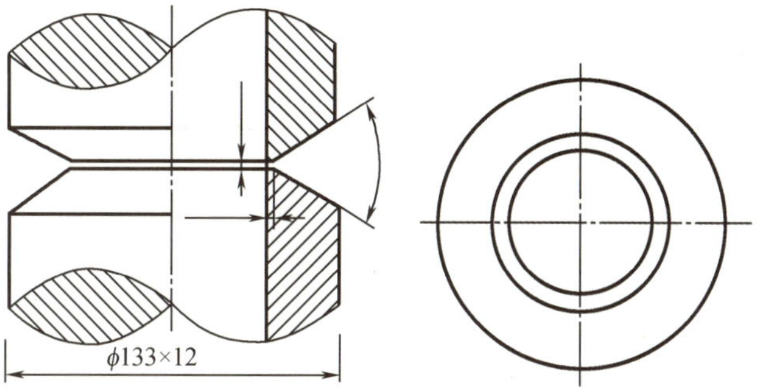
</td></tr>
<tr><td>材料规格/mm</td><td></td></tr>
<tr><td>接头种类</td><td></td></tr>
<tr><td>坡口形式</td><td></td></tr>
<tr><td>坡口角度</td><td>—</td></tr>
<tr><td>钝边</td><td>—</td></tr>
<tr><td>组对间隙/mm</td><td></td></tr>
<tr><td>焊接方法</td><td></td></tr>
<tr><td>焊接设备</td><td>ZX7－400</td><td colspan="5"></td></tr>
<tr><td>电源种类</td><td></td><td rowspan="3">焊后
热处理</td><td>种类</td><td>—</td><td>保温时间</td><td>—</td></tr>
<tr><td>电源极性</td><td></td><td>加热方式</td><td>—</td><td>层间温度</td><td>—</td></tr>
<tr><td>焊接位置</td><td></td><td>温度范围</td><td>—</td><td>测量方法</td><td>—</td></tr>
</table>

<table>
<tr><th colspan="6">焊接参数</th></tr>
<tr><th>焊层</th><th>焊材型号</th><th>焊材直径/mm</th><th>焊接电流/A</th><th>焊接电压/V</th><th>焊接速度/(cm/min)</th></tr>
<tr><td>打底焊</td><td rowspan="3"></td><td></td><td></td><td></td><td></td></tr>
<tr><td>填充焊</td><td></td><td></td><td></td><td></td></tr>
<tr><td>盖面焊</td><td></td><td></td><td></td><td></td></tr>
</table>

2. 材料、工具设备、工位领取及点检

按老师审核通过的焊接工艺卡领取材料、工具设备及工位，并进行点检，检查表见子任务1－1－1。

3. 接头坡口处理及装配定位

根据坡口要求，确定各零件接头处需清理的位置与范围，一般要求焊缝两侧________ mm内需清理干净，清理时可采用砂轮修磨或化学处理的方式去除板材接头处表面铁锈、油污等杂物。

装配定位：将焊件在转台架上装配组对好，达到相关尺寸要求。在管子的________方位进行定位焊，定位焊的长度为________ mm。装配完毕，应用水平尺转动管子在3、6、9、12点测量找正焊件，确保管子组对没有错边及弯曲在要求范围内。然后填写检测表8－1－3。

表8－1－3 接头装配定位检测表

装配定位变形控制尺寸检测

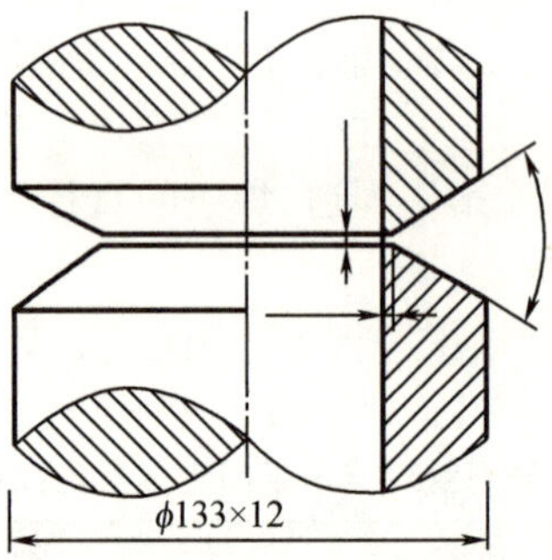

装配定位尺寸

角度		间隙		错边		弯曲度	
设计值	检测值	设计值	检测值	规范值	检测值	规范值	检测值

子任务8－1－2 焊接操作

知识积累

知识点1：任务分析

受空间限制，管对接环形缝不能两面施焊，必须采用单面焊双面成形工艺，水平固定管包括仰、立、平所有空间焊接位置，焊接时需要不断变化焊接位置，操作者的站立高度和运条角度必须适应位置变化的需要。水平固定管焊接时的热循环规律是下冷上热，在焊接电流不能随时调整的情况下，主要靠焊工摆动焊条来控制热量，达到均匀熔化的目的，所以对操作者的操作技术水平要求很高，需要操作者能随机应变，具有丰富的操作经验。

由于管缝属于立向环形缝，为方便操作，一般分两半段进行焊接。如果把环形焊缝截面看成一个圆形时钟，如图8－1－2(a)所示，以6点钟和12点钟对半分左右两个半圆进行焊接，都是从下向上焊接，即从正仰位起焊向左右两半圆施焊。如图 8 –1 –2(b)所示，先焊的一半叫前半部，后焊的一半叫后半部。前半部没有接头限制，比较容易操作，前半圆的起焊点和收尾部位要求超过中心线 5 ~ 10 mm。后半圆则需注意起始段接头和终焊端接头，均需重叠 5 ~ 10 mm，以保证接头处焊透。在仰焊部位接头时，由于起焊时容易产生气孔、未焊透等缺陷，故接头时应把起焊处的原焊缝用电弧等割去约 10 mm 长，这样不仅割除了可能有缺陷的焊缝，而且形成的缓坡形割槽也便于接头。

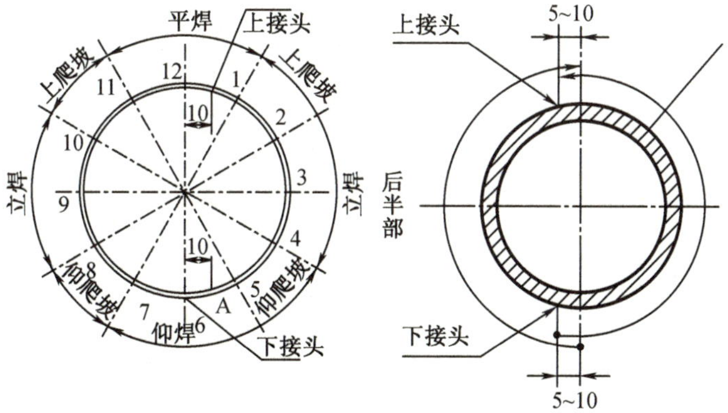

(a)各段焊接位置　　(b)两半圆焊接法

图 8 –1 –2 管对接水平固定焊方法与焊接位置

任务实施路线：打底、填充(两层)、盖面。

知识点 2：打底焊

1. 管件上架

将装配好的钢管焊件，装卡在一定高度的架子上(根据焊工个人的条件，可以采用蹲位、站位等)，站位时管件高度一般在操作者腰部附近，焊件一旦上架固定，必须在全部焊缝焊完后方可取下。

2. 焊条角度

管对接水平固定焊在从下往上焊时，位置不断变化，焊条与焊缝切削的角度也必须相应变化。打底焊时一般从起始点仰焊位时焊条稍微后倾或垂直，慢慢变换到立焊的焊条后倾角度，最后转换到平焊时的前倾角度，焊条与焊缝切线的夹角参照图 8 –1 –3 各部的焊条角度值，焊条与管轴线夹角应为 90°。

3. 前半部焊接

(1)焊接方法

打底层采用断弧法短弧焊接。6 点钟前 5 ~ 10 mm 处坡口内用敲击法或划擦法引弧，长弧预热坡口 2 ~ 3 s，待坡口两侧接近熔化状态，即表面出现“汗珠”时，立即对准焊缝根部压低电弧，以极短的电弧长度击穿焊缝根部坡口两侧钝边，形成熔池与熔孔，停顿到当被击穿的熔孔直径大于焊缝间隙 1.0 ~ 2.0 mm 时，焊条迅速拉向焊接方向后侧熄弧，使熔池降温，待熔池变为暗红色时，在断弧处重新引弧并压低电弧向上送给，形成第二个熔池，如此引弧、击穿、停顿、断弧反复进行，向前施焊。

焊接过程中随着焊接位置的变化而不断变化焊条角度和操作者姿势，如图 8 –1 –3 所示，保证焊缝成形和质量。随着焊接进行，熔池中的温度是不断变化的，对焊缝成形有较大影响，操作者需要密切注视熔池中的温度变化，并利用焊条的燃弧时间与熄弧时间长短不断调整和控制，使熔池中的温度始终处于相近的状态，完成焊缝的根部焊接。

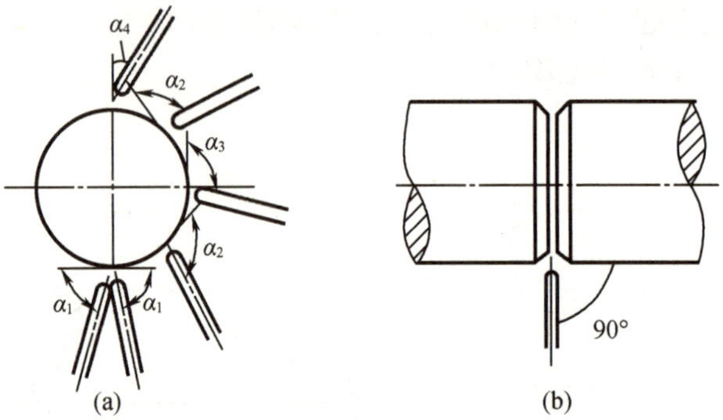

$\alpha_1=80°\sim85°$；$\alpha_2=95°\sim105°$；$\alpha_3=105°\sim110°$；$\alpha_4=20°\sim30°$。

图 8－1－3 打底焊焊条角度示意图

（2）更换焊条接头

焊接接头时，先打磨焊缝接头呈斜坡状，底部厚度与钝边相同，引弧点位置在接头处前方 10～20 mm 处，电弧引燃并稳定后迅速移到收弧熔孔的 1/2 处，听到击穿声时稍摆动再向前断弧，然后正常施焊。

（3）定位焊点接头

当进行到定位焊点处时，要保证焊接熔池前面形成的熔孔前部边缘与焊件定位焊点斜坡形成一个熔孔。焊条再次接弧时，对准熔孔中部压低电弧保持不动，击穿根部使其在焊缝背面与定位焊点背面前后形成的焊道高度保持相等，避免焊缝背面留有凹坑。当焊缝碰头处的熔孔封口后，焊条不要立即熄弧，应采用连弧焊法向前焊 5～6 mm，然后稍作稳弧，在焊缝坡口的一侧熄弧，完成焊缝碰头焊接。

（4）收弧

收弧操作时，焊条下压，待熔孔稍增大后，缓慢将电弧带至熔孔上方坡口内侧 10 mm 左右处熄灭，防止产生冷缩孔。

4. 后半部焊接

后半部焊接操作方法与前半部相似，难点在于仰焊接头和平焊接头。

（1）仰焊部位接头

仰焊部位接头时，由于起焊时容易产生气孔、未焊透等缺陷，故接头时应把起焊处的原焊缝修磨掉约 10 mm，再施焊。在接头后 8～10 mm 处引弧，焊条与垂直方向的夹角为 5°～10°，运条至熔孔处做上顶动作，并稍微停顿，待接头熔化后，反方向改变焊条角度，压低电弧，向上顶压焊条，使电弧在坡口内燃烧，形成完整的熔池后熄弧，转入正常焊接，如图 8－1－4所示。

（2）平焊部位收尾接头

平焊部位的接头是整个环焊缝的收尾部分，首先应用手工修顺接头处，使接头处形成缓坡形。焊条前倾，在距接头处 3～5 mm 封闭时，绝不可断弧，接头封闭时，需把焊条向里稍微压一下，并在接头处做圆圈形来回摆动，使接头充分熔合，将弧坑填满，然后再熄弧。

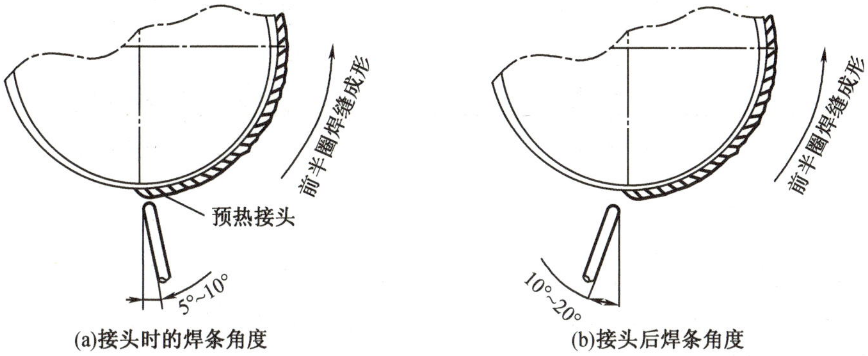

图 8－1－4 仰位接头焊接操作示意图

5. 仰焊位焊接操作要领

管对接水平固定焊仰位打底焊接过程中，熔池形状和焊条角度等对焊缝成形至关重要。如果焊条未伸入到坡口根部钝边外、电弧较长，则熔池下坠趋势明显，其形状呈“吊坠形”，如图 8－1－5(a)所示，熔池与坡口两侧形成的夹角尖锐，易造成后面焊道间内部夹渣等缺陷。

正确的操作方法：焊条送进时，送入坡口根部钝边外，可使管件坡口钝边处连接形成熔池先于坡口周边母材熔化。由于热量集中，相对熔化时间短，熔池金属熔化量少，熔池质量轻，一般不易下坠产生焊瘤。焊后管件内壁焊缝成形较饱满，呈扁平状的熔池与坡口两侧沟槽也很浅，有利于后面层的施焊，如图 8－1－5(b)所示。

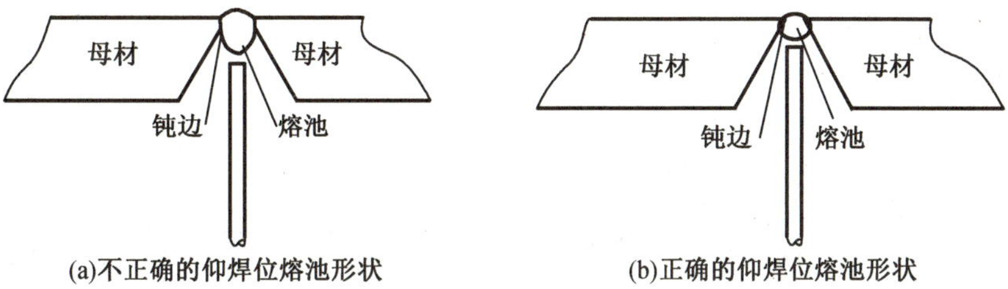

图 8－1－5 仰焊位熔池控制示意图

知识点 3：填充焊

1. 操作顺序

中厚管焊接包含多个焊层，对于管对接水平固定焊，其焊缝焊层任一横断面都在同一水平线位置，不存在上下结构，熔池始终位于焊缝上，熔滴不会因重力而偏离焊缝中心，因此无须采用多层多道焊，采用多层焊即可，如图 8－1－6(a)所示。对于大管径坡口太宽，在盖面焊层甚至部分填充焊层则一层需要多个焊道，如图 8－1－6(b)所示，中小管径则只需一道盖面焊。

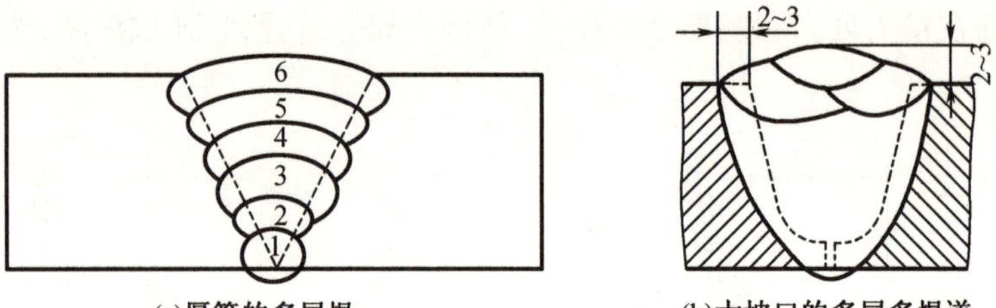

(a)厚管的多层焊　　(b)大坡口的多层多焊道

图 8 -1 -6　管对接水平固定焊的焊层与焊道设计

填充每一层时应该打磨清理干净前一道焊缝再施焊。12 mm 厚管件采取两层填充比较合适,依然分前后两半圆焊接,从仰焊位开始,平焊位终止,焊接时每层起焊点应与前一层起焊点接头错开 10 ~ 20 mm,第一层填充层起焊点可放在 6 点钟正仰位处,第二层填充层起焊点可放在 6 点钟向前半圆方向偏 5 ~ 10 mm 处。

2. 焊条角度

填充层和盖面层焊条角度与打底层略有不同,具体如图 8 -1 -7 所示。

3. 焊接方法

填充层缺陷较少,但若工艺不当,同样会出现密集气孔、层间未焊透、夹渣、熔坑裂纹等缺陷。中间层的焊波较宽,一般采用锯齿形或反月牙形运条法进行连弧焊接,要求严格时,仰焊位和立焊位采用反月牙形运条法,平焊位逐步转变为锯齿形运条法,焊条与管件轴线间的夹角也要跟着变化,如图 8 -1 -8 所示,从左向右运条,焊条角度变化从 1→2→3。焊接操作时在坡口两侧稍加停顿,中间过渡稍快,保证焊道与母材熔合良好又不咬边;焊第二层填充层时主要避免熔化坡口边缘;焊接速度应均匀一致,保证焊道高低一致,均匀平整,为盖面层焊接打下良好基础。第二层填充层焊道高度要求仰焊位和平焊位低于母材表面约 0.5 mm,立焊位距离母材表面约 1 mm。

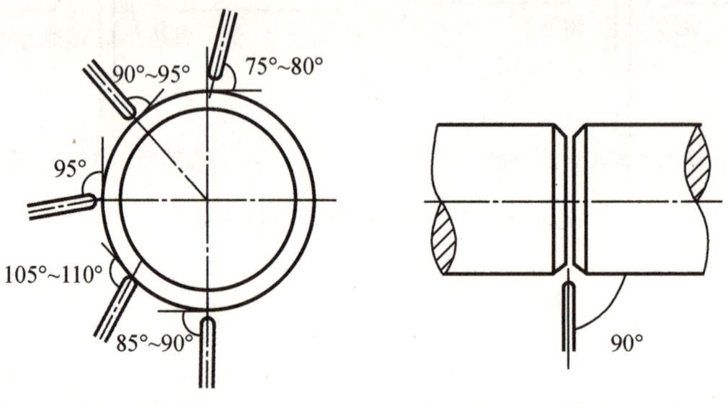

(a)　　(b)

图 8 -1 -7　填充和盖面焊焊条角度示意图

填充焊引弧、各类接头及收尾与打底焊类似。

4. 填充焊及盖面焊仰位焊操作要领

填充焊与盖面焊的仰位接头焊接时,要保证准确、到位,避免出现脱节和超高现象。具体方法为:如图 8 -1 -9 所示,在接头前面一段距离的打底焊道表面用划擦引弧法引弧,然后再将引燃的电弧拉到前半圈焊缝始焊处，使焊条倾角与焊接方向相反，焊条与垂直方向成75°左右，以锯齿形运条法进行连弧焊接。完成接头焊接后，再恢复正常焊接。

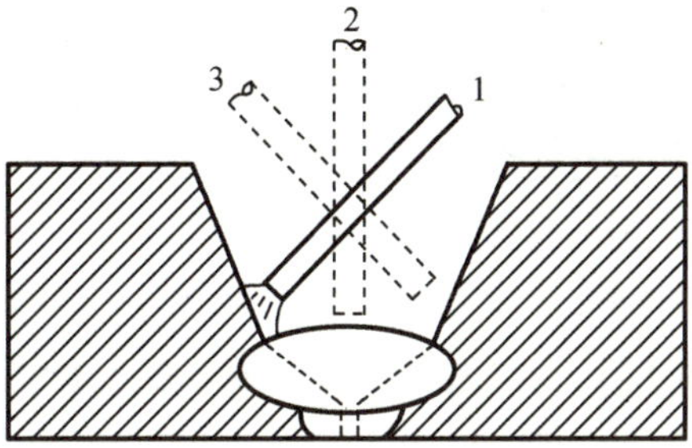

图 8-1-8 焊条转角随运条位置而变化

知识点 4：盖面焊

盖面焊操作方法与填充层相同，采用一道焊即可，熔池温度与焊接速度的控制方法也与填充层类似，盖面焊焊缝部分又称加强面，其不单是为了工艺美观，也反映了质量的好坏。如严重的咬边、焊缝过高或不足、焊缝和管子过渡陡急等都是不允许的。盖面焊时，要使焊缝中间高一些，摆动可稍慢而稳，使焊波均匀美观。焊至两侧要有足够的停留时间，摆动快了，熔滴过渡量太少，边角填不满，会出现咬边。

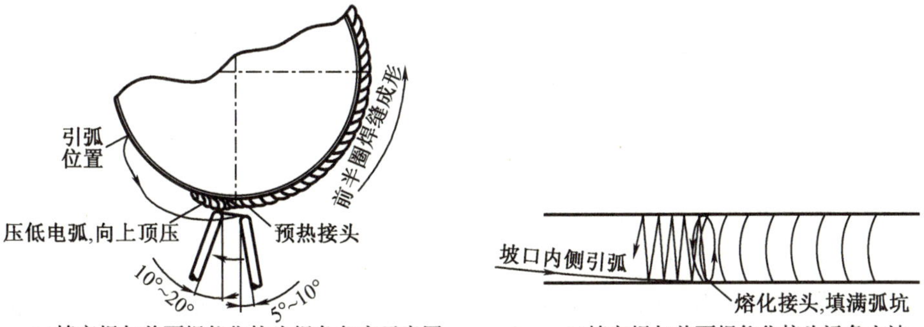

(a)填充焊与盖面焊仰位接头焊条角度示意图 (b)填充焊与盖面焊仰位接头运条方法

图 8-1-9 填充焊与盖面焊仰位接头焊接示意图

焊缝盖面连弧焊时，焊条的横向摆动运条宽度始终控制在使坡口两侧的棱角线被熔化1.0～1.5 mm，而焊条每次横向摆动运条与焊接速度的配合，始终处在使形成的焊接熔池形状成圆鱼鳞形状，焊接时填充的金属量始终控制在使形成的焊缝高出母材表面1.5～3.0 mm，局部焊缝不得高出母材表面4.0 mm，如图 8-1-10 所示。

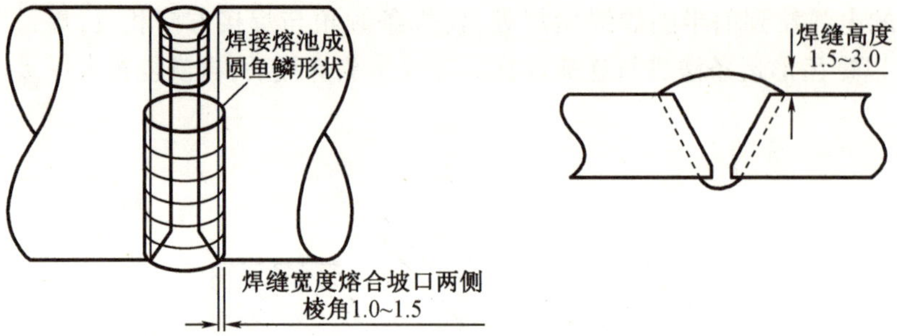

(a)熔池形状　　(b)焊缝成形高度

图 8－1－10　盖面焊接熔池形状及焊缝成形

实训活动

1. 打底焊

先查阅资料完成下面的任务单，再按此前修订确认的焊接工艺卡的工艺要求和下面任务单的方式进行打底焊操作。

(1)引弧与焊条角度及焊接方向

本任务焊件采用两半圆焊接法进行焊接，使用断弧焊进行打底焊，在图 8－1－11 标出起焊点、收尾点、焊接方向、焊接顺序、焊条的角度。打底焊从焊件的________处开始引弧。电弧引燃后，可长弧稍作停留进行________，当看到焊件坡口根部有“出汗”现象时，说明________温度已合适，然后电弧采用________弧(长弧还是短弧)，直线向上施焊，注意焊条角度。断弧焊采用一点击穿法(焊接电弧同时在坡口两侧燃烧，两侧钝边同时熔化，然后迅速熄弧，在熔池将要凝固时，又在熄弧处引燃电弧、击穿、停顿，周而复始地进行)，断弧频率为________次/min。当打底层焊接熔池形成后，焊接金属熔池的前沿应该能够看到________，熔孔使坡口两侧的上坡口面各熔化掉________ mm，以后一个熔池搭接前一个熔池的________左右为宜。

(2)更换焊条的焊缝接头

当需要更换焊条头而停弧时，用即将被更换掉的焊条头向熔池________方点弧 2 ~ 4 下，用电弧热加温焊缝收尾处，缓慢降低熔池的________，将收弧时产生的________消除或带到焊缝表面，以便在新焊条引弧焊接时将其熔化消除。

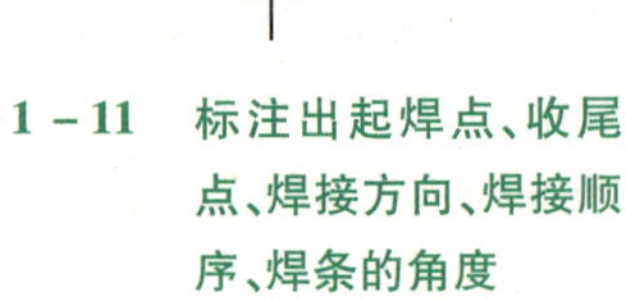

图 8－1－11　标注出起焊点、收尾点、焊接方向、焊接顺序、焊条的角度

焊缝接头方法可以采用热接法或冷接法。

采用热接法时，更换焊条的速度要快，在熔池还呈红热状态时，立即在熔池________方的________ mm 处引燃电弧，并将电弧引至焊缝熔孔处。这时，电弧在熔孔处下探，听到“噗、噗” 两声电弧________声即可熄弧，转入正常焊接。

冷接法是在焊前先将收弧处的焊缝打磨成________形状，在熔池________方的________ mm 处引燃电弧，将电弧顺着缓坡移至焊缝熔孔处。此时，电弧在熔孔处下探，听到“噗、噗”两声电弧击穿声即可熄弧，转入正常焊接。

(3)焊缝起焊处与收尾处接头

仰焊部位接头时应把起焊处的原焊缝用电弧割去 10 mm,也可用锉刀等手工加工方式修顺接头处,然后再施焊,是为了消除________、________等缺陷。起焊处接头用电弧吹削时,首先用________弧预热接头部分,待接头处熔化时迅速将焊条转成________位置,使焊条端头对准熔化铁水,用力向前一推,未凝固的铁水即被割除而形成缓坡形的割槽;随后,焊条回到原始位置,从割槽的后端开始焊接,运条至接头中心时,切勿断弧,必须将焊条________一下,以________未熔化的根部,使接头完全熔合。

平焊部位接头首先应用手工修顺接头处,使接头处形成缓坡形。焊接时选用适中的电流强度。焊条________倾,在距接头处________封闭时,________断弧,接头封闭时,需把焊条向里稍微压一下,并在接头处做圆圈形来回摆动,使接头充分熔合,将弧坑填满,然后再熄弧。

(4)焊接过程性检查

完成打底层焊接后,清理焊渣,进行过程性质量检查,以确保整体焊接质量及后续改进,并填写表 8-1-4。

表 8-1-4 打底焊层缺陷检查

检查项目	缺陷存在的具体问题及数量	形成原因与改善措施
夹渣		
气孔		
裂纹		
未焊透		
未熔合		
焊瘤		
咬边		

2. 填充焊

先查阅资料完成下面的任务单,再按此前修订确认的焊接工艺卡的工艺要求和下面任务单的方式进行填充焊操作。

(1)清理与运条控制

用钢丝刷清理干净打底层焊渣,如有局部凸起,则使用錾子和锤子进行修整。填充焊的焊接方位选择________。焊接填充层时采用连弧焊,焊条摆动幅度大些,在坡口两侧停留的时间稍长,应保证焊道平整并略下凹;一般采用________进行焊接,中间层的焊波较宽,要求严格时仰焊位和立焊位采用________运条法,平焊位逐步转变为________运条法,焊条与管件轴线间的夹角也要跟着变化;电弧要________(长弧还是短弧),在坡口两侧稍作停留来稳弧,注意不要破坏________,以保证焊道与母材的熔合良好。注意:填充层的最后一层应低于母材表面________ mm,如图 8-1-12(b)所示,且与两侧坡口圆滑过渡。

(2)接头

与前面学习过的其他填充层的接头方式相同,采用前引弧方式。在熔池前约________ mm 处引弧,并立即将电弧拉回至原弧坑的前沿,________电弧,待熔池形状合适后,再按前述步骤进行正常施焊。

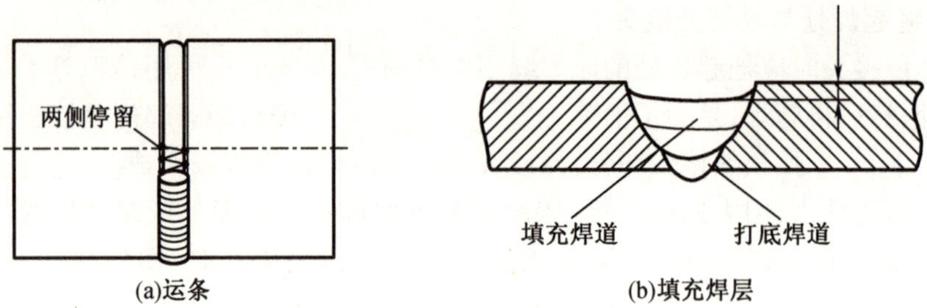

图 8 – 1 – 12　运条与填充焊层

(3)焊接过程性检查

完成填充层焊接后，清理焊渣，进行过程性质量检查，以确保整体焊接质量及后续改进，并填写表 8 – 1 – 5。

表 8 – 1 – 5　填充层缺陷检查

检查项目	缺陷存在的具体问题及数量	形成原因与改善措施
夹渣		
气孔		
裂纹		
未焊透		
未熔合		
焊瘤		
咬边		

3. 盖面焊

先查阅资料完成下面的任务单，再按此前修订确认的焊接工艺卡的工艺要求和下面任务单的方式进行填充焊操作。

(1)运条控制与接头

焊接盖面层时采用________焊，焊条角度、运条方法和接头方法与填充层相同。焊条摆动幅度和运条速度要均匀一致，熔合好坡口两侧________，控制每侧增宽熔合量为________ mm。采用月牙形或________运条法，横向摆动要小，运条到两侧时要稍作停留，以保证焊道边缘熔合良好，防止产生________缺陷。采用________弧（长弧还是短弧）焊接，焊接速度不宜过快，以保证焊道层间熔合良好。

(2)焊接过程性检查

完成盖面层焊接后，清理焊渣，进行过程性质量检查，以确保整体焊接质量及后续改进，并填写表 8 – 1 – 6。

表 8-1-6　盖面层缺陷检查

检查项目	缺陷存在的具体问题及数量		形成原因与改善措施	
	第一面焊缝	第二面焊缝	第一面焊缝	第二面焊缝
夹渣				
气孔				
裂纹				
未焊透				
未熔合				
焊瘤				
咬边				

子任务 8-1-3　焊后处理与检查

知识积累

知识点 1:任务分析

任务实施路线:焊缝清理、质量检查。

知识点 2:焊缝清理与质量检查

焊件焊接完毕后,用敲渣锤、钢丝刷等清理掉焊缝上的焊渣、飞溅等,或用砂布重新打磨一遍焊缝,不得存在焊渣、焊点、毛刺等,焊缝应光滑、平整,应保证焊件的"边齐、面平",包括焊件上开口边缘的垂直平行度,但不能破坏焊缝原始表面。焊后对焊缝表面质量进行检验,肉眼观察或用低倍放大镜检查焊缝表面是否有气孔、裂纹、咬边等缺陷,用钢直尺、钢角尺、焊缝检验尺对焊缝进行外观质量和外观成形尺寸检查。

实训活动

1. 焊件焊后处理与检测评分

焊件焊接完毕后,先用敲渣锤清理焊渣,再用钢丝刷进一步将焊渣、飞溅等清理干净。严禁破坏焊缝原始表面,禁止用水冷却。对焊缝表面质量进行目视检验,使用5 倍放大镜观察表面是否存在缺陷,并使用焊接检验尺对焊缝进行测量,焊件外观检查的结果应满足各项要求。然后对焊件进行无损检测,焊件内部质量按《焊缝无损检测　射线检测　第 1 部分:X 和伽玛射线的胶片技术》(GB/T 3323.1—2019)评定。对焊件按规范进行检测评分,角接焊缝外观评分标准见子任务 3-1-3 同类表。

2. 工位工具清理点检与评分

焊接结束后,关闭焊接电源。按 9S 标准清扫场地,按规定摆放工具,整理焊接电缆,确认无安全隐患,并做好使用记录,进行评分,评分表见子任务 1-1-3 同类表。

项目九　管板垂直固定焊条电弧焊

项目描述：师徒对话

高师傅接到一项现场焊接的任务，是为一个钢梁结构顶板加装几根支撑管。高师傅告诉小白：“这种管板对接的焊接在工程中非常常见，根据焊接位置不同，有仰角焊、平角焊、全位置角焊接等多种情况，其中比较难的是仰角焊和全位置焊接。”小白问道：“在管对接水平固定焊中也涉及仰焊、立焊、平焊，这个应该也差不多吧？”“差之毫厘，谬以千里！”高师傅严厉地说道，“这两种还是有较大区别的，这一阶段你就重点学习这个项目，需要达成以下目标。”

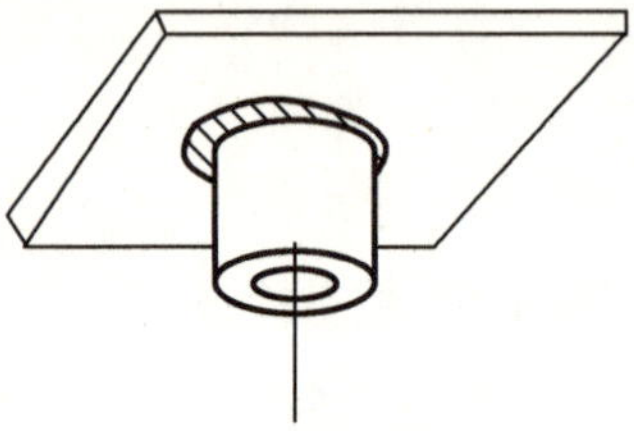

项目目标

知识目标：

1. 熟悉管板垂直固定焊的特点和类型；
2. 掌握管板垂直固定焊条电弧焊方法；
3. 掌握管板垂直固定焊条电弧焊的常见缺陷与预防措施；
4. 掌握管板垂直固定焊条电弧焊焊缝外观质量检查方法。

技能目标：

1. 能够正确识读图纸；
2. 能够正确应用工具进行坡口处理；
3. 能够正确进行装配定位；
4. 能够正确选用焊条；
5. 能够正确选用合适的焊接工艺参数；
6. 能够熟练进行管板垂直固定焊条电弧焊的焊接操作：引弧、运条、起头、接头与结尾；
7. 能够进行管板垂直固定焊条电弧焊多层焊。

素养目标：

1. 具有查阅资料、自主学习和勤于思考的能力；

2. 具有尊重和自觉遵守法规、标准的意识；
3. 具有良好的职业道德、敬业精神和团队精神；
4. 具有安全、环保和节约意识；
5. 具有 9S 管理意识。

任务 9-1 低碳钢管板垂直(仰位)固定(骑坐式)焊条电弧焊

任务说明：

按图 9-1-0 及技术要求进行材料准备、工艺准备、焊接实施、质量检查、自我评定与总结。

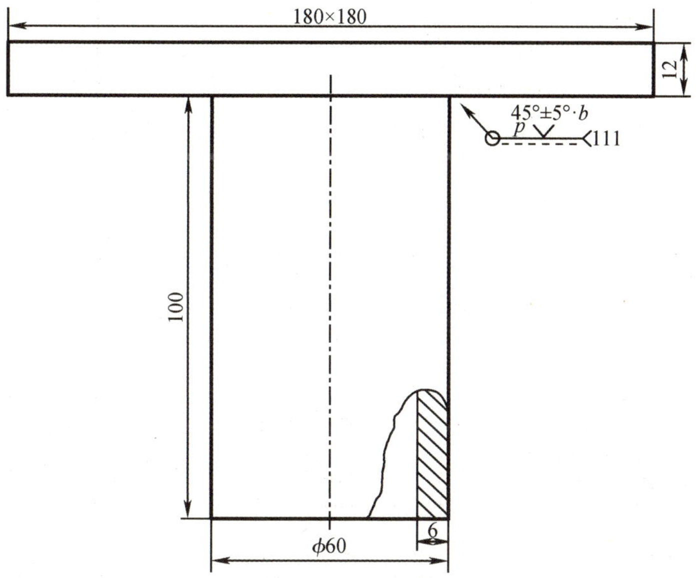

技术要求：1. 坡口为 45°，V 形带钝边坡口；2. 坡口根部间隙和钝边尺寸自定；3. 定位中心偏移≤0.5 mm；4. 垂直偏移度＜1°；5. 焊脚为 10 mm；6. 不允许有咬边；7. 不允许有未焊透；8. 不允许有裂纹、气孔、夹渣；9. 焊缝余高≤1+0.15b；10. 焊件材质为管 20 号钢，板 Q235B。

图 9-1-0 管板垂直(仰位)固定(骑坐式)焊件图

子任务9 - 1 - 1 焊前准备

知识积累

知识点 1:任务分析

管板类接头实际上是一种 T 型接头的环形焊缝焊接,是锅炉、压力容器等制造的主要焊缝形式之一。管板固定焊接根据接头形式不同,可分为插入式管板对接和骑坐式管板对接两类,如图 9 - 1 - 1 所示。一般要求根部焊透,保证背面成形,正面焊脚对称。

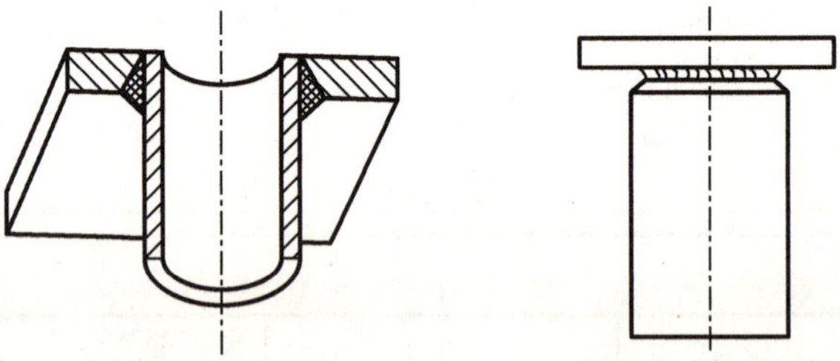

(a)插入式管板对接　(b)骑坐式管板对接

图 9 - 1 - 1　管板对接垂直固定的两种形式

按焊件空间位置不同,可分为水平转动角焊、垂直固定平角焊、垂直固定仰角焊、水平固定全位置角焊和 45°固定全位置角焊五种位置的焊接,如图 9 - 1 - 2 所示。

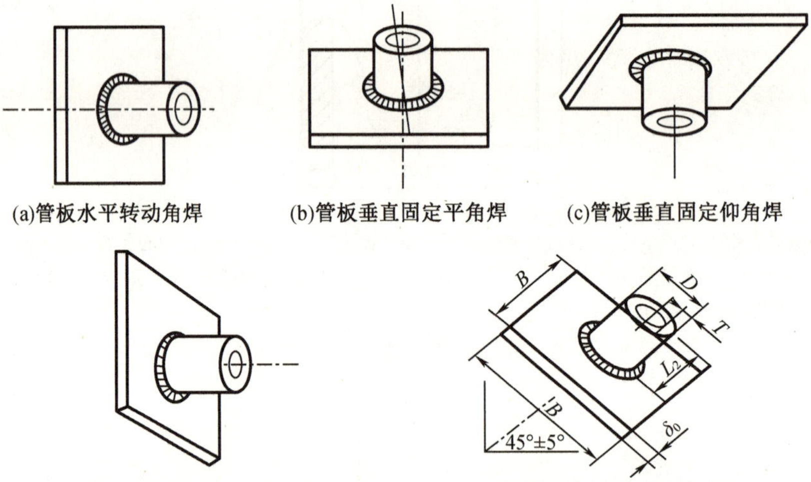

(a)管板水平转动角焊　(b)管板垂直固定平角焊　(c)管板垂直固定仰角焊

(d)管板水平固定全位置角焊　(e)管板45°固定全位置角焊

图 9 - 1 - 2　管板对接焊的不同位置类型

本任务介绍典型的骑坐式管板垂直固定仰角位焊接方法,任务实施路线:图样识读、焊件准备及坡口清理、焊条选择、工艺参数确定、装配定位。

知识点2:焊件准备及坡口清理

根据任务单可知,焊件材质管为20号钢,板为Q235B,管件尺寸为ϕ60 mm×6 mm×100 mm,板件尺寸为12 mm×180 mm×180 mm,中心内孔ϕ48 mm,管件单边开45°V形坡口。

使用内磨机与角磨机打磨管件焊缝内侧与外侧10~20 mm范围,再使用角磨机打磨坡口钝边,坡口角度为45°±5°,坡口钝边宽度为0~1.0 mm,板件焊接面打磨清理干净,板、管均清除焊缝周围铁锈、油污,露出金属光泽。

知识点3:焊接工艺参数确定

1. 仰角焊工艺特点

管板骑坐式固定对接仰焊属于仰角焊,具有仰焊的特点:

(1)熔化金属因重力作用而下坠,熔池形状和大小不好控制;

(2)运条困难,焊件表面不容易焊平整;

(3)易出现夹渣、未焊透、焊瘤及焊缝成形不良等缺陷;

(4)熔化的焊缝金属飞溅扩散,容易造成烫伤事故;

(5)仰焊比其他位置焊效率低。

因此宜采用小直径焊条,选用较小焊接电流,采用短弧焊,避免熔池温度过高而造成熔池下淌。

对于T型接头焊缝仰角焊,当焊脚<8 mm时,宜采用两层两道焊,焊脚为8~10 mm时,宜采用两层三道焊,如图9-1-3所示。

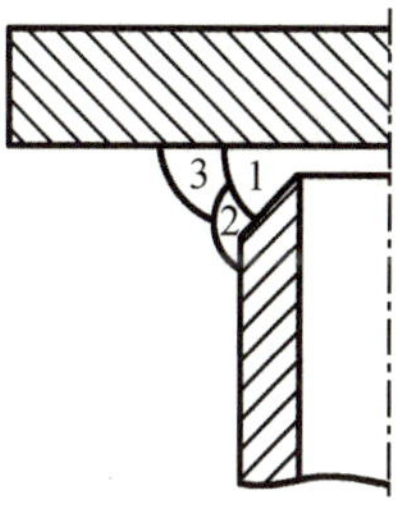

图9-1-3　焊道分布示意图

2. 焊接工艺参数确定

母材为Q235B和20号钢,属于低碳钢,可选用酸性焊条E4303或碱性焊条E4315,酸性焊条则采用直流正接,碱性焊条则采用直流反接,重要管件多采用碱性焊条,焊条直径选择3.2 mm,碱性焊条烘干温度为350~400 ℃,保温2 h,随取随用。此处以碱性焊条E4315为例进行工艺参数确定。

综合来看,本任务焊脚选7~8 mm,可采用两层三道焊来焊接,具体焊接工艺参数见表9-1-1。

表9-1-1　焊接工艺参数表

焊接层次	焊条型号	焊条直径/mm	焊接电流/A	焊接电压/V	电源极性
打底层	E4315	2.5	65~80	20~24	直流反接
盖面层(两道)		3.2	75~90	20~24	

知识点4:装配定位

对于管板骑坐式固定对接仰角焊,如图9-1-4(a)所示,为了保证焊缝根部焊透、背面成形良好,当焊件厚度≤4 mm时,采用I型坡口;当焊件厚度≥5 mm时,一般需要开坡口,钝边一般为0~1 mm,装配组对时需要留有一定间隙,一般为2.5~3.5 mm,如图9-1-4(b)所示,管板骑坐式固定对接仰角焊一般采用两点或三点定位,三点均布定位如图9-1-4(c)

所示，每处定位焊点长度约 10 mm。

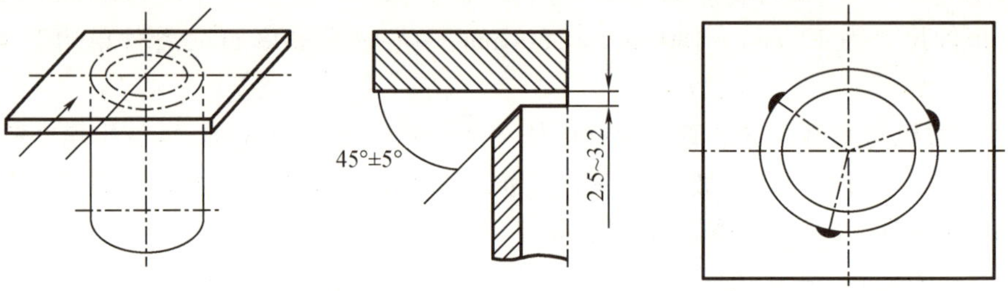

(a)管板骑坐式对接仰角焊　(b)坡口角度及根部间隙　(c)定位焊点布置

图 9－1－4　管板骑坐式固定对接仰角焊的定位焊

实训活动

1. 分析与制订焊接工艺

(1)焊接工艺基本分析

板厚为 12 mm，管厚为 6 mm，采用半 V 形坡口，装配间隙为________ mm，焊道设计为________。

根据所提供的 ZX7－400 焊接电源，选用焊条的类型为________，焊条应提前加热烘干、保温，烘干温度为________，保温时间为________。

第一焊道焊接根部，该管径小，只能单面焊，因此要满足单面焊双面成形，应选用直径较________的焊条，焊接电流应较________。

盖面焊道应选用比第一焊道：焊条的直径________、焊接电流________。

(2)工艺制订

根据焊接要求，结合前面所学知识进行工艺制订，完成表 9－1－2 所示工艺卡的编制。

表 9－1－2　20 号钢管对接焊条电弧焊的焊接工艺卡

<table>
<tr><th colspan="2">焊接工艺卡</th><th>编号：</th></tr>
<tr><td>材料牌号</td><td></td><td rowspan="4">接头简图（在左图补全标注尺寸，在右图画出定位焊的位置，并标出起焊点位置和焊接方向）
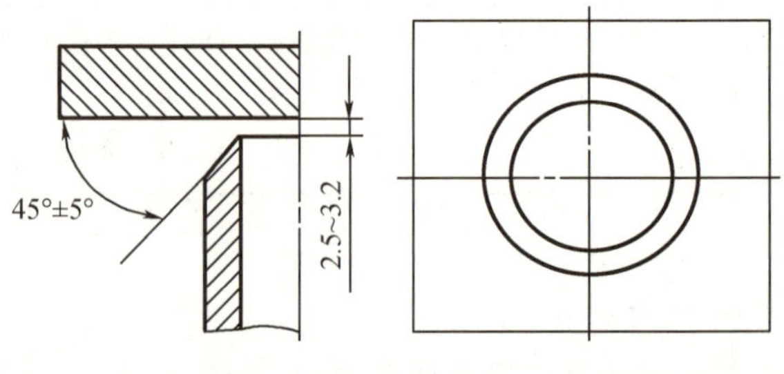
</td></tr>
<tr><td>材料规格/mm</td><td></td></tr>
<tr><td>接头种类</td><td></td></tr>
<tr><td>坡口形式</td><td></td></tr>
</table>

表 9 –1 –2(续)

<table>
<tr><th colspan="2">焊接工艺卡</th><th colspan="5">编号:</th></tr>
<tr><td>坡口角度</td><td>—</td><td colspan="5" rowspan="5">焊道工艺简图:在下图中补画出各焊道及其顺序
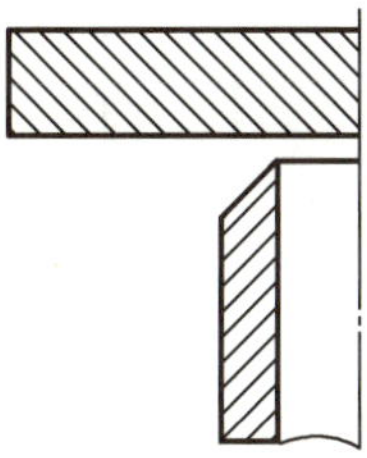</td></tr>
<tr><td>钝边</td><td>—</td></tr>
<tr><td>组对间隙/mm</td><td></td></tr>
<tr><td>焊接方法</td><td></td></tr>
<tr><td>焊接设备</td><td>ZX7 –400</td></tr>
<tr><td>电源种类</td><td></td><td rowspan="3">焊后
热处理</td><td>种类</td><td>—</td><td>保温时间</td><td>—</td></tr>
<tr><td>电源极性</td><td></td><td>加热方式</td><td>—</td><td>层间温度</td><td>—</td></tr>
<tr><td>焊接位置</td><td></td><td>温度范围</td><td>—</td><td>测量方法</td><td>—</td></tr>
</table>

<table>
<tr><th colspan="6">焊接参数</th></tr>
<tr><td>焊层</td><td>焊材型号</td><td>焊材直径/mm</td><td>焊接电流/A</td><td>焊接电压/V</td><td>焊接速度/(cm/min)</td></tr>
<tr><td>打底焊</td><td rowspan="3"></td><td></td><td></td><td></td><td></td></tr>
<tr><td>填充焊</td><td></td><td></td><td></td><td></td></tr>
<tr><td>盖面焊道 1</td><td></td><td></td><td></td><td></td></tr>
<tr><td>盖面焊道 2</td><td></td><td></td><td></td><td></td><td></td></tr>
</table>

2. 材料、工具设备、工位领取及点检

按老师审核通过的焊接工艺卡领取材料、工具设备及工位,并进行点检,检查表见子任务 1 –1 –1。

3. 接头坡口处理及装配定位

根据坡口要求,确定各零件接头处需清理的位置与范围,一般要求焊缝两侧________ mm 内需清理干净,采用砂轮修磨或化学处理方式去除板材接头处表面铁锈、油污等杂物。

装配定位:将焊件在装配组对好,达到相关尺寸要求。如图 9 –1 –5 所示,进行三点定位焊,定位焊的长度为________ mm。装配完毕,应用水平尺转动管子在 3,6,9,12 点测量找正焊件,确保管板组对角度在要求范围内。然后填写检测表 9 –1 –3。

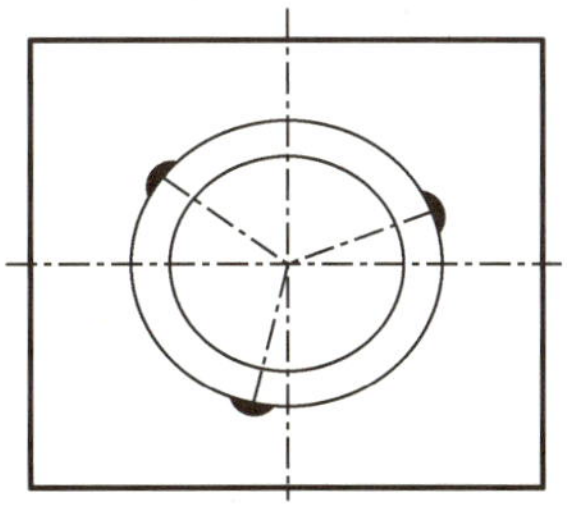

图 9 –1 –5 三点定位焊位置

表9-1-3 接头装配定位检测表

装配定位变形控制尺寸检测

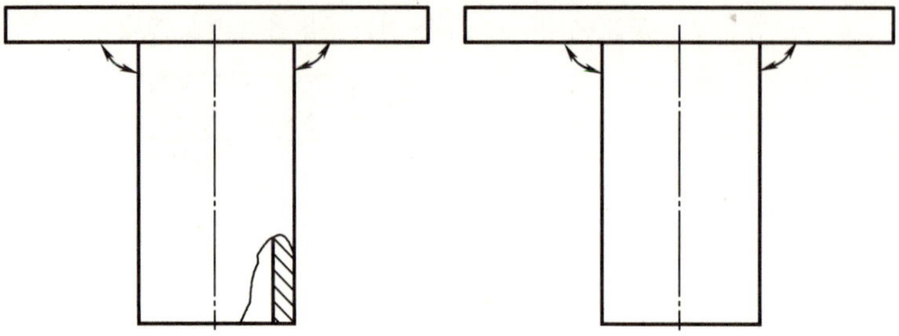

装配定位尺寸

角度1		角度2		角度3		角度4		间隙	
设计值	检测值	设计值	检测值	设计值	检测值	设计值	检测值	规范值	检测值

子任务9-1-2 焊接操作

知识积累

知识点1:任务分析

骑坐式管板垂直固定仰角焊是要求单面焊双面成形的,焊接要求根部熔透、有良好的背面成形,且焊工在仰视位置,因此操作难度和劳动强度都较大。打底层焊接时,熔化金属被管子坡口面托着,与横焊相似。焊接时要控制电弧在管侧和板孔侧的停留时间,尽量压低电弧,运条要均匀平稳,焊条角度要合理。

任务实施路线:打底、盖面(两道)。

知识点2:打底焊

1. 焊接方法

采用断弧法或连弧法打底均可,断弧法前面介绍很多,此处介绍连弧法,打底焊要保证坡口根部与底板熔合良好。焊接时,在操作者左侧定位焊点上引燃电弧,稍作稳弧对始焊端预热,然后向坡口根部顶送焊条,当听到击穿坡口根部的"噗噗"声并形成熔孔后,开始小幅度锯齿形横向摆动,由左向右移动焊条进入正常焊接。运条时中间稍快,两端稍作停留,以保证底板与立管坡口熔合良好。注意控制焊条角度,焊条与板件的夹角为30°~35°,与管子切线方向的夹角为70°~80°,如图9-1-6所示。

2. 熔池控制

焊接时要控制好熔池和熔孔大小,不然很容易烧穿。操作时电弧要低,运条做上下摆动进行搭桥连接,使坡口底部和板的端头各熔化1 mm左右,应将焊接电弧的大部分覆盖在熔池上,另一部分保持在熔孔处,运条速度应均匀一致,保证熔孔大小一致。施焊中焊条在板端停留时间稍长,在管端稍短,以防止烧穿。管壁板端的电弧深度比管端深,焊条运至板端时，电弧要到达板端部，以免产生夹渣和未熔合。焊接过程中，由于焊接位置不断变化，因此要求操作者手臂和手腕要相互配合，保证合适的焊条角度，控制熔池的形状和大小。

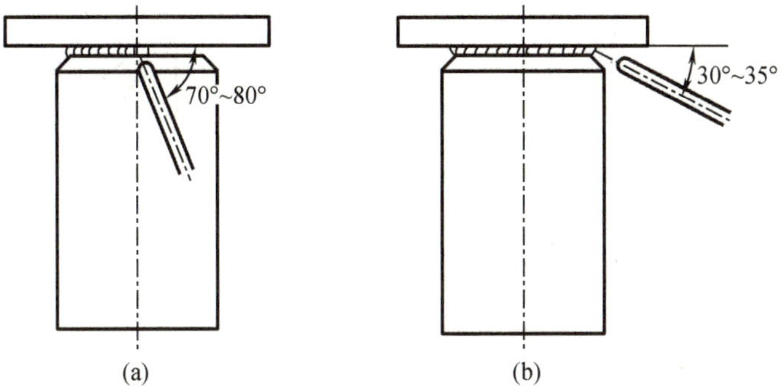

图 9－1－6 打底焊焊条角度

3. 接头

打底焊接头可采用热接法和冷接法，热接法时因为打底焊熔池较小，凝固速度快，因此一定要注意接头速度和接头位置。所以一般情况下，特别是初学者采用冷接法，一定要将接头处处理成斜坡后再接头。

最后在封闭接头时，要保证焊缝有 10 mm 左右的重叠，填满弧坑后熄弧。

知识点 3：盖面焊

对于焊件厚度较厚、焊缝较大的情况，需要有填充焊层，否则直接进行盖面焊，本任务可直接进行两道盖面焊。

如有填充焊，采用连弧焊，操作要领与打底焊相同，但焊条摆幅和焊接速度都稍大些，必须保证焊道两侧熔合好，表面平整。填充焊前，需将打底层焊道的熔渣清理干净，处理好焊接有缺陷的地方。焊条角度参照图 9－1－7，填充焊道的表面不能有局部凸出的现象，保证焊道两侧熔合良好。

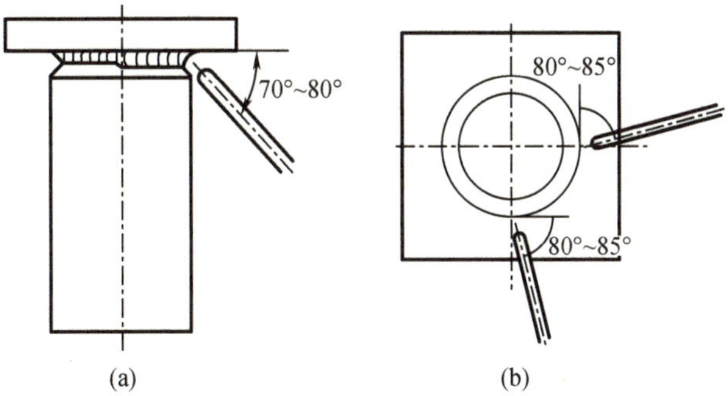

图 9－1－7 填充焊焊条角度

根据焊脚的大小，盖面焊层可由 2 条焊道构成，先焊下面焊道，后焊上面焊道。焊前可先对前面焊道进行清理，将凸起的部位打磨平整。盖面焊焊条角度及焊道分布如图 9－1－8 所示，上下两道的焊条角度应有所变化，上焊道的焊条与板端的夹角 α_2 大于下焊道的焊

条与顶板的夹角 α_1。

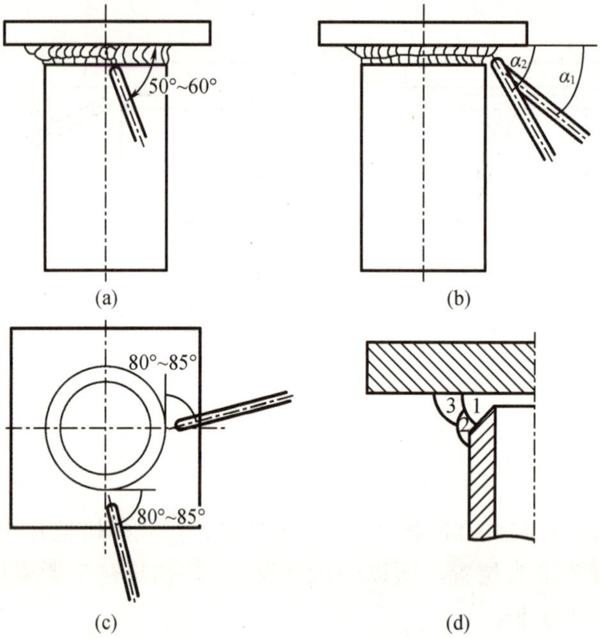

$\alpha_1=60°\sim70°$，$\alpha_2=70°\sim85°$。

图 9－1－8 盖面焊焊条角度及焊道分布

在焊接下面焊道时，电弧应对准前面焊道下沿，用小直径焊条直线形运条或稍加摆动，焊条摆动到管子时，要稍作停留，以防咬边。熔池下沿超过管子并要深入 0.5～1.0 mm，熔池的上沿在填充焊道的 1/2～2/3 处。在焊接上面的焊道时，电弧以填充焊道上沿为中心，焊条做小幅摆动，焊条摆动到坡口边缘时，应以坡口边缘熔化 0.5～1.0 mm 为准，使熔池将钢板和下面的盖面焊道圆滑地连接在一起。此时，焊接速度要适当加快，防止焊缝下坠。正常焊接时，焊接速度要均匀一致，这样才能焊出平整美观的焊缝。

实训活动

1. 打底焊

先查阅资料完成下面的任务单，再按此前修订确认的焊接工艺卡的工艺要求和下面任务单的方式进行打底焊操作。

(1)操作要点

焊接打底层时，焊条与板件之间的夹角为________，与焊接方向的夹角为________，并在图 9－1－9 中标注出来。从 6 点钟位置起焊，从右边半圆施焊到 12 点钟位置停止，然后从 12 点钟位置经过左边半圆施焊到 6 点钟位置停止，整个过程中焊件处于垂直固定不动状态，焊钳围绕焊件转动。因此，在焊接过程中，应根据实际位置不断地转动手腕和手臂，使焊缝成形良好。在定位焊缝起弧后，采用________施焊，小幅度锯齿形摆动，当焊条摆动到坡口两侧时要稍作停留，以防止产生________缺陷。注意控制焊接电弧、焊缝熔池金属与熔渣之间的相互位置，及时调节焊条角度，防止熔渣超前流动，造成夹渣、未熔合、未焊透等缺陷。

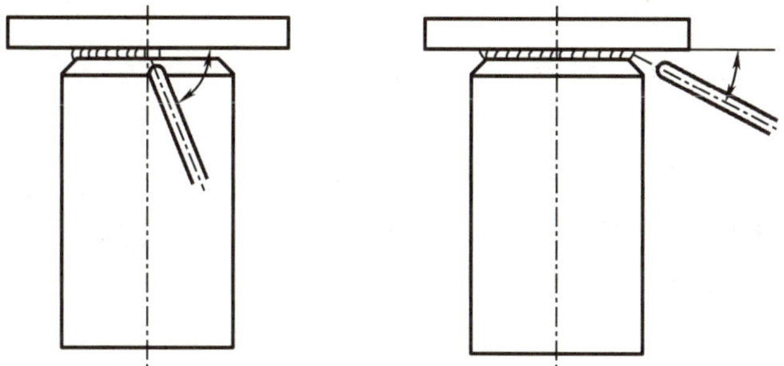

(a)焊条与焊接方向之间的夹角　　(b)焊条与顶板之间的夹角

图 9-1-9 标注夹角

(2)焊接过程性检查

完成打底层焊接后，清理焊渣，进行过程性质量检查，以确保整体焊接质量及后续改进，并填写表 9-1-4。

表 9-1-4 打底焊层缺陷检查

检查项目	缺陷存在的数量	形成原因与改善措施
夹渣		
气孔		
裂纹		
未焊透		
未熔合		
焊瘤		
坡口根部熔合尺寸一致性		

2. 填充焊

先查阅资料完成下面的任务单，再按此前修订确认的焊接工艺卡的工艺要求和下面任务单的方式进行填充焊操作。

焊接前先将前道焊缝的熔渣清理干净。焊接时，焊条与板件的夹角为________，与焊接方向之间的夹角为________。采用________运条方法，用短弧焊，可一层填满，注意上、下两侧的熔化情况，保证温度均衡，使管板坡口处熔合良好。填充层的焊接要平整，不能凸出过高，焊缝不能过宽，为盖面层的施焊打下基础。焊接过程中应控制焊条角度，防止产生夹渣、过烧缺陷。

接头时，焊条应在弧坑位置后________处引燃电弧，然后拉至弧坑位置多停留一会儿，填满________后即可转入正常焊接。当填充焊焊接收尾位置时，要压低电弧，将其焊点充分熔合，并向后继续焊接，与焊缝重叠________，以保证接头质量。填充层焊完后用敲渣锤和钢丝刷把焊缝清理干净。

3. 盖面焊

先查阅资料完成下面的任务单，再按此前修订确认的焊接工艺卡的工艺要求和下面任务单的方式进行盖面焊操作。

(1)操作要点

第一层与中间层焊道在换焊条时允许修磨接头部位,其他焊道不允许修磨和返修。

盖面层共两条焊道,焊道由下至上焊接。盖面层第一条焊道焊条对准填充焊层________,焊道盖住坡口________,后续每条焊道依次压住前焊道的________,如图 9-1-10 所示。

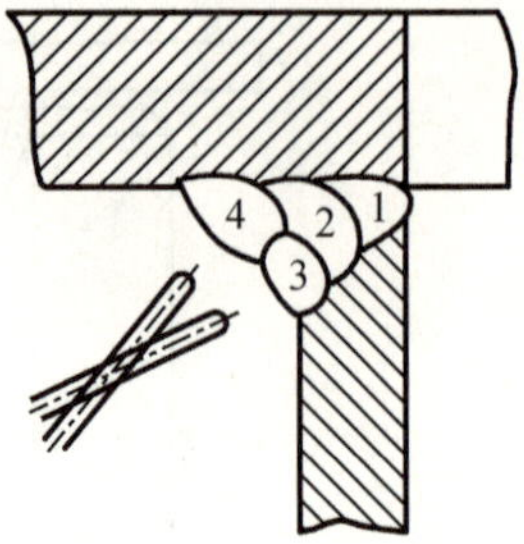

图 9-1-10 盖面层焊道及焊条角度

运条方法及接头方法与打底层基本相同。焊条电流可适当________,摆动时要注意摆动幅度________、运条速度________,摆动至坡口两侧时应________,以焊条到达坡口边缘为止,坡口边缘熔化________ mm 为宜,以便使焊缝两侧边缘熔合良好,避免产生________,从而得到优质的盖面层焊缝。

最后一条焊道焊接速度适当________,或焊接电流适当________。调整焊条角度,避免液态金属下淌和产生________。

环焊缝首尾接头处操作与打底层相同。收弧时,由于温度较高,为避免产生________等缺陷,应采用________收尾法填满弧坑。

(2)焊接过程性检查

完成盖面层焊接后,清理焊渣,进行过程性质量检查,以确保整体焊接质量及后续改进,并填写表 9-1-5。

表 9-1-5 盖面层缺陷检查

检查项目	缺陷存在的具体问题及数量	形成原因与改善措施
夹渣		
气孔		
裂纹		
未焊透		
未熔合		
焊瘤		
咬边		

子任务 9-1-3 焊后处理与检查

知识积累

知识点 1:任务分析

任务实施路线:焊缝清理、质量检查。

知识点 2:焊缝清理与质量检查

焊件焊接完毕后,用敲渣锤、钢丝刷等清理掉焊缝上的焊渣、飞溅等,或用砂布重新打磨一遍焊缝，不得存在焊渣、焊点、毛刺等，焊缝应光滑、平整，应保证焊件的“边齐、面平”，包括焊件上开口边缘的垂直平行度，但不能破坏焊缝原始表面。焊后对焊缝表面质量进行检验，肉眼观察或用低倍放大镜检查焊缝表面是否有气孔、裂纹、咬边等缺陷，用钢直尺、钢角尺、焊缝检验尺对焊缝进行外观质量和外观成形尺寸检查。

实训活动

1. 焊件焊后处理与检测评分

焊件焊接完毕后，先用敲渣锤清理焊渣，再用钢丝刷进一步将焊渣、飞溅等清理干净。严禁破坏焊缝原始表面，禁止用水冷却。对焊缝表面质量进行目视检验，使用5倍放大镜观察表面是否存在缺陷，并使用焊接检验尺对焊缝进行测量，焊件外观检查的结果应满足各项要求。然后对焊件进行无损检测，焊件内部质量按《焊缝无损检测　射线检测　第1部分：X和伽玛射线的胶片技术》（GB/T 3323.1—2019）评定。对焊件按规范进行检测评分，角接焊缝外观评分标准见子任务2－1－3同类表。

2. 工位工具清理点检与评分

焊接结束后，关闭焊接电源。按9S标准清扫场地，按规定摆放工具，整理焊接电缆，确认无安全隐患，并做好使用记录，进行评分，评分表见子任务1－1－3同类表。

项目十　管板水平固定焊条电弧焊

项目描述：师徒对话

在高师傅接到的现场任务中管板连接形式非常多，不但有垂直固定位置的，还有水平固定位置的，高师傅告诉小白："管板连接和管管连接类似，都有水平固定连接位置和垂直固定连接位置，水平固定包含仰、立、平几个位置的焊接方法以及它们之间的圆滑过渡。"小白问道："那么管管对接水平固定焊与管板水平固定焊方法是不是差不多啊？""差之毫厘，谬以千里！"高师傅严厉地说道，"这两种还是有较大区别的，这一阶段你就重点学习管板水平固定焊项目吧，需要达成以下目标。"

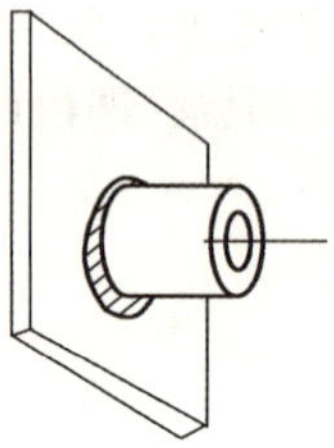

管板对接固定焊

项目目标

知识目标：

1. 熟悉管板水平固定焊的特点和类型；
2. 掌握管板水平固定焊条电弧焊方法；
3. 掌握管板水平固定焊条电弧焊的常见缺陷与预防措施；
4. 掌握管板水平固定焊条电弧焊焊缝外观质量检查方法。

技能目标：

1. 能够正确识读图纸；
2. 能够正确应用工具进行坡口处理；
3. 能够正确进行装配定位；
4. 能够正确选用焊条；
5. 能够正确选用合适的焊接工艺参数；
6. 能够熟练进行管板水平固定焊条电弧焊的焊接操作：引弧、运条、起头、接头与结尾；
7. 能够进行管板水平固定焊条电弧焊多层焊。

素养目标：

1. 具有查阅资料、自主学习和勤于思考的能力；
2. 具有尊重和自觉遵守法规、标准的意识；

3. 具有良好的职业道德、敬业精神和团队精神；
4. 具有安全、环保和节约意识；
5. 具有9S管理意识。

任务10-1　低碳钢管板水平固定（骑坐式）焊条电弧焊

任务说明：

按图10-1-0及技术要求进行材料准备、工艺准备、焊接实施、质量检查、自我评定与总结。

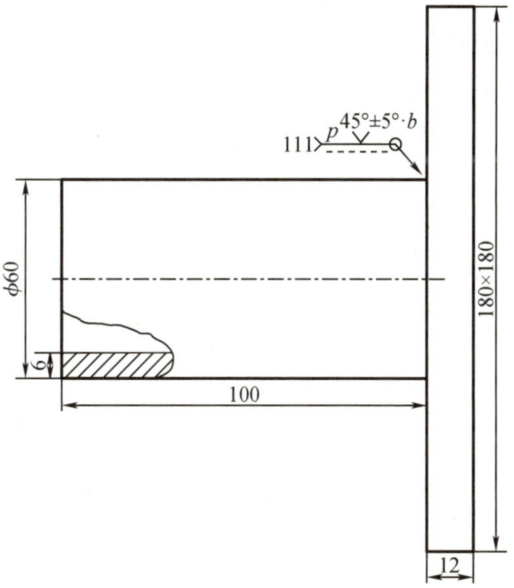

技术要求：1. 坡口为45°±5°V形带钝边坡口；2. 坡口根部间隙和钝边尺寸自定；3. 定位中心偏移≤0.5 mm；4. 垂直偏移度<1°；5. 焊脚为8 mm；6. 不允许有咬边；7. 不允许有未焊透；8. 不允许有裂纹、气孔、夹渣；9. 焊缝余高≤1+0.15*b*；10. 焊件材质为管20号钢，板Q235B。

图10-1-0　管板水平固定（骑坐式）焊件图

子任务10-1-1 焊前准备

知识积累

知识点1:任务分析

管板水平固定焊是管板连接的另一种位置焊,属于全位置焊缝,同样要求单面焊双面成形焊接,也是相当难的一种焊接位置和方法。

任务实施路线:图样识读、焊件准备及坡口清理、焊条选择、工艺参数确定、装配定位。

知识点2:焊件准备及坡口清理

根据任务单可知,焊件材质管为20号钢,板为Q235B,管件尺寸为ϕ60 mm×6 mm×100 mm,板件尺寸为12 mm×180 mm×180 mm,中心内孔ϕ48 mm,管件单边开45°V形坡口。

使用内磨机与角磨机打磨管件焊缝内侧与外侧10~20 mm范围,再使用角磨机打磨坡口钝边,坡口角度为45°±2°,坡口钝边宽度为0~1.0 mm,板件焊接面打磨清理干净,板、管均清除焊缝周围铁锈、油污,露出金属光泽。

知识点3:焊接工艺参数确定

母材为Q235B和20号钢,属于低碳钢,可选用酸性焊条E4303或碱性焊条E4315,酸性焊条则采用直流正接,碱性焊条则采用直流反接,重要管件多采用碱性焊条,焊条直径选择3.2 mm,碱性焊条烘干温度为350~400 ℃,保温2 h,随取随用。此处以碱性焊条E4315为例进行工艺参数确定。

综合来看,本任务焊脚选7~8 mm,可采用三层三道来焊接,具体焊接工艺参数见表10-1-1。

表10-1-1 焊接工艺参数表

焊接层次	焊条型号	焊条直径/mm	焊接电流/A	焊接电压/V	电源极性
打底层	E4315	2.5	70~80	20~24	直流反接
填充层		3.2	100~120	20~24	
盖面层		3.2	90~100	20~24	

知识点4:装配定位

对于管板骑坐式水平固定焊,为了保证焊缝根部焊透、背面成形良好,当焊件厚度≤4 mm时,采用I型坡口;当焊件厚度≥5 mm时,一般需要开坡口,钝边一般为0~1 mm,装配组对时需要留有一定间隙,一般为2.5~3.5 mm,一般采用两点或三点定位,三点均布定位,每处定位焊点长度约10 mm。

实训活动

1. 分析与制订焊接工艺

(1)焊接工艺基本分析

板厚为 12 mm,管厚为 6 mm,采用半 V 形坡口,装配间隙为________ mm,焊道设计为________。

根据所提供的 ZX7 - 400 焊接电源,选用焊条的类型为________,焊条应提前加热烘干、保温,烘干温度为________,保温时间为________。

第一焊道焊接根部,该管径小,只能单面焊,因此要满足单面焊双面成形,应选用直径较________的焊条,焊接电流应较________。

盖面焊道应选用比第一焊道:焊条的直径________、焊接电流________。

(2)工艺制订

根据焊接要求,结合前面所学知识进行工艺制订,完成表 10 - 1 - 2 所示工艺卡的编制。

表 10 - 1 - 2 20 钢管对接焊条电弧焊的焊接工艺卡

<table>
<tr><th colspan="2">焊接工艺卡</th><th colspan="5">编号:</th></tr>
<tr><td>材料牌号</td><td></td><td colspan="5" rowspan="9">接头简图(在左图补全标注尺寸,在右图画出定位焊的位置,并标出起焊点位置和焊接方向)
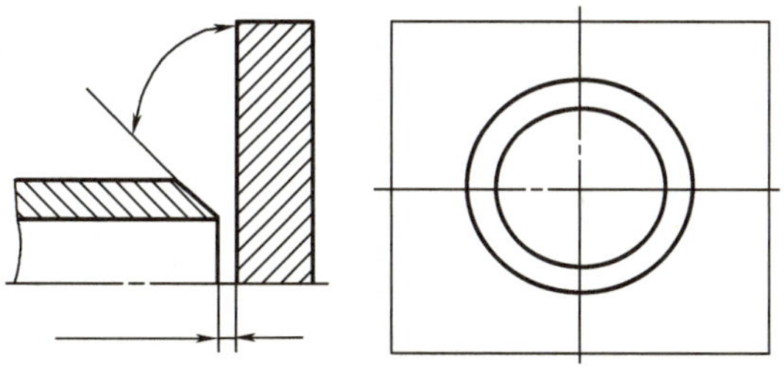
焊道工艺简图:在下图中补画出各焊道及其顺序
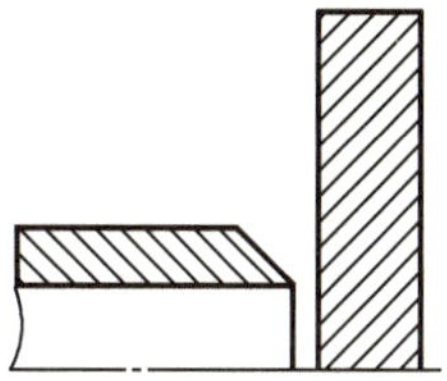</td></tr>
<tr><td>材料规格/mm</td><td></td></tr>
<tr><td>接头种类</td><td></td></tr>
<tr><td>坡口形式</td><td></td></tr>
<tr><td>坡口角度</td><td>—</td></tr>
<tr><td>钝边</td><td>—</td></tr>
<tr><td>组对间隙/mm</td><td></td></tr>
<tr><td>焊接方法</td><td></td></tr>
<tr><td>焊接设备</td><td>ZX7 - 400</td></tr>
<tr><td>电源种类</td><td></td><td rowspan="3">焊后
热处理</td><td>种类</td><td>—</td><td>保温时间</td><td>—</td></tr>
<tr><td>电源极性</td><td></td><td>加热方式</td><td>—</td><td>层间温度</td><td>—</td></tr>
<tr><td>焊接位置</td><td></td><td>温度范围</td><td>—</td><td>测量方法</td><td>—</td></tr>
</table>

表 10-1-2(续)

焊接参数					
焊层	焊材型号	焊材直径/mm	焊接电流/A	焊接电压/V	焊接速度/(cm/min)
打底焊					
填充焊					
盖面焊					

管板骑坐式水平固定单面焊双面成形操作难于管板骑坐式的其他位置。焊接过程中，当焊接参数选择得不合适或操作角度不当时，会导致焊缝在管侧出现凸度过大、孔板侧出现咬边等缺陷。在仰焊位焊接时，如果运条速度过快、焊条角度不正确或焊接电流过小，会使熔渣与熔池混淆不清，熔渣来不及浮出，容易产生夹渣或未熔合缺陷。在立焊位置爬坡焊时，如果焊接电流过大或运条速度过慢，则容易形成焊瘤。

2. 材料、工具设备与工位领取及点检

按老师审核通过的焊接工艺卡领取材料、工具设备及工位，并进行点检，检查表见子任务 1-1-1。

3. 接头坡口处理及装配定位

根据坡口要求，确定各零件接头处需清理的位置与范围，一般要求焊缝两侧________mm 内要清理干净，清理即可采用砂轮修磨或化学处理方式去除板材接头处表面的铁锈、油污等杂物。

装配定位：将焊件装配组对好，达到相关尺寸要求。如图 10-1-1所示，进行________定位焊，定位焊的长度为________mm。装配完毕，在管子 3，6，9，12 点测量找正焊件，确保管板组对角度在要求范围内。然后填写检测表 10-1-3。

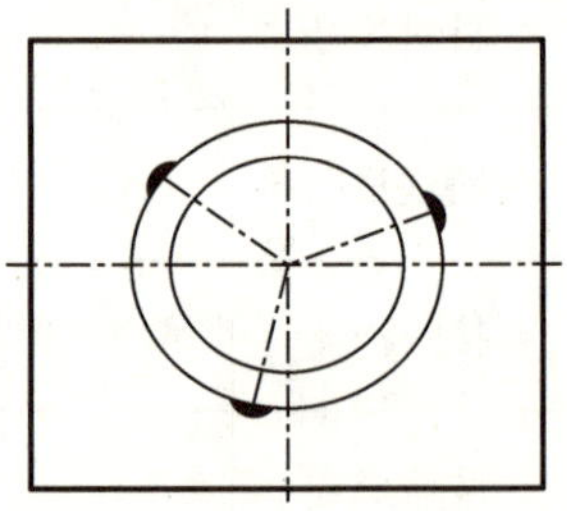

图 10-1-1 焊接位置

表 10-1-3 接头装配定位检测表

装配定位变形控制尺寸检测

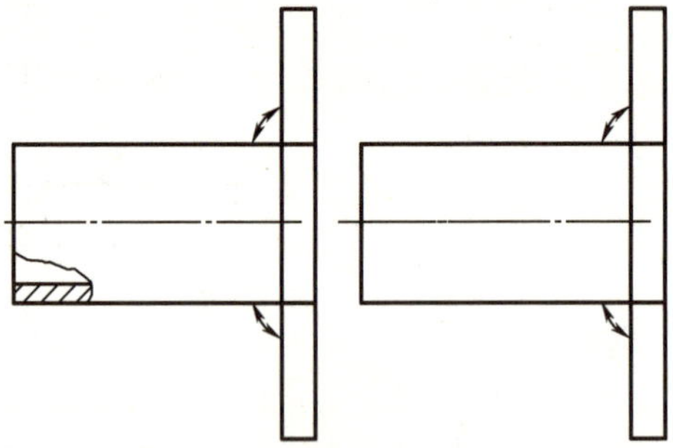

装配定位尺寸									
角度 1		角度 2		角度 3		角度 4		间隙	
设计值	检测值	设计值	检测值	设计值	检测值	设计值	检测值	规范值	检测值

子任务 10－1－2 焊接操作

知识积累

知识点 1:任务分析

管板环形缝不能两面施焊,必须采用单面焊双面成形工艺,水平固定管包括仰、立、平所有空间焊接位置,焊接时需要不断变化焊接位置,操作者的站立高度和运条角度必须适应位置变化的需要。水平固定管焊接时的热循环规律是下冷上热，在焊接电流不能随时调整的情况下,主要靠焊工摆动焊条来控制热量,达到均匀熔化的目的,所以对操作者的操作技术水平要求很高,需要操作者能随机应变,具有丰富的操作经验。

任务实施路线:打底、填充、盖面。

知识点 2:打底焊

1. 组合件上架

操作者根据自己的焊接习惯和采用的焊接姿态高度将组合件上架固定,定位焊点位置如图 10－1－2 所示。

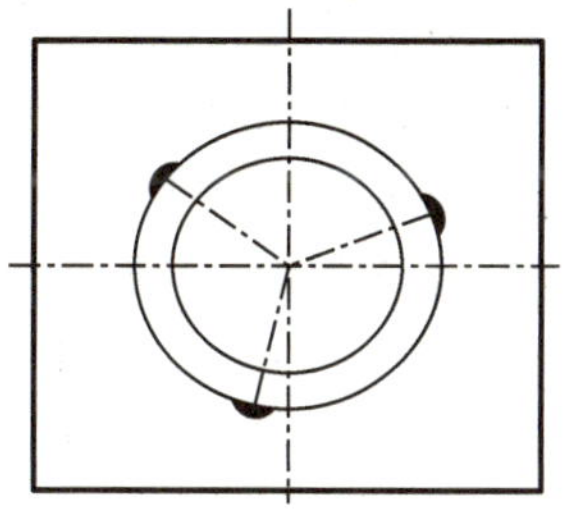

图 10－1－2 上架后定位焊点位置

2. 焊接顺序及焊条角度

一般情况下,与管对接水平固定焊一样也是采取两半圆进行焊接以降低操作难度,两半圆操作先后顺序根据操作者习惯自定,这里介绍先焊左半圆部分,则两半圆焊接位置分别为 5 点—9 点—1 点为前半周,7 点—3 点—11 点为后半周,如图 10－1－3 所示。

焊条角度如图 10－1－3 所示,其中焊条与管件切线夹角分别为 $\alpha_1 = 80° \sim 85°$,$\alpha_2 = 95° \sim 105°$,$\alpha_3 = 100° \sim 110°$,$\alpha_4 = 110° \sim 120°$,焊条与管件轴线夹角分别为 $\alpha_5 = 30° \sim 35°$,$\alpha_6 = 40° \sim 45°$,$\alpha_7 = 35° \sim 40°$。

3. 焊接方法

打底采用断弧短弧焊法,先焊前半部,在时钟 5 点到 6 点之间引弧,引燃电弧后,迅速将电弧移到靠近 5 点处,对焊件稍加预热后压低电弧,待焊条击穿焊缝根部,形成熔孔直径大于焊缝间隙 1.5 ~ 2.0 mm 时,焊条向焊接方向后侧熄弧,完成焊缝起头,之后开始正式接弧焊接。焊接时电弧的 2/3 处在板件侧根部,1/3 处在管件坡口侧,以确保管板和钢管两侧坡口的热量平衡。焊接时在 5 点至 6 点处的焊缝尽量薄些,以利于后半圈焊接时连接平整。采用间断断弧焊时,如果熔池产生下坠,可采用横向摆动焊条且在两侧加以停留,扩大熔池面积,使焊缝成形平整。

在仰焊位操作时,保持几乎全部电弧在坡口背面燃烧以防止出现内凹,熔孔大小控制在焊条直径的 1.5 倍左右;在仰爬坡和立焊位时电弧长度的 1/2 在坡口背面燃烧,熔孔大小控制在焊条直径的 1.2 倍左右,同时注意控制熔池温度,防止背面焊缝过高;在上爬坡位置时电弧长度的 1/3 左右在坡口背面燃烧,熔孔大小控制在焊条直径大小,焊接过程中熔孔不能过大,以防止背面焊缝出现焊瘤。

后半周焊接方法与前半周相同,但要注意仰焊位和平焊位接头。

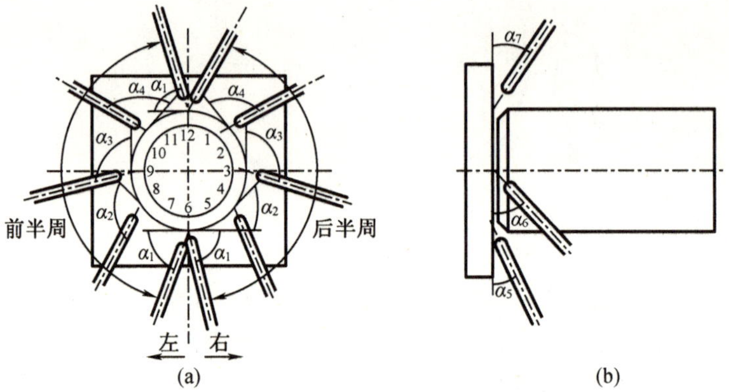

图 10-1-3 焊接顺序及焊条角度示意图

4. 接头和收弧

采取冷接法进行接头，注意打磨接头呈斜坡状。具体操作与管对接水平固定焊类似。

知识点 3：填充焊

填充焊前要把打底焊缝清理打磨干净。起焊位置仍在仰焊位，与打底接头错开进行起焊。填充层的焊道尽量要薄些，管件一侧的坡口填满，板件一侧要比管子坡口一侧宽出 1.5~2.0 mm，使焊道形成一斜面，以利于盖面焊的焊接。

焊接填充层时，焊条与管外壁的夹角同打底层的角度，但采用连弧法锯齿形和斜锯齿形运条。电弧的主要热量集中在管板上，使管外壁熔透 1/3~2/5 管壁厚即可。填充焊接时熔池温度控制，焊条填充的金属量和对焊接熔池输入的热量，必须达到使焊缝厚度始终保持低于母材表面 0.5~1.0 mm 的范围之内。焊接过程中，应控制焊条角度，防止夹渣、过烧缺陷出现，焊条的摆动幅度要比打底层焊接时大些，填充层的焊道要薄些，钢管一侧坡口要填满，与板一侧的焊道形成斜面，使盖面层焊道能够圆滑过渡。填充焊及盖面焊运条轨迹如图 10-1-4 所示。

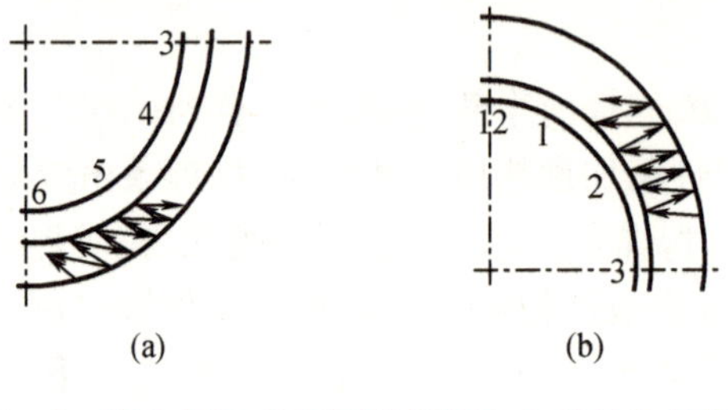

图 10-1-4 填充焊及盖焊面仰焊位和上爬坡位的运条轨迹

知识点 4：盖面焊

焊接盖面层时，施焊时分右侧和左侧两部分焊接。右侧焊时的引弧方法与打底层焊接时基本相同，焊条角度如图 10-1-5 所示。在仰焊、仰爬坡及上爬坡部位采用斜锯齿形运条法，立焊部位采用锯齿形运条法，控制好焊条角度，焊接速度保持均匀，电弧在板侧的停留时间要长于在管侧的停留时间，以防止在管件处产生咬边缺陷。当焊条摆动到焊缝两端时，要稍作停留，以防止产生咬边缺陷。仰焊及仰爬坡部位操作时，应尽量压低电弧，控制好熔池温度和形状，焊接速度不宜过快，以保证焊道层间熔合良好，避免产生焊瘤、咬边和焊缝超高等缺陷。

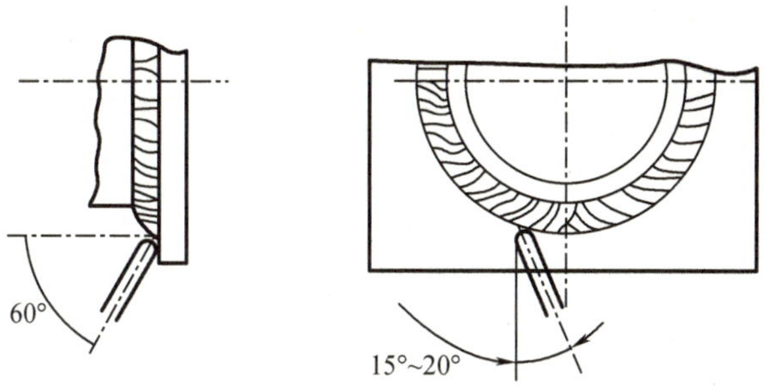

图 10－1－5 盖面焊焊条角度

实训活动

1. 打底焊

先查阅资料完成下面的任务单，再按此前修订确认的焊接工艺卡的工艺要求和下面任务单的方式进行打底焊操作。

(1) 焊接操作

焊接打底层时，采用________引弧，引弧点在定位焊缝上的管板一侧，电弧引燃后，拉长电弧在定位焊缝上预热________，然后再压低电弧进行焊接。焊接开始时，电弧的________处在管板侧根部，________处在管件坡口侧，这样分配焊接电弧的方式，可以确保管板和钢管两侧坡口的________平衡。当板件与管件出现________后，焊条上顶________；听到击穿声，形成________后断弧。当熔池颜色变为________时，在熔池金属的________部位起弧并稍作________摆动，打开熔孔，向前断弧焊接。操作过程中，在板件上的停留时间控制在________左右，在管件上的停留时间控制在________左右。

仰焊部位操作时，为防止出现内凹，几乎全部电弧在坡口背面燃烧，熔孔大小约为焊条直径的________倍。仰爬坡和立焊位置焊接时，电弧长度的________在坡口内燃烧，熔孔大小约为焊条直径的________倍，同时控制熔池温度，以防止背面焊缝超高。

上爬坡位置焊接时，电弧长度的________左右在坡口背面燃烧，熔孔大小约为焊条直径的________，焊接过程中熔孔不能过大，以防止背面焊缝出现焊瘤缺陷。收弧操作时，焊条下压，待熔孔稍增大后，缓慢地将电弧带至熔孔后方的坡口内侧熄灭，以使熔池温度缓慢冷却，防止产生________。接头操作时，更换焊条动作要快，可直接在熔孔处起弧并下压，听到击穿声，打开熔孔后，再行断弧焊接。断弧频率要均匀，熔孔大小应保持一致，使焊道高低平整，操作过程中应避免损坏坡口________。

(2) 焊接过程性检查

打底层的焊波要求在坡口正中偏下，焊缝的上部不要有尖角，下部不得有黏合。

完成打底层焊接后，清理焊渣，进行过程性质量检查，以确保整体焊接质量及后续改进，并填写表 10－1－4。

表 10-1-4 打底焊层缺陷检查

检查项目	缺陷存在的数量	形成原因与改善措施
夹渣		
气孔		
裂纹		
未焊透		
未熔合		
焊瘤		
坡口根部熔合尺寸一致性		

2. 填充焊

根据图 10-1-6,说一说填充焊的运条轨迹规律。

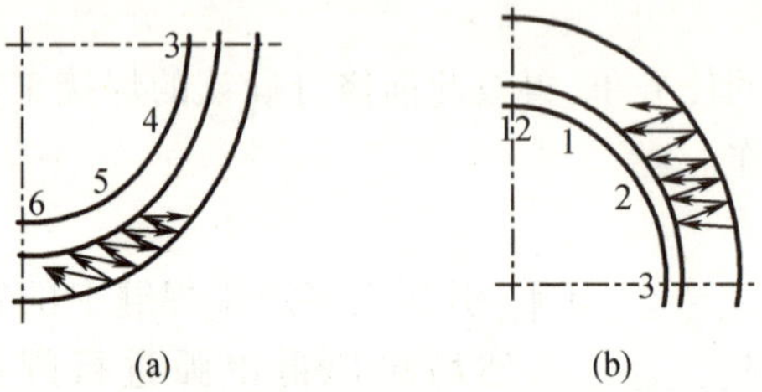

图 10-1-6 填充焊的运条轨迹

3. 盖面焊

先查阅资料完成下面的任务单,再按此前修订确认的焊接工艺卡的工艺要求和下面任务单的方式进行盖面焊操作。

(1)操作要点

焊接盖面层时,施焊时分右侧和左侧两部分焊接。右侧焊时的引弧方法与打底层焊接时基本相同,焊条角度如图 10-1-7 所示。在仰焊、仰爬坡及上爬坡部位采用________运条法,立焊部位采用________运条法,控制好焊条角度,焊接速度保持均匀,电弧在板侧的停留时间要________在管侧的停留时间,以防止在管件处产生________缺陷。当焊条摆动到焊缝两端时,要稍作停留,以防止产生________缺陷。仰焊及仰爬坡部位操作时,应尽量压低电弧,控制好熔池温度和形状,焊接速度不宜过快,以保证焊道层间熔合良好,避免产生________、________和________缺陷。

(2)焊接过程性检查

完成盖面层焊接后,清理焊渣,进行过程性质量检查,以确保整体焊接质量及后续改进,并填写表 10-1-5。

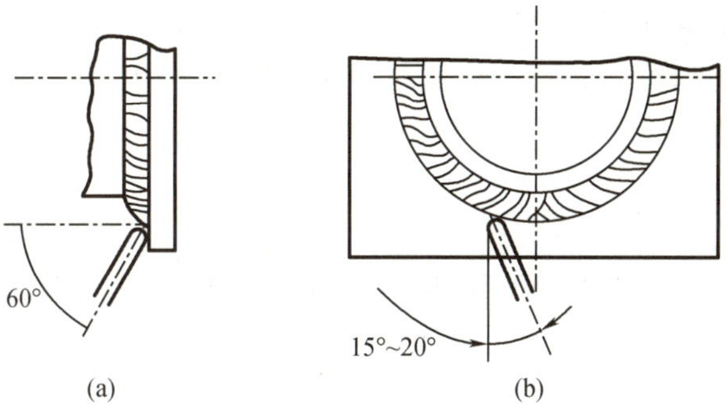

图 10-1-7 盖面焊焊条角度

表 10-1-5 盖面层缺陷检查

检查项目	缺陷存在的具体问题及数量	形成原因与改善措施
夹渣		
气孔		
裂纹		
未焊透		
未熔合		
焊瘤		
咬边		

子任务 10-1-3 焊后处理与检查

知识积累

知识点 1:任务分析

任务实施路线:焊缝清理、质量检查。

知识点 2:焊缝清理与质量检查

焊件焊接完毕后,用敲渣锤、钢丝刷等清理掉焊缝上的焊渣、飞溅等,或用砂布重新打磨一遍焊缝外观,不得存在焊渣、焊点、毛刺等,焊缝应光滑、平整,应保证焊件的"边齐、面平",包括焊件上开口边缘的垂直平行度,但不能破坏焊缝原始表面。焊后对焊缝表面质量进行检验,肉眼观察或用低倍放大镜检查焊缝表面是否有气孔、裂纹、咬边等缺陷,用钢直尺、钢角尺、焊缝检验尺对焊缝进行外观质量和外观成形尺寸检查。

实训活动

1. 焊件焊后处理与检测评分

焊件焊接完毕后,先用敲渣锤清理焊渣,再用钢丝刷进一步将焊渣、飞溅等清理干净。严禁破坏焊缝原始表面,禁止用水冷却。对焊缝表面质量进行目视检验,使用5倍放大镜观察表面是否存在缺陷，并使用焊接检验尺对焊缝进行测量，焊件外观检查的结果应满足各项要求。然后对焊件进行无损检测，焊件内部质量按《焊缝无损检测　射线检测　第1部分：X和伽玛射线的胶片技术》（GB/T 3323.1—2019）评定。对焊件按规范进行检测评分，角接焊缝外观评分标准见子任务2－1－3同类表。

2. 工位工具清理点检与评分

焊接结束后，关闭焊接电源。按9S标准清扫场地，按规定摆放工具，整理焊接电缆，确认无安全隐患，并做好使用记录，进行评分，评分表见子任务1－1－3同类表。

项目十一　管对接斜 45°固定焊条电弧焊

项目描述：师徒对话

功夫不负有心人，一段时间下来，小白学了管管对接以及管板的垂直和水平固定焊工艺操作方法，自信地问高师傅：“还有什么样的位置，我肯定能学会。”高师傅慢慢地说：“在石油天然气输送管路工艺设计中，些位置的管路不得不设计成倾斜位置，人们习惯上称这种处于倾斜状态的管路焊口为斜焊口，也就是管对接斜 45°固定焊，它的焊接特点与水平固定管和垂直固定管焊接相比，既有共同之处，又有特殊的地方，操作技巧性更强，是高级工乃至技师水平了。接下来你就学学管对接斜 45°固定焊的焊条电弧焊吧，这一阶段你需要达成以下目标。”

项目目标

知识目标：

1. 熟悉管对接斜 45°固定焊的特点；
2. 掌握管对接斜 45°固定焊条电弧焊方法；
3. 掌握管对接斜 45°固定焊条电弧焊的常见缺陷与预防措施；
4. 掌握管对接斜 45°固定焊条电弧焊焊缝外观质量检查方法。

技能目标：

1. 能够正确识读图纸；
2. 能够正确应用工具进行坡口处理；
3. 能够正确进行装配定位；
4. 能够正确选用焊条；
5. 能够正确选用合适的焊接工艺参数；
6. 能够熟练进行管对接斜 45°固定焊条电弧焊的焊接操作：引弧、运条、起头、接头与结尾；
7. 能够进行管对接斜 45°固定焊条电弧焊多层焊。

素养目标：

1. 具有查阅资料、自主学习和勤于思考的能力；
2. 具有尊重和自觉遵守法规、标准的意识；
3. 具有良好的职业道德、敬业精神和团队精神；
4. 具有安全、环保和节约意识；
5. 具有 9S 管理意识。

任务 11－1 低碳钢管对接斜 45°固定焊条电弧焊

任务说明：

按图 11－1－0 及技术要求进行材料准备、工艺准备、焊接实施、质量检查、自我评定与总结。

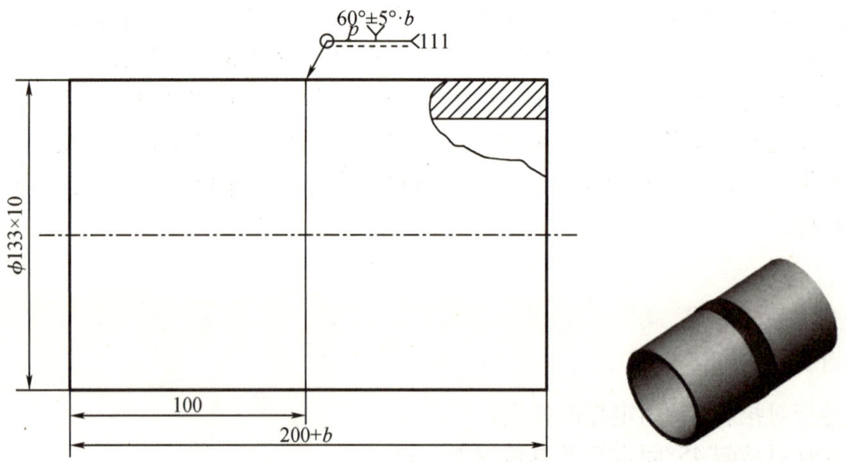

技术要求：1. 坡口角度为 60°；2. 单面焊双面成形；3. 焊件材料为 20 号钢；4. 坡口根部间隙及钝边自定；5. 焊件空间位置符合水平固定焊要求；6. 两管同轴＜φ0.1；7. 不允许有咬边；8. 不允许有未焊透；9. 不允许有裂纹、气孔、夹渣。

图 11－1－0 低碳钢管对接斜 45°固定焊焊件图

子任务 11－1－1 焊前准备

知识积累

知识点 1：任务分析

一般管子与水平夹角成 60°以上的，按垂直固定管横焊工艺焊接，倾斜度小于 15°的，按水平固定管环形焊缝工艺焊接，而介于 15°～60°之间的焊口，统称为斜焊口，以管对接斜 45°固定焊最为典型。设计过程中如果碰到斜口焊也会尽量设计成斜 45°，所以管对接斜 45°固定焊是管路结构中经常碰到的，必须学习和掌握。

任务实施路线：图样识读、焊件准备及坡口清理、焊条选择、工艺参数确定、装配定位。

知识点 2：焊件准备及坡口清理

根据任务单可知，焊件材质为 20 号钢，两管件尺寸均为 φ133 mm×10 mm×100 mm，单边开 30° V 形坡口。

首先使用内磨机与角磨机打磨管件焊缝内侧与外侧 10～20 mm 范围，再使用角磨机打磨坡口，坡口角度为 60°±5°，坡口钝边宽度为 1～1.5 mm。清除焊缝周围铁锈、油污，露出金属光泽。

知识点3:焊接工艺参数确定

母材为20号钢,属于低碳钢,可选用酸性焊条E4303或碱性焊条E4315,酸性焊条则采用直流正接,碱性焊条则采用直流反接,重要管件多采用碱性焊条,板厚10 mm,焊条直径选择3.2 mm、4.0 mm,碱性焊条烘干温度为350～400 ℃,保温2 h,随取随用。此处以碱性焊条E4315为例进行工艺参数确定。

综合来看,12 mm厚板材可采用打底、填充、盖面共三层三道来焊接,具体焊接工艺参数见表11－1－1。

表11－1－1　焊接工艺参数表

焊层	焊条型号	焊条直径/mm	焊接电流/A	焊接电压/V	电源极性
打底层		3.2	95～110	20～24	
填充层	E4315	4.0	110～130	20～24	直流反接
盖面层		4.0	110～130	20～24	

知识点4:装配定位

根据管径大小可以采用三点均布定位,装配间隙在2～4 mm之间,点焊完成后间隙应呈上大下小趋势,定位焊焊点长度10～15 mm,厚度3～5 mm,焊后管件错边量不大于0.5 mm,使用角磨机对固定焊点进行打磨,焊点打磨成双U形坡口,注意不要将固定点中心打磨过薄,以免在焊时造成管件变形。

实训活动

1. 分析与制订焊接工艺

(1)焊接工艺基本分析

管厚为10 mm,采用V形坡口,间隙为________ mm,焊道设计为________。

根据所提供的ZX7－400焊接电源,选用焊条的类型为________,焊条应提前加热烘干、保温,烘干温度为________,保温时间为________。

第一焊道焊接根部,该管径小,只能单面焊,因此要满足单面焊双面成形,应选用直径较________的焊条,焊接电流应较________。

填充焊道和盖面焊道应选用比第一焊道:焊条的直径________、焊接电流________。

(3)工艺制订

根据焊接要求,结合前面所学知识进行工艺制订,完成表11－1－2的工艺卡的编制。

2. 材料、工具设备与工位领取及点检

按老师审核通过的焊接工艺卡领取材料、工具设备及工位,并进行点检,检查表见子任务1－1－1。

3. 接头坡口处理及装配定位

根据坡口要求,确定各零件接头处需清理的位置与范围,一般要求焊缝两侧________ mm内需清理干净,清理时可采用________或化学处理的方式去除板材接头处表面的铁锈、油污等杂物。

表 11－1－2 20 号钢管对接水平固定焊条电弧焊的焊接工艺卡

<table>
<tr><th colspan="2">焊接工艺卡</th><th colspan="5">编号:</th></tr>
<tr><td>材料牌号</td><td></td><td colspan="5" rowspan="9">接头简图(在左图补全标注尺寸并画出焊道,在右图画出定位焊的位置)
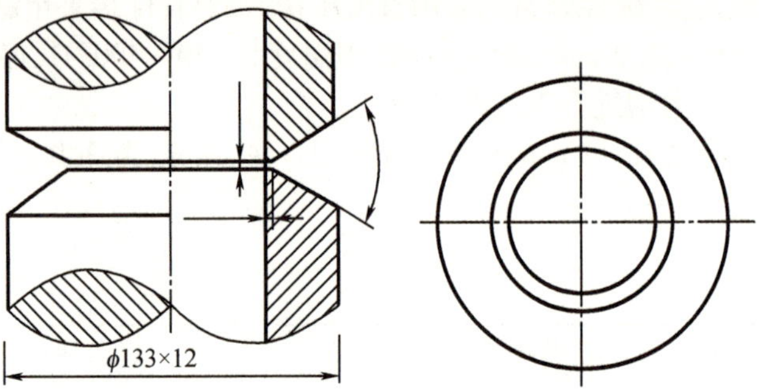
</td></tr>
<tr><td>材料规格/mm</td><td></td></tr>
<tr><td>接头种类</td><td></td></tr>
<tr><td>坡口形式</td><td></td></tr>
<tr><td>坡口角度</td><td>—</td></tr>
<tr><td>钝边</td><td>—</td></tr>
<tr><td>组对间隙/mm</td><td></td></tr>
<tr><td>焊接方法</td><td></td></tr>
<tr><td>焊接设备</td><td>ZX7－400</td></tr>
<tr><td>电源种类</td><td></td><td rowspan="3">焊后热处理</td><td>种类</td><td>—</td><td>保温时间</td><td>—</td></tr>
<tr><td>电源极性</td><td></td><td>加热方式</td><td>—</td><td>层间温度</td><td>—</td></tr>
<tr><td>焊接位置</td><td></td><td>温度范围</td><td>—</td><td>测量方法</td><td>—</td></tr>
<tr><td colspan="7">焊接参数</td></tr>
</table>

焊层	焊材型号	焊材直径/mm	焊接电流/A	焊接电压/V	焊接速度/(cm/min)
打底层					
填充层					
盖面层					

装配定位:将焊件在转台架上装配组对好,达到相关尺寸要求。采用________点进行定位焊,定位焊的长度在________mm。装配完毕,应用水平尺转动管子在 3、6、9、12 点测量找正焊件,确保管子组对没有错边及弯曲在要求范围内。然后填写检测表 11－1－3。

表 11－1－3 接头装配定位检测表

<table>
<tr><td colspan="8">装配定位变形控制尺寸检测</td></tr>
<tr><td colspan="8">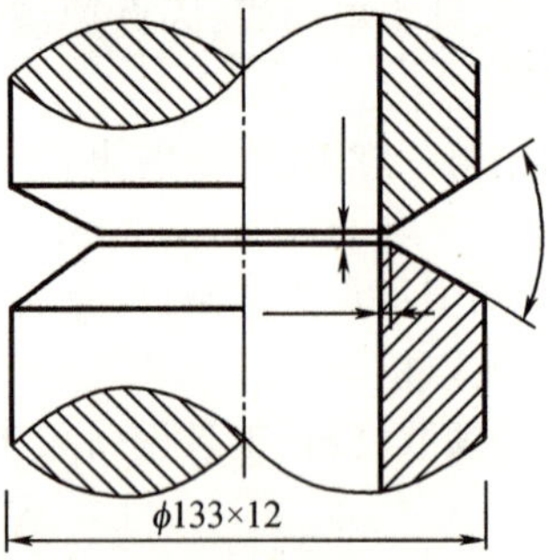
</td></tr>
<tr><td colspan="8">装配定位尺寸</td></tr>
<tr><td colspan="2">角度</td><td colspan="2">间隙</td><td colspan="2">错边</td><td colspan="2">弯曲度</td></tr>
<tr><td>设计值</td><td>检测值</td><td>设计值</td><td>检测值</td><td>规范值</td><td>检测值</td><td>规范值</td><td>检测值</td></tr>
<tr><td></td><td></td><td></td><td></td><td></td><td></td><td></td><td></td></tr>
</table>

子任务11－1－2　焊接操作

知识积累

知识点1:任务分析

受空间限制,管对接环形缝不能两面施焊,必须采用单面焊双面成形工艺,斜45°管对接和水平固定管工艺类似,包括仰、立、平所有空间焊接位置,但也有其特点:

首先焊缝根部焊接时,由于受焊接熔池的重力方向影响,焊缝焊接熔池的温度不易控制。一般来说,根部焊缝上坡口温度都高于下坡口温度,因此根部焊接时正反两面焊缝都略有下坠倾向。

焊缝填充焊接时,由于焊缝所处在的空间位置与水平面夹角成45°,以及受焊接熔池的重力影响,在焊接时,熔池的形状及焊缝的几何尺寸极难控制,一般焊出的焊缝都是上端凹下端凸,焊缝表面粗糙不平。为此,焊接时,必须密切观察焊接熔池的形状与温度的变化,正确地选择焊接速度与运条方法,控制焊条焊接时的燃弧时间与熄弧时间,增加或减少焊接熔池的表面张力,防止焊接熔池产生下坠,从而获得较好的焊缝表面质量。

焊缝盖面焊接时,焊条运条必须随着焊缝的倾斜角度,始终保持水平方向运条进行焊接,否则就会受焊接熔池重力垂直向下的影响,助长焊接熔池的下沉速度,使焊缝的上部易出现咬边,下部易出现未熔合与焊瘤、夹渣等缺陷。

任务实施路线:打底、填充、盖面共三层三道。

知识点2:打底焊

1. 管件上架

将装配好的钢管焊件,装卡在一定高度的斜45°专业支架上,站位时管件高度一般在操作者腰部附近,定位焊点分别放置在3点钟、9点钟、12点钟处,焊件一旦上架固定,必须在全部焊缝焊完后方可取下。

2. 焊接顺序

管对接斜45°固定焊与水平固定焊一样,分前半部焊缝和后半部焊缝两部分焊接,先焊的一半焊缝,称为前半圆周焊缝,后焊的一半焊缝,称为后半圆周焊缝,仰焊位为起焊端,12点钟位置为结束端,如图11－1－1所示。打底焊、填充焊和盖面焊全部为断弧法焊接。

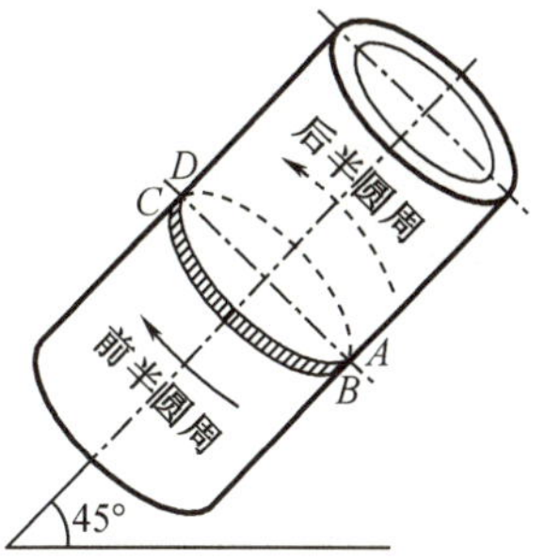

图11－1－1　焊接顺序

3. 焊条角度

焊条角度与管径大小无关,根部焊接、填充焊接、盖面焊接采用的焊条角度相同,焊条与管轴线夹角即下倾角保持在65°～75°之间,与焊缝圆切线角度在焊接仰焊位(5～7点钟)时,焊条应前倾,角度与圆切线保持70°～80°,焊条端部应紧贴熔池,使焊接电弧在打底成形面燃烧,随着焊条不断前进,角度逐渐过渡到后倾角,到平焊位时,焊条角度与圆切线保持后倾角70°～80°之间,如图11－1－2所示。

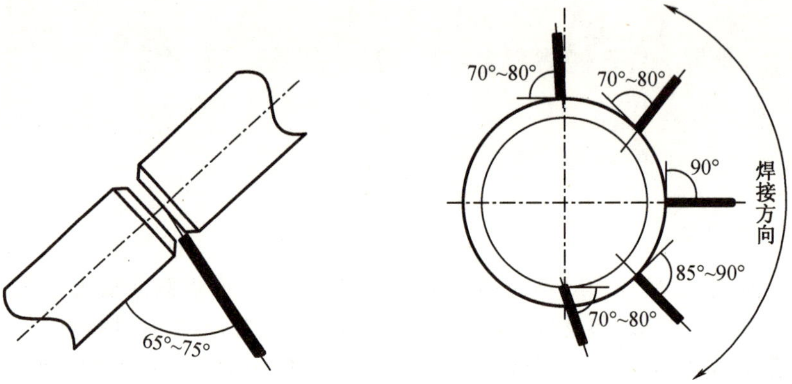

图 11-1-2 焊条角度示意图

4. 前半周焊接

(1)焊接方法

打底层采用断弧法短弧焊接,在 6 点钟前 5~10 mm 处坡口内用敲击法或划擦法引弧,长弧预热坡口 2~3 s,待坡口两侧接近熔化状态,即表面出现“汗珠”时,立即对准焊缝根部压低电弧,以极短的电弧长度击穿焊缝根部坡口两侧钝边,形成熔孔与熔池,停顿到当被击穿的熔孔直径大于焊缝间隙 1.0~2.0 mm 时,焊条迅速拉向焊接方向后侧熄弧,使熔池降温,待熔池变暗红色时,在断弧处重新引弧并压低电弧向上送给,形成第二个熔池,如此引弧、击穿、停顿、断弧反复进行,向前施焊。

(2)焊条角度

焊接过程中随着焊接位置的变化而不断变化焊条角度和操作者姿势,保证焊条与焊缝圆切线角度。随着焊接进行,熔池中的温度是不断变化的,对焊缝成形有较大影响,操作者需要密切注视熔池中的温度变化,并通过不断调整和控制焊条的燃弧时间与熄弧时间,使熔池中的温度始终处于相近的状态,完成焊缝的根部焊接。

(3)更换焊条接头

焊接接头时,先打磨焊缝接头呈斜坡状,底部厚度与钝边相同,引弧点位置在接头处前方 10~20 mm 处,电弧引燃并稳定后迅速移到收弧熔孔的 1/2 处,听到击穿声时稍摆动再向前断弧正常施焊。

(4)定位焊点接头

当进行到定位焊点处时,要保证焊接熔池前面形成的熔孔前部边缘与焊件定位焊点斜坡形成一个熔孔。焊条再次接弧时,对准熔孔中部压低电弧保持不动,击穿根部使其在焊缝背面与定位焊点背面前后形成的焊道高度保持相等,避免焊缝背面留有凹坑。当焊缝碰头处的熔孔封口后,焊条不要立即熄弧,应采用连弧焊法向前焊至 5.0~6.0 mm,然后稍作稳孤在焊缝坡口的一侧熄弧,完成焊缝碰头焊接。

(5)收弧

收弧操作时,焊条下压,待熔孔稍增大后,缓慢将电弧带至熔孔上方坡口内侧 10 mm 左右处熄灭,防止产生冷缩孔。

5. 后半周焊接

后半周焊接操作方法与前半周相似,难点在于仰焊接头和平焊接头。

(1)仰焊部位接头

仰焊部位接头时,由于起焊时容易产生气孔、未焊透等缺陷,故接头时应把起焊处的原焊缝修磨掉约10 mm,再施焊。在接头后8~10 mm处引弧,焊条与垂直方向的夹角为5°~10°,运条至熔孔处做上顶动作,并稍微停顿,待接头熔化后,反方向改变焊条角度,压低电弧,向上顶压焊条,使电弧在坡口内燃烧,形成完整的熔池后熄弧,转入正常焊接,如图11-1-3所示。

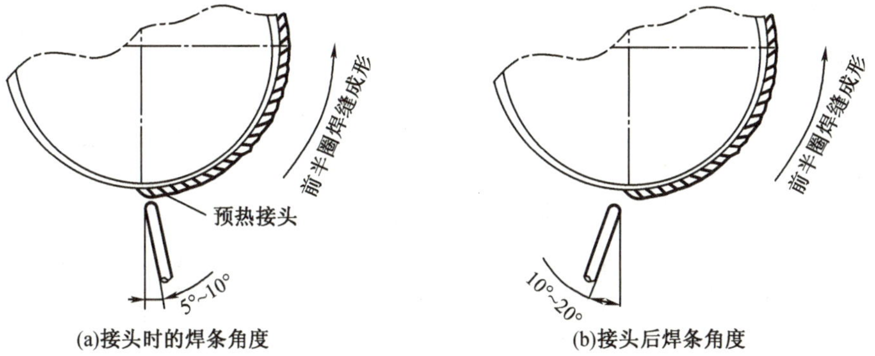

图11-1-3 仰位接头焊接操作示意图

(2)平焊部位收尾接头

平焊部位的接头是整个环焊缝的收尾部分,首先应用手工修顺接头处,使接头处形成缓坡形。焊条前倾,在距接头处3~5 mm封闭时,绝不可断弧,接头封闭时,需把焊条向里稍微压一下,并在接头处做圆圈形摆动,使接头充分熔合,将弧坑填满,然后再熄弧。

6. 仰焊位焊接操作要领

仰位打底焊接过程中,熔池形状和焊条角度等对焊缝成形至关重要。如果焊条未伸到坡口根部钝边外、电弧较长,则熔池下坠趋势明显,其形状呈“吊坠形”,如11-1-4(a)所示,熔池与坡口两侧形成的夹角尖锐,易造成后面焊道间内部夹渣等缺陷。

正确的操作方法:焊条送进时送入坡口根部钝边处,可使管件坡口钝边处连接形成熔池先于坡口周边母材熔化。由于热量集中,相对熔化时间短,熔池金属熔化量少,熔池质量轻,一般不易下坠产生焊瘤。焊后管件内壁焊缝成形较饱满,呈扁平状的熔池,与坡口两侧沟槽很浅,有利于后面层的施焊,如图11-1-4(b)所示。

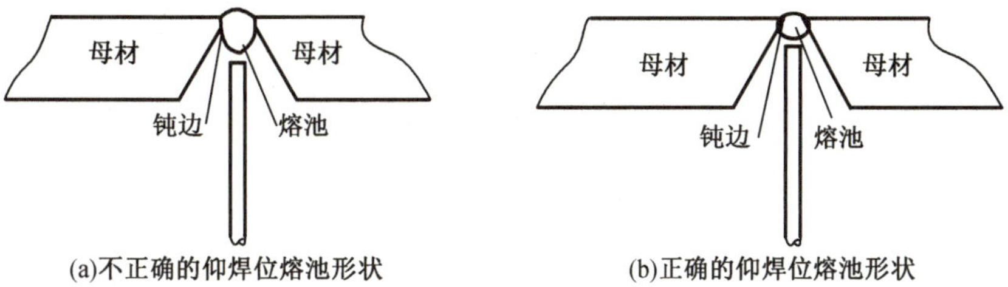

图11-1-4 仰焊位熔池控制示意图

知识点3:填充焊

1. 焊接顺序

填充焊时应该打磨清理干净前一道焊缝的熔渣及飞溅后再施焊。10 mm厚管件采取一层填充焊,依然分前后两半圆焊接,从仰焊位开始,平焊位终止,填充层起焊点可放在6点钟正仰位处。填充层焊接时焊条角度比打底焊时大5°左右。

2. 前半周焊接

(1)起头方法

操作者首先要找好适合焊缝起头焊接的身体所处位置和保持的焊接姿态，起头焊接时的引弧点位置在起焊点处后侧10～15 mm处，如图11－1－5所示。当焊接电弧引燃之后，先拉长电弧稍作停留，对焊缝表面进行预热，待起头处焊缝表面金属有熔化迹象且焊条的燃烧达到正常时，迅速移动焊条到焊缝起头处中部压低电弧，并做短暂停顿，待焊条熔化焊缝表面金属后，焊条在焊缝坡口内保持横向摆动一个往返后回至原位，使焊条对焊缝输入的热量和填充的金属量达到焊缝所需要形成的焊接熔池形状、焊缝宽度与高度，焊条向焊接方向后侧熄弧，此时焊缝的起头焊接完成。

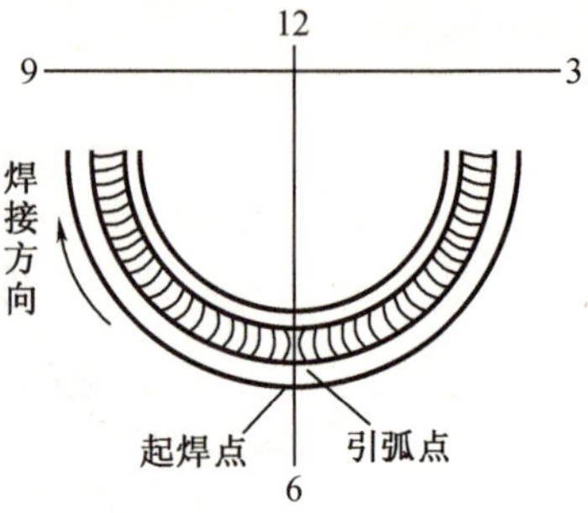

图11－1－5 填充焊起头位置

(2)正式焊接

焊条再次接弧进行焊接时，接弧点位置在焊接熔池的中上部。焊条接弧时采用直击法引弧，焊条与水平线保持20°～30°运条，运条方法为斜圆圈法，如图11－1－6所示，焊条斜圆圈路线是从管件坡口上部起弧，并稍作停留，使熔池距坡口边缘线1～2 mm，斜拉至坡口下部，稍作停留，熔池距坡口边缘线1～2 mm，然后回拉电弧向上到起弧处熄弧，整个斜圆圈呈上尖下圆的趋势。如此往复向前焊接。

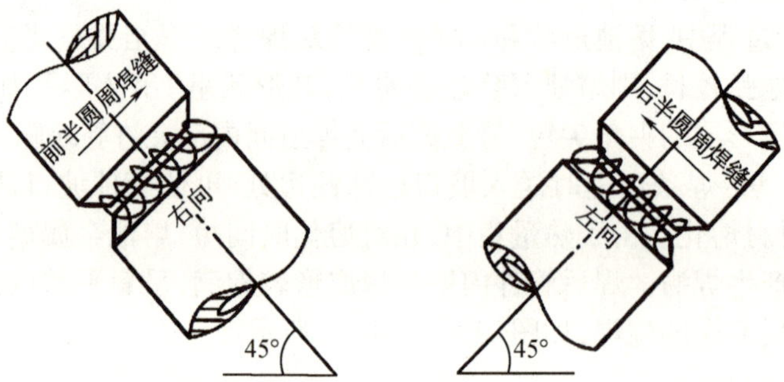

图11－1－6 填充焊运条方法

填充焊接时，观察坡口深度，通过控制焊条燃弧和熄弧时间的长短以及焊条再次接弧时上提距离大小来调整焊条填充的金属量，从而始终保持焊接熔池形状成长椭圆形，并使焊缝厚度始终低于母材表面0.5 ～1 mm。焊条每次燃弧最为合适的时机，应为液态金属熔池转变为固态金属的一瞬间。采用断弧焊法的焊接过程中，准确地掌握焊条间断时间，就能控制熔池温度，从而使焊接熔池始终保持在一个规范形状内，这样就能够得到一条表面平整、成形纹理均匀的焊缝表面。

(3)接头

接头采用冷接头法进行，接头之前，要用角向磨光机对焊缝的冷接头处进行打磨，打磨成U形斜坡状，然后再焊接。打磨的目的是避免焊缝接头已冷却，焊条再次起弧焊接时输入到接头处的热量使熔池迅速升至焊缝正常焊接时的熔池温度，从而冷却过快，造成焊接熔池中的气体不能够及时排出而形成气孔存在于起头焊缝中。为了排除掉焊缝冷接头处存在的气孔，必须对焊缝的冷接头处进行打磨。打磨成U形斜坡的原因是有利于接头时焊条增加对焊缝接头处的填充金属量，延长焊条在此处的燃弧时间，使焊接熔池温度能够迅速增至正常焊接时的熔池温度，从而使焊接熔池中存在的气体能够有充分的时间排出，避免焊缝接头处产生气孔。

接头时，在焊缝接头处前方15~20 mm处引弧，引燃后拉长电弧并稍停留，对焊缝冷接头处表面金属进行预热，待焊缝表面金属开始有熔化迹象时，看准焊缝接头处被打磨出的斜坡形中部压低电弧，不论在下部仰焊位置还是上部平焊位置接头时，应通过2~3个电弧逐渐把斜U形坡度填满，再正常进行焊接即可。

3. 后半周焊接

后半周焊接方法与前半周相同。运条方法如图11-1-6所示。

知识点4：盖面焊

1. 后半周焊接

(1)起头

采用与填充焊相同的方法引弧后，在起焊点开始焊接，采用斜圆圈形运条法进行焊接，焊出由短到长的三个斜圆圈熔池，熔池成水平排列状态，且一个比一个大，最后达到焊缝的宽度即可开始正常焊接，如图11-1-7(a)所示。

(2)正常焊接

焊接过程中，尽量压短电弧，控制好熔池温度和形状，在坡口上部边缘稍作停留，再将电弧斜拉到下坡口边缘，然后返回上坡口边缘，保持每个熔池覆盖上、下坡口棱边各1~2 mm，防止产生咬边、超高和焊瘤等缺陷。

(3)收弧

焊道上部平焊位置收弧时，要是焊缝呈斜三角形，先将几滴熔化金属逐渐拉斜，以使尾部焊缝呈斜坡状。

2. 前半周焊接

(1)引弧

前半周的焊接，在引弧后，先从后半周留下的待焊斜坡尖端向左横拉至坡口下部边缘，新产生的熔池与原接头熔合好，然后用斜圆圈运条法进行前半周的焊接，方法与后半周相同。接头位置见图11-1-7(b)所示。

(2)收弧

焊至上部平焊位置收尾时，在运条到收弧部位的待焊斜坡处，使熔池逐渐缩小，直至填满斜坡后再收弧，如图11-1-7(c)所示。

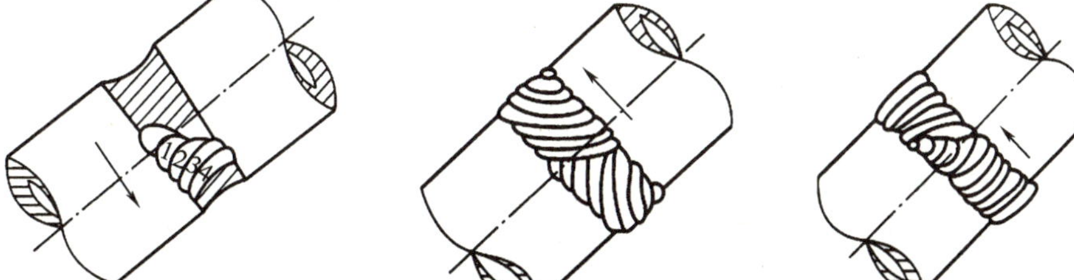

(a)起头方法　(b)接头方法　(c)收尾方法

图11-1-7　盖面焊方法

实训活动

1. 打底焊

先查阅资料完成下面的任务单，再按此前修订确认的焊接工艺卡的工艺要求和下面任务单的方式进行打底焊操作。

(1)管件上架

将装配好的钢管焊件，装卡在一定高度的________专业支架上，站位时管件高度一般在操作者腰部附近，定位焊点分别放置在________点钟、________点钟、________点钟处，焊件一旦上架固定，必须在全部焊缝焊完后方可取下。

(2)焊接顺序

管对接斜45°固定焊与水平固定焊一样，分________焊缝和________焊缝两部分焊接，先焊的一半焊缝，称为前半圆周焊缝，后焊的一半焊缝，称为后半圆周焊缝，________为起焊端，________点钟位置为结束端，打底层、填充层和盖面层全部为________法焊接。

(3)焊条角度

焊条角度与管径大小无关，根部焊接、填充焊接、盖面焊接采用的焊条角度相同，焊条与管轴线夹角即下倾角保持在________之间，与焊缝圆切线角度在焊接仰焊位(5～7点钟)时，焊条应前倾，角度与圆切线保持________，焊条端部应紧贴熔池，使焊接电弧在打底成形面燃烧，随着焊条不断前进，角度逐渐过渡到后倾角，到平焊位时，焊条角度与圆切线保持后倾角为________。

(4)前半周焊接

打底层采用断弧法________焊接，在6点钟前________mm处坡口内用敲击法或划擦法引弧，长弧预热坡口________s，待坡口两侧接近熔化状态，即表面出现"汗珠"时，立即对准焊缝根部压低________，以极短的电弧长度击穿焊缝根部坡口两侧________，形成熔孔与熔池，停顿到当被击穿的熔孔直径大于焊缝间隙________mm时，焊条迅速拉向焊接方向后侧熄弧，使熔池降温，待熔池变________时，在断弧处重新________并压低电弧向上送给，形成第二个熔池，如此引弧、击穿、停顿、断弧反复进行，向前施焊。

焊接接头时，先打磨焊缝接头成________状，底部厚度与________相同，引弧点位置在接头处前方________mm处，电弧引燃并稳定后迅速移到收弧熔孔的________处，听到击穿声时稍摆动再向前________正常施焊。

当进行到定位焊点处时，要保证焊接熔池前面形成的熔孔前部________与焊件________焊点斜坡形成一个熔孔。焊条再次接弧时，对准熔孔________压低电弧保持不动，击穿根部使其在焊缝背面与定位焊点背面前后形成的焊道高度保持________，避免焊缝背面留有________。当焊缝碰头处的熔孔封口后，焊条不要立即________，应采用连弧焊法向前约焊至________mm，然后稍作稳弧在焊缝坡口的一侧熄弧，完成焊缝碰头焊接。

收弧操作时，焊条下压，待熔孔稍增大后，缓慢将电弧带至熔孔上方坡口内侧________mm左右处熄灭，防止产生________。

(5)后半周焊接

后半周焊接操作方法与前半周相似，难点在于________接头和________接头。

仰焊部位接头时，由于起焊时容易产生________、________等缺陷，故接头时应把起焊处的原焊缝修磨掉约________mm，再施焊。在接头后________mm处引弧，焊条与垂直方向的夹角为________，运条至熔孔处做上顶动作，并稍微停顿，待接头熔化后，反方向改变焊条角度，压低电弧，向上顶压焊条，使电弧在坡口内燃烧，形成完整的熔池后熄弧，转入正常焊接。

平焊部位的接头是整个环焊缝的________部分，首先应用手工________接头处，使接头处形成________形。焊条________，在距接头处________ mm 封闭时，绝不可断弧，接头封闭时，需把焊条向里稍微________一下，并在接头处做________形来回摆动，使接头充分________，将弧坑填满，然后再________。

(6)焊接过程性检查

完成打底层焊接后，清理焊渣，进行过程性质量检查，以确保整体焊接质量及后续改进，并填写表11－1－4。

表11－1－4 打底焊层缺陷检查

检查项目	缺陷存在的具体问题及数量	形成原因与改善措施
夹渣		
气孔		
裂纹		
未焊透		
未熔合		
焊瘤		
咬边		

2. 填充焊

先查阅资料完成下面的任务单，再按此前修订确认的焊接工艺卡的工艺要求和下面任务单的方式进行填充焊操作。

(1)焊接顺序

填充焊时应该打磨清理干净________焊缝的________及________后再施焊。10 mm 厚管件采取一层填充焊，依然分前________半圆焊接，从________位开始，________位终止，填充层起焊点可放在________点钟正仰位处。填充层焊接时焊条角度比打底焊时大________左右。

(2)前半周焊接

操作者首先要找好适合焊缝起头焊接的身体所处位置和保持的焊接姿态，起头焊接时的引弧点位置在起焊点处后侧________ mm 处。当焊接电弧引燃之后，先拉长电弧稍作停留，对焊缝表面进行________，待起头处焊缝表面金属有________迹象且焊条的燃烧达到正常时，迅速移动焊条到________处中部________电弧，并做短暂________，待焊条熔化焊缝表面金属后，焊条在焊缝坡口内保持横向摆动________往返后回至原位，使焊条对焊缝输入的热量和填充的金属量达到焊缝所需要形成的焊接熔池形状、焊缝宽度与高度，焊条向焊接方向________熄弧，此时焊缝的起头焊接完成。

焊条再次接弧进行焊接时的接弧点位置在焊接熔池的________部。焊条接弧时采用直击法引弧，焊条与水平线保持________运条，运条方法为________法，焊条斜圆圈路线是从管件坡口________起弧，并稍作停留，使熔池距坡口边缘线________ mm，斜拉至坡口________，稍作停留，熔池距坡口边缘线________ mm，然后回拉电弧向上到起弧处________，整个斜圆圈呈上________下________的趋势。如此往复向前焊接。

填充焊接时，始终保持低于母材表面________ mm 的范围内，以及始终保持形成的焊接熔池形状为________形。

接头采用________法进行，接头之前，要用角向磨光机对焊缝的________处进行打磨，打磨成________状，然后再焊接。接头时，在焊缝接头处前方________mm处引弧，引燃后稍拉长________对焊缝的冷接头处表面金属进行________，待焊缝表面金属开始有熔化迹象时，看准焊缝接头处被打磨出的斜坡形中部压低电弧，不论在下部仰焊位置还是上部平焊位置接头时，应通过________个电弧逐渐把斜U状坡度________，再正常进行焊接即可。

(3)后半周焊接

后半周焊接方法与前半周________。

(4)焊接过程性检查

完成填充层焊接后，清理焊渣，进行过程性质量检查，以确保整体焊接质量及后续改进，并填写表11-1-5。

表11-1-5 填充层缺陷检查

检查项目	缺陷存在的具体问题及数量	形成原因与改善措施
夹渣		
气孔		
裂纹		
未焊透		
未熔合		
焊瘤		
咬边		

3.盖面焊

先查阅资料完成下面的任务单，再按此前修订确认的焊接工艺卡的工艺要求和下面任务单的方式进行填充焊操作。

(1)后半周焊接

采用与________相同的方法引弧后，在________开始焊接，采用________形运条法进行焊接，焊出由短到长的________斜圆圈熔池，熔池成________排列状态，且一个比一个________，最后达到焊缝的________即可开始正常焊接。

焊接过程中，尽量压________电弧，控制好熔池________和________，在坡口________边缘稍作停留，再将电弧斜拉到________坡口边缘，然后返回________坡口边缘，保持每个熔池覆盖上、下坡口棱边各________mm，防止产生________、________和________等缺陷。

焊道上部平焊位置收弧时，要是焊缝呈________，先将几滴熔化金属逐渐拉斜，以使尾部焊缝呈斜坡状。

(2)前半周焊接

前半周的焊接，在引弧后，先从________留下的待焊________尖端向左横拉至坡口________部边缘，新产生的熔池与________接头熔合好，然后用________运条法进行前半周的焊接，方法与________相同。

焊至上部________位置收尾时，在运条到收弧部位的待焊________处，使熔池逐渐缩小，直至填满________后再收弧。

(3)焊接过程性检查

完成盖面层焊接后,清理焊渣,进行过程性质量检查,以确保整体焊接质量及后续改进,并填写表11－1－6。

表11－1－6　盖面层缺陷检查

检查项目	缺陷存在的具体问题及数量		形成原因与改善措施	
	第一面焊缝	第二面焊缝	第一面焊缝	第二面焊缝
夹渣				
气孔				
裂纹				
未焊透				
未熔合				
焊瘤				
咬边				

子任务11－1－3　焊后处理与检查

知识积累

知识点1:任务分析

任务实施路线:焊缝清理、质量检查。

知识点2:焊缝清理与质量检查

焊件焊接完毕后,用敲渣锤、钢丝刷等清理掉焊缝上的焊渣、飞溅等,或用砂布重新打磨一遍焊缝外观,不得存在焊渣、焊点、毛刺等,焊缝应光滑、平整,应保证焊件的“边齐、面平”,包括焊件上开口边缘的垂直平行度,但不能破坏焊缝原始表面。焊后对焊缝表面质量进行检验,肉眼观察或用低倍放大镜检查焊缝表面是否有气孔、裂纹、咬边等缺陷,用钢直尺、钢角尺、焊缝检验尺对焊缝进行外观质量和外观成形尺寸检查。

实训活动

1. 焊件焊后处理与检测评分

焊件焊接完毕后,先用敲渣锤清理焊渣,再用钢丝刷进一步将焊渣、飞溅等清理干净。严禁破坏焊缝原始表面,禁止用水冷却。对焊缝表面质量进行目视检验,使用5倍放大镜观察表面是否存在缺陷,并使用焊接检验尺对焊缝进行测量,焊件外观检查的结果应满足各项要求。然后对焊件进行无损检测,焊件内部质量按《焊缝无损检测　射线检测　第1部分:X和伽玛射线的胶片技术》(GB/T 3323.1—2019)评定。对焊件按规范进行检测评分,角接焊缝外观评分标准见子任务3－1－3同类表。

2. 工位工具清理点检与评分

焊接结束后,关闭焊接电源。按9S标准清扫场地,按规定摆放工具,整理焊接电缆,确认无安全隐患,并做好使用记录,进行评分,评分表见子任务1－1－3同类表。

模块二　熔化极气体保护焊

【榜样引领】——大国工匠伴我成才

“师傅,我感觉焊接手法遇到了瓶颈,手感不太好,不知道怎么练。”小白跟高师傅说道。“嗯,这很正常,大家都会经历这个过程,这时就需要练心性了,要练静心!”高师傅说道,“有句话说‘静而能生定,定而能生慧’,你看很大大国工匠为什么能在一线岗位做出那么多高难度的焊接焊件,能做出那么多创新,首先是静得下心来练习、学习、琢磨。我们来看看另外一位焊接大国工匠的故事。”

人物故事

大国工匠——李万君:坚守执着、极致与创新

中车长春轨道客车股份有限公司首席焊工李万君

他是中车长春轨道客车股份有限公司电焊工。一把焊枪,一双妙手,他以柔情呵护复兴号的筋骨;千度烈焰,万次攻关,他用坚固为中国梦提速。那飞驰的列车,会记下他指尖的温度。

李万君,1968 年出生,1987 年,19 岁的李万君职高毕业,被分配到长春客车厂(中车长春轨道客车股份有限公司前身)电焊车间水箱工段工作,现在是中车长春轨道客车股份有限公司转向架制造中心焊接车间的焊工。他从一名普通焊工成长为我国高铁焊接专家,是我国第一代高铁工人中的杰出代表,被誉为工人院士、高铁焊接大师。李万君先后参与了我国几十种城铁车、动车组转向架的首件试制焊接工作,总结并制定了 30 多种转向架焊接规范及操作方法,技术攻关 150 多项,其中 27 项获得国家专利。他的“拽枪式右焊法”等 30 多种转向架焊接操作方法,累计为企业节约资金和创造价值 8 000 余万元。所获荣誉:全国劳模、全国优秀共产党员、全国“五一劳动奖章”获得者、全国技术能手、中华技能大奖、“感动中国”2016 年度人物、吉林省特等劳模、大国工匠 2018 年度人物。

提起我国的高铁,不能不说制造高铁的技师,他们用双手默默地生产出让国人骄傲的现代出行工具。在高铁复杂的生产中,转向架是核心,其制造技术被列为高速动车组的九大核心技术之一。中车长春轨道客车股份有限公司李万君便是焊装高铁转向架的第一人,被誉为高铁战线的杰出工匠、工人院士。

飘散的烟尘里,电焊枪发出刺眼蓝光,李万君戴上焊枪帽,又过了一把电焊瘾。“我就是干这个的,大国工匠‘不是摆出来的,是干出来的’。”李万君对多次前来采访的《经济日报》记者说。已获得“中华技能大奖”以及多项发明创新奖项的“高铁焊接大师”李万君,如今依然手握焊枪活跃在生产一线,以精湛的技术打造最安全可靠的、中国制造的高速列车。他的工友讲,两根直径仅有 3.2 mm 的不锈钢焊条,李万君可以不留一丝痕迹地对焊在一起;听到 20 m 外的焊接声,李万君就能判断出电流、电压的大小,焊缝的宽窄,是平焊还是立

焊，焊接的质量如何。

在李万君工作室，有一个圆形焊接口成为展示品。李万君介绍说，他在试制时速250千米的动车组时，考虑到列车转向架每天要承受零件的反复碾压，如何将横梁与侧梁间的接触环口焊接成型，成为转向架生产的瓶颈问题。"能否一枪把这个环口焊下来呢?"李万君提出这个想法，来自阿尔斯通的法国专家认为这不可能。李万君经过1个月的反复摸索，总结出"构架环口焊接七步操作法"就能一枪焊完整个环口。他说："核心的技术是把焊枪喷嘴做小，以适应小角度和远端的焊接，焊接时不能大口喘气，以保证稳定性。因此，我们一般不能喝碳酸饮料，就怕焊接时打嗝。"法国专家看到焊好的环口，还以为是机械手焊接的，李万君就给他做现场示范，让法国专家竖起大拇指。这个令法国专家十分惊讶的"绝活"，现已成为公司的一项技术标准。在李万君看来，"无论外国怎么进行技术封锁，我们都要想尽一切办法去革新和突破核心技术，这是中国高铁产业工人义不容辞的责任"。

李万君的技术创新无处不在，小到发明钢构件上的打号机，大到填补国内空白的几十种高速车、铁路客车、城铁车转向架焊接规范及操作方法。"以前，焊头一坏就进行整体更换，后来，我们将焊头改为两截，头坏了只需换头，每个花20元，就能省下10元，两个车间有400多名焊工，每人每天省下一个焊头，就能节约400元，一年下来能节约数十万元呢。"李万君说。

"技术工人要高度自觉，争当创新主角，在中国制造走向中国创造的进程中贡献力量。"李万君这样定位他的角色。

中国高铁意味着高速度，而高速度要有高质量做保证。"原来我们生产的列车时速80千米，只要焊结实就行，外面的焊渣都不用清理。"李万君说，现在时速300千米的高铁，掉一个焊渣都有可能造成重大事故，所有焊件必须表里如一、没有瑕疵，每一个焊件都得是艺术品。为此，李万君编写了图文并茂的《焊接典型质量问题汇编》，制定了《转向架铆焊工标准操作手册》，提炼出《焊接艺术化标准》，创新的工艺填补了我国氩焊焊接转向架环口等方面的空白。

认知活动

分组讨论李万君大师的故事背景、意义、可借鉴性等，并思考完成以下问题：

1. 听到20 m外的焊接声，李万君就能判断出电流、电压的大小，焊缝的宽窄，是平焊还是立焊，焊接的质量如何。——自己在练习时，注意过焊接声音吗？谈谈自己的感想。

____

____

____

____

____

2. 经过1个月的反复摸索，李万君总结出"构架环口焊接七步操作法"就能一枪焊完整个环口。他说："核心的技术是把焊枪喷嘴做小，以适应小角度和远端的焊接，焊接时不能大口喘气，以保证稳定性。因此，我们一般不能喝碳酸饮料，就怕焊接时打嗝。"——从他的经验中，自己学会了什么技巧？体会到了什么？想到了什么问题？

____

____

3.“以前，焊头一坏就进行整体更换，后来，我们将焊头改为两截，头坏了只需换头，每个花 20 元，就能省下 10 元，两个车间有 400 多名焊工，每人每天省下一个焊头，就能节约 400 元，一年下来能节约数十万元呢。”李万君说。——想一想，李万君为什么能发现这样一个创新点？这样的创新点具有哪些意义？思考并回答：选择创新点有什么样的原则？

4. 情感链接：结合本模块大国工匠的故事，了解自己专业的应用领域及其重要性，设想一下自己的职业发展前景。

项目十二　T型接头平角焊熔化极气体保护焊

项目描述：师徒对话

小白注意到其他师傅平时在使用焊条电弧焊设备以外，还使用其他的焊接设备，除了弧焊电源以外，还配有钢瓶及连管，在电源旁还配有一台设备，上面有一盘焊丝，焊钳也不同，不用换焊条，焊接过程中还不用下移焊钳送进焊条，焊接效率比焊条电弧焊高不少。于是他自己上网查了一下，知道这是气体保护焊，应用很广泛，于是下决心一定要学会气体保护焊。这一天，他向高师傅提出："师傅，焊条电弧焊我已经练习了很久，手法方面我会进一步加强练习的，工艺方面我也会加强积累的，我想学气体保护焊。"

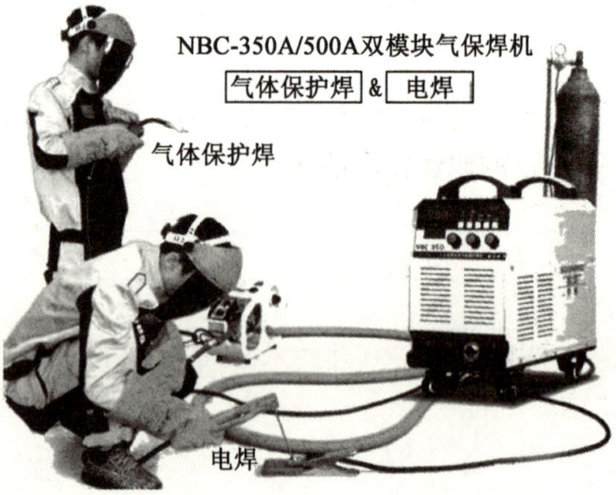

气体保护焊与焊条电弧焊一体焊机

高师傅爽朗地说道："可以，气体保护焊的基本要求和操作手法与焊条电弧焊差不多，但在焊接工艺、气体保护调节、电源特性要求等方面有不同。气体保护焊也很多种，你就从熟悉的焊接低碳钢T型接头平角焊熔化极气保焊项目开始练习吧。这一阶段你需要达成以下目标。"

项目目标

知识目标：

1. 熟悉T型接头平角焊的特点和类型；
2. 掌握T型接头平角焊熔化极气体保护焊方法；
3. 掌握T型接头平角焊熔化极气体保护焊的常见缺陷与预防措施；
4. 掌握T型接头平角焊熔化极气体保护焊焊缝外观质量检查方法。

技能目标：

1. 能够正确识读图纸；
2. 能够正确应用工具进行坡口处理；
3. 能够正确连接调试熔化极气体保护焊设备；
4. 能够正确进行装配定位；
5. 能够正确选用焊丝；
6. 能够正确选用合适的焊接工艺参数；

7. 能够熟练进行 T 型接头平角焊熔化极气体保护焊的焊接操作；
8. 能够进行 T 型接头平角焊熔化极气体保护焊多层多道焊。

素养目标：

1. 具有查阅资料、自主学习和勤于思考的能力；
2. 具有尊重和自觉遵守法规、标准的意识；
3. 具有良好的职业道德、敬业精神和团队精神；
4. 具有安全、环保和节约意识；
5. 具有 9S 管理意识。

任务 12－1　低合金高强度钢板 T 型接头平角焊二氧化碳气体保护焊

任务说明：

按图 12－1－0 及技术要求进行材料准备、工艺准备、焊接实施、质量检查、自我评定与总结。

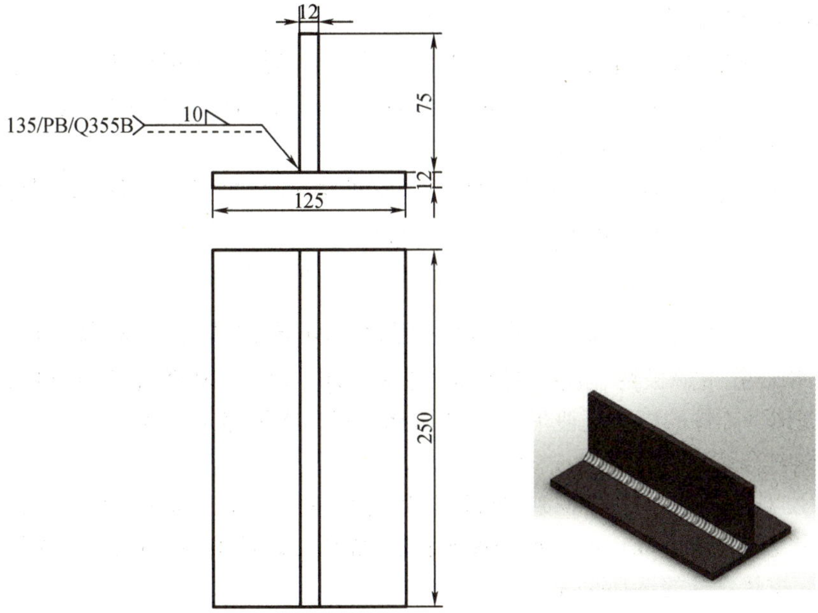

技术要求：1. I 形坡口；2. 间隙 0～1 mm；3. 两板垂直，角度偏差 < 1°；4. 不允许有咬边；5. 不允许有未焊透；6. 不允许有裂纹、气孔、夹渣。

图 12－1－0　Q355B 板 T 型接头平角焊焊件图

子任务 12－1－1 焊前准备

知识积累

知识点 1:任务分析

在船舶、桥梁、建筑及压力容器等大型钢结构中都有很多角接结构,目前多用二氧化碳气体保护焊进行焊接,所以二氧化碳气体保护焊平角焊是应用广泛的焊接形式,操作方便简单,值得学习。需要注意的是:T 型接头焊缝散热快,需要热输入大,焊脚较大时不容易焊透,底板焊脚容易偏大,焊缝下溜,易产生集中应力,立板容易产生咬边,表面成形控制难。一般情况下,当焊脚尺寸在 8 mm 以下时,多采用单层焊;焊脚尺寸在 8 ~ 10 mm 时,采用多层焊;焊脚尺寸大于 10 mm 时,则为多层多道焊。

任务实施路线:图样识读、焊件准备及坡口清理、焊焊接工艺参数确定、装配定位。

知识点 2:焊前准备

1. 图样识读

任务图 12－1－0 中焊接符号尾部 135 表示熔化极气体保护焊,这里指 CO_2 气体保护焊,其他内容与前面焊条电弧焊项目相同。

2. 焊件准备及坡口清理

根据任务单可知,焊件材质为 Q355B,底板焊件尺寸为 125 mm × 250 mm,立板焊件尺寸为 75 mm × 250 mm,厚度为 8 ~ 12 mm 均可,这里选用 12 mm 板厚焊件,其他板厚具体焊接工艺微调即可。焊件为 I 形坡口。

焊前打磨清理坡口面及坡口边缘两侧,立板修磨坡口及两侧 15 ~ 20 mm 范围,底板修磨焊接位置中心左右 30 ~ 40 mm 范围,露出金属光泽。

知识点 3:熔化极气体保护焊的常用焊接工艺参数介绍

CO_2气体保护焊的主要焊接参数有焊丝直径、焊接电流、电弧电压、焊接速度、焊丝伸出长度、CO_2气体流量、电源极性、电路电感、装配间隙与坡口尺寸、喷嘴至焊件的距离、焊枪倾角等。CO_2 气体保护焊的熔滴过渡形式主要有滴落过渡和短路过渡两种。

1. 焊丝材料与直径

焊丝直径应根据焊件厚度、焊接空间位置及生产率的要求来选择。在薄板或中厚板的立、横、仰焊中,多采用 ϕ1.6 mm 以下的焊丝;在平焊位置焊接中厚板时,可以采用 ϕ1.2 mm 以上的焊丝。焊丝直径的选择见表 12－1－1。

表 12－1－1 焊丝直径选择参考表

焊丝直径/mm	熔滴过渡形式	焊件厚度/mm	焊缝位置
0.5 ~ 0.8	短路过渡	1.0 ~ 2.5	全位置
	颗粒过渡	2.5 ~ 4.0	平焊

表 12－1－1(续)

焊丝直径/mm	熔滴过渡形式	焊件厚度/mm	焊缝位置
1.0～1.4	短路过渡	2.0～8.0	全位置
	颗粒过渡	2.0～12.0	平焊
1.6	短路过渡	3.0～12.0	全位置
≥1.6	颗粒过渡	>6.0	平焊

2. 电弧电压

电弧电压是影响电弧稳定性以及焊道成形、母材熔深等非常关键的因素。电弧电压设定得越高，电弧长度(弧长)会越长；电弧电压设定得越低，电弧长度(弧长)也会越短。电弧电压设定得无论是过高还是过低，都会引起电弧不稳定。如图 12－1－1 所示，当电弧电压设定得过低，弧长变短时，会产生焊丝扎进熔池里的现象；而当电弧电压设定得过高，弧长变长时，熔滴的过渡变得不规则，容易使电弧变得不稳定。

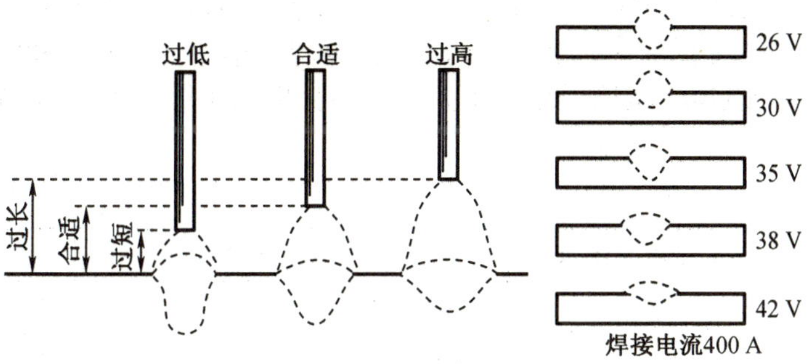

图 12－1－1 电弧电压变化时电弧及焊缝情况

另外，如图 12－1－1 右边所示，在相同电流的情况下，电弧电压升高，焊道成形变得又平又宽，熔深也变浅；当电弧电压降低时，形成的焊道宽度变窄，并向上凸起，熔深也变得更深。

电弧电压随着焊接电流的增加而增大。短路过渡焊接时，通常电弧电压在 16～24 V 范围内。细滴过渡焊接时，对于直径为 1.2～3.0 mm 的焊丝，电弧电压可在 25～36 V 范围内选择。在大电流焊接时，电弧电压一般为 30～50 V。

使用实芯焊丝的 CO_2 气体保护焊，怎样才能设定合适的电弧电压 E(V)呢？有下面这个公式可以参考。焊接电流用 I(A)来表示。

小电流域短路过渡焊接时：

$$E = 0.04I + 14 \pm 2 \qquad (12-1-1)$$

大电流域大颗粒过渡焊接时：

$$E = 0.04 \times I + 19 \pm 2 \qquad (12-1-2)$$

例如，使用直径为 1.2 mm 的实芯焊丝时，以 240～250 A 电流为界限。当低于这个电流焊接时，用式(12－1－1)来计算电弧电压；当高于这个电流焊接时，用式(12－1－2)来计算电弧电压。

目前，几乎所有的 CO_2 气体保护焊接电源(MAG 焊机)都具有焊接电流与电压一元化功能。利用这个功能，只需要设定焊接电流，就能够自动匹配出比较合适的电弧电压。在焊接作业量不大时，一元化设定在使用上是非常方便的。

但是，不能过于依赖这个功能，在实际焊接时，若一味地使用这个功能，有时候会产生焊接不良的情况。例如，在狭窄的坡口内进行摆动焊接时，如果焊枪高度不随着坡口的状态进行合适的调整，一元化功能会导致焊接电流和电弧电压发生变动，最终导致电弧不稳定。另外，连续焊接时间较长时，随着焊接的进行，熔池有时候会变得越来越宽、越来越大，此时，会引起焊接电流和电弧电压发生变化，从而导致焊接不良的发生。

还有一种情况，在使用焊接机器人等自动焊接设备时，焊接电流和电弧电压基本上都是个别设定的。一元化功能在使用上是有一定的限制的。因此，大家一定要习惯尽量对焊接电流和电弧电压分别进行设定。

3. 焊接电流

一般随着焊接电流的增大，熔深、焊缝宽度和余高也相应有所增加，送丝速度也会加快（送丝速度是通过调节电流来控制的）。焊接电流的大小，应根据焊件的厚度、焊丝材料、焊丝直径、焊缝空间位置和需要的熔滴过渡形式来选择。焊接电流增大，熔深将显著增加，焊缝厚度、焊缝宽度及余高都将相应增加。对于直径为 0.8 ~ 1.6 mm 的焊丝，在短路过渡时，焊接电流在 50 ~ 230 A 范围内选择；在细滴过渡时，焊接电流在 150 ~ 500 A 范围内选择。焊丝直径与焊接电流的关系见表 12 - 1 - 2。

表 12 - 1 - 2　焊丝直径与焊接电流的关系对应表

焊丝直径/mm	焊接电流/A	
	细滴过渡	短路过渡
0.8	150 ~ 250	60 ~ 160
1.2	200 ~ 300	100 ~ 175
1.6	350 ~ 500	100 ~ 180
2.4	500 ~ 750	150 ~ 200

焊接电流是影响焊丝的熔化速度以及母材熔深的主要因素。焊接电流越高，焊丝的熔化速度就越快，熔敷金属量就增多。图 12 - 1 - 2(a)所示是对于不同直径的焊丝，所用焊接电流与焊丝的熔化速度的关系图。由图可知，在电流相同时，焊丝越细，焊丝的熔化量越大。因此，在焊接一条焊缝时，需要提高单层焊道的金属熔敷量，实现高效率焊接时，可以利用这一特性，尽量使用较细的焊丝，并且，使用该焊丝适合的最大电流。

再有，随着焊接电流的增大，加在母材上的热能也随之增大，熔深也会变得更深。如图 12 - 1 - 2(b)所示，是在相同的焊接速度下，当焊接电流变化时，焊道的形状以及熔深的变化情况。从图上我们可以看到，随着焊接电流的增大，金属熔敷量增加的同时，熔深变得更深，焊道宽度以及焊道余高也都相应增大。

4. 焊接速度

当焊丝直径、焊接电流和电弧电压一定时，焊接速度越快，焊道宽度和熔深会相应减少，容易形成向上凸起的焊道。随着焊接速度加快，飞溅量会增加，气体保护效果会变差，可能出现气孔，焊道边缘容易产生咬边及未熔合的现象，如图 12 - 1 - 3 所示。

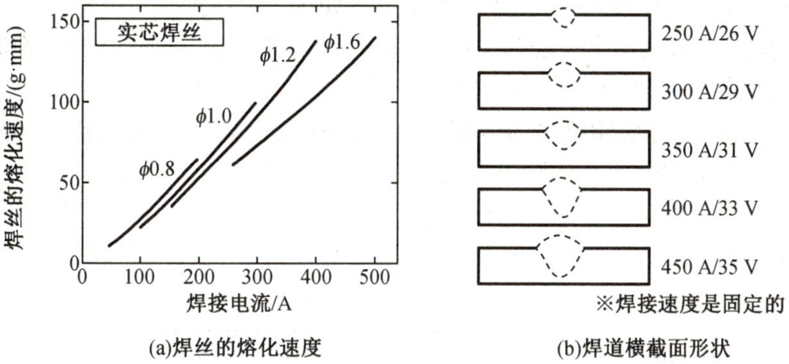

图 12-1-2 焊接电流变化时焊丝的熔化速度和焊道横截面形状

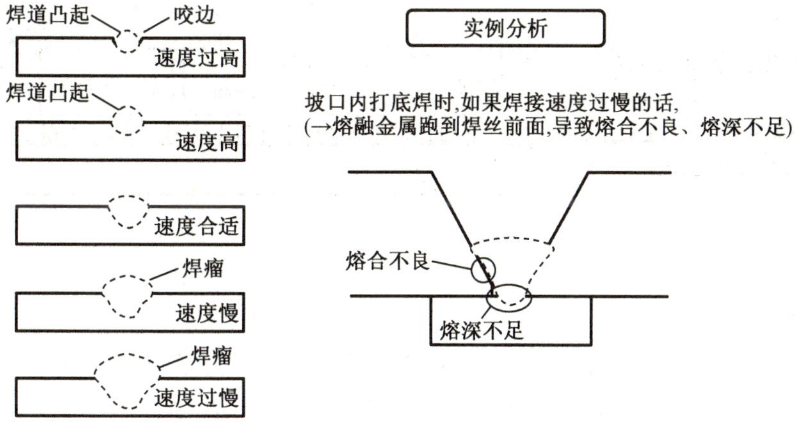

图 12-1-3 焊接速度对焊道的影响

相反,当焊接速度变慢时,熔深会稍有增加,焊道宽度变大的同时余高也会增高。如果焊接速度过慢,容易产生焊瘤,并且焊道边缘和母材之间过渡变得不顺畅,形成小台阶。特别是在焊接较深的坡口时,焊工往往会有"一定要保证熔深"的心理,这时会把焊接速度压得极低,导致熔池流到了焊丝的前方,不仅会产生强烈的焊接飞溅,同时,焊道容易坍塌,更容易产生熔深不足以及熔合不良等情况。因此,应注意尽量避免形成过大的熔池,应提高焊接速度,形成较窄的焊道,同时增加焊道的数量,这样进行焊接施工才能够得到理想的焊接结果。

在焊接电流和电弧电压一定时,随着焊接速度的提高(或减小),焊缝的余高、宽度与熔深都要相应减小(或增大)。焊接速度过慢,则焊接生产率降低,焊接变形增大。一般 CO_2 半自动焊的焊接速度为 15～40 m/h。

5. 焊丝伸出长度

焊丝伸出长度是指焊接时焊丝伸出导电嘴的长度。焊丝的伸出长度对电弧的稳定性、焊丝的熔化量、母材熔深的稳定性都会产生较大的影响。焊丝伸出长度取决于焊丝直径,一般约等于焊丝直径的 10 倍,且不超过 15 mm。

由于 CO_2 气体保护焊的电流密度较高,MAG 焊机在通常情况下,焊丝的送丝速度是固定不变的。当焊枪距离焊件的距离不变时，如果焊丝伸出长度增加过大，焊丝的预热作用较强，容易发生过热而成段熔断，焊丝的熔化速度加快，导致电弧变长，电弧电压升高，焊接电流变小，造成熔池温度降低、热量不足，熔深变浅，焊缝成形不好，容易引起未焊透等缺陷；同时，电弧的保护效果变差，飞溅严重。

伸出长度过小，将使焊枪距离焊件过近，焊接电流将增大，不但易造成飞溅堵塞喷嘴，影响保护效果，导电嘴容易过热烧坏，而且会影响焊工视线。

在焊接过程中，必须保证焊丝伸出长度合适才行。图 12－1－4 所示是按照使用的焊接电流大小，设定的标准焊丝伸出长度的范围，请参考使用。

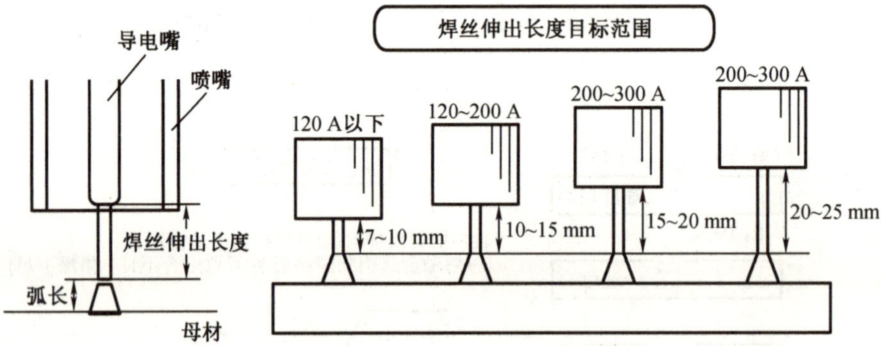

图 12－1－4　焊丝伸出长度

6. CO_2气体流量

CO_2 气体流量应根据焊接电流、焊接速度、焊丝伸出长度及喷嘴直径等来选择。当焊接电流越大、焊接速度越快、焊丝伸出越长时，CO_2气体流量也应更大些。气体流量过小，电弧不稳，保护效果差，焊缝表面易被氧化成深褐色；气体流量过大，则会出现气体湍流，也会产生气孔，焊缝表面呈浅褐色。细丝 CO_2气体保护焊时，CO_2气体流量通常为 8～15 L/min；粗丝 CO_2气体保护焊时，CO_2气体流量则为 15～25 L/min。

7. 电源极性与电路电感

CO_2气体保护焊时，为了保证电弧稳定燃烧，一般采用直流反接，即焊件接负极，焊丝接正极。只有在堆焊或焊补铸钢件时，才采用正接法。

焊接电路的电感值应根据焊丝直径和电弧电压来选择。在焊接生产中，有时焊接电缆较长，常常将一部分电缆盘绕起来，这相当于在焊接电路中串入了一个附加电感，电路电感值的改变，使飞溅等发生了变化。因此焊接过程正常后，电缆盘绕的圈数就不宜变动。

在实际焊接施工中，为保证能够够得着被焊焊件，往往会将焊接电缆进行加长。随着电缆的加长，容易引起各种各样焊接不良现象的产生。如表 12－1－3 所示，这是与焊接母材相连的焊接电缆的案例，通过这个案例，我们可以看到焊接电缆的状态会对电弧的稳定性产生什么样的影响。

假设焊接电流设定为 150 A，当电缆长度从 5 m 增加到 30 m 时（见表 12－1－3 从 a 到 b），会引起弧压降低，导致电弧不稳。这是因为电缆加长，电缆的电阻值变大了。遇到这种情况，就要求作业者对降低的弧压进行补偿才行。表 12－1－3 中的 c 就是补偿后的弧压值。补偿方法就是升高端子电压，即把弧压的设定值提高一些，这样，就能够得到合适的电压，实现与 a 相同的焊接结果。

表 12－1－3 电缆长度与电弧稳定性的关系

		a	b	c	d
焊接电缆的状态		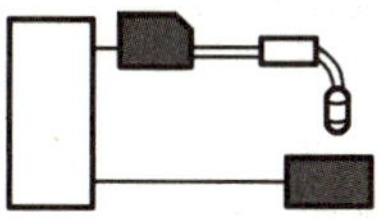 拉直的状态	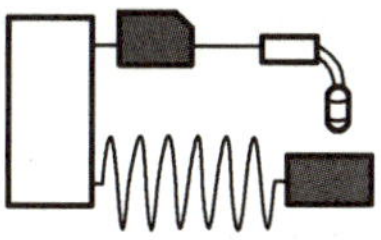 平行往返布置的状态		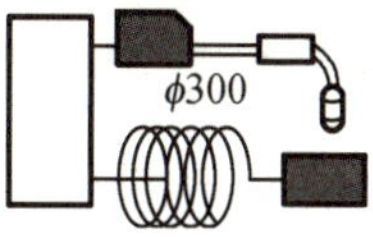 盘起 25 圈的状态
电缆长度		5 m	30 m		
焊接电流		150 A			
电压	端子电压	20.5 V	20.5 V	23.0 V	23.0 V
	起弧电压	20.0 V	（不稳定）	20.0 V	（不稳定）
电弧	起弧性能	好	差	好	差
	声音	连续声音	不连续声音	连续声音	不连续声音
	弧光	稳定	不稳定	稳定	不稳定
焊道外观成形		好	差	好	差

但是，请大家看表 12－1－3 中的 d，电缆长度虽然也是 30 m，但它是盘起来的（比如焊机上连接的电缆很长，如果把焊机拉到近旁使用时，有些焊工就会把电缆盘起来），电弧就会变得不稳定。这是因为当电缆被盘成线圈形状时电感增大。当电感一旦超过了极限值，焊丝就会往熔池里扎，容易产生熔池熔滴向四处乱飞的现象。

这时，如果降低送丝速度，就能够将这种不良情况改善，但是，降低送丝速度就意味着要降低焊接电流，因此，这种方法并不现实。所以，建议大家不要把多余的电缆盘起来，应尽量使电缆处于拉直的状态再进行施焊。

8. 焊接工艺参数的观察与调节

我们在实际焊接中需要试焊观察，调节出合适的工艺参数。图 12－1－5 列举了几种常见的状态，下面就这几种常见的状态进行分析与调节说明。

（1）图 12－1－5（a）中，焊道平滑工整，焊缝厚度与宽度合适。

（2）图 12－1－5（b）中，焊道宽度合适，但堆积太高，说明送丝速度太快，需要调节送丝旋钮来减慢送丝速度。

（3）图 12－1－5（c）中，焊道凹陷，焊件反面都塌陷了，说明焊机火力太大，需要调节电压旋钮减小焊接火力。

（4）图 12－1－5（d）中，焊道太高，与焊件没有很好地熔合，需要调节电压旋钮加大焊接火力。

知识点 4：本任务焊接工艺参数确定

根据知识点 3 学习的内容，结合本任务母材 Q355B 的焊接特性和板厚来看，选择直径 1.2 mm的 ER50－6 焊丝，保护气体为 CO_2气体，纯度高于 99.5%，采用两层三道焊来焊接，具体焊接工艺参数见表 12-1-4。

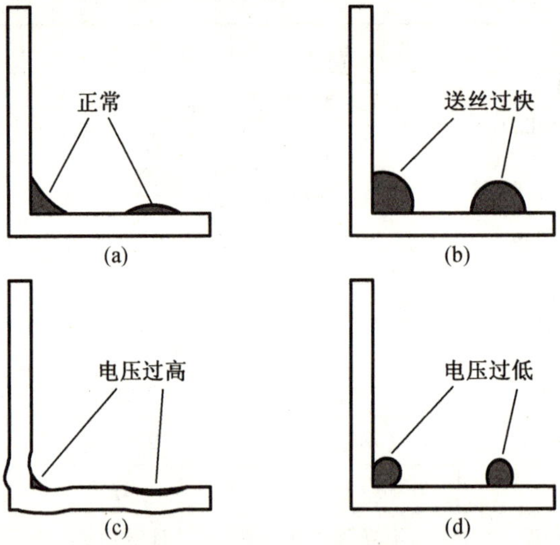

图 12-1-5 不同工艺参数的焊缝状态

表 12-1-4 焊接工艺参数表

焊接层次	焊丝型号	焊丝直径/mm	焊接电流/A	焊接电压/V	保护气体流量/(L/min)	焊丝伸出长度/mm	电源极性
打底层	ER50-6	1.2	160~180	21~23	10~15	10~15	直流反接
盖面层			140~150	20~22	10~15	10~15	

知识点 5:装配定位

将打磨好的平板和立板用 90°角尺辅助装配成 90° T 型接头,I 形坡口不留间隙。在角焊缝背面两端进行定位焊,两端焊点长度 10~15 mm,如图 12-1-6 所示,要求点焊焊缝无夹渣等焊接缺陷。因为焊件长度只有 250 mm,只需两端定位,如果焊件更长,可以在背面中间增加一个焊点,中间焊点长度 15~20 mm。焊完一个焊点后调整焊件间隙,使立板和平板紧密接触,再进行另外一点定位焊,焊点变冷前将立板向焊缝背面压斜进行反变形,反变形角度为 3°左右,如图 12-1-6(b)所示。

知识点 6:CO_2 气体保护焊安全操作规程

CO_2 气体保护焊除了要遵守焊条电弧焊的安全技术规定外,还要针对 CO_2 气体保护焊的特点采取相应措施.

1. 预防弧光危害

操作者切勿将皮肤裸露在外,焊前仔细检查,是否有漏光现象。在焊工密集工作的场所,相互间应设置遮光屏障,而且要选择合适的护目玻璃。在条件允许的情况下,最好根据焊接电流的变化更换护目玻璃。

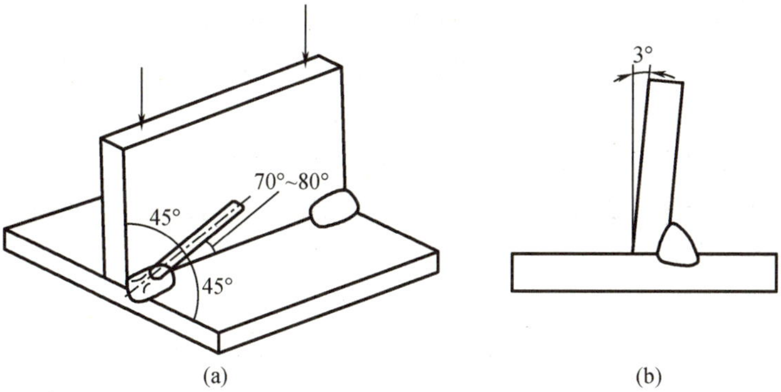

图 12-1-6　装配定位示意图

2. 预防灼伤和火灾

为预防灼伤和火灾发生，根据现场情况，焊工应确保自己处在不被飞溅灼伤的最佳位置上焊接。焊接前应仔细观察焊接区域和周围环境中是否存在易燃易爆物品，情况不明时切勿焊接。工作结束后，应认真仔细地检查工作场所及周围是否有残留火苗，确认无事后方可离开。

3. 预防有害气体和烟尘的危害

焊工应增强个人防护意识，戴好防尘口罩。工作时焊工应处上风口，减少有害气体和烟尘的侵袭，加强通风排尘措施，减少烟尘，净化工作环境。在狭小空间工作时必须进行排风除尘。

4. 安全使用 CO_2 气瓶

CO_2 气瓶必须经过检验，气瓶颈部的检验钢印表明该气瓶在允许年限以内，并有气瓶制造厂的钢印标志。气瓶的漆色是银白色，标有黑色“二氧化碳”字样。CO_2 气瓶吊运时最好采用框架，防止高空坠落；CO_2 气瓶应直立应用，并有定位措施，防止倒下伤人；CO_2 气瓶要有遮阳措施，防止日光曝晒；CO_2 气瓶内气体不能用尽，剩余气压应不低于 1 MPa。

实训活动

1. 分析与制订焊接工艺

(1)识读图样

焊缝符号(图 12-1-7)标注中，实线侧和虚线侧都标注有基本符号◺，其表示为________，基本符号前的数字 10 表示________，尾注符号中的 135 为________，焊件材料型号为 Q355B，是低碳钢，PB 为________。

(2)焊接工艺基本分析

板厚为 12 mm，坡口采用________，间隙为________ mm。T 型接头焊缝属于非熔透型焊缝，要求焊接接头根部有一定的熔合深度，该项目焊脚对称，凸度尽量为零。但实际操作中会有一定难度，这是由于 T 型接头焊缝在三个方向上散热，比对接接头所需的热输入大，需要较大的焊接电流来施焊，特别是在焊脚较大时，根部不易焊透，平板焊脚偏大，焊缝下垂，易产生应力集中；立板咬边，表面成形难以控制。因此，根据焊脚尺寸，采用两层三道焊完成焊缝，在图 12 - 1 - 8 中，将安排的焊道顺序用数字标示出来。

根据所提供的 NBC - 350 焊接电源，该电源型号含义为________，提供的焊丝为 ER50 - 6，其型号含义是________。

由于气体保护焊的焊速相对焊条电弧焊的要快，因此其与焊条电弧焊的工艺参数有区别，第一层采用较大的焊接参数，以确保根部熔合；第二层采用较小的焊接参数，以确保焊缝平滑对称，无咬边缺陷。

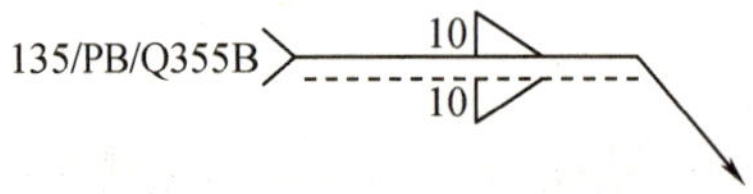

图 12 - 1 - 7　焊缝符号

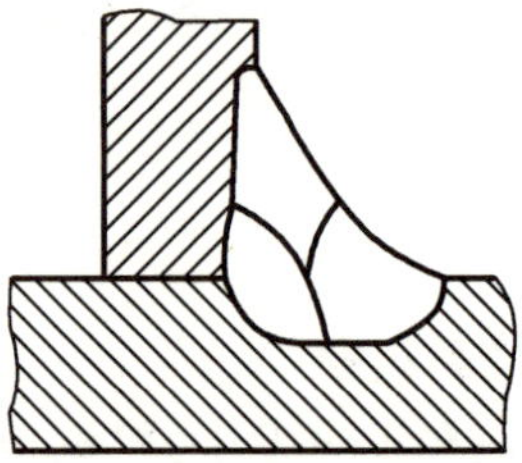

图 12 - 1 - 8

(3)工艺制订

根据焊接要求，结合前面所学知识进行工艺制订，完成表 12 - 1 - 5 所示工艺卡的编制。

表 12 - 1 - 5　Q355B 板 T 型接头平角焊 CO_2 气保焊的焊接工艺卡

<table>
<tr><th colspan="2">焊接工艺卡</th><th colspan="5">编号：</th></tr>
<tr><td>材料牌号</td><td></td><td colspan="5" rowspan="11">接头简图(补全简图，并标注尺寸)
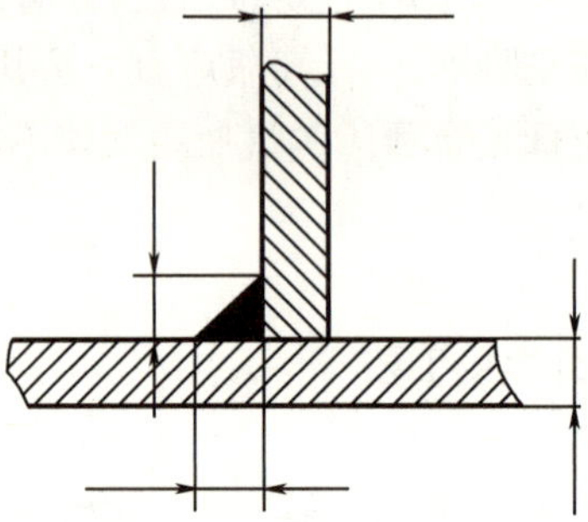</td></tr>
<tr><td>材料规格/mm</td><td>底板：
立板：</td></tr>
<tr><td>接头种类</td><td></td></tr>
<tr><td>坡口形式</td><td></td></tr>
<tr><td>坡口角度</td><td>—</td></tr>
<tr><td>钝边</td><td>—</td></tr>
<tr><td>组对间隙/mm</td><td></td></tr>
<tr><td>焊接方法</td><td>GMAW</td></tr>
<tr><td>保护气体</td><td>CO_2</td></tr>
<tr><td>焊接设备</td><td>NBC - 350</td></tr>
<tr><td>电源种类</td><td></td><td rowspan="3">焊后
热处理</td><td>种类</td><td>—</td><td>保温时间</td><td>—</td></tr>
<tr><td>电源极性</td><td></td><td>加热方式</td><td>—</td><td>层间温度</td><td>—</td></tr>
<tr><td>焊接位置</td><td></td><td>温度范围</td><td>—</td><td>测量方法</td><td>—</td></tr>
</table>

表 12-1-5(续)

焊接工艺卡		编号:					
焊接参数							
焊层	焊材型号	焊材直径/mm	焊丝伸出长度/mm	保护气体流量/(L/min)	焊接电流/A	焊接电压/V	焊接速度/(cm/min)
右面焊缝							
定位焊	ER50-6						
第一道							
第二道							
第三道							
左面焊缝							
第一道	ER50-6						
第二道							
第三道							

2. 材料、工具设备、工位领取及点检

按老师审核通过的焊接工艺卡领取材料、工具设备及工位,并进行点检,检查表见子任务1-1-1。

3. 接头坡口处理及装配定位

根据坡口要求,确定各零件接头处需清理的位置与范围,一般要求焊缝两侧________mm内需清理干净,清理即可采用砂轮修磨或化学处理方式去除板材接头处表面铁锈、油污等杂物。对照填写检测表12-1-6。

装配定位:将焊件装配成90° T型接头,达到相关尺寸要求,一般角焊缝要求焊缝间隙尽量小。一般在板材________面两端进行定位焊,定位焊的长度在________mm。装配完毕,应用角尺找正焊件,确保立板与底板间的垂直度。然后填写检测表12-1-6。

表 12-1-6 接头坡口处理及装配定位检测表

接头坡口清理检测							
立板位置1		立板位置2		立板位置3		底板	
要求	处理结果	要求	处理结果	要求	处理结果	要求	处理结果

表 12-1-6(续)

焊接各零件接头清理位置和范围标注

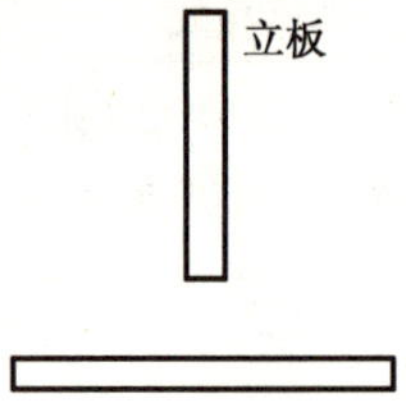

装配定位变形控制尺寸检测

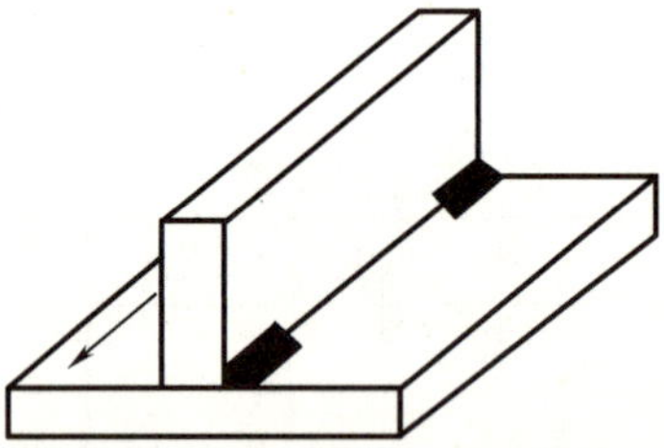

装配定位尺寸

角度		定位尺寸		定位焊长度 1		定位焊长度 2	
设计值	检测值	设计值	检测值	规范值	检测值	规范值	检测值

子任务 12-1-2 焊接操作

知识积累

知识点 1:任务分析

CO_2 气体保护焊平角焊过程中应灵活掌握焊接速度,防止产生未熔合、气孔及咬边等缺陷,熄弧时应尽量填满弧坑,防止产生裂纹和气孔。当焊接接头两板件厚度不同时应使电弧偏向厚板一边,正确的焊枪角度可以防止产生咬边和焊缝下垂等缺陷。

任务实施路线:打底、盖面(两道)。

知识点 2:CO_2气体保护焊平角焊时的焊接角度

前面我们介绍焊条电弧焊接焊时,基本上使用右向焊法(后退法)焊接,而 CO_2 气体保护焊,根据焊枪的移动方法,即根据焊接的前进方向,可分为左向焊法(前进法)焊接和右向焊法焊接两种。关于这两种焊接现象的相关特点如图 12-1-9 所示。

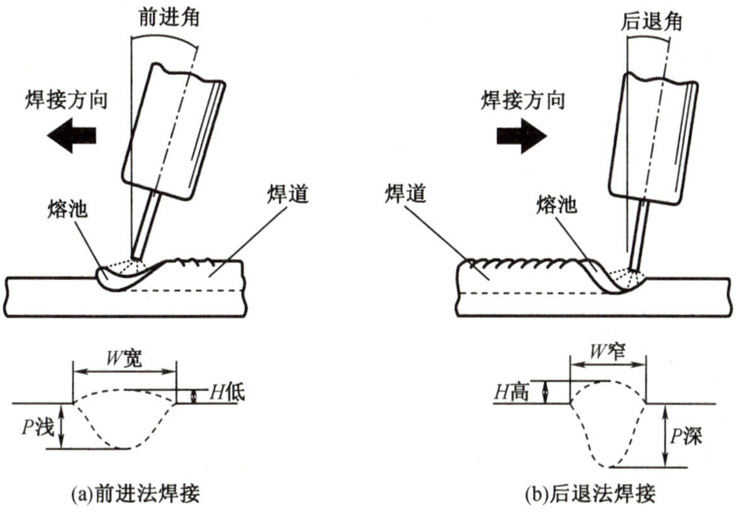

W—焊道宽度;H—焊道余高;P—焊道熔深。

图 12－1－9 CO_2 气体保护焊焊枪移动方法

1. CO_2气体保护焊前进法焊接法的特点

采用前进法焊接时,由于焊枪不挡前面的焊缝,容易观察要焊的位置(焊缝接头),接缝与坡口不易焊偏。但是,由于焊枪挡住了后面的焊道,不容易观察焊完的焊道成形。电弧推着熔池走,不直接作用在焊件上,电弧对熔池的冲刷作用较小,且对未焊部位有着预热作用,故焊缝的有效厚度小,熔深也比较小,而焊缝宽度大,焊道平而宽,焊缝表面成形平坦美观。左焊法应用得较普遍。

2. CO_2气体保护焊后退法焊接的特点

采用后退法焊接时,对熔池的可见度好,气体保护效果好。但焊枪挡住前面的焊缝,不容易观察要焊接的位置,容易焊偏。另外,由于电弧直接对着熔池,致使熔池深度增加,由于电弧力作用在熔池的后方,电弧的冲刷力把熔融金属推向熔池的后方,形成窄而高的焊道,这样使成形的焊缝有效厚度及余高均增加。

3. CO_2气体保护焊焊枪倾角的影响及角度控制

下面我们来看一个例子,这是当焊枪倾斜角度变化时,母材熔深的变化情况,如图 12－1－10 所示。

该试验使用的焊机是数字逆变控制 MAG 焊机,将焊接电流设定为固定的值,通过变化焊枪的倾斜角度在平板上进行试焊。我们分别用 210 A 和 150 A 的焊接电流做了两组试验,使用的母材分别是 9 mm 厚的低碳钢板(SS400 材质)和 6 mm 厚的低碳钢板(SPHC 材质),使用的焊丝是直径为 1.2 mm 的相当于 YGW12 系列的焊丝。从图 12－1－10 中可以明显地看到,后退法焊接比前进法焊接的熔深要大,并且随焊枪倾斜角度的变化其熔深几乎不发生改变。但是,前进法焊接时,随着焊枪倾斜角度的变化,母材熔深的变化非常大,并且随着焊枪倾斜角度的增大,熔深有变浅的倾向。焊接电流越大,这种倾向越明显。做这个试验时,焊丝伸出长度并不随着焊枪倾斜的变化而改变,但在实际焊接操作时,采用前进法焊接,焊枪向母材倾斜的角度越大,焊丝伸出长度会变大,导致焊接电流的输出值可能下降。因此，能够预料到，熔深还会进一步地变浅。所以，在前进法焊接时，必须让焊枪的倾斜角度固定，操作时千万不要让它发生较大的变化。

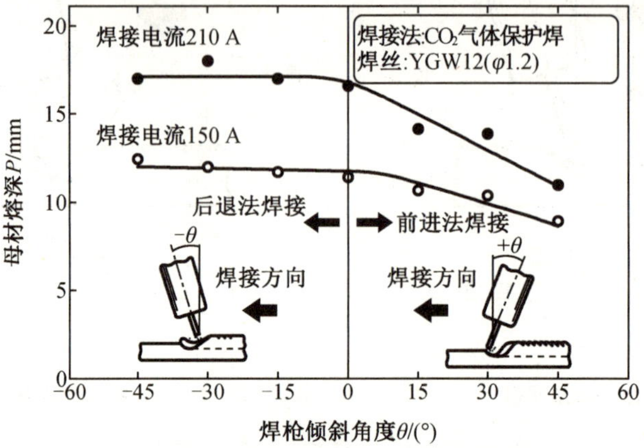

图 12-1-10　CO_2 气体保护焊焊枪倾斜角度与熔深的关系

CO_2 气体保护焊时，要充分考虑母材的材质、板厚、焊缝接头形状等，然后选择是采用前进焊法还是后退焊法，按需求灵活应用。采用前进焊法时，一定不要让熔池跑到电弧（焊丝）的前面，否则，很容易发生熔合不良。如图 12-1-11 所示，倾角应控制在 65°～80°。

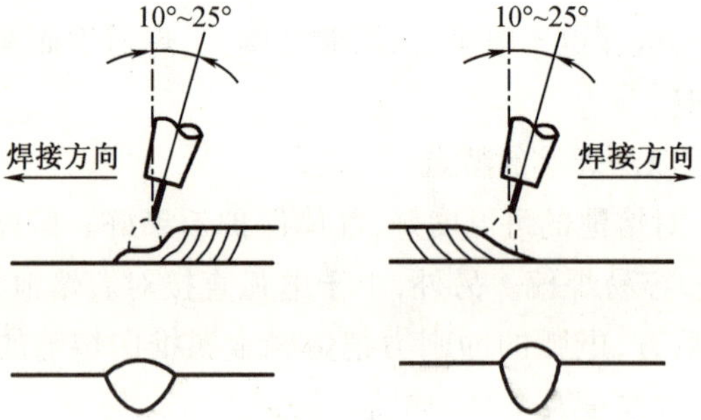

图 12-1-11　焊枪焊丝的倾角示意图

4. CO_2气体保护焊平角焊时焊枪位置及转角的控制

T 型接头焊接时，易产生咬边、未焊透、焊缝下垂等现象。为了防止这些缺陷的产生，操作时，除了正确地执行焊接工艺参数外，还需要根据板厚和焊脚尺寸控制焊枪焊丝的转角角度。相同板厚且焊脚≤5 mm 时，焊枪焊丝位置对准接头角中心，转角为 40°～50°，如图 12-1-12（a）所示；不同板厚且焊脚≤5 mm 时，焊枪焊丝向薄板一侧偏转，对准厚板多一些，薄板越薄偏转向薄板的角度越大，如图 12-1-12（b）所示；当两板等厚焊脚>5 mm 时，应将焊丝水平移动 1～2 mm，如图 12-1-12（c）所示。

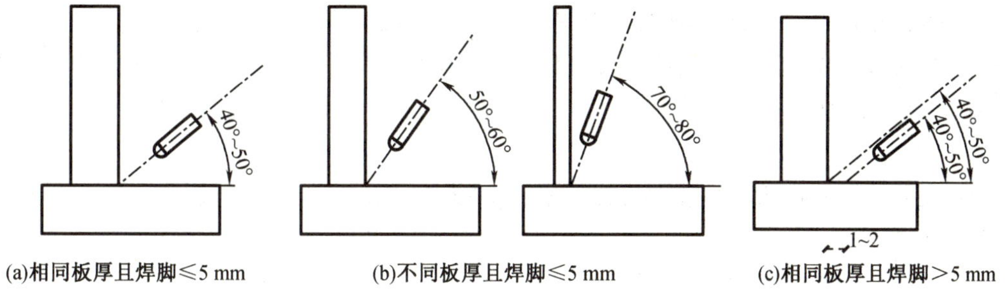

图 12－1－12　焊枪焊丝的位置及转角示意图

知识点 3:任务焊接操作

1. 打底焊

(1)将焊件固定在操作台上,使底板水平,在定位焊另一侧施焊,所以将那一侧面向操作者,焊件高度一般到操作者脚踝处(蹲姿焊)。

(2)采用左焊法,打底焊为一层一道,焊丝与立板之间夹角为 35°～45°,前倾角为 10°～20°,如图 12－1－13 所示。

(3)在距离焊件右端 10～15 mm 处引弧,迅速拉回最右端,稍作停留,对焊缝进行预热,此时焊枪指向距焊脚根部 1～2 mm 处,如图 12－1－13 所示。然后采取正确的焊枪角度,利用规定好的焊接参数进行焊接。

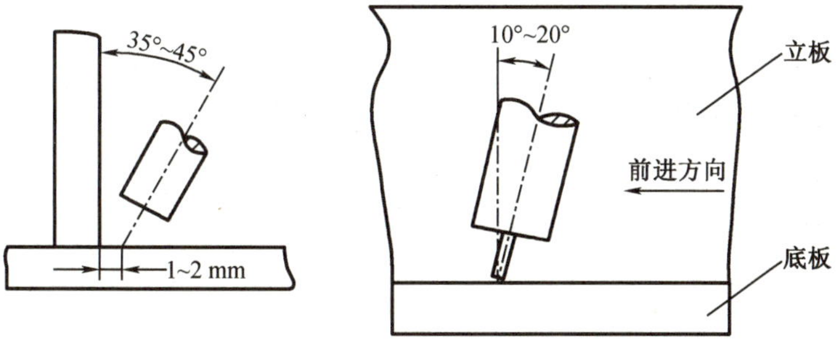

图 12－1－13　焊枪角度示意图

(4)由于 CO_2 气体保护焊熔敷率高,要求运枪平稳,操作时特别是初学者可双手持枪进行焊接。由于焊接电流选择得比较大,为确保焊缝接头质量,在加大焊接速度的同时,焊枪要适当进行锯齿形摆动对准,这对焊缝成形好坏有直接影响,如图 12－1－14 所示,第一种运条方法是对的,焊缝成形良好,第二种则会出现下塌现象。

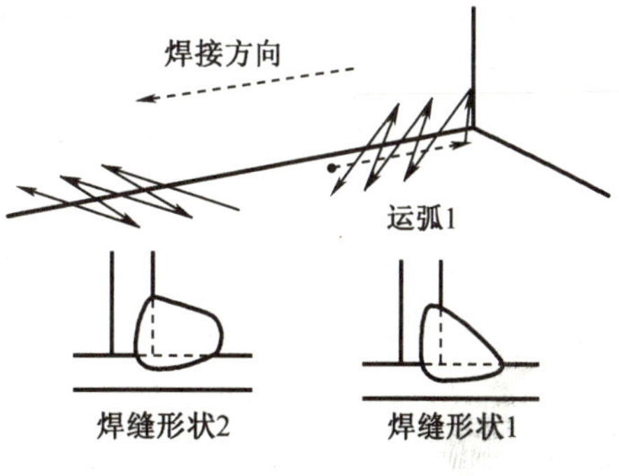

图 12－1－14　运枪不同产生的焊缝不同示意图

(5)始终保持同一喷嘴高度,特别注意观察熔池边缘并防止咬边。

(6)焊接过程中,焊枪运动速度尽量保持均匀,使焊缝外形美观。

(7)焊接过程要注意引弧电压不能过低,焊接速度不要过快,否则,熔化的液体金属会向下流淌,焊缝形成不等边的焊脚;但是,若引弧电压过高,焊接速度过快,焊缝将会产生咬边和焊瘤缺陷。

(8)收弧处理。收弧时要特别注意,一定要填满弧坑,防止产生弧坑裂纹。

2. 盖面焊

(1)焊前清理打底层焊缝,避免产生夹渣缺陷。

(2)采取左焊法,为获得圆滑的过渡焊缝表面,分上下两道焊缝进行盖面。

(3)第一道盖面时,焊丝对准打底层焊道的下边缘(焊趾处),以小圆圈方式运枪,焊丝与立板夹角40°,焊丝前倾角10°～20°。焊接过程中摆动幅度要大小一致,使熔池覆盖打底层焊道2/3,另1/3熔池在平板上。焊接速度要适宜,斜圆圈摆动时斜度稍大,如图12－1－15所示,以保证与平板融合良好。下焊趾与立板距离应相等,且平滑过渡,避免焊趾出现应力集中。

(4)第二道盖面焊时采用直线往复法运枪,进三退二,如图12－1－16所示,焊丝与立板之间夹角50°,焊丝对准上一道打底焊上边缘,熔池覆盖打底层焊道1/3～1/2的宽度,注意控制焊接速度,往返运弧,返回时适当停留一下,以填满熔池,避免产生咬边缺陷,使焊道界面最后形成等腰三角形,焊脚达到10 mm。

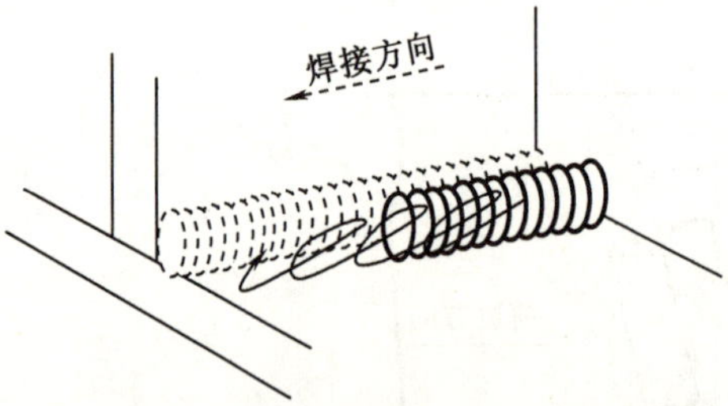

图12－1－15 盖面第一道焊斜圆圈运枪法

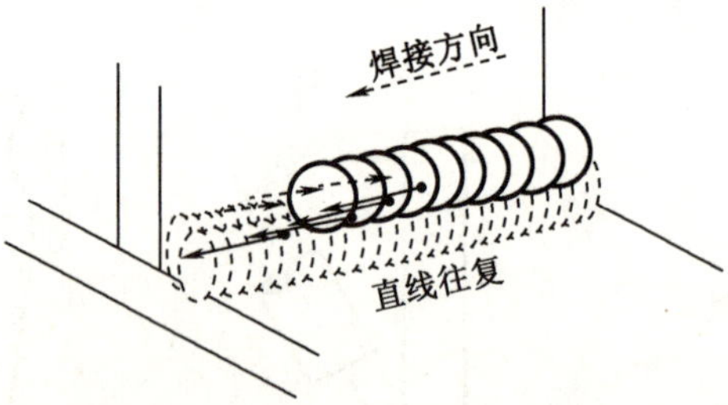

图12－1－16 盖面第二道焊直线往复运枪法

(5)焊接过程中应根据熔池温度及熔合状态,随时调整焊枪角度、摆动形式、摆动幅度及摆动速度等,使焊道宽度相等、焊趾圆滑、焊道与焊道间熔合良好。

实训活动

先焊第一面焊接,再焊第二面,两面的焊接方法相同。

1. 打底焊

先查阅资料完成下面的任务单,再按此前修订确认的焊接工艺卡的工艺要求和下面任务单的方式进行打底焊操作。

(1)将焊件固定在操作台上,使底板________,在定位焊另一侧施焊,所以将那一侧面向操作者,焊件高度一般到操作者脚踝处(蹲姿焊)。

(2)采用________法,打底焊为________层________道,焊丝与立板之间夹角为________,前倾角为________。

(3)在距离焊件右端________ mm 处引弧，迅速拉回最右端，稍作停留，对焊缝进行预热，此时焊枪指向距焊脚根部________ mm 处，然后采取正确的焊枪________，利用规定好的焊接参数进行焊接。

(4)由于 CO_2 气体保护焊熔敷率高，要求运枪平稳，操作时特别是初学者可手持枪进行焊接。由于焊接电流选择得比较大，为确保焊缝接头质量，在加大焊接速度的同时，焊枪要适当进行________摆动对准，这对焊缝成形好坏有直接影响，如图 12－1－17 所示，第一种运条方法是对的，焊缝成形良好，第二种则会出现下塌现象。

(5)始终保持同一喷嘴高度，特别注意观察熔池边缘并防止________。

(6)焊接过程要注意引弧电压不能过________，焊接速度不要过快，否则，熔化的液体金属会向________流淌，焊缝形成________的焊脚；但是，若引弧电压过________，焊接速度过________，焊缝将会产生________和________缺陷。

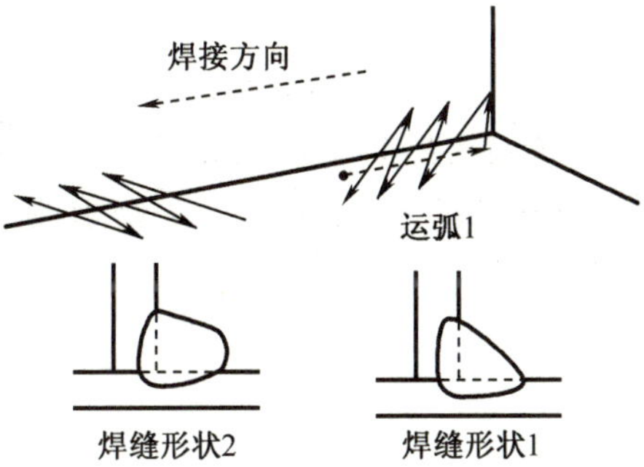

图 12－1－17　运枪不同产生的焊缝不同示意图

(7)焊接过程性检查。完成打底层焊接后，清理焊渣，进行过程性质量检查，以确保整体焊接质量及后续改进，并填写表 12－1－7。

表 12－1－7　打底焊层缺陷检查

检查项目	缺陷存在的具体问题及数量		形成原因与改善措施	
	第一面焊缝	第二面焊缝	第一面焊缝	第二面焊缝
夹渣				
气孔				
裂纹				
未焊透				
未熔合				
焊瘤				
咬边				
飞溅情况				

2. 第二焊道盖面焊

先查阅资料完成下面的任务单，再按此前修订确认的焊接工艺卡的工艺要求和下面任务单的方式进行盖面焊操作。

(1)焊前清理________焊缝，避免产生________缺陷。

(2)采取________焊法，为获得圆滑的过渡焊缝表面，分________道焊缝进行盖面。

(3)第一道盖面时，焊丝对准打底层焊道的________边缘(焊趾处)，以小________方式运枪，焊丝与立板夹角________，焊丝前倾角________。焊接过程中摆动幅度要大小一致，使熔池覆盖打底层焊道________，另________熔池在平板上。焊接速度要适宜，________摆动时斜度稍大，以保证与平板融合良好。下焊趾与立板距离应________，且平滑过渡，避免焊趾出现应力集中。

(4)焊接过程性检查。完成第二焊道盖面层焊接后，清理焊渣，进行过程性质量检查，以确保整体焊接质量及后续改进，并填写表 12-1-8。

表 12-1-8 第二焊道盖面层缺陷检查

检查项目	缺陷存在的具体问题及数量		形成原因与改善措施	
	第一面焊缝	第二面焊缝	第一面焊缝	第二面焊缝
夹渣				
气孔				
裂纹				
未焊透				
未熔合				
焊瘤				
咬边				
覆盖打底焊道情况				

3. 第三焊道盖面焊

先查阅资料完成下面的任务单，再按此前修订确认的焊接工艺卡的工艺要求和下面任务单的方式进行填充焊操作。

(1)第二道盖面焊时采用________往复法运枪，进________退________，焊丝与立板之间夹角________，焊丝对准上一道打底焊上边缘，熔池覆盖打底层焊道________的宽度，注意控制焊接速度，往返运弧，返回时适当停留一下，以填满熔池，避免产生咬边缺陷，使焊道界面最后形成等腰________，焊脚达到________ mm。

(2)焊接过程性检查。完第三道盖面层焊接后，清理焊渣，进行过程性质量检查，以确保整体焊接质量及后续改进，并填写表 12-1-9。

表12－1－9 第三焊道盖面层缺陷检查

检查项目	缺陷存在的具体问题及数量		形成原因与改善措施	
	第一面焊缝	第二面焊缝	第一面焊缝	第二面焊缝
夹渣				
气孔				
裂纹				
未焊透				
未熔合				
焊瘤				
咬边				
覆盖打底焊道情况				

子任务12－1－3 焊缝清理与检查

知识积累

知识点1:任务分析

任务实施路线:焊缝清理、质量检查。

知识点2:焊缝清理与质量检查

焊件焊接完毕后,用敲渣锤、钢丝刷等清理掉焊缝上的焊渣、飞溅等,或用砂布重新打磨一遍焊缝外观,不得存在焊渣、焊点、毛刺等,焊缝应光滑、平整,应保证焊件的“边齐、面平”,包括焊件上开口边缘的垂直平行度,但不能破坏焊缝原始表面。焊后对焊缝表面质量进行检验,肉眼观察或用低倍放大镜检查焊缝表面是否有气孔、裂纹、咬边等缺陷,用钢直尺、钢角尺、焊缝检验尺对焊缝进行外观质量和外观成形尺寸检查。

实训活动

1. 焊件焊后处理与检测评分

焊件焊接完毕后,先用敲渣锤清理焊渣,再用钢丝刷进一步将焊渣、飞溅等清理干净。严禁破坏焊缝原始表面,禁止用水冷却。对焊缝表面质量进行目视检验,使用5倍放大镜观察表面是否存在缺陷,并使用焊接检验尺对焊缝进行测量,焊件外观检查的结果应满足各项要求。然后对焊件进行无损检测,焊件内部质量按《焊缝无损检测 射线检测 第1部分:X和伽玛射线的胶片技术》(GB/T 3323.1—2019)评定。对焊件按规范进行检测评分,角接焊缝外观评分标准见子任务2－1－3同类表。

2. 工位工具清理点检与评分

焊接结束后,关闭焊接电源。按9S标准清扫场地,按规定摆放工具,整理焊接电缆,确认无安全隐患,并做好使用记录,进行评分,评分表见子任务1－1－3同类表。

项目十三　板对接平焊熔化极气体保护焊

项目描述：师徒对话

小白感觉气体保护焊确实比焊条电弧焊的速度快，只是操作手法上有一些区别，他希望把焊条电弧焊练习过的板对接项目再用气体保护焊练习一下，一方面多练习手法，另一方面也进一步比较两种焊接方法的不同。这一阶段小白将进行板对接平焊熔化极气体保护焊的练习，具体要达成以下目标。

项目目标

知识目标：

1. 熟悉板对接平焊的特点；
2. 掌握板对接平焊熔化焊气体保护焊方法；
3. 掌握板对接平焊熔化焊气体保护焊的常见缺陷与预防措施；
4. 掌握板对接平焊熔化焊气体保护焊焊缝外观质量检查方法。

技能目标：

1. 能够正确识读图纸；
2. 能够正确应用工具进行坡口处理；
3. 能够正确进行装配定位并预防焊接变形；
4. 能够正确选用焊丝；
5. 能够正确选用合适的焊接工艺参数；
6. 能够熟练进行板对接平焊熔化焊气体保护焊的焊接操作；
7. 能够进行板对接平焊单面焊双面成形熔化焊气体保护焊多层多道焊。

素养目标：

1. 具有查阅资料、自主学习和勤于思考的能力；
2. 具有尊重和自觉遵守法规、标准的意识；
3. 具有良好的职业道德、敬业精神和团队精神；
4. 具有安全、环保和节约意识；
5. 具有 9S 管理意识。

任务 13－1 低碳钢板对接平焊二氧化碳气体保护焊

任务说明：

按图 13－1－0 及技术要求进行材料准备、工艺准备、焊接实施、质量检查、自我评定与总结。

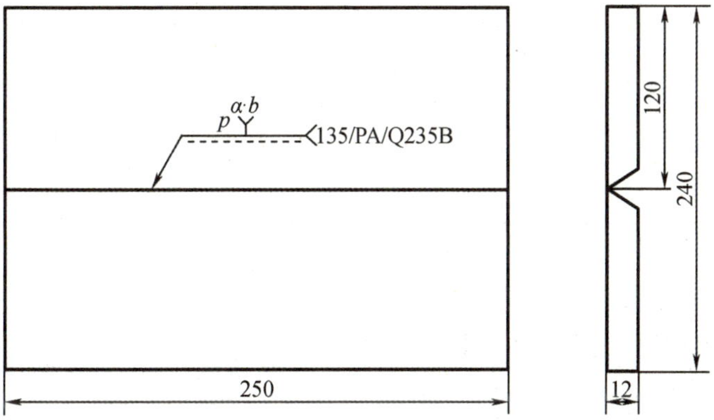

技术要求：1. 单面焊双面成形；2. 坡口为 60°V 形带钝边坡口；3. 根部间隙和钝边尺寸自定；4. 错边≤1.2 mm；5. 角变形＜3°；6. 不允许有咬边；7. 不允许有未焊透；8. 不允许有裂纹、气孔、夹渣；9. 焊缝余高≤1＋0.15*b*。

图 13－1－0 Q235B 板对接平焊单面焊双面成形焊件图

子任务 13－1－1 焊前准备

知识积累

知识点 1：任务分析

CO_2 气体保护焊单面焊双面成形工艺采用连续击穿焊法进行，连续击穿焊法是在焊接过程中利用 CO_2 气体保护焊电弧热量集中、穿透能力强的特点，直接熔透坡口根部，使坡口根部两侧各熔化 1～2 mm，这样就在熔池前沿形成了一个大于装配间隙的熔孔。焊接时，一小部分熔敷金属过渡到焊缝根部及背面，另外大部分熔敷金属则在正面与母材金属形成熔池。当焊枪向前移动时，表面张力使熔融的金属向熔孔后方流动，冷却时，熔孔在电弧后方锁闭，熔池不断冷却结晶最终形成完全熔透的正、反面焊缝。

任务实施路线：图样识读、焊件准备及坡口清理、焊焊接工艺参数确定、装配定位。

知识点 2：焊件准备及坡口清理

任务单要求：准备 12 mm×120 mm×250 mm 尺寸的 Q235B 材质焊件两块，单边开 30° V 形坡口。

焊缝及坡口清理：焊前打磨清理坡口面及坡口边缘上下两侧 15～20 mm 范围，露出金属光泽，并打磨出 0.5 ~ 1.0 mm 的钝边。

知识点 3：焊接工艺参数确定

结合本任务母材 Q235B 的焊接特性和板厚来看，选择直径 1.2 mm 的 ER50 - 6 焊丝，保护气体为 CO_2 气体，纯度高于 99.5%，采用三层三道焊来焊接，具体焊接工艺参数见表13 - 1 - 1。

表 13 - 1 - 1 焊接工艺参数表

焊接层次	焊丝型号	焊丝直径/mm	焊接电流/A	焊接电压/V	保护气体流量/(L/min)	焊丝伸出长度/mm	电源极性
打底层			90 ~ 110	18 ~ 20	12 ~ 15	10 ~ 15	
填充层	ER50 - 6	1.2	120 ~ 140	20 ~ 22	12 ~ 15	10 ~ 15	直流反接
盖面层			140 ~ 160	21 ~ 23	12 ~ 15	10 ~ 15	

知识点 4：装配定位

将两块钢板水平放在工装台上，两端对齐装配成对接接头，装配时焊件始焊端根部间隙设置为 3.2 mm，结束端为 4.0 mm，采取和打底焊相同的工艺参数在两端进行点固焊，焊点长度为 10 ~ 15 mm，错边量不大于 1.2 mm，反变形预留量为 3° ~ 5°。

实训活动

1. 分析与制订焊接工艺

识读图样，根据焊接要求，结合前面所学知识进行工艺制订，完成表 13 - 1 - 2 所示工艺卡的编制。

表 13 - 1 - 2 Q235B 板对接平焊 MAG 焊单面焊双面成形焊接工艺卡

焊接工艺卡		编号：
材料牌号		1. 接头坡口简图(标注尺寸) 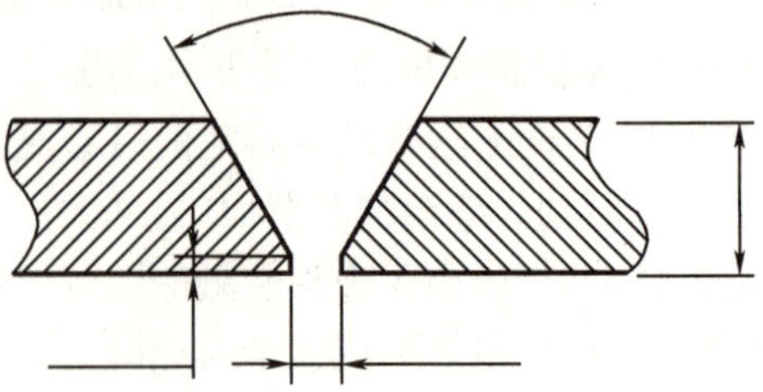
材料规格/mm		
接头种类	对接	
坡口形式	V 形带钝边	

表 13－1－2(续)

<table>
<tr><th colspan="2">焊接工艺卡</th><th colspan="5">编号：</th></tr>
<tr><td>坡口角度</td><td>60°</td><td colspan="5" rowspan="5">2. 装配定位简图(标注尺寸)
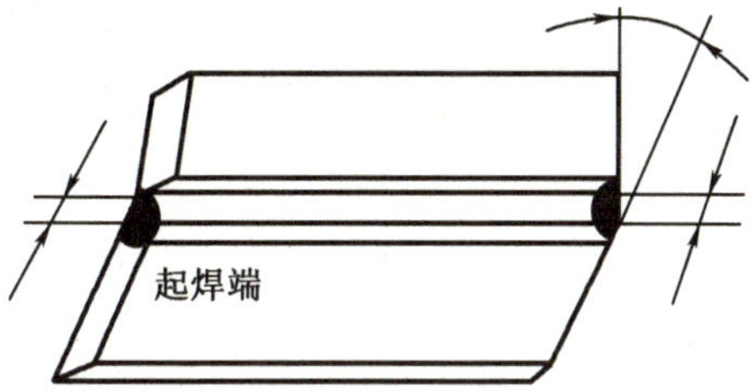

3. 焊道简图(在下图中补画出焊道)

</td></tr>
<tr><td>钝边/mm</td><td></td></tr>
<tr><td>组对间隙/mm</td><td></td></tr>
<tr><td>焊接方法</td><td>GMAW</td></tr>
<tr><td>焊接设备</td><td>CO_2</td></tr>
<tr><td>电源种类</td><td></td><td rowspan="3">焊后热处理</td><td>种类</td><td>—</td><td>保温时间</td><td>—</td></tr>
<tr><td>电源极性</td><td></td><td>加热方式</td><td>—</td><td>层间温度</td><td>—</td></tr>
<tr><td>焊接位置</td><td></td><td>温度范围</td><td>—</td><td>测量方法</td><td>—</td></tr>
</table>

焊接参数

焊层	焊材型号	焊材直径/mm	焊丝伸出长度/mm	保护气体流量/(L/min)	焊接电流/A	焊接电压/V	焊接速度/(cm/min)
定位焊	药芯焊丝						
第一道							
第二道							
第三道							

简要说明制订以上焊接工艺参数及焊接变形控制措施的理由：

____

____

____

2. 材料、工具设备、工位领取及点检

按老师审核通过的焊接工艺卡领取材料、工具设备及工位，并进行点检，检查表见子任务 1－1－1。

3. 接头坡口处理及装配定位

根据前面设计确定的坡口尺寸，进行加工处理，再进行装配定位及定位焊。然后填写检测表 13－1－3。

表 13-1-3 坡口处理及装配定位检测表

坡口主要尺寸检测							
坡口角度 α		钝边尺寸 p		引弧端根部间隙尺寸 b		收弧端根部间隙尺寸	
设计值	定位后值	设计值	加工值	设计值	定位后值	设计值	定位后值

定位焊点尺寸检测（测量并标注）

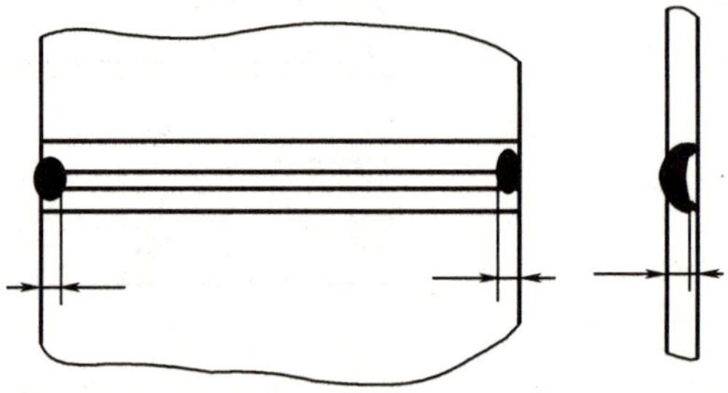

装配定位变形控制尺寸检测（测量并标注）

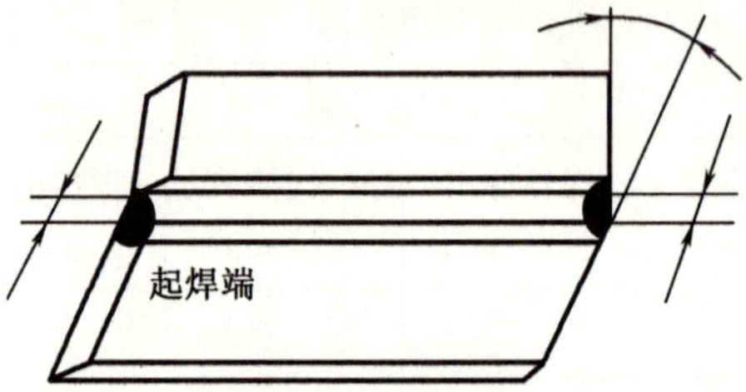

焊缝两侧清理检测									
焊缝两侧清理		清理的尺寸范围							
要求	处理结果	要求值				加工测量值			
		边 1	边 2	边 3	边 4	边 1	边 2	边 3	边 4

子任务 13-1-2 焊 接 操 作

知识积累

知识点 1：任务分析

CO_2 单面焊双面成形技术的主要影响因素有坡口尺寸、焊接电流、电弧电压和焊接速度。

坡口角度主要影响电弧能否深入到焊缝根部，使根部焊透，进而获得较好焊缝成形和质量，在保证电弧能够深入到焊缝根部的前提下，应适当减小坡口角度。钝边的大小直接影响根部的熔透深度，钝边越大越不易焊透，钝边小或无钝边时则较容易焊透；装配间隙是背面焊缝成形的关键因素，间隙过大，容易烧穿，间隙过小，则难以焊透。

焊接电流是决定熔深的主要因素。焊接电流过大时，焊缝易烧穿，甚至产生严重的飞溅和气孔现象；焊接电流小，则容易产生未熔合或外观成形不良。

在短路过渡情况下，电弧电压增加则弧长增加，电弧电压过低时，焊丝将插入熔池，电弧变得不稳定，所以电弧电压一定要选择合适。通常焊接电流小，则电弧电压低；焊接电流大，则电弧电压高。

焊接速度主要取决于焊工的控制，在焊丝直径、焊接电流和电压一定的条件下，熔深、熔宽及余高随着焊接速度的增大而减小，如果焊接速度过快，容易使气体保护作用受到破坏，焊缝冷却太快，成形差；相反，如果焊接速度太慢，焊缝宽度显著增大，熔池热量过分集中，容易烧穿或产生焊瘤，因此，焊工要时刻根据具体焊接情况掌握好焊接速度。

任务实施路线：打底、填充、盖面，即三层三道。

知识点 2：任务焊接操作

将焊件固定在操作台上，水平放置，焊件高度一般到操作者脚踝处（蹲姿焊），间隙小的一端放置在右侧，采用左向焊法，焊接层次为三层三道，焊丝与板件之间夹角为 70° ~ 80°，与焊缝方向成 90°，如图 13 – 1 – 1 所示。

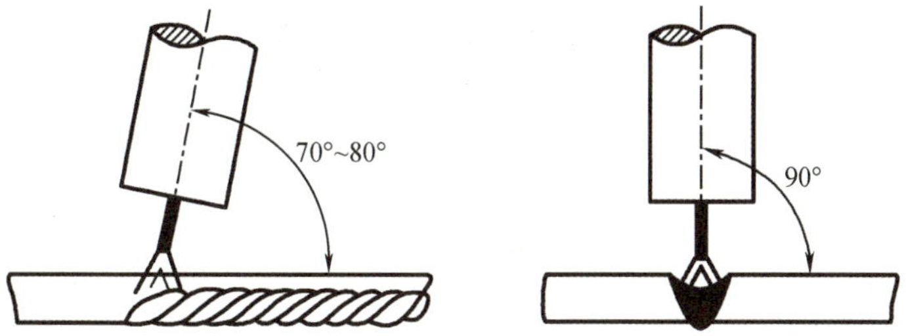

图 13 – 1 – 1 焊枪角度示意图

1. 打底焊

（1）在距离焊件右端定位焊缝约 20 mm 处坡口的一侧引弧，并迅速拉回到端部定位焊点上稍作停留，然后按照设置好的焊接参数开始向左焊接。采用锯齿形或月牙形运条法沿坡口两侧做小幅度横向摆动并在坡口两侧稍作停留，控制电弧在离坡口底边 2 ~ 3 mm 处，当坡口底部熔孔直径为 3 ~ 4 mm 时，转入正常焊接。

（2）焊接过程中，焊枪始终对准焊缝中心线，并在坡口两侧稍作停留 0.5 ~ 1 s，避免产生咬边缺陷。焊枪在摆动时，注意观察熔孔直径要比间隙大 0.5 ~ 1 mm，并随时根据熔孔直径和间隙的变化，调整焊枪摆动的幅度和焊接速度，尽可能保证熔孔直径不变，并保持焊道平整，以获得宽窄和高低均匀的反面焊缝。焊完后清理焊道表面熔渣及飞溅。

（3）喷嘴高度要严格控制，保证电弧在距坡口根部 2 ~ 3 mm 处燃烧，使打底焊缝厚度保持在不超过 4 mm，同时这样的喷嘴高度也不会遮挡操作者视线，从而能观察熔池边缘熔合情况，又能够起到保护熔池的作用。

（4）收弧时要特别注意，一定要填满弧坑，防止产生弧坑裂纹。

2. 填充焊

(1)彻底清理打底层焊渣，铲除接头高点和焊瘤，使打底层焊道平整。

(2)按照设置好的焊接参数，在距离焊件右端 20 mm 出引弧，快速拉到最右端并压低电弧稍作停留，待形成熔池，采用锯齿法或月牙形向左摆动焊接。焊枪的横向摆动幅度要稍大于打底层焊道时，运条时左右两侧稍作停留，注意熔池两侧的熔合情况，电弧前移步伐为 1/2 ~ 2/3 熔池大小，保证焊道表面平整且稍有下凹，并使填充层的高度低于母材表面1.5 ~ 2 mm，以免烧化坡口棱边，导致盖面层产生咬边或焊偏现象，如图 13 - 1 - 2 所示。

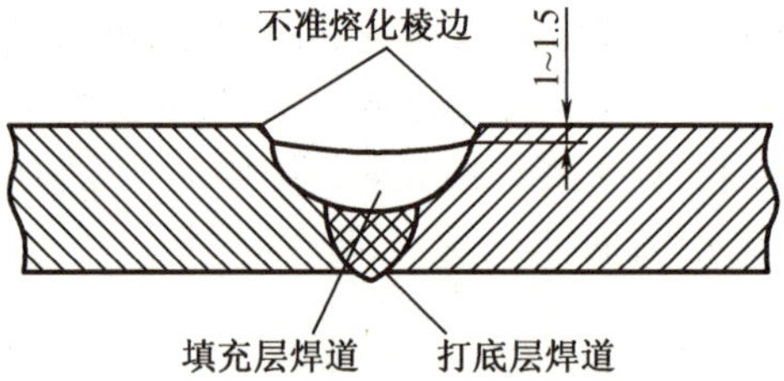

图 13 - 1 - 2　填充层焊道要求

3. 盖面焊

(1)彻底清理打底层焊渣，调节工艺参数到预先选好的盖面焊挡位。

(2)盖面层的焊接与填充层焊接方法基本相同，采用锯齿形或月牙形运条方法，从右向左焊接，焊枪摆动幅度要比填充焊时大一些，尽量保持焊接速度均匀，避免盖面层焊道中间凹陷，焊丝摆动到坡口两侧时，焊丝对准坡口棱边，不要超过棱边，形成熔池后的熔化棱边为 0.5 ~ 1 mm。

(3)收弧时一定要填满弧坑，并且收弧弧长要短，以免产生弧坑裂纹。

实训活动

1. 打底焊

先查阅资料完成下面的任务单，再按此前修订确认的焊接工艺卡的工艺要求和下面任务单的方式进行打底焊操作。

(1)引弧与焊丝角度及焊接方向

本任务焊件采用连弧焊进行打底焊，选择焊接方向为________；将焊件间隙________的一端放于________侧，打底焊从焊件右端定位焊缝约 20 mm 坡口的一侧引弧，焊枪与焊接方向之间的夹角为________(并在图 13 - 1 - 3 标注焊枪与焊件对应的角度)。

然后开始向左焊接打底层焊道，焊枪沿坡口两侧做小幅度横向摆动，并控制电弧在离底边 2 ~ 3 mm 处燃烧，当坡口底部熔孔直径达 3 ~ 4 mm 时，转入正常焊接。尽可能维持熔孔直径不变，以获得宽窄和高低均匀的反面焊缝。

电弧引燃后，无须下压电弧，沿斜坡向坡口根部移动焊枪，至坡口根部后做小幅度摆动，并在坡口两侧稍作停留，如图 13 - 1 - 4 所示。焊接时要注意观察熔孔尺寸，熔孔直径应比坡口间隙大 0.5 ~ 1 mm，根据坡口间隙和熔孔直径的变化来调整焊枪横向摆动幅度和焊接速度。

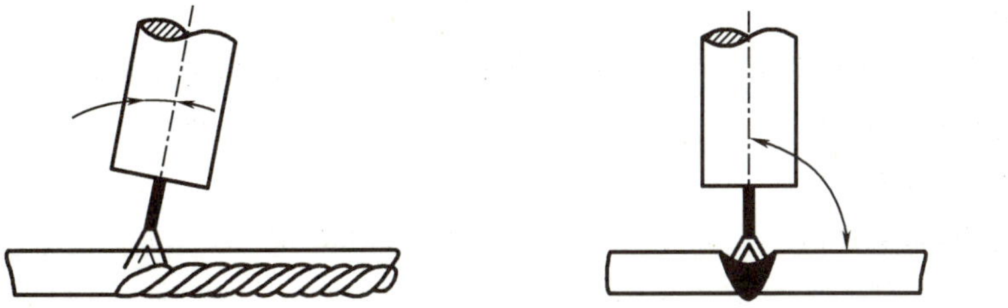

(a)焊丝与焊接方向之间的夹角　　(b)焊丝与焊缝轴线垂直方向之间的夹角

图 13-1-3

电弧在距坡口根部 2~3 mm 处燃烧，使打底焊缝厚度保持在不超过 4 mm，如图 13-1-5 所示。

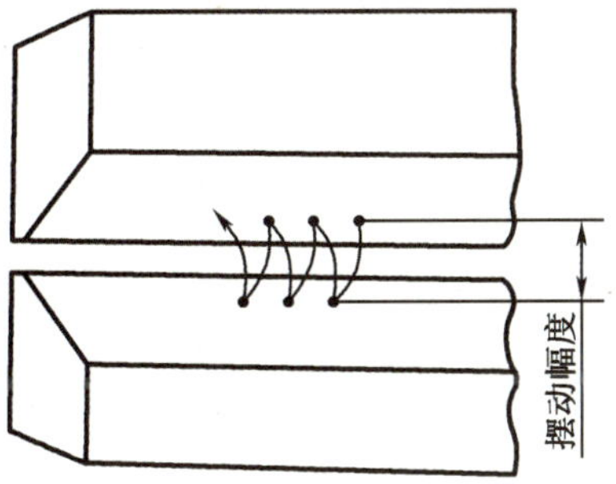

图 13-1-4　板对接焊缝根部焊道轨迹图

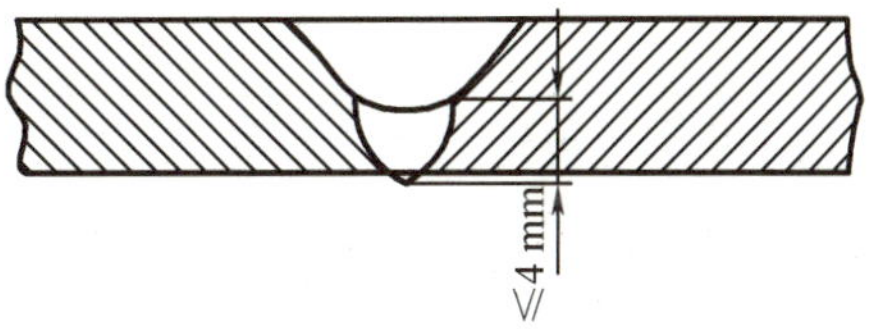

图 13-1-5　打底层焊道厚度

请思考说明：打底层焊缝厚度为什么不要超过 4 mm？

____

打底焊时需要注意：焊丝端部始终在熔池前半部分燃烧，焊丝不得脱离熔池；严格控制喷嘴高度，既不能遮挡操作者的视线，又要使气体保护效果良好。

(2)焊接过程性检查

完成打底层焊接后，清理焊渣，进行过程性质量检查，以确保整体焊接质量及后续改进，并填写表 13-1-4。

表 13-1-4　打底焊层缺陷检查

检查项目	缺陷存在的数量	形成原因与改善措施
夹渣		
气孔		
裂纹		
未焊透		
未熔合		
焊瘤		
坡口根部熔合尺寸一致性		

2. 填充焊

先查阅资料完成下面的任务单，再按此前修订确认的焊接工艺卡的工艺要求和下面任务单的方式进行填充焊操作。

(1)清理与焊接控制

焊接前，清理前道焊缝的焊渣和飞溅，焊接时的焊枪角度及横向摆动方法与打底焊时相同，焊丝伸出长度比打底焊大 1 ~ 2 mm。此时焊接电流电压与打底焊有什么变化？

____

____

在试板右端 20 mm 处引弧，快速拉到最右端压低电弧稍作停留，待形成熔池，锯齿摆动向左焊接。焊枪的横向摆动幅度应稍大于打底层时，运条时两侧稍作停留，注意熔池两侧的熔合情况，电弧前移步伐为 1/2 ~ 2/3 熔池，保证焊道表面平整且稍向下凹。焊接时，焊枪摆动应均匀到位，在坡口两侧稍加停顿，以保证焊缝平整，同时有利于坡口两侧充分熔化并控制焊接速度，确保不产生夹渣缺陷。如图 13 - 1 - 2 所示，填充焊焊完后，焊缝表面距焊件表面以低 1 ~ 1.5 mm 为宜，并且不得熔化坡口边缘棱角。

说明低于焊件表面及不破坏坡口边缘的原因：______________________

____

(2)焊接过程性检查

完成填充层焊接后，清理焊渣，进行过程性质量检查，以确保整体焊接质量及后续改进，并填写表 13 - 1 - 5。

表 13 - 1 - 5　填充焊层缺陷检查

检查项目	缺陷存在的数量					形成原因与改善措施
	1 层	2 层	3 层	4 层	5 层	
夹渣						
气孔						
裂纹						
未焊透						
未熔合						
焊瘤						
最上层与坡口上表面尺寸一致性						
坡口边缘完好度						

3. 盖面焊

先查阅资料完成下面的任务单，再按此前修订确认的焊接工艺卡的工艺要求和下面任务单的方式进行盖面焊操作。

焊接前，清理前道焊缝的焊渣和导电嘴、喷嘴上的飞溅。调节盖面层焊接工艺参数，控制层间温度约 100 ℃。盖面焊时的焊枪角度、摆动方法与填充焊时相同，焊枪横向摆动幅度比填充焊时稍大，尽量保持焊接速度均匀，避免盖面层焊道中间凹陷。但要注意焊枪横向摆动幅度不宜过大，否则易出现焊波粗大和咬边现象。焊枪在坡口两侧摆动应均匀、缓慢，以防止咬边。

说明：为什么焊枪摆动幅度过大、过快容易出现咬边？

____

____

中途需要中断焊接时，要做到滞后停气，以免熔池在高温状态下发生氧化，为什么？

____

____

焊丝摆动到坡口两侧时，焊丝对准坡口棱边，不要超过棱边，形成熔池后的熔化棱边为0.5～1 mm。收弧时一定要填满弧坑，并且收弧弧长要短，以免产生弧坑裂纹。

焊接结束后，首先关闭 CO_2 气瓶阀门，点动焊枪开关或焊机面板上的焊接检气开关，放掉减压器里面的余气，然后关闭焊接电源。

子任务 13－1－3 焊后处理与检查

知识积累

知识点 1：任务分析

任务实施路线：焊缝清理、质量检查。

知识点 2：焊缝清理与质量检查

焊件焊接完毕后，用敲渣锤、钢丝刷等清理掉焊缝上的焊渣、飞溅等，或用砂布重新打磨一遍焊缝外观，不得存在焊渣、焊点、毛刺等，焊缝应光滑、平整，应保证焊件的“边齐、面平”，包括焊件上开口边缘的垂直平行度，但不能破坏焊缝原始表面。焊后对焊缝表面质量进行检验，肉眼观察或用低倍放大镜检查焊缝表面是否有气孔、裂纹、咬边等缺陷，用钢直尺、钢角尺、焊缝检验尺对焊缝进行外观质量和外观成形尺寸检查。

实训活动

1. 焊件焊后处理与检测评分

焊件焊接完毕后，先用敲渣锤清理焊渣，再用钢丝刷进一步将焊渣、飞溅等清理干净。严禁破坏焊缝原始表面，禁止用水冷却。对焊缝表面质量进行目视检验，使用5倍放大镜观察表面是否存在缺陷，并使用焊接检验尺对焊缝进行测量，焊件外观检查的结果应满足各项要求。然后对焊件进行无损检测，焊件内部质量按《焊缝无损检测 射线检测 第1部分：X和伽玛射线的胶片技术》（GB/T 3323.1—2019）评定。对焊件按规范进行检测评分，对接焊缝外观评分标准见子任务1－1－3同类表。

2. 工位工具清理点检与评分

焊接结束后，关闭焊接电源。按9S标准清扫场地，按规定摆放工具，整理焊接电缆，确认无安全隐患，并做好使用记录，进行评分，评分表见子任务1－1－3同类表。

项目十四 板对接横焊熔化极气体保护焊

项目描述：师徒对话

小白已经学习完焊条电弧焊的初级、中级和高级的典型项目训练，现在对熔化极气体保护焊也有了一定的掌握，基本达到了初级水平，于是小白问高师傅："师傅，初级我学习过熔化极气体保护焊，这种焊接方法的中级是不是也与焊条电弧焊的中级应用情境差不多?"高师傅欣赏地回答道："对，焊接的难易主要是焊接位置的变化，横焊和立焊是中级焊接的典型内容，你先练习熔化极气体保护焊的横焊项目和立焊项目吧，另外，气体保护焊应用的金属材料要多一些，你要多练习几种材料，比如低碳钢或低合金高强度钢、不锈钢、铝及铝合金板等材质都是比较典型的常用材料，这一阶段的学习，你需要达成以下目标。"

项目目标

知识目标：

1. 熟悉板对接横焊的特点；
2. 掌握不同材质板对接横焊熔化焊气体保护焊方法；
3. 掌握板对接横焊熔化焊气体保护焊的常见缺陷与预防措施；
4. 掌握板对接横焊熔化焊气体保护焊焊缝外观质量检查方法。

技能目标：

1. 能够正确识读图纸；
2. 能够正确应用工具进行坡口处理；
3. 能够正确进行装配定位并预防焊接变形；
4. 能够正确选用焊丝；
5. 能够正确选用合适的焊接工艺参数；
6. 能够熟练进行板对接横焊熔化焊气体保护焊的焊接操作；
7. 能够进行板对接横焊单面焊双面成形熔化焊气体保护焊多层多道焊。

素养目标：

1. 具有查阅资料、自主学习和勤于思考的能力；
2. 具有尊重和自觉遵守法规、标准的意识；
3. 具有良好的职业道德、敬业精神和团队精神；
4. 具有安全、环保和节约意识；
5. 具有 9S 管理意识。

任务 14－1　低碳钢板对接横焊二氧化碳气体保护焊

任务说明：

按图 14－1－0 及技术要求进行材料准备、工艺准备、焊接实施、质量检查、自我评定与总结。

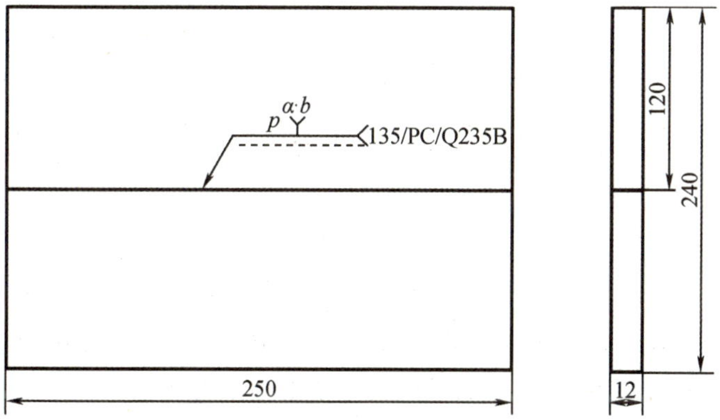

技术要求：1. 坡口为 60°的 V 形带钝边坡口；2. 根部间隙和钝边尺寸自定；3. 错边≤0.5 mm；4. 角变形＜3°；5. 不允许有咬边；6. 不允许有未焊透；7. 不允许有裂纹、气孔、夹渣；8. 焊缝余高≤1＋0.15b。

图 14－1－0　Q235B 板对接单面焊双面成形横焊焊件图

子任务 14－1－1　焊前准备

知识点 1：任务分析

板对接横焊二氧化碳气体保护焊单面焊双面成形时，熔滴和熔池中熔化的金属受重力作用容易下淌，焊缝成形困难，需要选择合适的焊接参数和操作方法，否则容易产生焊缝上侧咬边、下侧金属下坠、焊瘤、未焊透等缺陷，如图 14－1－1所示。

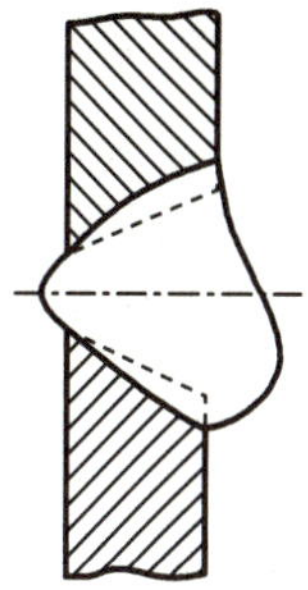

图 14－1－1　横焊不良成形

任务实施路线：图样识读、焊件准备及坡口清理、焊焊接工艺参数确定、装配定位。

知识点 2：焊件准备及坡口清理

任务单要求：准备 12 mm × 120 mm × 250 mm 尺寸的 Q235B 材质焊件两块，单边开 30°V 形坡口。

焊缝及坡口清理：焊前打磨清理坡口面及坡口边缘上下两侧 15～20 mm 范围，露出金属光泽，并打磨出 0.5～1.0 mm 的钝边。

知识点 3：焊接工艺参数确定

结合本任务母材 Q235B 的焊接特性和板厚来看，选择直径 1.2 mm 的 ER50－6 焊丝，保护气体为 CO_2 气体，纯度高于 99.5%，采用三层六道焊来焊接，具体焊接工艺参数见表14－1－1。

表 14－1－1 焊接工艺参数表

焊接层次	焊丝型号	焊丝直径 /mm	焊接电流 /A	焊接电压 /V	保护气体流量 /(L/min)	焊丝伸出长度 /mm	电源极性
打底层	ER50－6	1.2	100～110	18～20	12～15	10～15	直流反接
填充层			120～140	20～22	12～15	10～15	
盖面层			130～150	21～24	12～15	10～15	

知识点 4：装配定位

将两块钢板水平放在工装台上，两端对齐装配成对接接头，装配时焊件始焊端根部间隙设置为 3.2 mm，结束端为 4.0 mm，采取和打底焊相同的工艺参数在两端进行点固焊，焊点长度为 10～15 mm，错边量不大于 1.2 mm，反变形预留量为 3°～5°。

实训活动

1. 分析与制订焊接工艺

识读图样，根据焊接要求，结合前面所学知识进行工艺制订，完成表 14－1－2 所示工艺卡的编制。

表 14－1－2 Q235B 板对接单面焊双面成形横焊熔化极气体保护焊焊接工艺卡

<table>
<tr><th colspan="2">焊接工艺卡</th><th>编号：</th></tr>
<tr><td>材料牌号</td><td></td><td rowspan="5">1. 接头坡口简图（标注尺寸）
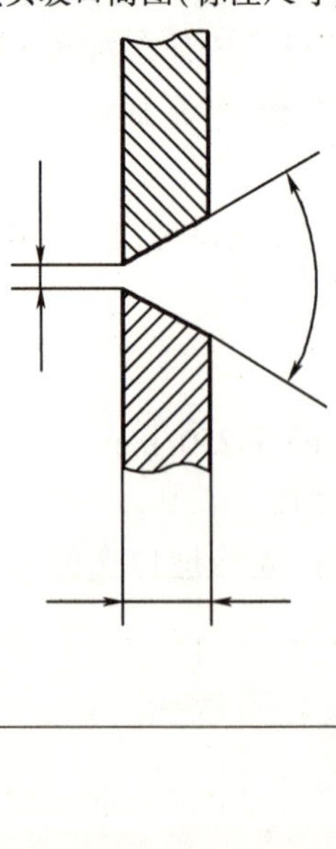
2. 焊道工艺简图（标注焊道顺序）
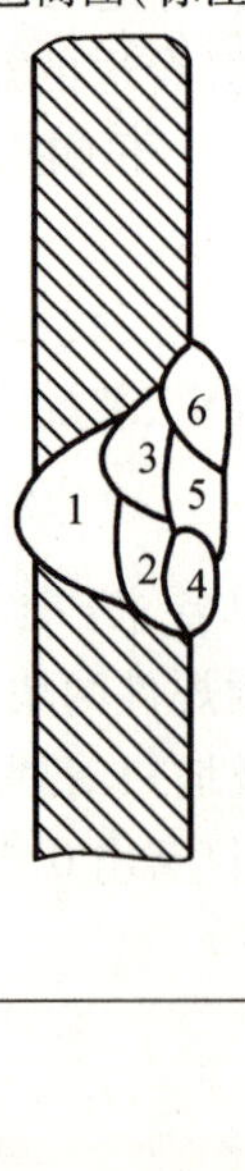
</td></tr>
<tr><td>材料规格/mm</td><td></td></tr>
<tr><td>接头种类</td><td></td></tr>
<tr><td>坡口形式</td><td></td></tr>
<tr><td>坡口角度</td><td>—</td></tr>
</table>

表 14－1－2(续)

<table>
<tr><td colspan="2">焊接工艺卡</td><td colspan="5">编号:</td></tr>
<tr><td>钝边/mm</td><td>—</td><td colspan="5" rowspan="5">3. 装配定位焊简图(标注尺寸)
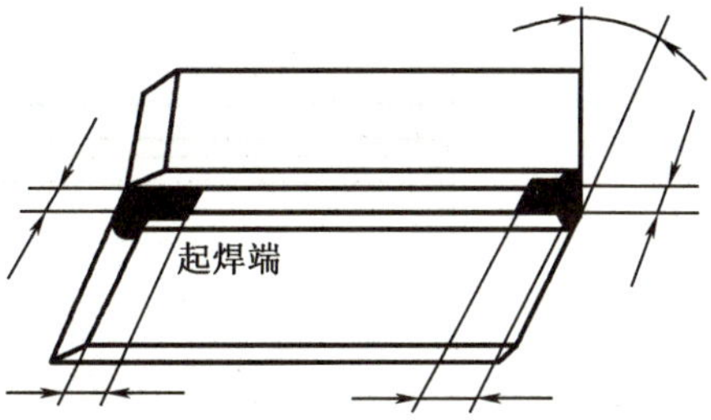
</td></tr>
<tr><td>组对间隙/mm</td><td></td></tr>
<tr><td>焊接方法</td><td>GMAW</td></tr>
<tr><td>焊接气体</td><td>CO_2</td></tr>
<tr><td>焊接设备</td><td>NBC－350</td></tr>
<tr><td>电源种类</td><td></td><td rowspan="3">焊后热处理</td><td>种类</td><td>—</td><td>保温时间</td><td>—</td></tr>
<tr><td>电源极性</td><td></td><td>加热方式</td><td>—</td><td>层间温度</td><td>—</td></tr>
<tr><td>焊接位置</td><td></td><td>温度范围</td><td>—</td><td>测量方法</td><td>—</td></tr>
</table>

焊接参数

焊层	焊材型号	焊材直径/mm	焊丝伸出长度/mm	保护气体流量/(L/min)	焊接电流/A	焊接电压/V	焊接速度(cm/min)
定位焊	ER50－6						
打底焊							
填充焊							
盖面焊							

2. 材料、工具设备、工位领取及点检

按老师审核通过的焊接工艺卡领取材料、工具设备及工位,并进行点检,检查表见子任务 1－1－1。

3. 接头坡口处理及装配定位

根据前面设计确定的坡口尺寸,进行加工处理,再进行装配定位及定位焊。然后填写检测表 14－1－3。

表 14－1－3 坡口处理及装配定位检测表

坡口主要尺寸检测							
坡口角度 α		钝边尺寸 p		引弧端根部间隙尺寸 b		收弧端根部间隙尺寸	
设计值	定位后值	设计值	加工值	设计值	定位后值	设计值	定位后值

表 14-1-3(续)

定位焊点尺寸检测(测量并标注)

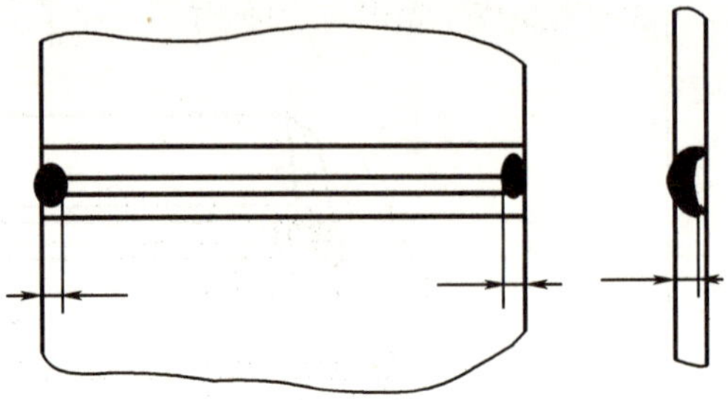

装配定位变形控制尺寸检测(测量并标注)

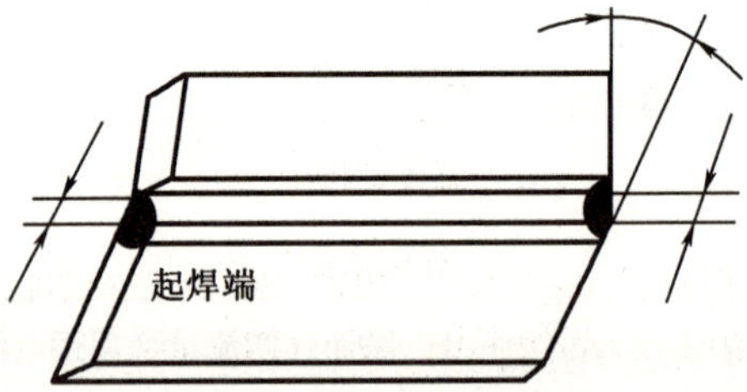

焊缝两侧清理检测

焊缝两侧清理		清理的尺寸范围							
要求	处理结果	要求值				加工测量值			
		边 1	边 2	边 3	边 4	边 1	边 2	边 3	边 4

子任务 14-1-2 焊接操作

知识点 1:任务分析

横焊焊接操作时,要注意焊枪的角度及限制每道焊缝的熔敷金属量,必须使熔池尽量小,使焊道表面尽可能接近对通常都采用多层多道焊。横焊要求采用小焊接电流、小电弧电压的短路过渡焊接,对于较薄的焊件(厚度小于等于 3.2 mm),焊接时一般进行单层单道横焊,对于较厚的焊件(厚度大于 3.2 mm),焊接时采用多层焊。板对接横焊也要注意采用反变形法,防止角变形。

任务实施路线:打底、填充(两道)、盖面(三道)。

知识点 2:任务焊接操作

将焊件固定在操作台上,焊缝水平装夹,焊缝面向操作者,焊件高度一般到操作者小腿上方 100~200 mm 处(蹲姿焊),间隙小的一端放置在右侧,采用左向焊法。

12 mm 厚板件的焊接层次常有三层六道焊和四层十道焊的做法,操作方法类似,这里介绍三层六道焊,如图 14-1-2 所示。

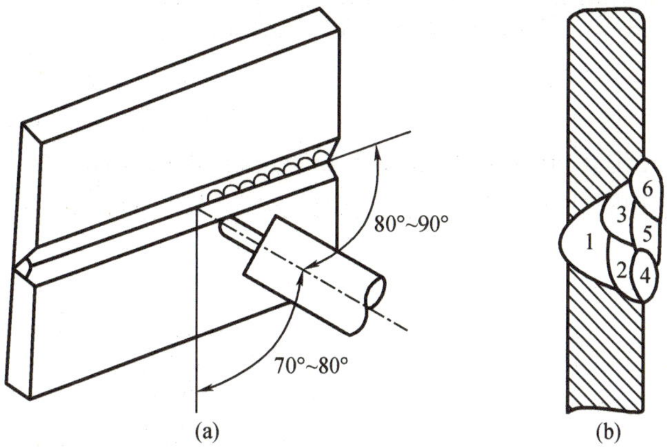

图 14－1－2 焊枪角度及焊道层次示意图

1. 打底焊

(1)打底焊时,焊枪与板件之间夹角为 70°～80°,与焊缝后端方向成 80°～90°,如图 14－1－2(a)所示,焊枪角度从起焊至焊完应尽量保持一致。

(2)按设定的打底焊规范调整好焊接工艺参数后,调整好焊枪角度,在距离焊件右端定位焊缝约 20 mm 处坡口的一侧引弧,并迅速拉回到端部定位焊点上稍作停留,以小幅锯齿形摆动,自右向左焊接,当定位焊点左侧形成熔孔后,转入正常焊接。

(3)正常焊接时电弧沿熔池前部边缘做小锯齿或小斜锯齿形运动,电弧摆动宽度稍大于间隙,电弧向上运动时稍快,向下运动时稍慢,上方熔孔可见,下方熔孔不可见(下方并非没有熔化钝边,只是其熔化后被铁水堵住)。电弧在上下坡口两侧稍作停留,在上坡口的停留时间稍长于下侧坡口,使打底层焊道与上、下坡口熔合良好,过渡圆滑。

(4)施焊过程中密切观察熔池和熔孔的状况,并适当调整焊接速度、焊枪摆动幅度和焊枪角度,使熔孔保持大小合适、均匀一致。

(5)施焊过程中注意焊枪(丝)摆动幅度不可过大或过小,摆动过小时背面高,正面两侧有夹角,也可能造成穿丝,摆动过大时可能造成根部未熔合或背面低。摆动时,摆动间距要小,且均匀一致,以防止穿丝。

(6)电弧的位置在熔池前部边缘,过于向前时背面会高或造成穿丝,过于向后时根部易产生未熔合,正面成形差,两侧有夹角。

(7)若打底焊时电弧中断,应将接头处焊渣清理干净,并打磨成斜坡,在打磨的焊道最高处引弧,以小幅度锯齿形摆动,当接头区前端形成熔孔后,继续焊完打底层焊道。

2. 填充焊

(1)施焊填充层前应把打底层焊道清理干净,并清理试件表面的飞溅。将焊道局部凸起处打磨平整。

(2)填充层分第二、三道焊,施焊第二道焊即下焊道时,焊枪与水平线成 0°～10°俯视角,如图 14－1－3 所示,与焊缝后端方向成 80°～90°。电弧中心应对准打底层焊道的下缘,从右向左施焊,引弧与打底焊方法相同,焊道与坡口下边缘相差 1～1.5 mm 为宜。第二道焊接时可选择直线运丝法、斜锯齿运丝法及斜圆圈运丝法等。

(3)施焊第三条焊道时,焊枪成 0°～10°的仰视角,如图 14－1－3 所示。第三条焊道焊接时可根据预留位置的宽窄及深浅选择直线运丝法、直线往复运丝法、斜锯齿运丝法及斜圆圈运丝法等。第三条焊道焊后，焊道与坡口上边缘相差 0.5 ~ 1.0 mm 为宜。

3. 盖面焊

(1)施焊盖面层前应将填充层焊道清理干净，并将试件表面的飞溅清理掉。

(2)盖面层分四、五、六道焊道，施焊从下往上进行，电弧运动方法以直线法为主，这样操作简单且焊道波纹相同，焊缝成形美观。施焊盖面层的焊枪倾角与焊枪夹角如图 14－1－4 所示。

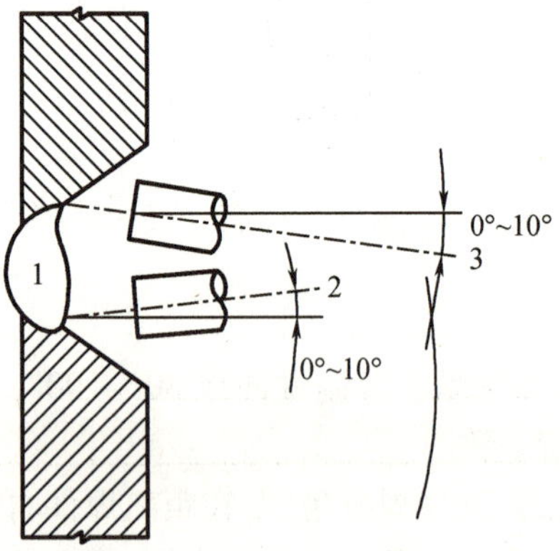

图 14－1－3 填充层焊枪角度

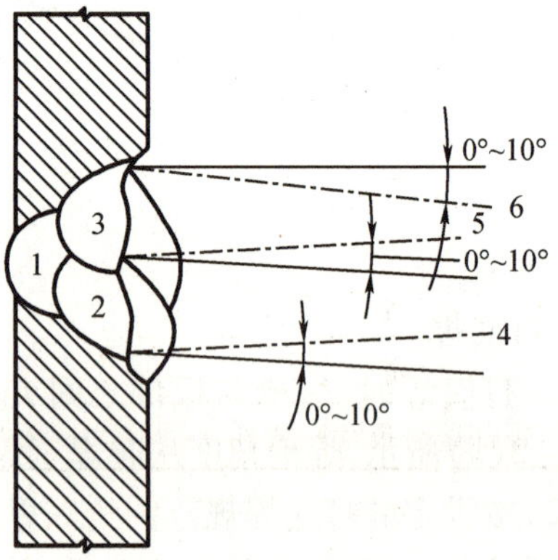

图 14－1－4 盖面层焊枪角度

(3)施焊第四条焊道时，应注意控制焊接速度，防止焊道过厚，焊道下缘与母材应熔合良好，平滑过渡。

(4)施焊第五、六条焊道时，应分别覆盖前面施焊焊道的 1/2 ~ 2/3，并注意平滑过渡，使焊缝平整。

(5)第六条焊道预留位置的宽窄对整个盖面层的影响很大。预留位置不可过窄，否则最上方焊道焊完后会凸出来，影响盖面层的美观，过宽时采用直线法不能完全焊满，但稍宽时较好焊接，可以采用小斜锯齿运丝法。第六条焊道与母材应熔合良好，并防止出现咬边。

实训活动

1. 打底焊

先查阅资料完成下面的任务单，再按此前修订确认的焊接工艺卡的工艺要求和下面任务单的方式进行打底焊操作。

(1)焊接要点

打底焊时，焊枪与板件之间夹角为________，与焊缝后端方向成________，焊枪角度从起焊至焊完应尽量保持一致。在距离焊件________定位焊缝约________处坡口的一侧引弧，并迅速拉回到端部定位焊点上稍作停留，以小幅________摆动，自右向左焊接，当定位焊点左侧形成熔孔后，转入正常焊接。

施焊过程中密切观察熔池和熔孔的状况，并适当调整焊接速度、焊枪摆动幅度和焊枪角度，使熔孔保持________。

施焊过程中注意焊枪（丝）摆动幅度不可过大或过小，摆动过小时背面高，正面两侧有

________，也可能造成________，摆动过大时可能造成________或________。摆动时，摆动间距要小，且均匀一致，以防止穿丝。

（2）焊接过程性检查

完成打底层焊接后，清理焊渣，进行过程性质量检查，以确保整体焊接质量及后续改进，并填写表 14－1－4。

表 14－1－4　打底焊层缺陷检查

检查项目	缺陷存在的数量	形成原因与改善措施
夹渣		
气孔		
裂纹		
未焊透		
未熔合		
焊瘤		
坡口根部熔合尺寸一致性		

2. 填充焊

先查阅资料完成下面的任务单，再按此前修订确认的焊接工艺卡的工艺要求和下面任务单的方式进行填充焊操作。

（1）焊接要点

填充层分第二、三道焊，施焊第二道焊即下焊道时，焊枪与水平线成________俯视角，与焊缝后端方向成 80°～90°。电弧中心应对准打底层焊道的下缘，从右向左施焊，引弧与打底焊方法相同，焊道与坡口下边缘相差________为宜。第二道焊接时可选择直线运丝法、斜锯齿运丝法及斜圆圈运丝法等。

施焊第三条焊道时，焊枪成________的仰视角。第三条焊道焊接时可根据预留位置的宽窄及深浅选择直线运丝法、直线往复运丝法、斜锯齿运丝法及斜圆圈运丝法等。第三条焊道焊后，焊道与坡口上边缘相差________为宜。

（2）焊接过程性检查

完成打底层焊接后，清理焊渣，进行过程性质量检查，以确保整体焊接质量及后续改进，并填写表 14－1－5。

表 14－1－5　打底焊层缺陷检查

检查项目	缺陷存在的数量				形成原因与改善措施
夹渣	2 道	3 道	4 道	5 道	
气孔					
裂纹					
未焊透					
未熔合					

表 14 - 1 - 5(续)

检查项目	缺陷存在的数量				形成原因与改善措施
焊瘤					
坡口根部熔合尺寸一致性					

3. 盖面焊

先查阅资料完成下面的任务单,再按此前修订确认的焊接工艺卡的工艺要求和下面任务单的方式进行填充焊操作。

盖面层分________道焊道,施焊________进行,电弧运动方法以直线法为主,这样操作简单且焊道波纹相同,焊缝成形美观。施焊盖面层的焊枪倾角与焊枪夹角为________。施焊时,后面焊道应覆盖前面焊道的________,并注意平滑过渡,使焊缝平整。

子任务 14 - 1 - 3 焊后处理与检查

知识积累

知识点 1:任务分析

任务实施路线:焊缝清理、质量检查。

知识点 2:焊缝清理与质量检查

焊件焊接完毕后,用敲渣锤、钢丝刷等清理掉焊缝上的焊渣、飞溅等,或用砂布重新打磨一遍焊缝外观,不得存在焊渣、焊点、毛刺等,焊缝应光滑、平整,应保证焊件的“边齐、面平”, 包括焊件上开口边缘的垂直平行度,但不能破坏焊缝原始表面。焊后对焊缝表面质量进行检验,肉眼观察或用低倍放大镜检查焊缝表面是否有气孔、裂纹、咬边等缺陷,用钢直尺、钢角尺、焊缝检验尺对焊缝进行外观质量和外观成形尺寸检查。

实训活动

1. 焊件焊后处理与检测评分

焊件焊接完毕后,先用敲渣锤清理焊渣,再用钢丝刷进一步将焊渣、飞溅等清理干净。严禁破坏焊缝原始表面,禁止用水冷却。对焊缝表面质量进行目视检验,使用5 倍放大镜观察表面是否存在缺陷,并使用焊接检验尺对焊缝进行测量,焊件外观检查的结果应满足各项要求。然后对焊件进行无损检测,焊件内部质量按《焊缝无损检测 射线检测 第 1 部分:X 和伽玛射线的胶片技术》(GB/T 3323. 1—2019)评定。对焊件按规范进行检测评分,对接焊缝外观评分标准见子任务 1 - 1 - 3 同类表。

2. 工位工具清理点检与评分

焊接结束后,关闭焊接电源。按 9S 标准清扫场地,按规定摆放工具,整理焊接电缆,确认无安全隐患,并做好使用记录,进行评分,评分表见子任务 1 - 1 - 3 同类表。

任务 14－2 不锈钢板对接横焊熔化极活性气体保护焊

任务说明：

按图 14－2－0 及技术要求进行材料准备、工艺准备、焊接实施、质量检查、自我评定与总结。

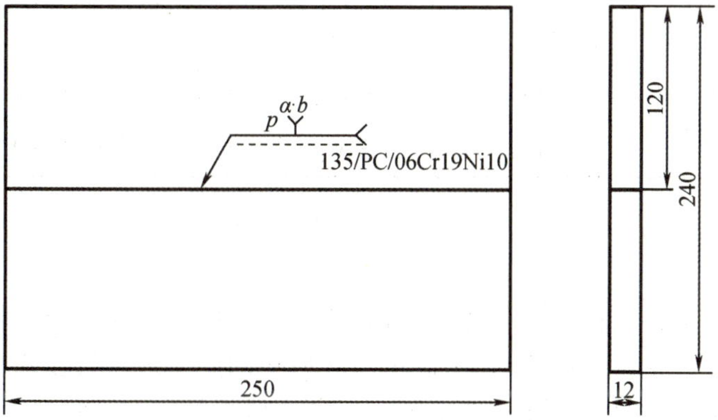

技术要求：1. 坡口为 60°的 V 形带钝边坡口；2. 根部间隙和钝边尺寸自定；3. 错边≤0.5 mm；4. 角变形＜3°；5. 不允许有咬边；6. 不允许有未焊透；7. 不允许有裂纹、气孔、夹渣；8. 焊缝余高≤1＋0.15*b*。

图 14－2－0 不锈钢板板对接横焊焊件图

子任务 14－2－1 焊前准备

知识点 1：任务分析

本任务依然为板对接横焊，但材质为不锈钢，所以焊丝及保护气体的类型有所变化，焊接参数也会变化，采用的焊接方法为熔化极活性气体保护焊（MAG 焊）。MAG 焊能获得稳定焊接性能和良好焊接接头，可用于各种位置焊接，尤其适合碳钢、合金钢和不锈钢等黑色金属材料的焊接。在氩气中加入氧气的活性气体可用于碳钢、合金钢和不锈钢等的焊接。这种混合气体的优点是克服了纯氩气作为保护气体焊接不锈钢时存在的因液体金属黏度大、表面张力大而易产生气孔，因焊缝金属润湿性差而易发生咬边及因阴极斑点漂移而导致电弧不稳定等问题。

任务实施路线：图样识读、焊件准备及坡口清理、焊焊接工艺参数确定、装配定位。

知识点 2：焊件准备及坡口清理

任务单要求：准备 12 mm×120 mm×250 mm 尺寸的 06Cr19Ni10 不锈钢材质焊件两块，单边开 30°V 形坡口。

焊缝及坡口清理：焊前打磨清理坡口面及坡口边缘上下两侧 15～20 mm 范围，露出金属光泽，并打磨出 0.5～1.0 mm 的钝边。

知识点3:焊接工艺参数确定

结合本任务母材06Cr19Ni10不锈钢的焊接特性和板厚来看,选择直径1.2 mm的ER308LSi焊丝,保护气体为氩气加氧气的混合气体,其中氩气占98%,氧气占2%,采用三层六道焊来焊接,具体焊接工艺参数见表14-2-1。

表14-2-1 焊接工艺参数表

焊接层次	焊丝型号	焊丝直径/mm	焊接电流/A	焊接电压/V	保护气体流量/(L/min)	焊丝伸出长度/mm	电源极性
打底层			120~140	22~24	15~20	10~15	
填充层	ER308LSi	1.2	140~160	24~26	15~20	10~15	直流反接
盖面层			140~160	24~26	15~20	10~15	

知识点4:装配定位

将两块钢板水平放工在装台上,两端对齐装配成对接接头,装配时焊件始焊端根部间隙设置为3.2 mm,结束端为4.0 mm,采取和打底焊相同的工艺参数在两端进行点固焊,焊点长度为10~15 mm,错边量不大于1.2 mm,反变形预留量为3°~5°。

实训活动

1. 分析与制订焊接工艺

识读图样,根据焊接要求,结合前面所学知识进行工艺制订,完成表14-2-2的工艺卡的编制。

2. 材料、工具设备、工位领取及点检

按老师审核通过的焊接工艺卡领取材料、工具设备及工位,并进行点检,检查表见子任务1-1-1。

3. 接头坡口处理及装配定位

根据前面设计确定的坡口尺寸,进行加工处理,再进行装配定位及定位焊。然后填写检测表14-2-3。

表 14-2-2 06Cr19Ni10 板对接单面焊双面成形横焊熔化极气体保护焊焊接工艺卡

<table>
<tr><th colspan="2">焊接工艺卡</th><th colspan="6">编号：</th></tr>
<tr><td>材料牌号</td><td></td><td colspan="6" rowspan="9">1. 接头坡口简图（标注尺寸）
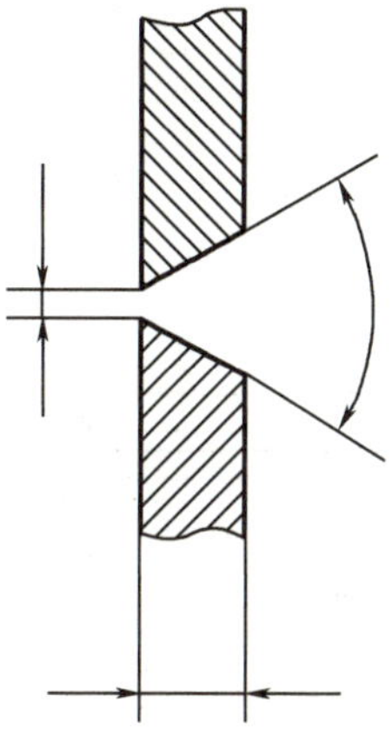
2. 焊道工艺简图（标注焊道顺序）
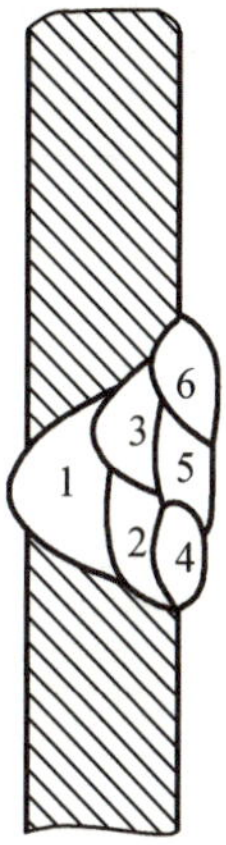

3. 装配定位焊简图（标注尺寸）
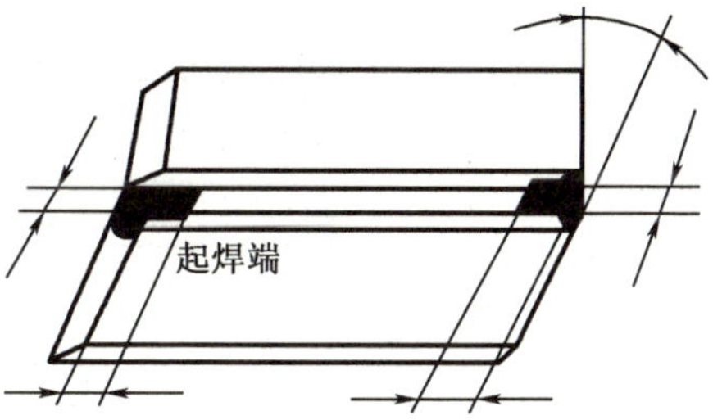
</td></tr>
<tr><td>材料规格/mm</td><td></td></tr>
<tr><td>接头种类</td><td></td></tr>
<tr><td>坡口形式</td><td></td></tr>
<tr><td>坡口角度</td><td>—</td></tr>
<tr><td>钝边</td><td>—</td></tr>
<tr><td>组对间隙/mm</td><td></td></tr>
<tr><td>焊接方法</td><td>GMAW</td></tr>
<tr><td>保护气体</td><td>氩气 + 氧气</td></tr>
<tr><td>焊接设备</td><td>NBC-350</td><td colspan="6"></td></tr>
<tr><td>电源种类</td><td></td><td rowspan="3">焊后
热处理</td><td>种类</td><td>—</td><td>保温时间</td><td colspan="2">—</td></tr>
<tr><td>电源极性</td><td></td><td>加热方式</td><td>—</td><td>层间温度</td><td colspan="2">—</td></tr>
<tr><td>焊接位置</td><td></td><td>温度范围</td><td>—</td><td>测量方法</td><td colspan="2">—</td></tr>
</table>

<table>
<tr><th colspan="8">焊接参数</th></tr>
<tr><th>焊层</th><th>焊材型号</th><th>焊材直径
/mm</th><th>焊丝伸出
长度/mm</th><th>保护气体流量
/(L/min)</th><th>焊接电流
/A</th><th>焊接电压
/V</th><th>焊接速度
(cm/min)</th></tr>
<tr><td>定位焊</td><td rowspan="4">ER308LSi</td><td></td><td></td><td></td><td></td><td></td><td></td></tr>
<tr><td>打底焊</td><td></td><td></td><td></td><td></td><td></td><td></td></tr>
<tr><td>填充焊</td><td></td><td></td><td></td><td></td><td></td><td></td></tr>
<tr><td>盖面焊</td><td></td><td></td><td></td><td></td><td></td><td></td></tr>
</table>

表 14-2-3 坡口处理及装配定位检测表

坡口主要尺寸检测							
坡口角度 α		钝边尺寸 p		引弧端根部间隙尺寸 b		收弧端根部间隙尺寸	
设计值	定位后值	设计值	加工值	设计值	定位后值	设计值	定位后值

定位焊点尺寸检测（测量并标注）

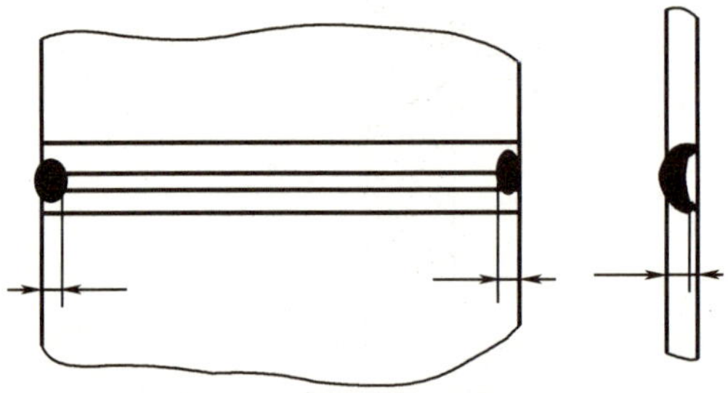

装配定位变形控制尺寸检测（测量并标注）

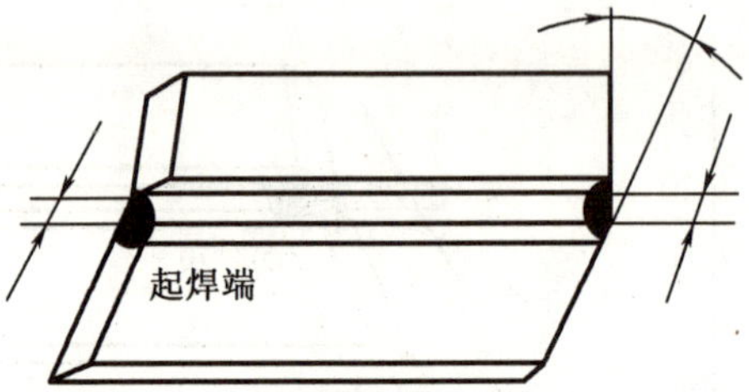

焊缝两侧清理检测

焊缝两侧清理		清理的尺寸范围							
要求	处理结果	要求值				加工测量值			
		边 1	边 2	边 3	边 4	边 1	边 2	边 3	边 4

子任务 14-2-2 焊 接 操 作

知识点 1：任务分析

任务实施路线：打底、填充（两道）、盖面（三道）。

知识点 2：任务焊接操作

将焊件固定在操作台上，焊缝水平装夹，焊缝面向操作者，焊件高度一般到操作者小腿上方 100～200 mm 处（蹲姿焊），间隙小的一端放置在右侧，采用左向焊法。

12 mm 厚板件的焊接层次常有三层六道焊和四层十道焊的做法，操作方法类似，这里介绍三层六道焊，如图 14-2-1 所示。

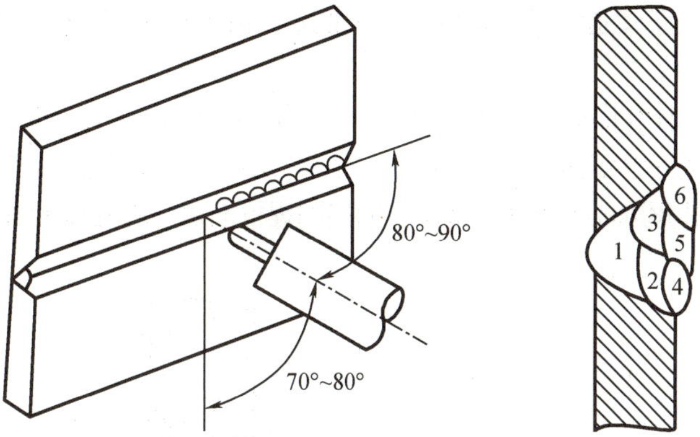

图 14－2－1 焊枪角度及焊道层次示意图

1. 打底焊

（1）打底焊时，焊枪与板件之间夹角为 70°～80°，与焊缝后端方向成 80～90°，如图 14－2－1(a)所示，焊枪角度从起焊至焊完应尽量保持一致。

（2）按设定的打底焊规范调整好焊接工艺参数后，调整好焊枪角度，在距离焊件右端定位焊缝约 20 mm 处坡口的一侧引弧，并迅速拉回到端部定位焊点上稍作停留，以小幅锯齿形摆动，自右向左焊接，当定位焊点左侧形成熔孔后，转入正常焊接。

（3）正常焊接时电弧沿熔池前部边缘做小锯齿或小斜锯齿形运动，电弧摆动宽度稍大于间隙，电弧向上运动时稍快，向下运动时稍慢，上方熔孔可见，下方熔孔不可见（下方并非没有熔化钝边，只是其熔化后被铁水堵住）。电弧在上下坡口两侧稍作停留，在上坡口的停留时间稍长于下侧坡口，使打底层焊道与上、下坡口熔合良好，过渡圆滑。

（4）施焊过程中密切观察熔池和熔孔的状况，并适当调整焊接速度、焊枪摆动幅度和焊枪角度，使熔孔保持大小合适、均匀一致。

（5）施焊过程中注意焊枪（丝）摆动幅度不可过大或过小，摆动过小时背面高，正面两侧有夹角，也可能造成穿丝，摆动过大时可能造成根部未熔合或背面低。摆动时，摆动间距要小，且均匀一致，以防止穿丝。

（6）电弧的位置在熔池前部边缘，过于向前时背面会高或造成穿丝，过于向后时根部易产生未熔合，正面成形差，两侧有夹角。

（7）若打底焊时电弧中断，应将接头处焊渣清理干净，并打磨成斜坡，在打磨的焊道最高处引弧，以小幅度锯齿形摆动，当接头区前端形成熔孔后，继续焊完打底层焊道。

2. 填充焊

（1）施焊填充层前应把打底层焊道清理干净，并清理试件表面的飞溅。将焊道局部凸起处打磨平整。

（2）填充层分第二、三道焊，施焊第二道焊即下焊道时，焊枪与水平线成 0°～10°俯视角，如图 14－2－2 所示，与焊缝后端方向成 80°～90°。电弧中心应对准打底层焊道的下缘，从右向左施焊，引弧与打底焊方法相同，焊道与坡口下边缘相差 1～1.5 mm 为宜。第二道焊接时可选择直线运丝法、斜锯齿运丝法及斜圆圈运丝法等。

（3）施焊第三条焊道时，焊枪成 0°～10°的仰视角，如图 14－2－2 所示。第三条焊道焊接时可根据预留位置的宽窄及深浅选择直线运丝法、直线往复运丝法、斜锯齿运丝法及斜圆圈运丝法等。第三条焊道焊后，焊道与坡口上边缘相差0.5~1.0 mm为宜。

3. 盖面焊

(1)施焊盖面层前应将填充层焊道清理干净，并将试件表面的飞溅清理掉。

(2)盖面层分四、五、六道焊道，施焊从下往上进行，电弧运动方法以直线法为主，这样操作简单且焊道波纹相同，焊缝成形美观。施焊盖面层的焊枪倾角与焊枪夹角如图14-2-3所示。

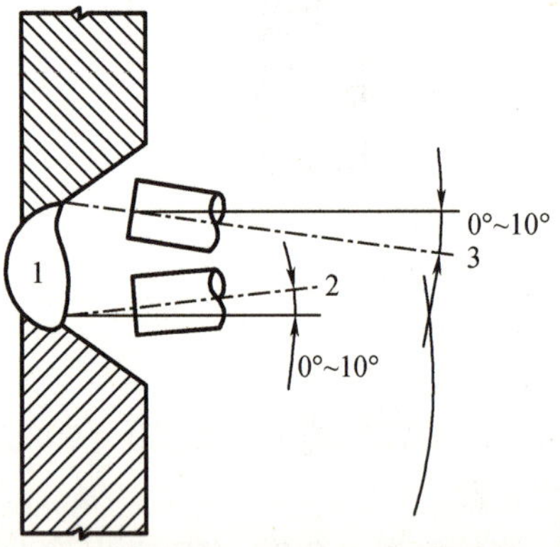

图14-2-2 填充层焊枪角度

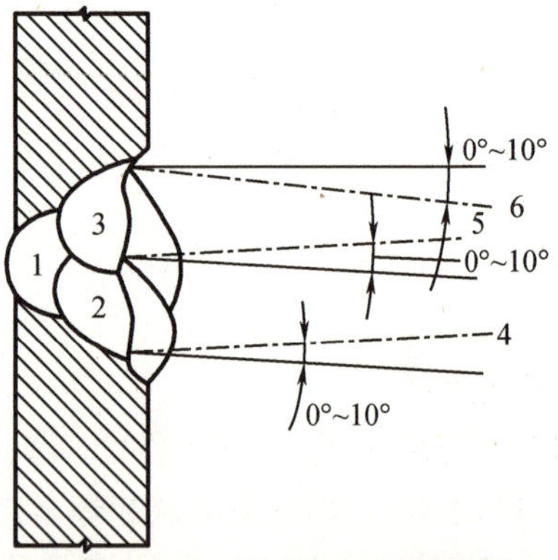

图14-2-3 盖面层焊枪角度

(3)施焊第四条焊道时，应注意控制焊接速度，防止焊道过厚，焊道下缘与母材应熔合良好，平滑过渡。

(4)施焊第五、六条焊道时，应分别覆盖前面施焊焊道的1/2~2/3，并注意平滑过渡，使焊缝平整。

(5)第六条焊道预留位置的宽窄对整个盖面层的影响很大。预留位置不可过窄，否则最上方焊道焊完后会凸出来，影响盖面层的美观，过宽时采用直线法不能完全焊满，但稍宽时较好焊接，可以采用小斜锯齿运丝法。第六条焊道与母材应熔合良好，并防止出现咬边。

实训活动

1. 打底焊

先查阅资料完成下面的任务单，再按此前修订确认的焊接工艺卡的工艺要求和下面任务单的方式进行打底焊操作。

(1)焊接要点

打底焊时，焊枪与板件之间夹角为________，与焊缝后端方向成________，焊枪角度从起焊至焊完应尽量保持一致。在距离焊件________定位焊缝约________处坡口的一侧引弧，并迅速拉回到端部定位焊点上稍作停留，以小幅________摆动，自右向左焊接，当定位焊点左侧形成熔孔后，转入正常焊接。

施焊过程中密切观察熔池和熔孔的状况，并适当调整焊接速度、焊枪摆动幅度和焊枪角度，使熔孔保持________。

施焊过程中注意焊枪(丝)摆动幅度不可过大或过小，摆动过小时背面高，正面两侧有________，也可能造成________，摆动过大时可能造成________或________。摆动时，摆动间距要小，且均匀一致，以防止穿丝。

(2)焊接过程性检查

完成打底层焊接后,清理焊渣,进行过程性质量检查,以确保整体焊接质量及后续改进,并填写表 14-2-4。

表 14-2-4 打底焊层缺陷检查

检查项目	缺陷存在的数量	形成原因与改善措施
夹渣		
气孔		
裂纹		
未焊透		
未熔合		
焊瘤		
坡口根部熔合尺寸一致性		

2. 填充焊

先查阅资料完成下面的任务单,再按此前修订确认的焊接工艺卡的工艺要求和下面任务单的方式进行填充焊操作。

(1)焊接要点

填充层分第二、三道焊,施焊第二道焊即下焊道时,焊枪与水平线成________俯视角,与焊缝后端方向成 80°~90°。电弧中心应对准打底层焊道的下缘,从右向左施焊,引弧与打底焊方法相同,焊道与坡口下边缘相差 ________为宜。第二道焊接时可选择直线运丝法、斜锯齿运丝法及斜圆圈运丝法等。

施焊第三条焊道时,焊枪成________的仰视角。第三条焊道焊接时可根据预留位置的宽窄及深浅选择直线运丝法、直线往复运丝法、斜锯齿运丝法及斜圆圈运丝法等。第三条焊道焊后焊道与坡口上边缘相差________为宜。

(2)焊接过程性检查

完成打底层焊接后,清理焊渣,进行过程性质量检查,以确保整体焊接质量及后续改进,并填写表 14-2-5。

表 14-2-5 打底焊层缺陷检查

检查项目	缺陷存在的数量				形成原因与改善措施
夹渣	2 道	3 道	4 道	5 道	
气孔					
裂纹					
未焊透					
未熔合					
焊瘤					
坡口根部熔合尺寸一致性					

3. 盖面焊

先查阅资料完成下面的任务单，再按此前修订确认的焊接工艺卡的工艺要求和下面任务单的方式进行填充焊操作。

盖面层分________道焊道，施焊________进行，电弧运动方法以直线法为主，这样操作简单且焊道波纹相同，焊缝成形美观。施焊盖面层的焊枪倾角与焊枪夹角为________。施焊时，后面焊道应覆盖前面焊道的________，并注意平滑过渡，使焊缝平整。

子任务 14－2－3　焊后处理与检查

知识积累

知识点 1：任务分析

任务实施路线：焊缝清理、质量检查。

知识点 2：焊缝清理与质量检查

焊件焊接完毕后，用敲渣锤、钢丝刷等清理掉焊缝上的焊渣、飞溅等，或用砂布重新打磨一遍焊缝外观，不得存在焊渣、焊点、毛刺等，焊缝应光滑、平整，应保证焊件的“边齐、面平”，包括焊件上开口边缘的垂直平行度，但不能破坏焊缝原始表面。焊后对焊缝表面质量进行检验，肉眼观察或用低倍放大镜检查焊缝表面是否有气孔、裂纹、咬边等缺陷，用钢直尺、钢角尺、焊缝检验尺对焊缝进行外观质量和外观成形尺寸检查。

实训活动

1. 焊件焊后处理与检测评分

焊件焊接完毕后，先用敲渣锤清理焊渣，再用钢丝刷进一步将焊渣、飞溅等清理干净。严禁破坏焊缝原始表面，禁止用水冷却。对焊缝表面质量进行目视检验，使用5倍放大镜观察表面是否存在缺陷，并使用焊接检验尺对焊缝进行测量，焊件外观检查的结果应满足各项要求。然后对焊件进行无损检测，焊件内部质量按《焊缝无损检测　射线检测　第1部分：X和伽玛射线的胶片技术》(GB/T 3323.1—2019)评定。对焊件按规范进行检测评分，对接焊缝外观评分标准见子任务1－1－3同类表。

2. 工位工具清理点检与评分

焊接结束后，关闭焊接电源。按9S标准清扫场地，按规定摆放工具，整理焊接电缆，确认无安全隐患，并做好使用记录，进行评分，评分表见子任务1－1－3同类表。

项目十五　板对接立焊熔化极气体保护焊

项目描述：师徒对话

通过上一个项目的训练，小白已经掌握了 CO_2 气体保护焊横焊的特点和操作技巧，横焊时熔滴和熔池受液态金属重力作用容易下淌，需要采用小焊接电流、小电弧电压的焊接参数，并控制好焊接角度才能确保焊缝不下垂，而且焊缝上下边缘不出现焊接缺陷。学会了横焊方法，这会儿小白的小脑袋里在想："虽然横焊有难度，但我通过努力训练也很快掌握了，那立焊呢，是不是也不在话下啊，我得赶紧让师傅教我，我一定能学会。"高师傅已经猜到了小白的想法，于是说："你横焊技能已经掌握得很好了，想不想试试立焊啊？"小白不假思索地回答："想！"高师傅哈哈大笑，说："那你要确保达成以下目标。"

项目目标

知识目标：

1. 熟悉板对接立焊的特点；
2. 掌握不同材质板对接立焊熔化焊气体保护焊方法；
3. 掌握板对接立焊熔化焊气体保护焊的常见缺陷与预防措施；
4. 掌握板对接立焊熔化焊气体保护焊焊缝外观质量检查方法。

技能目标：

1. 能够正确识读图纸；
2. 能够正确应用工具进行坡口处理；
3. 能够正确进行装配定位并预防焊接变形；
4. 能够正确选用焊丝；
5. 能够正确选用合适的焊接工艺参数；
6. 能够熟练进行板对接立焊熔化焊气体保护焊的焊接操作：引弧、运条、起头、接头与结尾；
7. 能够进行板对接立焊单面焊双面成形熔化焊气体保护焊多层多道焊。

素养目标：

1. 具有查阅资料、自主学习和勤于思考的能力；
2. 具有尊重和自觉遵守法规、标准的意识；
3. 具有良好的职业道德、敬业精神和团队精神；
4. 具有安全、环保和节约意识；
5. 具有 9S 管理意识。

任务15－1　低碳钢板对接立焊二氧化碳气体保护焊

任务说明：

按图15－1－0及技术要求进行材料准备、工艺准备、焊接实施、质量检查、自我评定与总结。

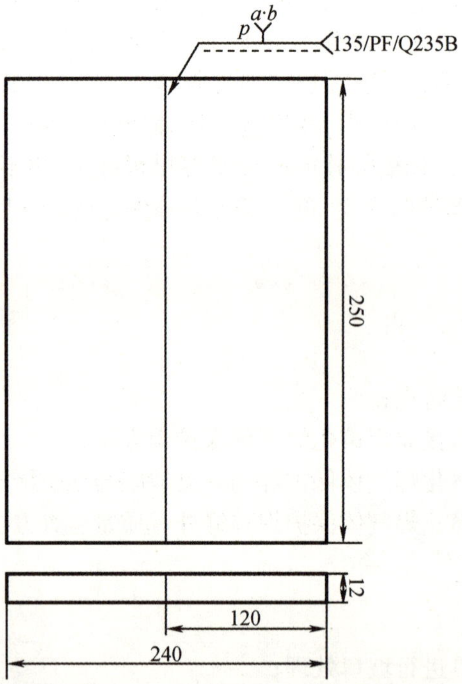

技术要求：1. 坡口为60°的V形带钝边坡口；2. 根部间隙和钝边尺寸自定；3. 错边≤0.5 mm；4. 角变形＜3°；5. 不允许有咬边；6. 不允许有未焊透；7. 不允许有裂纹、气孔、夹渣；8. 焊缝余高≤1＋0.15b。

图15－1－0　Q235B板对接立焊焊焊件图

任务15－1－1　焊前准备

知识点1：任务分析

板对接立焊时，液态金属受重力作用易下淌，因此很难保证焊道表面平整。为防止液态金属下淌，采用立向上焊，且采用比板对接平焊稍小的焊接电流，焊枪摆动频率稍快，使熔池小而薄。

任务实施路线：图样识读、焊件准备及坡口清理、焊焊接工艺参数确定、装配定位。

知识点2：焊件准备及坡口清理

任务单要求：准备12 mm×120 mm×250 mm尺寸的Q235B材质焊件两块，单边开30°

V 形坡口。

焊缝及坡口清理:焊前打磨清理坡口面及坡口边缘上下两侧 15 ~ 20 mm 范围,露出金属光泽,并打磨出 0.5 ~ 1.0 mm 的钝边。

知识点 3:焊接工艺参数确定

结合本任务母材 Q235B 的焊接特性和板厚来看,选择直径 1.2 mm 的 ER50 - 6 焊丝,保护气体为 CO_2 气体,纯度高于 99.5%,采用三层三道来焊接,具体焊接工艺参数见表15 - 1 - 1。

表 15 - 1 - 1 焊接工艺参数表

焊接层次	焊丝型号	焊丝直径 /mm	焊接电流 /A	焊接电压 /V	保护气体流量 /(L/min)	焊丝伸出长度 /mm	电源极性
打底层	ER50 - 6	1.2	90 ~ 110	18 ~ 20	12 ~ 15	12 ~ 15	直流反接
填充层			120 ~ 140	20 ~ 22	12 ~ 15	12 ~ 15	
盖面层			110 ~ 120	18 ~ 20	12 ~ 15	12 ~ 15	

知识点 4:装配定位

将两块钢板水平放在工装台上,两端对齐装配成对接接头,装配时焊件始焊端根部间隙设置为 3.2 mm,结束端为 4.0 mm,采取和打底焊相同的工艺参数在两端进行点固焊,焊点长度为 10 ~ 15 mm,错边量不大于 1.2 mm,反变形预留量为 3° ~ 5°。

实训活动

1. 分析与制订焊接工艺

识读图样,根据焊接要求,结合前面所学知识进行工艺制订,完成表 15 - 1 - 2 的工艺卡的编制。

表 15 - 1 - 2 Q235B 板对接单面焊双面成形立焊熔化极气体保护焊焊接工艺卡

焊接工艺卡		编号:
材料牌号		1. 接头坡口简图:标注尺寸,并画出焊道简图 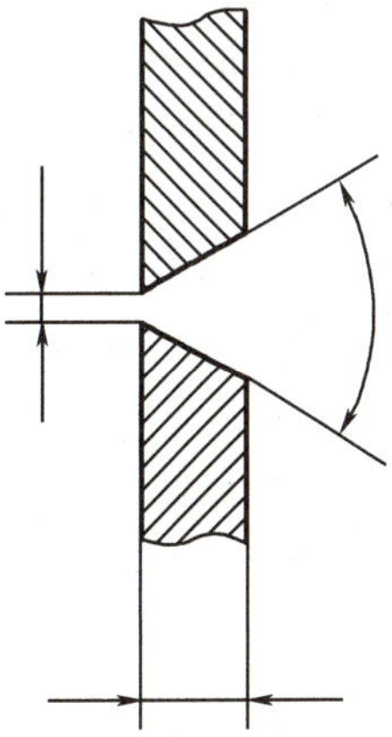
材料规格/mm		
接头种类		
坡口形式		

表 15-1-2(续)

焊接工艺卡		编号:				
坡口角度	—	2. 装配定位焊简图(标注尺寸) 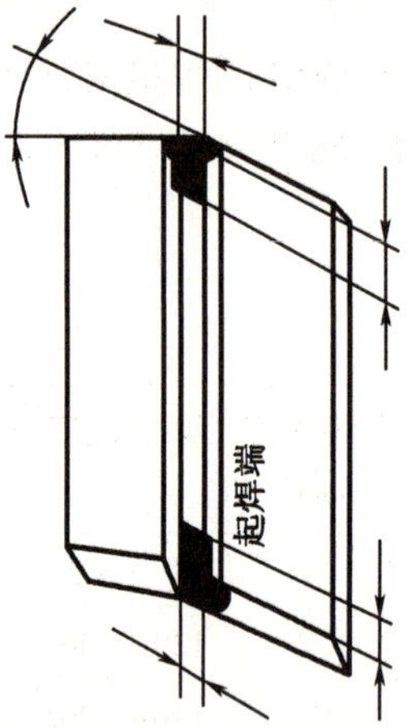 				
钝边	—					
组对间隙/mm						
焊接方法	GMAW					
保护气体	CO_2					
焊接设备	NBC-350					
电源种类		焊后热处理	种类	—	保温时间	—
电源极性			加热方式	—	层间温度	—
焊接位置			温度范围	—	测量方法	—

焊接参数

焊层	焊材型号	焊材直径/mm	焊丝伸出长度/mm	保护气体流量/(L/min)	焊接电流/A	焊接电压/V	焊接速度(cm/min)
定位焊	ER50-6	1.2					
打底焊		1.2					
填充焊		1.2					
盖面焊		1.2					

工艺要点:

板对接立焊 CO_2 气体保护单面焊双面成形时,焊缝处于空间位置,熔池受重力影响极易下淌,所以熔池温度不宜太高,焊接参数不宜太大;选择合适的焊枪角度,以利于熔滴过渡;选择合理的焊接层次,保证层间熔合良好,以便消除上层潜在焊接缺陷。因此,焊接过程中要根据装配间隙和熔池温度的变化情况,及时调整焊枪的角度、摆动幅度和焊接速度,控制熔池和熔孔的尺寸,保证正反面焊缝成形良好。

2. 材料、工具设备、工位领取及点检

按老师审核通过的焊接工艺卡领取材料、工具设备及工位,并进行点检,检查表见子任务 1-1-1。

3. 接头坡口处理及装配定位

根据前面设计确定的坡口尺寸,进行加工处理,再进行装配定位及定位焊。然后填写检测表 15-1-3。

表 15－1－3 坡口处理及装配定位检测表

坡口主要尺寸检测							
坡口角度 α		钝边尺寸 p		引弧端根部间隙尺寸 b		收弧端根部间隙尺寸	
设计值	定位后值	设计值	加工值	设计值	定位后值	设计值	定位后值

定位焊点尺寸检测（测量并标注）

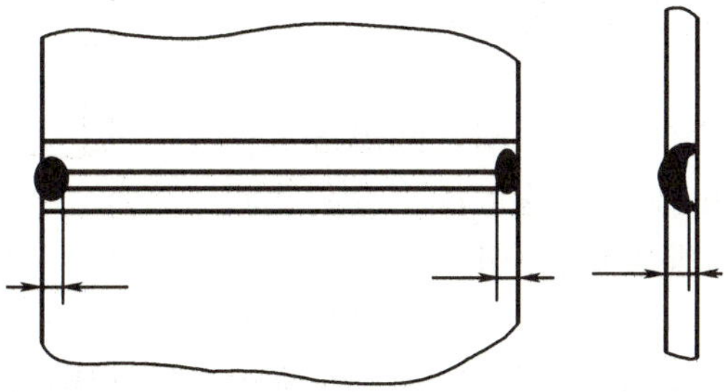

装配定位变形控制尺寸检测（测量并标注）

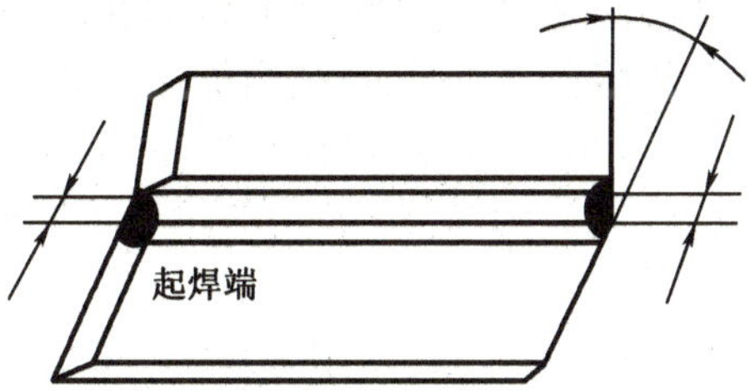

焊缝两侧清理检测

焊缝两侧清理		清理的尺寸范围							
要求	处理结果	要求值				加工测量值			
		边 1	边 2	边 3	边 4	边 1	边 2	边 3	边 4

子任务 15－1－2 焊 接 操 作

知识点 1：任务分析

板对接立焊时，操作者要选择适合的高度位置固定焊件。由于焊枪和焊把线较重，所以焊枪的握持要选择一种较为省力的方式，以减少焊接过程中手的疲劳程度，有利于控制焊接质量。焊接过程中要根据装配间隙和熔池温度的变化及时调整焊枪的角度、摆动幅度和焊接速度，控制熔池和熔孔的尺寸，保证正反两面成形良好。

任务实施路线：打底、填充、盖面。

知识点2:任务焊接操作

将焊件固定在操作台上,焊缝垂直装夹,焊缝面向操作者,焊件高度一般和操作者膝盖同等高度(蹲姿焊),间隙小的一端放置在下侧,采用立向上焊法。

12 mm 厚板件的焊接层次常有三层三道焊和四层四道焊的做法,操作方法类似,这里介绍三层三道焊。三层焊接时焊枪角度均为与板件之间夹角为80°~90°,与立焊缝下端方向成80°~90°,如图15-1-1所示,焊枪角度从起焊至焊完应尽量保持一致。

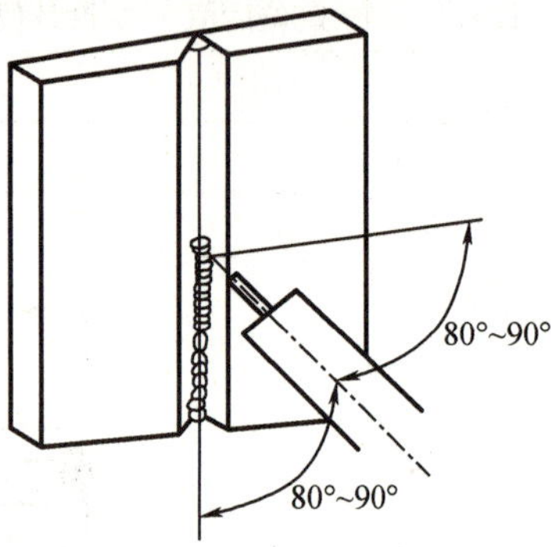

图15-1-1　立向上焊法焊枪角度

1. 打底焊

(1)打底焊时,按确定的工艺卡调试好焊接工艺参数,检查、清理导电嘴和喷嘴,并在喷嘴上涂防飞溅剂,并先按动焊枪开关,检查送丝是否正常。

(2)焊接时,在焊件下端定位焊点上引燃电弧,并控制电弧在距离底边2~3 mm处燃烧,然后以小锯齿形向上摆动焊枪施焊,当电弧运动到定位焊缝与坡口根部连接处时,用电弧将坡口根部击穿,产生熔孔后,转入正常施焊。

(3)正常施焊时,采用锯齿法左右摆动焊枪,保持焊丝在熔池前沿,摆动时中间稍快,两侧稍作停留,使其熔合良好。如熔孔太大时,可适当加快摆动,并加宽摆幅,以使散热面积加大。随着焊接的进行,焊枪向上移动,注意焊枪与焊件的角度应保持不变。焊枪向上运动时,操作者的手臂也要随之上移,否则焊至上方时焊枪与下方夹角会减小,焊丝会穿过间隙,造成穿丝。

(4)施焊打底层时,注意保持大小合适、均匀一致的熔孔,一般坡口两侧各熔化0.5~1.0 mm为宜。

(5)焊枪以操作者手腕为中心横向摆动,并注意焊丝端部始终处在熔池的上边缘,其摆动方式可以是锯齿形或反半月牙形,如图15-1-2所示,以防止铁液下淌。

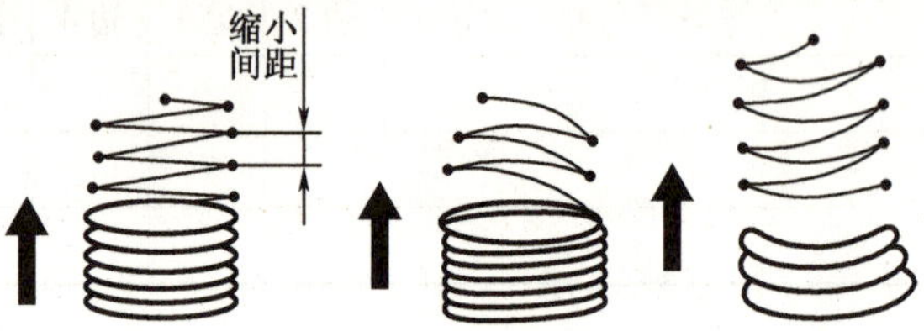

图15-1-2　运条方法示意图

(6)焊枪或焊丝摆动时,摆动间距要小,且均匀一致,防止穿丝。

(7)当焊丝用完,或者由于送丝机、焊枪出现故障需要中断施焊时,焊枪不能马上离开熔池,应先稍停顿,如可能,应将电弧移向坡口侧再停弧,以防产生气孔和缩孔。

(8)接头前用角向磨光机将弧坑焊道打磨成缓坡形,操作时焊丝的端部对准缓坡的最高点,然后引弧,以锯齿形摆动焊丝,将焊道缓坡处覆盖,当电弧到达缓坡最低处时即可转入正常施焊。CO_2 气体保护焊的接头方法与焊条电弧焊有所不同,电弧燃烧到原熔孔处时,不需压低电弧形成新的熔孔,而只用它的熔深就可将接头接好。

2. 填充焊

(1)施焊填充层前,应将打底层焊道和试件表面的飞溅清理干净,焊道局部凸起处打磨平整。

(2)按设定的填充焊规范调整好焊接工艺参数,焊枪角度与打底层焊接时相同,运丝方法可采用锯齿形运丝法、圆圈形运丝法和反月牙运丝法进行施焊,电弧摆动不要太快,要稍慢而稳,摆幅比焊接打底层时稍宽,电弧在坡口两侧稍作停留,保证焊道两侧熔合良好,焊道表面平整。填充层焊道比坡口边缘要低 1.5 ~ 2 mm,并确保不熔化坡口棱边,为施焊盖面层打好基础。

(3)锯齿形运丝法:在焊件下端引弧后电弧运动稍慢,起预热作用,待形成熔池后,电弧向另一侧摆动,摆到打底层焊道与坡口边缘的夹角处时稍作停留,以便两侧熔合良好。采用锯齿形运丝法焊接填充层需焊两层,各层焊接速度较快,焊道温度低,表面光亮美观,容易掌握。

(4)圆圈形运丝法。这种运丝法因为散热面积较大,应用较大的电流和电压(如用直径为 1.2 mm 的焊丝,焊接电流为 120 ~ 140 A,电弧电压为 20 ~ 22 V),电流小时波纹不光滑,成形不美观。立焊圆圈形运丝法可以看作向前的反月牙运动加横向锯齿形运动。起焊时电弧以较慢的速度做横向摆动,较慢的速度起预热作用,同时可以使起焊处稍厚一些,注意两侧应熔合好,此运动完成后,电弧沿熔池的上缘做反月牙运动,目的是保证熔池与两侧夹角处及前一层充分熔合,电弧运动至坡口一侧稍停后,以直线形向另一侧运动,此时电弧位于熔池下缘,其目的是增加熔池的厚度,同时保证焊道的平整。这种运条方法类似三角形运条,只是三角形上面的角是圆弧过渡的,就是上圆下直。圆圈形运丝法焊接速度较慢,焊道及熔池温度较高,焊后焊道颜色较暗,不是很美观。其优点是熔合很好,一次可以焊出较厚的焊层,生产率高。采用这种运丝法时,填充层只需焊一层。

(5)反月牙形运丝法。焊接电流和电弧电压同圆圈形运丝法,焊接时电弧沿熔池前部边缘做反月牙形移动,但较圆圈形运丝法要慢,注意电弧在两侧坡口应适当停留,以使两侧熔合良好。电弧运动速度不能太快,否则熔池温度低,成形不光滑,中间可能出现凹陷。反月牙形运丝法一次可以焊出较厚的焊层,熔合好,成形美观,方法简单,生产率高。采用这种运丝法,填充层也只需焊一层。本任务即采用这种运丝方法进行。

3. 盖面焊

(1)施焊盖面层前,应清理前层焊道和飞溅,清理喷嘴上的飞溅,并在喷嘴上涂硅油。

(2)按设定的盖面焊规范调整好焊接工艺参数,焊枪角度与施焊打底层时相同。施焊盖面层用锯齿形运丝法,焊丝横向摆动幅度比焊填充层要大,在坡口两侧应稍作停留,以填满坡口。停顿时间以焊缝与母材圆滑过渡、焊缝余高不超过标准为宜。焊丝横向摆动时,应注意控制摆动间距,使之均匀合适,间距不宜过大,否则易产生咬边,焊缝表面也不美观。收弧时应注意填满弧坑,防止产生弧坑裂纹。

(3)盖面焊时要注意:保持焊嘴高度,焊接熔池边缘应超过坡口棱边 0.5 ~ 1.5 mm,并防止产生咬边。收弧时一定要填满弧坑,并且收弧弧长要短,以免产生弧坑裂纹。

实训活动

焊接方向为由下至上,焊接层次为打底一层、填充一层或两层、盖面一层,如图

15－1－3 所示，为四层四道焊。

1. 打底焊

先查阅资料完成下面的任务单，再按此前修订确认的焊接工艺卡的工艺要求和下面任务单的方式进行打底焊操作。

(1)焊接要点

①焊接固定

将焊接焊件固定在焊接操作台上，如图 15－1－4 所示，使焊件处于立焊位置，间隙小的一端放在下侧。

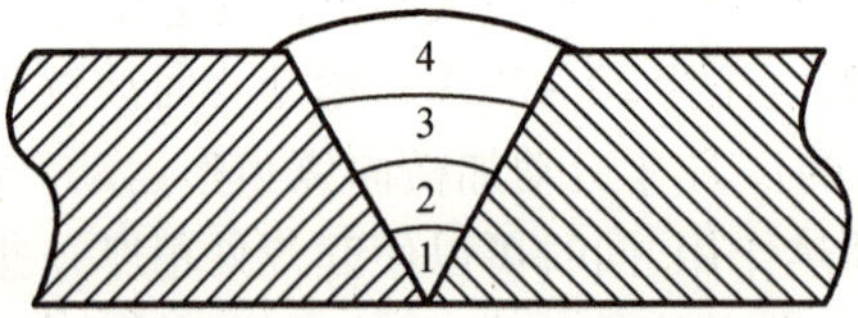

图 15－1－3 板对接立焊焊道图

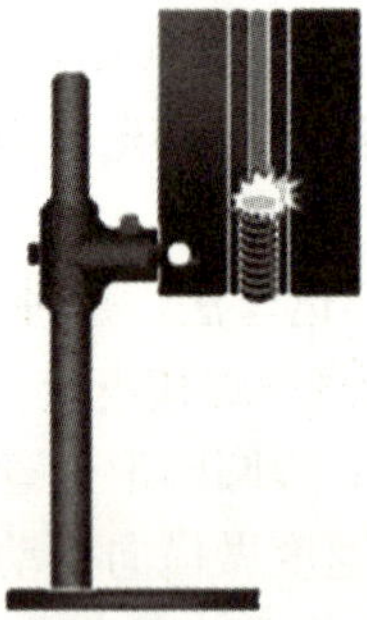

图 15－1－4 板对接立焊安装固定

②起焊

打底层焊接时，按图 15－1－5(a)控制焊枪角度。焊接时，使焊丝接触下端定位焊点，引燃电弧，并严格控制焊嘴的高度，电弧必须在离坡口底边________ mm 处燃烧。采用________向上摆动，电弧摆动到定位焊点末端打开熔孔________ mm，稍微停顿形成熔池。

③运条

正常施焊时，采用锯齿形左右摆动，电弧始终在坡口内做小幅度横向摆动，如图 15－1－5(b)所示。保持焊丝在熔池________，并在坡口两侧稍作________，使熔孔直径比间隙大________ mm。依靠电弧在坡口两侧的停留时间，保证坡口两侧熔合良好，使打底层焊接道两侧与坡口结合处稍下凹，焊道表面平整，如图 15－1－6 所示。当在一侧稍作停留时另一侧熔池降温，从而避免因焊缝中间温度过高而使熔池下坠，造成焊缝中间凸起、两侧形成沟槽。焊接过程中，要求焊枪摆动均匀，摆动幅度、上移尺寸大小相等。焊接时应根据间隙和熔孔直径的变化调整________和________，尽可能维持熔孔直径________，以获得宽窄和高低均匀的反面焊缝，保证打底层厚度不超过 4 mm。

注意要点：

控制熔池停留时间，停留时间过长容易烧穿。正常熔池形状为长条形或长圆形，若熔池变为桃形或心形，说明熔池中部温度过高，金属液开始下坠，此时应及时调整运条速度，增加坡口两侧停顿时间，或加大上移步伐。若熔池在水平方向断开，表明运条速度过快，热输入不足，应放慢运条速度。若熔池呈椭圆形，说明坡口两侧未熔合，应放慢运条速度，增长两侧停留时间。

注意焊接电流和焊接电压的配合。电弧电压过高，易引起烧穿，甚至断弧；电弧电压过低，则在熔滴很小时就会引起短路，并产生严重飞溅。

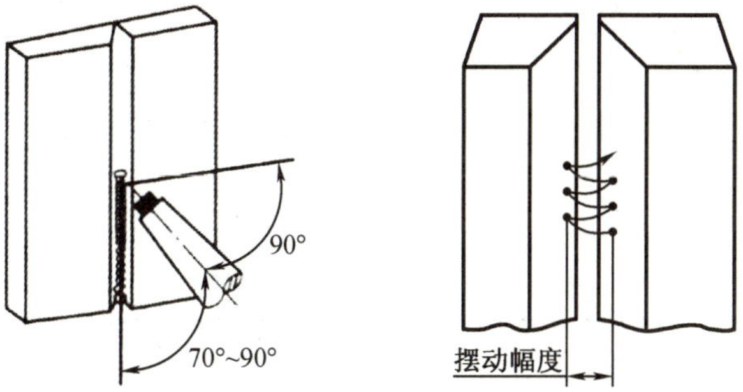

(a)打底焊焊枪角度　　(b)打底焊运条轨迹

图 15-1-5

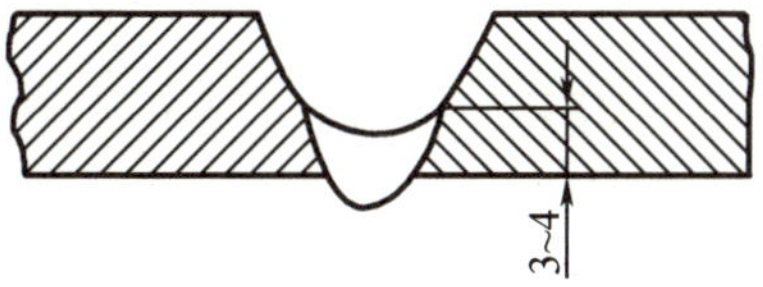

图 15-1-6　打底层焊道

(2)焊接过程性检查

完成打底层焊接后,清理焊渣,进行过程性质量检查,以确保整体焊接质量及后续改进,并填写表 15-1-4。

表 15-1-4　打底焊层缺陷检查

检查项目	缺陷存在的数量	形成原因与改善措施
夹渣		
气孔		
裂纹		
未焊透		
未熔合		
焊瘤		
坡口根部熔合尺寸一致性		

2. 填充焊

先查阅资料完成下面的任务单,再按此前修订确认的焊接工艺卡的工艺要求和下面任务单的方式进行填充焊操作。

(1)焊接要点

施焊填充层前,应将打底层焊道和试件表面的飞溅清理干净,焊道局部________磨平。

按设定的填充焊规范调整好焊接工艺参数,焊枪角度与________焊接时相同,运丝方法可采用________运丝法、________运丝法和________运丝法进行施焊,电弧摆动不要太快,要稍慢而稳,摆幅比焊接打底层时________,电弧在坡口两侧稍作停留,保证焊道两侧熔合良好,焊道表面平整。填充层焊道比坡口边缘要低________ mm,并确保不熔化坡口

________，为施焊盖面层打好基础。

（2）焊接过程性检查

完成打底层焊接后，清理焊渣，进行过程性质量检查，以确保整体焊接质量及后续改进，并填写表15-1-5。

表15-1-5 打底焊层缺陷检查

检查项目	缺陷存在的数量		形成原因与改善措施
夹渣	2道	3道	
气孔			
裂纹			
未焊透			
未熔合			
焊瘤			
坡口根部熔合尺寸一致性			

3. 盖面焊

先查阅资料完成下面的任务单，再按此前修订确认的焊接工艺卡的工艺要求和下面任务单的方式进行填充焊操作。

调试好盖面层焊接参数后，从下端开始焊接，焊接时应注意下列事项：

①保持焊嘴高度，焊接熔池边缘应超过坡口棱边________mm，并防止产生________。

②枪横向摆动幅度应比填充焊时稍大，尽量保持焊接速度均匀，使焊缝外形美观。

③收弧时一定要________弧坑，并且收弧弧长要________，以免产生________。

子任务15-1-3 焊后处理与检查

知识积累

知识点1：任务分析

任务实施路线：焊缝清理、质量检查。

知识点2：焊缝清理与质量检查

焊件焊接完毕后，用敲渣锤、钢丝刷等清理掉焊缝上的焊渣、飞溅等，或用砂布重新打磨一遍焊缝外观，不得存在焊渣、焊点、毛刺等，焊缝应光滑、平整，应保证焊件的“边齐、面平”，包括焊件上开口边缘的垂直平行度，但不能破坏焊缝原始表面。焊后对焊缝表面质量进行检验，肉眼观察或用低倍放大镜检查焊缝表面是否有气孔、裂纹、咬边等缺陷，用钢直尺、钢角尺、焊缝检验尺对焊缝进行外观质量和外观成形尺寸检查。

实训活动

1. 焊件焊后处理与检测评分

焊件焊接完毕后，先用敲渣锤清理焊渣，再用钢丝刷进一步将焊渣、飞溅等清理干净。严禁破坏焊缝原始表面，禁止用水冷却。对焊缝表面质量进行目视检验，使用5倍放大镜观察表面是否存在缺陷，并使用焊接检验尺对焊缝进行测量，焊件外观检查的结果应满足各项要求。然后对焊件进行无损检测，焊件内部质量按《焊缝无损检测　射线检测　第1部分：X和伽玛射线的胶片技术》(GB/T 3323.1—2019)评定。对焊件按规范进行检测评分，对接焊缝外观评分标准见子任务1-1-3同类表。

2. 工位工具清理点检与评分

焊接结束后，关闭焊接电源。按9S标准清扫场地，按规定摆放工具，整理焊接电缆，确认无安全隐患，并做好使用记录，进行评分，评分表见子任务1-1-3同类表。

任务15－2 铝合金板对接立焊熔化极惰性气体保护焊

任务说明：

按图15－2－0及技术要求进行材料准备、工艺准备、焊接实施、质量检查、自我评定与总结。

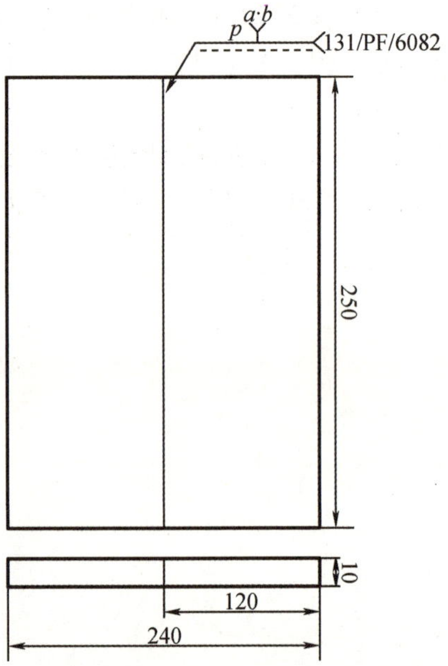

技术要求：1. 坡口为60°的V形带钝边坡口；2. 根部间隙和钝边尺寸自定；3. 错边≤0.5 mm；4. 角变形<3°；5. 不允许有咬边；6. 不允许有未焊透；7. 不允许有裂纹、气孔、夹渣；8. 焊缝余高≤1＋0.15*b*。

图15－2－0 6082铝合金板对接立焊焊焊件图

子任务15－2－1 焊前准备

知识点1：任务分析

本任务意在学习铝合金材质焊接的参数选择和操作方法，铝、镁、钛及其合金都属于化学性质活泼的金属，表面已被氧化，焊接时容易产生未熔合缺陷，表面形成的氧化膜易形成夹渣，另外氧化膜易吸收水分，焊接时易产生气孔。且它们的线膨胀系数较大，约是钢的两倍，导热率高，约是钢的三倍多，焊接时易产生残余应力、变形和开裂。焊前应该清除干净氧化膜，板厚较厚时需要焊前预热。

任务实施路线：图样识读、焊件准备及坡口清理、焊接工艺参数确定、装配定位。

知识点2：焊件准备及坡口清理

任务单要求：准备12 mm×120 mm×250 mm尺寸的6082材质焊件两块，单边开30°V形坡口。

焊缝及坡口清理：检查铝合金板平直度并修复平整，用棉布擦拭干净坡口面及坡口边缘上下两侧至少25 mm范围内的灰尘及脏污，油污须用清洗液清理干净；用不锈钢砂轮打磨清理坡口面及坡口边缘上下两侧至少 25 mm 范围内的氧化膜，直至呈亮白色，并打磨出 0.5 ~ 1 mm 钝边。清理后应尽快施焊，若 48 h 内未进行焊接则应重新进行焊前清理。

知识点 3：焊接工艺参数确定

本任务母材要求 6082 铝合金，6082 铝合金属于 6 × × × 系列（Al – Mg – Si），是能够热处理可强化的铝合金板材，具有中等强度和良好的焊接性能，耐腐蚀性，主要用于交通运输和结构工程工业。

根据母材的焊接特性和 10 mm 板厚，选择熔化极氩气保护焊方法，选择直径 1.2 mm 的 ER – 5087 焊丝，保护气体为惰性气体氩气，纯度要求达到 99.9%，采用二层二道焊来焊接，具体焊接工艺参数见表 15 – 2 – 1。

表 15 – 2 – 1 焊接工艺参数表

焊接层次	焊丝型号	焊丝直径 /mm	焊接电流 /A	焊接电压 /V	保护气体流量 /(L/min)	焊丝伸出长度 /mm	电源极性
打底层	ER – 5087	1.2	150 ~ 160	14 ~ 15	18 ~ 25	12 ~ 15	直流反接
盖面层			140 ~ 150	13 ~ 14	18 ~ 25	12 ~ 15	

知识点 4：装配定位

将两块钢板水平放在工装台上，两端对齐装配成对接接头，装配时不留根部间隙，采取和打底焊相同的工艺参数在两端进行点固焊，焊点长度为 10 ~ 15 mm，错边量不大于 1.2 mm，反变形预留量为 3° ~ 5°。

实训活动

1. 分析与制订焊接工艺

识读图样，根据焊接要求，结合前面所学知识进行工艺制订，完成表 15 – 2 – 2 所示工艺卡的编制。

表 15 – 2 – 2 6082 铝合金板对接单面焊双面成形立焊熔化极氩气保护焊焊接工艺卡

<table>
<tr><th colspan="2">焊接工艺卡</th><th>编号：</th></tr>
<tr><td>材料牌号</td><td></td><td rowspan="4">1. 接头坡口简图：标注尺寸，并画出焊道简图
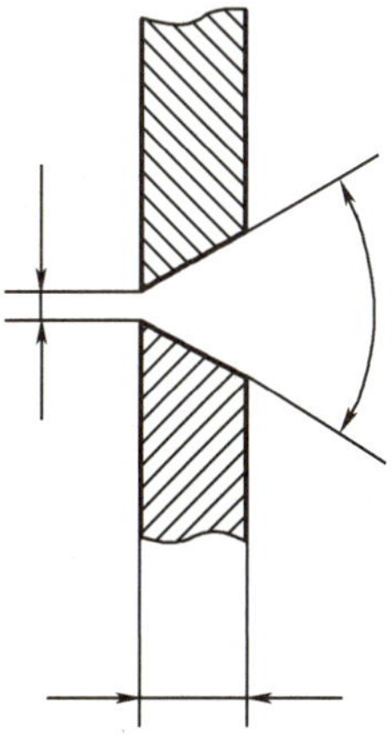</td></tr>
<tr><td>材料规格/mm</td><td></td></tr>
<tr><td>接头种类</td><td></td></tr>
<tr><td>坡口形式</td><td></td></tr>
</table>

表 15－2－2(续)

<table>
<tr><td colspan="2">焊接工艺卡</td><td colspan="5">编号：</td></tr>
<tr><td>坡口角度</td><td>—</td><td colspan="5" rowspan="6">2. 装配定位焊简图(标注尺寸)
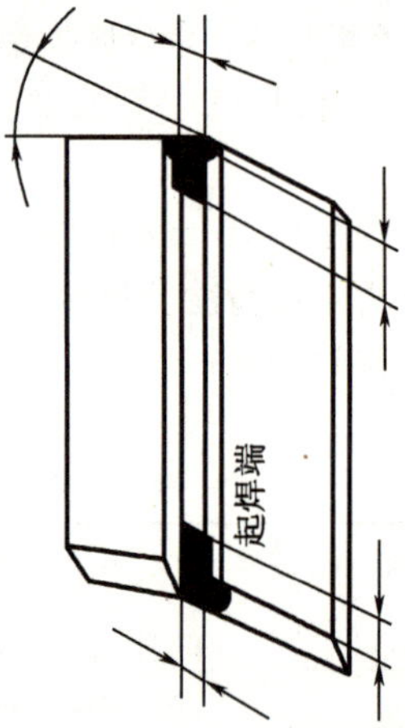
</td></tr>
<tr><td>钝边</td><td>—</td></tr>
<tr><td>组对间隙/mm</td><td>—</td></tr>
<tr><td>焊接方法</td><td>GMAW</td></tr>
<tr><td>保护气体</td><td>氩气</td></tr>
<tr><td>焊接设备</td><td>PM－400</td></tr>
<tr><td>电源种类</td><td></td><td rowspan="3">焊后
热处理</td><td>种类</td><td>—</td><td>保温时间</td><td>—</td></tr>
<tr><td>电源极性</td><td></td><td>加热方式</td><td>—</td><td>层间温度</td><td>—</td></tr>
<tr><td>焊接位置</td><td></td><td>温度范围</td><td>—</td><td>测量方法</td><td>—</td></tr>
</table>

焊接参数

<table>
<tr><td>焊层</td><td>焊材型号</td><td>焊材直径
/mm</td><td>焊丝伸出
长度/mm</td><td>保护气体流量
/(L/min)</td><td>焊接电流
/A</td><td>焊接电压
/V</td><td>焊接速度
/(cm/min)</td></tr>
<tr><td>打底层</td><td rowspan="2">ER－5087</td><td rowspan="2">1.2</td><td>150～160</td><td>14～15</td><td>18～25</td><td>12～15</td><td rowspan="2">直流反接</td></tr>
<tr><td>盖面层</td><td>140～150</td><td>13～14</td><td>18～25</td><td>12～15</td></tr>
</table>

2. 材料、工具设备、工位领取及点检

按老师审核通过的焊接工艺卡领取材料、工具设备及工位，并进行点检，检查表见子任务1－1－1。

3. 接头坡口处理及装配定位

根据前面设计确定的坡口尺寸，进行加工处理，再进行装配定位及定位焊。然后填写检测表15－2－3。

表 15－2－3　坡口处理及装配定位检测表

<table>
<tr><td colspan="8">坡口主要尺寸检测</td></tr>
<tr><td colspan="2">坡口角度 α</td><td colspan="2">钝边尺寸 p</td><td colspan="2">引弧端根部间隙尺寸 b</td><td colspan="2">收弧端根部间隙尺寸</td></tr>
<tr><td>设计值</td><td>定位后值</td><td>设计值</td><td>加工值</td><td>设计值</td><td>定位后值</td><td>设计值</td><td>定位后值</td></tr>
<tr><td></td><td></td><td></td><td></td><td></td><td></td><td></td><td></td></tr>
<tr><td></td><td></td><td></td><td></td><td></td><td></td><td></td><td></td></tr>
<tr><td></td><td></td><td></td><td></td><td></td><td></td><td></td><td></td></tr>
<tr><td></td><td></td><td></td><td></td><td></td><td></td><td></td><td></td></tr>
</table>

表 15－2－3(续)

定位焊点尺寸检测(测量并标注)

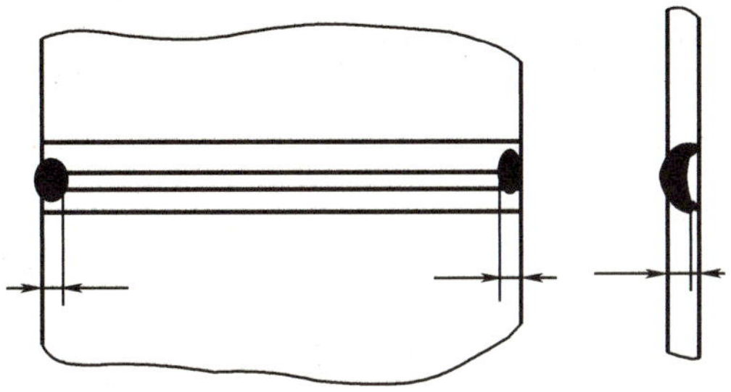

装配定位变形控制尺寸检测(测量并标注)

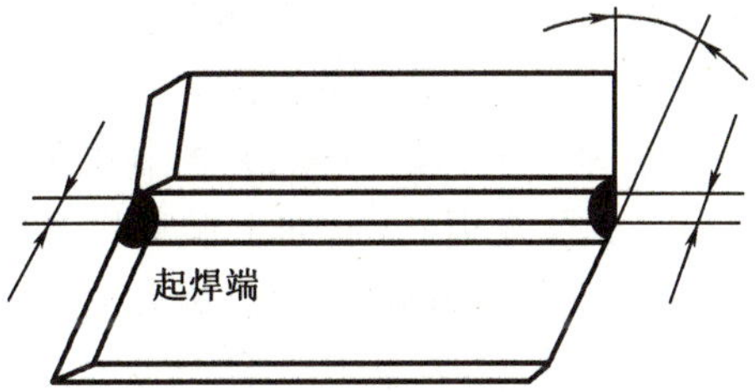

焊缝两侧清理检测

焊缝两侧清理		清理的尺寸范围							
要求	处理结果	要求值				加工测量值			
		边 1	边 2	边 3	边 4	边 1	边 2	边 3	边 4

子任务 15－2－2 焊接操作

知识点 1:任务分析

任务实施路线:打底、盖面。

知识点 2:任务焊接操作

将焊件固定在操作台上,焊缝垂直装夹,焊缝面向操作者,焊件高度一般和操作者膝盖同等高度(蹲姿焊),间隙小的一端放置在下侧,采用立向上焊法。

焊接层数与板厚相关,板越厚,焊接层数越多,10 mm 厚铝合金板可选择二层二道焊来进行。打底和盖面时焊枪都与左右板件之间夹角为 90°,与立焊缝下端方向成 80° ~ 90° 夹角,焊道层次和焊枪角度如图 15－2－1 所示,焊枪角度从起焊至焊完应尽量保持一致。

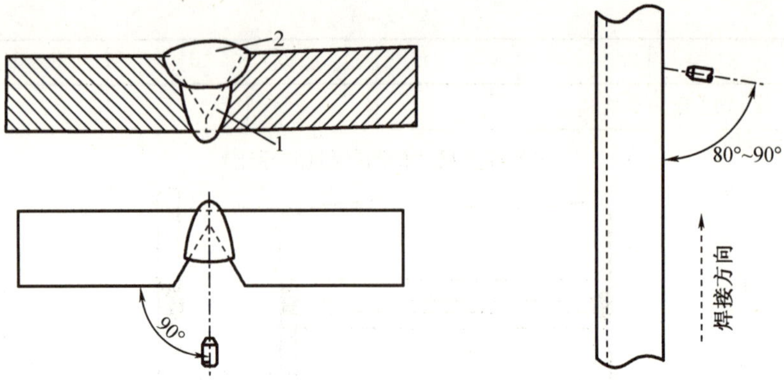

图 15-2-1　焊道层次及焊枪角度示意图

1. 打底焊

(1)打底焊时,按确定的工艺卡调试好焊接工艺参数,检查、清理导电嘴和喷嘴,并在喷嘴上涂防飞溅剂,并先按动焊枪开关,检查送丝是否正常。

(2)焊接时,在焊件下端定位焊点上引燃电弧,并控制电弧在距离底边 2~3 mm 处燃烧,因为没有留间隙,适合采用直线往复运丝法,向上摆动焊枪施焊,当电弧运动到定位焊缝与坡口根部连接处时,用电弧将坡口根部击穿,产生熔孔后,转入正常施焊。保持焊丝在熔池前缘,摆动时中间稍快,两侧稍作停留,使其熔合良好。如熔孔太大时,可适当加快摆动,并加宽摆幅,以使散热面积加大。随着焊接的进行,焊枪向上移动,注意焊枪与焊件的角度应保持不变。焊枪向上运动时,操作者的手臂也要随之上移,否则焊至上方时焊枪与下方夹角会减小,焊丝会穿过间隙,造成穿丝。

(3)施焊时一定要仔细观察熔池,因为铝合金熔化后颜色无明显变化,保持大小合适、均匀一致的熔孔。

(4)当焊丝用完,或者由于送丝机、焊枪出现故障需要中断施焊时,焊枪不能马上离开熔池,应先稍停顿,如可能应将电弧移向坡口侧再停弧,以防产生气孔和缩孔。

2. 盖面焊

盖面时按设定的盖面焊规范调整好焊接工艺参数,一般比打底焊参数要小一些,焊枪角度与施焊打底层时相同。施焊盖面层用锯齿形运丝法横向往复摆动,自下向上焊接,在坡口两侧停留时间稍长,中间稍短,以填满坡口,避免焊缝塌陷及下坠。焊丝横向摆动时,应注意控制摆动间距,使之均匀合适,间距不宜过大,否则易产生咬边,焊缝表面也不美观。

盖面焊时要注意:保持焊嘴高度,焊接熔池边缘应超过坡口棱边 0.5~1.5 mm,并防止产生咬边。收弧时一定要填满弧坑,并且收弧弧长要短,以免产生弧坑裂纹。

实训活动

焊接操作:

10 mm 厚铝合金板可选择________道进行。打底和盖面时焊枪都与左右板件之间夹角为________度,与立焊缝下端方向成________度夹角,焊枪角度从起焊至焊完应尽量保持一致。

1. 打底焊

先查阅资料完成下面的任务单，再按此前修订确认的焊接工艺卡的工艺要求和下面任务单的方式进行打底焊操作。

(1) 焊接要点

焊接时，在焊件下端定位焊点上引燃电弧，并控制电弧在距离底边 2～3 mm 处燃烧，因为没有留间隙，适合________运丝法，向上摆动焊枪施焊，当电弧运动到定位焊缝与坡口根部连接处时，用电弧将坡口根部击穿，产生熔孔后，转入正常施焊。保持焊丝在熔池前缘，摆动时中间稍________，两侧稍作________，使其熔合良好。如熔孔太大时，可适当加快摆动，并加宽摆幅，以使散热面积加大。随着焊接的进行，焊枪向上移动，注意焊枪与焊件的角度应保持不变。焊枪向上运动时，操作者的手臂也要随之上移，否则焊至上方时焊枪与下方夹角会减小，焊丝会穿过间隙，造成穿丝。

(2) 焊接过程性检查。

完成打底层焊接后，清理焊渣，进行过程性质量检查，以确保整体焊接质量及后续改进，并填写表 15－2－4。

表 15－2－4 打底焊层缺陷检查

检查项目	缺陷存在的数量	形成原因与改善措施
夹渣		
气孔		
裂纹		
未焊透		
未熔合		
焊瘤		
坡口根部熔合尺寸一致性		

2. 盖面焊

先查阅资料完成下面的任务单，再按此前修订确认的焊接工艺卡的工艺要求和下面任务单的方式进行盖面焊操作。

(1) 焊接要点

盖面时按设定的盖面焊规范调整好焊接工艺参数，一般比打底焊参数要稍________一些，焊枪角度与施焊打底层时________。施焊盖面层用________运丝法横向往复摆动，自下向上焊接，在坡口两侧停留时间稍________，中间稍________，以填满坡口，避免焊缝________。焊丝横向摆动时，应注意控制摆动间距，使之均匀合适，间距不宜过大，否则易产生________，焊缝表面也不美观。

盖面焊时要注意：保持焊嘴高度，焊接熔池边缘应超过坡口棱边________ mm，并防止产生咬边。收弧时一定要填满弧坑，并且收弧弧长要短，以免产生弧坑________。

(2) 焊接过程性检查

完成打底层焊接后，清理焊渣，进行过程性质量检查，以确保整体焊接质量及后续改进，并填写表 15－2－5。

表 15 – 2 – 5 盖面焊层缺陷检查

检查项目	缺陷存在的数量	形成原因与改善措施
夹渣		
气孔		
裂纹		
未焊透		
未熔合		
焊瘤		
坡口根部熔合尺寸一致性		

子任务 15 – 2 – 3 焊后处理与检查

知识积累

知识点 1:任务分析

任务实施路线:焊缝清理、质量检查。

知识点 2:焊缝清理

焊件焊接完毕后,用钢丝刷反复拉刷焊缝,除去焊缝氧化膜。严禁破坏焊缝原始表面,禁止用水冷却。

焊接结束后,首先关闭氩气气瓶阀门,点动焊枪开关或点动焊机面板,检查气体开关,放掉减压器里面的余气,然后关闭焊接电源。清扫场地,按规定摆放工具,整理焊接电缆,确认无安全隐患。

实训活动

1. 焊件焊后处理与检测评分

对焊缝表面质量进行目视检验,使用 5 倍放大镜观察表面是否存在缺陷,并使用焊接检验尺对焊缝进行测量,焊件外观检查的结果应满足各项要求。然后对焊件进行无损检测,焊件内部质量按《焊缝无损检测 射线检测 第 1 部分:X 和伽玛射线的胶片技术》(GB/T 3323.1—2019)评定。对焊件按规范进行检测评分,对接焊缝外观评分标准见子任务 1 – 1 – 3 同类表。

2. 工位工具清理点检与评分

焊接结束后,关闭焊接电源。按 9S 标准清扫场地,按规定摆放工具,整理焊接电缆,确认无安全隐患,并做好使用记录,进行评分,评分表见子任务 1 – 1 – 3 同类表。

项目十六　板对接仰焊熔化极气体保护焊

项目描述：师徒对话

学习完熔化极气保焊的平、横和立焊的位置以及对不同金属材料采用不同保护气体的知识和操作技能，小白有点自豪了，现在就只差仰焊位没有学习了，有点小遗憾。于是小白央求高师傅教他仰焊，高师傅看了他训练的平、横和立板的焊接效果后，说："前面训练效果还不错，那接下来就教你板对接仰焊 CO_2 气体保护方法吧。"小白听了高兴地跳了起来，想想自己马上可以学会所有焊接位置的焊接，心里美极了。高师傅看着他说："别高兴得太早，仰焊可是比其他焊接方法都难，接下来这一阶段你要认真、努力练习，必须达成以下目标才行。"

项目目标

知识目标：

1. 熟悉板对接仰焊的特点；
2. 掌握板对接仰焊熔化焊气体保护焊方法；
3. 掌握板对接仰焊熔化焊气体保护焊的常见缺陷与预防措施；
4. 掌握板对接仰焊熔化焊气体保护焊焊缝外观质量检查方法。

技能目标：

1. 能够正确识读图纸；
2. 能够正确应用工具进行坡口处理；
3. 能够正确进行装配定位并预防焊接变形；
4. 能够正确选用焊丝；
5. 能够正确选用合适的焊接工艺参数；
6. 能够熟练进行板对接仰焊熔化焊气体保护焊的焊接操作；
7. 能够进行板对接仰焊单面焊双面成形熔化焊气体保护焊多层多道焊。

素养目标：

1. 具有查阅资料、自主学习和勤于思考的能力；
2. 具有尊重和自觉遵守法规、标准的意识；
3. 具有良好的职业道德、敬业精神和团队精神；
4. 具有安全、环保和节约意识；
5. 具有 9S 管理意识。

任务16－1 低合金高强度钢板对接仰焊二氧化碳气体保护焊

任务说明：

按图16－1－0及技术要求进行材料准备、工艺准备、焊接实施、质量检查、自我评定与总结。

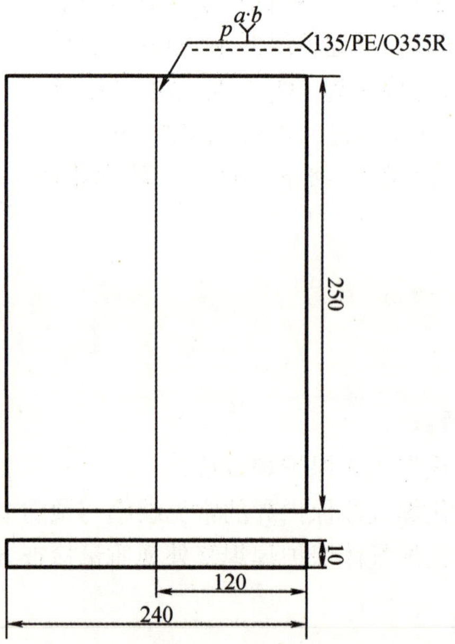

技术要求：1. 坡口为60°的V形带钝边坡口；2. 根部间隙和钝边尺寸自定；3. 错边≤0.5 mm；4. 角变形＜3°；5. 不允许有咬边；6. 不允许有未焊透；7. 不允许有裂纹、气孔、夹渣；8. 焊缝余高≤1＋0.15b。

图16－1－0 Q355R板对接仰焊焊焊件图

任务16－1－1 焊前准备

知识点1：任务分析

仰焊单面焊双面成形是所有焊接位置中最难操作的一种。仰焊时，熔池倒悬在坡口内，液态金属受重力的作用极易下坠，从而易形成焊瘤，而在焊缝背面产生下凹等缺陷。在焊接过程中，熔池温度越高，焊接电弧越长，上述现象越严重，且易烫伤人，给焊工操作带来困难，飞溅还易使焊枪喷嘴堵塞。操作时，焊工的位置应选好，以减少飞溅的影响和便于操作。

任务实施路线：图样识读、焊件准备及坡口清理、焊接工艺参数确定、装配定位。

知识点2：焊件准备及坡口清理

任务单要求：准备12 mm×120 mm×250 mm尺寸的Q355R材质焊件两块，单边开30°

V 形坡口。

焊缝及坡口清理:焊前打磨清理坡口面及坡口边缘上下两侧 15 ~ 20 mm 范围,露出金属光泽,并打磨出 0.5 ~ 1.0 mm 的钝边。

知识点 3:焊接工艺参数确定

结合本任务母材 Q355R 的焊接特性和板厚来看,选择直径 1.2 mm 的 ER50 -6 焊丝,保护气体为 CO_2气体,纯度高于 99.5%,采用三层三道焊来焊接,具体焊接工艺参数见表 16 -1 -1。

表 16 -1 -1 焊接工艺参数表

焊接层次	焊丝型号	焊丝直径 /mm	焊接电流 /A	焊接电压 /V	保护气体流量 /(L/min)	焊丝伸出长度 /mm	电源极性
打底层	ER50 -6	1.2	90 ~ 110	18 ~ 20	15 ~ 20	12 ~ 15	直流反接
填充层			130 ~ 150	20 ~ 22	15 ~ 20	12 ~ 15	
盖面层			120 ~ 140	20 ~ 22	15 ~ 20	12 ~ 15	

知识点 4:装配定位

将两块钢板水平放在工装台上,两端对齐装配成对接接头,装配时焊件始焊端根部间隙设置为 3.2 mm,结束端为 4.0 mm,采取和打底焊相同的工艺参数在两端进行点固焊,焊点长度为 10 ~ 15 mm,错边量不大于 1.2 mm,反变形预留量为 3° ~5°。

实训活动

1. 分析与制订焊接工艺

识读图样,根据焊接要求,结合前面所学知识进行工艺制订,完成表 16 -1 -2 所示工艺卡的编制。

表 16 -1 -2 Q355R 板对接单面焊双面成形仰焊熔化极气体保护焊焊接工艺卡

<table>
<tr><th colspan="2">焊接工艺卡</th><th>编号:</th></tr>
<tr><td>材料牌号</td><td></td><td rowspan="4">1. 接头坡口简图:标注尺寸,并画出焊道简图
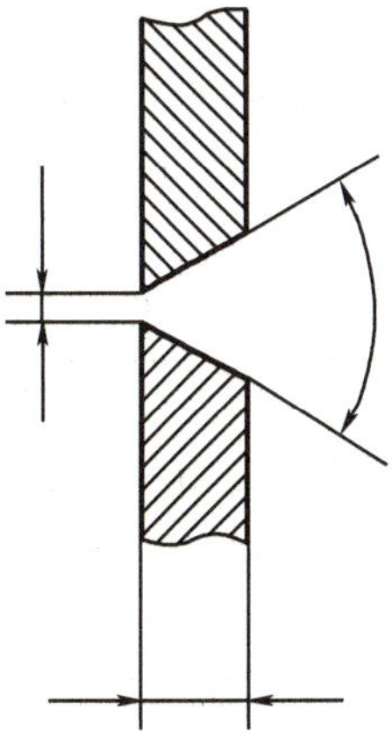</td></tr>
<tr><td>材料规格/mm</td><td></td></tr>
<tr><td>接头种类</td><td></td></tr>
<tr><td>坡口形式</td><td></td></tr>
</table>

表 16－1－2(续)

<table>
<tr><th colspan="2">焊接工艺卡</th><th colspan="5">编号：</th></tr>
<tr><td>坡口角度</td><td>—</td><td colspan="5" rowspan="6">2. 装配定位焊简图(标注尺寸)
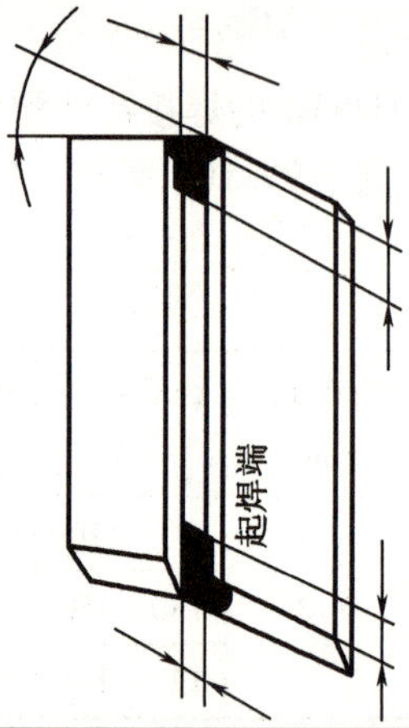
</td></tr>
<tr><td>钝边</td><td>—</td></tr>
<tr><td>组对间隙/mm</td><td></td></tr>
<tr><td>焊接方法</td><td>GMAW</td></tr>
<tr><td>保护气体</td><td>CO_2</td></tr>
<tr><td>焊接设备</td><td>NBC－350</td></tr>
<tr><td>电源种类</td><td></td><td rowspan="3">焊后热处理</td><td>种类</td><td>—</td><td>保温时间</td><td>—</td></tr>
<tr><td>电源极性</td><td></td><td>加热方式</td><td>—</td><td>层间温度</td><td>—</td></tr>
<tr><td>焊接位置</td><td></td><td>温度范围</td><td>—</td><td>测量方法</td><td>—</td></tr>
</table>

<table>
<tr><th colspan="8">焊接参数</th></tr>
<tr><th>焊层</th><th>焊材型号</th><th>焊材直径/mm</th><th>焊丝伸出长度/mm</th><th>保护气体流量/(L/min)</th><th>焊接电流/A</th><th>焊接电压/V</th><th>焊接速度/(cm/min)</th></tr>
<tr><td>定位焊</td><td rowspan="4">ER50－6</td><td>1.2</td><td></td><td></td><td></td><td></td><td></td></tr>
<tr><td>打底焊</td><td>1.2</td><td></td><td></td><td></td><td></td><td></td></tr>
<tr><td>填充焊</td><td>1.2</td><td></td><td></td><td></td><td></td><td></td></tr>
<tr><td>盖面焊</td><td>1.2</td><td></td><td></td><td></td><td></td><td></td></tr>
</table>

2. 材料、工具设备与工位领取及点检

按老师审核通过的焊接工艺卡领取材料、工具设备及工位，并进行点检，检查表见子任务 1－1－1。

3. 接头坡口处理及装配定位

根据前面设计确定的坡口尺寸，进行加工处理，再进行装配定位及定位焊。然后填写检测表 16－1－3。

表 16－1－3 坡口处理及装配定位检测表

<table>
<tr><th colspan="8">坡口主要尺寸检测</th></tr>
<tr><th colspan="2">坡口角度 α</th><th colspan="2">钝边尺寸 p</th><th colspan="2">引弧端根部间隙尺寸 b</th><th colspan="2">收弧端根部间隙尺寸</th></tr>
<tr><td>设计值</td><td>定位后值</td><td>设计值</td><td>加工值</td><td>设计值</td><td>定位后值</td><td>设计值</td><td>定位后值</td></tr>
<tr><td></td><td></td><td></td><td></td><td></td><td></td><td></td><td></td></tr>
<tr><td></td><td></td><td></td><td></td><td></td><td></td><td></td><td></td></tr>
</table>

表 16－1－3(续)

定位焊点尺寸检测(测量并标注)

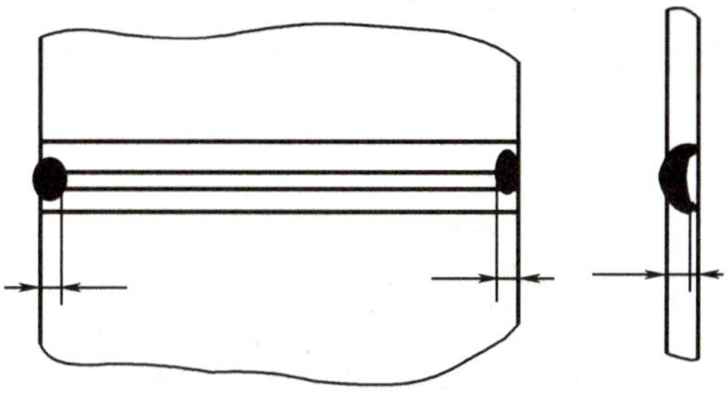

装配定位变形控制尺寸检测(测量并标注)

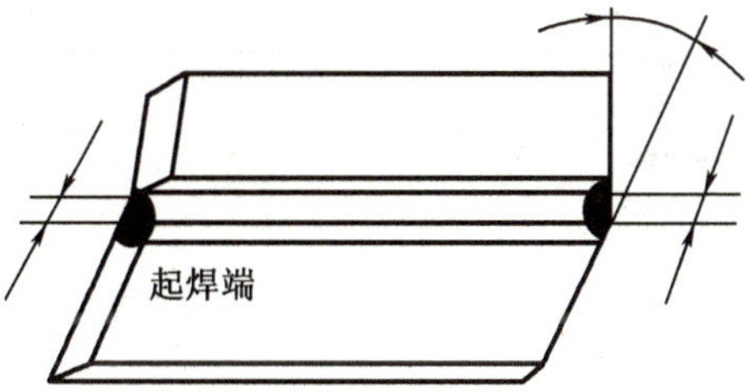

焊缝两侧清理检测

焊缝两侧清理		清理的尺寸范围							
要求	处理结果	要求值				加工测量值			
		边 1	边 2	边 3	边 4	边 1	边 2	边 3	边 4

子任务 16－1－2 焊接操作

知识点 1:任务分析

板对接立焊时,操作者要选择适合的高度位置固定焊件。施焊时,采用较小的电流和尽可能采用短弧焊接,且要随时调整焊枪的角度,利用电弧吹力“顶住”液态金属;同时,焊接速度要快,以缩短熔池存在的时间,防止出现焊瘤。

任务实施路线:打底、填充、盖面。

知识点 2:任务焊接操作

将焊件固定在操作台上,焊缝水平装夹,焊缝面向地面,焊件高度适合操作者单膝跪地手臂上扬时操作舒服的位置,间隙小的一端放在起焊端,采取右焊法进行焊接。

12 mm 厚板件的焊接层次常有三层三道焊和四层四道焊的做法，操作方法类似，这里介绍三层三道焊。

1. 打底焊

(1)打底焊时，按确定的工艺卡调试好焊接工艺参数，检查、清理导电嘴和喷嘴，并在喷嘴上涂防飞溅剂，并先按动焊枪开关，检查送丝是否正常。

(2)打底焊时，焊枪角度如图 16-1-1 所示，焊枪角度从起焊至焊完应尽量保持一致。

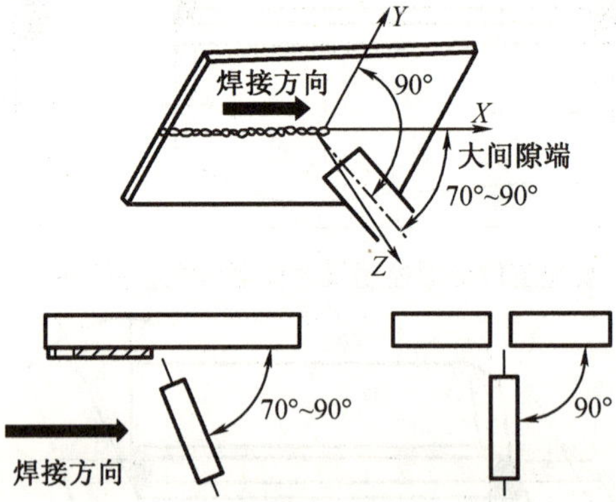

图 16-1-1 打底焊焊枪角度示意图

(3)焊接时，在焊件间隙小的定位焊点上引燃电弧，并稍作停留预热 1~2 s，以小锯齿形摆动焊枪施焊，焊接过程中不能让电弧脱离熔池，以利用电弧吹力托住熔池金属，防止液态金属下淌，保证焊缝背面成形饱满。必须注意控制熔孔的大小，既要保证根部焊透，又要防止焊道背面下凹、正面下坠。打底层焊接时熔池金属重力与电弧吹力和表面张力对熔池的影响情况如图 16-1-2 所示。

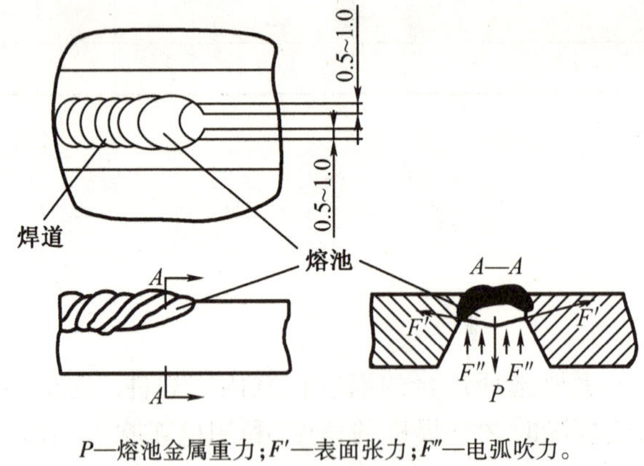

P—熔池金属重力；*F′*—表面张力；*F″*—电弧吹力。

图 16-1-2 打底层焊接熔池情况

2. 填充焊

(1)焊前先清除、打磨打底焊道和坡口表面的飞溅和熔渣，并用角向砂轮机将局部凸起的焊道磨平。

(2)按设定的填充焊规范调整好焊接工艺参数进行焊接，焊枪与焊接前进方向的夹角控制在 80°~90°,采用锯齿形运丝法,焊枪横向摆动幅度要比打底焊稍大,摆动时中间一带而过,坡口两侧稍加停顿,这样做是为了保证熔池和坡口两侧温度均匀,有利于熔合和排渣,但也要控制好电弧在坡口两侧的停顿时间,既要保证焊道两侧熔合良好,又要防止焊道中间下坠。

(3)焊接时一定要采用短弧焊接,否则会出现气孔等缺陷,并且通过控制运丝方法,使焊道形成中间凹陷的形状,填充层焊道表面应距离焊件下表面 1.0 mm 左右,且不能熔化坡口的棱边,若有凹凸不平处要予以补平,以便盖面焊时易于控制焊缝的平直度。

3. 盖面焊

(1)施焊盖面层前,应清理前层焊道和飞溅,清理喷嘴上的飞溅,并在喷嘴上涂硅油。

(2)按设定的盖面焊规范调整好焊接工艺参数,焊枪角度与施焊填充层时相同。施焊盖面层用锯齿形运丝法,焊丝横向摆动幅度比焊填充层要大,在坡口两侧应稍作停留,以填满坡口,停顿时间以焊缝与母材圆滑过渡、焊缝余高不超过标准为宜。焊丝横向摆动时,应根据填充焊道的高度调整焊接速度,并注意控制摆动幅度均匀,使焊道平直、均匀,不产生两侧咬边、未熔合、焊瘤和中间下坠等缺陷。

实训活动

1. 打底焊

先查阅资料完成下面的任务单,再按此前修订确认的焊接工艺卡的工艺要求和下面任务单的方式进行打底焊操作。

(1)焊接要点

将焊件固定在操作台上,焊缝________装夹,焊缝面向________,焊件高度适合操作者单膝跪地手臂上扬时操作舒服的位置,间隙________的一端放在起焊端,采取________进行焊接。焊接层次为打底层、填充层、盖面层。

标出图 16-1-3 中仰焊打底焊时焊枪角度:

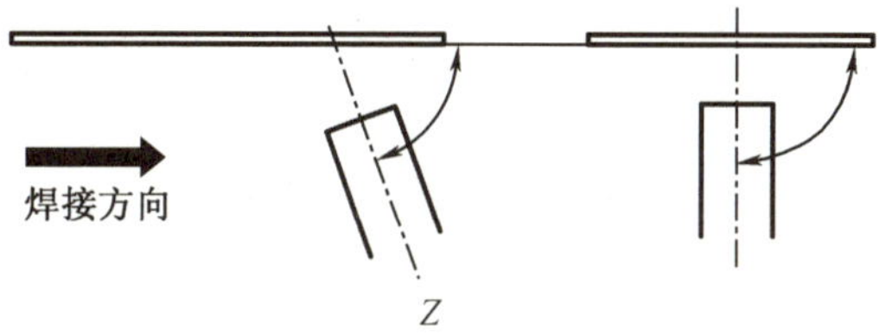

图 16-1-3

焊接时,在焊件间隙________的定位焊点上引燃电弧,并稍作停留预热________秒,以小________摆动焊枪施焊,焊接过程中不能让电弧脱离熔池,以利用________托住熔池金属,防止液态金属下淌,保证焊缝背面成形________。必须注意控制熔孔的大小,既要保证根部________,又要防止焊道背面________、正面________。

(2)焊接过程性检查

完成打底层焊接后,清理焊渣,进行过程性质量检查,以确保整体焊接质量及后续改进,并填写表 16-1-4。

表 16-1-4 打底焊层缺陷检查

检查项目	缺陷存在的数量	形成原因与改善措施
夹渣		
气孔		
裂纹		
未焊透		
未熔合		
焊瘤		
坡口根部熔合尺寸一致性		

2. 填充焊

先查阅资料完成下面的任务单，再按此前修订确认的焊接工艺卡的工艺要求和下面任务单的方式进行填充焊操作。

(1)焊接要点

施焊填充层前，应将打底层焊道和试件表面的飞溅清理干净，焊道局部________磨平整。

按设定的填充焊规范调整好焊接工艺参数，焊枪角度与________焊接时相同，运丝方法可采用________运丝法、________运丝法和________运丝法进行施焊，电弧摆动不要太快，要稍慢而稳，摆幅比焊接打底层时________，电弧在坡口两侧稍作停留，保证焊道两侧熔合良好，焊道表面平整。填充层焊道比坡口边缘要低________ mm，并确保不熔化坡口________，为施焊盖面层打好基础。

(2)焊接过程性检查

完成打底层焊接后，清理焊渣，进行过程性质量检查，以确保整体焊接质量及后续改进，并填写表 16-1-5。

表 16-1-5 打底焊层缺陷检查

检查项目	缺陷存在的数量		形成原因与改善措施
夹渣	2 道	3 道	
气孔			
裂纹			
未焊透			
未熔合			
焊瘤			
坡口根部熔合尺寸一致性			

3. 盖面焊

先查阅资料完成下面的任务单，再按此前修订确认的焊接工艺卡的工艺要求和下面任务单的方式进行填充焊操作。

焊接要点如下:

①盖面焊时焊枪角度与施焊________层时相同。

②施焊盖面层采用________运丝法,焊丝横向摆动幅度比焊填充层要________,在________应稍作停留,以填满坡口,停顿时间以焊缝与母材圆滑过渡、焊缝余高不超过标准为宜。焊丝横向摆动时,应根据填充焊道的高度调整________,并注意控制摆动________,使焊道平直、均匀,不产生两侧________、________、________和________等缺陷。

子任务 16-1-3 焊后处理与检查

知识积累

知识点1:任务分析

任务实施路线:焊缝清理、质量检查。

知识点2:焊缝清理与质量检查

焊件焊接完毕后,用敲渣锤、钢丝刷等清理掉焊缝上的焊渣、飞溅等,或用砂布重新打磨一遍焊缝,不得存在焊渣、焊点、毛刺等,焊缝应光滑、平整,应保证焊件的"边齐、面平",包括焊件上开口边缘的垂直平行度,但不能破坏焊缝原始表面。焊后对焊缝表面质量进行检验,肉眼观察或用低倍放大镜检查焊缝表面是否有气孔、裂纹、咬边等缺陷,用钢直尺、钢角尺、焊缝检验尺对焊缝进行外观质量和外观成形尺寸检查。

实训活动

1. 焊件焊后处理与检测评分

焊件焊接完毕后,先用敲渣锤清理焊渣,用钢丝刷进一步将焊渣、飞溅等清理干净。严禁破坏焊缝原始表面,禁止用水冷却。对焊缝表面质量进行目视检验,使用5倍放大镜观察表面是否存在缺陷,并使用焊接检验尺对焊缝进行测量,焊件外观检查的结果应满足各项要求。然后对焊件进行无损检测,焊件内部质量按《焊缝无损检测 射线检测 第1部分:X和伽玛射线的胶片技术》(GB/T 3323.1—2019)评定。对焊件按规范进行检测评分,对接焊缝外观评分标准见子任务1-1-3同类表。

2. 工位工具清理点检与评分

焊接结束后,关闭焊接电源。按9S标准进行清扫场地,按规定摆放工具,整理焊接电缆,确认无安全隐患,并做好使用记录,进行评分,评分表见子任务1-1-3同类表。

模块三　钨极氩弧焊

【榜样引领】——大国工匠伴我成才

高师傅很担忧一些要求不高的任务很容易误导年轻人忽视质量的要求，看不到基础产业、技术基础的高端化要求。我国已经进入高质量发展阶段，所有产业都在升级转型，一些传统的基础产业、基础岗位技术也需要相应地向高端化迈进。于是高师傅找来了另一位苦钻焊接技术的高端应用的大师资料，期望能给小白一些启示。

人物故事

大国工匠——张翼飞：不断超越自我的“焊神”

在全国焊接领域，有一位被誉为“焊神”的电焊工叫张翼飞。他获得过全国劳动模范、全国技术能手、中华技能大奖、上海十大工人发明家、上海十佳工人标兵等诸多荣誉，是中国船舶工业集团公司焊接首席技师，是沪东中华造船（集团）有限公司“劳模创新工作室”的带头人。

中国船舶工业集团
首席焊接技师张翼飞

张翼飞从踏上工作岗位的第一天起，就与焊枪结下了不解之缘。在37个春夏秋冬的更迭中，他的焊枪充满了艺术灵感，每完成一条焊缝，每攻克一道技术难题，冰冷的钢铁就变得充满活力，桀骜不驯的钢板就变得“心悦诚服”。无论是苛刻的船东船检，还是资深的焊接专家，见识过他作品的都会竖起大拇指，发出由衷的感叹：“神！”

多年来，他在焊接领域潜心钻研，全心投入公司高效焊接的推广和应用，攻克的各种焊接难题有30余项，其中通过在CO_2中加入混合气体的方法，成功解决了薄板立焊难题；CO_2自动横对接焊、双丝MAG焊工艺的成功应用，大大提高了生产效率，缩短了建造周期。在公司“十年磨一剑”成功建造的我国第一艘LNG天然液化气船中，解决难题10余项，撰写了

《CO_2气保焊陶瓷衬垫平对接底道焊裂纹成因及对策的研究》论文。

在造船厂，焊工能够焊接三四种材料已属“全能冠军”，而张翼飞却掌握了100多种焊材的焊接技术。也就是说，几乎所有领域的焊接技术他都掌握了。有人问张翼飞：“你真有这样神奇的本领?”他微笑着回答：“其实，这也没有什么，只要用心，肯下功夫，一定能够掌握技术。”

2011年，公司以张翼飞为核心，召集了一批与焊接有关的劳动模范，成立了“张翼飞劳动模范焊接技术工作室”。张翼飞带领工作室的劳模们，在带教、培养焊接后备人才，以及高新焊接技术研究等方面做了大量扎实有效的工作，为公司的建设和发展做出了突出贡献。焊接技术工作室也因其优异的成绩被评为第三批上海市“劳模创新工作室”。

张翼飞对自己在焊接领域取得的成绩看得很淡，他总是希望为中国船舶工业发展出更多力，为企业做更多事。他抵住优厚的物质诱惑，沉下心来研究焊接技艺，不断超越自我，超越前人，不断用自己的故事告诉我们，只要明确方向，抵住诱惑，脚踏实地，立志实干，就一定能有所作为。

在接受中央电视台采访时，张翼飞说道：“讲究基础和规矩，工作、做人都一样。工匠精神是什么？是一种工作态度，严谨、认真的精神，这是对各行业而言的。就焊接而言，比如将两张板焊接起来，过程虽是基础，但若是动作规范，我觉得这就是一种工匠精神，不用刻意与机器做比较。比如在大船的制作过程中，多段合拢容易产生误差。一旦条件发生变化，机器有时很难应对。所以，机械化可能只是满足大多数要求，有很多地方是机器无法替代的。对我们焊工而言，创新是一回事，但也不能忽略了基础和规矩。做事是这样，人生更是这样。”

认知活动

分组讨论张翼飞大师的故事背景、意义、可借鉴性等，并思考完成以下问题：

1.“对我们焊工而言，创新是一回事，但也不能忽略了基础和规矩。做事是这样，人生更是这样。”——谈谈自己对“创新、基础和规矩”的理解，如何才能做到“基础扎实，务实创新而不逾规”？列举3个此前项目训练中自己觉得需要坚守的“基础和规矩”以及1～3个要“钻研创新”的问题。

2. 谈谈张翼飞大师的故事对自己的感触,用思维导图进行梳理表述。

项目十七　板对接平焊钨极氩弧焊

项目描述：师徒对话

这一天，高师傅带小白参加某公司焊接培训中心举行的主题为“技艺点亮人生路，劳模精神代代传”的劳模宣讲活动，进行观摩学习。几位全国劳模分别讲述了他们的奋斗故事和成长历程，并现场“献技”，分别以二氧化碳气体保护焊、钨极氩弧焊、焊条电弧焊、火焰切割4种不同的焊接、切割方法，在钢板上“绣”出“建党百年，初心不忘”的字样。小白看得热血沸腾，印象尤其深刻的是钨极氩弧焊的操作，相比焊条电弧焊和熔化极气体保护焊，其弧光、火花要小很多，烟雾也很少。小白情不自禁地对高师傅说：“师傅，我要学钨极氩弧焊！”高师傅笑着说道：“好，这一阶段你就学习钨极氩弧焊，但不要认为这个弧光火花小、烟雾少就只重点学这个而忽略其他焊接种类的练习，每种方法都有自己的适用范围。你就从低碳钢和低合金高强度钢板对接平焊钨极氩弧焊开始训练。这一阶段你需要达成以下目标。”

劳模现场“献技”——钨极氩弧焊

项目目标

知识目标：

1. 熟悉板对接平焊钨极氩弧焊的特点、原理及设备构成；
2. 掌握板对接平焊钨极氩弧焊方法；
3. 掌握板对接平焊钨极氩弧焊的常见缺陷与预防措施；
4. 掌握板对接平焊钨极氩弧焊焊缝外观质量检查方法。

技能目标：

1. 能够正确识读图纸；
2. 能够正确应用工具进行坡口处理；
3. 能够正确连接、调试焊钨极氩弧焊设备；
4. 能够正确进行装配定位并预防焊接变形；
5. 能够正确选用焊丝；

6. 能够正确选用合适的焊接工艺参数；
7. 能够熟练进行板对接平焊钨极氩弧焊的焊接操作；
8. 能够进行板对接平焊单面焊双面成形钨极氩弧焊多层多道焊。

素养目标：

1. 具有查阅资料、自主学习和勤于思考的能力；
2. 具有尊重和自觉遵守法规、标准的意识；
3. 具有良好的职业道德、敬业精神和团队精神；
4. 具有安全、环保和节约意识；
5. 具有 9S 管理意识。

任务 17－1 低碳钢板对接平焊钨极氩弧焊

任务说明：

按图 17－1－0 及技术要求进行材料准备、工艺准备、焊接实施、质量检查、自我评定与总结。

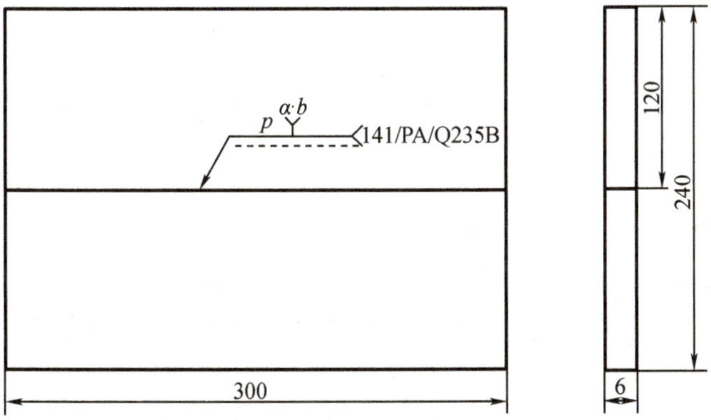

技术要求：1. 单面焊双面成形；2. 坡口为 60°的 V 形带钝边坡口；3. 根部间隙和钝边尺寸自定；4. 错边≤0.5 mm；5. 角变形 <3°；6. 不允许有咬边；7. 不允许有未焊透；8. 不允许有裂纹、气孔、夹渣；9. 焊缝余高≤1 +0.15b。

图 17－1－0 钨极氩弧焊 Q235B 板对接平焊单面焊双面成形焊件图

子任务 17-1-1 焊前准备

知识积累

知识点 1:任务分析

钨极氩弧焊是利用惰性气体(我国常用氩气)保护,用钨棒做电极的一种电弧焊焊接方法。焊接时由于钨极本身不熔化,只起发射电子产生电弧的作用,故也称非熔化极氩弧焊,又称钨极氩弧焊,简称 TIG 焊。焊接时,从喷嘴喷出的氩气形成一个厚而密的气体保护层隔绝空气,在氩气层流的包围之中,电弧在钨极和焊件之间燃烧,利用电弧产生的热量熔化待焊处和填充焊丝,把两块分离的金属连接在一起,从而获得牢固的焊接接头。目前主要用于焊接薄件或用于重要产品的打底焊。

任务实施路线:图样识读、焊件准备及坡口清理、焊接工艺参数确定、装配定位。

知识点 2:焊件准备及坡口清理

任务单要求:准备 6 mm×120 mm×300 mm 尺寸的 Q235B 材质焊件两块,单边开 30°V 形坡口。

焊缝及坡口清理:焊前打磨清理坡口面及坡口边缘上下两侧 15~20 mm 范围,露出金属光泽,并打磨出 0~0.5 mm 的钝边。

知识点 3:TIG 焊的焊接材料

TIG 焊的焊接材料有钨针(钨极)、焊丝和保护气体。

1. 钨针(钨极)

(1)钨针的型号规格与特点

TIG 焊时,钨极的作用是传导电流、引燃电弧和维持电弧的正常燃烧。因此,要求钨极具有许用电流大、熔点高、损耗小,本身不熔化或极少熔化,引弧和稳弧性能好等特性。为了方便使用,钨极的一端常涂有颜色,以便于识别,如图 17-1-1 所示。例如,钍钨极涂红色(代表含二氧化钍 2%),铈钨极涂灰色(代表含二氧化铈 2%),纯钨极涂绿色,天蓝色代表含 2% 镧,蓝色代表含 2% 钇,棕色代表含 4% 锆。

图 17-1-1 钨针

常用的钨极有纯钨极、钍钨极和铈钨极三种,它们的牌号、特点见表 17-1-1。

表 17－1－1 常用钨针的牌号、特点

极种类	标识颜色	常用牌号	特点
纯钨极	绿色	W1、W2	熔点高达3 400 ℃，沸点约为5 900 ℃，基本上能满足焊接过程的要求，但电流承载能力差、空载电压高，目前已很少使用
钍钨极	红色	WTh－7、WTh－10、WTh－15	在纯钨中加入1%～2%的氧化钍(ThO_2)，显著提高了钨极电子发射能力。与纯钨极相比，钍钨极引弧容易，电弧稳定，不易烧损，使用寿命长；但成本较高，且有轻微放射性，必须加强劳动防护
铈钨极	灰色	WCe－10、WCe－15、WCe－20	在纯钨中加入2%的氧化铈(CeO)。与钍钨极相比，铈钨极引弧容易，电弧稳定；许用电流密度大；电极烧损小，使用寿命长；几乎没有放射性，是一种理想的电极材料

(2)常用钨极直径

常用的钨极直径为0.5 mm、1.0mm、1.6 mm、2.0 mm、2.5 mm、3.2 mm、4.0 mm、5.0 mm等。铈钨极牌号举例如下：

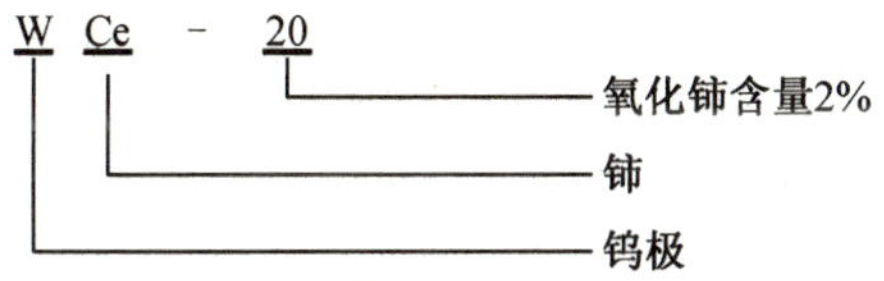

钨极应尽量选用铈钨极。存放钨极时，若数量较大，最好保存在铅盒中。

2. 焊丝

选择焊丝的原则是熔敷金属的化学成分或力学性能与被焊材料相当。氩弧焊用焊丝主要分钢焊丝和有色金属焊丝两大类。碳钢、低合金钢焊丝可按GB/T 8110—2008《气体保护电弧焊用碳钢、低合金钢焊丝》选用，不锈钢焊丝可按YB/T 5092—2016《焊接用不锈钢丝》选用。钢焊丝也可根据GB/T 14957—1994《熔化焊用钢丝》选用。

焊接有色金属时一般采用与母材相当的焊丝。铜及铜合金根据GB/T 9460—2008《铜及铜合金焊丝》选用，常用铜及铜合金焊丝的型号、成分及用途见表17－1－2。铝及铝合金根据GB/T 10858—2008《铝及铝合金焊丝》选用，常用铝及铝合金焊丝的型号、牌号、成分及用途见表17－1－3。

表 17－1－2 常用铜及铜合金焊丝的型号、成分及用途

焊丝型号	焊丝牌号	名称	主要化学成分(质量分数/%)	熔点/℃	用途
SCu1898 (CuSnl)	HS201	纯铜焊丝	Cu(≥98.0)，Sn(≤1.0)，Si(≤0.5)，Mn(≤0.5)	1 083	纯铜的气焊、氩弧焊及等离子弧焊等

表 17 - 1 - 2(续)

焊丝型号	焊丝牌号	名称	主要化学成分（质量分数/%）	熔点/℃	用途
SCu6560 (CuSi3Mn)	HS211	青铜焊丝	Si(2.8 ~ 4.0), Mn(≤1.5), Zn(≤1.0), Sn(≤1.0), Fe(≤0.5), Pb(≤0.02), Al(≤0.01), 其他(≤0.5), 其余为 Cu	958	青铜的气焊、氩弧焊及等离子弧焊等
SCu4700 (CuZn40Sn)	HS221	黄铜焊丝	Cu(57 ~ 61), Sn(0.25 ~ 1.0), Pb(≤0.05), Al(≤0.01), 其他(≤0.5), 其余为 Zn	886	黄铜的气焊、氩弧焊及等离子弧焊等
SCu6800 (CuZn40Ni)	HS222	黄铜焊丝	Cu (56 ~ 60), Sn(0.8 ~ 1.1), Mn (0.01 ~ 0.50), Si(0.04 ~ 0.15), Fe(0.25 ~ 1.20), Ni + Co(0.2 ~ 0.8), Al(≤0.01), Pb(≤0.05), 其他(≤0.5), 其余为 Zn	860	
SCu6810A (CuZn40SnSi)	HS223	黄铜焊丝	Cu (58 ~ 62), Si (0.1 ~ 0.5), Sn(≤1.0), Mn(≤0.03), Fe(≤0.02), Al(≤0.01), Pb(≤0.03), 其他(≤0.5), 其余为 Zn	905	

表 17 - 1 - 3 常用铝及铝合金焊丝的型号、牌号、成分及用途

焊丝型号	焊丝牌号	名称	主要化学成分（质量分数/%）	熔点/℃	用途
SAl 1450 (Al99.5Ti)	HS301	纯铝焊丝	Al (99.5), Fe (0.40), Si (0.25)	660	纯铝的气焊及氩弧焊
SAl 4043 (A1Si5)	HS311	铝硅合金焊丝	Si(4.5 ~ 6), Mn(0.05), Mg(0.05), Fe(0.8), 其余为 Al	580 ~ 610	除铝镁合金外的铝合金的焊接
SAl 3103 (AlMnl)	HS321	铝锰合金焊丝	Mn (0.9 ~ 1.5) Si (0.5), Mg(0.3), 其余为 Al	643 ~ 654	铝锰合金的气焊及氩弧焊
SAl 5556 (A1Mg5Mn1 Ti)	HS331	铝镁合金焊丝	Mg(4.7 ~ 5.5)、Mn (0.5 ~ 1.0)、Ti(0.0 ~ 0.2), Si(0.25), Fe (0.4), 其余为 Al	638 ~ 660	铝镁合金及铝锌镁合金的焊接

3. 保护气体

TIG 焊的保护气体有氩气、氦气、氩－氢和氩－氦的混合气体三种，其中使用最广的是氩气。氦气由于比较稀缺、提炼困难、价格昂贵，因此国内极少使用。通常使用氩－氢和氩－氦的混合气体，氩－氢仅限于不锈钢、镍及镍铜合金焊接。

氩气是无色、无味的惰性气体，不与金属起化学反应，也不溶解于金属。而且氩气比空气重 25%，使用时气流不易漂浮散失，有利于发挥对焊接区的保护作用。

氩的电离能较高，引燃电弧较困难，故需要采用高频引弧及稳弧装置。但氩弧一旦引燃，其燃烧就很稳定，在常用的保护气体中，氩弧的稳定性最好。

焊接用氩气以瓶装供应，气瓶外表涂成灰色，并且标注有绿色“氩气”字样。氩气瓶的容积一般为 40 L，最高工作压力为 15 MPa，使用时一般应直立放置。

氩弧焊对氩气的纯度要求很高，如果氩气中含有一些氧、氮和少量其他气体，将会降低氩气的保护性能，对焊接质量造成不良影响。各种金属焊接时对氩气纯度的要求见表17－1－4。

表 17－1－4 各种金属焊接时对氩气纯度的要求

焊接材料	厚度/mm	焊接方法	氩气纯度（体积分数）/%	电流种类
钛及其合金	>0.5	钨极手工及自动	99.99	直流正接
镁及其合金	0.5～2.0	钨极手工及自动	99.90	交流
铝及其合金	0.5～2.0	钨极手工及自动	99.90	交流
铜及其合金	0.5～3.0	钨极于工及自动	99.80	直流正接或交流
不锈钢、耐热钢	>0.1	钨极手工及自动	99.70	直流正接或交流
低碳钢、低合金钢	>0.1	钨极手工及自动	99.70	直流正接或交流

知识点 4：电源及接法选择和钨极处理

1. 电源的选择

（1）电源种类和直流电源的接法

TIG 焊可以使用直流电，也可以使用交流电。电流种类和极性可根据焊件材质进行选择。直流电源的接法分为正接法和反接法两种，TIG 焊直流反接即钨极为正极、焊件为负极，如图 17－1－2(a)所示；反之，TIG 焊直流正接即焊件为正极、钨极为负极，如图 17－1－2(b)所示。钨极氩弧焊焊接碳钢、合金钢、不锈钢均应使用正接极，也就是焊接电源输出端正极接焊件（俗称接地），负极接焊枪。如果极性接错了会造成钨极严重烧损，电弧能量不集中，影响焊接质量。

（2）直流 TIG 焊反接的特点

由于电弧阳极温度高于阴极温度，使接正极的钨棒容易过热而烧损，许用电流小，同时焊件上产生的热量不多，因而焊缝厚度较小，焊接生产率低，所以很少采用。

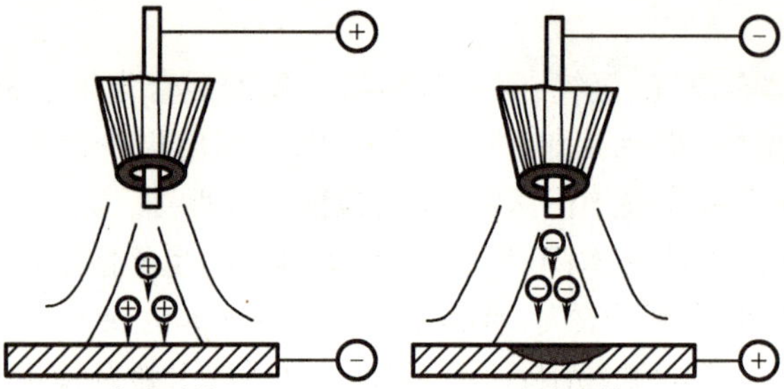

图 17－1－2 直流电源接法示意图

但是，直流反接具有去除氧化膜的作用，对焊接铝、镁及其合金有利。因为铝、镁及其合金在焊接时极易氧化，会形成熔点很高的氧化膜（如 Al_2O_3 的熔点为 2 050 ℃）覆盖在熔池表面，阻碍母材金属和填充金属的熔合，造成未熔合、夹渣、焊缝表面形成皱皮及内部气孔等缺陷。

采用直流反接时，电弧空间的正离子由钨极的阳极区飞向焊件的阴极区，撞击金属熔池表面，将致密难熔的氧化膜击碎，以达到清理氧化膜的目的。这种作用称为阴极破碎作用，也称阴极雾化作用。

（2）直流 TIG 焊正接的特点

由于电弧在焊件阳极区产生的热量大于钨极阴极区，致使焊件的焊缝厚度增加，焊接生产率得到提高；钨极不易过热与烧损，使钨极的许用电流增大，电子发射能力增强，电弧燃烧稳定性比直流反接时好。但焊件表面受到比正离子质量小得多的电子的撞击，不能去除氧化膜，因此没有阴极破碎作用，故适合焊接表面无致密氧化膜的金属材料。

（3）交流 TIG 焊接

尽管直流反接能将被焊金属表面的氧化膜除去，但钨极的许用电流小，易烧损，电弧燃烧不稳定。因此，铝、镁及其合金一般不采用直流反接而采用交流电来焊接。由于交流电的极性是不断变化的，在交流正极性的半周波中（钨极为负极），钨极可以得到冷却，以减小烧损；而在交流负极性的半周波中（焊件为负极）有阴极破碎作用，可以清除熔池表面的氧化膜。因此，交流 TIG 焊兼有直流 TIG 焊正、反接的优点，是焊接铝、镁及其合金的最佳方法。

（4）电源的选择

焊接各种材料时电源种类和极性的选择见表 17－1－5。

表 17－1－5 电源种类和极性的选择

电源种类和极性	被焊金属材料
直流正接	低碳钢，低合金钢，不锈钢，耐热钢，铜、钛及其合金
直流反接	适用于各种金属的熔化极氩弧焊，TIG 焊很少采用
交流电源	铝、镁及其合金

2. 钨极端部特性及处理

钨极直径主要按焊件厚度、焊接电流、电源极性来选择。如果钨极直径选择不当，将造成电弧不稳、严重烧损钨极和焊缝夹钨等问题。具体直径选择在后面配合焊接电流、电压等综合选择。

(1)钨极端部形状与特性

TIG 焊时,钨极端部的形状对 TIG 焊接有很大影响。合理的钨极类型和形状有助于电弧稳定和改善焊接性能。

现在生产应用中的钨极端头形状主要有球形、棱锥台形、圆锥形、圆锥台形等。

①球形端头

一般用于纯钨和氧化锆钨极,建议用于交流焊接、传统的方波 TIG 焊。只需在推荐的电流条件下引燃电弧即可在电极末端形成球形端头(图 17－1－3),球的直径不应超过钨极直径的 1.5 倍。端头球体过大会降低电弧稳定性,并可能脱落而污染焊缝。

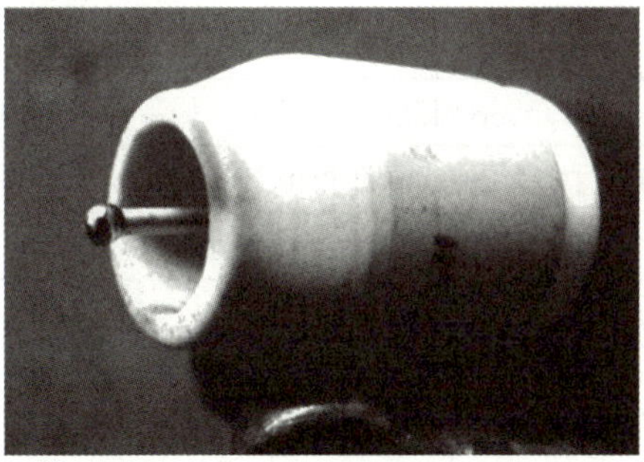

图 17－1－3 球形端头钨极

②圆锥形或圆锥台形钨极端头

圆锥形、圆锥台形的钨极(对于纯钨极、铈钨极、钍钨极、镧钨极)适用于交、直流焊接。将钨电极打磨成圆锥形,可以使引弧容易,产生更集中的电弧,从而具有更好焊接性能,如图 17－1－4 所示。

图 17－1－4 圆锥形端头钨极和圆锥台形端头钨极

③钨极端头形状的选择

钨极不同端头形状的特性如图 17－1－5 所示。

(2)钨极端头的处理

①钨极端头的打磨

为了正确打磨钨极并防止污染,最好使用专门设计用于打磨钨极的砂轮,该砂轮应具有打磨钨极的硬度。修磨钨极时,要戴口罩和手套,工作完成后要洗手。

应沿砂轮转动方向以 90°角直线打磨钨极,确保打磨痕迹是纵向的,如图 17－1－6(a)所示。

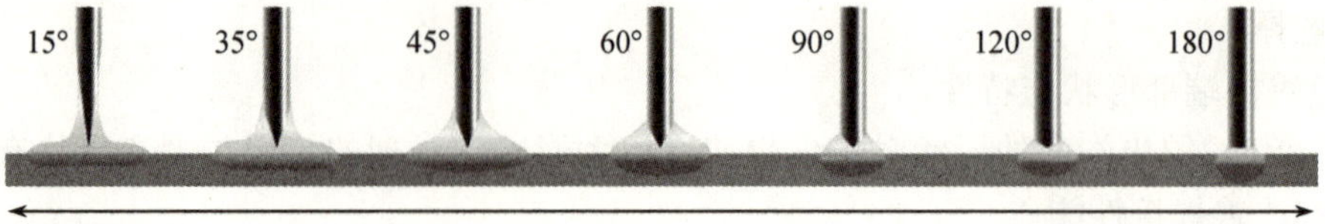

钨极端头更尖锐
——电弧更稳定
——电流承载能力更低
——熔深更浅
——寿命更短
——焊道更宽
——更容易引弧

钨极端头更钝
——电弧稳定性差
——电流承载能力更高
——熔深更好
——寿命更长
——焊道更窄
——引弧较难

钨极端部形状	适用范围	电弧稳定性	焊缝成形
锥台形	直流正接,大电流,脉冲钨极氩弧焊	好	良好
圆锥形	直流正接	好	焊道不均匀
半球形	交流	一般	焊缝不易平直
平面形		不好	一般

图 17-1-5　钨极不同端头形状的特性

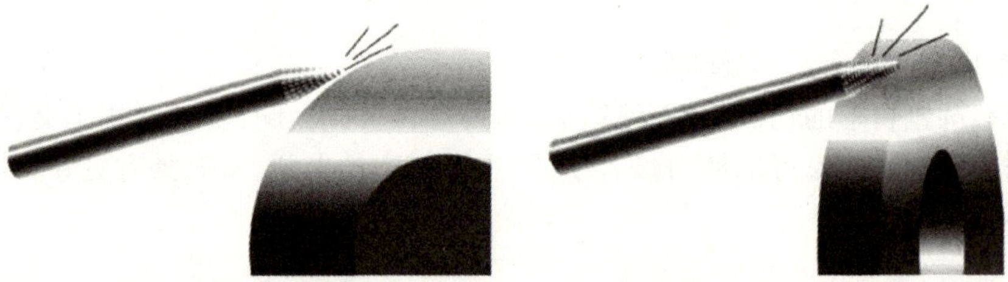

(a)纵向打磨——正确方式　　(b)周向打磨——错误方式

图 17-1-6　钨极的打磨方式

打磨痕迹会对电弧的稳定性造成影响,如图 17-1-7 所示。

(a)纵向打磨——电弧稳定　　(b)周向打磨——电弧不稳定

图 17-1-7　不同打磨方式的电弧

②钨极端头的光洁度要求

钨极端头的光洁度将决定焊接的一些特性。通常,为了提高焊接性能和延长钨极的使用寿命,应尽可能打磨端头至较高的光洁度,过于粗糙的钨极端头会导致电弧不稳定。通常标准表面光洁度的钨极端头具有肉眼可见的纵向线条,高抛光或镜面抛光的钨极端头沾染污染的可能性小很多,不容易腐蚀,有利于提高电极的使用寿命。

知识点 5:TIG 焊的主要工艺参数

TIG 焊的焊接参数主要有焊接电流、氩气流量和喷嘴直径、焊接速度、电弧电压、喷嘴与

焊件间的距离等

1. 焊接电流

焊接电流主要根据焊件厚度、钨极直径和焊缝空间位置来选择，其值过大或过小都会使焊缝成形不良或产生焊接缺陷。各种直径钨极的许用电流范围见表 17-1-6。

表 17-1-6 各种直径钨极的许用电流范围 单位：A

电源极性	钨极直径/mm				
	1.0	1.6	2.5	3.2	4.0
直流正接	15~80	70~150	150~250	250~400	400~500
直流反接	—	10~20	15~30	25~40	40~55
交流电源	20~60	60~120	100~180	160~250	200~320

2. 氩气流量和喷嘴直径

氩气流量过小，气流挺度差，易受到外界气流的干扰，降低了气体保护效果；氩气流量过大，则不仅浪费，还容易形成紊流而使空气卷入，反而对保护不利，同时，带走电弧区的热量较多，影响电弧稳定燃烧。通常氩气流量在 3~20 L/min 范围内。喷嘴直径通常随着氩气流量的增加而增加，一般为 5~14 mm。

3. 焊接速度

在一定的钨极直径、焊接电流和氩气流量条件下，焊接速度过快，会使保护气流偏离钨极与熔池而影响气体保护效果，易产生未焊透等缺陷；焊接速度过慢，焊缝易咬边和烧穿。因此，应选择合适的焊接速度。焊接速度对氩气保护效果的影响如图 17-1-8 所示。

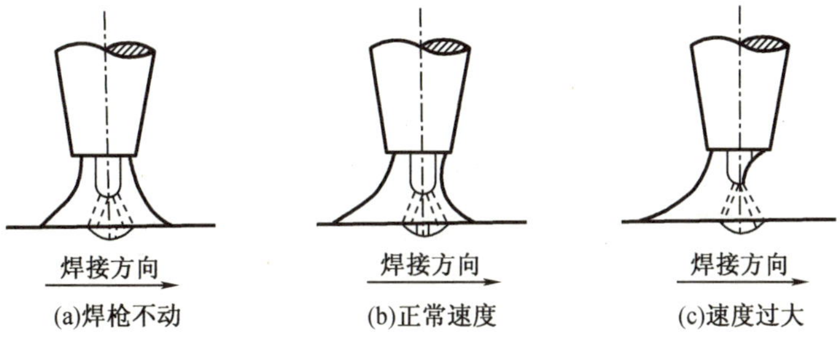

图 17-1-8 焊接速度对氩气保护效果的影响

4. 电弧电压

电弧电压增大时，焊缝厚度减小，熔宽显著增加，气体保护效果随之变差。当电弧电压过高时，易产生未焊透、焊缝被氧化和气孔等缺陷。因此，应尽量采用短弧焊，电弧电压一般为 10~24 V。

5. 喷嘴与焊件间的距离

喷嘴与焊件间的距离以 5~15 mm 为宜。距离过大，气体保护效果差；若距离过小，虽对气体保护有利，但能观察的范围和保护区域将变小。

可通过测定氩气有效保护区的直径来判断喷嘴与焊件间的距离是否合适。测定的方法是采用交流电源在铝板上引燃电弧后，焊枪固定不动，电弧燃烧5~6 s后，切断电源，这时铝板上会留下银白色区域，如图17-1-9所示。这就是氩气有效保护区，也称为去氧化膜区，其直径越大，说明保护效果越好。

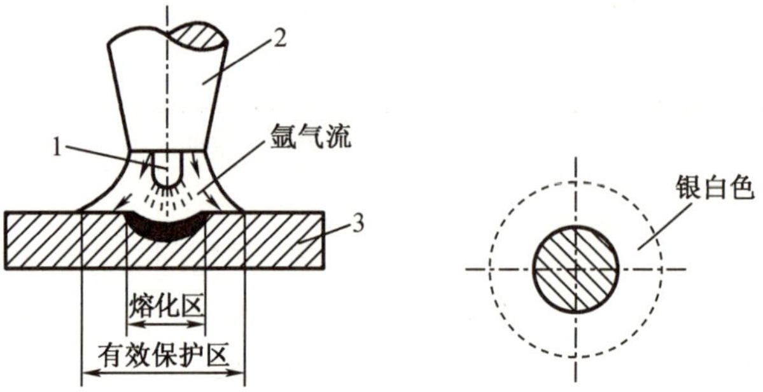

1—钨极；2—喷嘴；3—焊件。

图17-1-9 氩气有效保护区

另外，生产实践中可通过直接观察焊缝表面颜色来判定氩气保护效果，见表17-1-7、表17-1-8和表17-1-9。

表17-1-7 不锈钢焊缝颜色与保护效果的评定表

焊缝颜色	银白色、金黄色	蓝色	红灰色	黑灰色
保护效果	最好	良好	较好	差

表17-1-8 铝及铝合金焊缝颜色与保护效果的评定表

焊缝颜色	银白色有光泽	白色无光泽	灰白色无光泽	灰黑色无光泽
保护效果	最好	较好	差	最差

表17-1-9 钛及钛合金焊缝颜色与保护效果的评定表

焊缝颜色	亮银白色	橙黄色、蓝紫色	青灰色	白色氧化钛粉末
保护效果	最好	较好	差	最差

6. 钨极伸出长度

钨极伸出长度是指钨极端部突出喷嘴端面以外的距离。伸出长度小时，保护效果好，但妨碍观察熔化状况，对操作不利；伸出长度大时，气体保护效果差。一般对接焊时钨极伸出长度为3~6 mm，焊接角焊缝时为7~8 mm。

铝及铝合金（平对接）手工交流TIG焊的焊接参数见表17-1-10。

不锈钢（平对接）手工直流TIG焊的焊接参数见表17-1-11。

表 17－1－10 铝及铝合金(平对接)手工交流 TIG 焊的焊接参数

焊件厚度 /mm	钨极直径 /mm	焊接电流 /A	焊丝直径 /mm	喷嘴直径 /mm	氩气流量 /(L/min)	焊接速度 /(mm/min)
1	1.6～2.4	45～75	1～2	6～11	3～5	200～250
2	1.6～2.5	80～110	2～3	6～11	3～5	180～230
3	2.5～3.2	100～140	2～3	7～12	6～8	110～160
4	3.2～4	140～210	3～4	7～12	6～8	100～150
5	4～6	210～300	4～5	10～12	8～12	80～130
6	5～6	240～300	5～6	12～14	12～16	80～130

表 17－1－11 不锈钢(平对接)手工直流 TIG 焊的焊接参数

接头形式	焊件厚度 /mm	钨极直径 /mm	焊接电流 /A	焊丝直径 /mm	氩气流量 /(L/min)
对接接头(I 形坡口,间隙为 0.5 mm)	0.8	1	18～20	1.2	6
	1	2	20～25	1.6	6
	1.5	2	25～30	1.6	7
	2	3	35～45	1.6～2	7～8
对接接头(50°V 形坡口,间隙、钝边各 0.5 mm)	2.5	3	60～80	1.6～2	8～9
	3	3	75～85	1.6～2	8～9
	4	3	75～90	2	9～10

知识点 6:本任务焊接工艺参数确定

结合本任务母材 Q235B 的焊接特性和板厚来看,选择直径 2.5 mm 的 ER50－6 焊丝(注意保持焊丝的干净,使用前可用砂布及棉纱擦净焊丝上的油、锈等污物, 必要时还可用丙酮清洗),保护气体为氩气,纯度高于 99.99%,电极采用铈钨极,采用三层三道焊来焊接,具体焊接工艺参数见表 17－1－12。

表 17－1－12 焊接工艺参数表

焊接层次	焊丝型号	焊丝直径 /mm	焊接电流 /A	焊接电压 /V	保护气体流量 /(L/min)	钨极直径 /mm	钨极伸出长度 /mm	电源极性
打底层	ER50－6	2.5	80～100	12～16	7～9	2.5	3～6	直流正接
填充层			100～120	12～16	7～9	2.5	3～6	
盖面层			90～110	12～16	7～9	2.5	3～6	

知识点 7:装配定位

将两块钢板水平放在工装台上,两端对齐装配成对接接头,如图 17－1－10 所示,装配时焊件始焊端根部间隙设置为 2.0 mm，结束端为 3.0 mm，采取和打底焊相同的工艺参数在两端进行点固焊，焊点长度为 10 ~ 15 mm，必须焊透，不允许有缺陷，错边量不大于 0.5 mm，反变形预留量为 3° ~ 5°，焊后应把焊点打磨成斜坡，以便接头。

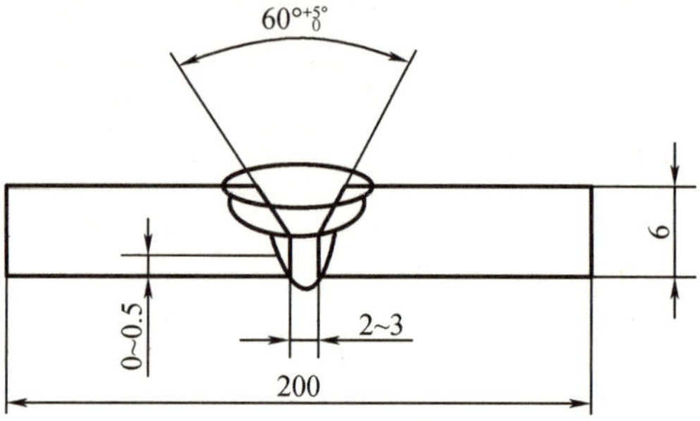

图 17 - 1 - 10 板对接装配定位示意图

如定位焊缝有缺陷，必须将有缺陷的定位焊缝磨掉后重焊，不允许用重熔的办法来处理定位焊缝上的缺陷。

实训活动

1. 分析与制订焊接工艺

识读图样，根据焊接要求，结合前面所学知识进行工艺制订，完成表 17 - 1 - 13 所示工艺卡的编制。

表 17 - 1 - 13 Q235B 板对接平焊 TIG 焊单面焊双面成形焊接工艺卡

<table>
<tr><th colspan="2">焊接工艺卡</th><th>编号：</th></tr>
<tr><td>材料牌号</td><td></td><td rowspan="8">1. 接头坡口简图（标注尺寸）
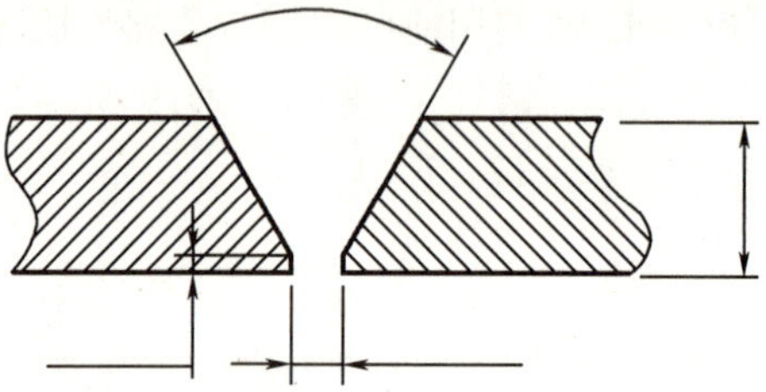
2. 装配定位简图（标注尺寸）
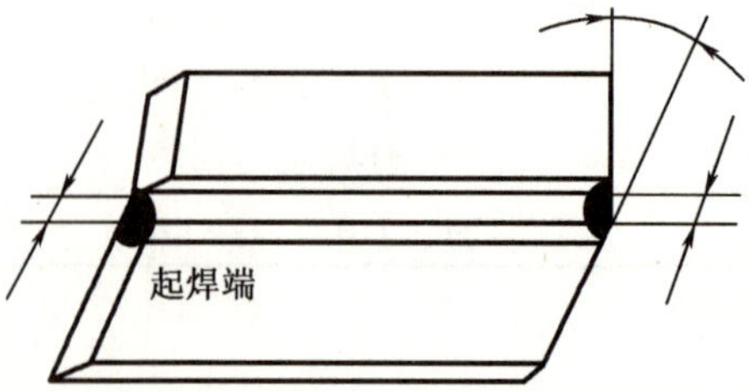
</td></tr>
<tr><td>材料规格/mm</td><td></td></tr>
<tr><td>接头种类</td><td>对接</td></tr>
<tr><td>坡口形式</td><td>V 形带钝边</td></tr>
<tr><td>坡口角度</td><td>60°</td></tr>
<tr><td>钝边</td><td></td></tr>
<tr><td>组对间隙/mm</td><td></td></tr>
<tr><td>焊接方法</td><td>TIG</td></tr>
</table>

表 17－1－13(续)

<table>
<tr><th colspan="2">焊接工艺卡</th><th colspan="5">编号：</th></tr>
<tr><td>保护气体</td><td>Ar</td><td colspan="5" rowspan="3">3. 焊道简图(在下图中补画出焊道)

</td></tr>
<tr><td>焊接设备</td><td>WS－300</td></tr>
<tr><td>钨极</td><td>铈钨极
ϕ2.5 mm</td></tr>
<tr><td>电源种类</td><td></td><td rowspan="3">焊后
热处理</td><td>种类</td><td>—</td><td>保温时间</td><td>—</td></tr>
<tr><td>电源极性</td><td></td><td>加热方式</td><td>—</td><td>层间温度</td><td>—</td></tr>
<tr><td>焊接位置</td><td></td><td>温度范围</td><td>—</td><td>测量方法</td><td>—</td></tr>
</table>

焊接参数

焊层	焊材型号	焊材直径/mm	焊丝伸出长度/mm	保护气体流量/(L/min)	焊接电流/A	焊接电压/V	焊接速度/(cm/min)
定位焊	ER50－6						
第一道							
第二道							
第三道							

简要说明设定以上工艺参数及焊接变形控制措施的理由：

____

____

____

2. 材料、工具设备、工位领取及点检

按老师审核通过的焊接工艺卡领取材料、工具设备及工位，并进行点检，检查表见子任务 1－1－1。

3. 接头坡口处理及装配定位

根据前面设计确定的坡口尺寸，进行加工处理，再进行装配定位及定位焊。然后填写检测表 17－1－14。

表 17－1－14　坡口处理及装配定位检测表

坡口主要尺寸检测							
坡口角度 α		钝边尺寸 p		引弧端根部间隙尺寸 b		收弧端根部间隙尺寸	
设计值	定位后值	设计值	加工值	设计值	定位后值	设计值	定位后值

表 17－1－14(续)

定位焊点尺寸检测(测量并标注)

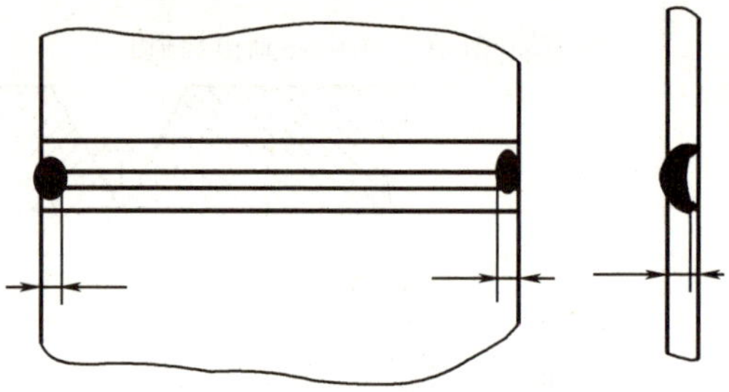

装配定位变形控制尺寸检测(测量并标注)

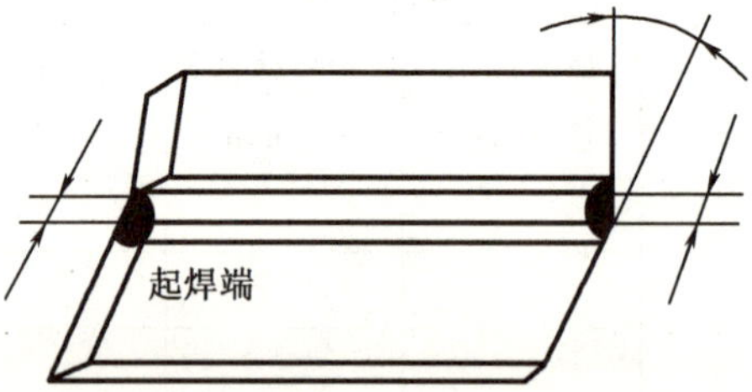

焊缝两侧清理检测

焊缝两侧清理		清理的尺寸范围							
要求	处理结果	要求值				加工测量值			
		边 1	边 2	边 3	边 4	边 1	边 2	边 3	边 4

子任务 17－1－2 焊 接 操 作

知识积累

知识点 1:任务分析

钨极氩弧焊焊炬的握法用右手握焊炬,食指和拇指夹住焊炬前身部位,其余三指触及焊件支点,也可用食指或中指做支点,呼吸要均匀,要稍微用力握住焊炬,保持焊炬的稳定,使焊接电弧稳定。关键在于焊接过程中钨极焊件或焊丝不能形成短路。

任务实施路线:打底、填充、盖面。

知识点 2:手工钨极氩弧焊操作方法

1. 焊丝送丝方法

手工钨极氩弧焊填充焊丝的加入对焊缝质量的影响很大。若送丝过快,焊缝易堆高,氧化膜难以排除;若送丝过慢,焊缝易出现咬边或下凹。所以送丝动作要熟练。常用的送丝方法有两种:指续法和手动法。

(1)指续法

将焊丝夹在大拇指与食指、中指中间,靠中指和无名指起撑托作用,当大拇指将焊丝向前移动时,食指往后移动,然后大拇指迅速擦焊丝的表面往后移动到食指的地方,大拇指再将焊丝向前移动,如此反复将焊丝不断地送入熔池中。这种方法适用于较长的焊接接头。

(2)手动法

将焊丝夹在大拇指与食指、中指之间,手指不动,靠手或手臂沿焊缝前后移动和手腕的上下反复运动将焊丝送入熔池中。该方法应用比较广泛。按焊丝送入熔池的方式,手动法可分为四种:压入法、续入法、点移法和点滴法。

①压入法。用手将焊丝稍向下压,使焊丝末端紧靠在熔池边沿。该方法操作简单,但是因为手拿焊丝较长,焊丝端头不稳定、易摆动,造成送丝困难。

②续入法。将焊丝末端伸入熔池中,手往前移动,使焊丝连续加入熔池中。该方法适用于细焊丝或间隙较大的接头,但不易保证焊接质量,很少采用。

③点移法。以手腕上下反复动作和手往后慢慢移动,将焊丝逐步加入熔池中。采用该方法时由于焊丝的上下反复运动,当焊丝抬起时,在电弧作用下,可充分地将熔池表面的氧化膜去除,从而防止产生夹渣,同时由于焊丝填加在熔池的前部边缘,有利于减少气孔。因此该方法应用比较广泛。

④点滴法。靠手的上下反复运动将焊丝熔化后的熔滴滴入熔池中。该方法与点移法的优点相同,所以比较常用。

2. 焊接方向选择与焊接角度

手工钨极氩弧焊根据焊枪的移动方向及送丝位置分为左焊法和右焊法。

(1)左焊法

焊接过程中焊接热源(焊枪)从接头右端向左端移动,并指向待焊部分的操作法称为左焊法。左焊法焊丝位于电弧前面。该方法便于观察熔池。焊丝常以点移法和点滴法加入,焊缝成形好,容易掌握,因此左焊法应用比较普遍。

(2)右焊法

在焊接过程中焊接热源(焊枪)从接头左端向右端移动,并指向已焊部分的操作法称为右焊法。右焊法焊丝位于电弧后面。该方法操作时不易观察熔池,较难控制熔池的温度,但熔深比左焊法深,焊缝较宽,适用于厚板焊接,但比较难掌握。

知识点3:任务焊接操作

1. 打底焊

(1)将焊件固定在操作台上,焊缝水平装夹,坡口面朝上,焊件高度适合操作者操作舒服的位置,间隙小的一端放在右端,采取左焊法进行焊接,6 mm 厚板件的焊接层次常有三层三道。

(2)焊接时填丝方法可采用连续填丝法或断续填丝法,操作时左手拿焊丝的方法如图17-1-11(a)所示,右手持枪方法如图17-1-11(b)所示。

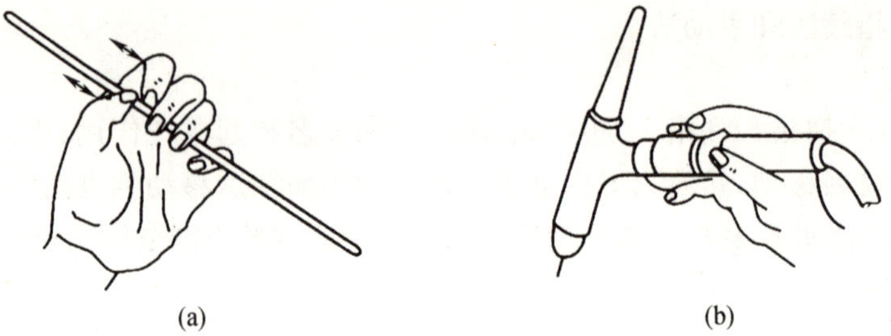

图 17-1-11 钨极氩弧焊操作时手拿焊丝和焊枪的方法

(3)平焊时焊枪与焊丝的角度如图 17-1-12 所示。

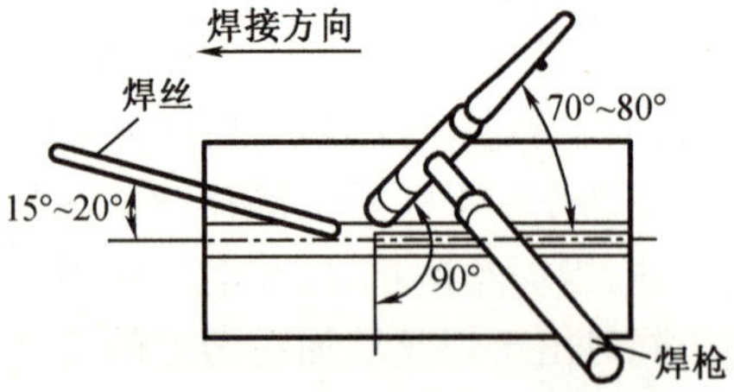

图 17-1-12 平焊时焊枪和焊丝的角度示意图

(4)在试件右端定位焊缝上引弧,并稍停顿进行预热,当定位焊缝左端形成熔池并出现熔孔后开始填丝,进行正常焊接,自右向左焊接打底层焊道,沿斜坡向坡口根部移动焊枪,至坡口根部后做锯齿形小幅度摆动,并在坡口两侧稍作停留,焊枪沿坡口两侧做小幅度横向摆动(如图 17-1-13(a)所示),并控制电弧在离底边 2~3 mm 处燃烧,使打底焊缝厚度保持在不超过 4 mm,如图 17-1-13(b)所示。

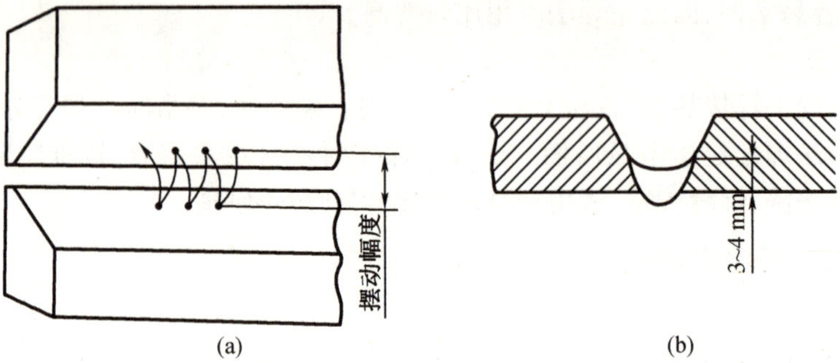

图 17-1-13 根部焊道轨迹及焊道大小示意图

(5)当坡口底部熔孔直径达 3~4 mm 时,转入正常焊接。尽可能维持熔孔直径不变,以获得宽窄和高低均匀的反面焊缝,焊接时要注意观察熔孔尺寸,熔孔直径应比坡口间隙大 0.5~1 mm,根据坡口间隙和熔孔直径的变化来调整焊枪横向摆动幅度和焊接速度。在打底焊时,应减小焊枪倾角,使电弧热量集中在焊丝上,采用较小的焊接电流,加快焊接速度和送丝速度,熔滴要小,以避免焊缝下凹和烧穿。

(6)打底焊时,采用较小的焊枪倾角和较小的焊接电流,而焊接速度和送丝速度应较快,以免使焊缝下凹和烧穿。焊丝填入动作要均匀、有规律,焊枪移动要平稳, 速度要一致。焊接中应密切注意焊接熔池的变化,随时调节有关工艺参数,保证背面焊缝良好成形,当熔池增大、焊缝变宽并出现下凹时,说明熔池温度过高,此时应减小焊枪与焊件夹角,加快焊接速度;当熔池减小时,说明熔池温度低,应增加焊枪倾角,减慢焊接速度。

(7)接头:当焊丝用完需更换时,或因其他原因需要暂时中止焊接时,会有接头存在。接头前应先检查接头熄弧处弧坑质量,当保护较好,无氧化物等缺陷时,则可直接接头;当有缺陷时,则需将缺陷修磨掉,并使其前端成斜面。在焊缝中间停止焊接时,可松开焊枪上的开关,停止送丝。如果焊机有电流自动衰减装置,则应保持喷嘴高度不变,待电弧熄灭、熔池完全冷却后,再移开焊枪;若焊机没有电流自动衰减装置,则在松开开关后稍抬高焊枪,待电弧熄灭、熔池冷却凝固到颜色变黑后再移开焊枪。接头时打开焊枪在弧坑右侧15 ~20 mm 处引弧,并慢慢向左移动,待弧坑处开始熔化并形成熔池和熔孔后,继续填丝焊接。

(8)收弧:如果焊机有电流自动衰减装置,则焊至焊件末端时,应减小焊枪与焊件间的夹角,让热量集中在焊丝上,加大焊丝熔化量,以填满弧坑,然后切断控制开关。这时焊接电流逐渐减小,熔池也不断缩小,焊丝回抽,但不要脱离氩气保护区,停弧后,氩气需延时10 s左右再关闭,以防熔池金属在高温下氧化。如果焊机没有电流衰减控制装置,则在收弧处要慢慢抬起焊枪,并减小焊枪倾角,加大焊丝的熔化量,待弧坑填满后再切断电流。

2. 填充焊

(1)焊接前,清理前道焊缝的焊渣和飞溅,焊接填充层时的注意事项和步骤同打底焊。

(2)焊接时焊枪应横向摆动,一般做锯齿形摆动,焊枪的摆动幅度比打底焊时稍大,在坡口两侧稍停留,以保证坡口两侧熔合良好、焊道均匀。

(3)填充焊道应比焊件表面低 1 ~1. 5 mm,如图 17 -1 -14 所示,不要熔化坡口的棱边,焊道如图 17 -1 -14 所示。

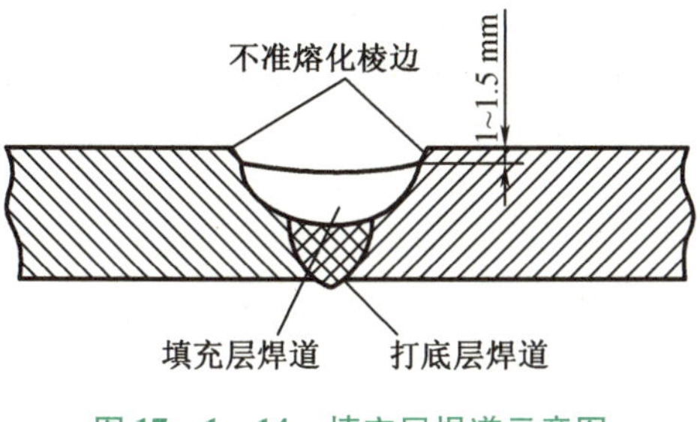

图 17 -1 -14 填充层焊道示意图

3. 盖面焊

(1)焊接前,清理前道焊缝的焊渣和喷嘴上的飞溅。

(2)调节盖面层焊接工艺参数,从右端开始焊接。

(3)盖面焊时的焊枪角度、摆动方法与填充焊时相同,焊枪横向摆动幅度比填充焊时稍大,但要注意焊枪横向摆动幅度不宜过大,证熔池两侧超过坡口棱边 0. 5 ~1. 5 mm 即可,否则易出现焊波粗大和咬边现象。尽量保持焊接速度均匀,避免盖面层焊道中间凹陷,焊枪在坡口两侧摆动应均匀、缓慢,以防止咬边,填丝速度与焊接速度决定焊缝余高。

实训活动

1. 打底焊

先查阅资料完成下面的任务单，再按此前修订确认的焊接工艺卡的工艺要求和下面任务单的方式进行打底焊操作。

(1) 引弧与焊丝角度及焊接方向

本任务焊件采用连弧焊进行打底焊，选择焊接方向为________；将焊件间隙________的一端放于________侧，打底焊从焊件右端定位焊缝约 20 mm 坡口的一侧引弧，焊枪与焊接方向之间的夹角为________（并在图 17－1－15 标注焊枪与焊件对应的角度）。

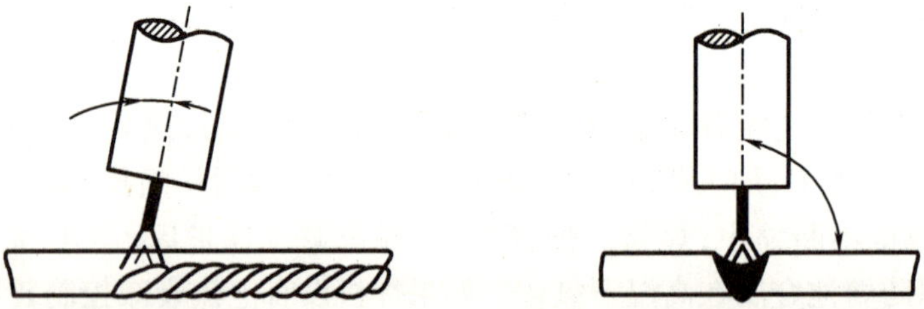

(a)焊丝与焊接方向之间的夹角　(b)焊丝与焊缝轴线垂直方向之间的夹角

图 17－1－15

引弧后，控制电弧在离底边________ mm 处燃烧，使打底焊缝厚度保持在不超过________ mm。当坡口底部熔孔直径达 3～4 mm 时，转入正常焊接。尽可能维持熔孔直径不变，熔孔直径应比坡口间隙________ mm，根据坡口间隙和熔孔直径的变化来调整焊枪横向摆动幅度和焊接速度。

(2) 接头

在焊缝中间停止焊接时，可松开焊枪上的开关，停止________。如果焊机有电流自动衰减装置，则应保持喷嘴高度不变，待电弧熄灭、熔池完全冷却后，再移开焊枪；若焊机没有电流________装置，则在松开开关后稍抬高焊枪，待电弧熄灭、熔池冷却凝固到颜色变________后再移开焊枪。

(3) 收弧

如果焊机有电流自动衰减装置，则焊至焊件末端时，应________焊枪与焊件间的夹角，让热量集中在________上，加大焊丝________，以填满弧坑，然后切断控制开关。这时焊接电流逐渐减小，熔池也不断缩小，焊丝回抽，但不要脱离氩气保护区，停弧后，氩气需延时 10 s左右再关闭，以防熔池金属在高温下氧化。如果焊机没有电流衰减控制装置，则在收弧处要慢慢抬起焊枪，并减小焊枪________，加大焊丝的熔化量，待弧坑填满后再切断电流。

(4) 焊接过程性检查

完成打底层焊接后，清理焊渣，进行过程性质量检查，以确保整体焊接质量及后续改进，并填写表 17－1－15。

表 17-1-15　打底焊层缺陷检查

检查项目	缺陷存在的数量	形成原因与改善措施
夹渣		
气孔		
裂纹		
未焊透		
未熔合		
焊瘤		
坡口根部熔合尺寸一致性		

2. 填充焊

先查阅资料完成下面的任务单，再按此前修订确认的焊接工艺卡的工艺要求和下面任务单的方式进行填充焊操作。

(1)清理与焊接控制

焊接前，清理前道焊缝的焊渣和飞溅，焊接填充层时的注意事项和步骤同________。焊接时焊枪应横向摆动，一般做________摆动，焊枪的摆动幅度比打底焊时________，在坡口两侧稍________，以保证坡口两侧熔合良好、焊道均匀。填充焊道应比焊件表面低________ mm，不要熔化坡口的________。

说明低于焊件表面及不破坏坡口边缘的原因：________________________________

____

(2)焊接过程性检查

完成填充层焊接后，清理焊渣，进行过程性质量检查，以确保整体焊接质量及后续改进，并填写表 17-1-16。

表 17-1-16　填充焊层缺陷检查

检查项目	缺陷存在的数量					形成原因与改善措施
	1 层	2 层	3 层	4 层	5 层	
夹渣						
气孔						
裂纹						
未焊透						
未熔合						
焊瘤						
最上层与坡口上表面尺寸一致性						
坡口边缘完好度						

3. 盖面焊

先查阅资料完成下面的任务单，再按此前修订确认的焊接工艺卡的工艺要求和下面任务单的方式进行盖面焊操作。

焊接前，清理前道焊缝的焊渣和喷嘴上的飞溅。调节盖面层焊接工艺参数，从右端开始焊接。盖面焊时的焊枪角度、摆动方法与________时相同，焊枪横向摆动幅度比填充焊时________，尽量保持焊接速度均匀，避免盖面层焊道中间________。但要注意焊枪横向摆动幅度不宜过大，否则易出现焊波粗大和________现象。焊枪在坡口两侧摆动应均匀、缓慢，以防止咬边，填丝速度与焊接速度会决定________。

说明：为什么焊枪摆动幅度过大、过快容易出现咬边？

____

____

中途需要中断焊接时，要做到滞后停气，以免熔池在高温状态下发生氧化，为什么？

____

____

焊丝摆动到坡口两侧时，焊丝对准坡口棱边，不要超过棱边，形成熔池后的熔化棱边为0.5～1 mm。收弧时一定要填满弧坑，并且收弧弧长要短，以免产生弧坑裂纹。

焊接结束后，首先关闭氩气瓶阀门，点动焊枪开关或焊机面板上的焊接检气开关，放掉减压器里面的余气，然后关闭焊接电源。

子任务 17－1－3 焊缝清理与检查

知识积累

知识点1：任务分析

任务实施路线：焊缝清理、质量检查。

知识点2：焊缝清理与质量检查

焊件焊接完毕后，用敲渣锤、钢丝刷等清理掉焊缝上的焊渣、飞溅等，或用砂布重新打磨一遍焊缝外观，不得存在焊渣、焊点、毛刺等，焊缝应光滑、平整，应保证焊件的“边齐、面平”，包括焊件上开口边缘的垂直平行度，但不能破坏焊缝原始表面。焊后对焊缝表面质量进行检验，肉眼观察或用低倍放大镜检查焊缝表面是否有气孔、裂纹、咬边等缺陷，用钢直尺、钢角尺、焊缝检验尺对焊缝进行外观质量和外观成形尺寸检查。

知识点3：手工钨极氩弧焊常见缺陷的产生原因及防止方法

手工钨极氩弧焊常见的缺陷有焊缝成形不良、烧穿、未焊透、咬边、气孔和裂纹等。

1. 焊缝成形不良

焊缝成形不良主要表现为外形尺寸超过规定的范围、高低宽窄不一、背面下凹等。焊缝成形差会影响焊接接头的强度，并造成应力集中等危害。

主要原因：焊接参数选择不当；操作不熟练；送丝方法不当或不熟练；焊枪运走不均匀；熔池温度控制不好等。

防止措施：选择适当的焊接参数；提高操作技能。

2. 烧穿

在焊接过程中熔化金属自坡口背面流出形成穿孔的缺陷，称为烧穿。

主要原因：焊接电流太大；熔池温度过高；焊件根部间隙太大；送丝不及时；焊接速度太慢等。

防止措施：选择正确的焊接参数；保证焊件的装配质量；提高操作技能。

3. 未焊透

未焊透产生的原因：焊接电流太小；焊接速度太快；焊件的根部间隙太小；焊件的坡口角度太小及钝边太大；电弧过长或焊偏；焊前清理不干净；操作技术不熟练。

防止措施：选择正确的焊接参数；保证焊件坡口加工质量和合适的根部间隙；正确控制熔池的温度；提高操作技能。

4. 咬边

咬边产生的原因：焊接速度过快，熔化金属冷却过快；焊接电流太大；焊枪角度不当；焊缝正面氩气流量太大；钨极磨得过尖；送丝速度过慢。

防止措施：选择正确的焊接参数；正确地掌握熔池温度；合理地填加焊丝；提高操作技能。

5. 气孔

气孔产生的原因：焊件、焊丝表面清理不干净；氩气纯度不高；气体保护不良；操作不当。

防止措施：严格清理焊件、焊丝表面；氩气质量要好；检查供气系统并确保气路畅通；提高操作技能。

6. 裂纹

主要原因：焊件或焊丝中 C、S 含量高，Mn 含量低，在焊接过程中容易产生热裂纹；焊件、焊丝表面清理不干净；焊接参数选择不当，如熔深大而熔宽窄，以及焊接速度快，使熔化金属冷却速度增加；焊件结构刚度过大也会产生裂纹。

防止措施：严格控制焊件及焊丝的 P、S 等含量；严格清理焊件表面；选择合理的焊接参数；对结构刚度较大的焊件可更改结构或采取焊前预热、焊后消氢处理。

实训活动

1. 焊件焊后处理与检测评分

焊件焊接完毕后，先用敲渣锤清理焊渣，再用钢丝刷进一步将焊渣、飞溅等清理干净。严禁破坏焊缝原始表面，禁止用水冷却。对焊缝表面质量进行目视检验，使用 5 倍放大镜观察表面是否存在缺陷，并使用焊接检验尺对焊缝进行测量，焊件外观检查的结果应满足各项要求。然后对焊件进行无损检测，焊件内部质量按《焊缝无损检测　射线检测　第 1 部分：X 和伽玛射线的胶片技术》（GB/T 3323. 1—2019）评定。对焊件按规范进行检测评分，对接焊缝外观评分标准见子任务 1 – 1 – 3 同类表。

2. 工位工具清理点检与评分

焊接结束后，关闭焊接电源。按 9S 标准清扫场地，按规定摆放工具，整理焊接电缆，确认无安全隐患，并做好使用记录，进行评分，评分表见子任务 1 – 1 – 3 同类表。

项目十八　板对接立焊钨极氩弧焊

项目描述：师徒对话

经过一段时间辛苦的学习和训练，小白终于掌握了钨极氩弧焊平焊技术。一天，他发现高师傅正在进行板对接立焊的操作，就拉着高师傅问："高师傅，氩弧焊的立焊和二氧化碳气体保护焊的立焊操作是不是一样？"高师傅说："当然不一样，设备、焊接材料都不一样，既然你平焊练得差不多了，接下来就开始学习立焊吧，以解你心中疑惑。氩弧焊在不锈钢、铝、镁、钛合金材料焊接中用得比较多，你要体会氩弧焊在不同材料焊接中的不同之处，这一阶段你要达成以下目标。"

项目目标

知识目标：

1. 熟悉板对接立焊钨极氩弧焊的特点、原理及设备构成；
2. 掌握板对接立焊钨极氩弧焊方法；
3. 掌握板对接立焊钨极氩弧焊的常见缺陷与预防措施；
4. 掌握板对接立焊钨极氩弧焊焊缝外观质量检查方法。

技能目标：

1. 能够正确识读图纸；
2. 能够正确应用工具进行坡口处理；
3. 能够正确连接、调试焊钨极氩弧焊设备；
4. 能够正确进行装配定位并预防焊接变形；
5. 能够正确选用焊丝；
6. 能够正确选用合适的焊接工艺参数；
7. 能够熟练进行板对接立焊钨极氩弧焊的焊接操作；
8. 能够进行板对接立焊单面焊双面成形钨极氩弧焊多层多道焊。

素养目标：

1. 具有查阅资料、自主学习和勤于思考的能力；
2. 具有尊重和自觉遵守法规、标准的意识；
3. 具有良好的职业道德、敬业精神和团队精神；
4. 具有安全、环保和节约意识；
5. 具有 9S 管理意识。

任务 18 - 1 不锈钢板对接立焊钨极氩弧焊

任务说明：

按图 18 - 1 - 0 及技术要求进行材料准备、工艺准备、焊接实施、质量检查、自我评定与总结。

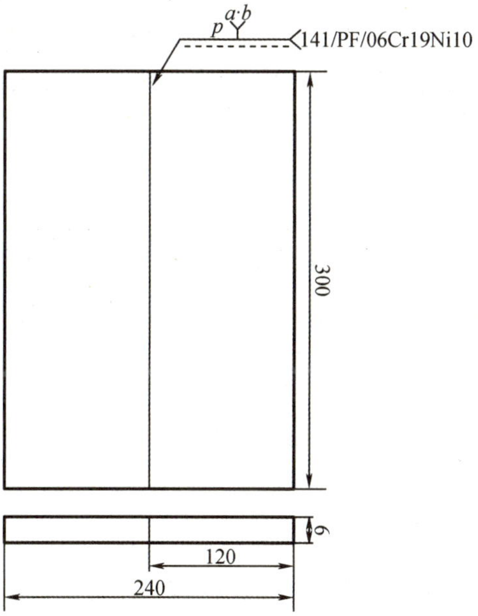

技术要求：1. 单面焊双面成形；2. 坡口为 60°；3. 根部间隙和钝边尺寸自定；4. 错边≤0.5 mm；5. 角变形 <3°；6. 不允许有咬边；7. 不允许有未焊透；8. 不允许有裂纹、气孔、夹渣；9. 焊缝余高≤1 + 0.15*b*。

图 18 - 1 - 0 钨极氩弧焊 06Cr19Ni10 不锈钢板对接立焊单面焊双面成形焊件图

子任务 18 - 1 - 1 焊前准备

知识积累

知识点 1：任务分析

钨极氩弧焊多用在薄板焊接或者厚板打底焊中，板对接立焊是焊接结构成形过程中经常遇到的焊接位置，操作比平焊难得多，主要特点是熔池金属容易向下坠，焊缝成形不平整，焊枪角度不稳定引起电弧方向变化造成咬边。除了具有平焊的操作技能外，还应选用较细的焊丝、较小的焊接电流，随时调整焊枪角度来控制熔池的凝固。立焊分从下向上和从上向下两种方法，从下向上焊容易保证焊透，氩弧焊很少采用从上向下立焊方法。

任务实施路线：图样识读、焊件准备及坡口清理、焊接工艺参数确定、装配定位。

知识点2:焊件准备及坡口清理

任务单要求:准备6 mm×120 mm×300 mm尺寸的06Cr19Ni10不锈钢板材质焊件两块,单边开30°V形坡口。

焊缝及坡口清理:焊前打磨清理坡口面及坡口边缘上下两侧15~20 mm范围,露出金属光泽,再用丙酮清洗。由于在手工钨极氩弧焊焊接过程中惰性气体仅起保护作用,无冶金反应,因此坡口的清洗质量直接影响焊缝的质量,并打磨出0~0.5 mm的钝边。

知识点3:焊接工艺参数确定

结合本任务母材06Cr19Ni10的焊接特性和板厚来看,选择直径2.5 mm的ER308焊丝(注意保持焊丝的干净,使用前可用砂布及棉纱擦净焊丝上的油、锈等污物,必要时还可用丙酮清洗),保护气体为氩气,纯度高于99.99%,电极采用铈钨极,采用三层三道焊来焊接,具体焊接工艺参数见表18-1-1。

表18-1-1 焊接工艺参数表

焊接层次	焊丝型号	焊丝直径/mm	焊接电流/A	焊接电压/V	保护气体流量/(L/min)	钨极直径/mm	钨极伸出长度/mm	电源极性
打底层	ER308	2.5	80~90	12~16	7~9	2.5	3~6	直流正接
填充层			90~100	12~16	7~9	2.5	3~6	
盖面层			90~100	12~16	7~9	2.5	3~6	

知识点4:装配定位

将两块钢板水平放在工装台上,两端对齐装配成对接接头,装配时焊件始焊端根部间隙设置为2.0 mm,结束端为3.0 mm,采取和打底焊相同的工艺参数在两端进行点固焊,焊点长度为10~15 mm,必须焊透,不允许有缺陷,错边量不大于0.5 mm,反变形预留量为3°~5°,焊后应把焊点打磨成斜坡,以便接头。装配示意图如图18-1-1所示。

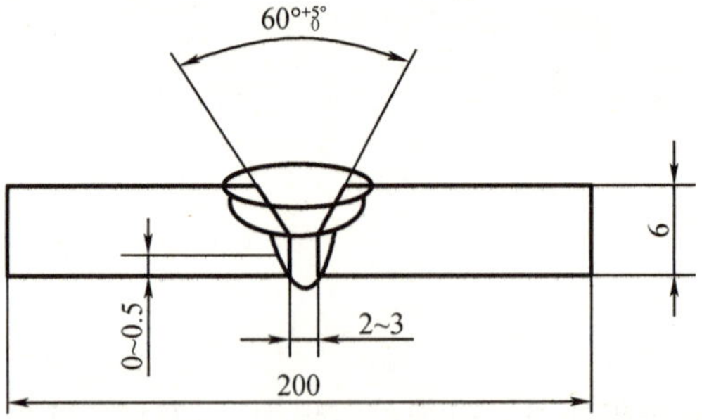

图18-1-1 板对接装配定位示意图

如定位焊缝有缺陷,必须将有缺陷的定位焊缝磨掉后重焊,不允许用重熔的办法来处理定位焊缝上的缺陷。

实训活动

1. 分析与制订焊接工艺

识读图样，根据焊接要求，结合前面所学知识进行工艺制订，完成表 18－1－2 所示工艺卡的编制。

表 18－1－2　06Cr19Ni10 板对接立焊 TIG 焊单面焊双面成形焊接工艺卡

焊接工艺卡		编号：
材料牌号		1. 接头坡口简图（标注尺寸）
材料规格/mm		
接头种类	对接	
坡口形式	V 形带钝边	
坡口角度/(°)	60	2. 装配定位简图（标注尺寸）
钝边		
组对间隙/mm		
焊接方法	TIG	
保护气体	Ar	
焊接设备	WS－300	3. 焊道简图（在下图中补画出焊道）
钨极	铈钨极 ϕ2.5 mm	

1. 接头坡口简图（标注尺寸）

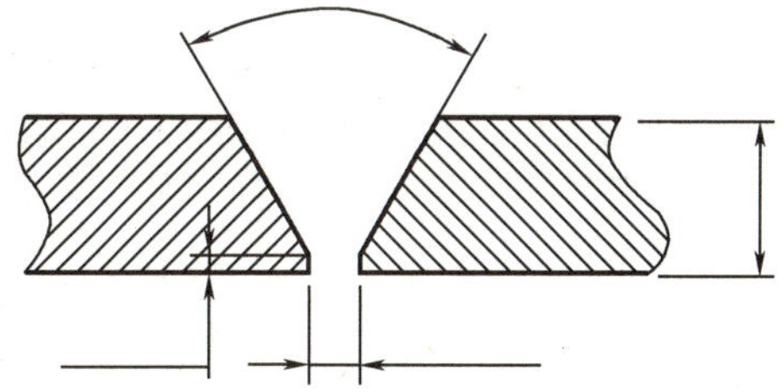

2. 装配定位简图（标注尺寸）

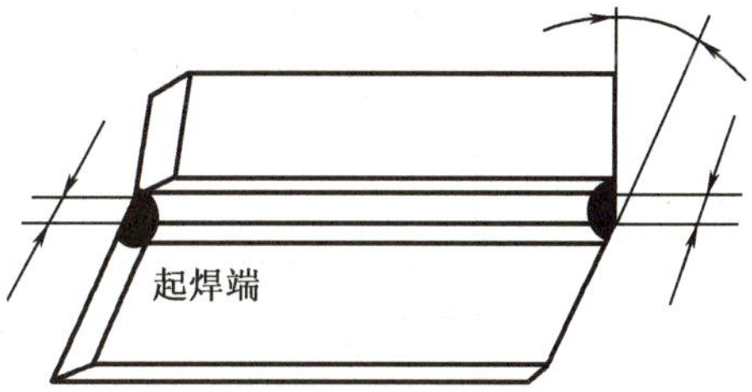

3. 焊道简图（在下图中补画出焊道）

电源种类		焊后热处理	种类	—	保温时间	—
电源极性			加热方式	—	层间温度	—
焊接位置			温度范围	—	测量方法	—

焊接参数

焊层	焊材型号	焊材直径/mm	焊丝伸出长度/mm	保护气体流量/(L/min)	焊接电流/A	焊接电压/V	焊接速度/(cm/min)
定位焊	ER308						
第一道							
第二道							
第三道							

简要说明设定以上工艺参数及焊接变形控制措施的理由：

____

____

____

2. 材料、工具设备、工位领取及点检

按老师审核通过的焊接工艺卡领取材料、工具设备及工位，并进行点检，检查表见子任务 1－1－1。

3. 接头坡口处理及装配定位

根据前面设计确定的坡口尺寸，进行加工处理，再进行装配定位及定位焊。然后填写检测表 18－1－3。

表 18－1－3 坡口处理及装配定位检测表

坡口主要尺寸检测							
坡口角度 α		钝边尺寸 p		引弧端根部间隙尺寸 b		收弧端根部间隙尺寸	
设计值	定位后值	设计值	加工值	设计值	定位后值	设计值	定位后值

定位焊点尺寸检测(测量并标注)

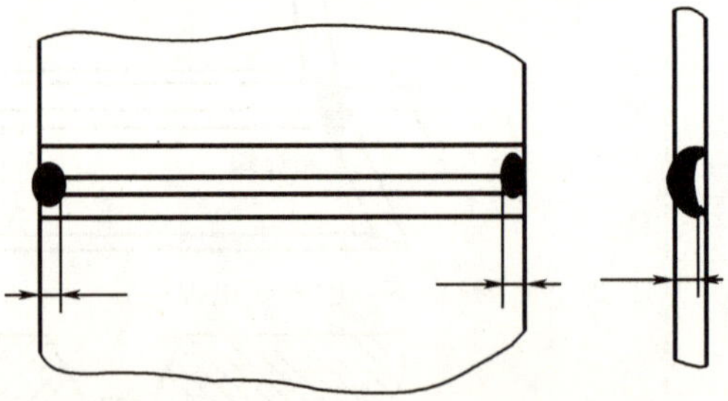

装配定位变形控制尺寸检测(测量并标注)

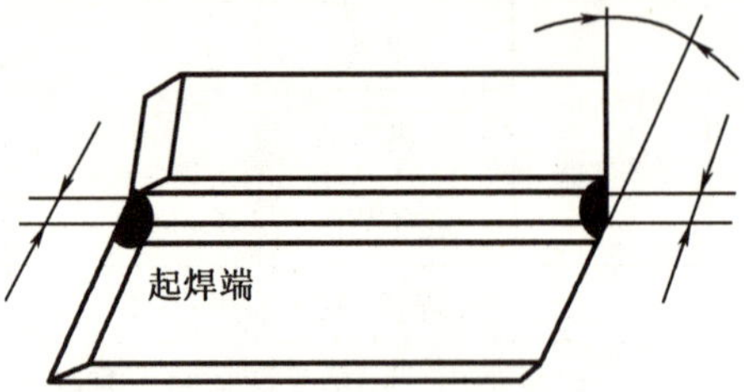

焊缝两侧清理检测									
焊缝两侧清理		清理的尺寸范围							
要求	处理结果	要求值				加工测量值			
		边 1	边 2	边 3	边 4	边 1	边 2	边 3	边 4

子任务18－1－2 焊接操作

知识积累

知识点1:任务分析

钨极氩弧焊操作特点是:无论在什么位置焊接时,焊枪角度、电弧长度、焊接速度、送入焊丝的位置和角度都是操作技术的基本要领。焊枪角度是控制熔池形状、熔深和熔宽的关键。电弧太短影响熔深和表面成形,电弧太长会造成焊道中间高和两侧咬边(平焊除外)。送入焊丝的位置及角度正确与否直接影响焊道表面成形和焊接能否顺利进行。

任务实施路线:打底、填充、盖面。

知识点2:焊接操作

1. 打底焊

立焊打底层焊接比平焊电流要小一点,以减小熔池,有利于焊缝成形。

(1)将焊件固定在操作台上,焊缝垂直装夹,坡口面朝向操作者,焊件高度适合操作者操作舒服的位置,间隙小的一端放在下端,采取向上左焊法进行焊接,6 mm 厚板件的焊接层次常有三层三道。

(2)焊枪、焊丝位置、角度及运动如图18－1－2所示,焊枪向下倾斜10°～20°,以借助电弧向上的吹力来阻挡熔池金属下淌。焊丝与坡口中心线夹角为20°～30°(即与板件焊缝方向成70°～80°),填丝位置在熔池的上边缘,并做锯齿形或反月牙形摆动,熔化的铁水缓慢向下流淌,有助于焊缝成形。若在熔池下部填丝,则熔池金属容易流到焊缝之外形成焊瘤。

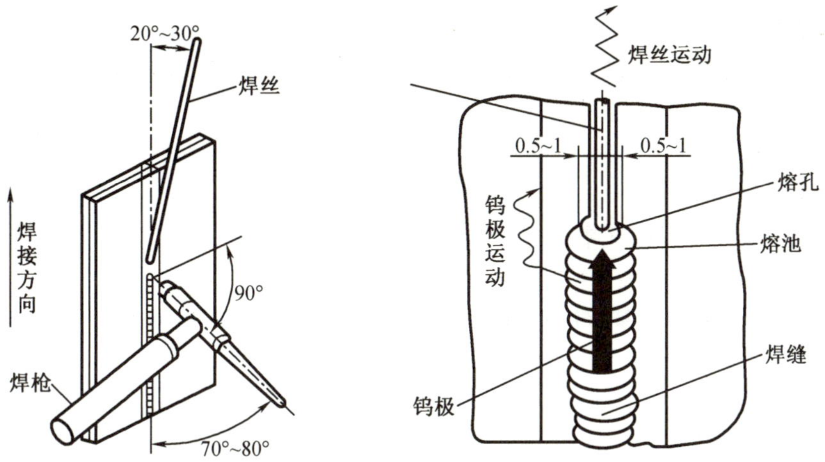

图18－1－2 焊枪、焊丝位置、角度及运动示意图

向上立焊采用左焊法。操作时以肘关节做支点,以大臂带小臂,腕关节做小幅度左右摆动,弧长为2～3 mm。

(3)引弧:为了确保熔池保护作用良好,引弧前应先送气5～10 s,然后将焊枪以45°位置斜靠在坡口内，使钨极端部在离母材表面 2 ~ 3 mm 处进行引弧。引弧后先对焊缝位置进行预热，待板件达到熔融状态时就可以开始正式打底焊接。

(4) 焊接：引弧后焊枪稍作摆动并向后倾斜 10° ~ 20°，待熔池形成后逐渐前移至预先打磨好的斜坡处，待熔池形成并出现熔孔，两侧钝边各熔入 0.5 ~ 1 mm 时开始填丝向上焊接。焊枪做上反月牙形摆动，在坡口两侧稍作停留，两侧停顿时间与摆动时间大致各占 1/3，以保证两侧熔化良好。

(5) 焊接时注意，焊枪向上移动的速度要合适，控制好熔池的形状，熔池的下沿近似为椭圆形，不能向下凸出，否则成形不良。尽可能让已冷凝的焊道托住熔池，使熔池表面近似一个水平面匀速上升，以使焊缝外观平整。

(6) 焊接中随时注意观察熔孔的形状和大小，发现熔孔不明显，应停止填丝，否则容易产生未焊透；若熔孔过大，熔池会向下坠，使焊缝背面形成焊瘤。为了保证焊缝背面成形饱满又不超高，焊丝贴着坡口根部均匀而有节奏地送进，当焊丝端部进入熔池熔化时轻轻挑向坡口根部。抽回焊丝准备下次送进，直至焊完打底层。焊丝与焊枪的动作要配合协调，同步移动，当间隙小时可同步直线上移；当间隙大时可做同步小幅度摆动匀速上移。

(7) 接头：当焊丝用完需更换时，或因其他原因需要暂时中止焊接时，会有接头存在。接头前应先检查接头熄弧处弧坑质量，当保护较好，无氧化物等缺陷时，则可直接接头；当有缺陷时，则需将缺陷修磨掉，并使其前端成斜面，在弧坑前 5 ~ 10 mm 处引燃电弧。

(8) 收弧时要防止弧坑产生裂纹和缩孔，可利用电流衰减功能，逐渐降低熔池温度，同时延长氩气对弧坑的保护作用，直至熔池冷却。

2. 填充焊

(1) 焊接前，清理前道焊缝的焊渣和飞溅，焊接填充层时的注意事项和步骤同打底焊。

(2) 与打底层相比电流稍大，焊枪、焊丝与焊件间夹角和打底层相同。

(3) 焊接时，焊丝端头轻擦打底层焊缝表面，均匀、有规律地向熔池送进。由于填充层焊缝变宽，焊枪做锯齿形摆动，在两侧稍作停留，以便熔化良好，但不能熔化坡口棱边，否则在盖面层焊接时将失去基准线，焊不出平直的面层焊道。

(4) 接头应与底层接头错开 50 mm 以上，接头时在弧坑前 5 ~ 10 mm 处引燃电弧，焊枪做窄幅横向摆动，移至弧坑处时稍加焊丝使接头平整，转入正常焊接。填充层焊缝表面距焊件表面约 1 mm。

3. 盖面焊

(1) 盖面层焊接时焊枪摆幅稍大，其余与填充层相同。

(2) 焊枪摆幅增大，在坡口棱边处稍作停留，待棱边处熔化 0.5 ~ 1 mm，短弧施焊，以免咬边，根据焊缝余高确定焊丝送进速度，保证两侧熔合良好、圆滑过渡。其余与填充层相同。

实训活动

1. 打底焊

完成下面的任务单，再按此前修订确认的焊接工艺卡的工艺要求和下面任务单的方式进行打底焊操作。

(1) 采取________法进行焊接，6 mm 厚板件的焊接层次常有________。

(2) 焊枪向下倾斜________，以借助电弧向上的吹力来阻挡熔池金属下淌。焊丝与坡口中心线夹角为________(即与板件焊缝方向成 70°~80°),填丝位置在熔池的上边缘,并做________摆动,熔化的铁水缓慢向下________,有助于焊缝成形。若在熔池下部填丝,则熔池金属容易流到焊缝之外形成________。

(3)引弧:为了确保熔池保护作用良好,引弧前应先送气________ s,然后将焊枪以 45°位置斜靠在坡口内,使钨极端部在离母材表面________ mm 处进行引弧。引弧后先对焊缝位置进行________,待板件达到________状态时就可以开始正式打底焊接。

(4)焊接:引弧后焊枪稍作摆动并向后倾斜________,待熔池形成后逐渐前移至预先打磨好的斜坡处,待熔池形成并出现________,两侧钝边各熔入________ mm 时开始填丝向上焊接。焊枪做上________摆动,在坡口两侧稍作________,两侧停顿时间与摆动时间大致各占________,以保证两侧熔化良好。

(5)焊接过程性检查

完成打底层焊接后,清理焊渣,进行过程性质量检查,以确保整体焊接质量及后续改进,并填写表 18-1-4。

表 18-1-4 打底焊层缺陷检查

检查项目	缺陷存在的数量	形成原因与改善措施
夹渣		
气孔		
裂纹		
未焊透		
未熔合		
焊瘤		
坡口根部熔合尺寸一致性		

2. 填充焊

先查阅资料完成下面的任务单,再按此前修订确认的焊接工艺卡的工艺要求和下面任务单的方式进行填充焊操作。

(1)焊接前,清理前道焊缝的________和________物,焊接填充层时的注意事项和步骤同________。

(2)与打底层相比电流稍________,焊枪、焊丝与焊件间夹角和打底层________。

(3)焊接时,焊丝端头________打底层焊缝表面,均匀、有规律地向熔池送进。由于填充层焊缝变________,焊枪做________摆动,在两侧稍作________,以便熔化良好,但不能熔化坡口________,否则在盖面层焊接时将失去基准线,焊不出平直的面层焊道。

(4)接头应与底层接头错开________ mm 以上,接头时在弧坑前________ mm 处引燃电弧,焊枪做________横向摆动,移至________处时稍加焊丝使接头平整,转入正常焊接。填充层焊缝表面距焊件表面约________ mm。

(5)焊接过程性检查。完成填充层焊接后,清理焊渣,进行过程性质量检查,以确保整体焊接质量及后续改进,并填写表 18-1-5。

表 18-1-5 填充焊层缺陷检查

检查项目	缺陷存在的数量					形成原因与改善措施
	1层	2层	3层	4层	5层	
夹渣						
气孔						
裂纹						
未焊透						
未熔合						
焊瘤						
最上层与坡口上表面尺寸一致性						
坡口边缘完好度						

3. 盖面焊

先查阅资料完成下面的任务单，再按此前修订确认的焊接工艺卡的工艺要求和下面任务单的方式进行盖面焊操作。

(1)盖面层焊接时焊枪摆幅稍________，其余与填充层________。

(2)焊枪摆幅________，在坡口棱边处稍作________，待棱边处熔化________ mm，短弧施焊，以免________，根据焊缝________确定焊丝送进________，保证两侧熔合良好、圆滑过渡。其余与填充层________。

子任务 18-1-3 焊缝清理与检查

知识积累

知识点 1：任务分析

任务实施路线：焊缝清理、质量检查。

知识点 2：焊缝清理与质量检查

焊件焊接完毕后，用敲渣锤、钢丝刷等清理掉焊缝上的焊渣、飞溅等，或用砂布重新打磨一遍焊缝，不得存在焊渣、焊点、毛刺等，焊缝应光滑、平整，应保证焊件的“边齐、面平”，包括工件上开口边缘的垂直平行度，但不能破坏焊缝原始表面。焊后对焊缝表面质量进行检验，肉眼观察或用低倍放大镜检查焊缝表面是否有气孔、裂纹、咬边等缺陷，用钢直尺、钢角尺、焊缝检验尺对焊缝进行外观质量和外观成形尺寸检查。

实训活动

1. 焊件焊后处理与检测评分

焊件焊接完毕后，先用敲渣锤清理焊渣，再用钢丝刷进一步将焊渣、飞溅等清理干净。严禁破坏焊缝原始表面，禁止用水冷却。对焊缝表面质量进行目视检验，使用5倍放大镜观察表面是否存在缺陷，并使用焊接检验尺对焊缝进行测量，焊件外观检查的结果应满足各项要求。然后对焊件进行无损检测,焊件内部质量按《焊缝无损检测 射线检测 第1部分:X和伽玛射线的胶片技术》(GB/T 3323.1—2019)评定。对焊件按规范进行检测评分,对接焊缝外观评分标准见子任务1－1－3同类表。

2. 工位工具清理点检与评分

焊接结束后,关闭焊接电源。按9S标准清扫场地,按规定摆放工具,整理焊接电缆,确认无安全隐患,并做好使用记录,进行评分,评分表见子任务1－1－3同类表。

项目十九　板对接仰焊钨极氩弧焊

项目描述：师徒对话

小白同学很争气，练习很刻苦，很快就把钨极氩弧焊立焊技术掌握了。高师傅看着他完成的焊件，频频点头，脸上露出笑容。高师傅看小白干劲十足，充满求知欲，于是说："还不错，现在你要趁热打铁，把最难的仰焊技术也学会。"小白兴奋地使劲点头，心里想："仰焊可不是一般焊工能焊的，那可是高级到技师之间的水平了，我一定要好好学，向高师傅看齐，以后也要做个大国工匠，为国出力。"这时，高师傅又说道："立焊时你了解了不锈钢材质的焊法，但仰焊更难，就先用低合金高强度钢来练习吧，这一阶段你要达成以下目标。"

项目目标

知识目标：

1. 熟悉板对接仰焊钨极氩弧焊的特点、原理及设备构成；
2. 掌握板对接仰焊钨极氩弧焊方法；
3. 掌握板对接仰焊钨极氩弧焊的常见缺陷与预防措施；
4. 掌握板对接仰焊钨极氩弧焊焊缝外观质量检查方法。

技能目标：

1. 能够正确识读图纸；
2. 能够正确应用工具进行坡口处理；
3. 能够正确连接、调试焊钨极氩弧焊设备；
4. 能够正确进行装配定位并预防焊接变形；
5. 能够正确选用焊丝；
6. 能够正确选用合适的焊接工艺参数；
7. 能够熟练进行板对接立焊钨极氩弧焊的焊接操作；
8. 能够进行板对接仰焊单面焊双面成形钨极氩弧焊多层多道焊。

素养目标：

1. 具有查阅资料、自主学习和勤于思考的能力；
2. 具有尊重和自觉遵守法规、标准的意识；
3. 具有良好的职业道德、敬业精神和团队精神；
4. 具有安全、环保和节约意识；
5. 具有 9S 管理意识。

任务 19－1　低合金高强度钢板对接仰焊钨极氩弧焊

任务说明：

按图 19－1－0 及技术要求进行材料准备、工艺准备、焊接实施、质量检查、自我评定与总结。

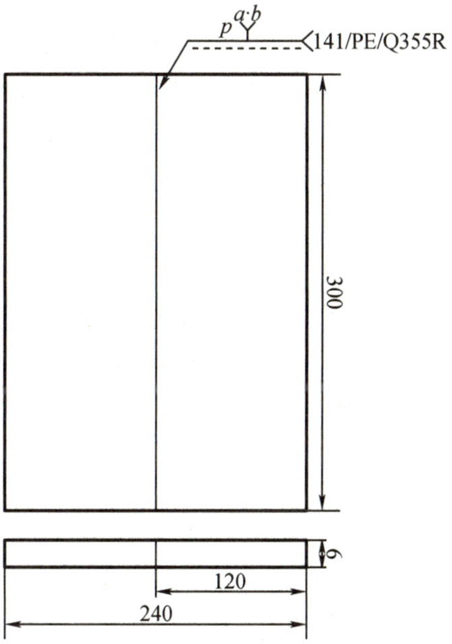

技术要求：1. 单面焊双面成形；2. 坡口为 60°；3. 根部间隙和钝边尺寸自定；4. 错边≤0.5 mm；5. 角变形＜3°；6. 不允许有咬边；7. 不允许有未焊透；8. 不允许有裂纹、气孔、夹渣；9. 焊缝余高≤1＋0.15b。

图 19－1－0　钨极氩弧焊高强度低合金钢板对接仰焊单面焊双面成形焊件图

子任务 19－1－1　焊 前 准 备

知识积累

知识点 1：任务分析

平焊位绕焊缝轴线旋转 180°即为仰焊位置，这是容器制造和维修中常遇到的焊接位置之一。它是操作难度最大、对焊工操作技能要求最高的一种焊接位置。熔滴受重力的影响，难以向熔池过渡，焊缝背面容易产生凹陷而正面容易产生焊瘤，焊缝成形困难。熔池温度越高，表面张力越小，熔池越大，铁液下坠越严重。仰焊时劳动强度大，焊工需要仰头看电弧，两手高举焊枪和焊丝在头顶之上做运弧和填丝动作，所以很容易疲劳。另外，要预防熔滴下坠而灼伤身体，学习者需要特别注意。

任务实施路线：图样识读、焊件准备及坡口清理、焊接工艺参数确定、装配定位。

知识点2：焊件准备及坡口清理

任务单要求：准备6 mm×120 mm×300 mm尺寸的Q355R材质焊件两块，单边开30°V形坡口。

焊缝及坡口清理：焊前打磨清理坡口面及坡口边缘上下两侧15～20 mm范围，露出金属光泽，再用丙酮清洗。由于在手工钨极氩弧焊焊接过程中惰性气体仅起保护作用，无冶金反应，因此坡口的清洗质量直接影响焊缝的质量，并打磨出0～0.5 mm的钝边。

知识点3：焊接工艺参数确定

结合本任务母材Q355R的焊接特性和板厚来看，选择直径2.5 mm的ER50－6焊丝（注意保持焊丝的干净，使用前可用砂布及棉纱擦净焊丝上的油、锈等污物，必要时还可用丙酮清洗），保护气体为氩气，纯度高于99.99%，电极采用铈钨极，采用三层三道焊来焊接，具体焊接工艺参数见表19－1－1。

表19－1－1 焊接工艺参数表

焊接层次	焊丝型号	焊丝直径/mm	焊接电流/A	焊接电压/V	保护气体流量/(L/min)	钨极直径/mm	钨极伸出长度/mm	电源极性
打底层	ER50－6	2.5	80～90	12～16	7～9	2.5	3～6	直流正接
填充层			90～100	12～16	7～9	2.5	3～6	
盖面层			90～100	12～16	7～9	2.5	3～6	

知识点4：装配定位

将两块钢板水平放在工装台上，两端对齐装配成对接接头，装配时焊件始焊端根部间隙设置为2.0 mm，结束端为3.0 mm，采取和打底相同的工艺参数在两端进行点固焊，焊点长度为10～15 mm，必须焊透，不允许有缺陷，错边量不大于0.5 mm，反变形预留量为3°～5°，焊后应把焊点打磨成斜坡，以便接头。板对接装配定位示意图如图19－1－1所示。

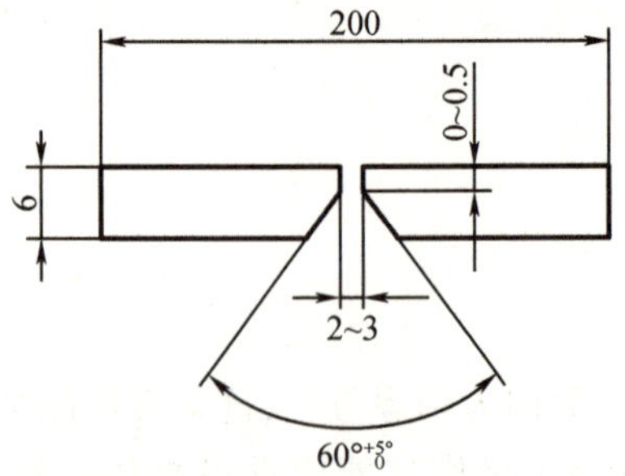

图19－1－1 板对接装配定位示意图

如定位焊缝有缺陷，必须将有缺陷的定位焊缝磨掉后重焊，不允许用重熔的办法来处理定位焊缝上的缺陷。

实训活动

1. 分析与制订焊接工艺

识读图样，根据焊接要求，结合前面所学知识进行工艺制订，完成表 19－1－2 所示工艺卡的编制。

表 19－1－2　Q355R 板对接立焊 TIG 焊单面焊双面成形焊接工艺卡

<table>
<tr><th colspan="2">焊接工艺卡</th><th colspan="5">编号：</th></tr>
<tr><td>材料牌号</td><td></td><td colspan="5" rowspan="11">1. 接头坡口简图（标注尺寸）
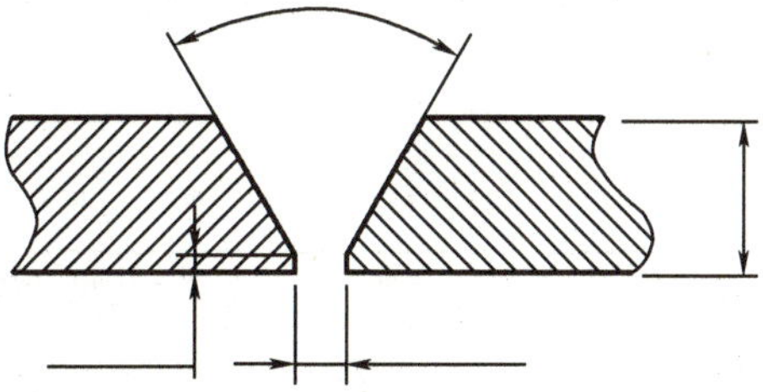
2. 装配定位简图（标注尺寸）
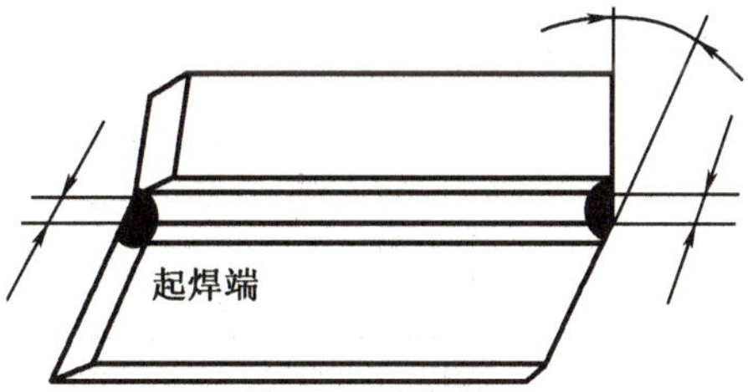

3. 焊道简图（在下图中补画出焊道）

</td></tr>
<tr><td>材料规格/mm</td><td></td></tr>
<tr><td>接头种类</td><td>对接</td></tr>
<tr><td>坡口形式</td><td>V 形带钝边</td></tr>
<tr><td>坡口角度</td><td>60°</td></tr>
<tr><td>钝边</td><td></td></tr>
<tr><td>组对间隙/mm</td><td></td></tr>
<tr><td>焊接方法</td><td>TIG</td></tr>
<tr><td>保护气体</td><td>Ar</td></tr>
<tr><td>焊接设备</td><td>WS－300</td></tr>
<tr><td>钨极</td><td>铈钨极
$\phi 2.5$ mm</td></tr>
<tr><td>电源种类</td><td></td><td rowspan="3">焊后
热处理</td><td>种类</td><td>—</td><td>保温时间</td><td>—</td></tr>
<tr><td>电源极性</td><td></td><td>加热方式</td><td>—</td><td>层间温度</td><td>—</td></tr>
<tr><td>焊接位置</td><td></td><td>温度范围</td><td>—</td><td>测量方法</td><td>—</td></tr>
</table>

<table>
<tr><th colspan="8">焊接参数</th></tr>
<tr><th>焊层</th><th>焊材型号</th><th>焊材直径
/mm</th><th>焊丝伸出
长度/mm</th><th>保护气体流量
/(L/min)</th><th>焊接电流
/A</th><th>焊接电压
/V</th><th>焊接速度
/(cm/min)</th></tr>
<tr><td>定位焊</td><td rowspan="4">ER50－6</td><td></td><td></td><td></td><td></td><td></td><td></td></tr>
<tr><td>第一道</td><td></td><td></td><td></td><td></td><td></td><td></td></tr>
<tr><td>第二道</td><td></td><td></td><td></td><td></td><td></td><td></td></tr>
<tr><td>第三道</td><td></td><td></td><td></td><td></td><td></td><td></td></tr>
</table>

简要说明设定以上工艺参数及焊接变形控制措施的理由：

____

____

____

2. 材料、工具设备、工位领取及点检

按老师审核通过的焊接工艺卡领取材料、工具设备及工位，并进行点检，检查表见子任务 1 - 1 - 1。

3. 接头坡口处理及装配定位

根据前面设计确定的坡口尺寸，进行加工处理，再进行装配定位及定位焊。然后填写检测表 19 - 1 - 3。

表 19 - 1 - 3　坡口处理及装配定位检测表

坡口主要尺寸检测							
坡口角度 α		钝边尺寸 p		引弧端根部间隙尺寸 b		收弧端根部间隙尺寸	
设计值	定位后值	设计值	加工值	设计值	定位后值	设计值	定位后值

定位焊点尺寸检测（测量并标注）

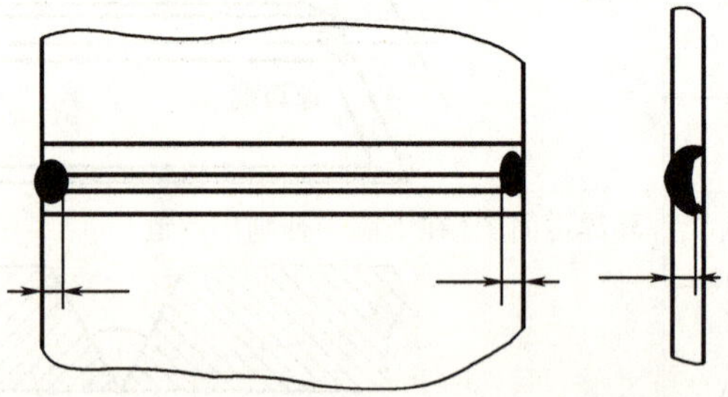

装配定位变形控制尺寸检测（测量并标注）

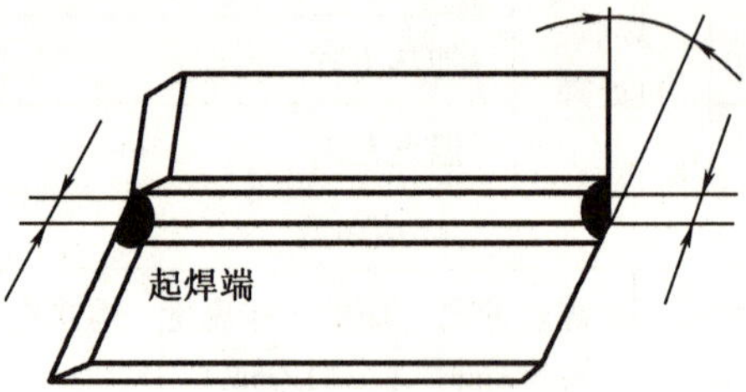

焊缝两侧清理检测

焊缝两侧清理		清理的尺寸范围							
要求	处理结果	要求值				加工测量值			
		边 1	边 2	边 3	边 4	边 1	边 2	边 3	边 4

子任务19－1－2 焊接操作

知识积累

知识点1:任务分析

钨极氩弧焊仰焊必须严格控制焊接热输入和冷却速度,可以采用较小的焊接电流、较快的焊速,使熔池控制在较小的范围内,加快熔池的凝固速度,确保焊缝外形美观。由于氩气的密度比空气大,容易下沉,仰焊的保护效果较其他位置差,应加大氧气流量。

任务实施路线:打底、填充、盖面。

知识点2:焊接操作

1. 打底焊

(1)将焊件固定在操作台上,焊缝水平装夹,坡口面朝下,焊件高度适合操作者操作舒服的位置,间隙小的一端放在右端,采取左焊法进行焊接,6 mm 厚板件的焊接层次常有三层三道。

(2)焊枪角度及位置如图19－1－2所示,焊枪与焊缝轴线右端夹角为80°～90°,几乎垂直于焊件,焊丝与焊缝轴线左端的夹角为30°～40°,大约为平焊的两倍。

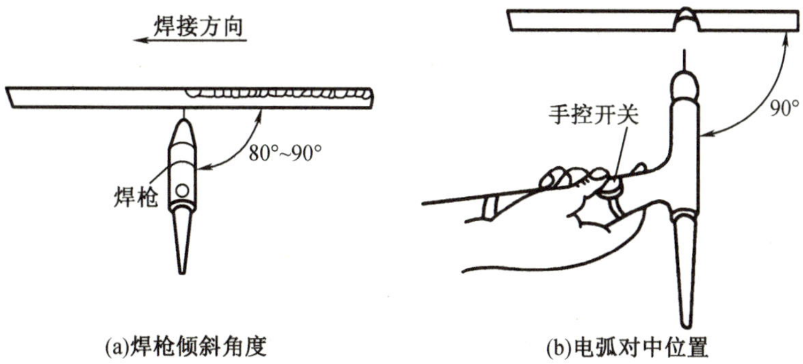

图19－1－2 焊枪角度及位置示意图

(3)引弧:引弧在焊件右端(间隙小的一端)定位焊缝上引燃电弧,为了确保熔池保护作用良好,引弧前应先送气5～10 s,然后将焊枪以45°位置斜靠在坡口内,使钨极端部在离母材表面2～3 mm处进行引弧。引弧后先对焊缝位置进行预热,待板件达到熔融状态时就可以开始正式打底焊接。

(4)焊接:引弧后焊枪稍作摆动,待焊枪移至定位焊缝的斜坡处形成熔池和熔孔后,开始填丝并均匀向左焊接。施焊时以肘为支点和动力,举起小臂,上身向左移动进行焊接。焊接中尽量压低电弧,焊枪做小幅度锯齿形摆动,在坡口两侧稍作停留,注意观察熔池的形状和大小,防止熔池过大、温度过高,以钝边熔化0.5～1 mm为度,以免熔化金属下坠。

(5)填丝的方法是焊丝一定要沿坡口间隙送入熔池根部,此时电弧应移动到坡口的边缘,使电弧热量传递到焊件上,以降低熔池的温度,同时焊丝吸收熔池的热量而熔化;焊丝送入熔池后,应轻轻向上推,将熔化金属推向背面;在抽回焊丝时,焊丝应向上挑起,使熔化金属尽量向背面顶送，以控制焊缝背面成形；然后焊枪做横向摆动，将熔化金属敷平，防止焊道凸出，形成沟槽。

(6)施焊过程中尽量防止钨极与熔池接触而短路，一旦发生短路将产生夹钨，必须停弧处理掉夹钨并将钨极端部修磨成所需要的形状后，才能继续焊接。

(7)接头：首先检查原弧坑的焊缝质量，若有缺陷应修磨掉，并将弧坑修磨成缓坡形。在弧坑后 15 ~ 20 mm 处引弧，并慢慢向左移动至斜坡最高处加热，待原弧坑处形成熔池和熔孔后再填丝施焊，转入正常焊接。

(8)停弧和收弧：停弧时应松开焊枪上的按钮开关，停止送丝，利用焊机的电流衰减功能，保持焊枪高度不变，待电弧熄灭熔池冷却后，再移开焊枪；若焊机无电流衰减装置，则松开按钮开关后，稍抬高焊枪，待电弧熄灭熔池冷却至颜色变黑后，再移开焊枪。在焊缝末端收弧时，应减小焊枪与焊件间夹角，使热量集中在焊丝上，加大焊丝熔化量，填满弧坑，然后切断电源，待氩气延时 10 s 左右，直至熔池冷却后再移开焊枪和焊丝

2. 填充焊

(1)焊接前，清理前道焊缝的焊渣和飞溅，焊接填充层时的注意事项和步骤同打底焊。

(2)与打底层相比电流稍大，焊枪、焊丝与焊件间夹角和打底层相同。

(3)填充层焊接时焊枪摆幅增大，两侧稍作停留，保证坡口两侧熔化良好，避免咬边，焊道均匀平整，并比母材表面低 1 mm 左右，不要熔化坡口棱边，以保持坡口边缘的原始状态，为盖面层焊接打好基础。

3. 盖面焊

(1)盖面层焊接时焊枪摆幅比填充层稍大，其余与填充层相同。

(2)盖面层焊接时焊枪与焊丝角度不变，只是焊枪的摆动幅度略大，并在两侧边缘稍作停留，使两侧边缘各熔化 0.5 ~ 1 mm 为度，短弧施焊，以免咬边，根据焊缝余高确定焊丝送进速度，保证两侧熔合良好、圆滑过渡，送丝速度均匀适度，以确保焊缝尺寸符合要求。

实训活动

1. 打底焊

完成下面的任务单，再按此前修订确认的焊接工艺卡的工艺要求和下面任务单的方式进行打底焊操作。

(1)将焊件固定在操作台上，焊缝________装夹，坡口面朝________，间隙小的一端放在________端，采取________焊法进行焊接，6 mm 厚板件的焊接层次常有________。

(2)焊枪与焊缝轴线右端夹角为________，几乎垂直于工件，焊丝与焊缝轴线左端的夹角为________，大约为平焊的两倍。

(3)引弧：引弧在焊件________端定位焊缝上引燃电弧，为了确保熔池保护作用良好，引弧前应先送气________ s，然后将焊枪以________位置斜靠在坡口内，使钨极端部在离母材表面________ mm 处进行引弧。引弧后先对焊缝位置进行________，带板件达到熔融状态时就可以开始正式打底焊接。

(4)焊接时，焊枪做小幅度________摆动，在坡口两侧稍作________，注意观察熔池的形状和大小，防止熔池过大、温度过高，以钝边熔化________ mm 为度，以免熔化金属下坠。

(5)焊接过程性检查

完成打底层焊接后，清理焊渣，进行过程性质量检查，以确保整体焊接质量及后续改

进,并填写表 19－1－4。

表 19－1－4 打底焊层缺陷检查

检查项目	缺陷存在的数量	形成原因与改善措施
夹渣		
气孔		
裂纹		
未焊透		
未熔合		
焊瘤		
坡口根部熔合尺寸一致性		

2. 填充焊

先查阅资料完成下面的任务单,再按此前修订确认的焊接工艺卡的工艺要求和下面任务单的方式进行填充焊操作。

(1)焊接前,清理前道焊缝的________和________,焊接填充层时方法与________相同。

(2)与打底层相比电流稍________,焊枪、焊丝与焊件间夹角和________相同。

(3)填充层焊接时焊枪摆幅________,两侧稍作________,保证坡口两侧熔化良好,避免咬边,焊道均匀平整,并比母材表面低________mm 左右,不要熔化坡口________,以保持坡口边缘的原始状态,为盖面层焊接打好基础。

(4)焊接过程性检查。完成填充层焊接后,清理焊渣,进行过程性质量检查,以确保整体焊接质量及后续改进,并填写表 19－1－5。

表 19－1－5 填充焊层缺陷检查

检查项目	缺陷存在的数量					形成原因与改善措施
	1层	2层	3层	4层	5层	
夹渣						
气孔						
裂纹						
未焊透						
未熔合						
焊瘤						
最上层与坡口上表面尺寸一致性						
坡口边缘完好度						

3. 盖面焊

先查阅资料完成下面的任务单，再按此前修订确认的焊接工艺卡的工艺要求和下面任务单的方式进行盖面焊操作。

(1)盖面层焊接时焊枪摆幅比填充层稍________，其余与填充层________。

(2)盖面层焊接时焊枪与焊丝角度不变，只是焊枪的摆动幅度略大，并在两侧边缘稍作停留，使两侧边缘各熔化________ mm 为度，________弧施焊，以免咬边，根据焊缝余高确定焊丝送进速度，保证两侧熔合良好、圆滑过渡，送丝速度均匀适度，以确保焊缝尺寸符合要求。

子任务 19-1-3 焊缝清理与检查

知识积累

知识点 1：任务分析

任务实施路线：焊缝清理、质量检查。

知识点 2：焊缝清理与质量检查

焊件焊接完毕后，用敲渣锤、钢丝刷等清理掉焊缝上的焊渣、飞溅等，或用砂布重新打磨一遍焊缝，不得存在焊渣、焊点、毛刺等，焊缝应光滑、平整，应保证焊件的"边齐、面平"，包括焊件上开口边缘的垂直平行度，但不能破坏焊缝原始表面。焊后对焊缝表面质量进行检验，肉眼观察或用低倍放大镜检查焊缝表面是否有气孔、裂纹、咬边等缺陷，用钢直尺、钢角尺、焊缝检验尺对焊缝进行外观质量和外观成形尺寸检查。

实训活动

1. 焊件焊后处理与检测评分

焊件焊接完毕后，先用敲渣锤清理焊渣，再用钢丝刷进一步将焊渣、飞溅等清理干净。严禁破坏焊缝原始表面，禁止用水冷却。对焊缝表面质量进行目视检验，使用 5 倍放大镜观察表面是否存在缺陷，并使用焊接检验尺对焊缝进行测量，焊件外观检查的结果应满足各项要求。然后对焊件进行无损检测，焊件内部质量按《焊缝无损检测　射线检测　第 1 部分：X 和伽玛射线的胶片技术》(GB/T 3323.1—2019)评定。对焊件按规范进行检测评分，对接焊缝外观评分标准见子任务 1-1-3 同类表。

2. 工位工具清理点检与评分

焊接结束后，关闭焊接电源。按 9S 标准清扫场地，按规定摆放工具，整理焊接电缆，确认无安全隐患，并做好使用记录，进行评分，评分表见子任务 1-1-3 同类表。

项目二十　管板垂直(仰位)固定钨极氩弧焊

项目描述:师徒对话

小白回忆起上次高师傅接到的一项现场焊接任务,为一个钢梁底板加装一根支撑管及现场制作几根管板结合的零时支撑工装。上次是用焊条电弧焊完成的,焊条电弧焊的烟尘比较大,飞溅也很大,人比较辛苦。因为之前学过钨极氩弧焊,小白问高师傅:“用钨极氩弧焊是不是会轻松一些?”高师傅回答道:“焊条电弧焊是工业生产中应用最广泛的焊接方法,而氩弧焊是一种高质量的焊接方法,与焊条电弧焊相比较,具有焊接变形小、焊缝成形美观、焊缝纯净、技术容易掌握等许多优点。但是焊接成本高,无论是氩气还是所用设备成本都高,故在生产中主要用于打底焊及有色金属的焊接。这一阶段你就采用钨极氩弧焊完成低碳钢或低合金高强度钢管板垂直(仰位)固定焊接,需要达成以下目标。”

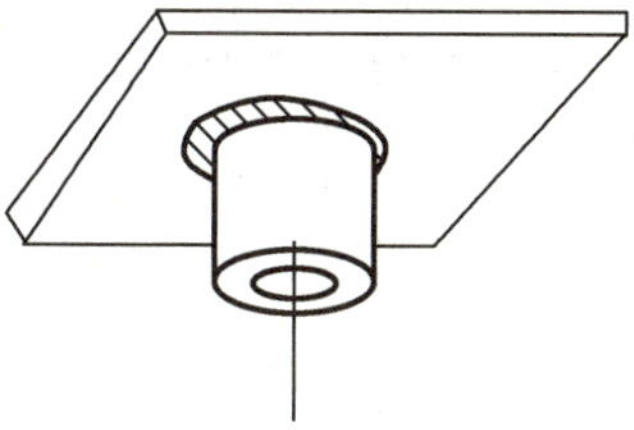

项目目标

知识目标:

1. 熟悉管板垂直固定钨极氩弧焊的特点和类型;
2. 掌握管板垂直(仰位)固定钨极氩弧焊方法;
3. 掌握管板垂直(仰位)固定钨极氩弧焊的常见缺陷与预防措施;
4. 掌握管板垂直(仰位)固定钨极氩弧焊焊缝外观质量检查方法。

技能目标:

1. 能够正确识读图纸;
2. 能够正确应用工具进行坡口处理;
3. 能够正确进行装配定位并预防焊接变形;
4. 能够正确选用焊丝;
5. 能够正确选用焊接工艺参数;
6. 能够熟练进行管板垂直(仰位)固定钨极氩弧焊的焊接操作。

素养目标：

1. 具有查阅资料、自主学习和勤于思考的能力；
2. 具有尊重和自觉遵守法规、标准的意识；
3. 具有良好的职业道德、敬业精神和团队精神；
4. 具有安全、环保和节约意识；
5. 具有 9S 管理意识。

任务 20-1 低合金高强度钢管板垂直(仰位)固定(骑坐式)钨极氩弧焊

任务说明：

按图 20-1-0 及技术要求进行材料准备、工艺准备、焊接实施、质量检查、自我评定与总结。

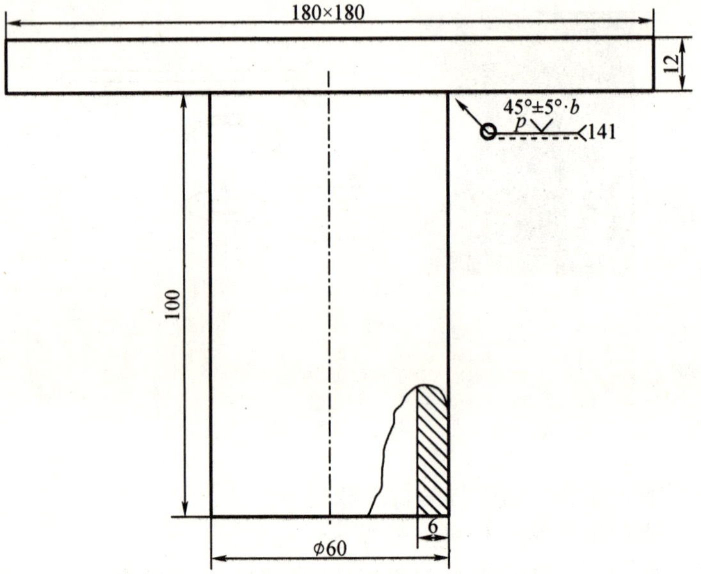

技术要求：1. 坡口为 45°的 V 形带钝边坡口；2. 根部间隙和钝边尺寸自定；3. 定位中心偏移≤0.5 mm；4. 垂直偏移度<1°；5. 焊脚为 10 mm；6. 不允许有咬边；7. 不允许有未焊透；8. 不允许有裂纹、气孔、夹渣；9. 焊缝余高≤1+0.15*b*。

图 20-1-0 Q355 管与 Q355R 板垂直(仰位)固定骑坐式焊件图

子任务20－1－1 焊前准备

知识点1:任务分析

本任务介绍典型的骑坐式管板垂直固定仰角位焊钨极氩弧焊方法,任务实施路线:图样识读、焊件准备及坡口清理、焊材选择、工艺参数确定、装配定位。

知识点2:焊件准备及坡口清理

1. 焊件准备

根据任务单可知,焊件材质管为Q355,板为Q355R,管件尺寸为ϕ60 mm×6 mm×100 mm,板件尺寸为12 mm×180 mm×180 mm,中心内孔ϕ48 mm,管件单边开45°V形坡口。

2. 焊前坡口清理

使用内磨机与角磨机打磨管件焊缝内侧与外侧10～20 mm范围,再使用角磨机打磨坡口钝边,坡口角度为45°±2°,坡口钝边宽度为0～0.5 mm,板件焊接面打磨清理干净,板、管均清除焊缝周围铁锈、油污,露出金属光泽。

知识点3:焊接工艺参数确定

母材为Q355R和Q355,属于低合金高强度钢,选择直径为2.5 mm的ER50－6焊丝,保护气体为氩气,纯度高于99.99%,电极采用铈钨极,直流正接法。综合来看,本任务焊脚选7～8 mm,可采用二层三道焊来焊接,具体焊接工艺参数见表20－1－1。

表20－1－1 焊接工艺参数表

焊接层次	焊丝型号	焊丝直径/mm	焊接电流/A	焊接电压/V	保护气体流量/(L/min)	钨极直径/mm	钨极伸出长度/mm	电源极性
打底层	ER50－6	2.5	80～90	11～13	7～9	2.5	3～6	直流正接
盖面层			100～110	12～16	7～9	2.5	3～6	

知识点4:装配定位

管板仰角焊装配组对时需要留有一定间隙,一般为2.5～3.0 mm,采用三点均布定位,每处定位焊点长度约10 mm,要求焊透,不得有缺陷,装配错边量应≤0.3 mm,管应与管垂直。

实训活动

1. 分析与制订焊接工艺

(1)焊接工艺基本分析

板厚为12 mm,管厚为6 mm,采用半V形坡口,装配间隙为________mm,焊道设计为________。

根据所提供的ZX7－400焊接电源,选用焊丝的类型为________。

第一焊道焊接根部，该管径小，只能单面焊，因此要满足单面焊双面成形，选用焊接电流应较________。盖面焊道应选用比第一焊道焊接电流________。

(2)工艺制订

根据焊接要求，结合前面所学知识进行工艺制订，完成表 20－1－2 所示工艺卡的编制。

表 20－1－2　20 号钢管板固定钨极氩弧焊的焊接工艺卡

<table>
<tr><th colspan="2">焊接工艺卡</th><th colspan="5">编号：</th></tr>
<tr><td>材料牌号</td><td></td><td colspan="5" rowspan="9">接头简图(在左图补全标注尺寸，在右图画出定位焊的位置，并标出起焊点位置和焊接方向)
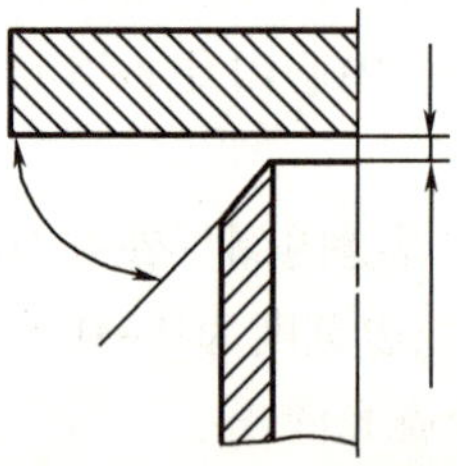 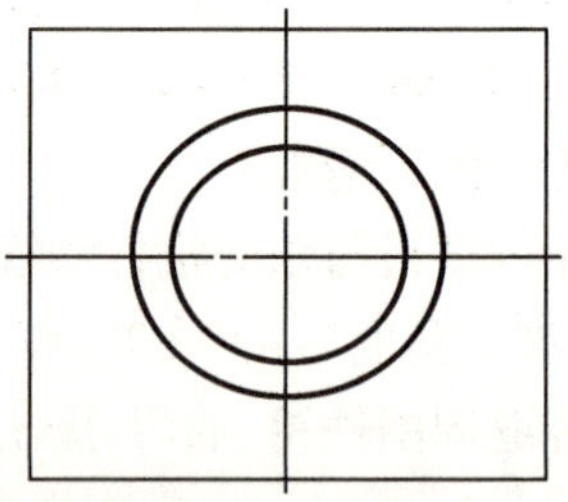
焊道工艺简图：在下图中补画出各焊道及其顺序
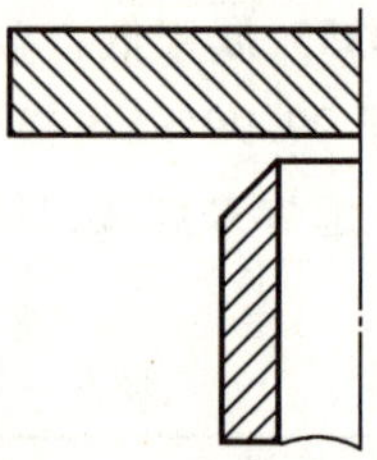</td></tr>
<tr><td>材料规格/mm</td><td></td></tr>
<tr><td>接头种类</td><td></td></tr>
<tr><td>坡口形式</td><td></td></tr>
<tr><td>坡口角度</td><td>—</td></tr>
<tr><td>钝边</td><td>—</td></tr>
<tr><td>组对间隙/mm</td><td></td></tr>
<tr><td>焊接方法</td><td></td></tr>
<tr><td>焊接设备</td><td>ZX7－400</td></tr>
<tr><td>电源种类</td><td></td><td rowspan="3">焊后热处理</td><td>种类</td><td>—</td><td>保温时间</td><td>—</td></tr>
<tr><td>电源极性</td><td></td><td>加热方式</td><td>—</td><td>层间温度</td><td>—</td></tr>
<tr><td>焊接位置</td><td></td><td>温度范围</td><td>—</td><td>测量方法</td><td>—</td></tr>
</table>

<table>
<tr><th colspan="8">焊接参数</th></tr>
<tr><th>焊层</th><th>焊材型号</th><th>焊材直径/mm</th><th>焊丝伸出长度/mm</th><th>保护气体流量/(L/min)</th><th>焊接电流/A</th><th>焊接电压/V</th><th>焊接速度(cm/min)</th></tr>
<tr><td>定位焊</td><td rowspan="4">ER50－6</td><td rowspan="4">ϕ2.5</td><td></td><td></td><td></td><td rowspan="4">ϕ2.5</td><td></td></tr>
<tr><td>第一道</td><td></td><td></td><td></td><td></td></tr>
<tr><td>第二道</td><td></td><td></td><td></td><td></td></tr>
<tr><td>第三道</td><td></td><td></td><td></td><td></td></tr>
</table>

2. 材料、工具设备、工位领取及点检

按老师审核通过的焊接工艺卡领取材料、工具设备及工位，并进行点检，检查表见子任务 1－1－1。

3. 接头坡口处理及装配定位

根据坡口要求，确定各零件接头处需清理的位置与范围，一般要求焊缝两侧________ mm

内需清理干净,清理时可采用砂轮修磨或化学处理的方式去除板材接头处表面铁锈、油污等杂物。

装配定位:将焊件装配组对好,达到相关尺寸要求。如图20-1-1所示,进行三点定位焊,定位焊的长度在________mm。装配完毕,应用水平尺转动管子在3、6、9、12点测量找正焊件,确保管板组对角度在要求范围内。然后填写检测表20-1-3。

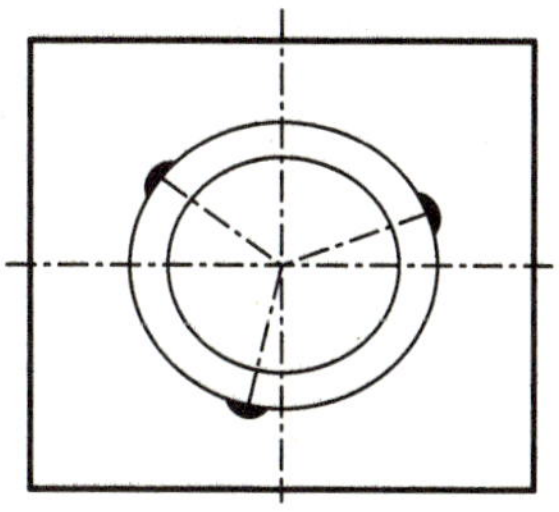

图20-1-1

表20-1-3 接头装配定位检测表

装配定位变形控制尺寸检测

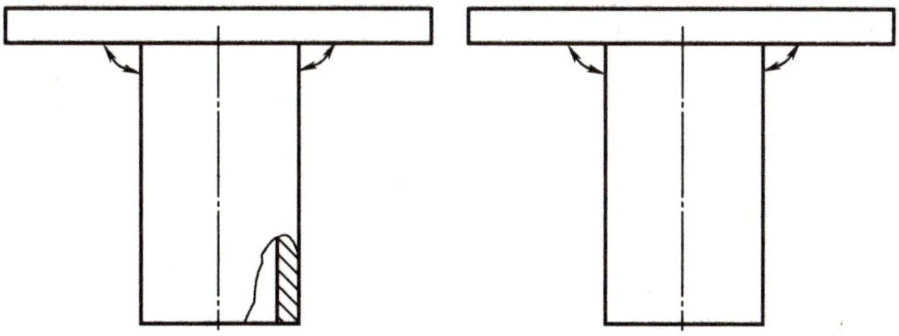

装配定位尺寸									
角度1		角度2		角度3		角度4		间隙	
设计值	检测值	设计值	检测值	设计值	检测值	设计值	检测值	规范值	检测值

子任务20-1-2 焊接操作

知识积累

知识点1:任务分析

骑坐式管板焊的难度较大,既要保证单面焊双面成形,又要保证焊缝外表均匀美观、焊脚对称,再加上管壁薄,孔板厚,坡口两侧热导率情况不同,需要控制热量分布,因此通常以打底焊保证背面成形,以盖面焊保证焊脚尺寸和焊缝外观成形。

任务实施路线:打底、盖面(两道)。

知识点2:任务焊接操作

1. 打底焊

(1)打底焊将试件在垂直仰位处固定好,将一个定位焊缝放在右侧。

(2)打底焊焊枪角度如图20-1-2所示。

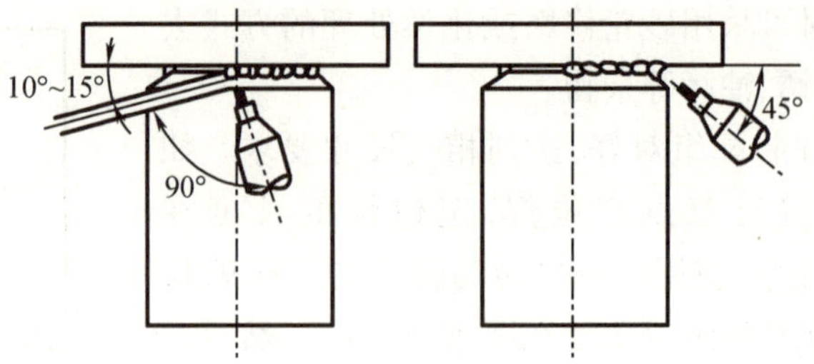

图 20 - 1 - 2　打底焊焊枪角度示意图

(2)在右侧定位焊缝上引弧,先不加焊丝,对焊缝进行预热,待坡口根部和定位焊点端部熔化形成熔池和熔孔后,再加焊丝从右向左焊接。

(3)焊接时电弧要短,熔池要小,根据熔化和熔池表面情况调整焊枪角度和焊接速度,保证孔板与管坡口面熔合良好。

(4)管侧坡口根部的熔孔应超过棱边不大于 1 mm,否则将使背面焊道过宽和过高。

(5)需接头时,在接头右侧 10 ~ 20 mm 处引弧,同样先不加丝,待接头熔化出现熔池和熔孔后再加丝继续向左焊接。

(6)焊至结束端封闭时,先稍停加丝,待原焊缝头部熔化后再填丝,以保证接头处熔合良好。

2. 盖面焊

(1)盖面层为两条焊道,先焊下面的焊道,后焊上面的焊道。仰焊盖面层的焊枪角度如图 20 - 1 - 3 所示。

(2)焊前可先将打底焊道局部凸起处打磨平整。

(3)焊下面焊道时,电弧应对准打底焊道下沿,焊枪做小幅度锯齿形摆动,熔池下沿超过管件坡口棱边 1.0 ~ 1.5 mm,熔池的上沿在打底焊道的 1/2 ~ 2/3 处。

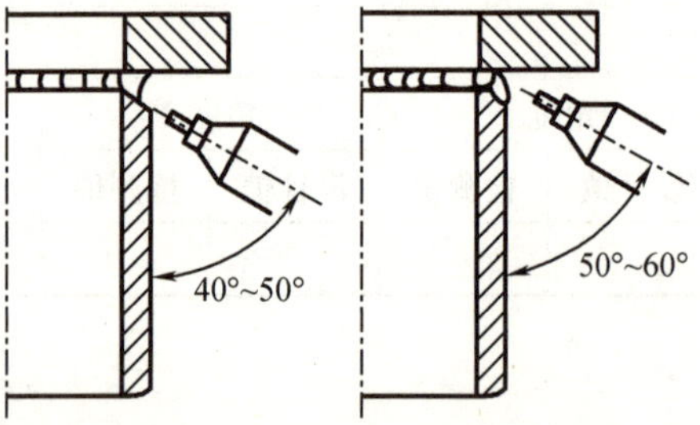

图 20 - 1 - 3　盖面焊焊枪角度示意图

(4)焊上面的焊道时,电弧以打底焊道上沿为中心,焊枪小幅度摆动,使熔池将孔板和下面的盖面焊道圆滑地连接在一起。

实训活动

本焊接采用二层三道焊接,如图 20 - 1 - 4 所示。

1. 打底焊

先查阅资料完成下面的任务单,再按此前修订确认的焊接工艺卡的工艺要求和下面任务单的方式进行打底焊操作。

(1)焊接要点

焊接打底层时,采用左焊法,焊丝与板件之间的夹角为________,焊枪与焊接方向的夹角为________,电弧偏于孔板,焊枪与板件之间的转角为________,在图

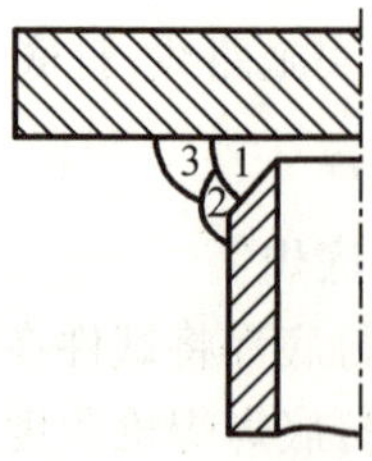

图 20 - 1 - 4　仰位焊接焊道示意图

20－1－5 标注出各角度。

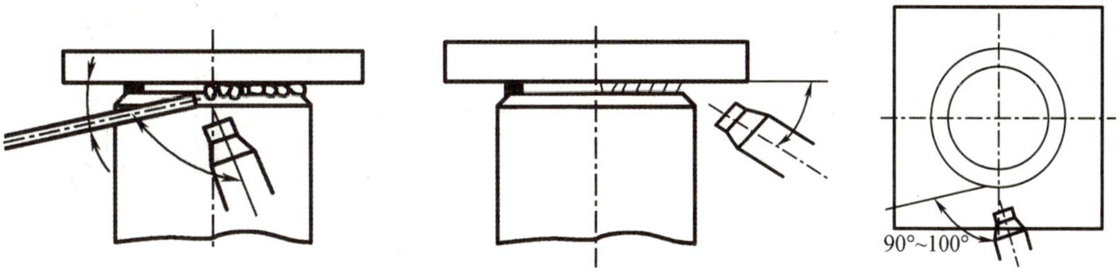

图 20－1－5 打底焊焊枪角度与焊丝位置

焊接时在右侧________上引弧，先不加________，对焊缝进行预热，待坡口根部和定位焊点端部熔化形成________后，再加________从右向左焊接。焊接时电弧要________，熔池要________，根据熔化和熔池表面情况调整焊枪角度和焊接速度，保证孔板与管________熔合良好。管侧坡口根部的熔孔应超过棱边________，否则将使背面焊道过宽和过高。

需接头时，在接头右侧________处引弧，同样先不________，待接头熔化出现熔池和熔孔后再加丝继续________焊接。

焊至结束端封闭时，先稍停________，待原焊缝头部________后再填丝，以保证接头处熔合良好。

(2)焊接过程性检查

完成打底层焊接后，清理焊渣，进行过程性质量检查，以确保整体焊接质量及后续改进，并填写表 20－1－4。

表 20－1－4 打底焊层缺陷检查

检查项目	缺陷存在的数量	形成原因与改善措施
夹渣		
气孔		
裂纹		
未焊透		
未熔合		
焊瘤		
坡口根部熔合尺寸一致性		

2. 盖面焊

先查阅资料完成下面的任务单，再按此前修订确认的焊接工艺卡的工艺要求和下面任务单的方式进行盖面焊操作。

盖面层为两条焊道，先焊________的焊道，后焊________的焊道。请在图 20－1－6 标出仰焊盖面岐的焊枪角度。

焊前可先将打底焊道局部________处打磨平整。

焊下面焊道时，电弧应对准打底焊道________，焊枪做小幅度________摆动，熔池________超过管件坡口棱边________ mm，熔池的上沿在打底焊道的________处。

焊上面的焊道时，电弧以打底焊道________为中心，焊枪小幅度摆动，使熔池将孔板和下面的________圆滑地连接在一起。

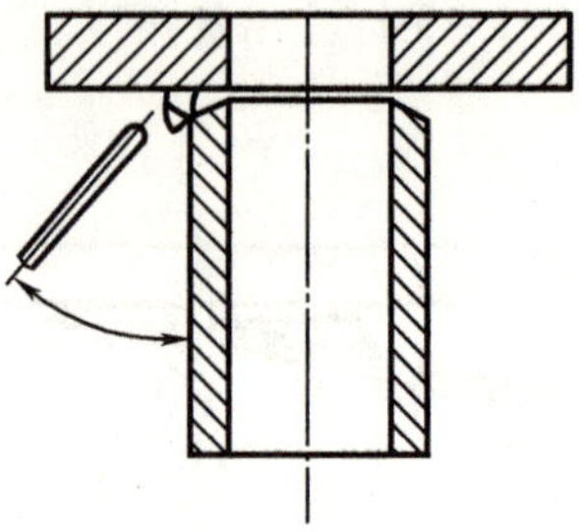

图 20－1－6

子任务 20－1－3　焊后处理与检查

知识积累

知识点 1：任务分析

任务实施路线：焊缝清理、质量检查。

知识点 2：焊缝清理与质量检查

焊件焊接完毕后，用敲渣锤、钢丝刷等清理掉焊缝上的焊渣、飞溅等，或用砂布重新打磨一遍焊缝外观，不得存在焊渣、焊点、毛刺等，焊缝应光滑、平整，应保证焊件的“边齐、面平”，包括焊件上开口边缘的垂直平行度，但不能破坏焊缝原始表面。焊后对焊缝表面质量进行检验，肉眼观察或用低倍放大镜检查焊缝表面是否有气孔、裂纹、咬边等缺陷，用钢直尺、钢角尺、焊缝检验尺对焊缝进行外观质量和外观成形尺寸检查。

实训活动

1. 焊件焊后处理与检测评分

焊件焊接完毕后，先用敲渣锤清理焊渣，再用钢丝刷进一步将焊渣、飞溅等清理干净。严禁破坏焊缝原始表面，禁止用水冷却。对焊缝表面质量进行目视检验，使用 5 倍放大镜观察表面是否存在缺陷，并使用焊接检验尺对焊缝进行测量，焊件外观检查的结果应满足各项要求。然后对焊件进行无损检测，焊件内部质量按《焊缝无损检测　射线检测　第 1 部分：X 和伽玛射线的胶片技术》（GB/T 3323.1—2019）评定。对焊件按规范进行检测评分，角接焊缝外观评分标准见子任务 2－1－3 同类表。

2. 工位工具清理点检与评分

焊接结束后，关闭焊接电源。按 9S 标准清扫场地，按规定摆放工具，整理焊接电缆，确认无安全隐患，并做好使用记录，进行评分，评分表见子任务 1－1－3 同类表。

项目二十一　管板水平固定钨极氩弧焊

项目描述：师徒对话

小白记得上次完成管道结构现场任务过程中，不但有垂直固定位置还有水平固定位置，采用焊条电弧焊有焊接速度慢、效率低、环境差的缺点，现在学了气体保护焊感觉好多了，但也知道钨极氩弧焊对焊接环境和材质都有很高要求，不是什么时候都能用。现在已经学习了垂直固定位置焊接，还要把水平固定位置焊接学好，这样以后受限就小了。高师傅告诉他："氩弧焊是一种高质量的焊接方法，焊接成本高，无论是氩气还是所用设备成本都高，故在生产中主要用于打底焊及有色金属的焊接。接下来你再采用钨极氩弧焊完成低碳钢或低合金高强度钢管板水平固定（骑坐式）焊接，需要达成以下目标。"

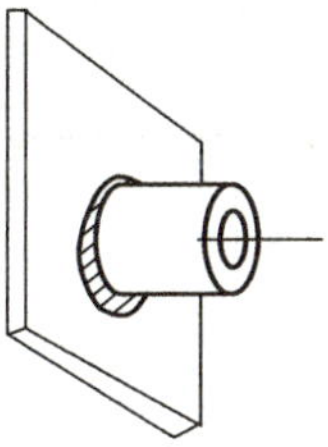

项目目标

知识目标：

1. 熟悉管板水平固定钨极氩弧焊的特点和类型；
2. 掌握管板水平固定（骑坐式）钨极氩弧焊方法；
3. 掌握管板水平固定（骑坐式）钨极氩弧焊的常见缺陷与预防措施；
4. 掌握管板水平固定（骑坐式）钨极氩弧焊焊缝外观质量检查方法。

技能目标：

1. 能够正确识读图纸；
2. 能够正确应用工具进行坡口处理；
3. 能够正确进行装配定位并预防焊接变形；
4. 能够正确选用焊丝；
5. 能够正确选用焊接工艺参数；
6. 能够熟练进行管板水平固定（骑坐式）钨极氩弧焊的焊接操作。

素养目标：

1. 具有查阅资料、自主学习和勤于思考的能力；
2. 具有尊重和自觉遵守法规、标准的意识；

3. 具有良好的职业道德、敬业精神和团队精神；
4. 具有安全、环保和节约意识；
5. 具有 9S 管理意识。

任务21-1 低合金高强度钢管板水平固定(骑坐式)钨极氩弧焊

任务说明：

按图21-1-0及技术要求进行材料准备、工艺准备、焊接实施、质量检查、自我评定与总结。

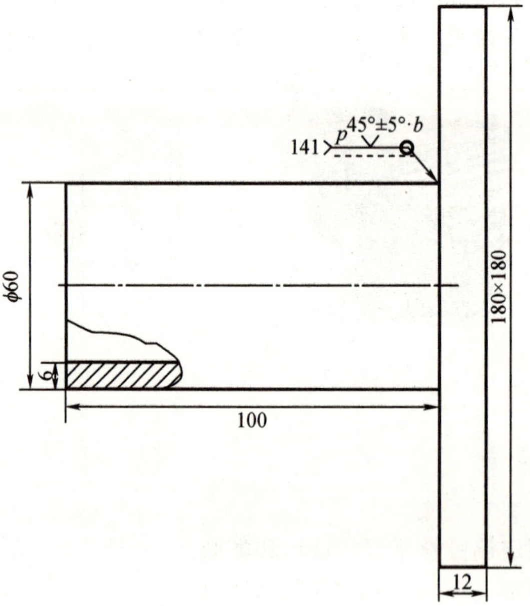

技术要求：1. 坡口为45°的V形带钝边坡口；2. 根部间隙和钝边尺寸自定；3. 定位中心偏移≤0.5 mm；4. 垂直偏移度<1°；5. 焊脚为10 mm；6. 不允许有咬边；7. 不允许有未焊透；8. 不允许有裂纹、气孔、夹渣；9. 焊缝余高≤1+0.15b。

图21-1-0 Q355管与Q355R板水平固定焊焊件图

子任务21-1-1 焊前准备

知识点1：任务分析

本任务介绍典型的骑坐式管板水平固定全位置角焊钨极氩弧焊方法，任务实施路线：图样识读、焊件准备及坡口清理、焊材选择、工艺参数确定、装配定位。

知识点 2:焊件准备及坡口清理

1. 焊件准备

根据任务单可知,焊件材质管为 Q355,板为 Q355R,管件尺寸为 ϕ60 mm×6 mm×100 mm,板件尺寸为 12 mm×180 mm×180 mm,中心内孔 ϕ48 mm,管件单边开 45°V 形坡口。

2. 焊前坡口清理

使用内磨机与角磨机打磨管件焊缝内侧与外侧 10~20 mm 范围,再使用角磨机打磨坡口钝边,坡口角度为 45°±2°,坡口钝边宽度为 0~0.5 mm,板件焊接面打磨清理干净,板、管均清除焊缝周围铁锈、油污,露出金属光泽。

知识点 3:焊接工艺参数确定

母材为 Q355R 和 Q355,属于低合金高强度钢,选择直径为 2.5 mm 的 ER50-6 焊丝,保护气体为氩气,纯度高于 99.99%,电极采用铈钨极,直流正接法。综合来看,本任务焊脚选 7~8 mm,可采用二层三道焊来焊接,具体焊接工艺参数见表 21-1-1。

表 21-1-1　焊接工艺参数表

焊接层次	焊丝型号	焊丝直径/mm	焊接电流/A	焊接电压/V	保护气体流量/(L/min)	钨极直径/mm	钨极伸出长度/mm	电源极性
打底层平焊位	ER50-6	2.5	120~130	15~17	8~10	2.5	3~6	直流正接
打底层立、仰焊位			100~110	15~17	8~10	2.5	3~6	
填充层平焊位			130~150	15~17	8~10	2.5	3~6	
填充层立、仰焊位			110~130	15~17	8~10	2.5	3~6	
盖面层平焊位			140~160	15~17	8~10	2.5	3~6	
盖面层立、仰焊位			120~140	11~13	8~10	2.5	3~6	

知识点 4:装配定位

管板仰角焊装配组对时需要留有一定间隙,一般为 2.5~3.0 mm,采用三点均布定位,每处定位焊点长度约 10 mm,要求焊透,不得有缺陷,装配错边量应≤0.3 mm,管应与管垂直。

实训活动

1. 分析与制订焊接工艺

(1)焊接工艺基本分析

板厚为 12 mm,管厚为 6 mm,采用半 V 形坡口,装配间隙为________mm,焊道设计为________。

根据所提供的 ZX7-400 焊接电源,选用焊丝的类型为________。

第一焊道焊接根部,该管径小,只能单面焊,因此要满足单面焊双面成形,选用焊接电流应较________。盖面焊道应选用比第一焊道焊接电流________。

(2)工艺制订

根据焊接要求,结合前面所学知识进行工艺制订,完成表 21-1-2 所示工艺卡的编制。

表 21－1－2 20 号钢管板固定钨极氩弧焊的焊接工艺卡

<table>
<tr><td colspan="2">焊接工艺卡</td><td colspan="4">编号:</td></tr>
<tr><td>材料牌号</td><td></td><td colspan="4" rowspan="9">接头简图(在左图补全标注尺寸,在右图画出定位焊的位置,并标出起焊点位置和焊接方向)
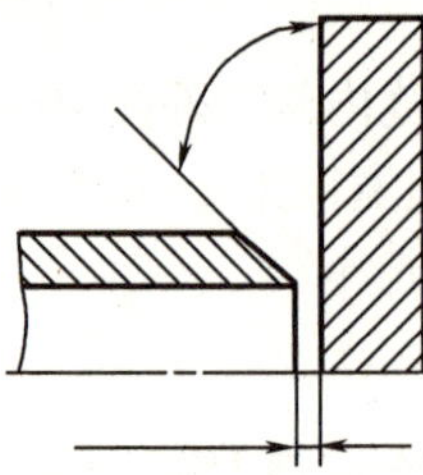 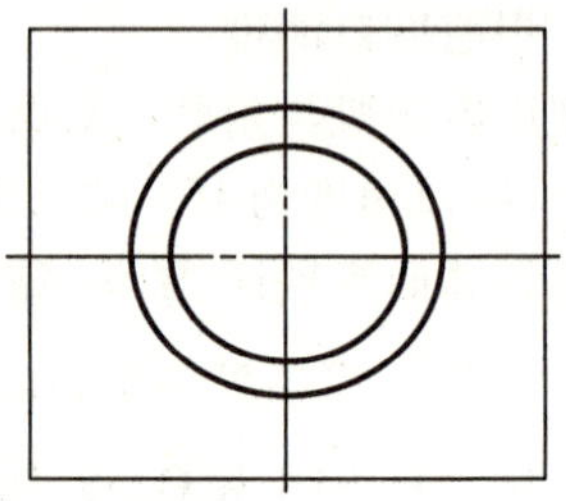
焊道工艺简图:在下图中补画出各焊道及其顺序
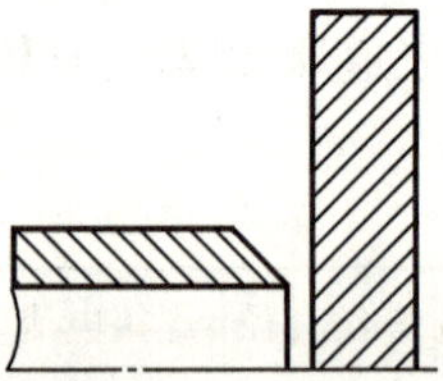</td></tr>
<tr><td>材料规格/mm</td><td></td></tr>
<tr><td>接头种类</td><td></td></tr>
<tr><td>坡口形式</td><td></td></tr>
<tr><td>坡口角度</td><td>—</td></tr>
<tr><td>钝边</td><td>—</td></tr>
<tr><td>组对间隙/mm</td><td></td></tr>
<tr><td>焊接方法</td><td></td></tr>
<tr><td>焊接设备</td><td>ZX7－400</td></tr>
<tr><td>电源种类</td><td></td><td rowspan="3">焊后
热处理</td><td>种类</td><td>—</td><td>保温时间</td><td>—</td></tr>
<tr><td>电源极性</td><td></td><td>加热方式</td><td>—</td><td>层间温度</td><td>—</td></tr>
<tr><td>焊接位置</td><td></td><td>温度范围</td><td>—</td><td>测量方法</td><td>—</td></tr>
</table>

焊接参数

<table>
<tr><td>焊层</td><td>焊材型号</td><td>焊材直径
/mm</td><td>焊丝伸出
长度/mm</td><td>保护气体流量
/(L/min)</td><td>焊接电流
/A</td><td>焊接电压
/V</td><td>焊接速度
/(cm/min)</td></tr>
<tr><td>打底焊</td><td rowspan="3">ER50－6</td><td rowspan="3">φ2.5</td><td></td><td></td><td></td><td rowspan="3">φ2.5</td><td></td></tr>
<tr><td>填充焊</td><td></td><td></td><td></td><td></td></tr>
<tr><td>盖面焊</td><td></td><td></td><td></td><td></td></tr>
</table>

2. 材料、工具设备、工位领取及点检

按老师审核通过的焊接工艺卡领取材料、工具设备及工位,并进行点检,检查表见子任务 1－1－1。

3. 接头坡口处理及装配定位

根据坡口要求,确定各零件接头处需清理的位置与范围,一般要求焊缝两侧________mm 内需清理干净,清理时可采用砂轮修磨或化学处理方式去除板材接头处表面铁锈、油污等杂物。

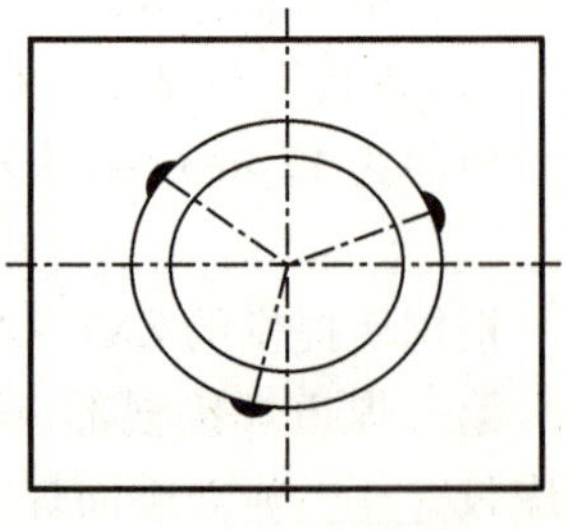

图 21－1－1

装配定位:将焊件装配组对好,达到相关尺寸要求。如图 21－1－1 所示,进行三点定位焊,定位焊的长度在________mm。装配完毕,应用水平尺转动管子在 3、6、9、12 点测量找正焊件,确保管板组对角度在要求范围内。然后填写检测表21－1－3。

表21－1－3　接头装配定位检测表

装配定位变形控制尺寸检测

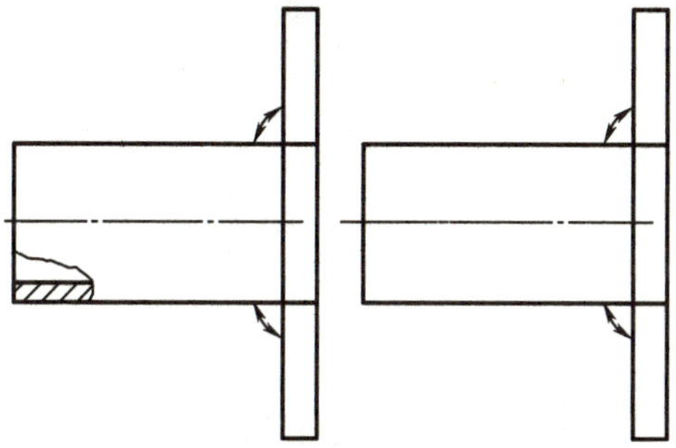

装配定位尺寸							
角度		间隙		错边		弯曲度	
设计值	检测值	设计值	检测值	规范值	检测值	规范值	检测值

子任务21－1－2　焊 接 操 作

知识积累

知识点1:任务分析

管板水平固定是管板接头形式中操作难度最大的结构形式,因它包含了平焊、立焊和仰焊三种操作技能,对焊工的技术水平和身体能力要求都非常高。

任务实施路线:打底、填充、盖面

知识点2:任务焊接操作

根据本任务管件直径和厚度,可分三层三道焊接,先焊打底层,后焊盖面层,每层都分成两个半圈,先按顺时针方向焊前半周,后按逆时针方向焊后半周,焊接方法及焊枪角度如图21－1－2所示。

1. 打底焊

(1)左半周焊接

①焊接打底层时,先顺时针焊接左半周,从6点钟位置右侧10～15 mm处起焊,焊枪在始焊端定位焊缝处引燃电弧。在钨极端部距母材约2 mm时引燃电弧,控制弧长为2～3 mm,距离太低则易和熔池、焊丝相碰,形成短路;距离太高则氩气对熔池的保护效果不好。焊枪暂停在引弧处不动,待坡口根部两侧加热2～3 s并获得一定大小的明亮、清晰的熔池后,才可往熔池内填送焊丝进行焊接。

②运条操作:短弧焊接,熔池要小,焊丝沿坡口的上方送入熔池后,要轻轻地将焊丝向

熔池里推一下,将熔融金属送至坡口根部,以便得到能熔透坡口正反面的焊缝,从而提高焊缝背面高度,避免出现凹坑和未焊透缺陷。

③焊枪做“Z”字形窄幅摆动或者反月牙形摆动,摆动动作要平稳,并在坡口两侧稍作停留,以保证两侧熔合良好。焊接时,应注意随时观察熔孔的大小,若发现熔孔不明显,则应暂停送丝,待出现熔孔后再送丝,避免产生未焊透缺陷;若熔孔过大,则熔池有下坠现象,应利用电流衰减功能控制熔池温度,以减小熔孔,避免焊缝背面成形过高。焊枪向上移动的速度要合适,熔池形状以接近椭圆形为佳。焊丝与焊枪的运动要配合协调,同步移动。根据根部间隙的大小,焊丝与焊枪可同步按圆周焊接或小幅度左右平行摆动向上施焊。

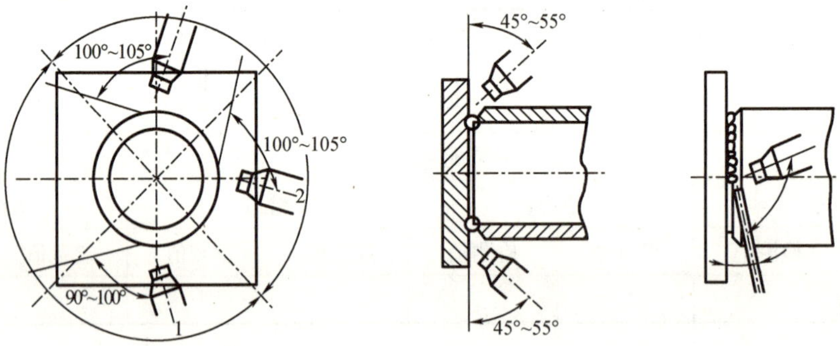

图 21-1-2 全位置焊时焊枪与焊丝角度

④当焊至定位焊缝斜坡处时,应减少填充金属量,使焊缝与接头圆滑过渡,焊至定位焊缝时,不填送焊丝,自熔摆动通过;焊至定位焊缝另一侧斜坡处时,也应减少填充金属量使焊缝扁平,以便后半周接头平缓。

⑤在 12 点处收弧,收弧时要防止弧坑产生裂纹和缩孔,应连续送进 2~3 滴填充金属,可利用电流衰减功能,逐渐降低熔池的温度,同时延长氩气对弧坑的保护作用时间,直至熔池冷却。

(2)右半周焊接

左半周焊完后,转到钢管另一侧,焊接右半周。将左半周的起焊处焊缝打磨成斜坡。引弧点在6 点位置,移至接头处打磨过的斜坡预热不填丝,以保证焊缝重叠并焊透。焊接方式同左半周,按逆时针方向焊至12 点位置处接上头后,停止送丝,待原焊缝处开始熔化时再迅速加丝使焊缝封闭,继续施焊至与前半周焊缝重叠 4~5 mm 方可结束。收弧处理与前半周相同。

2. 填充焊

填充层焊接操作时焊枪与管的转角为 60°~75°,其他角度与打底焊操作一致。焊接过程中要求焊枪角度保持不变,沿钢管周边圆弧移动,速度要均匀。由于填充层焊缝逐渐变宽,焊枪做横向锯齿形或月牙形摆动运条,幅度应比打底层焊接时稍大些,在焊道中间送丝并增加焊丝填充量,摆动到坡口两侧应稍作停留,使坡口两侧充分熔化,以保证熔合良好。

填充接头从后端 5 mm 左右处起弧,等 2~4 s 出现熔池后锯齿形摆动到弧坑处后填焊丝。注意不能提前填焊丝,焊丝一定要在弧坑处填。

填充层焊缝基本填平坡口,比焊件表面低 1 mm 左右,不能熔化坡口上棱边,以免影响盖面层的焊接。

3. 盖面焊

盖面层施焊时，焊枪角度、运条方法、接头方式与打底层和填充层基本一致。焊接过程中，焊接电流可适当增大，摆动时要注意摆动幅度相同、运条速度均匀，摆动至坡口两侧时应稍停留，以电弧到达坡口边缘为止，并压低电弧，坡口边缘熔化 0.5 ~ 1.0 mm 为宜，保证焊道外边整齐。可通过观察铁水漫过或与两侧平齐时再摆向另一侧，填焊丝时填丝量保持一致，同时应根据焊缝的余高确定焊丝的送进速度，以便使焊缝两侧边缘熔合良好，避免产生咬边，从而得到优质的盖面层焊缝。焊枪前进速度、摆动幅度和间距更加均匀一致，使每个新熔池覆盖前一个熔池的 2/3，以获得薄而细腻的鱼鳞形焊缝波纹。应适时调整焊枪与管壁间的夹角，将其控制在 45° ~ 60°范围内。

盖面接头时在原来起弧处前 2 ~ 3 mm 处起弧，两侧盖住原来的焊缝，摆动到接头处时再进行填丝，以使原接头充分熔化形成新的熔池。

实训活动

本焊接采用三层三道焊接。

1. 打底焊

先查阅资料完成下面的任务单，再按此前修订确认的焊接工艺卡的工艺要求和下面任务单的方式进行打底焊操作。

(1)焊接要点

焊接打底层时，焊枪与焊丝的相对位置如图 21 - 1 - 3(a)所示，焊枪与孔板的转角为 45° ~ 55°，如图 21 - 1 - 3(b)所示，焊丝与板件之间的夹角为________，在图 21 - 1 - 3(c)标注该角度。

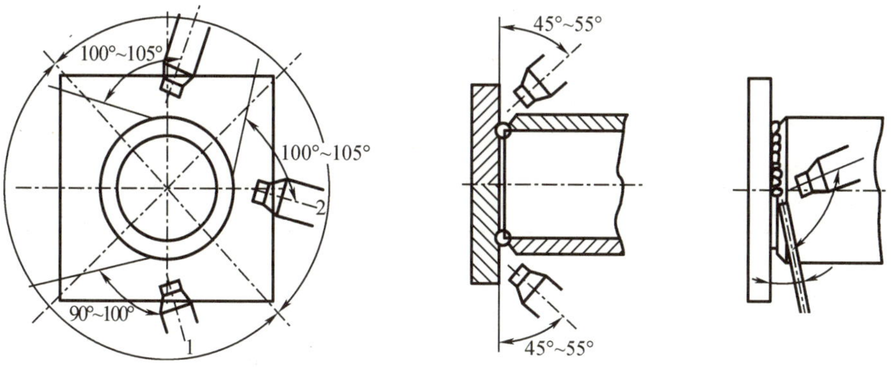

(a) (b) (c)

图 21 - 1 - 3 全位置焊接焊枪与焊丝角度

打底焊分为左、右半周进行。先顺时针焊接左半周，从 6 点钟位置右侧 10 ~ 15 mm 处起焊，焊枪在始焊端定位焊缝处引燃电弧。在钨极端部距母材约________时引燃电弧，控制弧长为________，距离太低则易和熔池、焊丝相碰，形成短路；距离太高则氩气对熔池的保护效果不好。焊枪暂停在引弧处不动，待坡口根部两侧加热________ s 并获得一定大小的明亮、清晰的熔池后，才可往熔池内填送焊丝进行焊接。

短弧焊接，熔池要________，焊丝沿坡口的上方送入熔池后，要轻轻地将焊丝向熔池里推一下，将熔融金属送至坡口根部，以便得到能熔透坡口正反面的焊缝，从而提高焊缝背面高度，避免出现________和________缺陷。

焊枪做________字形窄幅摆动或者反月牙形摆动，摆动动作要平稳，并在坡口两侧稍作停留，以保证两侧熔合良好。焊接时，应注意随时观察熔孔的大小，若发现熔孔不明显，则应暂停送丝，待出现熔孔后再送丝，避免产生________缺陷；若熔孔过大，则熔池有下坠现象，应利用电流衰减功能控制熔池温度，以减小熔孔，避免焊缝背面成形过________。

在12点处收弧，收弧时要防止弧坑产生________，应连续送进2~3滴填充金属，可利用电流衰减功能，逐渐降低熔池的温度，同时延长氩气对弧坑的保护作用时间，直至熔池冷却。

左半周焊完后，转到钢管另一侧，焊接右半周。将左半周的起焊处焊缝打磨成________。引弧点在________位置，移至接头处打磨过的斜坡预热不________，以保证焊缝重叠并焊透。焊接方式同左半周，按逆时针方向焊至________位置处接上头后，停止送丝，待原焊缝处开始熔化时再迅速加丝使焊缝封闭，继续施焊至与前半周焊缝重叠________方可结束。收弧处理与前半周相同。

(2)焊接过程性检查

完成打底层焊接后，清理焊渣，进行过程性质量检查，以确保整体焊接质量及后续改进，并填写表21-1-4。

表21-1-4　打底焊层缺陷检查

检查项目	缺陷存在的数量	形成原因与改善措施
夹渣		
气孔		
裂纹		
未焊透		
未熔合		
焊瘤		
坡口根部熔合尺寸一致性		

2. 填充焊

先查阅资料完成下面的任务单，再按此前修订确认的焊接工艺卡的工艺要求和下面任务单的方式进行填充焊操作。

填充层焊接操作时焊枪与管的转角为________，并在图21-1-4标注出该角度，其他角度与打底焊操作一致。焊接过程中要求焊枪角度保持不变，沿钢管周边圆弧移动，速度要________。由于填充层焊缝逐渐变宽，焊枪做横向锯齿形或月牙形摆动运条，幅

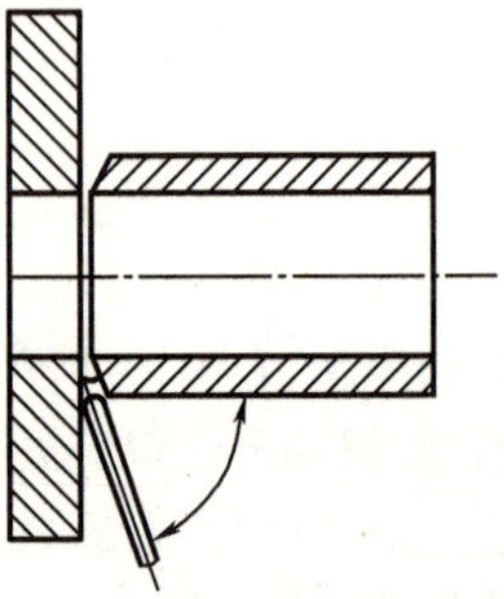

图21-1-4　填充焊焊枪与管的转角

度应比打底层焊接时________，在焊道中间送丝并增加焊丝填充量，摆动到坡口两侧应稍作停留，使坡口两侧充分熔化，以保证熔合良好。

填充层焊缝基本填平坡口，比焊件表面低________左右，不能熔化坡口________，以免影响盖面层的焊接。

3. 盖面焊

先查阅资料完成下面的任务单，再按此前修订确认的焊接工艺卡的工艺要求和下面任务单的方式进行盖面焊操作。

盖面层施焊时，焊枪角度、运条方法、接头方式与打底层和填充层基本一致。焊接过程中，焊接电流可适当________，摆动时要注意摆动幅度________、运条速度________，摆动至坡口两侧时应________，以电弧到达坡口边缘为止，并压低电弧，坡口边缘熔化________mm 为宜，保证焊道外边整齐。同时应根据焊缝的余高确定焊丝的送进速度，以便使焊缝两侧边缘熔合良好，避免产生________，从而得到优质的盖面层焊缝。焊枪前进速度、摆动幅度和间距更加均匀一致，使每个新熔池覆盖前一个熔池的________，以获得薄而细腻的鱼鳞形焊缝波纹。应适时调整焊枪与管壁间的夹角，将其控制在________范围内，在图 21－1－5 标注出该角度。

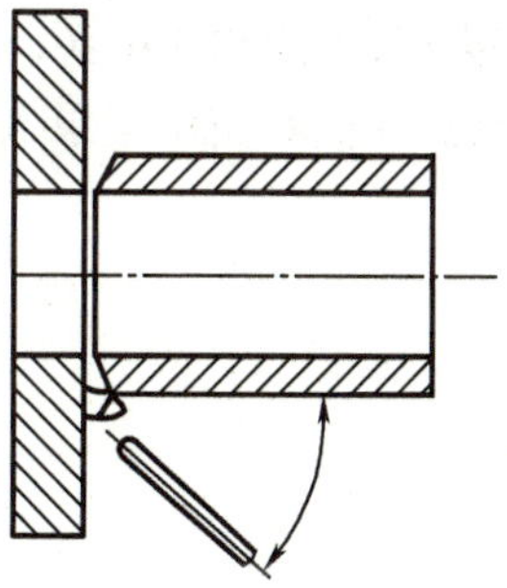

图 21－1－5　盖面层焊道及焊枪角度

接头方法与打底层焊接不同的是，在熔池前 10～15 mm 处引弧，摆动要有规律，焊丝要适量，使接头处焊缝过渡圆滑。

环焊缝首尾接头处操作与打底层相同。收弧时，由于温度较高，为避免产生________等缺陷，应采用________收尾法填满弧坑。

子任务 21－1－3　焊后处理与检查

知识积累

知识点 1：任务分析

任务实施路线：焊缝清理、质量检查。

知识点 2：焊缝清理与质量检查

焊件焊接完毕后，用敲渣锤、钢丝刷等清理掉焊缝上的焊渣、飞溅等，或用砂布重新打磨一遍焊缝，不得存在焊渣、焊点、毛刺等，焊缝应光滑、平整，应保证焊件的“边齐、面平”，包括焊件上开口边缘的垂直平行度，但不能破坏焊缝原始表面。焊后对焊缝表面质量进行检验，肉眼观察或用低倍放大镜检查焊缝表面是否有气孔、裂纹、咬边等缺陷，用钢直尺、钢角尺、焊缝检验尺对焊缝进行外观质量和外观成形尺寸检查。

实训活动

1. 焊件焊后处理与检测评分

焊件焊接完毕后，先用敲渣锤清理焊渣，用钢丝刷进一步将焊渣、飞溅等清理干净。严禁破坏焊缝原始表面，禁止用水冷却。对焊缝表面质量进行目视检验，使用5倍放大镜观察表面是否存在缺陷，并使用焊接检验尺对焊缝进行测量，焊件外观检查的结果应满足各项要求。然后对焊件进行无损检测，焊件内部质量按《焊缝无损检测　射线检测　第1部分：X和伽玛射线的胶片技术》(GB/T 3323.1—2019)评定。对焊件按规范进行检测评分，角接焊缝外观评分标准见子任务2-1-3同类表。

2. 工位工具清理点检与评分

焊接结束后，关闭焊接电源。按9S标准清扫场地，按规定摆放工具，整理焊接电缆，确认无安全隐患，并做好使用记录，进行评分，评分表见子任务1-1-3同类表。

模块四　埋　弧　焊

【榜样引领】——大国工匠伴我成才

LNG 船中殷瓦薄膜内胆的焊接，钢板需要恒温，殷瓦薄如纸片，焊接难度闻所未闻。这样的高手是怎样练成的？通过下面的人物故事期望能带来一些启示。

人物故事

大国工匠——秦毅："80 后焊痴"勇摘"造船皇冠上的明珠"

中国船舶集团旗下沪东中华首席高级焊接技师

成功缘于"焊痴"的勤奋和毅力

从一名普通的技校生成长为一名高级技师和全国技术能手，秦毅的焊技有目共睹。人们说他是极有焊接天赋的"天才"，殊不知，他的成功缘于"焊痴"的勤奋和毅力。

1998 年 9 月，技校毕业的他怀着献身造船事业的憧憬，与焊接结下了不解之缘。进厂两个月后，他被推荐参加公司焊工集训队，备战上海市高级焊工比赛。这个貌不惊人的"小朋友"，在选拔赛上脱颖而出，遂在上海市高级焊工比赛中取得好成绩，年仅 18 岁破格成为焊接高级工。2000 年，秦毅再次参加集训。平时里喜欢说说笑笑的他，变得沉默了，经常是在一阵猛练之后就眉头紧锁，陷入沉思，练习，思考，再练习，再思考，反反复复，连吃饭时也经常拿着筷子模仿焊条在空中比画，就这样一套独特创新的仰板焊接新方法诞生了，"焊痴"因此得名。

2001 年 1 月，凭借仰板焊接绝活，秦毅在中国船舶工业集团公司焊接比赛中勇夺第一名，收获了中国船舶工业集团公司技术能手称号。2001 年 4 月，秦毅参加第五届"工程建设杯"全国焊接大赛，获得"仰板对接焊"单项第一的好成绩。2002 年，参加第六届"工程建设杯"全国焊接大赛，夺得了中央企业组第一名，成为公司最年轻的全国技术能手。

"中国小个子，了不起！"

载誉归来的秦毅，他并没有居功自傲，而是加倍发奋，主动承担各种高、难、险、急的焊接任务，投身于被喻为"造船皇冠上的明珠"的 LNG 液化天然气船建造的"攻关大战"。

2001 年 3 月，他被抽调出来参与 LNG 船模拟分段核心部位殷瓦薄膜内胆的焊接。一艘 LNG 船的造价超过一架波音 747，钢板需要恒温，殷瓦薄如纸片，焊接难度闻所未闻。因为装载的是零下 163 ℃的液化天然气，必须用热膨胀系数极低的殷瓦钢作为"内胆"。然而这枚内胆极薄，在上面焊接，就好比在一张薄纸上雕刻，却不能把纸戳破。"如果有针眼大小的一个气孔，就会导致很严重的安全隐患。只要有一个焊接点出纰漏，就可能爆炸，威力不亚于一颗原子弹"。在仅有 0.7 mm 厚的殷瓦钢上焊接，犹如绣工穿针引线般游刃有余、举重若轻。3 m 的长度，走路只需要几秒钟，可焊完这条焊缝，却需要全神贯注操作 5 个小时以上。在法国专家的指导下，历时5个月，秦毅与同事们一起出色完成了LNG船模拟舱的建造任务，并一举获得法国GTT公司的权威认证。法国专家非常喜欢这个态度认真、技术精湛的小伙子，常对大家说：“秦，好样的！我真想把他打包带回国。”

2004年，公司选派秦毅到日本三井造船厂学习殷瓦焊接。重任在肩的秦毅顾不上去领略异国他乡的风土人情，全身心地投入学习。语言不通，很多技术术语，翻译很难精确表述，他就看、记、理解、揣摩，仅用4周就一举通过了法国GTT公司的权威认证，获得殷瓦焊接G证证书（“殷瓦G证”焊工的培训周期为3个月）。日本专家都对秦毅竖起大拇指，“中国小个子，了不起！”

殷瓦焊工的总教头

回国后，年仅24岁的秦毅成了公司培训殷瓦焊工的总教头。他根据自己的学习心得，编制了合理的培训方案。在他的精心指导下，公司第一批参加培训的14名焊工仅用了两个半月的时间就完成了所有培训项目，100%考试合格。几年来，他先后为公司培训殷瓦焊工160余名，为公司LNG船的成功建造提供了技术保障。

在设备引进和调试过程中，针对中国和日本所使用的电源不同，核定的焊接参数不能直接使用的情况，秦毅逐一对各位置进行了试焊和参数调整；针对船上47 m的单折边列板自动焊的返修率居高不下的问题，他及时调整焊接方法，改进装配工艺，使焊接合格率达98%以上；在进行LNG船液货舱围护系统液穹区域托架的焊接中，他编制焊接工艺、设计焊接工装、改制设定焊炬等，成功完成了低温状态下工作的支撑部件的焊接，也为类似产品采用氩弧焊工艺打下基础。他参与完成的“殷瓦钢端部到列板及单折边部位的焊接通用工装的设计运用”项目，被公司评为年度技术创新和技术进步二等奖。

如今，第六艘LNG船正在公司建造，作为LNG船的先行者，秦毅功不可没。这些年来，秦毅以“做人理当敬业，主人翁就应尽责”的朴实信念为公司默默耕耘，用实际行动实现着自己的人生价值。

认知活动

分组讨论秦毅大师的故事背景、意义、可借鉴性等，并思考完成以下问题：

1. 我国作为制造业大国，现在已经进入以创新为驱动、高质量发展阶段，向制造业强国迈进。秦毅大师初学殷瓦焊接还需要到国外培训，学成归来成为我国殷瓦焊接总教头。如何看待借鉴学习与自我创新的关系？

____

____

____

2. 结合这个故事，想一想船舶结构焊接的重要性。

____

____

3. 情感链接：结合本模块大国工匠的故事，了解自己专业的应用领域及其重要性，设想一下自己的职业发展前景。

____

____

项目二十二　板对接埋弧平焊(自动化焊)

项目描述:师徒对话

这天一上班,高师傅对小白说:“你准备一下,跟我一起到二厂去一段时间”。小白很兴奋,早就听说二厂的自动化焊接设备很多,正好借这个机会看看。下午,小白与高师傅来到二厂,在车间外的场地上,小白看到一种新的焊接设备正在自动焊接板对接焊缝,看不到什么电弧,操作人员也很轻松,焊出来的焊缝很漂亮,既光滑又平整,小白不由自主地慢下脚步想看个究竟。高师傅已经走到车间门口,喊道:“快点!”,小白这才赶紧追上师傅。车间很大,首先映入眼帘的是一台门架式设备。高师傅指着这个设备说:“这是龙门式双头埋弧焊机,正在焊工字梁;你刚刚在外面看到的也是埋弧焊机。”小白仔细打量着眼前的庞然大物,嘿,还真是,与刚刚外面看到的焊机一样,也看不到什么电弧,烟尘少和声音小,焊接速度快,不需要人太多操作。

小白有点遗憾地自语道:“可惜,我们厂没有,学不成。”高师傅说:“谁说学不成,这次我要在这里担任焊接技术顾问一个月,带你过来就是让你来学习埋弧焊的,马上我们厂也要引进埋弧焊设备,你要做好准备。这一阶段你先学习板对接埋弧焊,你需要达成以下目标。”

(a)　　　　(b)

埋弧焊设备

项目目标

知识目标:

1. 熟悉埋弧焊的特点、原理及设备构成;
2. 掌握板对接埋弧平焊方法;
3. 掌握板对接埋弧平焊的常见缺陷与预防措施;
4. 掌握板对接埋弧平焊焊缝外观质量检查方法。

技能目标：

1. 能够正确识读图纸；
2. 能够正确应用工具进行坡口处理；
3. 能够正确连接调试埋弧焊设备；
4. 能够正确进行装配定位并预防焊接变形；
5. 能够正确选用焊丝和焊剂；
6. 能够正确选用焊接工艺参数；
7. 能够熟练进行板对接埋弧平焊的焊接操作。

素养目标：

1. 具有查阅资料、自主学习和勤于思考的能力；
2. 具有尊重和自觉遵守法规、标准的意识；
3. 具有良好的职业道德、敬业精神和团队精神；
4. 具有安全、环保和节约意识；
5. 具有 9S 管理意识。

任务 22-1 低碳钢板对接平焊埋弧焊（双面焊加碳弧气刨）

任务说明：

按图 22-1-0 及技术要求进行材料准备、工艺准备、焊接实施、质量检查、自我评定与总结。

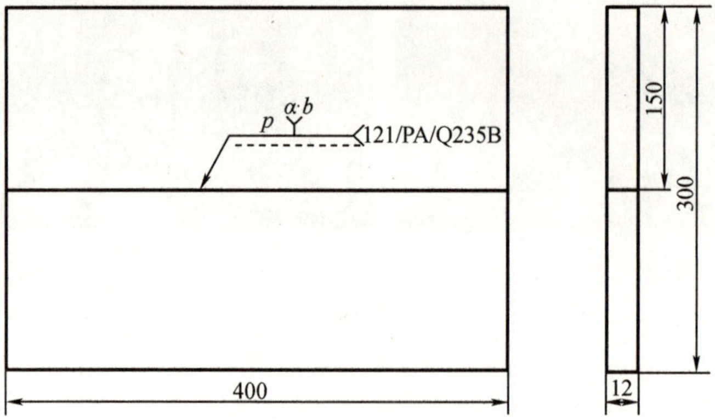

技术要求：1. 坡口为 60°的 V 形带钝边坡口；2. 根部间隙和钝边尺寸自定；3. 错边≤0.5 mm；4. 角变形 <3°；5. 不允许有咬边；6. 不允许有未焊透；7. 不允许有裂纹、气孔、夹渣；8. 焊缝余高≤$1+0.15b$。

图 22-1-0 Q235B 板对接平焊埋弧焊焊件图

子任务22-1-1 焊前准备

知识积累

知识点1:任务分析

埋弧由于焊熔深大,机械化操作程度高,焊接速度快,生产效率高,因此备受青睐,常常用于中厚板的长直缝和大直径环缝平焊的成批生产,是压力容器的环焊缝和直焊缝、锅炉冷却壁的长直焊缝、管段制造、箱型梁柱、船舶和潜艇壳体等重要钢结构制作中的主要焊接方法,是当今焊接生产中应用最普遍的一种焊接方法。埋弧焊除了用于金属结构件的连接,还可在基体金属表面堆积耐磨或耐腐蚀的合金层,随着焊接冶金技术和焊接材料生产技术的发展,埋弧焊的可焊材料已从碳素结构钢发展到高强度低合金钢、不锈钢、耐热钢、低温钢等金属。

本任务采用悬空双面焊法进行焊接,悬空焊法不用衬垫,要求焊件在装配时不留间隙或间隙很小(一般不超过1 mm)。焊第一面时,熔深要小,焊I形坡口时,熔深应小于焊件厚度的一半;焊X形、V形时,熔深应略小于钝边厚度。焊反面时,I形坡口对接,熔深应达到焊件厚度的60% ~70%,以保证熔透;焊X形、V形坡口时,可采用碳弧气刨清根后再进行焊接。本任务采取开坡口反面碳弧气刨清根的方法进行,以连续碳弧气刨的使用。

任务实施路线:图样识读、焊件准备及坡口清理、焊材选择、工艺参数确定、装配定位。

知识点2:焊件准备及坡口清理

根据任务单可知,准备焊件材质为Q235B的板件两件,尺寸为12 mm × 150 mm × 400 mm,单边开30° V形坡口,钝边保留5 ~8 mm。

焊缝及坡口清理:焊前打磨清理坡口面及坡口边缘上下两侧15 ~20 mm范围,露出金属光泽。

知识点3:埋弧焊焊接材料及选用

1. 埋弧焊用焊丝及选用

埋弧焊所用焊丝有实芯焊丝和药芯焊丝两类。目前,生产中普遍使用的是实芯焊丝。

焊丝的品种随所焊金属种类的增加而增加。目前,已有碳素结构钢、合金结构钢、高合金钢和各种有色金属焊丝以及堆焊用特殊合金焊丝。国产埋弧焊用焊丝已列入国家标准,可分为埋弧焊用非合金钢及细晶粒钢实心焊丝、药芯焊丝(见GB/T 5293—2018),埋弧焊用热强钢实心焊丝、药芯焊丝(见GB/T 12470—2018),埋弧焊用不锈钢焊丝(见GB/T 17854—2018),埋弧焊用高强钢实心焊丝、药芯焊丝(见GB/T 36034—2018)。

焊丝按表面处理工艺不同,可分为光焊丝和镀铜焊丝。对于光焊丝,应采用不影响焊缝质量的涂料进行防锈。焊丝表面应当干净、光滑,保证焊接时能顺利送进,以免给焊接过程带来干扰。除不锈钢焊丝和有色金属焊丝外,各种低碳钢和低合金钢焊丝的表面最好镀铜。镀铜层既可起防锈作用,也可改善焊丝与导电嘴之间的电接触状况。

(1)焊丝直径

焊丝直径的选择依用途而定。半自动埋弧焊用的焊丝较细,一般直径为1.6 mm、

2 mm、2.4 mm，以便能顺利地通过软管，并且使焊工在操作中不会因焊丝的刚度太大而感到操作困难。自动埋弧焊一般使用直径为 3 ~6 mm 的焊丝，以充分发挥埋弧焊的大电流和高熔敷率的优点。对于一定的电流值，可能使用不同直径的焊丝。同一电流使用直径较小的焊丝时，可获得加大焊缝熔深、减小熔宽的效果。当焊件装配不良时，宜选用较粗的焊丝。

(2)实芯焊丝分类

按照 GB/T 5293—2018《埋弧焊用非合金钢及细晶粒钢实心焊丝、药芯焊丝和焊丝—焊剂组合分类要求》，表 22 -1 -1 列出了部分实心焊丝型号及化学成分，其中字母“SU”表示埋弧焊实心焊丝，“SU”后数字或数字与字母的组合表示其化学成分分类，示例如下：

SU 2M3
表示化学成分分类（2M3）
表示埋弧焊实心焊丝（SU）

表 22 -1 -1 部分实心焊丝型号及化学成分

焊丝型号	冶金牌号分类	化学成分(质量分数)/%									
		C	Mn	Si	P	S	Ni	Cr	Mo	Cu	其他
SU08	H08	0.10	0.25 ~ 0.60	0.10 ~ 0.25	0.030	0.030	—	—	—	0.35	—
SU10	H11Mn2	0.07 ~ 0.15	1.30 ~ 1.70	0.05 ~ 0.25	0.025	0.025	—	—	—	0.35	—
SU11	H11Mn	0.15	0.20 ~ 0.90	0.15	0.025	0.025	0.15	0.15	0.15	0.40	—
SU111	H11MnSi	0.07 ~ 0.15	1.00 ~ 1.50	0.65 ~ 0.85	0.025	0.030	—	—	—	0.35	—
SU21	H10Mn	0.05 ~ 0.15	0.80 ~ 1.25	0.10 ~ 0.35	0.025	0.025	0.15	0.15	0.15	0.40	—
SU32	H12Mn2Si	0.15	1.30 ~ 1.90	0.05 ~ 0.60	0.025	0.025	0.15	0.15	0.15	0.40	—
SU2M1	H12Mn2Mo	0.15	0.80 ~ 1.40	0.25	0.025	0.025	0.15	0.15	0.15 ~ 0.40	0.40	—
SUN21	H08MnSiNi	0.12	0.80 ~ 1.40	0.40 ~ 0.80	0.020	0.020	0.75 ~ 1.25	0.20	0.15	0.40	—
SUCC	H11MnCr	0.15	0.80 ~ 1.90	0.30	0.030	0.030	0.15	0.30 ~ 0.60	0.15	0.20 ~ 0.45	—

(3)埋弧焊焊丝选择

选择埋弧焊用焊丝时，主要考虑焊丝中 Mn、Si 和合金元素的含量。无论是采用单道焊还是多道焊，都应考虑焊丝向熔敷金属中过渡的 Mn、Si 和合金元素对熔敷金属力学性能的影响。必须保证熔敷金属中锰含量最低,以防止产生焊道中心裂纹,特别是使用低锰焊丝匹配中性焊剂易产生焊道中心裂纹,此时应改用高锰焊丝和活性焊剂。某些中性焊剂采用 Si 代替 C 和 Mn,并将其含量降到规定值,使用时,不必采用硅脱氧焊丝。对于其他不添加 Si 的焊剂,要求采用硅脱氧焊丝,以获得合适的润湿性并防止气孔。因此焊丝、焊剂制造厂应相互配合,以使两种产品在使用时互补。

2. 埋弧焊用焊剂及其储存与烘干

(1)埋弧焊用焊剂的分类

埋弧焊用焊剂可按用途、制造方法、物理特性、颗粒构造等化学组分进行分类。

①按用途分类

焊剂按适合焊接的钢种,可分为碳钢埋弧焊焊剂、合金钢埋弧焊焊剂、不锈钢埋弧焊焊剂、铜及铜合金埋弧焊焊剂和不锈钢及镍基合金埋弧堆焊焊剂;按适用的焊丝直径,可分为细焊丝($\phi1.6\sim\phi2.5$ mm)埋弧焊焊剂和粗焊丝埋弧焊焊剂;按焊接位置,可分为平焊位置埋弧焊焊剂和强迫成形焊剂;按特殊用途可分为高速埋弧焊焊剂、窄间隙埋弧焊焊剂、多丝埋弧焊焊剂和带极堆焊埋弧焊焊剂等。

②按制造方法分类

按制造方法不同,焊剂可分为熔炼焊剂和烧结焊剂两种:熔炼焊剂是将炉料组成物按一定的配比在电炉或火焰炉内熔炼后制成的;烧结焊剂是先将配料粉碎成粉末,再用黏结剂黏合成颗料后熔烧制成的,这两种焊剂在工业生产中已得到普遍使用。

③按物理特性分类

焊剂按其在熔化状态下黏度随温度变化的特性不同,可分为长渣焊剂和短渣焊剂。黏度随着温度的降低而急剧增加的熔渣称为短渣,黏度随温度缓慢变化的熔渣称为长渣。短渣焊剂的焊接工艺性较好,有利于脱渣和焊缝成形,长渣焊剂则相反。

④按颗粒构造分类

焊剂按颗粒构造可分为玻璃状焊剂和浮石状焊剂。玻璃状焊剂颗粒呈透明的彩色,而浮石状焊剂颗粒为不透明的多孔体。玻璃状焊剂的堆散质量高于 1.4 g/cm^3,而浮石状焊剂则低于 1 g/cm^3,因此,玻璃状焊剂能更好地隔离焊接区,使其不受空气的侵入。

⑤按化学组分分类

按照焊剂中添加的脱氧剂、合金剂分类,焊剂又可分为中性焊剂、活性焊剂和合金焊剂。不同类别的焊剂可以通过相应的牌号及制造厂的产品说明书予以识别。

ⓐ中性焊剂是指在焊接后,熔敷金属化学成分与焊丝化学成分不产生明显变化的焊剂。中性焊剂用于多道焊,特别适应于厚度大于 25 mm 的母材焊接。中性焊剂的焊接注意事项如下:

由于中性焊剂不含或含有少量脱氧剂,所以在焊接过程中只能依赖焊丝提供脱氧剂。单道焊或焊接氧化严重的母材时,会产生气孔和焊道裂纹。电弧电压变化时,中性焊剂能维持熔敷金属的化学成分稳定。部分中性焊剂在电弧区释放出的氧气与焊丝中碳化合,能够降低熔敷金属中的含碳量。部分中性焊剂含有硅酸盐,在电弧高温区还原成 Mn、Si,即使电弧电压变化很大时,熔敷金属的化学成分也相当稳定。熔深、热输入量和焊道数量等参数变化时,抗拉强度和冲击韧性等力学性能会发生变化。与焊丝中铬含量相比,部分中性焊剂会减少焊缝金属中的铬含量。

ⓑ活性焊剂指加入少量锰、硅脱氧剂的焊剂。活性焊剂主要用于单道焊,特别是被氧

化的母材,能够提高抗气孔能力和抗裂性能。活性焊剂的焊接注意事项如下:由于含有脱氧剂,熔敷金属中的锰、硅含量将随电弧电压的变化而变化,锰、硅含量的增加将提高熔敷金属的强度,降低冲击韧性。因此,在使用活性焊剂进行多道焊时,应严格控制电弧电压。活性焊剂中,更活泼的焊剂具有较强的抗氧化性能,但在多道焊时会产生较多的问题。

ⓒ合金焊剂指熔敷金属为合金钢时,使用碳钢焊丝的焊剂。焊剂中添加较多的合金成分,用于过渡合金,多数合金焊剂为黏结焊剂和烧结焊剂。

(2)对焊剂性能的基本要求

在埋弧焊中,焊剂对焊缝的质量和力学性能有很大影响,故对焊剂性能提出了下列多方面的要求:

①保证焊缝金属具有符合要求的化学成分和力学性能。

②保证电弧稳定燃烧,焊接冶金反应充分,通常焊剂的硫含量应不大于0.050%,磷含量应不大于0.060%。

③保证焊缝金属内不产生裂纹和气孔。

④保证焊缝成形良好,焊道与焊道、母材之间过渡平滑,不应产生较严重的咬边现象。

⑤保证熔渣的脱渣性良好。

⑥保证焊接过程有害气体析出量少。

(3)埋弧焊用焊剂型号表示方法

按照国家标准 GB/T 36037—2018《埋弧焊和电渣焊用焊剂》,焊剂型号由四部分组成:

第一部分表示焊剂适用的焊接方法,“S”表示适用于埋弧焊。

第二部分表示焊接制造方法,“F”表示熔炼焊剂,“A”表示烧结焊剂,“M”表示混合焊剂。

第三部分表示焊剂适用范围代号。

例如:

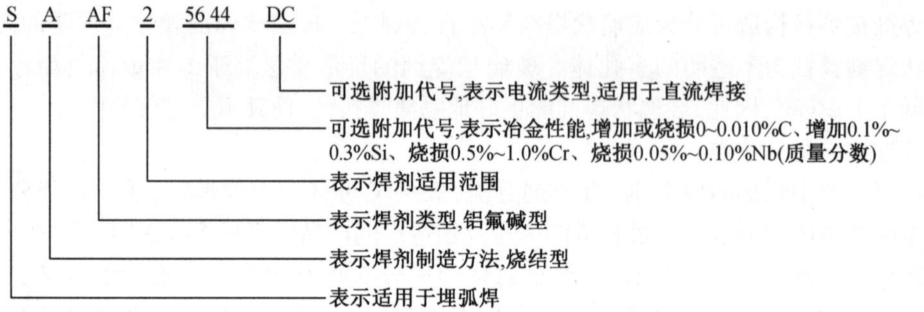

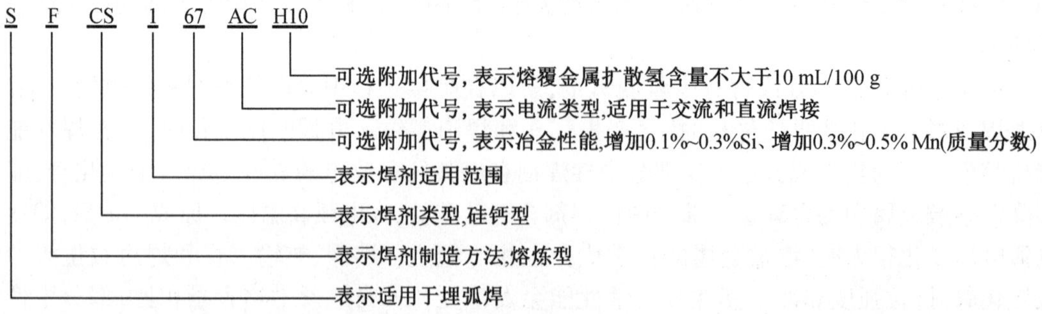

按照国家标准 GB/T 36037—2018《埋弧焊和电渣焊用焊剂》,埋弧焊焊剂类型见表22-1-2,焊剂类型代号见表22-1-3。

表 22－1－2 埋弧焊焊剂类型

<table>
<tr><th>焊剂类型</th><th>组成</th><th>特点及适用范围</th></tr>
<tr><td>硅锰型焊剂</td><td>含有大量的 MnO 和 SiO_2</td><td>焊缝金属含氧量通常较高，因而韧性受限。电流承载能力相对较高，常用于单丝或多丝高速焊接。在板材有锈或氧化皮严重的情况下，焊缝金属也能显示良好的抗气孔性。该类焊剂合金含量较高因而不适用于厚截面的多道焊</td></tr>
<tr><td>硅钙型焊剂</td><td>主要由 CaO、MgO 和 SiO_2 组成</td><td>在其成分范围内，酸性最强的焊剂电流承载能力最高，常用于多丝焊接；碱性较强的焊剂常用于对强度和韧性要求更高的多道焊接。该类焊剂常用于耐磨和覆层堆焊，可以过渡合金</td></tr>
<tr><td>镁钙型焊剂</td><td>主要由 CaO、MgO 和 CaF_2 组成</td><td rowspan="2">因碳酸盐较多，在焊接过程中会产生 CO_2 气体，能降低焊缝金属氮和扩散氢含量。该类焊剂常用于需要高冲击韧性的多道焊或高热输入场合</td></tr>
<tr><td>镁钙碱型焊剂</td><td>主要由 CaO、MgO、CaF_2 和 Al_2O_3 组成</td></tr>
<tr><td>铁粉镁钙型焊剂</td><td>主要由镁钙型加入铁粉以提高熔敷效率</td><td rowspan="2">因碳酸盐较多，在焊接过程中会产生 CO_2 气体，能降低焊缝金属氮和扩散氢含量。该类焊剂常用于对力学性能要求不高的厚板高热输入焊接</td></tr>
<tr><td>铁粉镁钙碱型焊剂</td><td>主要由镁钙碱型加入铁粉以提高熔敷效率</td></tr>
<tr><td>硅镁型焊剂</td><td>主要由 MgO 和 SiO_2 以及少量 CaO 和 CaF_2 组成</td><td>可添加金属粉进行合金化，适用于要求特定焊缝金属成分的堆焊</td></tr>
<tr><td>硅锆型焊剂</td><td>主要由 ZrO_2 和 SiO_2 组成</td><td>常用于洁净板材和薄板的高速、单道焊接，也能够过渡合金</td></tr>
<tr><td>硅钛型焊剂</td><td>主要由 TiO_2 和 SiO_2 组成</td><td>通常用于匹配中锰或高锰含量的焊丝、焊带。焊缝金属含氧量相对较高，因而韧性受限。该类焊剂常用于单丝和多丝高速双面焊接</td></tr>
<tr><td>铝钛型焊剂</td><td>主要由 Al_2O_3 和 TiO_2 组成</td><td>冶金活性和碱性调整范围较宽，多用于单丝和多丝高速焊接，包括薄壁和角焊缝焊接</td></tr>
<tr><td>碱铝型焊剂</td><td>主要由 Al_2O_3 和 CaF_2 组成，并含有少量 SiO_2</td><td>焊缝金属氧含量较低，尤其是在多道焊接时可以获得良好韧性</td></tr>
<tr><td>硅铝酸型焊剂</td><td>主要由 Al_2O_3 和 SiO_2 组成，也包含 MgO 和 CaF_2</td><td>特别适于各种堆焊</td></tr>
<tr><td>铝碱型焊剂</td><td>主要由 Al_2O_3 和碱性氧化物组成</td><td>冶金活性范围较宽。由于 Al_2O_3 含量高，液态熔渣快速凝固，常用于各种单丝或多丝的单道和多道焊接</td></tr>
<tr><td>硅铝型焊剂</td><td>主要由碱性氧化物和 SiO_2、Al_2O_3、ZrO_2 等组成</td><td>由于碱性高，焊缝金属含氧量低，所以韧性较高，应用于各种接头焊接和堆焊</td></tr>
</table>

表 22-1-2(续)

焊剂类型	组成	特点及适用范围
铝氟碱型焊剂	主要由 Al_2O_3 和 CaF_2 组成	主要匹配合金焊丝用于不锈钢和镍基合金等的接头焊接和堆焊
氟碱型焊剂	主要由碱性化合物和相对较少的 SiO_2 组成	由于碱度高,焊缝金属含氧量低,所以韧性较高,广泛用于单丝和多丝的接头焊接和堆焊,包括电渣焊
特殊型焊剂	前述未覆盖的其他成分的焊剂归入此类	其化学组成范围不做规定,因此同是此类型的焊剂可能差别较大

表 22-1-3 焊剂类型代号

焊剂类型代号	焊剂类型	焊剂类型代号	焊剂类型
MS	硅锰型	CS	硅钙型
CG	镁钙型	CB	镁钙碱型
CG-Ⅰ	铁粉镁钙型	CB-Ⅰ	铁粉镁钙碱型
GS	硅镁型	ZS	硅锆型
RS	硅钛型	AR	铝钛型
BA	碱铝型	AAS	硅铝酸型
AB	铝碱型	AF	铝氟碱型
FB	氟碱型	G	特殊型

(4)焊剂的储存与烘干

埋弧焊用焊剂在空气中存放时会吸收水分,而焊剂中的水分是焊缝产生气孔和冷裂纹的主要原因,应控制在0.1%(质量分数)以下。熔炼焊剂与烧结焊剂的吸潮性不同,烧结焊剂的吸潮性比熔炼焊剂高得多。因此,烧结焊剂在使用前应按产品说明书的规定温度进行烘干。熔炼焊剂也有一定的吸潮性,如果在空气中长时间存放,其水分也会超过标准规定。因此,熔炼焊剂同样应注意焊前的烘干。焊剂的干燥可在烘干炉内进行,烘干温度为350~400 ℃,某些低氢碱性焊剂要求采用更高的烘干温度,使焊剂中的水分(质量分数)降到0.1%以下。焊剂烘干时堆散层的高度不应超过40 mm。

3. 埋弧焊剂与焊丝的选配

(1)选配原则

埋弧焊用焊剂与焊丝的正确选配是焊制高质量焊接接头的决定性因素之一,是埋弧焊工艺过程的重要环节。在进行焊剂与焊丝的选配时,应着重考虑埋弧焊的工艺特点和冶金特点。

①稀释率高

在不开坡口对接焊缝单道焊或双面焊以及开坡口对接焊缝根部焊道的焊接中,由于埋弧焊焊缝熔透深度大,母材大量熔化,混入焊缝金属,稀释率可高达70%。在这种情况下,焊缝金属的成分在很大程度上取决于母材的成分,而焊丝的成分不起主要作用。因此,选用合金元素含量低于母材的焊丝进行焊接,并不降低接头的强度。

②热输入高

埋弧焊是一种高效焊接方法,为了获得高的熔敷率,通常选用大电流进行焊接。因此,焊接过程中就产生了较高的输入热量,结果是降低了焊缝金属和热影响区的冷却速度,也就降低了接头的强度和韧性。因此,焊接厚板开坡口焊缝填充焊道时,应选用合金成分略高于母材的焊丝并配用中性焊剂。

③焊接速度快

埋弧焊的焊接速度一般为25 m/h,最高焊接速度可达100 m/h。在这种情况下,焊缝的良好成形不仅取决于焊接参数的合理选配,还取决于焊剂的特性,硅钙型、锰硅型及氧化铝型焊剂的特性能满足高速埋弧焊的要求。

(2)焊丝－焊剂组合的代号

“实焊丝－焊剂组合”分类按照力学性能、焊后状态、焊剂类型和焊丝型号等进行划分;“药芯焊丝－焊剂组合”还要考虑熔敷金属化学成分等进行划分。“焊丝－焊剂组合”分类代号由五部分组成,例如:

S　55S　4　AB　SU2M3

- SU2M3：表示实心焊丝型号
- AB：表示焊剂类型
- 4：表示冲击吸收能量(KV_2)大于27 J时,得到试验温度为-40 ℃
- 55S：表示双面单道焊焊接接头抗拉强度最小值为550 MPa
- S：表示埋弧焊用焊丝-焊剂组合

其中,第二部分表示多道焊在焊后热处理条件下熔敷金属的抗拉强度,其代号如表22－1－4所示。

表22－1－4　多道焊熔敷金属抗拉强度代号

抗拉强度代号	抗拉强度 R_m/MPa	屈服强度 R_{eL}/MPa	断后伸长率/%
43X	430～600	≥330	≥20
49X	490～670	≥390	≥18
55X	550～740	≥460	≥17
57X	570～770	≥490	≥17

或者表示用于双面单道焊时焊接接头的抗拉强度,其代号如表22－1－5所示。

表22－1－5　双面单道焊焊接接头的抗拉强度代号

抗拉强度代号	抗拉强度 R_m/MPa
43S	≥430
49S	≥490
55S	≥550
57S	≥570

第五部分表示“实心焊丝型号或者药芯焊丝－焊剂组合”的熔敷金属化学成分分类。

除了以上强制分类代号外，可在组合分类中附加可选代号：字母“U”，附加在第三部分之后，表示在规定的试验温度下，冲击吸收能量（KV_2）应大于 47 J。扩散氢代号“H ×”，附加在最后，其中“ ×”可为数字 15，10，5，4 或 2，分别表示每 100 g 熔敷金属中扩散氢含量的最大值（mL）。

知识点 4：埋弧焊的焊接工艺

1. 焊接工艺的内容、原则和依据

（1）焊接工艺的主要内容

焊接工艺的主要内容包括：焊接工艺方法的选择；焊接工艺装备的选用；焊接坡口的设计；焊接材料的选定；焊接参数的制定；焊件组装工艺的编制；操作技术参数及焊接过程控制技术参数的制定；焊缝缺陷检查方法及修补技术的制定。

（2）编制焊接工艺的原则

首先，要保证接头的质量完全符合焊件技术条件或标准的规定；

其次，在保证接头质量的前提下，最大限度地降低生产成本，即以最高的焊接速度、最少的焊材消耗和能量消耗，以及最短的焊接工时完成整个焊接过程。

（3）编制焊接工艺的依据

编制焊接工艺的依据有焊件材料的牌号和规格、焊件的形状和结构、焊接位置以及对焊接接头性能的技术要求、工厂生产车间现有焊接设备和工艺能力等。

根据上述基本原始资料，可制定出初步的工艺方案，即结合工厂生产车间现有焊接设备和工艺能力，选择焊接工艺方法（如单丝焊或多丝焊、加焊剂衬垫或悬空焊、单层焊或双面焊、多层多道焊等）、焊剂/焊丝的组合、焊丝直径、焊接坡口设计和组装工艺等。

2. 影响焊缝形状、成分及性能的埋弧焊工艺参数

（1）埋弧焊的焊接工艺参数种类和影响

①焊接工艺参数对焊缝金属成分和性能的影响

焊接电流、电弧电压和焊接速度三个参数合成的焊接线能量影响着焊缝的强度和韧性。焊接条件变化时，母材的稀释率、焊剂熔化比率（焊剂熔化量/焊丝熔化量）均发生变化，从而对焊缝金属性能产生影响，其中焊接电流和电弧电压影响较大。如图 22－1－1 至图 22－1－3 所示。

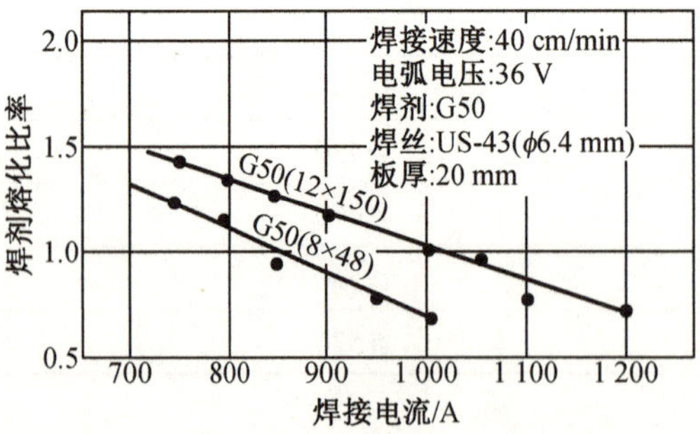

图 22－1－1　焊接电流对焊剂熔化比率的影响

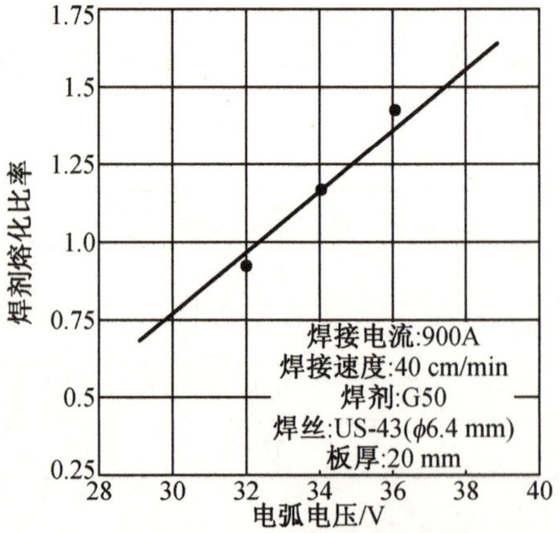

图 22－1－2　电弧电压对焊剂熔化比率的影响

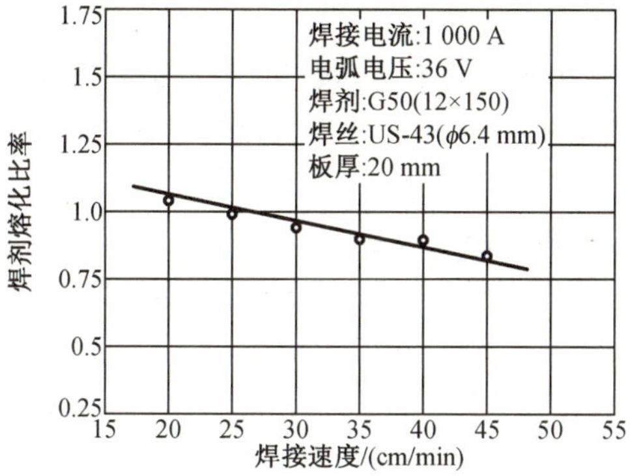

图 22-1-3　焊接速度对熔化比率的影响

由于焊剂熔化比率的变化,焊缝金属的化学成分、力学性能均发生变化,特别是烧结焊剂中合金元素的加入对焊缝金属化学成分的影响最大,如图 22-1-4 至图 22-1-6 所示,反映了各种焊接参数变化时对焊缝金属 Mn、Si 含量的影响。

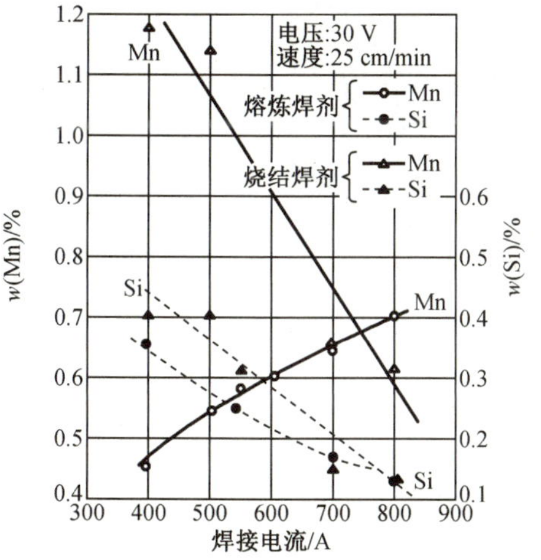

图 22-1-4　焊接电流对焊缝金属化学成分的影响

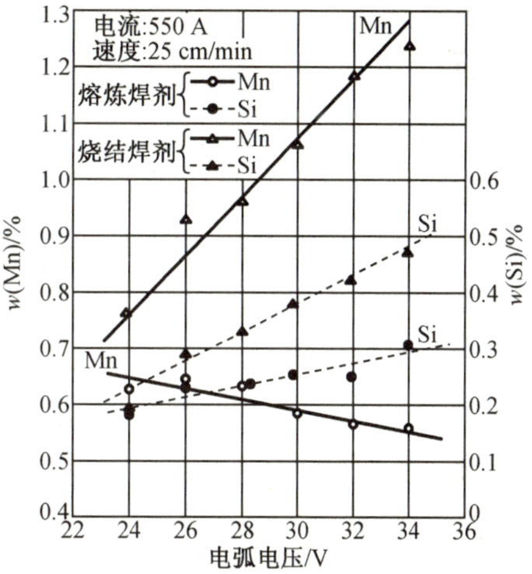

图 22-1-5　电弧电压对焊缝金属化学成分的影响

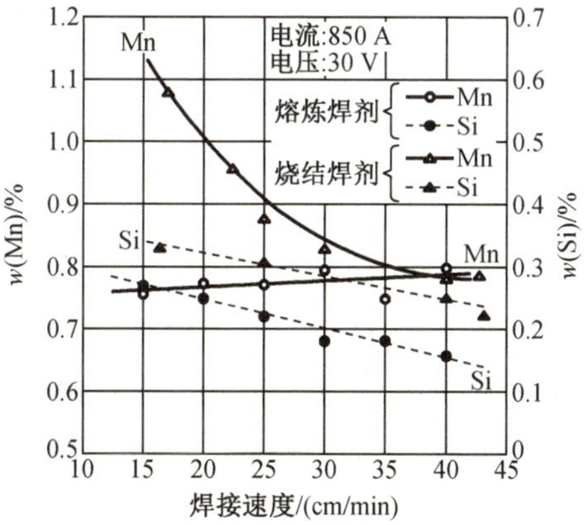

图 22-1-6　焊接速度对焊缝金属化学成分的影响

②焊接工艺参数对焊缝成形的影响

埋弧焊影响焊缝成形形状质量的主要参数包括焊接电流、电弧电压、焊接速度、电源种类及极性和预热温度等；其次还包括焊丝伸出长度、焊丝倾角、焊丝与焊件的相对位置、焊剂粒度、焊剂堆敷高度和多丝间距等参数。

这些参数分别影响着焊缝的成形，也就影响着焊缝的抗裂性、对气孔和夹渣的敏感性。只有这些参数合理匹配，才能焊出成形良好、无任何缺陷的焊缝。

对于操作者来说，首先要正确调整各焊接参数，才能控制焊道的最佳成形。因此，操作者应清楚地了解各焊接参数对焊缝成形的影响的规律性，以及焊接熔池形成、焊缝形状和结晶过程对焊缝质量的影响。焊接参数的制定应以相应的焊接工艺试验结果或焊接工艺评定试验结果为依据。

（2）电流参数对埋弧焊焊缝成形形状质量的影响

焊接电流是决定焊丝熔化速度、熔透深度和母材熔化量的重要参数。焊接电流对熔透深度影响最大，两者几乎成正比关系。如图 22 - 1 - 7 所示，I 形对接和 Y 形坡口对接埋弧焊时，焊接电流与熔透深度几乎为正比关系，相同电流时 Y 形坡口的熔深大于 I 形坡口的熔深。

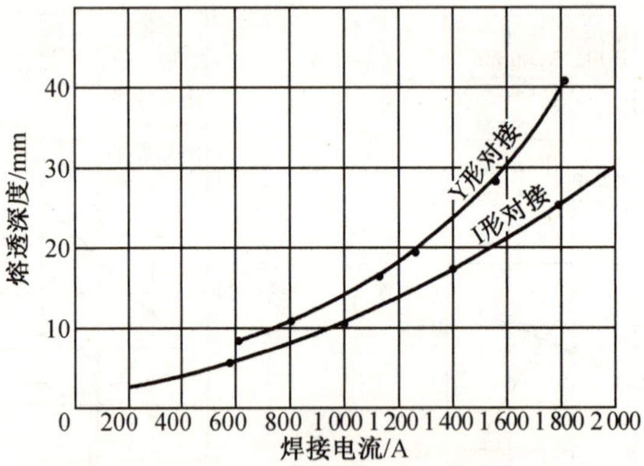

图 22 - 1 - 7 焊接电流与熔透深度的关系

如果用数学式表示，则两者的关系为：

$$H = k_{m} I \qquad (22-1-1)$$

式中 H——熔透深度，mm；

k_{m}——熔深系数，k_{m} 取决于焊丝直径和电流种类，对于 $\phi 2$ mm 的焊丝，$k_{m} = 1.0 \sim 1.7$，对于 $\phi 5$ mm 的焊丝，$k_{m} = 0.7 \sim 1.3$，采用交流埋弧焊时，k_{m} 一般为 $1.1 \sim 1.3$；

I——焊接电流，A。

各种条件下的 k_{m} 如表 22 - 1 - 6 所示。

焊接电流对焊缝横截面形状和熔深的影响如图 22 - 1 - 8 所示。从图中可知，在其他参数不变的条件下，随着焊接电流的提高，熔深和余高同时增大，焊缝形状系数变小。为防止产生烧穿和裂纹等缺陷，焊接电流不宜选得太大；但电流过小也会使焊接过程不稳定，并造成未焊透或未熔合等缺陷。因此，对于不开坡口对接焊缝，应按所要求的最低熔透深度选择焊接电流；对于开坡口焊缝的填充层，主要以获得焊缝最佳成形为准则来选定焊接电流。

表 22-1-6 k_m值与焊丝直径、电流种类、极性及焊剂的关系

焊丝直径/mm	电源种类	焊剂牌号	k_m值(mm/100 A)	
			T形焊缝和开坡口的对接焊缝	堆焊和不开坡口的对接焊缝
5	交流	HJ431	1.5	1.1
2	交流	HJ431	2.0	1.0
5	直流反接	HJ431	1.75	1.1
5	直流正接	HJ431	1.25	1.0
5	交流	HJ430	1.55	1.15

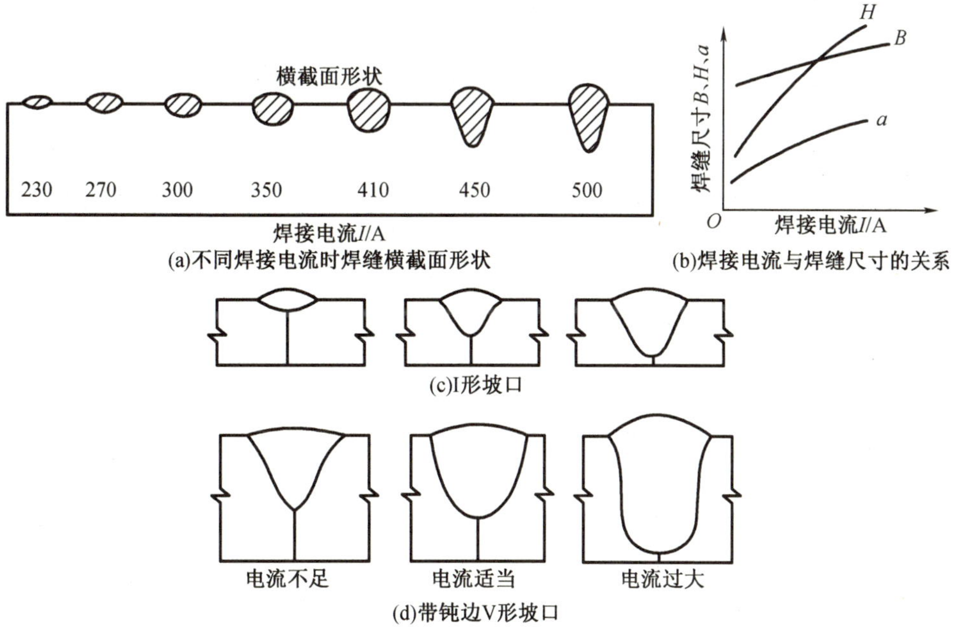

H—熔深;B—焊缝宽度;a—余高。

图 22-1-8 焊接电流对焊缝截面形状和熔深的影响

此外,焊丝直径决定了焊接电流密度,因而也对焊缝横截面形状有一定的影响。采用细焊丝焊接时,形成深而窄的焊道;采用粗焊丝焊接时,则形成宽而浅的焊道。如表 22-1-7 所示,其他条件不变时,熔深与焊丝直径成反比关系,但这种关系随电流密度的增加而减弱。这是由于随着电流密度的增加,熔池熔化金属量不断增加,熔融金属向后流动困难,熔深增加较慢,并随着熔化金属量的增加,余高增加,焊缝成形变差,所以埋弧焊时增加电流的同时要增加电弧电压,以保证焊缝成形。

(3)电弧电压参数对埋弧焊焊缝成形形状质量的影响

电弧电压与电弧长度成正比关系,在相同的电弧电压和焊接电流时,如果选用的焊剂不同,电弧空间电场强度不同,则电弧长度不同。在其他参数不变的条件下,随着电弧电压的提高,焊缝的宽度增大,而熔深和余高则略有减小。电弧电压过高时,焊缝宽度增加,余高不够,会形成浅而宽的焊道,从而导致未焊透和咬边等缺陷的产生。此外,焊剂的熔量增多,使焊波表面粗糙,脱渣困难。降低电弧电压,能提高电弧的挺度,增大熔深,但电弧电压

过低时，熔深大，焊缝宽度窄，会形成高而窄的焊道，使边缘熔合不良，易产生热裂纹。电弧电压对焊缝截面形状和熔深的影响如图 22－1－9 所示。为了获得成形良好的焊道，电弧电压与焊接电流应相互匹配。当焊接电流加大时，电弧电压应相应提高。埋弧焊时，电弧电压是依据焊接电流调整的，即一定焊接电流要保持一定的弧长才能保证焊接电弧的稳定燃烧，所以电弧电压的变化范围是有限的。

表 22－1－7　电流密度对焊缝形状、尺寸的影响（电弧电压 30～32 V，焊接速度 33 cm/min）

项目	焊接电流/A							
	700～750			1 000～1 100			1 300～1 400	
焊丝直径/mm	6	5	4	6	5	4	6	5
平均电流密度/（A/mm²）	26	36	58	38	52	84	48	68
熔深 *H*/mm	7.0	8.5	11.5	10.5	12.0	16.5	17.5	19.0
熔宽 *B*/mm	22	31	19	26	24	22	27	24
成形系数 *B*/H	3.1	2.5	1.7	2.5	2.0	1.3	1.5	1.3

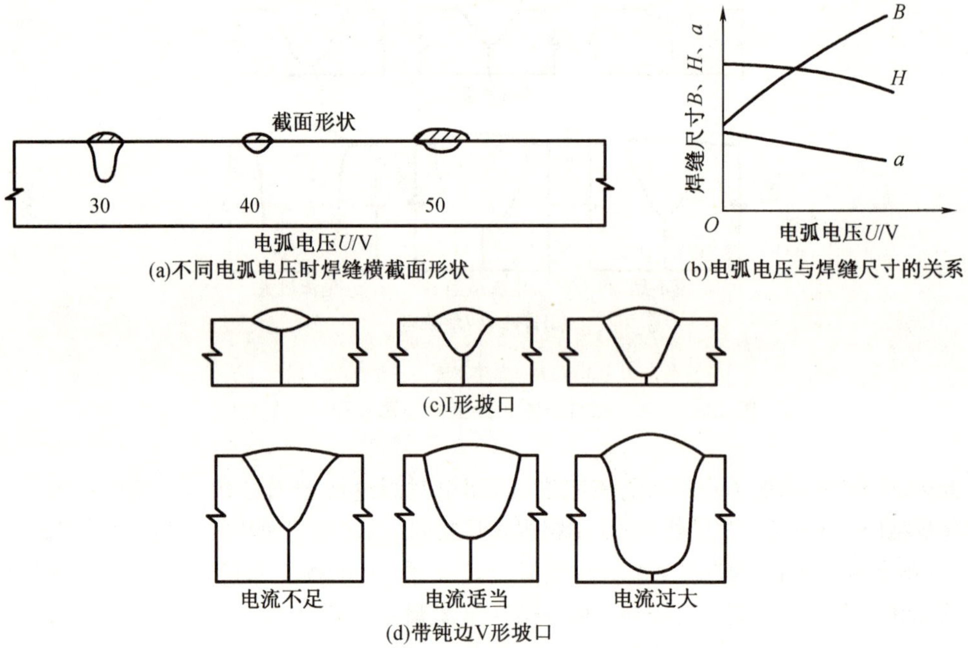

H—熔深；*B*—焊缝宽度；*a*—余高。

图 22－1－9　电弧电压对焊缝截面形状和熔深的影响

（4）焊接速度参数对埋弧焊焊缝成形形状质量的影响

焊接速度决定了单位焊缝长度上的热输入能量，对熔深和熔宽都有明显的影响。通常焊接速度小，则焊接熔池大，焊缝熔深和熔宽均较大。在其他参数不变的条件下，提高焊接速度，单位长度焊缝上的热输入能量和填充金属量则减少，从而使熔深、熔宽及余高都相应地减小,即熔深和熔宽与焊接速度成反比。如图 22－1－10 所示。

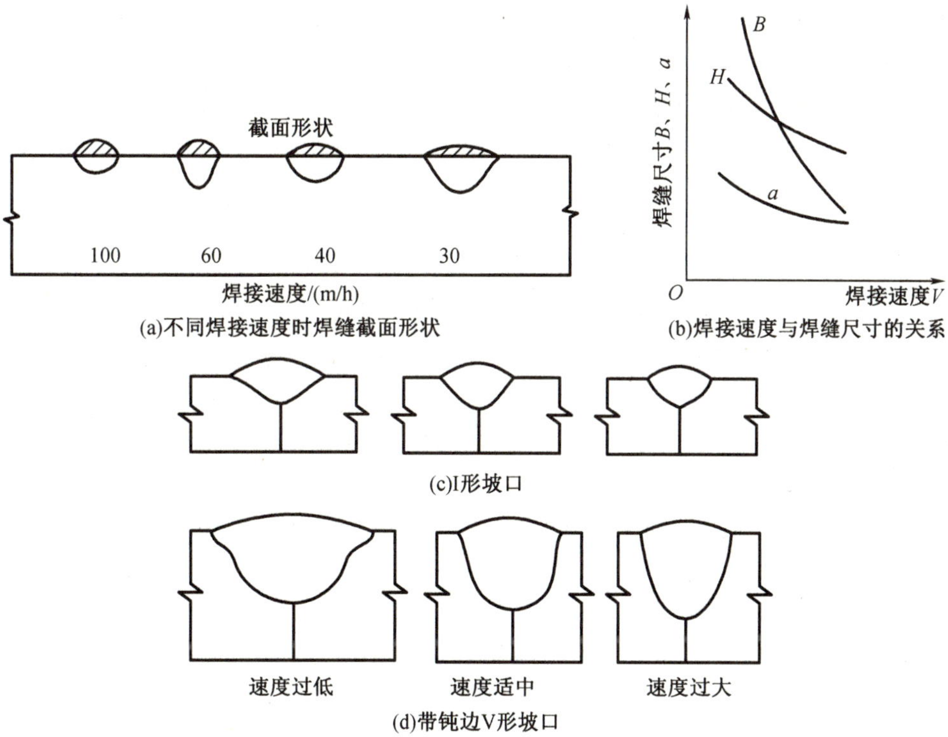

H—熔深;*B*—焊缝宽度;*a*—余高。

图 22－1－10 焊接速度对焊缝形状的影响

焊接速度太快,会产生咬边和气孔等缺陷,使焊道外形恶化。焊接速度太慢,则可能引起烧穿缺陷。如果电弧电压同时较高,则可能得到横截面呈蘑菇形的焊缝,这种形状的焊缝对人字形裂纹或液化裂纹较为敏感。如图 22－1－11 所示为这种焊缝中产生的典型凝固裂纹。此外,还会因熔池尺寸过大而形成表面粗糙的焊缝。为此,焊接速度应与所选定的焊接电流、电弧电压相匹配。

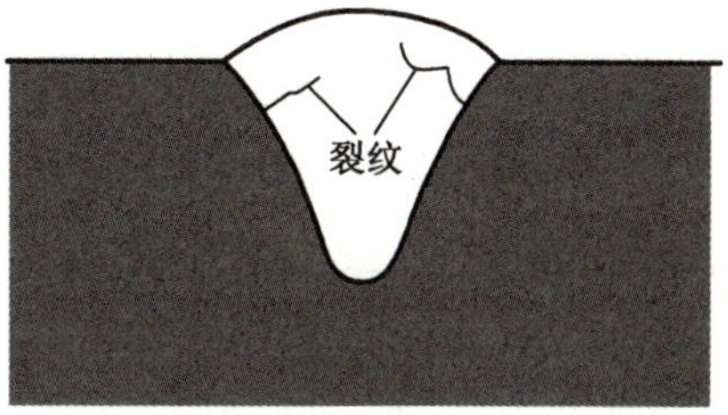

图 22－1－11 横截面呈蘑菇形的焊缝及裂纹分布位置

(5)埋弧焊的焊接电源及其极性对埋弧焊焊缝成型形状质量的影响

采用直流电源进行埋弧焊,与采用交流电源相比,能更好地控制焊道形状、熔深,且引弧容易。以直流反接(焊丝接正极)方式焊接时,可获得最大的熔深和最佳的焊缝表面;以直流正接(焊丝接负极)方式焊接时,焊丝熔化速度要比反接高 35%,使焊缝余高、熔深变小。这是因为在正接时,电弧最大的热量集中于焊丝的顶端。直流正接法埋弧焊可用于要求浅熔深的材料焊接以及表面堆焊。为了获得成形良好的焊道,采用直流正接法焊接时,应适当提高电弧电压。

(6)其他焊接参数对埋弧焊焊缝成形形状质量的影响

其他焊接参数对焊缝成形也有一定的影响,这些参数包括焊丝伸出长度、焊剂粒度和堆敷高度、焊丝倾角和偏移量以及焊件的倾斜度。

①焊丝伸出长度

焊丝的熔化速度是由电弧热和电阻热共同决定的。电阻热是指伸出导电嘴的一段焊丝通过焊接电流时产生的加热量($Q=I^2R$)。因此,焊丝的熔化速度与其伸出长度的电阻热成正比,焊丝伸出长度越长,电阻热越大,焊丝熔化速度越快,导致熔深较小,熔合比减少。

该现象在使用小于3 mm的细直径焊丝焊接时非常明显,因此应控制其伸出长度,一般控制在5~10 mm。在焊接电流保持不变的情况下,增加焊丝伸出长度,可使熔化速度提高25%~50%。因此,为了保持良好的焊道成形,增加焊丝伸出长度时,应适当提高电弧电压和焊接速度。在不要求获得较大熔深的情况下,可通过增加焊丝伸出长度来提高焊接效率;而在要求得到较大熔深时,则不推荐增加焊丝伸出长度。

为了保证焊缝成形良好,对于不同的焊丝直径,推荐以下最佳焊丝伸出长度和最大伸出长度:

ⓐ对于ϕ2.0 mm、ϕ2.5 mm和ϕ3.0 mm的焊丝,最佳焊丝伸出长度为30~50 mm,最大焊丝伸出长度为75 mm。

ⓑ对于ϕ4 mm、ϕ5 mm和ϕ6 mm的焊丝,最佳焊丝伸出长度为50~80 mm,最大焊丝伸出长度为125 mm。

②焊剂粒度和堆敷高度

焊剂粒度和堆敷高度对于焊道成形也有一定的影响。焊剂粒度通常用过筛的目数来表示,例如,8×48表示90%~95%的颗粒能通过8孔/in(1 in=2.54 cm)的筛,2%~5%的颗粒能通过48孔/in的筛。焊剂粒度应根据所使用的焊接电流来选择,细颗粒焊剂适用于大的焊接电流,能获得较大的熔深和宽而平坦的焊缝表面。如果在小电流下使用细颗粒焊剂,因焊剂层密封性较好,气体不易逸出,则会在焊缝表面留下斑点;相反,如果在大电流下使用粗颗粒焊剂,则会因焊剂层保护不良,而在焊缝表面形成凹坑或出现粗糙的波纹。

焊剂粒度与所使用的焊接电流范围之间最合适的关系可以参考表22-1-8。

表22-1-8 焊剂粒度与焊接电流的关系

焊剂粒度	8×48	12×65	12×150	20×200
焊接电流/A	<600	<600	500~900	600~1 200

焊剂堆敷高度太低或太高都会使焊缝表面产生斑点、凹坑、气孔等缺陷并改变焊道的形状。焊剂堆敷密度太低,电弧不能完全埋入焊剂中,电弧燃烧不稳定且出现闪光、热量不集中的情况,降低了焊缝熔透深度。如果焊剂堆敷层太高,会使电弧受到熔渣壳的物理约束而形成外形凹凸不平的焊道,但熔透深度有所增加。因此,应对焊剂层的厚度加以控制,使电弧不再闪光,同时又能使气体从焊丝周围均匀地逸出。按照焊丝直径和所使用的焊接电流,焊剂层的堆敷高度通常在25~40 mm范围内。焊丝直径越大,焊接电流越大,堆敷高度应相应加大。

③焊丝倾角和偏移量

焊丝倾角对焊道成形有明显的影响。焊丝相对于焊接方向可以向前倾斜或向后倾斜,即前倾或后倾。顺着焊接方向倾斜称为前倾,背着焊接方向倾斜称为后倾,如图22-1-12

所示。焊丝前倾时,电弧热量大部分集中于焊接熔池内,电弧吹力使熔池向后推移,从而形成熔深大、余高大、熔宽小的焊道;而焊丝后倾时,电弧热量大部分集中于未熔化的母材,从而形成熔深小、余高小、熔宽大的焊道。

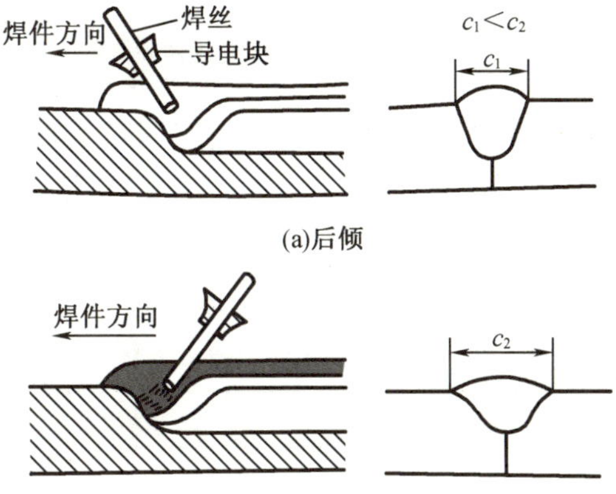

图 22－1－12 焊丝倾斜情况对焊缝形状的影响

焊接角焊缝时,焊丝与焊件之间的夹角对焊道成形也有影响,如图 22－1－13 所示。减小焊丝与底板之间的夹角,可使熔透深度增加;当夹角为 30°时,可获得最大的熔深。

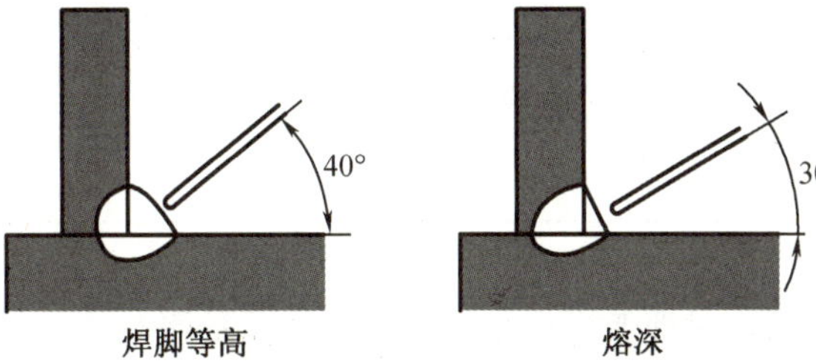

图 22－1－13 平角焊焊丝与焊件之间的夹角对焊缝成形的影响

3. 影响焊缝形状及性能的埋弧焊工艺条件

(1)焊件的倾斜度对埋弧焊焊缝成形形状质量的影响

在埋弧焊过程中,焊件的倾斜度对焊道成形也有一定的影响。埋弧焊大多是在平焊位置进行的,但在某些特殊应用场合下,必须在焊件略有倾斜的条件下进行焊接。当焊件倾斜方向与焊接方向一致时,称为下坡焊;反之,则称为上坡焊,如图 22－1－14 所示。

下坡焊时,焊件的倾斜度加大,焊道中间下凹,熔深减小,焊缝宽度增大,焊道边缘可能出现未熔合、未焊透、焊瘤等缺陷;上坡焊时,焊件的倾斜度对焊道成形的影响与下坡焊时相反,焊件倾斜度加大,熔深和余高随之增大,而熔宽则减小,两侧易出现咬边缺陷,如表 22－1－9所示。薄板高速埋弧焊时,将焊件倾斜 15°,可防止产生烧穿缺陷,焊道成形良好;厚板焊接时,因焊接熔池体积增大,焊件倾斜度应相应减小。上坡焊时,当焊接电流达到 800 A 时,焊件的倾斜度应不大于 6°,否则焊道成形就会失控。无论何种方式,焊件的倾斜角度不宜超过 6°～8°,否则会严重破坏焊缝成形,造成焊接缺陷。

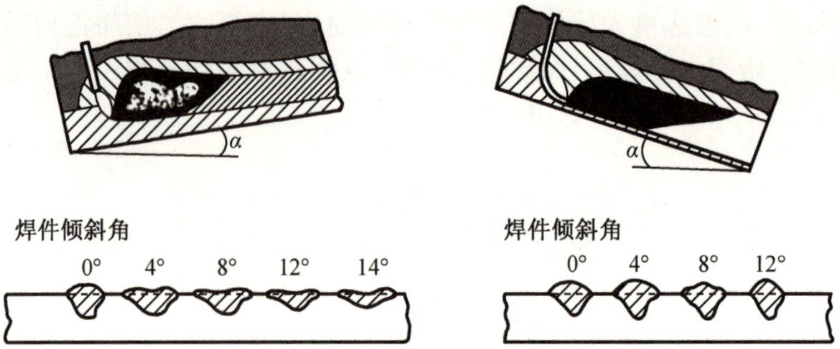

(a)下坡焊　　(b)上坡焊

图 22－1－14　焊件倾斜对焊道成形的影响

表 22－1－9　焊件倾斜度对焊道成形的影响

焊件倾斜度	$\alpha<6°$	$\alpha>8°$	
上坡焊 焊道横截面形状			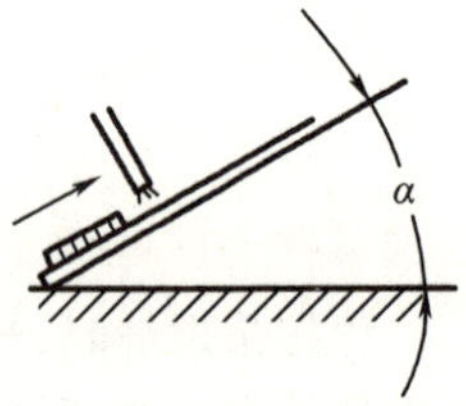
下坡焊 焊道横截面形状		 下凹	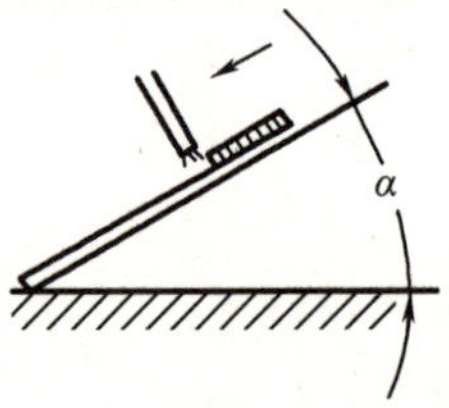

(2)对接坡口形状、间隙对埋弧焊焊缝成形形状质量的影响

在其他条件相同时，增加坡口深度和宽度，焊缝熔深增加，熔宽略有减小，余高显著减小，如图 22－1－15 所示。

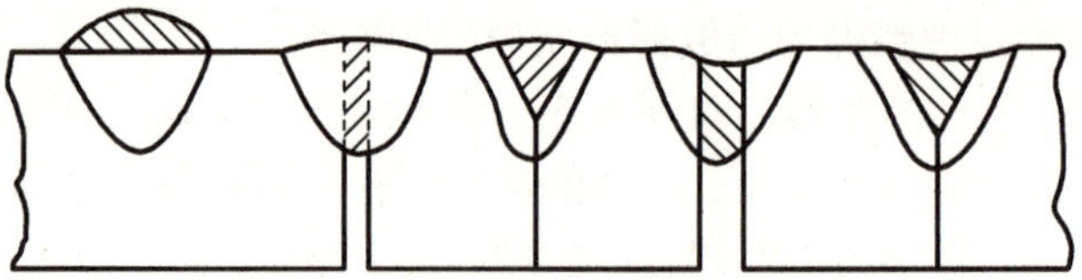

图 22－1－15　坡口形状对焊缝成形的影响

在对接焊缝中，如果改变间隙大小，也可以调整焊缝形状，同时板厚及散热条件对焊缝熔宽和余高也有显著影响，如表 22－1－10 所示。

表 22－1－10 焊缝间隙对焊缝尺寸的影响(焊丝直径 5 mm,焊剂 HJ330)

板厚/mm	焊接参数			熔深/mm			熔宽/mm			余高/mm			熔合比/%		
	电流/A	电弧电压/V	焊接速度/(cm/min)	间隙/mm											
				0	2	4	0	2	4	0	2	4	0	2	4
12	700～750	32～34	50	7.5	8.0	7.5	20	21	20	2.5	2.0	1.0	74	64	57
			134	5.6	6.0	5.5	10	11	10	2.0	—	—	71	61	46
20	800～850	36～38	20	10.0	9.5	10.0	27	27	27	3.0	2.0	2.5	60	57	52
			33.4	11.0	11.5	11.0	23	22	22	3.5	2.5	1.5	63	58	49
			134	6.5	7.0	7.0	11	11	10	2.5	—	—	72	61	45
30	900～1 000	40～42	20	10.5	11.0	10.5	34	33	35	3.5	3.0	2.5	61	59	55
			33.4	12.0	12.0	11.0	30	29	30	3.0	2.0	1.5	67	63	59
			134	7.5	7.5	7.5	12	12	12	1.5	—	—	72	72	60

4. 埋弧焊焊缝接头与坡口形式

埋弧焊可在平焊位置和横焊位置完成对接、角接、搭接和塞接焊缝,接头形式是由焊件的结构形式决定的。其中,对接接头和角接接头是埋弧焊最主要的接头形式。从结构强度的角度考虑,对接接头可以达到与母材等强的效果;而角接接头是焊接梁柱等金属构件时的主要连接形式。根据接头在结构中的受力条件,对接接头和角接接头可以加工成 V 形、I 形、U 形、J 形、Y 形、X 形、K 形及组合型坡口。

(1)埋弧焊接头和坡口形式的设计原则

埋弧焊接头和坡口形式的设计,应充分发挥埋弧焊熔深大、熔敷率高的特点。焊接接头的设计应首先保证结构的强度要求,即焊缝应具有足够的熔深和厚度。其次是考虑经济性,即在保证熔透的前提下,减少焊接坡口的填充金属量,缩短焊接时间。从经济性角度出发,埋弧焊接头应尽量不开坡口或少开坡口。由于埋弧焊可使用高达 2 000 A 的焊接电流,单面焊熔深可达 18～20 mm,因此,对于厚度在 40 mm 以下的钢板,可采用 I 形直边对接形式进行埋弧焊来获得全焊透的对接焊缝。但这种高效焊接法在实际生产中会受到各种限制。首先,普通结构钢厚板不可避免地存在着杂质的偏析,提高了熔深焊缝热裂纹的敏感性;其次,采用大电流焊接时,焊接线能量大大超过了各种钢材所允许的极限,不仅使焊缝金属结晶增大,而且使热影响区晶粒急剧长大,从而使这两个区域中金属的冲击韧度明显下降。因此,这种工艺只能用于对接头质量要求不高或无冲击韧性要求的焊接结构中。

对于重要的焊接结构,如锅炉、承压容器、船舶和重型机械等,板厚大于 20 mm 的对接接头要求开一定形状的坡口,有时 12 mm 以上的也会开坡口焊,以达到优质和高效的统一。

在厚度超过 50 mm 的厚板结构中,坡口的形状对生产成本有相当大的影响。其中,U 形坡口虽然加工较费时,但焊缝截面积减小很多,焊材的消耗明显减少;双 V 形坡口与单 V 形坡口相比,在相同的板厚下,焊缝截面积可减小一半。对于厚度超过 100 mm 的特厚板结构,即使焊接坡口采用 U 形,焊缝金属的填充量仍相当可观。为了降低生产成本,目前已广泛采用坡口倾角仅为 1°～3°的窄间隙接头形式。

对于角接接头,在保证角焊缝强度的前提下,可将角接边缘开成一定深度的坡口来减小焊缝的截面积。当板厚超过 25 mm 时,开坡口角焊缝的生产成本反而低于直角角焊缝。

（2）埋弧焊接头坡口标准

埋弧焊接头坡口的基本形式和尺寸已由国家标准 GB/T 985.2—2008《埋弧焊的推荐坡口》加以标准化，该标准规定了 9 种埋弧焊单面对接焊坡口形式、12 种双面对接焊坡口和 2 种窄间隙埋弧焊坡口。坡口的制备可以采用热切割、火焰气刨、电弧气刨和机械加工等方法来完成。坡口尺寸的加工精度根据焊件的尺寸、钢种和对接头的要求来确定。

5. 埋弧焊的焊接工艺方法

（1）对接直焊缝的埋弧焊接方法

对接直焊缝的焊接方法有两种，即单面焊接和双面焊接，它们又可以分为有坡口（或间隙）和 I 形坡口（或间隙）；根据钢板厚度不同，可分为单层焊接和双层焊接；根据防止熔池金属泄漏的不同情况，有各种衬垫法或无衬垫法。

①焊剂垫法埋弧焊

埋弧自动焊是一种深熔焊接法，且熔池体积较大，金属处于液态的时间较长。在焊接对接接头时，为了防止熔渣和熔池金属的泄漏，常用焊剂垫作为衬垫完成焊接。焊剂垫通常由焊剂槽、加压元件、支架三部分组成，如图 22－1－16 所示。焊剂槽可用薄板卷制而成，使其有一定的柔性，便于在顶紧力的作用下与焊件背面贴紧。焊剂槽中充满颗粒度较细的焊剂，焊剂层下也可放一些纸屑，以增加焊剂层的弹性。加压元件通常采用橡皮软管或橡皮膜，通以 0.3～0.6 MPa 的压缩空气。焊剂垫支架可采用型钢或薄板压制而成，正确使用焊剂衬垫可以焊成背面焊道成形匀称、表面光滑的单面焊双面成形焊缝。在整个焊接过程中要注意防止因焊件受热变形而发生的焊件与焊剂垫脱空，严重时会导致烧穿，特别应注意防止焊缝末端出现这种现象。

用这种方法焊接时，焊缝成形的质量主要取决于焊剂垫托力的大小及其是否均匀，以及装配间隙是否均匀。

②垫板法埋弧焊

某些焊接结构的焊接接头只允许从单面进行焊接，而且要求接头全焊透。在这种情况下，可以采用永久性钢衬垫，点固在焊缝背面，垫板的材料牌号应与焊件钢材相近或完全相同。焊接过程中，焊缝熔透到垫板上，焊缝底部与垫板接触面相熔合。按设计要求，焊后将垫板永久保留或采用机械加工法把垫板去掉。

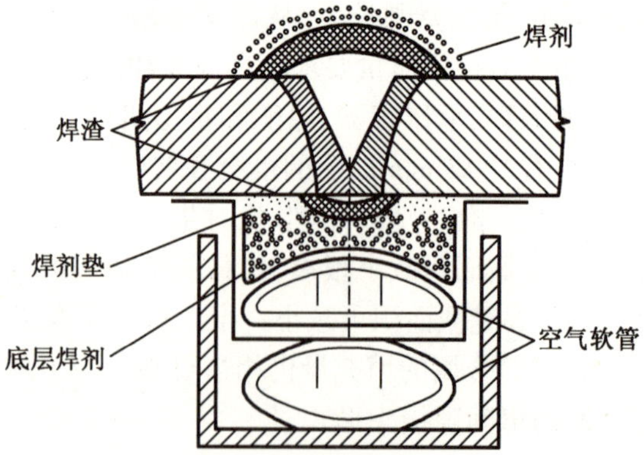

图 22－1－16　焊剂垫法埋弧焊

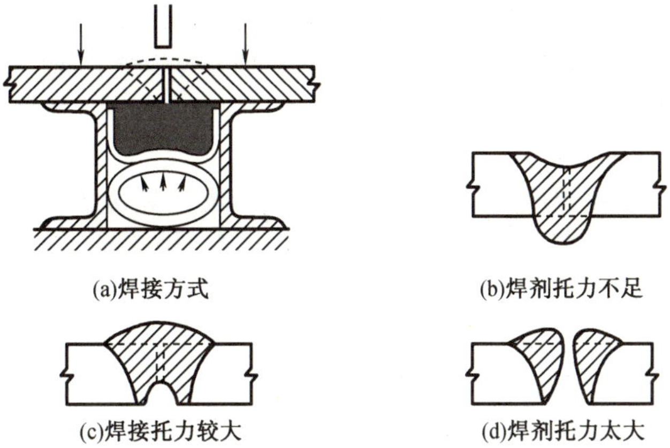

图 22－1－17 焊剂垫法对接埋弧焊的不同压力影响

永久性垫板的尺寸可按表 22－1－11 选用。

表 22－1－11 永久性垫板的尺寸 单位:mm

接头板厚 δ	垫板厚度	垫板宽度
3～6	$(0.5\sim0.7)\delta$	$4\delta+5$
6～14	$(0.3\sim0.4)\delta$	—

③底层焊道衬垫法埋弧焊

在一些组合式焊接坡口中,如不对称双 V 形坡口、V－U 形坡口或 U－V 形坡口以及不对称双 U 形坡口等,通常采用焊条电弧焊、气体保护焊或药芯焊丝气体保护焊等方法完成底层焊缝的焊接。这种底层焊缝成为从另一面进行埋弧焊的支托。底层焊缝的厚度,即不对称双面坡口中小坡口的深度按照正面焊缝埋弧焊参数来确定,既要保证双面焊缝之间完全焊透,又要避免烧穿。在这种情况下,双面坡口之间的钝边尺寸是很重要的坡口参数,加大钝边尺寸可降低烧穿的概率,减少填充金属量,但焊缝中母材的比例提高,使母材中的大量杂质混入焊缝内,导致了裂纹等缺陷的产生。如图 22－1－18 所示。

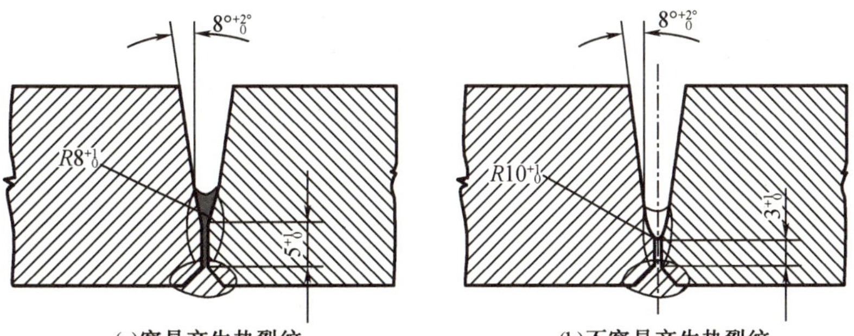

图 22－1－18 钝边尺寸对 U 形坡口底层埋弧焊焊缝裂纹的影响

在不开坡口I形直边对接接头中，当边缘加工误差较大、装配间隙宽窄不均时，往往在埋弧焊缝的反面先用焊条电弧焊封底1~2层，正面埋弧焊焊缝完成后，再用电弧气刨或其他加工方法把手工封底焊缝清除掉，然后焊上埋弧焊焊缝。

④柔性衬带埋弧焊

在薄板和薄壁管埋弧焊中，也经常使用柔性衬带支托焊接熔池。柔性衬带有以下几种：陶瓷衬带、玻璃纤维布衬带、石棉布衬带、热固化焊剂衬带等。这些衬带借助双面胶带紧贴在焊缝表面，使用十分方便。热固化焊剂衬带可制成复合式柔性衬带，其结构如图22-1-19(a)所示，热固化剂采用酚醛或苯树脂，焊剂层采用细颗粒焊剂加一定量的铁粉，与5%左右的酚醛树脂混合后，加热到100~150 ℃制成一定长度和宽度的热固化焊剂衬带。这种衬带可以用双面胶带紧贴在焊缝背面或用磁铁支架压紧。

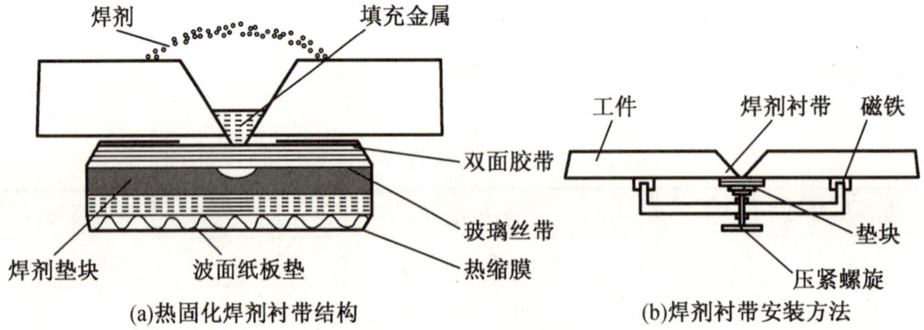

图22-1-19 热固化焊剂衬带的结构及安装方法

⑤铜衬垫埋弧焊

铜衬垫可分成固定式铜垫板和移动式铜滑块两类。固定式铜垫板主要用于中厚板对接焊缝单面焊双面成形工艺，一般将其安装在装配平台的顶紧支架上，从钢板的背面与接缝贴紧。如果焊缝背面要求有一定的余高，可在铜垫板的中间加工出如图22-1-20所示的凹槽。

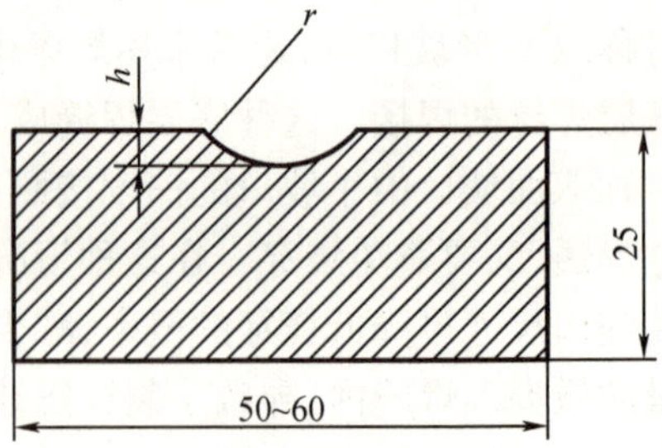

r—凹槽半径；h—槽深。

图22-1-20 铜垫板凹槽尺寸

铜垫板应有足够大的体积，以防止其表面在焊接过程中被电弧熔化。铜垫板的尺寸可按所焊钢板的厚度，即所选用的焊接规范来确定，表22-1-12列出了几种常用的铜垫板截面尺寸。

表22-1-12 常用的铜垫板截面尺寸

单位：mm

铜垫板厚度 δ	槽宽 b	槽深 h	凹槽半径 r
4~6	10	2.5	7.0
6~8	12	3.0	7.5
8~10	14	3.5	9.5
10~14	18	4.0	12

对于连续批量生产的应用场合，最好在铜垫板内部通水冷却，以防止因铜垫板过热而引起焊缝表面渗铜。铜垫板也可安装在焊接小车的辅助夹紧支架上，而形成移动式铜滑块。这种铜滑块的典型结构如图 22 – 1 – 21 所示，因铜滑块的体积较小，故应通循环冷却水加以冷却。移动式铜滑块也可做成滚轮式结构，这样可以避免焊接电弧热量在一个部位过分集中而无须通水冷却。

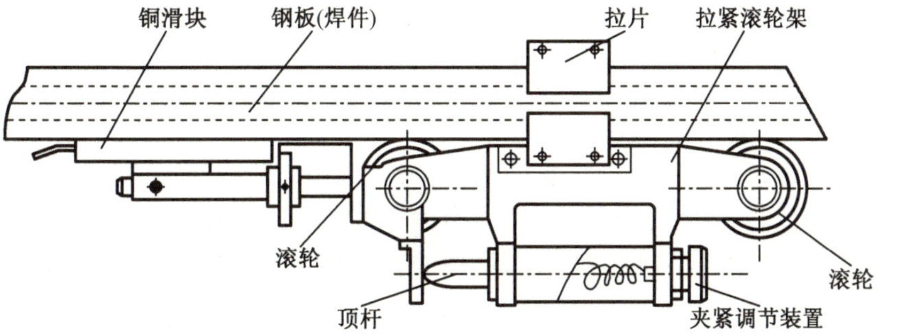

图 22 – 1 – 21　移动式水冷铜滑块的典型结构

⑥多层埋弧焊

较厚钢板（板厚为 40 ~ 50 mm 时）通常开坡口进行多层焊接，且无论单面或双面埋弧焊，钢板都必须留有钝边（一般大于 4 mm）。对于厚度大于 40 mm 的焊件，多采用带钝边的 U 形坡口多层焊接，背面开较小的 V 形坡口，用于手工封底焊，此时钝边为 2 mm 左右。多层焊的质量很大程度上取决于第一层焊缝焊接工艺的合理选择，以及后续各层焊缝焊接顺序的合理性和成形效果。由于第一层焊缝位置较深，允许焊缝的宽度较小，故也要求热输入不能太大，电弧电压要小一些，避免产生咬边和夹渣等缺陷。一般进行第一、二层焊缝焊接时，焊丝位置位于接头中心，随着层数的增加开始采用分道焊。当焊接靠近坡口面的焊道时，焊丝应与坡口面保持一定距离，一般约等于焊丝直径，这样焊缝与侧面能形成稍具凹形的圆滑过渡，既保证熔合又利于脱渣，焊接过程中的热输入可随着焊缝层数的增加而适当加大，以提高生产效率。但也必须考虑到焊件当时的温度，如温度过高，热输入不宜加大，可稍待冷却后再焊。盖面层焊接时，为保证表面焊缝成形良好，热输入应适当减小。

（2）对接环缝的埋弧焊接方法

圆形筒体的对接环缝，如需要进行双面埋弧焊，可以先在焊剂垫上焊接内环缝，如图 22 – 1 – 22所示。

焊剂垫由滚轮和承托焊机的装置组成（实践中焊剂垫形式很多），利用圆形焊件与焊剂之间的摩擦力带动旋转，同时不断地向焊剂垫添加焊剂。在进行环缝焊接时，焊接小车可固定安放在悬臂架上，焊接速度则可由筒形焊件所搁置的滚轮架（翻转架）来进行调节，一般是调节变速电动机的转速。

环缝埋弧焊时，除主要焊接参数对焊缝质量的影响，焊丝与焊件间的相对位置也起着重要作用。如图 22 – 1 – 23 所示，焊接内环缝时，焊丝的偏移是使焊丝处于下坡焊位置，使焊缝有足够的熔透程度；焊接外环缝时，焊丝的偏移是使焊丝处于上坡焊位置，既可以避免烧穿，又可以使焊缝成形美观。

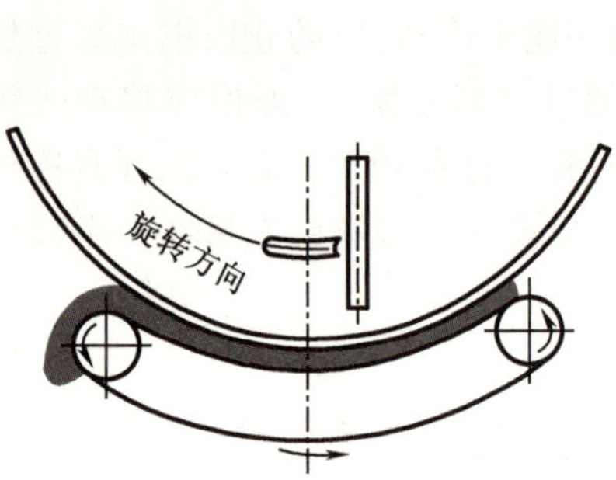

图 22－1－22 内环焊缝埋弧焊示意图

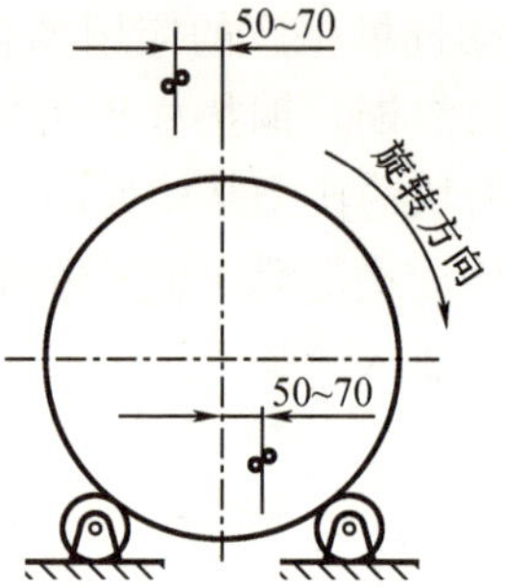

图 22－1－23 环焊缝埋弧焊焊丝偏移位置示意图

环缝埋弧焊焊丝的偏移距离是指与圆形焊件断面中心线的距离，它由随着圆形焊件的直径、焊接速度及焊件厚度决定。焊接内环缝时，焊件直径逐渐减小，焊丝偏移距离应相应减小。多层焊焊接时，底层焊缝要求熔透，焊缝宽度不宜过大，这就要求偏移大一些；当焊到焊缝表面时，要求有较大的熔宽，此时的偏移距离可小一些。实际操作时图 22－1－23 中所标注的焊丝偏移尺寸仅供参考，具体的偏移值需在实践中不断修正。小直径管件外环缝的焊接，焊丝偏移尺寸往往小于 30 mm。

知识点 5：本任务焊接工艺参数确定

结合本任务母材 Q235B 低碳钢的焊接特性和板厚来看，选择直径为 4.0 mm 的 H08A 焊丝，焊剂为 HJ431 的焊剂，定位焊用焊条电弧焊，焊条选用 E4315，直径 4.0 mm，焊接材料应按规定要求烘干及去除表面油、锈等污物，焊条烘干温度为 100～150 ℃，保温时间为 1～2 h，随取随用。具体焊接工艺参数见表 22－1－13。

表 22－1－13 焊接工艺参数表

焊接层次	焊丝型号	焊丝直径/mm	焊接电流/A	焊接电压/V	焊接速度/(m/h)	电源极性
正面层	H08A	4.0	600～700	34～36	25～30	直流反接
反面层			650～750	36～38	25～30	

知识点 6：装配定位

将两块焊板坡口朝上放于水平工装台上，使两端端头平齐，不留装配间隙或者间隙小于 1 mm，这是为了防止悬空焊时液态金属从间隙中流失或引起烧穿，采用定位焊焊条在焊缝两端进行定位焊，焊点长度 50 mm 左右，焊后两边错边量小于 1.5 mm，设置反变形量为 3°～5°。

准备尺寸 16 mm×50 mm×100 mm 的引弧板，坡口角度、厚度与焊件相同。在装配好的焊件焊缝两端安装引弧板，反变形角度与焊件相同，引弧板装焊时应在远离坡口侧的两端进行点焊，焊点长度 10～20 mm，双面焊接。

实训活动

1. 分析与制订焊接工艺

(1)焊接工艺基本分析

根据板厚为 12 mm 和所提供的 MZ－1000 自动埋弧焊机(含导轨),本任务采用悬空双面焊法,焊接第一面(正面)时,焊件背面不采用任何衬垫或其他辅助装置,为防止液态金属从间隙中流失或者引起烧穿,要求装配间隙为________ mm。

选用焊丝牌号为________,选用焊剂牌号为________。

焊接第一面时,应选择稍小的焊接参数,通常熔深达到板厚的________即可。然后翻转焊件进行第二面(反面)的焊接,此焊接过程,应采用较大的焊接参数,以保证焊件焊透。

(3)工艺制订

根据焊接要求,结合前面所学知识进行工艺制订,完成表 22－1－14 所示工艺卡的编制。

表 22－1－14　Q235 钢板对接平焊埋弧焊焊接工艺卡

<table>
<tr><th colspan="2">焊接工艺卡</th><th colspan="5">编号:</th></tr>
<tr><td>材料牌号</td><td></td><td colspan="5" rowspan="9">1. 接头简图(在下图补全标注尺寸)
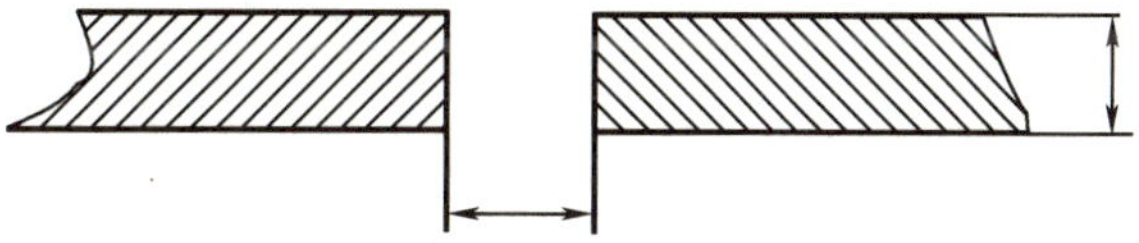
2. 定位焊简图(在下图中标出定位焊的位置,并标出起焊点位置和焊接方向)
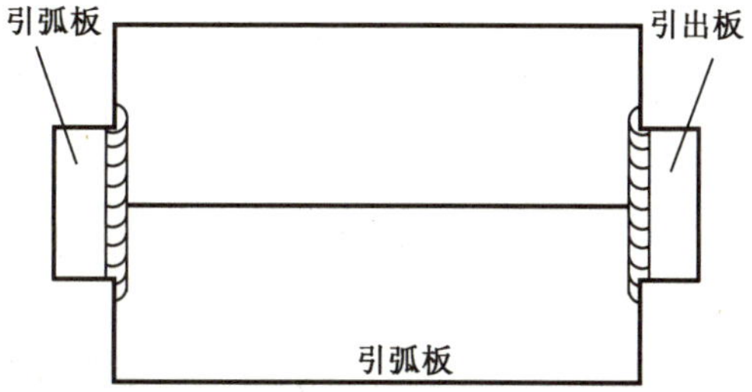
</td></tr>
<tr><td>材料规格/mm</td><td></td></tr>
<tr><td>接头种类</td><td></td></tr>
<tr><td>坡口形式</td><td></td></tr>
<tr><td>坡口角度</td><td>—</td></tr>
<tr><td>钝边</td><td>—</td></tr>
<tr><td>组对间隙/mm</td><td></td></tr>
<tr><td>焊接方法</td><td>埋弧焊</td></tr>
<tr><td>焊接设备</td><td>MZ－1000</td></tr>
<tr><td>电源种类</td><td></td><td rowspan="3">焊后热处理</td><td>种类</td><td>—</td><td>保温时间</td><td>—</td></tr>
<tr><td>电源极性</td><td></td><td>加热方式</td><td>—</td><td>层间温度</td><td>—</td></tr>
<tr><td>焊接位置</td><td></td><td>温度范围</td><td>—</td><td>测量方法</td><td>—</td></tr>
</table>

<table>
<tr><th colspan="7">焊接参数</th></tr>
<tr><td>焊层</td><td>焊材型号或牌号</td><td>焊材直径/mm</td><td>焊剂型号或牌号</td><td>焊接电流/A</td><td>焊接电压/V</td><td>焊接速度/(cm/min)</td></tr>
<tr><td>正面</td><td rowspan="2">H08MnA</td><td rowspan="2">5</td><td rowspan="2">HJ431</td><td></td><td></td><td></td></tr>
<tr><td>反面</td><td></td><td></td><td></td></tr>
</table>

2. 材料、工具设备、工位领取及点检

按老师审核通过的焊接工艺卡领取材料、工具设备及工位,并进行点检,检查表见子任务 1 - 1 - 1。

3. 接头坡口处理及装配定位

根据坡口要求，确定各零件接头处需清理的位置与范围，一般要求焊缝的两侧________ mm 内需清理干净，清理时可采用砂轮修磨或化学处理方式去除板材接头处表面铁锈、油污等杂物。

装配定位：将焊件在装配组对好，达到相关尺寸要求。如图 22 - 1 - 24 所示，用焊条电弧焊进行定位焊，定位焊的长度为________ mm。

装配完毕，应用水平尺测量找正焊件，确保钢板组对满足要求。然后填写检测表22 - 1 - 15。

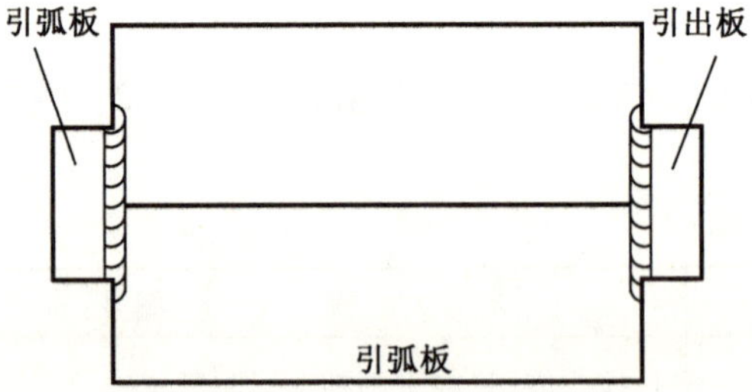

图 22 - 1 - 24

表 22 - 1 - 15 接头装配定位检测表

坡口间隙尺寸设计值为________，测量并在下图标注。

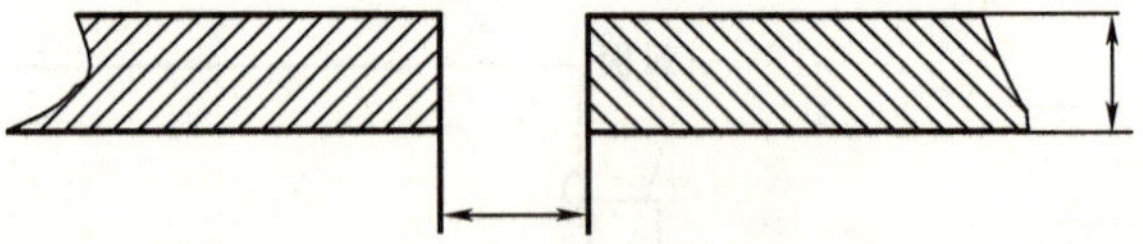

装配定位变形控制尺寸检测（测量并标注）

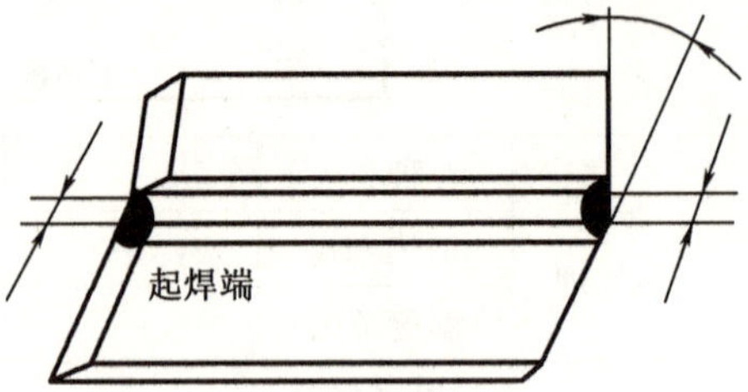

焊缝两侧清理检测

焊缝两侧清理		清理的尺寸范围							
要求	处理结果	要求值				加工测量值			
		边 1	边 2	边 3	边 4	边 1	边 2	边 3	边 4

4. 焊丝与焊剂处理

焊丝焊前应去除焊丝表面的________(锈、油)等杂质,然后装入埋弧焊机的焊丝盘内备用;焊剂焊前放入焊剂烘箱内烘干,烘干温度为________,保温________。

子任务 22－1－2 焊 接 操 作

知识积累

知识点 1:任务分析

悬空焊法对坡口和装配要求较高,焊件边缘必须平直,装配间隙不大于 1 mm,正面焊缝熔深为焊件厚度的 40% ~50%,反面焊缝熔深应达到焊件厚度的 50% ~60%,以保证焊件完全焊透。

现场估计熔深的一种方法是焊接时观察焊缝反面热场,由颜色深浅和形状大小来判断熔深。对于 6 ~14 mm 厚的焊件,熔池反面热场应显红到大红色,长度要大于 80 mm,才能达到需要的熔深;如果热场颜色由淡红色到淡黄色就表明接近焊穿了;如果热场颜色呈紫红色或不出现暗红色,则说明工艺参数过小,热输入量不足,达不到规定的熔深。

任务实施路线:两层两道双面焊。

知识点 2:自动埋弧焊机的操作与维护

1. MZ－1000 型埋弧焊机的操作与使用

(1)电源控制箱面板的操作与使用

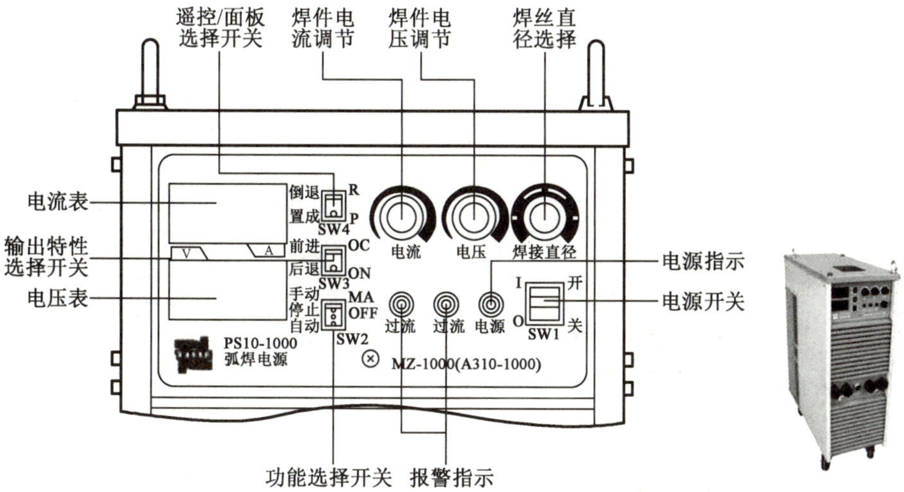

图 22－1－25 MZ－1000 型埋弧焊机电源控制面板

MZ－1000 型埋弧焊机电源控制箱面板如图 22－1－25 所示,其操作步骤如下:

①按照图 22－1－26 接好各电缆,合上控制 380 V 电闸及主电源电闸。

②将控制箱上的电源开关 SW1 拨到“开”位置,这时停止按钮的红灯亮。将状态选择开关 SW2 拨到“埋弧”位置。

③调节开关 SW3，选择恒压焊接或恒流焊接；调节开关 SW4，选择控制面板控制或遥控控制。

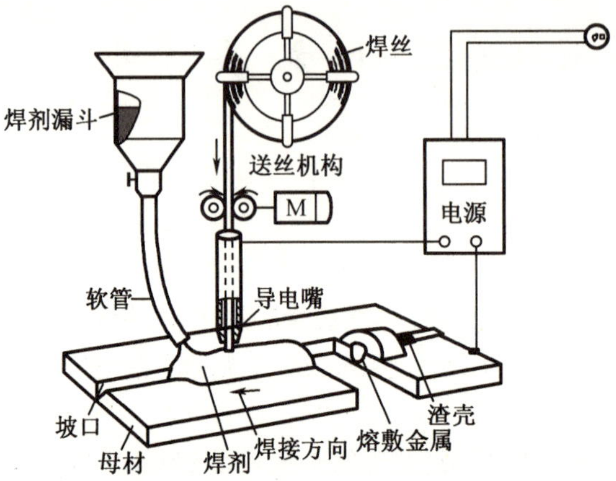

图 22－1－26　埋弧焊原理图

④恒压（恒流）焊接时调节电流（电压）调节旋钮，使电流（电压）表显示所需要的设定值。

⑤选择合适直径的焊丝进行焊接。

（2）MZ－1000 型埋弧焊机焊接小车控制箱面板的操作与使用

MZ－1000 型埋弧焊机焊接小车控制箱面板如图 22－1－27 所示，其操作方法如下：

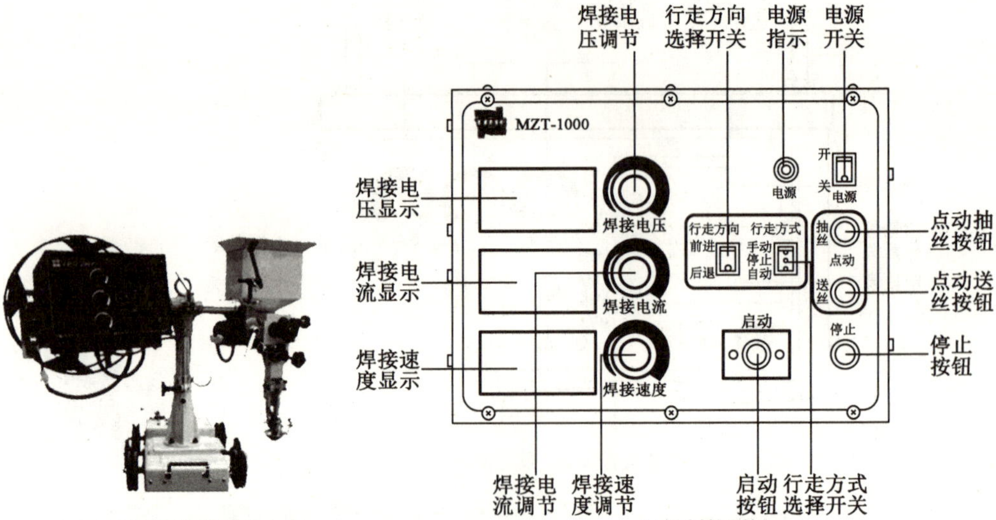

(a)MZ-1000型埋弧焊机小车　　(b)控制箱面板

图 22－1－27　MZ－1000 型埋弧焊机小车及其控制箱面板

①开关的操作。

ⓐ行走方式选择开关处于电控状态（即小车离合器接入）时，可使小车工作于手动/停

止/自动三个状态。

ⓑ行走方向选择开关可控制小车前进/后退。

ⓒ电源开关控制小车电源的开/关。

②旋钮的操作。

ⓐ焊接电压旋钮。当电源控制箱面板 P/R 开关处于遥控(R)方式时,此旋钮用于调节焊接电压;处于面板(P)方式时,此旋钮不起作用,此时电压的调整通过调节电源控制箱面板上的焊接电压旋钮来完成。

ⓑ焊接电流旋钮。当电源控制箱面板 P/R 开关处于遥控(R)方式时,此旋钮用于调节焊接电流;处于面板(P)方式时,此旋钮不起作用,此时电流的调整通过调节电源控制箱面板上的焊接电流旋钮来完成。

ⓒ焊接速度旋钮。用于设定小车行走速度,调节范围为 20 ~ 62 m/h。

③按钮的操作。

ⓐ点动送丝/抽丝按钮。用于点动送丝或抽丝,当焊丝可靠地接触焊件时,焊丝送进自动停止,点动送丝按钮此时工作于无效状态。

ⓑ启动按钮。控制焊接过程开始(必须保证焊丝与焊件可靠接触)。引弧成功后,控制系统对此按钮实现自锁。

ⓒ停止按钮。按下此按钮,系统自动执行收弧→回抽→返烧→熄弧程序。

(3)埋弧焊机的维护及常见故障处理

①埋弧焊机的维护。

ⓐ保持焊机的清洁,保证焊机在使用过程中各部分动作灵活,特别是机头部分的清洁,避免焊剂、渣壳碎末等阻塞活动部件。

ⓑ经常保持焊嘴与焊丝的良好接触,否则应及时处理,以防电弧不稳。

ⓒ定期检查焊丝输送滚轮的磨损情况,有磨损应及时更换。

ⓓ定期对小车、焊丝输送机构减速箱内的运动部件加润滑油。

ⓔ保证电缆的连接部分接触良好。

②埋弧焊机常见故障及其处理方法。

埋弧焊机常见故障及其处理方法见表 22 - 1 - 16(除必须通电观察时应注意安全外,一般须切断电源后进行检查)。

表 22 - 1 - 16 埋弧焊机常见故障及其处理方法

故障现象	可能原因	处理方法
焊接过程中焊剂停止输送或输送量很小	1. 焊剂已用完 2. 焊剂漏斗间闸处被渣壳或杂物堵塞	1. 添加焊剂 2. 清理并疏通焊剂漏斗
焊接过程中一切正常,而焊车突然停止行走	1. 焊车离合器已脱开 2. 焊车车轮被电缆等物阻挡	1. 锁紧离合器 2. 排除车轮的阻挡物

表 22-1-16(续)

故障现象	可能原因	处理方法
焊丝没有与焊件接触,焊接电路有电	焊车与焊件之间的绝缘被破坏	1. 检查焊车车轮绝缘情况 2. 检查焊车下面是否有金属与焊件短路
焊接过程中,机头或导电嘴的位置不时改变	焊车有关部件有游隙	检查并消除游隙或更换磨损零件
焊机启动后,焊丝末端周期性地与焊件黏住或常常断弧	1. 黏住是因为电弧电压太低、焊接电流太小或网络电压太低 2. 常常断弧是因为焊接电流太大或网络电压太高	1. 增加电弧电压或焊接电流 2. 减小电弧电压或焊接电流
焊丝在导电嘴中摆动,导电嘴以下的焊丝不时发红	1. 导电嘴磨损 2. 导电不良	更换新导电嘴
导电嘴末端随焊丝一起熔化	1. 电弧太长,焊丝伸出太短 2. 焊丝送进和焊车均已停止,电弧仍在燃烧 3. 焊接电流太大	1. 增加焊丝送进速度和焊丝伸出长度 2. 检查焊丝和焊车停止的原因 3. 减小焊接电流
焊接电路接通时,电弧未引燃,而焊丝黏结在焊件上	焊丝与焊件之间接触得太紧	使焊丝与焊件轻微接触
焊接停止后,焊丝与焊件黏住	1.“停止”按钮按下速度太快 2. 不经“停止 1”而直接按下“停止 2”	1. 慢慢按下“停止”按钮 2. 先按“停止 1”,待电弧自然熄灭后,再按“停止 2”

知识点 3:任务焊接操作步骤及要领

1. 正面焊

(1)启动设备并铺设焊件

盖面层采用埋弧焊进行焊接。首先打开焊机电源开关,电源指示灯亮;将“焊接模式”选择开关置于“埋弧焊”。将定位好的焊件放到焊接平台上,通过测量、调整使焊件边缘与焊接小车轨道平行。

(2)调整焊枪位置

打开焊接小车控制箱电源开关,移动焊接小车使焊枪位于焊件上方;旋转焊接小车横向调整机构,调节焊枪横向位置,旋转焊接小车纵向调整机构,调整焊枪与焊件距离至 3 cm 左右,按“送丝”按钮,使焊丝接近焊件,微调焊枪位置使焊丝对准焊缝;矫正红外线跟踪器,使指示点对准焊缝。反复移动焊接小车,确保在焊接过程中,焊丝一直对准焊缝,将机头移至起弧位置,在引弧板上距离焊缝 20~30 mm 处引弧。

(3)设定焊接参数

旋转“丝径选择”旋钮,丝径调至 4.0 mm,焊接方向选择正向,将“显示切换”开关置于

"焊接"位置,旋转"焊接电流""焊接电压"旋钮,分别设定焊接电流、焊接电压。将"显示切换"开关置于"焊速"位置,旋转"速度调节"旋钮,设定焊接速度。

(4)实施焊接

①焊丝对中。调节焊接小车轨道中线与焊件中心相平行,往返拉动焊接小车,使焊丝始终处于整条焊缝的间隙中心线上,导电嘴距焊件30~40 mm。

②引弧焊接。将小车推至引弧板段,锁紧小车行走离合器,按动送丝按钮,使焊丝与引弧板可靠地接触,给送焊剂,覆盖住焊丝伸出部分;按启动按钮开始焊接,观察焊接电流表与电压表的读数是否与规定参数相符,并随时进行调整。焊剂在焊接过程中必须覆盖均匀,不应过厚,也不应过薄而漏出弧光。小车行走速度应均匀,防止电缆的缠绕阻碍小车行走。

③收弧。当熔池全部达到引出板后开始收弧,先关闭焊剂漏斗,再按下一半"停止"按钮,使焊丝停止送进,小车停止前进,但电弧仍在燃烧,以使焊丝继续熔化来填满弧坑,并以按下这一半按钮的时间长短来控制弧坑填满的程度。然后将"停止"开关按到底,熄灭电弧,焊接结束,熄弧位置在熄弧板上距离焊缝20~30 mm处。

(5)焊后清渣

每焊完一道后都必须清除渣壳,检查焊道,不得有缺陷。焊道表面应平整或稍下凹,与两坡口面的熔合应均匀,焊道表面不能上凸,特别是在两坡口处不得有死角,否则容易产生未熔合或夹渣等缺陷。

2. 碳弧气刨清根

用碳弧气刨清根,刨削时,要从引弧板的一端沿对接缝的中心线刨至引出板的一端,碳弧气刨后要彻底清除刨槽表面两侧的熔渣,并用磨光机轻轻打光表面后,方能进行第二道焊缝的焊接。

3. 反面焊

经外观检验第一道焊缝合格后,将焊件翻身放好,开始焊反面焊道,焊接步骤与第一道焊缝完全相同,但需要注意以下两点:

①为防止未焊透或夹渣,保证熔深达到焊件厚度的50% ~60%,可以用增大焊接电流或减小焊接速度两种方法之一来实现。用增大焊接电流的方法增加熔深更方便,这就是反面焊缝的焊接电流比正面焊缝的焊接电流大的原因。

②焊反面焊缝时,由于有正面焊缝托住,焊接过程中可以通过观察正面焊缝背面熔池颜色的变化来估计反面焊缝的熔深。若熔池背面为红色或淡黄色,表示熔深符合要求;若颜色接近白色时,说明将要烧穿,应立即减小焊接电流或增加焊接速度;若熔池背面看不见颜色或为暗红色,则熔深不够,需增加焊接电流或减小焊接速度。这些经验只适用于双面焊焊透的情况,当板厚太大,需采用多层多道焊才能焊好。

焊件焊完后,必须切断一切电源,将现场清理干净,整理好设备,并确信没有引燃火种后,才能离开现场。

实训活动

先查阅资料完成下面的任务单,再按此前修订确认的焊接工艺卡的工艺要求和下面任务单的方式进行打底焊操作。

1. 正面焊缝焊接

(1)支撑固定

正面焊接时，采用悬空焊接，用支撑垫将焊件悬空支撑，不加焊剂垫，如图 22－1－28 所示。

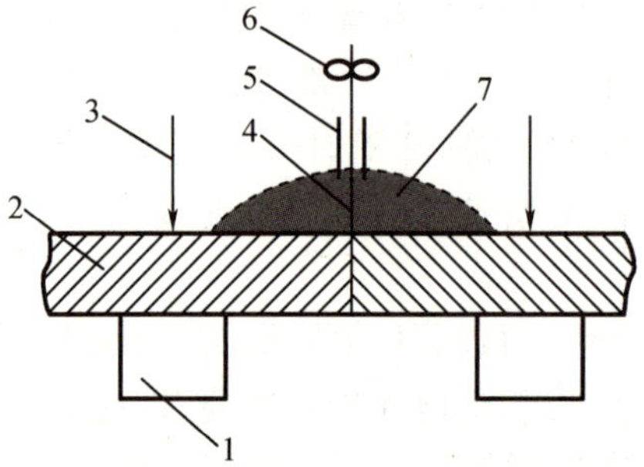

1—支承垫；2—焊件；3—压紧力；4—焊丝；5—导电嘴；6—送丝滚轮；7—顶放焊剂。

图 22－1－28 正面悬空埋弧焊接示意图

(2)焊接调节操作

①将焊机头部对准引弧板，小车轨道调整至与待焊的装配间隙________。开动小车沿间隙行走，调整轨道使小车始终对准间隙。

②将焊机头部对准引弧板，距焊缝起点________ mm。

③打开焊剂漏斗送剂扳手开关，使焊剂流下，覆盖焊接区域。

④检查并调整焊接参数。

⑤按下启动按钮开始焊接，焊接过程中要注意耳听眼看，发现异常应马上停机。

⑥焊机行走至引出板中央时，按下停止按钮，停止焊接。

(3)焊接过程性检查

完成正面焊接后，清理焊渣，进行过程性质量检查，以确保整体焊接质量及后续改进，并填写表 22－1－17。

表 22－1－17 打底焊层缺陷检查

检查项目	缺陷存在的数量	形成原因与改善措施
夹渣		
气孔		
裂纹		
未焊透		
未熔合		
焊瘤		
坡口根部熔合尺寸一致性		

2. 碳弧气刨清根

正面焊完后用碳弧气刨清根,刨削时,要从引弧板的一端沿对接缝的________刨至引出板的一端,碳弧气刨后要彻底清除刨槽表面两侧的________,并用磨光机轻轻打光表面后,方能进行________焊缝的焊接。

3. 反面焊缝焊接

正面焊缝经外观检查合格后,将焊件反面朝上(不必使用焊剂垫,因背面焊缝可托住熔池)悬空放置,如图 22-1-29 所示。

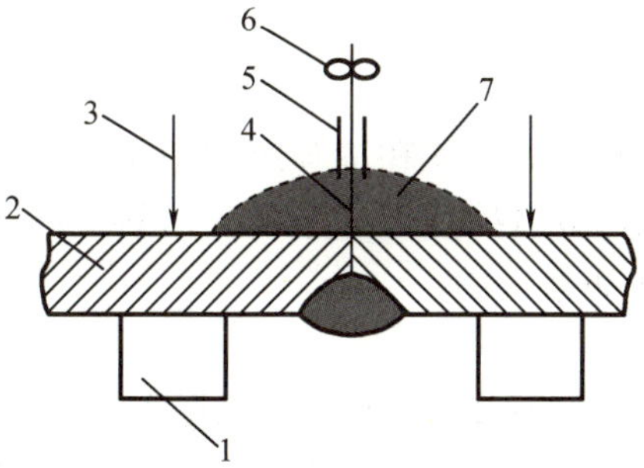

1—支承垫;2—焊件;3—压紧力;4—焊丝;5—导电嘴;6—送丝滚轮;7—顶放焊剂。

图 22-1-29 反面悬空埋弧焊接示意图

焊接步骤与正面焊缝的焊接完全相同,只是要保证反面焊缝熔深达到板厚的________,以防止产生________和________缺陷。焊接反面焊缝时选用较大的焊接电流是为了避免焊件________。

子任务 22-1-3 焊后处理与检查

知识积累

知识点 1:任务分析

任务实施路线:焊缝清理、质量检查。

知识点 2:焊缝清理与质量检查

焊件焊接完毕后,用敲渣锤、钢丝刷等清理掉焊缝上的焊渣、飞溅等,或用砂布重新打磨一遍焊缝外观,不得存在焊渣、焊点、毛刺等,焊缝应光滑、平整,应保证焊件的"边齐、面平",包括焊件上开口边缘的垂直平行度,但不能破坏焊缝原始表面。焊后对焊缝表面质量进行检验,肉眼观察或用低倍放大镜检查焊缝表面是否有气孔、裂纹、咬边等缺陷,用钢直尺、钢角尺、焊缝检验尺对焊缝进行外观质量和外观成形尺寸检查。

知识点 3:埋弧焊常见焊接缺陷及其影响

埋弧焊时可能产生的主要缺陷,除了由于所用焊接参数不当造成的熔透不足、烧穿、成形不良以外,还有气孔、裂纹、夹渣等,下面主要介绍埋弧焊的气孔、裂纹、夹渣这几种缺陷的产生原因及预防措施。

1. 气孔产生的原因及预防措施

(1)焊剂吸潮或不干净

焊剂中的水分、污物和氧化铁屑等都会使焊缝产生气孔，在回收使用的焊剂中这个问题更为突出。水分可通过烘干消除，烘干温度与时间由焊剂厂家规定。防止焊剂吸收水分的最好方法是正确地储存和保管。采用真空式焊剂回收器可以较有效地分离焊剂与尘土，从而减少回收焊剂在使用中产生气孔的可能性。

(2)焊接时焊剂覆盖不充分

由于电弧外露卷入空气而造成气孔。焊接环焊缝时，特别是小直径的环焊缝，容易出现这种现象，应采取适当措施，防止焊剂散落。

(3)熔渣黏度过大

焊接时熔入高温液态金属中的气体在冷却过程中将以气泡形式溢出。如果熔渣黏度过大，气泡无法通过熔渣溢出，被阻挡在焊缝金属表面附近而造成气孔。通过调整焊剂的化学成分，改变熔渣的黏度即可解决。

(4)电弧磁偏吹

焊接时经常发生电弧磁偏吹现象，特别是在用直流电焊接时更为严重，电弧磁偏吹会在焊缝中造成气孔。磁偏吹的方向受很多因素的影响，例如焊件上焊接电缆的连接位置、电缆接线处接触不良、部分焊接电缆环绕焊接接头造成的二次磁场等。在同一条焊缝的不同部位，磁偏吹的方向也不相同。在接近端部的一段焊缝上，磁偏吹更经常发生，因此这段焊缝的气孔也比较多。为了减少磁偏吹的影响，应尽可能采用交流电源；焊件上焊接电缆的连接位置应尽可能远离焊缝终端；避免部分焊接电缆在工作上产生二次磁场等。

(5)焊件焊接部位被污染

焊接坡口及其附近的铁锈、油污或其他污物在焊接时将产生大量气体，促使气孔生成，焊接之前坡口周围应予以清除干净。

2. 裂纹

通常情况下，埋弧焊接头有可能产生两种类型裂纹，即结晶裂纹和氢致裂纹。前者只限于焊缝金属，后者则可能发生在焊缝金属或热影响区。

(1)结晶裂纹

钢材焊接时，焊缝中的硫、磷等杂质在结晶过程中形成低熔点共晶。随着结晶过程的进行，它们逐渐被排挤在晶界，形成了“液态薄膜”。焊缝凝固过程中，由于收缩作用，焊缝金属受拉应力。“液态薄膜”和焊缝的拉应力是形成结晶裂纹的两方面原因。

钢材的化学成分对结晶裂纹的形成有重要影响。硫对形成结晶裂纹影响最大，但其影响程度又与钢中其他元素含量有关，如 Mn 与 S 结合成 MnS 而除硫，从而对 S 的有害作用起到抑制作用。Mn 还能改善硫化物性能、形态及其分布等。因此为了防止产生结晶裂纹，对焊缝金属中的 Mn/S 值有一定要求。Mn/S 值多大才有利于防止结晶裂纹，还与碳含量有关。图 22-1-30 表示 C、Mn、S 含量与焊缝裂纹倾向的关系。可见 C 含量越高，要求 Mn/S 值也越高。Si 和 Ni 的存在也会增加 S 的有害作用。

埋弧焊焊缝的熔合比通常比较大，因而母材金属的杂质含量与结晶裂纹倾向有很大关系。母材杂质较多，或因偏析使局部 C、S 含量偏高，Mn/S 值可能达不到要求。可通过工艺措施（如采用直流反接、加粗焊丝以减小电流密度、改变坡口尺寸等）减小熔合比，也可以通过焊接材料调整焊缝金属的成分，如增加 Mn 含量，降低 C、Si 含量等。

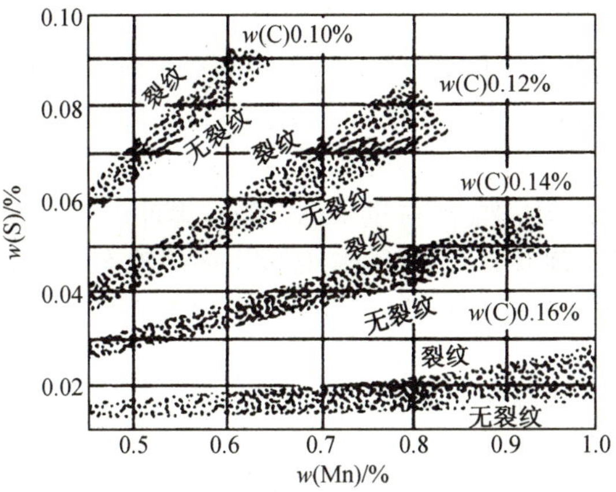

图 22-1-30 Mn、C、S 同时存在对结晶裂纹的影响

焊缝形状对于结晶裂纹的形成也有明显影响。窄而深的焊缝会造成对生的结晶面，“液态薄膜”将在焊缝中心形成，有利于结晶裂纹的形成。焊接接头形式不同，不但刚性不同，对产生结晶裂纹的影响也不同。如图 22-1-31 所示，不同形式接头对结晶裂纹的影响，(a)、(b)两种接头抗裂性较高，(c)、(d)、(e)、(f)几种接头抗裂性较差。

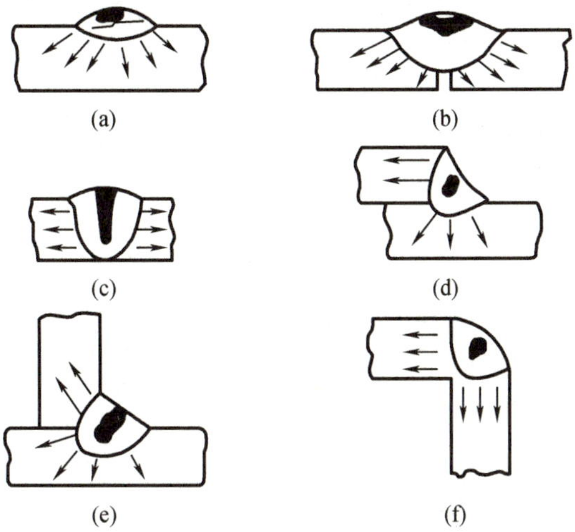

图 22-1-31 接头形式对结晶裂纹的影响

(2)氢致裂纹

这种裂纹较多发生在低合金钢、中合金钢和高碳钢的焊接热影响区中。它可能在焊后立即出现，也可能在焊后几小时、几天，甚至更长时间出现。这种焊后若干时间后才出现的裂纹成为延迟裂纹。

致氢裂纹是焊接接头氢含量、接头显微组织、接头拘束情况等因素相互作用的结果。在焊接厚度 10 mm 以下的焊件时一般很少发现这种裂纹。焊件较厚时，焊接接头冷却速度较大，对淬硬倾向大的母材金属，易在接头处产生硬脆的组织。另一方面，焊接时溶解于焊缝金属中的氢由于冷却过程中溶解度下降，向热影响区扩散。当热影响区的某些区域氢浓度很高而温度继续下降时，一些氢原子开始结合成氢分子，在金属内部造成很大的局部应力。在接头拘束应力作用下产生裂纹。

焊接某些超高强度钢时，这种裂纹会出现在焊缝金属中。

针对氢致裂纹产生的原因，可以从以下几方面采取措施，防止其发生。

①减少氢的来源及其在焊缝金属中的溶解——采用低氢焊剂

焊剂保管中注意防潮，使用前严格烘干；对焊丝、焊件焊口附近的锈、油污、水分等，焊前必须清理干净。通过焊剂冶金反应把氢结合成不溶于液态金属的化合物，如高 Mn 高 Si 焊剂可以促使 H^+ 结合成 HF 和 OH^- 进入熔渣中，减少氢对产生裂纹的影响。

②正确选用焊接参数

降低钢材的淬硬程度并有利于氢的逸出和改善应力状态，必要时可采用预热。

③采用后热或焊后热处理

焊后后热有利于焊缝中的溶解氢顺利地逸出。有些焊件焊后需要进行热处理，一般情况下多采用回火处理。这种热处理的效果一方面可消除焊接残余应力，另一方面使已产生的马氏体高温回火，改善组织。同时，接头中的氢可进一步逸出，有利于消除氢致裂纹，改善热影响区的延性。

④改善接头设计——降低焊接接头的拘束应力

在焊接接头设计上，应尽可能消除引起应力集中的因素。如避免缺口、防止焊缝的分布过分密集等。坡口形状尽可能对称，不对称的坡口裂纹敏感性较大。在满足焊缝强度的基本要求下，应尽量减少填充金属的用量。埋弧焊时，焊接热影响区除了可能产生氢致裂纹以外，还可能产生淬硬脆化裂纹、层状裂纹等。

3. 夹渣

埋弧焊时，焊缝的夹渣除与焊剂的脱渣性能有关外，还与焊件的装配情况和焊接工艺有关。对接焊缝装配不良时，易在焊缝底层产生夹渣，焊缝成形对脱渣情况也有明显影响。平而略凸的焊缝比深凹或咬边的焊缝更容易脱渣。双道焊的第一道焊缝，当它与坡口上缘熔合时，脱渣容易，如图 22－1－32(a)所示，而当焊缝不能与坡口边缘充分熔合时，脱渣困难，如图 22－1－32(b)所示，在焊接第二道焊缝时容易夹渣。

焊接深度坡口时，由较多的小焊道组成的焊缝，夹渣的可能性小。而由较多的大焊道组成的焊缝，夹渣的可能性大。如图 22－1－33 所示。

(a)脱渣容易　　(b)脱渣困难

图 22－1－32　焊道与坡口熔合情况对脱渣的影响

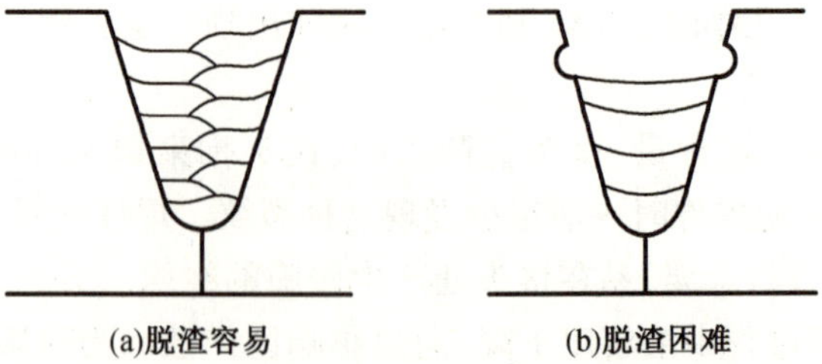

(a)脱渣容易　　(b)脱渣困难

图 22－1－33　多层焊时焊道大小对脱渣的影响

实训活动

1. 焊件焊后处理与检测评分

焊接结束后,关闭焊接设备。焊件焊接完毕后,先用敲渣锤除去焊剂渣壳,清扫焊剂,用钢丝刷清理焊缝表面,禁止用水冷却焊件。清扫场地,按规定摆放工具,确认无安全隐患,并做好使用记录。

对焊件按规范进行焊后处理与检测评分,Q235B 板对接平焊埋弧焊双面焊评分标准见表 22-1-18。

表 22-1-18　Q235B 板对接平焊埋弧焊双面焊评分表

检查项目	评判标准及得分	评判等级				自测数据	自评分数	教师测量	教师评分	备注
		Ⅰ	Ⅱ	Ⅲ	Ⅳ					
焊缝余高/mm	尺寸标准	0~1	>1~2	>2~3	<0 或 >3					
	得分标准	10 分	6 分	2.5 分	0 分					
焊缝高度差/mm	尺寸标准	0~1	>1~2	>2~3	>3					
	得分标准	10 分	6 分	2.5 分	0 分					
焊缝宽度/mm	尺寸标准	14~15	13~<14 或 >15~16	12~<13 或 >16~17	<12 或 >17					
	得分标准	15 分	10 分	5 分	0 分					
焊缝宽度差/mm	尺寸标准	0~1	>1~2	>2~3	>3					
	得分标准	10 分	6 分	2.5 分	0 分					
咬边/mm	尺寸标准	无咬边	深度≤0.5		深度>0.5					
	得分标准	10 分	每 5 mm 长扣 2.5 分		0 分					
正面成形	标准	优	良	中	差					
	得分标准	10 分	6 分	2.5 分	0 分					
背面成形	标准	优	良	中	差					
	得分标准	10 分	6 分	2.5 分	0 分					
背面高度/mm	尺寸标准	0~1	>1~2	>2~3	长度>3					
	得分标准	2 分	1 分	0 分	0 分					
焊缝侧面夹角	尺寸标准	<90°	>90°							
	得分标准	5 分	0 分							
角变形/(°)	尺寸标准	0~2	2~3	3~5	>5					
	得分标准	10 分	6 分	2.5 分	0 分					
错边量/mm	尺寸标准	≤0.5	>0.5~1	>1						
	得分标准	5 分	2 分	0 分						

表 22 - 1 - 18(续)

检查项目	评判标准及得分	评判等级				自测数据	自评分数	教师测量	教师评分	备注
		Ⅰ	Ⅱ	Ⅲ	Ⅳ					
外观缺陷(裂纹、气孔、咬边、夹渣、未熔合等)记录										

内部质量评分标准

考核项目	考核要求	评分要求	自查数据	自评得分	教师检查	教师评分	备注
焊缝内部质量检查	焊件的射线检测按《焊缝无损检测　射线检测　第1部分:X和伽玛射线的胶片技术》(GB/T 3323.1—2019)标准评定	Ⅰ级片无缺陷不扣分,Ⅰ级片有缺陷扣5分,Ⅱ级片扣10分,Ⅲ级片扣15分,Ⅳ级片扣20分					

焊缝外观(正、背)成形评判标准

优(10分)	良(8分)	中(6分)	差(5分)	自查数据	自评得分	教师检查	教师评分	备注
成形美观,焊缝均匀、细密,高低、宽窄一致	成形较好,焊缝均匀、平整	成形尚可,焊缝平直	焊缝弯曲,高低、宽窄相差明显					
焊件综合得分								

注:1. 若焊件未完成焊接,表面有修补痕迹及焊缝正反面有裂纹、夹渣、气孔、未熔合缺陷,则该件按0分处理。

2. 试板两端20 mm内的缺陷不计。

2. 工位工具清理点检与评分

焊接结束后,关闭焊接电源。按9S标准清扫场地,按规定摆放工具,整理焊接电缆,确认无安全隐患,并做好使用记录,进行评分,评分表见子任务1-1-3同类表。

任务 22 – 2　不锈钢板对接平焊埋弧焊(双面焊)

任务说明:

按图 22 – 2 – 0 及技术要求进行材料准备、工艺准备、焊接实施、质量检查、自我评定与总结。

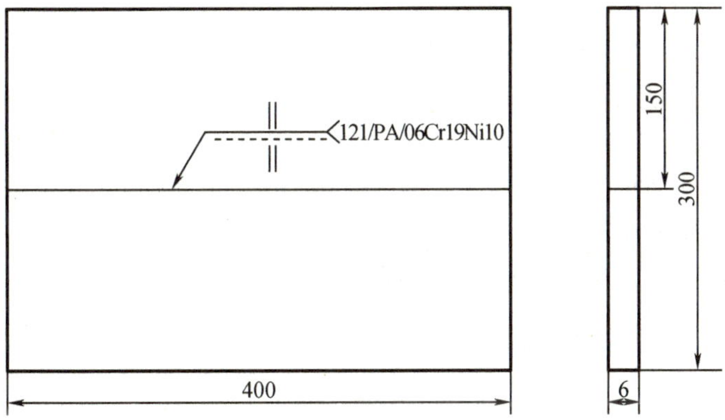

技术要求:1. 根部间隙自定;2. 错边≤0.5 mm;3. 角变形 <3°;4. 不允许有咬边;5. 不允许有未焊透;6. 不允许有裂纹、气孔、夹渣;7. 焊缝余高≤1 +0.15*b*。

图 22 – 2 – 0　不锈钢板对接平焊埋弧焊双面焊焊件图

子任务 22 – 2 – 1　焊 前 准 备

知识点 1:任务分析

不锈钢材质埋弧焊平对接与低碳钢的焊接材料不同,工艺类似,本任务采用 I 形坡口悬空双面焊法(即不进行碳弧气刨)进行焊接。

任务实施路线:图样识读、焊件准备及坡口清理、焊材选择、工艺参数确定、装配定位。

知识点 2:焊件准备及坡口清理

根据任务单可知,准备焊件材质为 06Cr19Ni10 的板件两件,尺寸为 12 mm × 150 mm × 400 mm。

焊缝及坡口清理:焊前打磨清理坡口面及坡口边缘上下两侧 15 ~ 20 mm 范围,露出金属光泽。

知识点 3:本任务焊接工艺参数确定

结合本任务母材 06Cr19Ni10 不锈钢的焊接特性和板厚来看,选择直径为 5.0 mm 的 H00Cr22Ni10 焊丝,焊剂为 HJ260,定位焊用焊条电弧焊,焊条选用 E5015,直径 4.0 mm,焊接材料应按规定要求烘干及去除表面油、锈等污物,焊条烘干温度为 100 ~ 150 ℃,保温时间为 1 ~ 2 h,随取随用。具体焊接工艺参数见表 22 – 2 – 1。

表 22-2-1 焊接工艺参数表

焊接层次	焊丝型号	焊丝直径/mm	焊接电流/A	焊接电压/V	焊接速度/(m/h)	电源极性
正面层	H00Cr22Ni10	5.0	700~750	34~36	25~30	直流反接
反面层			700~750	36~38	25~30	

知识点4:装配定位

将两块焊板坡口朝上放于水平工装台上,使两端端头平齐,不留装配间隙或者间隙小于1 mm,这是为了防止悬空焊时液态金属从间隙中流失或引起烧穿,采用定位焊焊条在焊缝两端进行定位焊,焊点长度在50 mm左右,焊后两边错边量小于1.5 mm,设置反变形量为3°~5°。

准备尺寸16 mm×50 mm×100 mm的引弧板,坡口角度、厚度与焊件相同。在装配好的焊件焊缝两端安装引弧板,反变形角度与焊件相同,引弧板装焊时应在远离坡口侧的两端进行点焊,焊点长度为10~20 mm,双面焊接。

实训活动

1. 分析与制订焊接工艺

(1)焊接工艺基本分析

根据板厚为12 mm和所提供的MZ-1000型自动埋弧焊机(含导轨),采用I形坡口预留间隙双面埋弧焊工艺,要求装配间隙为________ mm。焊接第一面(正面)时,为防止液态金属从间隙中流失或者引起烧穿,焊件背面采用临时衬垫或其他辅助装置。

选用焊丝的类型为________,焊剂牌号选用________。

焊接第一面时,应选择稍小的焊接参数,通常熔深达到板厚的________即可。然后翻转焊件进行第二面(反面)的焊接,此焊接过程应采用较大的焊接参数,以保证焊件焊透。

(2)工艺制订

根据焊接要求,结合前面所学知识进行工艺制订,完成表22-2-2所示工艺卡的编制。

2. 材料、工具设备、工位领取及点检

按老师审核通过的焊接工艺卡领取材料、工具设备及工位,并进行点检,检查表见子任务1-1-1。

3. 接头坡口处理及装配定位

根据坡口要求,确定各零件接头处需清理的位置与范围,一般要求焊缝两侧________ mm内需清理干净,清理时可采用砂轮修磨或化学处理方式去除板材接头处表面铁锈、油污漆等杂物。

装配定位:将焊件装配组对好,达到相关尺寸要求。如图22-2-1所示,用焊条电弧焊进行定位焊,定位焊的长度在________ mm。

装配完毕,应用水平尺测量找正焊件,确保钢板组对满足要求。然后填写检测表22-2-3。

4. 焊丝与焊剂处理

焊丝焊前应去除焊丝表面的________(锈、油)等杂质,然后装入埋弧焊机的焊丝盘内备用;焊剂焊前放入焊剂烘箱内烘干,烘干温度为________,保温________。

表 22-2-2 不锈钢板对接平焊埋弧焊焊接工艺卡

<table>
<tr><th colspan="2">焊接工艺卡</th><th colspan="5">编号：</th></tr>
<tr><td>材料牌号</td><td></td><td colspan="5" rowspan="9">1. 接头简图(在下图补全标注尺寸)
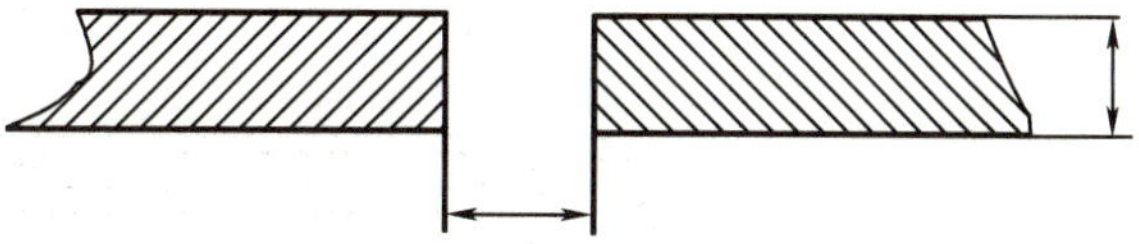
2. 定位焊简图(在下图中标出定位焊的位置,并标出起焊点位置和焊接方向)
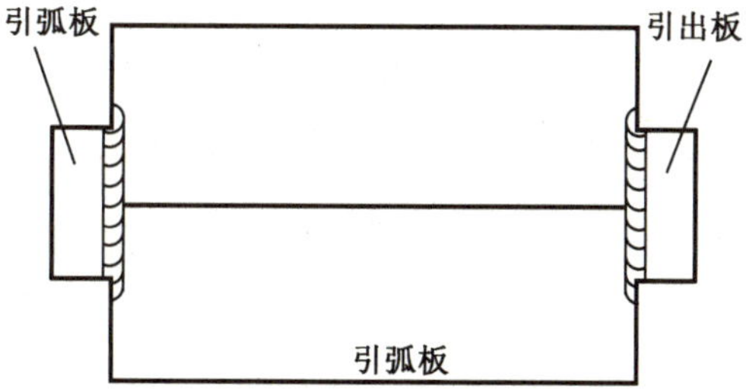
</td></tr>
<tr><td>材料规格/mm</td><td></td></tr>
<tr><td>接头种类</td><td></td></tr>
<tr><td>坡口形式</td><td></td></tr>
<tr><td>坡口角度</td><td>—</td></tr>
<tr><td>钝边</td><td>—</td></tr>
<tr><td>组对间隙/mm</td><td></td></tr>
<tr><td>焊接方法</td><td>埋弧焊</td></tr>
<tr><td>焊接设备</td><td>MZ-1000</td></tr>
<tr><td>电源种类</td><td></td><td rowspan="3">焊后热处理</td><td>种类</td><td>—</td><td>保温时间</td><td>—</td></tr>
<tr><td>电源极性</td><td></td><td>加热方式</td><td>—</td><td>层间温度</td><td>—</td></tr>
<tr><td>焊接位置</td><td></td><td>温度范围</td><td>—</td><td>测量方法</td><td>—</td></tr>
<tr><td colspan="7">焊接参数</td></tr>
<tr><td>焊层</td><td>焊材型号或牌号</td><td>焊材直径/mm</td><td>焊剂型号或牌号</td><td>焊接电流/A</td><td>焊接电压/V</td><td>焊接速度/(cm/min)</td></tr>
<tr><td>正面</td><td rowspan="2">H00Cr22Ni10</td><td rowspan="2">$\phi 5$</td><td rowspan="2">HJ260</td><td></td><td></td><td></td></tr>
<tr><td>反面</td><td></td><td></td><td></td></tr>
</table>

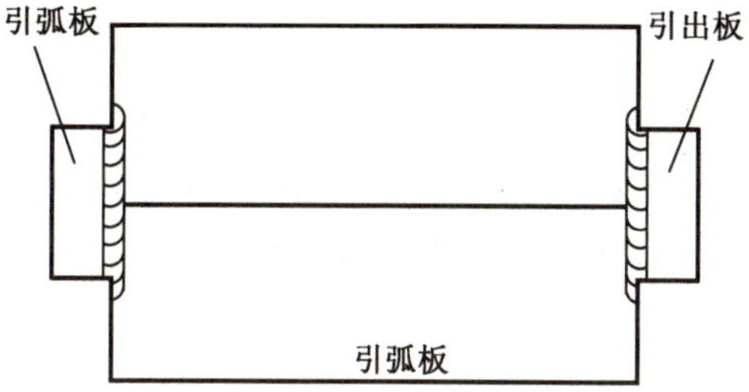

图 22-2-1

表 22-2-3 接头装配定位检测表

坡口间隙尺寸设计值为________,测量并在下图标注。

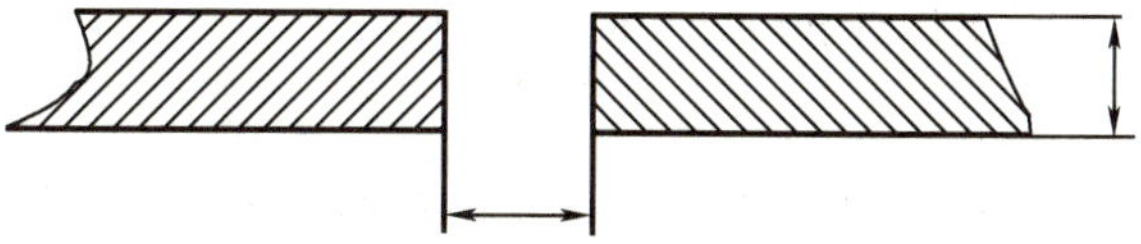

表 22－2－3(续)

装配定位变形控制尺寸检测(测量并标注)

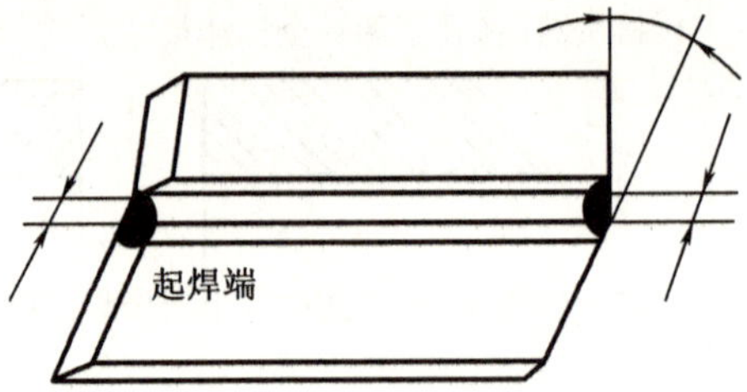

焊缝两侧清理检测									
焊缝两侧清理		清理的尺寸范围							
要求	处理结果	要求值				加工测量值			
		边 1	边 2	边 3	边 4	边 1	边 2	边 3	边 4

子任务 22－2－2　焊 接 操 作

知识点 1:任务分析

采用 I 形坡口悬空焊法,正面焊缝熔深为焊件厚度的 40% ～50% ,反面焊缝熔深应达到焊件厚度的 60% ～70% ,以保证焊件完全焊透。

任务实施路线:两层两道双面焊(不清根)。

知识点 2:焊接操作步骤及要领

1. 正面焊

(1)启动设备并铺设焊件

盖面层采用埋弧焊进行焊接。首先打开焊机电源开关,电源指示灯亮;将“焊接模式”选择开关置于“埋弧焊”。将定位好的焊件放到焊接平台上,通过测量、调整使工件边缘与焊接小车轨道平行。

(2)调整焊枪位置

打开焊接小车控制箱电源开关,移动焊接小车使焊枪位于焊件上方;旋转焊接小车横向调整机构,调节焊枪横向位置,旋转焊接小车纵向调整机构,调整焊枪与焊件距离至 3 cm 左右,按“送丝”按钮,使焊丝接近焊件,微调焊枪位置使焊丝对准焊缝;矫正红外线跟踪器,使指示点对准焊缝。反复移动焊接小车,确保在焊接过程中,焊丝一直对准焊缝,将机头移至起弧位置,在引弧板上距离焊缝 20 ～30 mm 处引弧。

(3)设定焊接参数

旋转“丝径选择”旋钮,丝径调至 4.0 mm,焊接方向选择正向,将“显示切换”开关置于“焊接”位置,旋转“焊接电流”“焊接电压”旋钮,分别设定焊接电流、焊接电压。将“显示切换”开关置于“焊速”位置,旋转“速度调节”旋钮,设定焊接速度。

(4)实施焊接

①焊丝对中。调节焊接小车轨道中线与焊件中心相平行,往返拉动焊接小车,使焊丝始终处于整条焊缝的间隙中心线上,导电嘴距焊件30~40 mm。

②引弧焊接。将小车推至引弧板段,锁紧小车行走离合器,按动送丝按钮,使焊丝与引弧板可靠地接触,给送焊剂,覆盖住焊丝伸出部分;按启动按钮开始焊接,观察焊接电流表与电压表的读数是否与规定参数相符,并随时进行调整。焊剂在焊接过程中必须覆盖均匀,不应过厚,也不应过薄而漏出弧光。小车行走速度应均匀,防止电缆的缠绕阻碍小车行走。

③收弧。当熔池全部到达引出板后开始收弧,先关闭焊剂漏斗,再按下一半"停止"按钮,使焊丝停止送进,小车停止前进,但电弧仍在燃烧,以使焊丝继续熔化来填满弧坑,并以按下这一半按钮的时间长短来控制弧坑填满的程度。然后将"停止"开关按到底,熄灭电弧,焊接结束,熄弧位置在熄弧板上距离焊缝20~30 mm处。

(5)焊后清渣

每焊完一道后都必须清除渣壳,检查焊道,不得有缺陷。焊道表面应平整或稍下凹,与两坡口面的熔合应均匀,焊道表面不能上凸,特别是在两坡口处不得有死角,否则容易产生未熔合或夹渣等缺陷。

2. 反面焊

经外观检验第一道焊缝合格后,将焊件翻身放好,开始焊反面焊道,焊接步骤与第一道焊缝完全相同,但需要注意以下两点:

①为防止未焊透或夹渣,保证熔深达到焊件厚度的60%~70%,可以用增大焊接电流或减小焊接速度两种方法之一来实现,用增大焊接电流的方法增加熔深更方便,这就是反面焊缝的焊接电流比正面焊缝的焊接电流大的原因。

②焊反面焊缝时,由于有正面焊缝托住,焊接过程中可以通过观察正面焊缝背面熔池颜色的变化来估计反面焊缝的熔深。若熔池背面为红色或淡黄色,表示熔深符合要求;若颜色接近白色时,说明将要烧穿,应立即减小焊接电流或增加焊接速度;若熔池背面看不见颜色或为暗红色,则熔深不够,需增加焊接电流或减小焊接速度。这些经验只适用于双面焊焊透的情况,当板厚太大,需采用多层多道焊才能焊好。

焊件焊完后,必须切断一切电源,将现场清理干净,整理好设备,并确信没有引燃火种后,才能离开现场。

实训活动

1. 正面焊缝焊接

先查阅资料完成下面的任务单,再按此前修订确认的焊接工艺卡的工艺要求和下面任务单的方式进行正面焊操作。

(1)调整焊枪与焊件距离至________ cm左右,按"________"按钮,使焊丝接近焊件,微调焊枪位置使焊丝对准焊缝;矫正红外线跟踪器,使指示点对准________。反复移动焊接小车,确保在焊接过程中,焊丝一直对准________,将机头移至起弧位置,在引弧板上距离焊缝________处引弧。

(2)设定焊接参数:旋转"丝径选择'旋钮,丝径调至________ mm,焊接方向选择正向,将"显示切换"开关置于"________"位置,旋转"________""________"旋钮,分别设定焊接电流、焊接电压。将"显示切换"开关置于"焊速"位置,旋转"速度调节"旋钮,设定焊接速度。

(3)实施焊接

①引弧焊接。将小车推至引弧板段,锁紧小车行走离合器,按动送丝按钮,使焊丝与引弧板可靠地________,送给焊剂,覆盖住焊丝________部分;按启动按钮开始焊接,观察焊接电流表与电压表的读数是否与规定参数相符,并随时进行调整。焊剂在焊接过程中必须覆盖________,不应过厚,也不应过薄而漏出弧光。小车行走速度应均匀,防止电缆的缠绕阻碍小车行走。

②收弧。当熔池全部达到引出板后开始收弧,先关闭焊剂漏斗,再按下一半"________"按钮,使焊丝停止送进,小车停止前进,但电弧仍在燃烧,以使焊丝继续熔化来填满弧坑,并以按下这一半按钮的时间长短来控制弧坑填满的程度。然后将"停止"开关按到底,熄灭电弧,焊接结束,熄弧位置在熄弧板上距离焊缝________ mm 处。

(4)焊后清渣

每焊完一道后都必须清除________,检查焊道,不得有________。焊道表面应平整或稍________,与两坡口面的熔合应________,焊道表面不能上凸,特别是在两坡口处不得有死角,否则容易产生未熔合或夹渣等缺陷。

(5)焊接过程性检查

完成正面焊接后,清理焊渣,进行过程性质量检查,以确保整体焊接质量及后续改进,并填写表 22-2-4。

表 22-2-4 正面焊层缺陷检查

检查项目	缺陷存在的数量	形成原因与改善措施
夹渣		
气孔		
裂纹		
未焊透		
未熔合		
焊瘤		
坡口根部熔合尺寸一致性		

2. 反面焊缝焊接

正面焊缝经外观检查合格后,将焊件反面朝上(不必使用焊剂垫,因背面焊缝可托住熔池)悬空放置,如图 22-2-2 所示。

焊接步骤与正面焊缝的焊接完全相同,只是要保证反面焊缝熔深达到板厚的________,以防止产生________和________缺陷。焊接第反面焊缝时选用较大的焊接电流是为了避免焊件________。

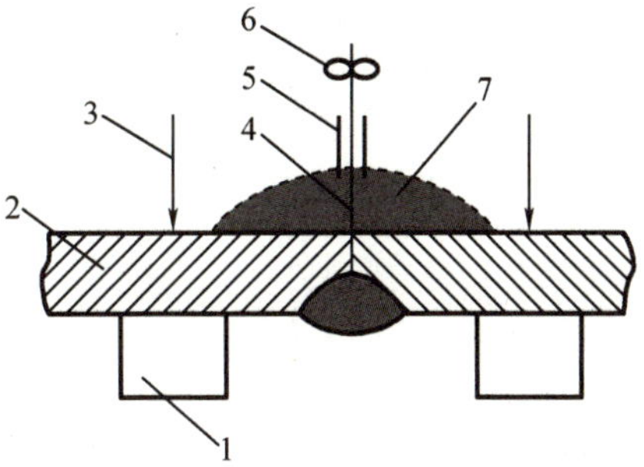

1—支承垫;2—焊件;3—压紧力;4—焊丝;5—导电嘴;6—送丝滚轮;7—顶放焊剂。

图 22-2-2 反面悬空埋弧焊接示意图

子任务 22-2-3 焊后处理与检查

知识积累

知识点 1:任务分析

任务实施路线:焊缝清理、质量检查。

知识点 2:焊缝清理与质量检查

焊件焊接完毕后,用敲渣锤、钢丝刷等清理掉焊缝上的焊渣、飞溅等,或用砂布重新打磨一遍焊缝,不得存在焊渣、焊点、毛刺等,焊缝应光滑、平整,应保证工件的“边齐、面平”,包括工件上开口边缘的垂直平行度,但不能破坏焊缝原始表面。焊后对焊缝表面质量进行检验,肉眼观察或用低倍放大镜检查焊缝表面是否有气孔、裂纹、咬边等缺陷,用钢直尺、钢角尺、焊缝检验尺对焊缝进行外观质量和外观成形尺寸。

实训活动

1. 焊件焊后处理与检测评分

焊接结束后,关闭焊接设备。焊件焊接完毕后,先用敲渣锤除去焊剂渣壳,清扫焊剂,用钢丝刷清理焊缝表面,禁止用水冷却焊件。清扫场地,按规定摆放工具,确认无安全隐患,并做好使用记录。

对焊件按规范进行焊后处理与检测评分,板对接平焊埋弧焊双面焊评分标准见子任务22-1-3。

2. 工位工具清理点检与评分

焊接结束后,关闭焊接电源。按 9S 标准进行清扫场地,按规定摆放工具,整理焊接电缆,确认无安全隐患,并做好使用记录,进行评分,评分表见子任务 1-1-3 同类表。

任务22－3 高强度低合金钢板对接二氧化碳气体保护焊加埋弧焊

任务说明：

按图22－3－0及技术要求进行材料准备、工艺准备、焊接实施、质量检查、自我评定与总结。

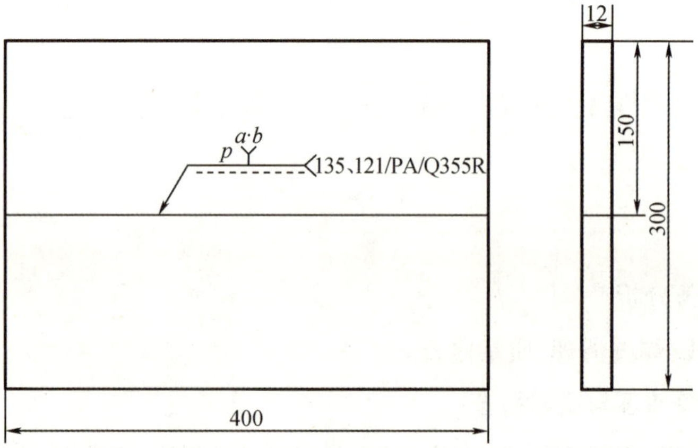

技术要求：1. 坡口角度60°；2. 根部钝边和间隙自定；3. 错边≤0.5 mm；4. 角变形＜3°；5. 不允许有咬边；6. 不允许有未焊透；7. 不允许有裂纹、气孔、夹渣；8. 焊缝余高≤1＋0.15b。

图22－3－0 高强度低合金钢板对接平焊二氧化碳气体保护焊加埋弧焊双面焊焊件图

子任务22－3－1 焊前准备

知识点1：任务分析

在实际生产过程中，针对不同的结构形式、材质及板厚等会选择不同焊接方法组合的焊接工艺，比如在薄板对接焊接时为了控制焊接角变形和波浪变形，常常采用二氧化碳气体保护打底、埋弧焊盖面的工艺方法进行焊接，通过改变焊接层数、焊接电流，使熔深和熔宽变化，焊缝所受的横向收缩相对均匀，产生的角变形就小，从而减少了钢板的变形。实际中有两种方式来运用埋弧焊与二氧化碳气体保护相结合的焊接工艺方法，一种是二氧化碳气体保护焊正面打底反面加衬垫成形，正面再埋弧焊填充和盖面，另一种是二氧化碳气体保护焊正面打底，再正面埋弧焊填充、盖面及反面埋弧焊盖面。在本任务学习和训练中为了简化耗材，故采用第二种方式进行，效果是一样的。

任务实施路线：图样识读、焊件准备及坡口清理、焊材选择、工艺参数确定、装配定位。

知识点2：焊件准备及坡口清理

根据任务单可知，准备焊件材质为Q355R的板件两件，尺寸为12 mm×150 mm×400 mm，坡口角度为单边30°，钝边2～3 mm。

焊缝及坡口清理:焊前打磨清理坡口面及坡口边缘上下两侧 15 ~ 20 mm 范围,露出金属光泽。

知识点 3:本任务焊接工艺参数确定

结合本任务母材 Q355R 高强度低合金钢的焊接特性和板厚来看,选择直径 1.2 mm 的 ER50 - 6 焊丝进行二氧化碳气体保护焊打底,选择 4.0 mm 的 H08MnA 焊丝和 HJ431 的焊剂,定位焊用打底焊方法进行,焊接材料应按规定要求烘干及去除表面油、锈等污物,保温时间为 1 ~ 2 h,随取随用。具体焊接工艺参数见表 22 - 3 - 1 和表 22 - 3 - 2。

表 22 - 3 - 1 打底焊工艺参数表

焊接层次	焊丝型号	焊丝直径 /mm	焊接电流 /A	焊接电压 /V	保护气体流量 /(L/min)	焊丝伸出长度 /mm	电源极性
打底层	ER50 - 6	1.2	150 ~ 180	19 ~ 22	12 ~ 15	10 ~ 15	直流反接

表 22 - 3 - 2 填充和盖面焊接工艺参数表

焊接层次	焊丝型号	焊丝直径 /mm	焊接电流 /A	焊接电压 /V	焊接速度 /(m/h)	电源极性
正面填充层	H08MnA	4.0	650 ~ 750	34 ~ 38	30 ~ 35	直流反接
正面盖面层	H08MnA	4.0	650 ~ 750	34 ~ 38	30 ~ 35	
反面盖面层	H08MnA	4.0	650 ~ 750	34 ~ 38	30 ~ 35	

知识点 4:装配定位

将两块焊板坡口朝上放于水平工装台上,使两端端头平齐,不留装配间隙或者间隙小于 1,这是为了防止悬空焊时液态金属从间隙中流失或引起烧穿,采用二氧化碳气体保护焊打底焊参数进行定位焊,焊点长度 10 ~ 15 mm,焊后两边错边量小于 1.5 mm,设置反变形量为 3° ~ 5°。

准备尺寸 16 mm × 50 mm × 100 mm 的引弧板,坡口角度、厚度与焊件相同。在装配好的焊件焊缝两端安装引弧板,反变形角度与焊件相同,引弧板装焊时应在远离坡口侧的两端进行点焊,焊点长度 10 ~ 20 mm,双面焊接。

实训活动

1. 分析与制订焊接工艺

(1)焊接工艺基本分析

本任务选择的焊接工艺方法是______________________________。

采用________形坡口形式,坡口角度为________,钝边为________,装配间隙应不大于________ mm。

打底焊选用焊丝的类型为________,直径为________。

填充和盖面焊时选用的焊丝的类型为________,直径为________,焊剂类型为________。

(2)工艺制订

根据焊接要求,结合前面所学知识进行工艺制订,完成表 22 - 3 - 3 所示工艺卡的编制。

表 22 - 3 - 3 不锈钢板对接平焊埋弧焊焊接工艺卡

<table>
<tr><th colspan="2">焊接工艺卡</th><th colspan="5">编号:</th></tr>
<tr><td>材料牌号</td><td></td><td colspan="5" rowspan="10">1. 接头简图(在下图补全标注尺寸)
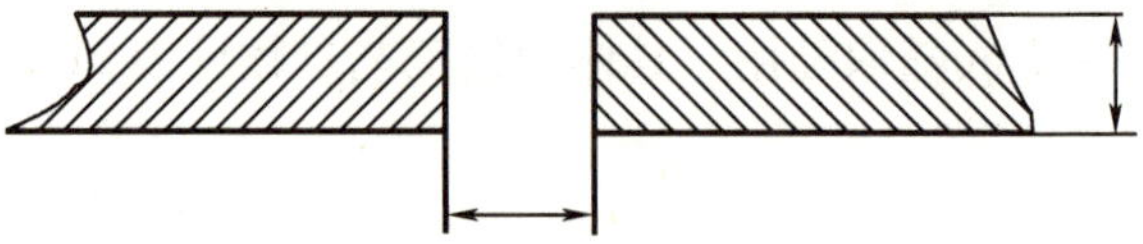
2. 定位焊简图:在下图中标出定位焊的位置,并标出起焊点位置和焊接方向)
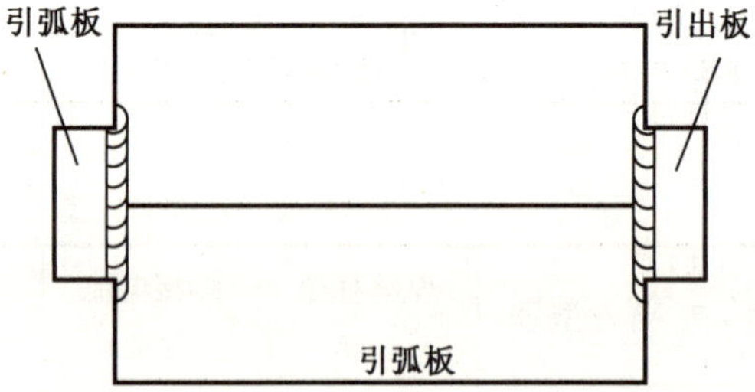
</td></tr>
<tr><td>材料规格/mm</td><td></td></tr>
<tr><td>接头种类</td><td></td></tr>
<tr><td>坡口形式</td><td></td></tr>
<tr><td>坡口角度</td><td>—</td></tr>
<tr><td>钝边</td><td>—</td></tr>
<tr><td>组对间隙/mm</td><td></td></tr>
<tr><td>焊接方法</td><td>二氧化碳焊、埋弧焊</td></tr>
<tr><td>焊接设备</td><td>MZ - 1000</td></tr>
<tr><td>电源种类</td><td></td><td rowspan="3">焊后热处理</td><td>种类</td><td>—</td><td>保温时间</td><td>—</td></tr>
<tr><td>电源极性</td><td></td><td>加热方式</td><td>—</td><td>层间温度</td><td>—</td></tr>
<tr><td>焊接位置</td><td></td><td>温度范围</td><td>—</td><td>测量方法</td><td>—</td></tr>
</table>

2. 材料、工具设备与工位领取及点检

按老师审核通过的焊接工艺卡领取材料、工具设备及工位,并进行点检,检查表见子任务 1 - 1 - 1。

3. 接头坡口处理及装配定位

根据坡口要求,确定各零件接头处需清理的位置与范围,一般要求焊缝两侧________ mm 内需清理干净,清理时可采用砂轮修磨或化学处理方式去除板材接头处表面铁锈、油污等杂物。

装配定位:将焊件在装配组对好,达到相关尺寸要求。如图 22 - 3 - 1 所示,用焊条电弧焊进行定位焊,定位焊的长度在________ mm。

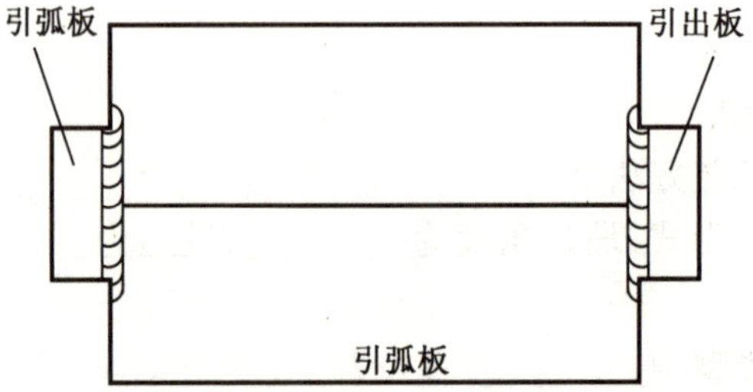

图 22 - 3 - 1

装配完毕,应用水平尺测量找正焊件,确保钢板组对满足要求。然后填写检测表22-3-4。

表22-3-4　接头装配定位检测表

坡口间隙尺寸设计值为________,测量并在下图标注。

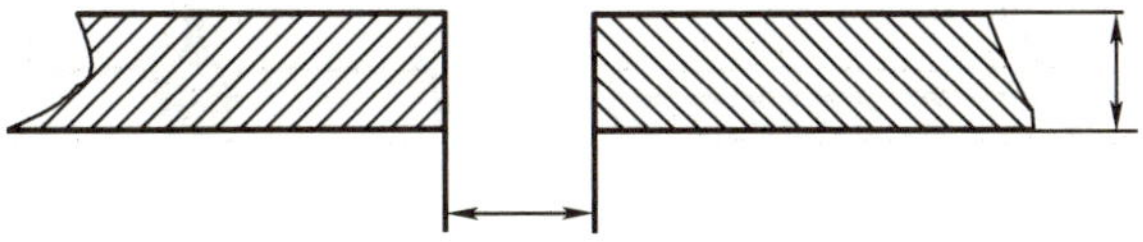

装配定位变形控制尺寸检测(测量并标注)

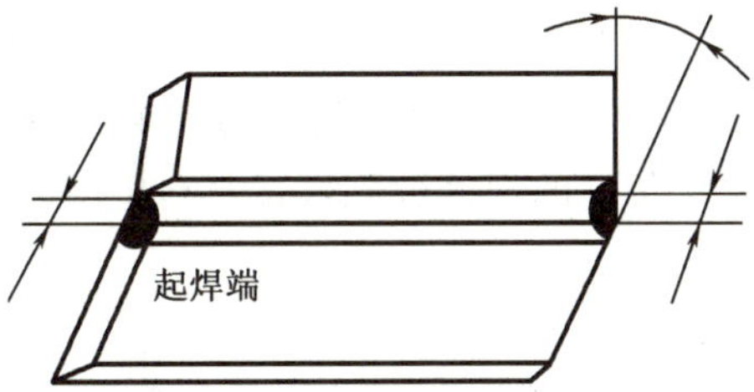

焊缝两侧清理		清理的尺寸范围							
要求	处理结果	要求值				加工测量值			
		边1	边2	边3	边4	边1	边2	边3	边4

子任务22-3-2　焊接操作

知识点1:任务分析

任务实施路线:四层四道双面焊,二氧化碳气体保护焊正面打底,再正面埋弧焊填充、盖面及反面埋弧焊盖面。

知识点2:焊接操作步骤及要领

1. 二氧化碳气体保护焊打底

(1)将焊件固定在操作台上,水平放置,焊件高度一般到操作者脚踝处(蹲姿焊),采用左向焊法,焊丝与板件之间夹角为70°~80°,与焊缝方向成90°,如图22-3-2所示。

(2)在距离焊件右端定位焊缝约20 mm处坡口的一侧引弧,并迅速拉回到端部定位焊点上稍作停留,然后按照设置好的焊接参数开始向左焊接,采用直线往复法进行焊接。

(3)喷嘴高度要严格控制,保证电弧在距坡口根部2~3 mm处燃烧,使打底焊缝厚度保持在3~5 mm,同时这样的喷嘴高度也不会遮挡操作者视线,从而既能观察熔池边缘熔合情况,又能够起到保护熔池的作用。

(4)收弧时要特别注意,一定要填满弧坑,防止产生弧坑裂纹。

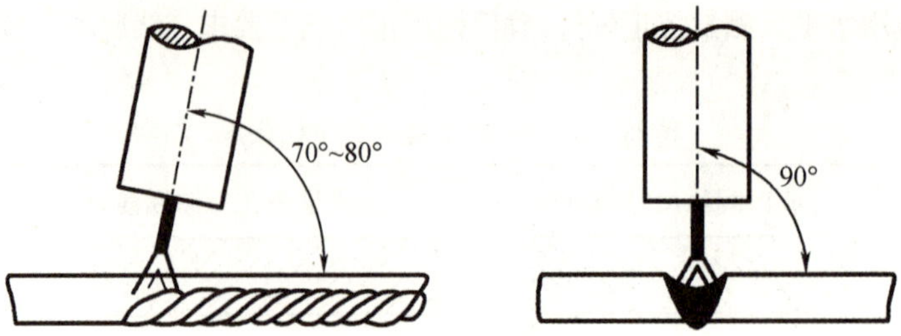

图 22-3-2 焊枪角度示意图

2. 埋弧焊正面填充、盖面焊

(1)启动设备并铺设件

盖面层采用埋弧焊进行焊接。首先打开焊机电源开关,电源指示灯亮;将“焊接模式”选择开关置于“埋弧焊”。将定位好的焊件放到焊接平台上,通过测量、调整使工件边缘与焊接小车轨道平行。

(2)调整焊枪位置

打开焊接小车控制箱电源开关,移动焊接小车使焊枪位于焊件上方;旋转焊接小车横向调整机构,调节焊枪横向位置,旋转焊接小车纵向调整机构,调整焊枪与焊件距离至 3 cm 左右,按“送丝”按钮,使焊丝接近焊件,微调焊枪位置使焊丝对准焊缝;矫正红外线跟踪器,使指示点对准焊缝。反复移动焊接小车,确保在焊接过程中,焊丝一直对准焊缝,将机头移至起弧位置,在引弧板上距离焊缝 20~30 mm 处引弧。

(3)设定焊接参数

旋转“丝径选择”旋钮,丝径调至 4.0 mm,焊接方向选择正向,将“显示切换”开关置于“焊接”位置,旋转“焊接电流”“焊接电压”旋钮,分别设定焊接电流、焊接电压。将“显示切换”开关置于“焊速”位置,旋转“速度调节”旋钮,设定焊接速度。

(4)实施焊接

①焊丝对中。调节焊接小车轨道中线与焊件中心相平行,往返拉动焊接小车,使焊丝始终处于整条焊缝的间隙中心线上,导电嘴距焊件 30~40 mm。

②引弧焊接:将小车推至引弧板段,锁紧小车行走离合器,按动送丝按钮,使焊丝与引弧板可靠地接触,给送焊剂,覆盖住焊丝伸出部分;按启动按钮开始焊接,观察焊接电流表与电压表的读数是否与规定参数相符,并随时进行调整。焊剂在焊接过程中必须覆盖均匀,不应过厚,也不应过薄而漏出弧光。小车行走速度应均匀,防止电缆的缠绕阻碍小车行走。

③收弧。当熔池全部达到引出板后开始收弧,先关闭焊剂漏斗,再按下一半“停止”按钮,使焊丝停止送进,小车停止前进,但电弧仍在燃烧,以使焊丝继续熔化来填满弧坑,并以按下这一半按钮的时间长短来控制弧坑填满的程度。然后将“停止”开关按到底,熄灭电弧,焊接结束,熄弧位置在熄弧板上距离焊缝 20~30 mm 处。

(5)焊后清渣

每焊完一道后都必须清除渣壳,检查焊道,不得有缺陷。焊道表面应平整或稍下凹,与两坡口面的熔合应均匀,焊道表面不能上凸,特别是在两坡口处不得有死角,否则容易产生未熔合或夹渣等缺陷。

3. 反面盖面焊

经外观检验第一道焊缝合格后,将焊件翻身放好,开始焊反面焊道,焊接步骤与第一道

焊缝完全相同,但需要注意以下两点:

①为防止未焊透或夹渣,保证熔深达到焊件厚度的60% ~70%,可以用增大焊接电流或减小焊接速度两种方法之一来实现,用增大焊接电流的方法增加熔深更方便,这就是反面焊缝的焊接电流比正面焊缝的焊接电流大的原因。

②焊反面焊缝时,由于有正面焊缝托住,焊接过程中可以通过观察正面焊缝背面熔池颜色的变化来估计反面焊缝的熔深。若熔池背面为红色或淡黄色,表示熔深符合要求;若颜色接近白色时,说明将要烧穿,应立即减小焊接电流或增加焊接速度;若熔池背面看不见颜色或为暗红色,则熔深不够,需增加焊接电流或减小焊接速度。这些经验只适用于双面焊焊透的情况,当板厚太大,需采用多层多道焊才能焊好。

焊件焊完后,必须切断一切电源,将现场清理干净,整理好设备,并确信没有引燃火种后,才能离开现场。

实训活动

1. 二氧化碳气体保护焊打底焊

先查阅资料完成下面的任务单,再按此前修订确认的焊接工艺卡的工艺要求和下面任务单的方式进行打底焊操作。

(1)在图22 -3 -3标注二氧化碳气体保护打底操作时的焊枪角度。

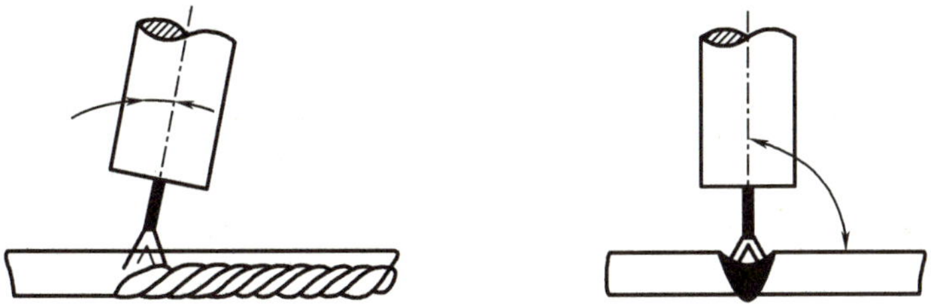

(a)焊丝与焊接方向之间的夹角　　(b)焊丝与焊缝轴线垂直方向之间的夹角

图22 -3 -3

(2)在距离焊件右端定位焊缝约________ mm处坡口的一侧引弧,并迅速拉回到端部定位焊点上稍作________,然后按照设置好的焊接参数开始向左焊接,采用________法进行焊接。

(3)喷嘴高度要严格控制,保证电弧在距坡口根部________ mm处燃烧,使打底焊缝厚度保持在________ mm,同时这样的喷嘴高度也不会遮挡操作者视线,从而既能观察熔池边缘熔合情况,又能够起到保护熔池的作用。

(4)收弧时要特别注意,一定要填满________,防止产生弧坑________。

(5)焊接过程性检查

完成打底层焊接后,清理焊渣,进行过程性质量检查,以确保整体焊接质量及后续改进,并填写表22 -3 -5。

表 22-3-5 打底焊层缺陷检查

检查项目	缺陷存在的数量	形成原因与改善措施
夹渣		
气孔		
裂纹		
未焊透		
未熔合		
焊瘤		
坡口根部熔合尺寸一致性		

2. 正面焊缝焊接

先查阅资料完成下面的任务单，再按此前修订确认的焊接工艺卡的工艺要求和下面任务单的方式进行正面焊操作。

(1)调整焊枪位置

调整焊枪与焊件距离至________ cm 左右，按“________”按钮，使焊丝接近焊件，微调焊枪位置使焊丝对准焊缝；矫正红外线跟踪器，使指示点对准________。反复移动焊接小车，确保在焊接过程中，焊丝一直对准________，将机头移至起弧位置，在引弧板上距离焊缝________处引弧。

(2)设定焊接参数

旋转“丝径选择”旋钮，丝径调至________ mm，焊接方向选择正向，将“显示切换”开关置于“________”位置，旋转“________”“________”旋钮，分别设定焊接电流、焊接电压。将“显示切换”开关置于“焊速”位置，旋转“速度调节”旋钮，设定焊接速度。

(3)实施焊接：

①引弧焊接。将小车推至引弧板段，锁紧小车行走离合器，按动送丝按钮，使焊丝与引弧板可靠地________，送给焊剂，覆盖住焊丝________部分；按启动按钮开始焊接，观察焊接电流表与电压表的读数是否与规定参数相符，并随时进行调整。焊剂在焊接过程中必须覆盖________，不应过厚，也不应过薄而漏出弧光。小车行走速度应均匀，防止电缆的缠绕阻碍小车行走。

②收弧。当熔池全部达到引出板后开始收弧，先关闭焊剂漏斗，再按下一半“________”按钮，使焊丝停止送进，小车停止前进，但电弧仍在燃烧，以使焊丝继续熔化来填满弧坑，并以按下这一半按钮的时间长短来控制弧坑填满的程度。然后将“停止”开关按到底，熄灭电弧，焊接结束，熄弧位置在熄弧板上距离焊缝________ mm 处。

(4)焊后清渣

每焊完一道后都必须清除________，检查焊道，不得有________。焊道表面应平整或稍________，与两坡口面的熔合应________，焊道表面不能上凸，特别是在两坡口处不得有死角，否则容易产生未熔合或夹渣等缺陷。

(5)焊接过程性检查

完成正面焊接后，清理焊渣，进行过程性质量检查，以确保整体焊接质量及后续改进，并填写表 22-3-6。

表 22-3-6 正面焊层缺陷检查

检查项目	缺陷存在的数量	形成原因与改善措施
夹渣		
气孔		
裂纹		
未焊透		
未熔合		
焊瘤		
坡口根部熔合尺寸一致性		

3. 反面焊缝焊接

正面焊缝经外观检查合格后,将焊件反面朝上(不必使用焊剂垫,因背面焊缝可托住熔池)悬空放置,如图 22-3-4 所示。

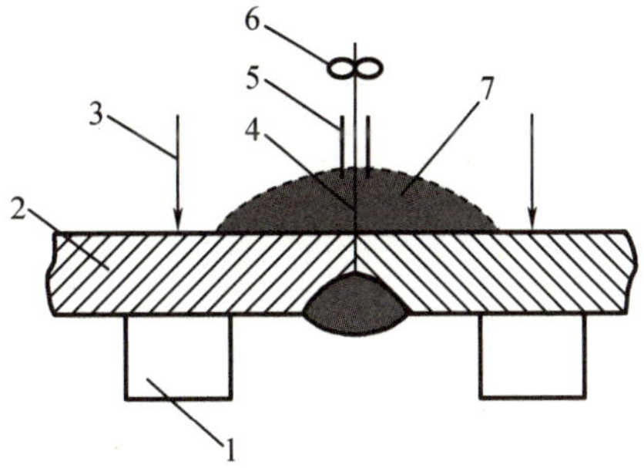

1—支承垫;2—焊件;3—压紧力;4—焊丝;5—导电嘴;6—送丝滚轮;7—顶放焊剂。

图 22-3-4 反面悬空埋弧焊接示意图

焊接步骤与正面焊缝的焊接完全相同,只是要保证反面焊缝熔深达到板厚的________,以防止产生________和________缺陷。焊接反面焊缝时选用较大的焊接电流是为了避免焊件________。

子任务 22-3-3 焊后处理与检查

知识积累

知识点 1:任务分析

任务实施路线:焊缝清理、质量检查。

知识点 2:焊缝清理与质量检查

焊件焊接完毕后,用敲渣锤、钢丝刷等清理掉焊缝上的焊渣、飞溅等,或用砂布重新打磨一遍焊缝,不得存在焊渣、焊点、毛刺等,焊缝应光滑、平整,应保证焊件的"边齐、面平",

包括焊件上开口边缘的垂直平行度，但不能破坏焊缝原始表面。焊后对焊缝表面质量进行检验，肉眼观察或用低倍放大镜检查焊缝表面是否有气孔、裂纹、咬边等缺陷，用钢直尺、钢角尺、焊缝检验尺对焊缝进行外观质量和外观成形尺寸检查。

实训活动

1. 焊件焊后处理与检测评分

焊接结束后，关闭焊接设备。焊件焊接完毕后，先用敲渣锤除去焊剂渣壳，清扫焊剂，用钢丝刷清理焊缝表面，禁止用水冷却焊件。清扫场地，按规定摆放工具，确认无安全隐患，并做好使用记录。

对焊件按规范进行焊后处理与检测评分，板对接平焊埋弧焊双面焊评分标准见子任务22-1-3。

2. 工位工具清理点检与评分

焊接结束后，关闭焊接电源。按9S标准清扫场地，按规定摆放工具，整理焊接电缆，确认无安全隐患，并做好使用记录，进行评分，评分表见子任务1-1-3同类表。

参 考 文 献

[1] 中国机械工程学会焊接学会. 焊接手册:第 1 卷 焊接方法及设备[M]. 北京:机械工业出版社,2016.

[2] 中国机械工程学会焊接学会. 焊接手册:第 2 卷 材料的焊接[M]. 北京:机械工业出版社,2016.

[3] 中国机械工程学会焊接学会. 焊接手册:第 3 卷 焊接结构[M]. 北京:机械工业出版社,2016.

[4] 中船舰客教育科技(北京)有限公司. 特殊焊接技术(基础知识)[M] . 北京:高等教育出版社,2020.

[5] 中船舰客教育科技(北京)有限公司. 特殊焊接技术(初级)[M] . 北京:高等教育出版社,2020.

[6] 中船舰客教育科技(北京)有限公司. 特殊焊接技术(中级)[M] . 北京:高等教育出版社,2020.

[7] 中船舰客教育科技(北京)有限公司. 特殊焊接技术(高级)[M] . 北京:高等教育出版社,2020.

[8] 张应立,周玉华. 焊工手册[M]. 北京:化学工业出版社,2015.

[9] 张应立,周玉华. 常用焊接设备手册[M]. 北京:金盾出版社,2015.

[10] 施殿宝. 从零开始学技术:电焊工[M]. 北京:中国铁道出版社,2012.

[11] 徐越兰,庞怀信. 电焊工简明实用手册[M]. 南京:江苏科学技术出版社,2010.

[12] 潘继民. 焊工操作质量保证指南[M]. 北京:机械工业出版社,2010.

[13] 杨海民. 焊工快速提高[M]. 北京:北京理工大学出版社,2010.

[14] 胡宝良. 焊工快速掌握精要问答[M]. 上海:上海科学技术出版社,2010.

[15] 裘荣鹏. 焊工识图一点通[M]. 北京:机械工业出版社,2010.

[16] 卢晓雪. 焊接材料标准速查与选用指南[M]. 北京:中国建材工业出版社,2011.

[17] 尹士科. 焊接材料及接头组织性能[M]. 北京:化学工业出版社, 2011.

[18] 陈裕川. 焊接工艺设计与实例分析[M]. 北京:机械工业出版社,2020.

[19] BLUNT J,BALCHIN NC. 焊接环境中的职业健康与安全[M]. 李红,李国栋,栗卓新,译. 北京:机械工业出版社,2011.

[20] 史耀武. 焊接技术手册:上[M]. 北京:化学工业出版社,2009.

[21] 李亚江. 焊接缺陷分析与对策[M]. 北京:化学工业出版社, 2011.

[22] 苍井晃. 双色图解焊接知识与技能[M]. 王营瑞,译. 北京:机械工业出版社,2017.

[23] 周岐,王亚君,武晓峰. 小丁学电焊[M]. 北京:中国电力出版社,2012.

[24] 刘云龙. 焊工(高级)[M]. 北京:机械工业出版社,2014.

[25] 刘云龙. 焊工(初级)[M]. 北京:机械工业出版社,2014.

[26] 周树春,何忠刚. 气体保护焊接技术[M]. 北京:北京理工大学出版社,2015.

[27] 于增瑞. 钨极氩弧焊[M]. 北京:化学工业出版社,2014

［28］ 邱言龙，聂正斌，雷振国. 手工钨极氩弧焊技术快速入门［M］. 上海：上海科学技术出版社，2016.
［29］ 于清武，吴昭. 手工电弧单面焊双面成型实用方法［M］. 北京：石油工业出版社，2010.
［30］ 武守辉，李春生. 单面焊双面成型的焊接质量研究［J］. 化工装备技术，2020，41(6)：63－65.
［31］ 陈文祥. 焊条电弧焊单面焊双面成型焊接技术研究［J］. 内燃机与配件，2020(3)：95－96.
［32］ 冯翔慧.“金手天焊”高凤林：在火箭发动机上焊出一片天［J］. 中国科技产业，2017(8)：42－45.
［33］ 周泓，朱荣华. 人生无悔献航天：访中国航天科技集团第一研究院 211 厂特种熔融焊接工、特级技师高凤林［J］. 天津中德应用职业技术学院学报，2017(4)：16－26.
［34］ 方鸿琴. 高凤林：手握焊枪追寻弧光，为中国火箭铸“心”［J］. 国际人才交流，2021(6)：36－40.
［35］ 白静. 高铁战线的科技创新尖兵：记中车长春轨道客车股份有限公司“高铁焊接大师”李万君［J］. 中国科技产业，2021(1)：64－65.
［36］ 唐圣平，李文威. 坚守岗位的“高铁焊接大师”：大国工匠之焊工李万君［J］. 职业，2019(16)：16－18.
［37］ 谈炯.“大国工匠”张翼飞［J］. 上海企业，2016(11)：42－44.
［38］ 佚名. 大国工匠：张翼飞 船舶焊接“百晓生”张翼飞［J］. 中国产经，2016(5)：78－80.
［39］ 冯翔慧. 船舶焊接“百晓生”张翼飞：一辈子只专注做一件事［J］. 中国科技产业，2017(6)：36－37.
［40］ 谢颜宁. 秦毅：造船焊接领域的开路先锋［N］. 青年报，2021－12－31(A06).
［41］ 栾国富. 十年磨砺成就典范 万朵焊花闪耀人生：记中央企业劳动模范、沪东中华造船(集团)有限公司电焊高级技师秦毅［J］. 船舶经济贸易，2013(B11)：48－54.